花の西洋史事典

アリス・M・コーツ

花の西洋史事典

白幡洋三郎・白幡節子訳

八坂書房

Alice M. Coats

Flowers and their Histories, Adam & Charles Black, London, 1968

Garden Shrubs and their Histories, Vista Books, London, 1963

『花の西洋史事典』目次

凡 例

◎原註は訳文中の内容に即して補い、訳註は〔 〕内に示した。

◎植物の学名の読み方は、可能な限りラテン語発音に従ったが、慣用的なものについては、これを優先した。また、現在の学名と異なるものもあるが、あくまでも原著に従った。

◎各項目の見出しの下には、属名の綴りとその読み方を記した。見出し語には、より一般的と思われる植物名を採用したため、属名の読みと表記が異なる場合もある。

◎原著に収録されている図版は数少ないため、日本語版ではさらに多くの植物図を選んでこれに補った。図版出典に用いた略号は次の通りである。

CBM *Botanical Magazine*（*Curtis's Botanical Magazine*）, 1787-
BR *Botanical Register*, 1815-47
BC *Botanical Cabinet*, 1818-33
MB W. Woodville, Medical Botany, vol.1-3 & suppl., 1790-95
BFP W. Baxter, *British Flowering Plants*, vol.1-2, 1834-35
EB *English Botany*, the second edition, vol.1-2, 1832-35
——— the third edition, vol.3-7, 1850-54

花の西洋史事典

アイリス

Iris
イリス

アヤメ科

アイリスは非常に古い栽培植物の一つである。その種の一つ（おそらくイリス・フロレンティーナ *Iris florentina*　和名ニオイイリス）はトトメス三世（紀元前一五〇一～一四四七）がシリアからエジプトに持ってきた植物の一つであった。アイリスはカルナックの宮殿内「植物の部屋」の壁のレリーフ彫にはっきりそれとわかる模様で表現されている。これは古代エジプト人にとって、雄弁の象徴であった。それゆえ、やや奇妙ではあるがスフィンクスの額を飾っていた。古代ギリシア・ローマ時代には、薬用として珍重され、プリニウスはその根を採集する際の儀式を念入りに指示している。つまり、それを集めるには十分な注意と必要な手順があった。おそらく、いくつかの種の根茎は、暗い所で掘り出すと、燐光を発するからであったと思われる。

黄色のプセウダコルス種（*I. pseudacorus*　和名キショウブ）は普通、フランス王家の紋章である「フルール・ド・リ」の原形になった花であると考えられている。この植物は、フランスの歴史上、早くから現われている。六世紀の初め、フランクの王、クローヴィス一世がゴート族の優勢な大軍によってケルン近くのライン川の湾曲部に追い込まれてしまった。クローヴィスは黄色のアイリスがはるかに川の中心部で咲いているのを見て、水深は浅いと判断し、メロヴィング家の軍隊を無事に渡河させることができた。この好運に感謝して、彼はキショウブを自分の紋章として用い、それ以来長年の間、彼の子孫の紋章でもあった。十二世紀には、ルイ七世によって再び用いられた。

イリス・フロレンティーナ
（和名ニオイイリス）
（CBM 第671図　1803年）

イリス・プセウダコルス
（和名キショウブ）
（MB 第40図　1790年）

彼は十字軍遠征中自分の旗印としてこれを用いた。そこでこれは、彼の名前をとって「ルイの花」（Flower de Louis）と呼ばれた。それがフルール・ド・ルスとなりフルール・ド・リとなったのである。少なくとも昔の記述家の心の中では、これがユリと関係があるという点については疑問の余地はない。アイリスは普通、少なくとも十八世紀まではユリと呼ばれていた。パーキンソンは「ユリとアイリスには、その花の形の点ではっきりとした違いがある」といい切っている。ジョン・ギリムもまた一六三二年出版の『紋章のいろいろ』の中で、普通フルール・ド・リといわれているものは「ラテン語でイリスと呼ばれている」と述べている。そうした混乱は、「ユリ」という言葉をスイセンとかラッパズイセンといったよく目につく美しい花を指して、大雑把に用いたことからきたのであろう。デボンシャーでは黄色のアイリスがかなり最近まで「スイセン」と呼ばれていた。一四九九年に出版されたイタリア語の本草書の中に載っている「イレオス」の未熟な木版画は、型式ができあがったフルール・ド・リとたいへんよく似ていることは一目瞭然である。これらフランスの「ユリ」は、一三四〇年にイギリスの国王軍の紋章としても受け入れられ、一八〇〇年にアイリッシュハープにとって代わられるまで続いた。フルール・ド・リは今日でも磁石や地図や海図の北を示す記号として普通に用いられているが、これは十四世紀の初めにジョン・ド・ジオヴァというナポリ人が用いたのが最初である。彼は航海に方位計を初めて使用した人で、フランスおよび自分の仕えているフランス王家の一族である君主に敬意を表してこの紋章を使ったのである。アイリスがフランス王と関係があるせいで、おそらく王家の紋章になったのであろう。オランダ人やイタリア人の画家がキリストの生涯を描いたものの中によくこの植物が登場するのは、キリストが王家の血を引くことを表わそうとしたものである。これはまた騎士道の花とも呼ばれ、「剣はアイリスの葉、ユリは騎士の心」という諺がある。

　クローヴィスが一三〇〇年以上前に見たのと同じ黄色のキショウブは、今日わがイギリスの川をも彩っており、庭のすみでも見ることが多い。グレイによれば、「もしこれがチベットからきたものであるならば、間違いなくあらゆる庭、池、小川を飾っていたにちがいない」。高地《ハイランド》地方の人々は、この根からインクを作っていた。トゥルヌフォールは「二四時間水に浸しておくか、少し煮た後、水の中でナイフか混じりけのない鉄の上に一時間のせ、硬い白い石でこするのである」と書いている。種子はコーヒーの代用として、葉は屋根を葺いたり、椅子の材料として用いる。葉の形や習性がショウブ属のアコルス・カラムス（*Acorus calamus*）に似ているので「ショウブもどき」と呼ばれている。アコルス・カラムスは敷物として多く用いられていた。

　イギリスにはもう一つの自生種フォエティディッシマ（*I. foetidissima*）があって、ターナーは「ジリス」（Xyris）または

「スパーグワート」(Spourgwurt)という名をこの植物に用いていた。この名は下剤に用いられたことによる。もっと馴染みある名前は「悪臭のするアイリス」(Stinking Gladdon)または「ローストビーフ草」(Roast Beef Plant)で、この名は葉を裂くと、好き嫌いはあるが、匂いがすることからきている。十八世紀の庭師は匂いがあるからこそ、これを栽培していた。「庭師はこれを育て、本当にローストビーフのような匂いをもたせることに誇りを持っていた。一枚のローストビーフと同じすばらしい匂いがあること、しかもその匂いは一枚の葉で十分なのである」とハンベリーが書いている。縞模様の葉を持つ種類は「冬の間中、すばらしい生き生きとした姿を見せて庭の装飾になる」(ハンベリー)からとても重宝がられた。しかし今では、このさやが美しいアイリス〔蒴果《さくか》に付着する種子が橙色で、これを観賞する〕は、手入れのされていない庭でしか咲いていない。薄い黄色の種類はドーセット州のワイト島で見ることができる。おそらくこれがターナーの見た種類であろう。彼は「私はドーセット州で野生の状態で咲いている繊細な小さい花を一本見たが、ドイツではライン河のほとりにある牧場の小屋の近くで馬車いっぱいに積まれているのを見た」と書いているからである。

外国産のアイリスが十六世紀中にイギリスに非常にたくさん導入されていた。ジェラードは一三種の根茎のアイリスと三種の球根のアイリスについて書いている。パーキンソンは七種のイギリスのアイリス、三〇種のスペインのもの、その他六種の球根の種類の他に、三〇種もの「旗《フラッグ》アイリス(Flaggs)」を持っていた。彼の記述だけから、それらすべてを同定することは専門家でも難しい。というのはヒルも述べているように「アイリスは優雅な花をそろえたグループではあるが、かなり混乱しているようだ。天然の種類は多く、人工的に作り出された栽培種はもっと多い。しかも種としてははっきりと別のものであるか、偶然の個体差であるかを区別することは素人には無理である」からだ。十八世紀にはこのようなアイリスの各種の花は、「顎類」、「舌類」、「帆類」あるいは「標準類」という言葉で表現されていたことがある。

ゲルマニカ種(*I. germanica*)いわゆる「ジャーマン・アイリス」は、現在栽培されているヨーロッパ産のアイリスのうちでは一番古いものであろう。これは九世紀に、ライヒェナウの僧院でヴァラフリド・ストラボが育てていた記録がある。そして、

イリス・ゲルマニカ
(ジャーマン・アイリス)
(CBM 第670図　1803年)

青紫のアイリスは十三世紀にイギリスで描かれている。ゲルマニカ種はヨーロッパ全体で、またはるかインドで見つかる多くの近縁な根茎のアイリスを網羅した総称である。その変種のアトロプルプレア種（*I. germanica* var. *atropurpurea*）はフランスの南部やネパールのカトマンズでは半野生化したごく普通のアイリスである。これは文明から遠く離れた所ではけっして育たない。おそらくペルシア、エジプト、ギリシア・ローマの庭で栽培されていたものから出てきたものであろうと考えられている。各地に広く分布している理由は、根茎が死なないことで説明できる。ヴルガリス種（*I. vulgaris*）の仲間は（この種のアイリスだけが比較的最近までイギリスの庭で咲いていた）種子ができない。しかし、捨てる前に鋤で細かく切り刻まないと、繁殖を防ぐことはほとんど不可能である。

　十七世紀の終わり頃は、「フラッグ・アイリス」が比較的人気のない時期だった。ハンマーは球根種に比べると軽視されているといっているし、ギルバートは「花壇には大きすぎて、果樹園の縁に植えるほうが似あう」といっている。「ジャーマン・アイリス」が、デルフィニウムと同じく、その本領を現わしたのはやっと十九世紀になってからである。ゲルマニカ種は「ジャーマン・アイリス」を作り出すことにはほとんど、というよりまったく関係していない。「ジャーマン・アイリス」の最初の専門家はフランス人のレモン氏であった。彼は一八四九年にはすでに一〇〇種以上の品種を育てており、十九世紀に他の栽培家が育てていたものはパリダ種とヴァリエガータ種の交配（*I. pallida*×*I. variegata*）の子孫である。一九〇〇年に三つの新種が紹介された。メセポタミカ種（*I. mesepotamica*）とアマス種（*I. amas*）とトロヤーナ種（*I. trojana*）である。イギリスとフランスの栽培家がそれらを古い変種とかけ合わせてより美しく大きい、様々な色合いのアイリスを作り出していった。アメリカの栽培家がその後優勢になってきて、大形で栽培の困難なオンコキクルス・イリス（Oncocyclus iris）のガテシイ種（*I. gatesii*）を作り出すことに成功した。こうした様々な要素があいまって、徐々に今日のすばらしい高貴な花になっていったのである。イギリスの最も優れた栽培家の一人がマイケル・フォスター卿で、彼はアイリスのためにいろいろ骨を折ったが、残念なことに一九二二年のイギリス・アイリス協会の設立を見ることはできなかった。

　フロレンティーナ種は以前、別の種と考えられていたのであるが、今ではゲルマニカの変種に分類されている。紫の種類ほど早くイギリスへ紹介されることはなかったかもしれないが、かなり古いもので、おそらくターナーのいう白いアイリスがこれであろう。これは何世紀にもわたって、化粧品として用いられたよい匂いのするオリスの根（Orris-root）を生み出してきた変種である。その根は「たくさんのヒゲ根があって地面の中を走っており、強い芳香を持つ。小さく切り分けて日陰で乾燥させ、その後で糸に通して保存する」（ターナー）。芳香は根が完全に乾くまで現われないし、乾燥後二年経たないと完全とは言えない。これは「吹き出物のできた顔」に効き、よい匂いのするおしろいや化粧水を作るのに用いる。またリンネルの中に入れたり、ロザリオの球として用いたり、子供の歯固めのおしゃぶりにしたり、部屋によい匂いを漂わせるために燃やす穀類に色づけするのにも用いられた。もっと後には、下男たちがニンニクやタバコの匂いを消したり、髪の毛によい匂いを含ませるために小さく切って噛んだ。その匂いはスミレと同じであるから、よくスミレの代用品にもされた。

アルビカンス種（*I. albicans*）はよくフロレンティーナ種と混同されたり、その変種と考えられていた。しかし、今では違う種と考えられている。アルビカンス種はヨーロッパ各地で、自然に生えている美しい白いアイリスである。多数が群生するので南フランスのレゾングルーでは、地中海沿いの平担地でブドウ園を区分する砂地の土手のつなぎに用いられるほどである。このアイリスの故郷はアラビアのイエメンであるが、イスラム教徒の間では墓地にふさわしい植物として何世紀にもわたって好んで植えられた。今ではかつてサラセン帝国の影響があったあらゆる地域で帰化している。かつてスペイン人も、これを新世界に運び込んだようで、メキシコのシェラマドレ山脈で一見して野生の状態で咲いているのが見つかっている。イスラム教徒にとって、このアイリスはお金を意味している。たとえ死者が、この世で貧困のために亡くなったとしても、来世では金持ちであるようにと願ってこの植物を墓に植えたのである。

パリダ種（*I. pallida*）はゲルマニカ種やフロレンティーナ種より少し遅れてイギリスに入ってきた。これはジェラードが育てていたアイリスの一つで、ダルマティアの大きなアヤメと記されていた。彼はこの花について「葉が他のものよりもずっと広くてぶ厚く、もっと密生している。しかも鳥の翼かクジラの鰭のようにきちんと並んでついており、先端ほど緑色が強く、下へゆくにつれて輝くような紫色になり、地面まで葉がある。その葉の間から四フィートも茎がのびていて、その高さは私自身が何度も測ったことがある。茎のてっぺんに美しい花が咲いている。花は明るい青色で（私たちの隠語だが）ワチェット色である。この花はとてもよい匂いがして、オレンジの花とよく似ている」といっている。彼は小形の「ダルマティア・アイリス」も育てていた。これについて彼は「……井戸から汲んできたばかりの冷たい水を、けっして頭からかけてはいけない。こ

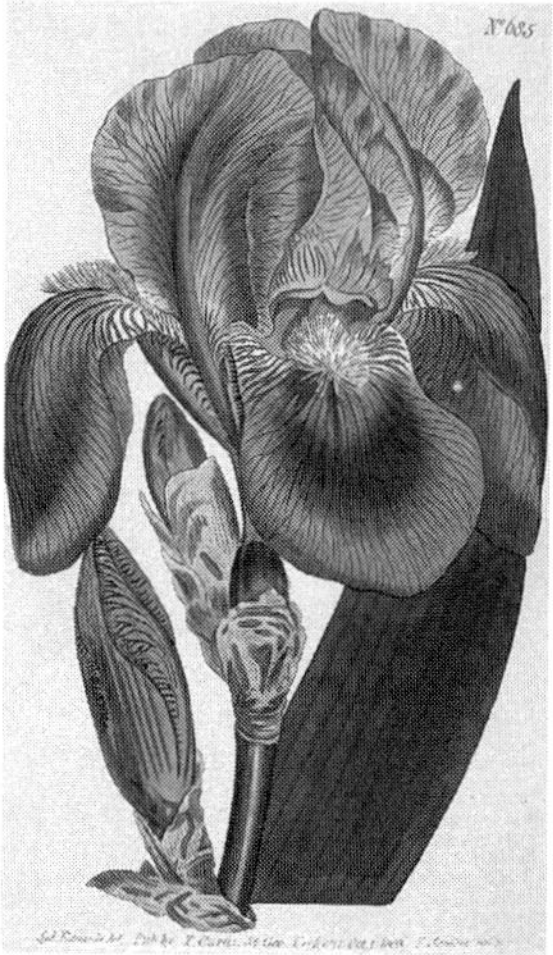

イリス・パリダ
（CBM 第685図　1803年）

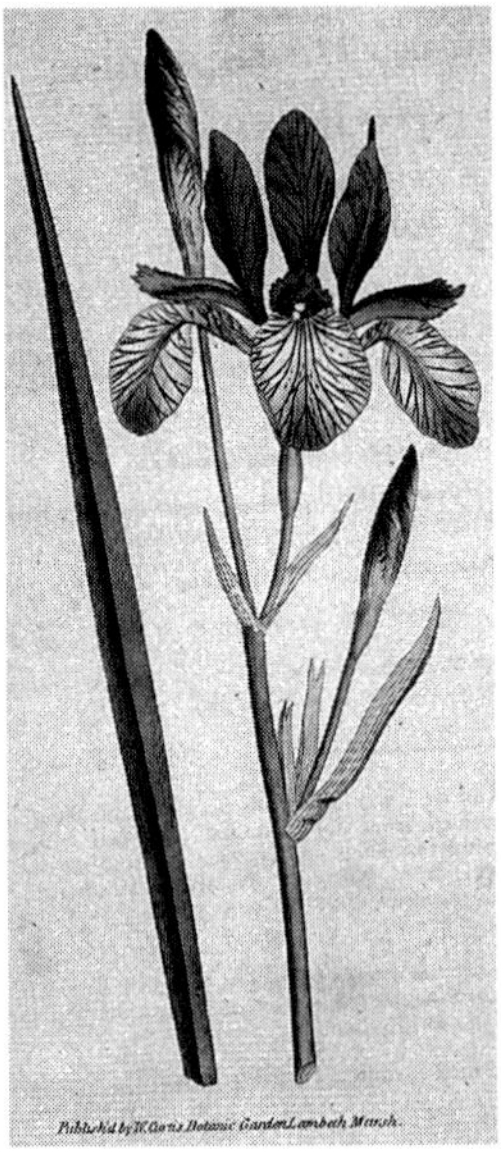

イリス・シビリカ
(CBM 第50図　1788年)

の花はとても柔らかいので、すぐに枯れて腐ってしまうだろう。それについてはすでに証明済みである。ところが、水をやらずに放っておいたものは生き延びて今日に至るまで増え続けている」といっている。その自生地では、パリダ種は今でも「ペルニッツア」(*Perunitsa*) と呼ばれることがよくある。スラブ人にとってのジュピターである、雷神ペルンの花という意味である。

シビリカ種 (*I. sibirica*) は花壇の縁取りに用いられる植物の中で、最も寒さに強いものの一つであるが、一五六七年以前から育てられていた記録がある。この変種フレックスオーサ種 (*I. sibirica* var. *flexuosa*) については、パーキンソンが一六二九年には知っていた。シベリアという誤解しやすい種小名をもっているが、ヨーロッパが原産地である。ドラヴェイ種 (*I. delavayi*) を除けば、すべてのアイリスとは茎が空洞であることで区別される。

スシアーナ種 (*I. susiana*) は、英語名「モーニング・アイリス」(the Mourning Iris)。「伝説によれば、この花はペルセポネの侍女で、地獄にまでついていったという」(G・B・スターン『モノグラム』)。コンスタンティノープルを経て、一五七三年以前にイギリスへ持ち込まれ、トルコのアヤメと呼ばれていたのであるが、たいそう評判がよかった。ジェラードはこれについて「ホロホロ鳥のような色をしており、めったにない美しい花である」と述べている。また、パーキンソンは「すべての花の中で一番重要な花はクロテンの花 (Sable flower) である。この花は葬儀にしっくりと合う。自然界全体の中で、これほど悲しみを表わしたもの、またはこれ以上に葬儀に似合うものはなく、しかも私の知っている植物の中でこの花のような色を持ったものもない」といっている。ハンベリーはこのことを「すばらしい、と同時に恐ろしく大胆な花で、たいそう変わった形をしており、奇妙な色なので無知な農夫に恐怖心を植えつける。そのような農夫に、シーッ、シーッという声を立てているように見える、口に似た形の花に指を入れさせせようとしても無理であっ

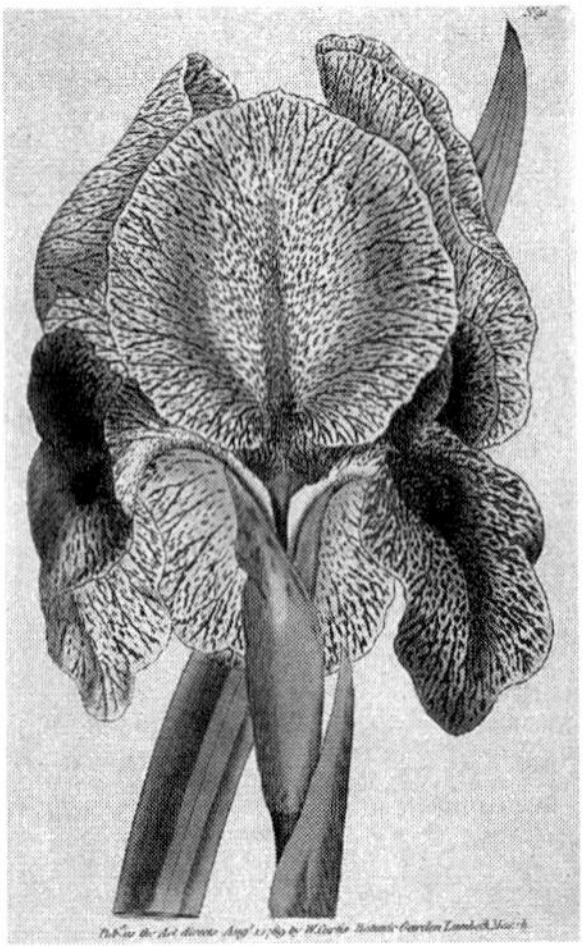

イリス・スシアーナ
(モーニング・アイリス)
(CBM 第91図　1789年)

た。だがこの口こそはハンベリーや彼の友達を大いに楽しませたものなのである。花全体は三つのはっきりした頭があるので、ケルベロス〔ギリシア神話に出る、地獄の門の番犬で、頭が三つある〕という名がこの花につけられた」と述べている。またギルバートによれば、これを「ヒキガエルのアイリス（the Toad-flag）と呼ぶ人もいた」。花はとても大きく、まっ白で葉脈がはっきり見え、まっ黒に近い色の斑点がある。W・R・ダイクスは、インクがにじみ流れている新聞のように見えると意地悪く書いている。残念なことに、このアイリスの仲間でベル-レイド種（*I. belle-laide*）は育てるのが難しく、自分がとくに好む場所でないと育たない。ジェラードは「地面が湿りすぎている所には植えなかったので、私の庭ではうまく増えている」といっているが、さぞ自慢であったろう。ハンベリーもまた自分の著書の中で、このアイリスについて述べているが「私の畑でこれまでよりもきれいな花を咲かせるようになる二〇〇年も前に」すでにイギリスに紹介されていたと書いているのは明らかに誇張である（もし誇張でないとすると、当時は湿気の高い夏がなかったのかもしれない）。この花の種小名は、古代ペルシアの町スーサから取られている。スーサに生えていたと信じられていたからである。この植物の本当の原産地ははっきりしないが、東部地中海沿岸諸国であると考えられている。

　ツベローサ種（*I. tuberosa*）はヘルモダクティルス・ツベロースス（*Hermodactylus tuberosus*）とも呼ばれ、英語名は「ヘビの頭のアイリス」（the Snake's Head Iris）で、かなり早くからイギリスに紹介されていた。これについてもジェラードを引用したい。「茎の下部、下向きについている葉は、完璧な黒色でヴェルヴェットのように柔らかく滑らかである。黒のまわりは黄緑色で縁どりされており、その黄緑色はガチョウの糞の緑色（a roose turd greene）と呼ばれている。茎の上の方の葉はガチョウの糞のような緑色で、……プリニウスやテオフラストスは、このヴェルヴェット・アイリスが本当にヘルモダクティルスであるかどうかで論争したことがある。」しかしジェラードは、この論争はばかげていると考えていたようで、この花が「どこから見ても本物のヘルモダクティルスであることには」同意しないといっている。しかしながら、現代の植物学者は論争した二人の側にいるようだ。これは北半球に見られる他のアイリスよりも、南アフリカに自生するモラエアに近い。レイは一六六五年に「以前はたいていの家の庭で、ごく普通に見られたのであるが、今ではめったに見ない」と述べている。ハンベリーは根が

イリス・ツベローサ
（CBM 第531図　1801年）

「あまり深くまで伸びて消えてしまう」ことがないように、土を深くしすぎぬことと忠告している。ヘルモダクティルスという名前はヘルメスの指という意味で、その根の形からきている。「最も手先の器用な男ヘルメスとこの植物と関係があるというはっきりした理由はないように思える」けれども（R・E・S・スペンダーとL・F・ペセル『素人のためのアイリス栽培』一九三七）。

　ウングイクラリス種（*I. unguicularis*＝スティローサ種 *I. stylosa*）。この、冬に花の咲く人気のあるアイリスは、イギリスには比較的遅くやってきた。とはいえ、原産地がアルジェリアであるから、これ以外にたくさんあるアイリスに比べて、それほど遅れてこの国にやってきたわけではない。このアイリスはマンチェスターの司教ウィリアム・ハーバートが収集し紹介した。最初、寒さに弱いと考えられ、温室で注意深く育てなくてはならないと思われていた。

　クシフィオイデス種（*I. xiphioides*）は「イングリッシュ・アイリス」と呼ばれるが、イギリスと関係があるのは名前だけだ。原産地は、じつはピレネー山脈である。しかし、この植物は一五七一年以前にもブリストルの近郊でたくさん見られたので、ド・ローベルはイギリスに自生しているものと考えた。フランドルの優れた植物学者であるクルシウスは、これを探しに出かけたが、徒労に帰した。その後ド・ローベルから、庭でしか見たことがないと聞いて、もともとスペインから商船でブリストルの港に運ばれてきたものだと直感したのである。パーキンソンの書いた『太陽の苑、地上の楽園』（一六二九）によれば「その後、この植物はたいそう増えて多くの場所に散らばり、やが

イリス・クシフィオイデス
（イングリッシュ・アイリス）
（CBM 第687図　1803年）

様々なアイリス
（ベスラー『アイヒシュテットの園』1613年）

イリス・クシフィウム
（イングリッシュ・アイリス）
（CBM 第686図　1803年）

てそのあたりの庭で、ごく普通に育つようになった」。しかし、やがて「イギリスの」アイリスの名前はしっかりと確立された。その原因の一つは、オランダの球根商人が、この球根をイギリスから最初に手に入れたことによる。この花は一六一三年にドイツ人ベスラーの『アイヒシュテットの園』の中に「イングリッシュ・アイリス」の名前で出て、それ以来その名前が定着した。パーキンソンは七種の「青系統のイングリッシュ・アイリス」を育てていた。その中には桃の花の色に似た種類も含まれており、彼はこれは珍しいと述べている（一六六五年にはレイがこれを育てている）。また一七二〇年には二〇種の変種が見られたが、これまでに黄色のものは知られていないと書かれている。

　クシフィウム種（*I. xiphium*）、英語名「スパニッシュ・アイリス」。「イングリッシュ・アイリス」と深い関係があるが、「スパニッシュ・アイリス」はかなり南に分布しており、南スペイン、ポルトガルから北アフリカに及んでいる。より乾燥した土地を好む。これは一五九七年以前にイギリスへ紹介されたと考えられる。「イングリッシュ・アイリス」よりも色の変化が多く、黄色や銅色のものもある。パーキンソンは三一種も育てていた。ジブラルタルの近郊で見つかった耐寒性のある種類を使って、ツベルゲンは「ダッチ・アイリス」を作り出した。「ダッチ・アイリス」は「スパニッシュ・アイリス」よりも約三週間早く花をつける。ついでカリフォルニア産のアイリスが重要になってきた。とくにインノミナータ種（*I. innominata*）とダグラシアーナ種（*I. douglasiana*）との交配種が重要である（インノミナータとダグラシアーナの二種は簡単に、例えば野原においてでさえ、交雑するので純粋な種は珍しい）。一九二八年、名前がついていないアイリスが脚光を浴び、それに、花の特徴をまったく表わしていない名前「インノミナータ（名無しの）」がつけられた。どんな植物でも初めて見つかった時には「名無し」であるから、この植物にだけそうした学名がついたことは、妙である。これは七年後にイギリスに入った。耐寒性があって、簡単に花をつける小形のものから、見た目にも楽しい、多くの種類がそれ以来育てられている。

　その他のアイリスにも興味ある話が伝えられている。私にとっては、本物の花を見たというよりは旅行者の話の受け売りであるが、まずキネンシス種（*I. chinensis*）である。これを育てていた人は毎日熱湯をまいたという。つまりキネンシス種が植えてあるポットの受け皿に熱湯を注いたのである。エドゥリス種（*I. edulis*）の根はアフリカで「人間と猿とだけが」食糧にしているとミラーは書いている。テナックス種（*I. tenax*）の葉は繊維が強いので、それからアメリカ先住民の漁師は漁網を作った。テクトルム種（*I. tectorum*　和名イチハツ）は、七世紀以来中国や日本では茅葺き屋根の上でも咲いていた。シシリンキウム種（*I. sisyrinchium*）は最も広く分布しているものの一つで、今日ではギナンドリリス・シシリンキウム（*Gynandriris sisyrinchium*）と改名されている。理由は、これだけが球根や塊根ではなく、球茎から芽が出るからである。イギリスでは一六二九年以前にすでに育てられていた記録があるが、それ以来、めったに育てられることはない。「十二時から四時までのアイリス」と呼ばれるが、そのわけは、この花が「昼近くなってから開き、しかもごくわずかな間だけ咲いている」（ケイヴ）からである。この根は豚の大好物であった。シシリンキウムというのは「豚の鼻」の意味である。もし人間がこれを食べると「それを消化し効き目をあらわすためには飛び跳ねて運動しなくてはならない」とトゥルヌフォールは記している。

かつてアイリスは薬として多く使用されていたが、その利用法の中には奇妙なものもあった。ターナーは次のようにいっている。「ワインの中に漬けておき、その液で口を洗うと、グラグラした歯がしっかり固定される。またこれは眠気を起こし、涙を出させる。腹痛に効くし、風邪をひいた人にもよい。白いクリスマスローズの根を粉末にしたものと蜂蜜とを一緒に塗ると、日焼けからおこるシミやソバカスを消す。」ジェラードは水腫に効くと薦めている。そして、「息苦しい時、咳が出る時、胸が弱い人はなめるとよい」といっている。また塗り薬としても用いられるが、その際皮膚との間に「一枚の絹か薄いローンの布」を置くことが望ましいといっている。アイリスの根は、ワインやビールの樽の中に吊しておくと、カビ除けになる。フランドル地方ではフェルデリス（Verdelis）と呼ばれる顔料がこの花から採られた。プルタルコスによれば、アイリスは「天の目」という意味である。だから、虹や目の瞳を指すのにこの単語が使われる。ギリシア神話の女神イリスはジュピターの使者で、虹は彼女が天と地上を頻繁に往復するのを容易にするためのかけ橋である。この花はその色合いの多様なことから虹にちなんで名前がつけられた。そして実際、現代のアイリスには真紅を除くすべての色がある。

アオキ

Aucuba《アウクバ》

ミズキ科

典型的な曲解の例だが、イギリスで唯一栽培されているゲッケイジュ属の仲間であるラウルス・ノビリス（*Laurus nobilis*）をイギリス人は「ローレル」と呼ばず「ベイ」と呼んでいる。そして「ローレル」という名を、ゲッケイジュ属とはまったく関係のない灌木に冠している。例えば、実際はサクラやスモモの仲間である植物に「コモン・ローレル」や「ポルトガル・ローレル」、ジンチョウゲ属のものに「スパージ・ローレル」、ガマズミ属の植物に「ラウルスチヌス」といった具合である。特にひどいのがアオキの場合で「斑入り月桂樹《ローレル》」と呼ばれるが、アオキはミズキ科の植物なのである。斑入り葉のアオキは、今ではありふれており、それが普通だと受け取られているため、斑入りでないアオキもあるとまでは考えが及ばない。しかし、斑入りでないアオキはじつに美しい灌木である。

日本のアオキ（*Aucuba japonica*）は雌雄異株で、雄花と雌花を異なる株に咲かせる。イギリスではじめて育てられたと考えられるのは斑入りのアオキで、一七八三年にジョン・グレーファーが日本から輸入したものだった。日本でアオキの栽培が好まれるのは、その葉を愛でるためだが「それがどんな役に立つのか私たちイギリス人にはわからない」（J・シムズ『ボタニカル・マガジン』一八〇九）。はじめ何年かのあいだは加熱温室《ストーヴ》で育てられ、それから加熱装置のない普通の温室《グリーンハウス》や標本温室《コンサーヴァトリー》で栽培されるようになった。一八〇九年までに戸外での栽培がこわごわながら試みられてはいたが、温室で栽培されたもののほうがきれいだと思われていた。しかし、交雑受精が行われていなかったため、この当時「黄金の植物《ゴールド・プラント》」と呼ばれたアオキは、実をつけなかった。

ロバート・フォーチュンは一八六一年に日本を訪れたが、その際の主な目的の一つがアオキの雄木を手に入れることだった。「すべてのアオキが真紅の実をいっぱいつけて、わがイギリスの窓辺や庭を飾っている姿を思い描いてもらいたい。この探検の

アウクバ・ヤポニカ（斑入りのアオキ）
（CBM 第1197図　1809年）

成果としてそうなるかもしれないと考えただけでも、イギリスからはるばる日本まで旅する価値があろうというものだ」と、フォーチュン自らが語っているように。

彼は横浜のホール博士の庭で、ついに一本の斑入りでない雄木を見つけた。それをバグショットにあるスタンディッシュ＆ノーブル商会の苗圃に送り「そこで母樹が増やされ」、一八六四年にケンジントンで、実をつけたアオキが展示された。これは、ちょっとしたセンセーションを巻き起こし、『ガードナーズ・クロニクル』誌は「明るい真紅の楕円形の実をいっぱい房のようにつけた見事な灌木」と呼んだ。それから二年後、実をつけていないアオキは半クラウン（一クラウン＝五シリング）で買うことができたが、実をつけたものだと一五ポンドから二〇ポンド（一ポンド＝二〇シリング）もした。また雄木の値段は葉一枚が一ギニー（一ギニー＝二一シリング）にあたるほど高価なものだったが、それを商売にしている種苗商から借りて他家受粉させることもできた。この話を聞くと犬の場合と同じように植物の血統記録簿が保存されていればよいのにと思う人がいるだろう。

多くの園芸種があって、価値の大きいもの、それほどでもないものを含め、一八六一年から六七年にかけて、アオキには二一の園芸の賞が与えられた。一八九〇年代に至るまで、人気は衰えることなく続いていた。この年、王立園芸協会の理事であったW・ウィルクス牧師は、「この植物は、誉めても誉めすぎるということはないだろう。六ないし八枚の斑点のある葉がついたほんの赤ん坊のような段階から、生垣の抜けた所を埋めるのに適している四フィートほどの高さで五〜六フィートの幅がある大きく広がった灌木に至るまで、とにかくすべてすばらしい」といっている。一九一四年までには、雌雄両方の普通の種類の木も、斑入りのものもあちこちで見かけるありふれたものになっていた。ビーンは、「植木鉢に入れた小形の木で大きな実がついているものが、ロンドンの街頭で売られている」と報告している。たくさんの実をつけさせるために、温室に入れて人工的に大きくするやり方は、今でも行われている。もし雌雄同時に花が咲きそうもないときには、雄木から採った花粉を一〜二週間容器の中に密封保存して、雌木の花が咲くのを待つということも行われる。

属名アウクバは日本語のアオキバのラテン語化したものである。中国では「桃の葉の珊瑚」という意味のTao-yeh Shan-huと呼ばれている。私としてはこの植物を「斑入り月桂樹」（Variegated Laurel）と呼びたい。

アカンサス

Acanthus
アカンツス

キツネノマゴ科

アカンサス・モリス（*Acanthus mollis*　和名ハアザミ）の英語名は「クマの尻尾」（Bear's Breech）。園芸の専門家のなかには、アカンサスがイタリアをはじめとする南ヨーロッパからイギリスに導入されたのは、一五四七年か四八年であるという者がいる。しかしアカンサスは、もっと早くからイギリスで育っていただろう。なぜなら、一二〇〇年頃アレクサンダー・ネッカムが書いた『事物の本性について』の中に「キュウリ、ケシ、スイセン、アカンサスは、よい庭なら植わっているはずだ」という記述が見えるからである。ネッカムはチチェスターに庭を持っていた。もちろん彼がアカンサスを噂でしか知らなかったとも考えられる。が、ともかくこの花は、一五五一年までにはよく知られるようになっていたようだ。というのは、ターナーが彼の著書『新本草書』（一五五一）の中で次のように書いているからである。「アカンサスは、シオンの私の主人の庭にたくさん咲いている。私は今まで、この花が野生の状態で咲いているのを見たことがない。アカンサスについてもっとたくさん知りたい人は、ディオスコリデスの書いたものを読むとよい。イギリス中でよく知られているから、これ以上の記述は省略したい。」

パーキンソンはアカンサスをアザミに分類し、「庭にアザミを植えていると聞けば、人は私が奇妙な人間だと驚くかもしれない。よくいわれるように、アザミは喜ばしいものというより厄介なものであり、完全に取り除くことは大事に育てることよりも難しいからである」と述べている。ジョン・ヒルの解釈では「アカンサスは（花全体の形はそこそこ美しいが）花の美しさではなく、葉の形が変わり物を好む人の注意を引く」のである。

建築用のデザインとしてもすばらしい形をしているアカンサスの葉を見れば、この植物が、コリント様式の柱頭を生み出したという言い伝えが本当らしく思えてくる。ウィトルウィウスによれば、誰かが上に瓦を載せた籠をたまたまアカンサスの上

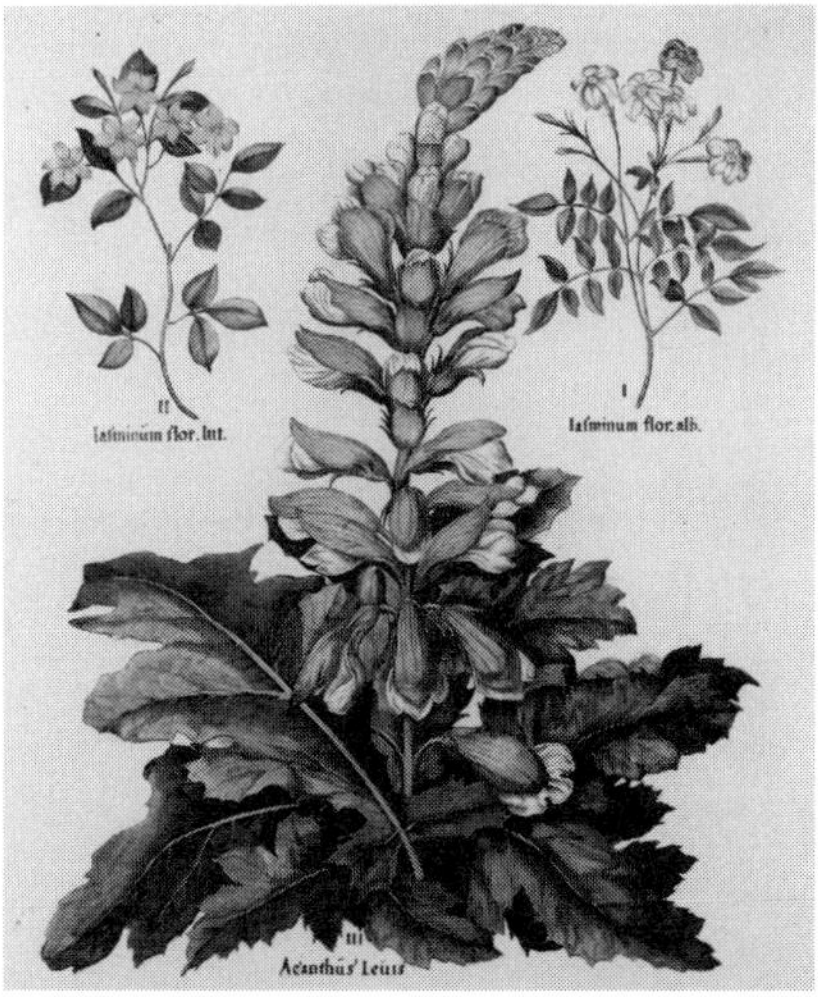

アカンツス・モリス（中央の図）
（ベスラー『アイヒシュテットの園』1613年）

に置いた。ところが、アカンサスが籠の中で大きくなり、上に瓦が載っていたために、葉が瓦を包むように外へ伸び出た。有名な建築家カリマコスが偶然にこれを見て、ちょうどコリントで建てていた神殿の柱のデザインを思いついたという。ヒルはさらに、「コリント式柱頭のアカンサスの葉のデザインを見ると、その形が伝えられている物語とずいぶん違うのに驚かされる。そして古代人の本当の好みが何であったかがわかる。しかし、ここに自由奔放な趣味がある。幸運なことにウェスタの神殿の遺跡の中には一番最初に考えられたデザインに従って彫られているこの様式の柱頭が残っている。柱頭のコーナーはきわめて写実的にアカンサスの葉を利用している。この柱頭は今でも他者を寄せつけないほどすばらしい」と書いている。

十九世紀になってアカンサスは再び人気を盛り返した。当時「亜熱帯風の効果」を出す植栽が流行しており、そのためには、他のくっきりとした輪郭をもつ葉の美しい植物と一緒に植えるとよい、とウィリアム・ロビンソンが推奨したからであった。

なぜ「クマの爪」(Brank-Ursine) とか「クマの尻尾」という奇妙な名前がついたのか私には説明できない。とにかくこのような名前は、ずっと昔から現われている。ジョン・イヴリンは薬草園に植えるべき植物リストの中にアカンサスを入れている。「常に鎮痛剤として用いられてきた」(パーキンソン『太陽の苑、地上の楽園』一六二九)からであろう。またアカンサスは、痛風や火傷や手足の脱臼などの手当てにも用いられたという。

アジサイ

Hydrangea
ヒドランゲア

ユキノシタ科

アジサイ属はアメリカとアジアに共通して分布している。最初にイギリスへ導入された種類はアメリカから来たもので、その後アジアからやって来た種類に、追い出されてしまった。そのアジア産のうちでもまた、最初の頃に紹介されたものは、今ではほとんど忘れられているのである。

この属には多くの種類があり、一種類だけに限って植えるようにしないと、庭は雑然としたものになってしまうだろう。例えば、南アメリカには、常緑で、赤い花が咲き、つる性の種類が多くあるといわれているが、それはイギリスには紹介されていない。また中国にはいくつかのすばらしいアジサイがあり、紹介されるのを待っている。

これら手に入らない種類を除いたとしても、今日、普通のアジサイからできた園芸種は多くあって、一八種類ないしはそれ以上の種が手に入る。そのほとんどが、じつにいろいろな形をした花房を持っており、それは結実能力のある小さな花と、数は少ないが大きくて見栄えのする結実能力のない花〔装飾花〕からできている。大きな花弁は花序全体に注意を向けるために

ヒドランゲア・アルボレスケンス
（CBM 第437図　1799年）

ついている。ガマズミの中にもいくつかそうしたものがあるが、属は別で関連はない。アジサイとガマズミには、庭向きの目立つものが育てられていて、花房は全体として見栄えがするが結実能力がない花でできている。

イギリスへ最初に紹介されたアジサイは、白い花が咲くアメリカ産のアルボレスケンス種（*Hydrangea arborescens*）で、一七三六年にピーター・コリンソンが見つけたものである。しかし、それは、その後一〇年間花が咲かなかった。ミラーは、「美しいからではなく、庭に変化をつけるために植えられた」といっている。しかし、一八二三年には屋外ではまだ本格的には栽培されておらず、「イギリスのバルコニーや窓辺でごく普通に見ることができる、まったくありふれた植物の一つ」（エリザベス・ケント『イギリス産植物誌』）であるといわれていた。

結実能力のない園芸種のグランディフローラ（*H. arborescens* var. *grandiflora*）は、一八六〇年頃にペンシルヴァニアの山の中で野生の状態で生えているのが見つかったといわれている。イギリスにいつ到着したかについては記録がないが、一九〇七年に王立園芸協会からメリット賞を受けている。大きくて球状の花房がつくが、重いので、細い茎では支えられず、雨が降った後ではわびしげに花房を垂れている。アルボレスケンス（木のような）という種小名は誤解を招く。というのは、庭では三ないし四フィートになることは稀であるから。

ヒドランゲア・パニクラータ
（和名ノリウツギ）
（シーボルト、ツッカリーニ
『日本植物誌』第61図　1839年）

日本産のパニクラータ種（*H. paniculata*　和名ノリウツギ）などの方が、はるかに木らしくなる。パニクラータ種は、自生地日本では二五ないし三〇フィートにもなる。一八六一年にイギリスに紹介されたが、今ではアメリカ産のアジサイをほとんどの庭から追い出してしまっている。これにもグランディフローラ（*H. paniculata* var. *grandiflora*　和名ミナヅキ）という園芸種があって、イギリスで一八八一年以前に作出された記録がある。大きくて円錐形の羽根飾りのように見えるものは、すべ

ヒドランゲア・クエルキフォリア
（CBM 第975図　1806年）

て結実能力のない花が集まったものだ。アメリカでは、これは「ピー・ジー・ハイドランジア」（Pee-Gee Hydrangea）と呼んでいる。まるでアメリカ先住民を連想させるような音であるが、じつは学名の頭文字をとっているにすぎない。元の野生のものよりも優れた園芸種フロリブンダ（*H. paniculata* var. *floribunda*）は、一八六四年にカール・マキシモヴィッチが日本からサンクト・ペテルブルクの植物園に持ち帰った植物の中の一つであった。

アジサイの多様性はイギリスの庭で普通に見られる三種、クエルキフォリア種（*H. quercifolia*）、ペティオラリス種（*H. petiolaris*　和名ツルアジサイ）、サージェンティアーナ種（*H. sargentiana*）によって、よく示される。クエルキフォリア種は、三つのうちでは一番古くからあるが、おそらく一番珍しいものであろう。これは、アメリカ人ウィリアム・バートラムが一七七三〜八年にカロライナ、ジョージア、フロリダを探検した際に見つけたもので、彼の旅行記の中で述べられ、絵入りで紹介されている。おそらく、その旅行記によって、アジサイに興味をかきたてられたのだろう。ジョン・ライオンという人物が一八〇五年頃に生きたクエルキフォリア種を持ち込んだ。その後、彼がそれを増やして売り出したことで広まっていった。「沼の雪玉」（Swamp Snowball）とか「ナラの葉のアジサイ」（Oak-leaved Hydrangea）と呼ばれるアジサイの花は、バートラムによれば、「本当に永久に枯れないといっていいほどで、本体の枝が枯れてしまうまで、何年もの間、枝についたままである」。きれいな浅い切れ込みの入った葉は、秋には美しく紅葉する。しかし、イギリスではアメリカほど簡単には花が咲かない。特に南部や西部以外では、寒さに負けてしまう。

ところがペティオラリス種はこれとは異なり、元気な日本産のつる性のアジサイで、北側にある壁でも繁茂するし、ツタと同じように、気根を用いて六〇〜八〇フィートの高さまで登って行く。このアジサイは二度キュー植物園に紹介されたことがある。最初は、一八七八年にドイツのバーデン植物園のマックス・ライヒトリンが紹介したのだが、その次を含めて二度とも、スキゾフラグマ・ヒドランゲオイデス（*Schizophragma hydrangeoides*　和名イワガラミ）という名前で紹介された。イワガラミは、大きな見栄えのするがく片が結実能力のない花の一つ一つにただ一つだけついており、一方アジサイの方には、四枚のがく片がついているという点だけが違っている。イワガラミは

ヒドランゲア・マクロフィラ
（CBM 第438図　1799年）

王立園芸協会編の『園芸事典』では、絵入りで、しかしながら、今度は逆に、そのライバルであるアジサイの名前で載っている。

サージェンティアーナ種は、森林地帯に生えるかなりやっかいな習性を持った灌木で、大きな葉と赤茶色の密生した厚い毛で守られた若枝がついている。一九〇八年にウィルソンによって中国からアーノルド樹木園にもたらされた。学名は、この樹木園の園長であったチャールズ・スプレイグ・サージェント教授に敬意を表してつけられた。キュー植物園では、一九一一年に初めて花が咲いた。

しかし、これまで述べてきたことはあまり大事なことではない。大多数の庭師にとっては、アジサイは一つしかない。アジサイとは花房の大きな園芸種のことで、植物学者はホルテンシア種（*H. hortensia*）とかマクロフィラ種（*H. macrophylla*）とかオプロイデス種（*H. opuloides*）とかそれ以外にもいろいろな名前でこれを呼んでいる。先に進む前に、この複雑な学名についてはっきりさせておいた方がよいだろう。

ヨーロッパで知られていたものは、それが生きたものであれ、乾燥標本であれ、長い間中国ないしは日本産の園芸種だけであった。アジサイに複雑な学名がついた原因は、花房に結実能力のない花しかついていなかったためである。数えようにも雄しべはなく、調べようにも果皮がなかったので、植物学者は、アジサイがどの属なのか判断できなかった。

ケンペルは、一七一二年にニワトコ（*Sambucus aquatica*）であると書いており、ツンベルクは、一七八四年に日本から二種類の乾燥標本を持ち帰ったが、それにガマズミ（*Viburnum macrophyllum* と *V. serratum*）のラベルを貼った。ロレオロは、かなり荒っぽいが、プリムラの仲間に分類した。他の植物学者は、新しい属であると考えた。また天文学者のルジャンティーユ（正式な名前はギョーム・ジョゼフ・ヒアシンス・ジャン-バプティスト・ルジャンティーユ・ド・ラ・ガレジエール、一七二五〜九二）は、一七七一年にマレー諸島からモーリシャス島へいくつかのアジサイを持ち帰ったが、これをルポティアと呼ぶべきであると提案した。その名前は、有名な時計職人の妻で、優れた天文学者であったルポート夫人にちなんだものであった。フランス人植物学者コメルソンは、当時、この地域の動植物を研究するためにモーリシャス島にいたのであるが、ホルテンシアという名前の方がよいと書いた。その名前はルポート夫人にちなんだものではないし、ジョゼフィーヌ皇妃の娘、オルタンス妃にちなむものでもない（彼女はコメルソンが死んで一〇年後に生まれた）。その名はバハマのナッソー王女の娘のオルタンス・ド・ナッソーにちなむものである。彼女は優れた植物学者で、コメルソンと同じく、一七六六年のブーガンヴィルの世界一周航海に同行した。この名前はフランスで採用され、学名はホルテンシア・オプロイデス（*Hortensia opuloides*）ということになった。しかし、これで終わりではなかった。

一七八九年にジョゼフ・バンクス卿が中国からキュー植物園にある植物を導入した。そして一七九二年にイギリス人植物学者J・E・スミスが、ついにその植物をアジサイの仲間であるとはっきり同定した。スミスは、ある女性の名前がかかわっているということを知らずに、これに「庭の」という意味でホルテンシス（*hortensis*）という種小名をつけた。その後ヒドランゲア・ホルテンシアという名前に修正された（一八二九年）のち、ツンベルクのつけたヒドランゲア・マクロフィラという名前に変わった（一八三〇年）。そしてこの件については、一〇〇年以上そのままであったが、この名前で庭で栽培されているアジサイは、二つないしそれ以上の異なった系統が含まれているということがだんだんわかってきた。

ロビンソンは、この属全体が、「誰か熱心な愛好家によって調べられる必要がある」といっていたが、幸運なことに、ハワース・ブースという愛好家が現れ、最近、この属について注意深い専門的な研究を行っている。彼はバンクス卿が中国から持ち帰った植物（その原種は、一九一七年にウィルソンが見つけていた）はマリティマ種（*H. maritima*）で、ツンベルクが日本で見つけたものとは区別されるべきであるといっている。ツンベルクの持ち帰った二種類は、複雑な過程を経てできてきた園芸種で、ハワース・ブースはどちらも交配でできたことを承知の上でそれぞれ交配種のマクロフィラ種（*H.*×*macrophylla*）とセルラータ種（*H.*×*serrata*）という学名をあてている。その識別は重要である。なぜなら、両種は園芸界の要求に応じて大きく変異しているからである。マリティマ種は生命力が強いので、海辺の生垣などには最上であるが、内陸では脆弱で、海岸から離れるにつれて、花の数が減る傾向がある。しかもこれは頂芽しか咲かない。セルラータ種は、おそらく、森林地帯に育つ三種の日本産の系統を引くものであろう。白のヤポニカ種（*H.*

ヒドランゲア・ヤポニカ・コエルレア
（CBM 第4253図　1846年）

japonica）とピンクのアクミナータ種（*H. acuminata*）の二つは、一八四四年にクラプトンの種苗商ローがイギリスへ導入した。そして、濃い色合いのツンベルギー種（*H. thunbergii*　和名アマチャ）は、ケントのダンブリッジウェルズの種苗商クリップスが一八七〇年頃に導入したものである。このタイプのアジサイは、海から離れた方がよく育つ。花は頂芽でも、腋芽でも咲くが、半日蔭が望ましい。マクロフィラ種はセルラータ種と同じ血統だが、さらにもう一つの親としてマリティマ種の血が混ざってできたと信じられている。ホルテンシアという系統名は、ほとんど不稔性の花からなる球形の花序をもつ園芸種を指し、それとは違って中心部に稔性花があり、周囲に不稔花をもつ平たい散房花序の園芸種と区別するために用いられているが、ハワース・ブースは、後者の方にはまわりを単なる飾りの不稔花がとりまいている〔ガクアジサイの形〕としてそれにふさわしいレースキャップ（Lacecaps）という名前を与えている。

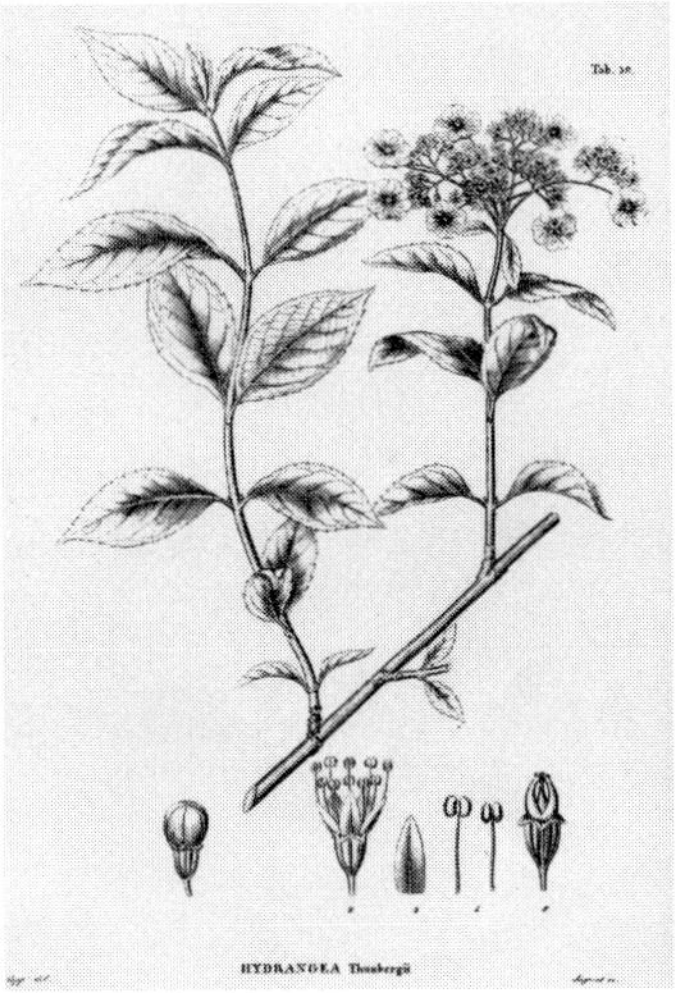

ヒドランゲア・ツンベルギー
（和名アマチャ）
（シーボルト、ツッカリーニ
『日本植物誌』第58図　1839年）

「中国のテマリカンボク」（Chinese Guelder-Rose）と呼ばれていたレースキャップ・タイプのアジサイほど、紹介された時から注目されたものはない。それは、まだ成熟していない時は緑色であるが、税関の役人の間でさえも、興奮を呼び起こす珍品であった。東インド会社の船主ギルバート・スレイターが同じ頃にこの植物を手に入れており、それが実際には、イギリスへの初登場であったと思われるが、バンクス卿がこの植物を紹介した人であると、今日確信をもって語られている。

十九世紀中頃までには、このアジサイは「室内用の植物として大きな価値を持って」いた。一八八〇年代、九〇年代までには、市場に出すために何千もの種類が育てられていた。素人園芸家が花の展示会に出品するため、普通に手押し車に乗せて運んでいたという。その頃、一八七九年に、ヴィーチ商会は専属の収集家、チャールズ・マリーズから二つの日本産のレースキャップ・タイプを受け取った。それは変種のロセア（*H. macrophylla* var. *rosea*）とマリージー（var. *mariesii*）で、このタイプとしては、イギリスで見ることができた最初のものであった。それらは、「普通のアジサイからできた多くの園芸種の中で最も珍しいもの」と考えられたので、大いに注目を浴び、その後は、交配種を作り出す上でたいへん価値のあるものになった。特にフランスではそうで、いくつかのすばらしいレースキャップが、一九〇三年頃にナンシーのルモワン商会で作り出された。一九〇五年には、やはりルモワン商会の職人が、ホルテンシア・タイプの花の中に、結実能力のない花に混じって結実能力のあるものが少しあることに気がついた。他家受精によって、わずかではあるが、種子を手に入れることができ、一九〇七〜八年に、最初のヨーロッパ育ちのホルテンシアの交配種ができた。それ以来、イギリスでもヒザー・グリーンのH・J・ジョーンズという専門家が一九二五年頃にいくつか良質のものを育てていたが、大多数の新種は、ヨーロッパ大陸で育てられるようになった。庭向きの園芸種の数は、今では三七〇種以上を数えるが、ハワース・ブースは、その著書『アジサイ』（一九五九）の中で、およそ三二七種について記述している。その中には「造園家クーネルト」（Gartenbaudirektor Kuhnert）とか「幼子イエスの妹テレーズ」（Petite Sœur Thérèse de l'Enfant Jésus）といったものも載っていて、「それらの名前は、元のアジサイが何であったかを表している」。

花の色が変わる、まるでカメレオンのようなアジサイの性質は、すぐに注目を浴びた。『ボタニカル・マガジン』には一七九六年にアッパー・オソリー伯爵夫人が手に入れた植物についての記述がある。この植物は、同じ植木鉢で育てていても、ある年は赤い花を、その次の年は青色の花をつけたという。ある時、この花が何かによって光を遮断されるとその色になるという評判が立ったが、すぐに、色が変わるのは生長していく環境と関係があるということがわかってきた。青い花を作り出す実験が、一八一八年のロンドン園芸協会の『紀要』で報告されている。

フィリップスは、どの種類であれアジサイというものがまだ珍しかった頃に、ハンプシャーの「わびしい共有地《コモン》」にある、田舎家の庭に生えている大きな青色の花が咲く種について、感動的な話を報告している。その所有者は、とにかく貧しかったけれど、この花を一〇ギニーで手放すことを拒否した。これは「その人の亡くなった娘が育てていた」大事な花だったからだ。説得の末、ようやく彼は少しだけ切ることに同意した。ところが、挿し木で育てられたそのアジサイは、新しい環境に置くと、ピンクの花が咲いたという。一八七五年までには、ミョウバンの入った水をやるか、土壌に鉄屑を混ぜると、花の色は青になるということが発見された。

「自然の繊細な色合いのローズピンクは望ましい。我々は〝窓際の庭いじり〟でインチキをすることは勧めない」とバービッジは、きっぱりといっている。今では、アジサイは、酸性土壌では青い色に変わるということがわかっている。好きな花の色を作り出すという園芸の仕事をするためには、いろいろなやり方がある。しかしアジサイは、種類によって自分の色を変える能力が大幅に異なる。その原因の一部は、そうした種類を作り出すのに貢献した野生種のせいである。白い花が咲くヤポニカ種は、どのような環境に置いても青色に変わらない。一方、アクミナータ種は、簡単に青くなる。ヤポニカ系の中で高い割合を占めている薄い色合いのものは、それより濃い色合いのものほど簡単に色が変化しない〔ヤポニカ種（和名ベニガク）は紅色が主流であるから、なにかの誤りか〕。

　シャーリー・ヒッバードは、アジサイは愛玩物にもなると評価している。なぜなら、「アジサイは、所有者が望む取り扱いに喜んで応えようとする」からである。しかし、ラウドンは、水をたくさんやらなくてはならないから、「自分の庭や温室に関心を持つ以外に、することがない人には適している」とあっさりと片付けている。暖かい地方の大形の種類は、毎日一〇ないし一二ガロンの水を必要とする。ヒドランゲア（*Hydrangea*）という名前は「水入れ」を意味しているが、異常なほど水をほしがるということには関係がない。最初に発見されたアメリカ産のアジサイの果皮が、コップの形だったから、与えられた名前である。**ran**の綴りは「rain（レイン）」ではなく「ラン」と読むのが正しいといわれている。アジサイの花言葉は、「高慢」である。花の後に実ができないのが、存在していない金鉱の分け前を約束する詐欺師まがいの経営者にたとえられている。

　日本では、ツンベルギー種〔現在はセルラータ種の変種とされている〕の乾燥した葉は、「甘茶」という特別な飲み物を作るのに用いられる。「甘茶」というのは、仏陀が誕生した時、その中に入って湯浴をしたといわれるものである。

アスター

Aster
アステル

キク科

アスターはイギリスで「ミカエル祭のデージー」（The first Michaelmas Daisy）と呼ばれる。最初に入ってきたのがアメルス種（*Aster amellus*）で、イタリアから導入された。イタリアでは一五九六年以前から栽培されていた記録がある。当時「海のシオン」（Sea Starwort）と呼ばれるイギリス自生のトリポリウム種（*A. tripolium*）が栽培されており、ジェラードによれば「セラピアの家バト」（Serapia's Turbith）という名前で呼ばれていた。

　アメルス種についてウェルギリウスが、『農事詩』第四巻の中

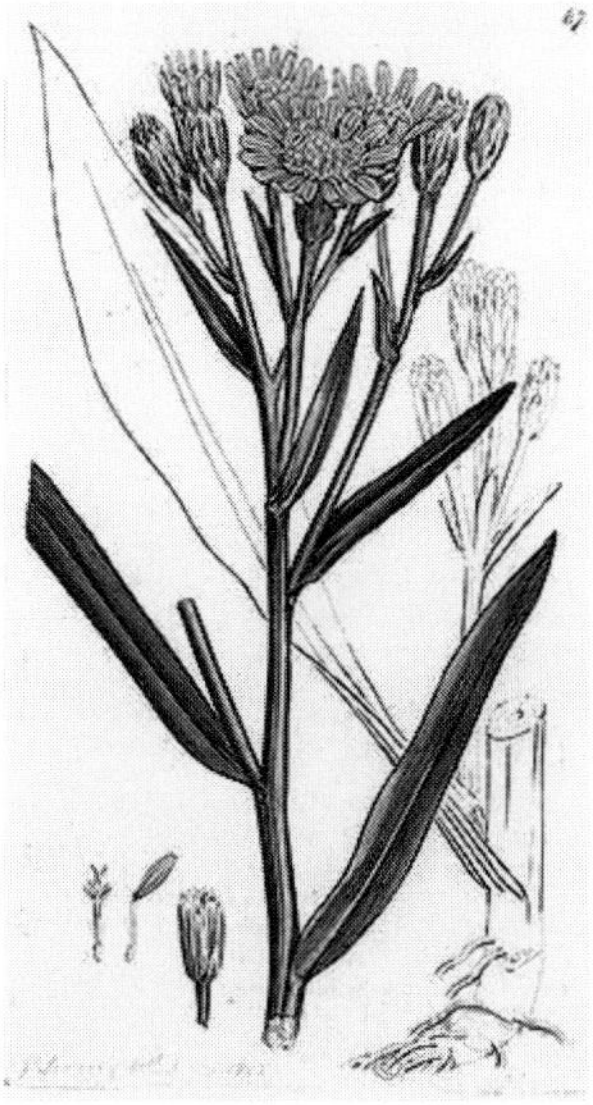

アステル・トリポリウム
（EB第1161図　1852年）

で次のように述べている。「神々の祭壇はよく、これらの花輪で飾られる。……香りよきぶどう酒でこの根を煮て、かごいっぱいに入れ、蜜蜂の巣箱の前に置くがよい。」また『庭師の辞典』（一八〇六）は「葉や茎には毛がはえており、にがいので、家畜はめったにそれを食べない。だから、他の草が全部食べつくされてしまった後も、これは牧場の中に残る。花が満開になるとすばらしい眺めで、詩人の注目をあびる」と説明している。パーキンソンや、「青や紫のマリーゴールドやイタリアン・アスター」について「八月に咲き、英国以外で一年中たやすく育つきれいな植物」と一六五九年に書いたトーマス・ハンマー卿によって栽培されていたのもアメルス種である。

栽培はじつに簡単である、というのは「こぼれ落ちた種子から育ち、よく増える植物だからだ」とスティーヴンソンは記している。そしてルイ・リジェールによれば、「アスターはとても早く繁殖するから、これが農地をひどく荒らすことがないようにするためには、三年ごとに移植するのが適当である」。

アスターから作られる軟膏はパーキンソンによれば「狂犬に咬まれた時に」効くと思われていた。アメルス種は園芸品種「キング・ジョージ」の親で、「キング・ジョージ」は一九一四年頃初めて姿を現わした後、一時期非常な人気を得ていたことがある。

アスターの種類はたいへん多いが、大部分は北アメリカが原産地である。北アメリカから最初に紹介されたのはトラデスカンティア種（*A. tradescantia*）で、一六三七年のヴァージニアへの探検で息子の方のジョン・トラデスカントが持ち帰ったものである。この花は遅咲きで、イギリスの庭へ、すぐには受け入れられなかったようである。なぜなら、ハンマーもイヴリンもこれについて述べていないからである。トラデスカンティア種よりはるかに重要なのはユウゼンギク、ノヴィ-ベルギー種（*A. novi-belgii*）で、一六八七年にドイツ人の植物学者ヘルマンがこれについて述べ、同定した。種子が収集された場所、ニュー・ネーデルランドというオランダ人の居留地にちなんで種小名はつけられている。この植民地は一六二三年にその基礎がつくられ、一六六四年にイギリスに併合された。その中のニュー・アムステルダムと名づけられた小さな町は、後のジェイムズ二世であるヨーク公爵にちなんでニューヨークと名前が変えられた。今日見られるアスターの三分の一以上は、一七一〇年にイギリ

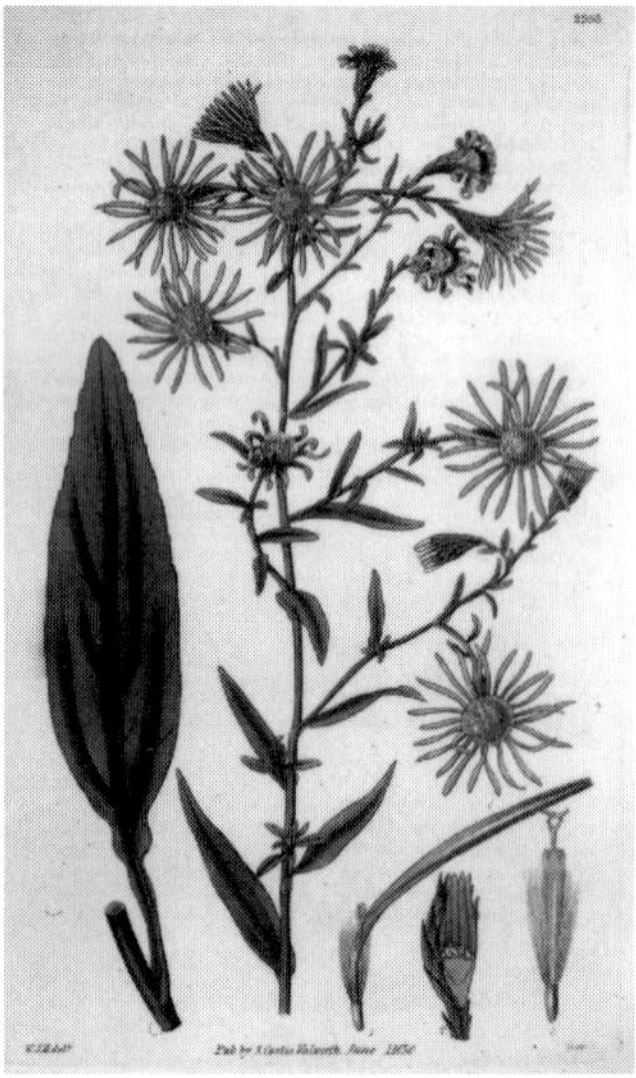

アステル・ラエヴィス
（CBM第2995図　1830年）

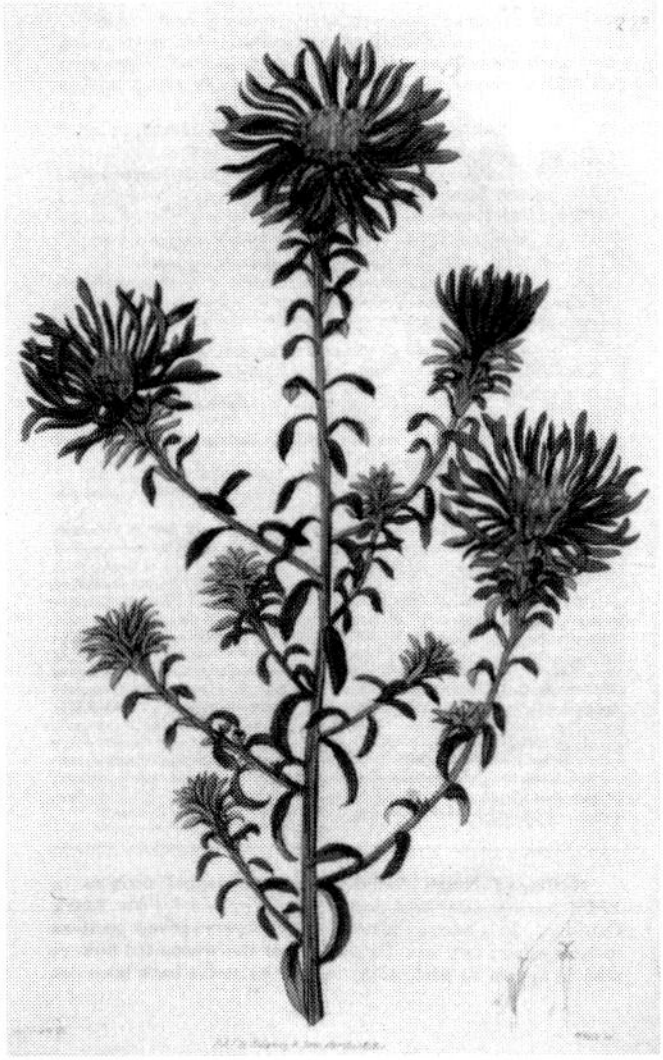

アステル・グランディフロールス
（BR第273図　1818年）

スに紹介されたノヴィ-ベルギー種と一七五八年にイギリスへ導入されたラエヴィス種（*A. laevis*）との交配によって生まれたものと考えられている。ニューイングランド地方からみつかったノヴァエ-アングリアエ種（*A. novae-angliae*）もまた一七一〇年にイギリスへ導入された。その桃色の花は夕方には閉じてしまうようだ。そして、他の種類とは違って自由に交雑することはあまりない。それでも、この種からも庭の植物として相応しいものが生まれて、例えば「ハリントンズピンク」（一九四五）などがある。一七二〇年にマーク・ケイツビーが導入したグランディフロールス種（*A. grandiflorus*）は、とても遅咲きの種類で「クリスマスデージー」と呼ばれ、一時価値ある花と考えられた数少ないアスターの一つであった。アスターは、最近まで軽んじられていた植物で、ラウドンは一八二九年にこの植物のことを「戸外に見る花がほとんどない季節には価値がある」けれども、「装飾に向かない」と述べている。一八七一年にはサザーランドが、どうしても栽培したいなら、「それらが何の役にも立たないような、または役に立つ機会もないような、邪魔にならない場所にまとめて植える」のが普通であると述べている。

この花を、日陰者の身から、ついに救い出したのはウィリアム・ロビンソンである。彼はアスターを好んでいた。良質の品種はヘンリー・ベケットらによって育てられていた。しかし、大多数は優れたアスター栽培専門家、故アーネスト・バラードのおかげである。彼が作り出した「ビューティ・オブ・コルウォール」は、一九〇七年にたいへん名誉な賞を獲得したし、彼は有名なピースを作り出す一九四五年頃まで、次々と美しいアスターを作り続けた。ノヴィ-ベルギー種にドゥモスス種（*A. dumosus*）をかけあわせた矮性の変種についても手短に述べなくてはなるまい。これらは一九二一～二五年に戦没者墓地協会のH・ビクター・フォークス氏が供花用に育てていた。その品種「リメンバランス」は普通、第一次大戦休戦記念日（十一月十一日）頃でもまだ花をつけている。

キク科は九〇〇〇種以上からなり、アスター属もその中に入っているが、全植物の十分の一を占める、このキク科の大部分はサザーランドによれば「正気の庭師であれば洗練された栽培種の花としては認めない野生種」のようなものである。アスター属にだけに限っても、紫の縦縞の花だけで、約三〇〇種ある。アスター属の大部分は栽培していても野生の状態でも、お互いに自由に交雑する。アメリカ人の植物学者エイサ・グレイはこの植物を分類しようとして、「これほど無頼の属はない。私は絶望して投げ出した」とさじを投げている。庭園用のアスターを「ミカエル祭のデージー」という名前で呼ぶようになったのは一七五二年以後である。この年、改訂されたグレゴリー暦が用いられるようになり、ミカエル祭の日（九月二十九日）が一一日早くなったため新たに導入された多くのアスター属の開花時期とだいたい一致するようになった。それまでは「星形の草」（Starworts）とか「アスター」（Asters）とか呼ばれていたのである。今では星のイメージからは程遠く、もはや星形とも一致しない花、すなわち一年草のカリステフス属（*Callistephus*）にこの名が用いられている。

アセビ

Pieris
ピエリス

ツツジ科

アセビ属は九種からなると考えるのが普通だろう。というのは、すべて常緑樹で白い花をつけるこの属の学名ピエリス（*Pieris*）は、ミューズ〔文芸、美術を司る九人の女神〕の別名ピーエリデスから取った名前だからである。しかし、庭用の植物として重要なのは四種である。他の一、二種はまったく栽培されていない。四種はすべて栽培されるだけのことはあるが、美しさと耐寒性は反比例するのが常で、最も寒さに弱い種が一番美しいのである。またアメリカとアジアに分布している植物の多くに共通する特徴にも従っている。つまり、耐寒性があり、ヨーロッパに最初に紹介されたのはアメリカ産であるが、東洋産の種類の方が美しさの点では勝っている。

フロリブンダ種（*P. floribunda*）がアメリカ東南部からやって来た時期については三人の権威がそれぞれ異なった年、一八〇〇年、一八〇六年、一八一二年をあげている。フィラデルフィアの園芸家ジョン・リオンが導入したものの一つであるといわれており、同じツツジ科のリオニア〔ネジキ属〕は彼の名前から取った。彼はスコットランド人で一七九六年以前に庭師として移住し、熱心にアメリカの樹木や灌木を収集していた。一八〇六年と一八一一年にイギリスに戻っているが、一八一六年以前に「仕事をすることが多かった未開のロマンティックな山岳地方で危険な伝染病に感染していた」（ナットール、ビーンが引用している）ということ以外、彼についてはほとんどわかっていない。彼の採集したピエリスはとても寒さに強くて冷たい風が我がもの顔で吹く地域でも小さな白い花が真っすぐ上向きにつき、円錐花序をつくりあげている。一方すべての東洋産の種は、うなだれるように頭を下げている。

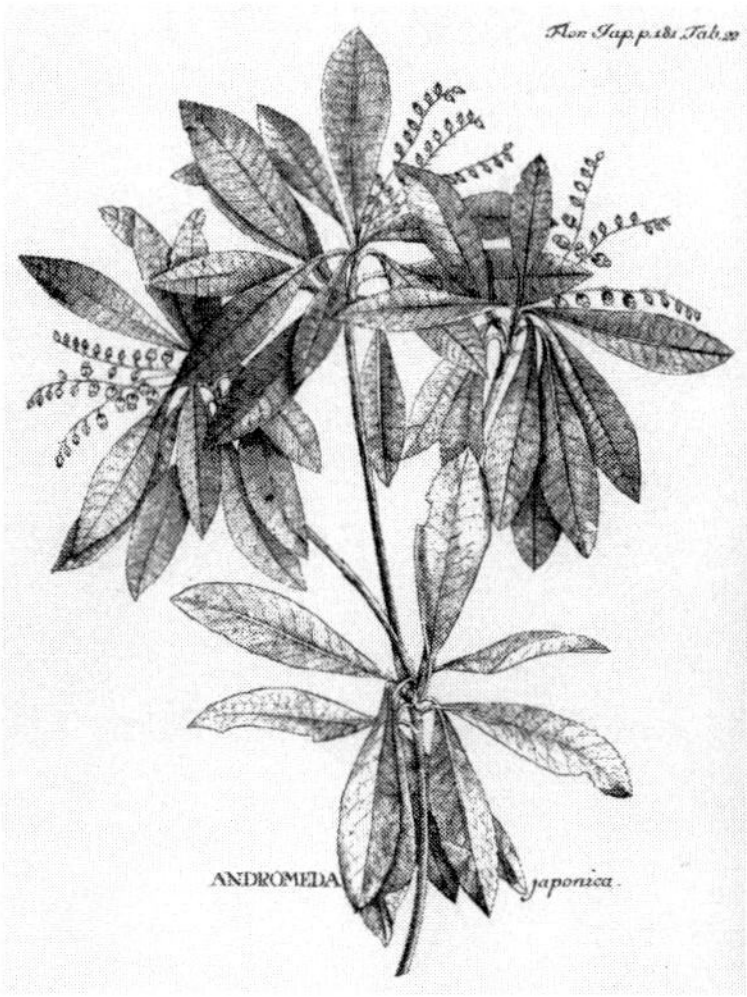

ピエリス・ヤポニカ（和名アセビ）
（ツンベルク『日本植物誌』1784年）

まず最初に紹介されたのは日本産のヤポニカ種（*P. japonica* 和名アセビ）で、ツンベルクが一七八四年にアンドロメダ・ヤポニカ（*Andromeda japonica*）という名前で記述している。詳しい経過はわからないが、一八七〇年までにはイギリスで栽培されるようになっていたことがわかっている。これは耐寒性があるが、温暖な地域の方が大きく育つ。三月、四月に花が開くので、時に悪天候のために花が駄目になってしまうこともある。最近見つかった種は台湾産のタイワネンシス種（*P. taiwanensis*）で、一九一八年にE・H・ウィルソンがアーノルド樹木園に種子を送って来た。それをサージェント教授が持ち前の寛大さであちこちに分配したのである。一九一九年に播いた種子から育ったものは一九二二年に王立園芸協会で展示され、最優秀花に贈られるFCCを獲得した。この種は若い時から花をつけるという利点があるからだ。イギリスの南部や西部で冬を越せることがわかっているが、おそらく他の地域でもそうであろう。

この属の中で一番美しいのは間違いなくフォルモーサ種（*P. formosa*）で、一八五八年に紹介されたヒマラヤ産の種である。イギリスの南西部では二〇フィートにまで生長するが、かなり寒さに弱いのでその他の地域では十分な保護が必要である。タイワネンシス種より開花時期は遅いが、比較的若い頃から花が咲き始める。フォルモーサ種の魅力の一つはその若枝についている赤っぽい斑点である。大きな花をつける変種のフォレスティー（*P. formosa* var. *forrestii*）は当初別の種であると考えられていたが、この斑点の魅力についてはよく言及されている。フォルモーサ種の種子はプラントハンターのジョージ・フォレストが一九一〇年頃に雲南からイギリスに送って来た。フォレストは、種子及び苗木を扱うビーズ商会の創始者、A・K・バリーの依頼によって収集したのである。寒さ除けの設備がある庭では、この園芸種の炎のように赤い葉が比較的大きな白い花と同時に姿を現す。もっと寒い地域では、花のつぼみは秋にできるが、春になる前に落ちてしまいやすい。しかし赤い色の若葉は灌木を美しく飾る。おそらく、この属の改良はいまだ初期段階にすぎないのであろう。サリーのサニングディル種苗園で偶然に見つかったものが栽培されているが、これは赤い葉が出るフォレスティーとその一方の親で耐寒性に優れたヤポニカ種との交雑であるといわれている。これには姿に似合った「燃える森」（Forest Flame）という名前が与えられている。

ピエリスは発見されて以来、一八三四年にデヴィッド・ダンが新しい属を作るまでは、アンドロメダスに分類されていた。後の植物学者がいろいろと調整しているが、なかなかうまくいかないようである。九人のミューズがピエリスと呼ばれた理由はギリシアのテッサリア地方にあるピエラと呼ばれる場所でミューズが生まれたからであるともいわれるし、同じくテッサリアにあるミューズにとって神聖なピエルス山からその名前がついたともいわれている。その他、金持ちのテッサリア人ピエリウスの九人の娘がピエリスと呼ばれていたが、娘らはミューズと音楽の腕くらべをして負けたのでカササギに変えられてしまったという話もある。ダンはなぜピエリスを選んだのかについては何も述べていない。ピエリスというのはモンシロチョウの学名でもある。

アネモネ

Anemone
アネモネ

キンポウゲ科

「アネモネは英語名をウィンド・フラワー（Wind Flower）というが、種類も多く、とても上品で、眺めているだけでつい楽しくなるような魅力を備えている。だから、この植物を見るとだれの心にも少なくともそのいくつかを育ててみたいものだという熱烈な願望が湧いてくる。というのも、これが一種類でもあれば、一年のほとんど半分はこの花だけで一つの庭を飾るのにまちがいなく十分だといえるからである」とパーキンソンは『太陽の苑、地上の楽園』（一六二九）に書いている。

ポピー・アネモネ、すなわちコロナリア種（*Anemone coronaria*）は、パーキンソンがほめそやした多色の春咲きアネモネの親株で、ヨーロッパの南部・地中海沿岸の国々が自生地である。パレスチナでは至るところに咲いており、多くの専門家が旧約聖書の中の「野の百合」はこれであると考えている。十字軍の時代のこと、ピサの主教ウンベルトは実用を重んじる男で、聖地から戻ってくる船の底荷（ballast）として砂の代わりに良質の土を運んでくるのがよいという案を出した。こうして手に入れられた聖なる土は、ピサのカンポ・サントに撒かれた。やがて、そこからすばらしい赤い花が咲いた。それはあたかも殉教者の血から生え出たようであり、奇跡といわれた。この宝のような花の種子は巡礼者によって修道院から修道院へと運ばれヨーロッパ中に広まっていった。語り伝えられている話はこうなっているが、ウンベルト主教がこのアネモネをまだ知らなかったはずはない。というのは、この植物はイタリアに野生の状態で咲いており、名前が示すように、ギリシア・ローマの時代にこれで花輪をつくるのが広く行なわれていたからである。

ジェラードが『本草書』（一五九七）を書いた頃には、すでに多くの庭向きの変種があった。「私自身庭に一二種を持っている。さらにもっとたくさんの種類を育てている愛好家の話を聞いたことがある。それもその一つ一つがみんなはっきりと違っている。毎年新しく変わった種がもたらされ、しかもどの国にもそれぞれこの植物の変種があるのだ。それらは、わが国で育っているものと同じように受け入れられることを望んで遠い国々から我々の所へ送られてくる」（ジェラードがアネモネと呼んでいるものの中にはコロナリア種の変種は別にして、ホルテンシス・ステラータ（*hortensis stellata*）、ホルテンシス・パヴォニア（*hortensis pavonia*）、ラヌンクロイデス（*ranunculoides*）などと呼ばれる各種の植物が含まれていた）。

六〇年後の一六五九年には、トーマス・ハンマー卿が「プラッシュ（けばの長いビロード）」アネモネを栽培していたという記録がある。「なぜプラッシュなのかというと、その六枚ある葉の中ほどに大きな絹かプラッシュのような塊があったからである。」彼は五〇種類以上の変種の名を挙げており、例えば、「病的に白い葉をもったプラッシュ・スカーレット色のスカラ種、肌色の混った淡い麦藁色や肌色の混じったプラッシュのような明るい緑色の葉をもつシリエンヌ種、時に髪の毛の色と混り合ったようなあせた赤色のトスカナ種等」があった。これらのアネモネはイギリスでは育てられていなかったが、ヨーロッパ大陸からもたらされたものである。「パリには大変よいものがいくつか見られるが、ローマはこの種のアネモネを見るにはどの国よりも勝っている。」サミュエル・ギルバートによれば一六九三年でもまだ同じであった。「ローマで栽培されているいくつかの花は、カトリック教会とは違い、ここイギリスにいる我々にとっても価値があり貴重である。」

フランス産の変種のいくつかは、十七世紀初め頃の園芸家の

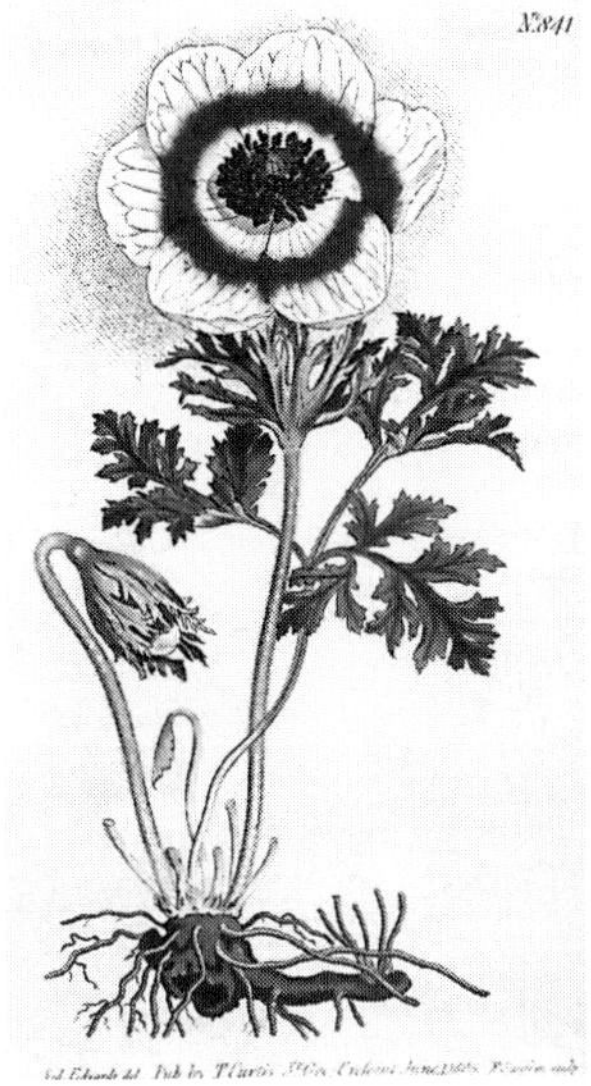

アネモネ・コロナリア
（CBM 第841図　1805年）

「けちんぼの」バシュリエール氏が栽培していたものから作り出されたものであろう。彼はすばらしいアネモネをいくつか所有しており、東インドから輸入したのだろうと噂されていた。しかし、どんなに説得されても一〇年間、彼は株も種子も人に分けようとはしなかった。ある国会議員が彼の庭を訪れた時、「偶然に」そのアネモネが植えられている花壇の上に外套を落とした。議員の召使いは急いでこれを拾い上げ、この外套に付いていた高価なアネモネの種子のいくつかをその服の中に巻き込んでしまった。この種子から議員はとうとうアネモネを育て、自分の友だちに分け与えた。こうしてこのアネモネはヨーロッパ中に広まっていった。

一六六五年に、レイは自分が育てているアネモネを「柔らかい葉の」ものと「硬い葉の」ものとに分類した。彼はそれらを「ロンドン近郊にあるワロン人の店」から手に入れた。「その店ではこれらの植物をフランスやフランドル地方から運んできていた。」ギルバートやスティーヴンソンによれば、イギリスの種苗商は赤と白の変種だけを栽培していた。またホックストンのピアソンという人は、「アネモネについていえば、ロンドンあたりで一番のものを自分が持っているが、それは紳士にしか売らない」と断言している。しかしその他の多くの種類はヨーロッパ大陸から輸入されており、オランダが黄色を除くたいていの色のアネモネを供給していた。「黄色のアネモネは青いラナンキユラスと並んでたいへん珍しい」とジャスティスは書いている。

アネモネ・パヴォニア
（CBM 第123図　1790年）

十七、八世紀には、アネモネは園芸家によって大切に育てられていた花であった。有名なものの値段は時には桁が二倍にまで達したが、十九世紀の初め頃には人気は衰えたようである。その頃になるとチューリップやナデシコやポリアンサスがいわば人気の絶頂を極めていた。

アネモネが切り花として人気を取り戻したのは比較的最近のことでしかない。コーンウォールなどで市場向けに栽培されるようになったのは一九二〇年代である。商売では、この植物は「ニッグズ」とか、「ニガーズ」という名で取り引きされている。なぜなら、花芯が黒く外観が派手なこの植物を最初に買った人に、昔、夏になるときまってやってきてイギリスの海岸を明るくにぎやかなものにしてくれた黒人の流しの歌手たちを思い出させたためである。主要な系統には、ブルターニュで栽培されている一重の大形の花をつけるド・カーン種。アイルランドが原産の八重のセント・ブリギット種。さらに遅咲きのセント・

バーヴォ種がある。しかしながら後者の二つは、コロナリア種ではなく、パヴォニアの変種オセラータ（*A. pavonia* var. *ocellata*）の子孫である。これはピーコック・アネモネによく似ていてギリシアに多く見られ、フランスの南部で帰化した。明るい真紅のフルゲンス種（*A. fulgens*）はピーコック・アネモネとホルテンシス種（*A. hortensis*＝ステラータ種 *A. stellata*）の交配種であると信じられている。フルゲンス種は魅力的ではあるが栽培するのが簡単ではなく、めったに庭で見られることはないので命名の仕方が誤りだといわれる種である。

ヘパティカ種（*A. hepatica*）の英語名は「高貴な肝臓草」（Noble Liverwort）とか「ヘパティカ」（Hepatica）とか「三位一体花」（Trinity-flower）である。ヨーロッパ自生で、コロナリア種と同じくらい早くからイギリスの庭の花として帰化している。しかし、それは美しいからではなく実用目的で導入された。一四四〇年の『庭づくりの技術』の中には、「肝臓草」という名で現われており、ターナーは、「最近の記述によれば、この植物は肝臓のためによいうえ、とくに子供が欲しいと願っている結婚したばかりの若い人の肝臓病に効くとのことだ」と述べている。この植物は引き続き、少なくとも十七世紀の終わり頃までは薬草として効くと信じて栽培されていた。しかし、それよりずっと以前に花壇の花としても人気を得ていた。「二、三月には、嬉しくなるほど様々な花が咲いているのが見られるであろう。それは様々な色で咲き乱れる」とクリスパン・ド・パスが書いている。また彼は一重の種類で、中心にハリネズミのような形をした殼がついているヘパティカ種のことも記述している。八重のヘパティカ種は、イタリアとオーストリアの両国で自生しているのが見つかった。ジェラードはヘパティカ種については噂でしか知らなかったが、パーキンソンは自分の庭でこれを育てていた。青、白、桃色の変種はすぐに作り出されたが、そのうち白の八重はたいそう珍しかった。「だからそれは何より大切だと考えられた。もっとも、すべてのヘパティカ種は、春になるとすぐに、私たちの目の前に姿を現わす最も美しいものだけれど」とギルバートは記している。ジェイムズ・ジャスティスは七年もの間、白花の八重のヘパティカ種を育てようといろいろ試みたけれどうまくいかなかった。また、彼の同時代の人で同じく英国人のジョン・リードはきっぱりと、そのような花は存在しないが「しかし、桃色の八重や青の八重はありふれ

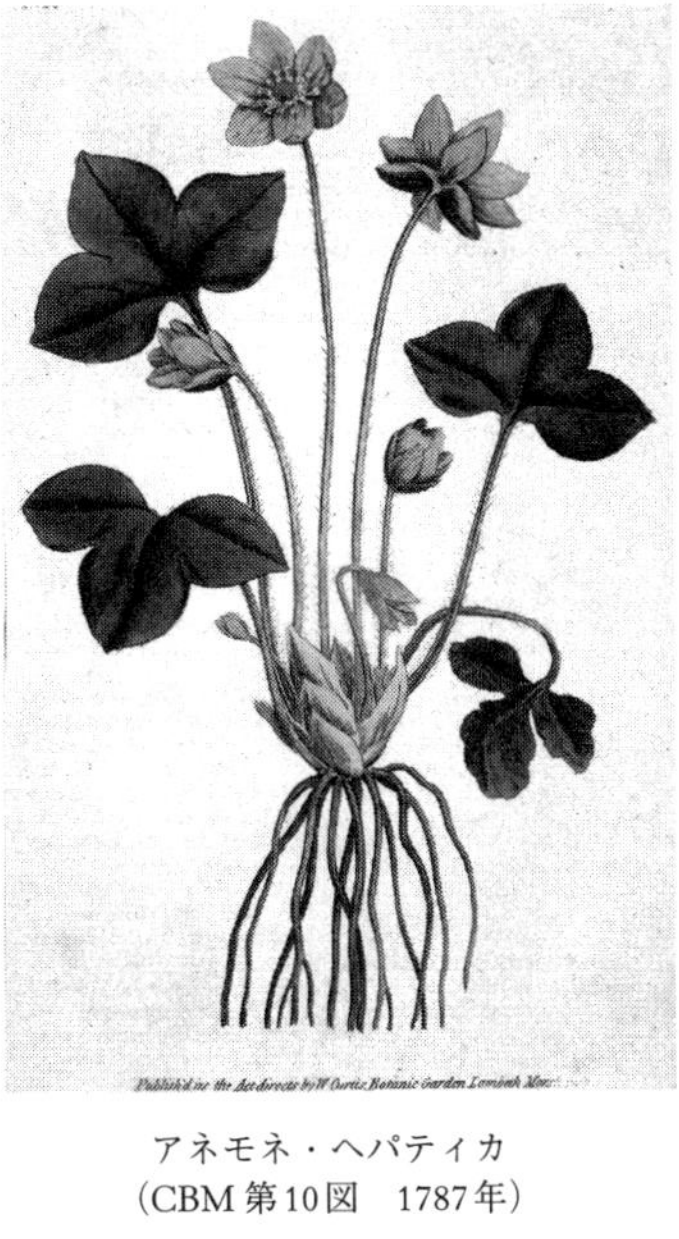

アネモネ・ヘパティカ
（CBM 第10図　1787年）

たものである」と述べた。とはいえ、それらが栽培されているのはあまり見かけない。それは「八重の種類は煤煙の多い町で美しい大きな花をつけることはけっしてない。新鮮な空気をたいそう好む」からだとハンマーは書いている。ジョン・ヒルはこの植物は移植を好まないから、花を咲かせたい場所に種子を播いて増やすのがよいと書いた。彼は、「移植はこの花にとってよくないとみな感じている。さらにこれらの植物についてほとんど何も知らない人々でさえ、何度も移植したり株分けしたりすれば枯れてしまうといっている。ところが彼ら（庭師）は一重の種類の種子は箱の中に播くのがよく、八重のものは株分けして増やすのがよいと忠告しているのだ。公正な読者諸君、あなたは自分自身の経験が無駄であると考えますか？」と不平を述べている。ジェラードは葉にだまされてか、『本草書』の中で、ヘパティカ種をミツバの中に入れ、カタバミとメリット〔シナガワハギ属の植物だと思われる〕との間に分類した。後にこれはヘパティカ・ノビリス（*Hepatica nobilis*）という独自の属の一種とされた。しかし、「リンネはそれを廃してじつに大胆にこの植物をアネモネの仲間に入れた」。これについておもしろいことがいわれている。つまり、この花は丸々一年もの間、つぼみの中にすべての部分を完成させた状態で包み込んでいる、だからつぼみが初めから花の色をしている。

　ヤポニカ種（*A. japonica*　和名シュウメイギク）は、実際は中国原産であるのにこの学名がついているが、かなり早い時期に園芸植物として日本にもたらされたものである。最初に記述したのはドイツ人のアンドレアス・クライアー博士。彼は一六八二年から一六八六年までオランダ東インド会社の社員として長崎に住んでいた。その頃はむろん、その後約二世紀にわたって、中国と日本のわずか二、三の港とその近郊を除いて内陸部へヨーロッパ人が足を踏み入れることは許されなかった。だから、後の植物学者がこの植物を日本自生の植物と信じたのも当然で、とくに庭で栽培されるだけではなく、庭から逃げ出して、各地に土着してしまったのであるからなおさらである。しかし最初の生きたシュウメイギクは、乾燥標本とはまったく異なっており、中国からヨーロッパに届いた。それは一八四四年のことでロバート・フォーチュンによってロンドンの園芸協会に送られて来たものである。彼はこれが「上海の城壁付近にある中国人の墓場で咲きみだれているのを見つけた。花がまったく見

アネモネ・ヤポニカ
（和名シュウメイギク）
（シーボルト、ツッカリーニ
『日本植物誌』第5図　1835年）

られなくなる十一月に咲くので、死者の永眠の地を飾る植物としてたいそう適している」と書いている。

当時、日本と中国で育てられていたアネモネは紫がかった多数の花弁をつける高さ約三フィートのものであった。これがイギリスに導入されて間もなく、かなり寒さに弱い白い花をつけるヴィティフォリア種（*A. vitifolia*、一八二九年アムハースト夫人がナポリから持ち帰ったもの）とかけ合わされて、背の高い桃色花の交配種が作り出された。これは交配種エレガンス（*A.×elegans*）と呼ばれるのが適当であろう。これの交配種と思われるアネモネが一八五一年頃フランスのヴェルダン・スール・ミュゼのジョベール氏の種苗園で栽培されていた記録がある。純白の花をつけるこの植物は、ジョベール氏の娘の名をとって「オノリーン・ジョベール」と呼ばれ、株分けされ増やされた。その他の変種で十九世紀の終わり頃に現われたものの中には完全な形の八重で白花のものがある。このような園芸種が作り出される、親になる野生の原種が中国の湖北《フーペー》地方で見つかったのはようやく一九〇八年になってからであった。これはフペヘンシス種（*A. hupehensis*）と名づけられた。シュウメイギクは（今日ではフペヘンシス種の変種ヤポニカ *A. hupehensis* var. *japonica* と呼ぶのが適当であるが）今日では珍しく、秋に我々の庭を優雅なものにしてくれるのは、交配種エレガンスである。

前者は正確にいえば、「花壇アネモネ」と呼ばれるものかもしれないが、森林の中に見られる種や群生するタイプの種が花壇にはますます大切になってきている。イギリスの「ウッド・アネモネ（*A. nemorosa*）」は突然変異種であり、また庭園向きの品種といえどもほとんどが野生で見つけられた。ジェラードは紫、赤、白の八重のものを育てており、今日およそ一二種類ほどが栽培されている。その中にはネモローサ・ロビンソニアーナ種（*A. nemorosa robinsoniana*）が含まれている。これは青色の花でロビンソンがオックスフォード植物園で見つけたものである。しかし、この植物には、アイルランドからオックスフォード植物園に送った女性の名前がつけられてしかるべきである。また、ロビンソニアーナ種よりもっと美しい青色のネモローサ・アレニイ種（*A. nemorosa allenii*）がある。これは、シェプトン・マレットのジェイムズ・アレンの庭で作り出されたものであるが、その繊細優美さは、他のどんな花にも勝る。清楚な半八重の白い「ヴェスタル」はアレニイと同じく、十九世紀末頃から栽培されるようになり、ドイツのバーデン・バーデンのマックス・ライヒトリンによって広められた。

ヨーロッパ産のアペンニーナ種（*A. apennina*）はジェラードが育てていた「コウノトリのクチバシのウィンドフラワー」（Stork's Bill Windflower）であるとされた。十八世紀後半までには地域によっては帰化し、時にはそこの自生種と考えられた。これには青、白、バラ色また八重のものがあった。ヒッバードは植木鉢で育てるとよいといっている（一八九八）が、「なぜなら、そうすれば、必要な時に、居間のテーブルの上に置けるからである」。そのいとこにあたるブランダ種（*A. blanda*）は、近東から導入されたものだが、その時期は比較的新しく、一八九八年以後である。この花はグロースターシャーのビットンにあるキャノン・エラコムの庭にしか見られない特別な種類の花だった。そこでは一九〇五年に初めて八重咲きが現われた。

プルサティラ種（*A. pulsatilla*　和名セイヨウオキナグサ）は英語名「イースターの花」（Pasqu-Flower）という。この特徴ある花は、

ラベンダー色の花びらは銀色の繭で覆われ
子猫の毛並みのように柔らかい

ヴィタ・サックヴィル＝ウェスト『庭』一九四六

これはイギリスの自生種であり、一五九六年以前から庭で栽培されていた。「わがイギリスの庭で特別扱いされるようになるのは、わが国の自生種の場合並大抵のことではない。しかし、これは、我々がアフリカやインドから運んできたものと同様に、特別扱いすることを神が拒否しなかったごく稀なものの中の一つである」とヒルがいっている。今日では、イギリスではきわめて珍しいものになっているが、かつてはごくありふれた野生の植物として、このアネモネのことを昔の記述家が語っていることが確認できるといわれている。「イングランド中部のオックスフォードでは、これはたくさん咲いていると友人のファルコナーが私にいった」とターナーは一五五一年に書いているし、それから二〇〇年後、ヒルは、「ケンブリッジ近郊のゴグマゴグの丘全体が、生き生きした紫色のこの花で覆われている」と書いている。大学に近い場所を好むというのは悲運であった。なぜなら、この植物は長年の間学識者からはなんの関心もよせられなかったからである。というのも、この植物は薬剤師にとって、まったく何の役にも立たず、またギリシア語やラテン語の古典の中でも、何の言及もなかったからである。植物学者のブルンフェルスは『本草書』（一五三〇）の中に、プルサティラ種を入れたことについて詫びている。この恵まれない植物のことを彼はヘルバエ・ヌダエ（*herbae nudae*）と呼んでおり、毛がいっぱい生えているためこの花が特別分類しにくかったのであると書いている。

かつてこの植物の用途の一つは、復活祭の卵に塗るための明るい緑色の染料を作ることであった。エドワード一世の時代の王室記録によれば、四〇〇個の卵が復活祭用に宮廷で緑色や金色に色づけられ、それにはとくにプルサティラ種が用いられた。ジェラードは、復活祭の頃に花が咲くからこの花に「イースターの花」という名前を与えようと述べている。しかし、この植物と復活祭とはキリスト教布教以前から関係があり、イースターという名の由来となった夜明けの女神エイオストレに関する祭式用の植物であったろうといわれている。ハーフォードシャーの一地域では、「デーン人の花」として知られており、デーン

人侵入者の血から生まれたといわれている。

以前は、別々の属の中に入れられていた多くのアネモネがある。例えばプルサティラ種はヘパティカ種と同じように独立した属と考えられていた。植物学者の中には昔の分類に戻そうとする人もいて、このタイプのアネモネを異なった属に分類しようとしている。

「これはプルサティラというイタリア語の名前を持っている。この名がつけられているのは、風が吹くとなぎ倒されてしまう綿毛で覆われた種子を持っているからである」とミラーは書いているが、アネモネもまた、風の花、または風の娘という意味である。なぜならば、ターナーによれば「この花は自分の力ではけっして開かないで、風が吹く時に開く」からである。こういう話はみな、カルペッパーがいうように「プリニウスに依拠して書かれている。だからもし間違いがあればプリニウスの責任である」。

アベリア

Abelia
アベリア

スイカズラ科

一八一六年、クラーク・エーベルは清の皇帝へのアマースト卿使節団の随行医師に任命された。エーベルは博物学にたいそう熱心な人物だったから、ヨーロッパ人にとってほとんど未知の中国の旅で、なにか収集をしてやろうと考えていた。この計画はジョゼフ・バンクス卿が後押ししており、バンクスはエーベルに「生きた標本を保存するための植物専用の船室を一室」あてがい（エーベル『中国遠征記』一八一九）、その標本の世話係としてキュー植物園の庭師を一人つけ、さらに、エーベルのいとこで、プールという人物を助手として随行させるよう取り計らった。

この使節団の外交上の任務は失敗に終わった。一方、北京から広東への帰路の旅は、ほとんど河や運河など水路を行くもので、おまけに中国側が厳しく監視しており、植物採集の機会はわずかしか与えられなかった。しかもエーベルは、その期間ながらく、病気で船室にひきこもっていた。それでも、かなりの数の植物標本をなんとか手に入れた。随行庭師のフーパーは、三〇〇箱以上の種子を収集したし、使節団の同僚や水兵たちも植虫類、さんご類、あるいはまた地質学上の標本を採集するのを助けてくれた。だが帰国の航海中、海賊の横行するガスパール水道で、海図からもれていた暗礁に乗り上げ、オルセスト号が難破して（一八一七年二月一八日）すべてが失われた。人命はひとつも失われはしなかったが、エーベルは「収集した種子を収めた箱が甲板に持ち出され、使節団の高位の人物の敷布や肌着を入れるために、船員が中身を放り出したことを聞いてくやしい思いをした」という。

危なっかしいながら海岸になんとか避難所を確保した一行は、翌日難破船のもとへ引き返した。そしてエーベルは植物、種子、鉱物の収集品の一箱が残っているのを見つけたが、それは「まだほとんど無傷で、しかしそれを回収することができないので腹を立てている持ち主をあざけるため」のものにすぎなかった。あたりをうろつきまわっている海賊たちが収集品の入っている箱をいかだの上にのせ、その中身とともに全部焼いてしまったのである。

この不運な遠征で取り戻すことができたものといえば、わずかな植物標本の収集品だけであった。このコレクションをエーベルは、広東にいるジョージ・ストーントン卿に贈呈したのだが、ストーントン卿は気前よくこれを返してくれた。ジョゼフ・バンクス卿の司書で分類学者であるロバート・ブラウンが「ひいき」で、エーベル（Abel）の名にちなみアベリア・キネンシス（*Abelia chinensis*）と名づけた植物は、この収集品のうちの一つである。

アベリア・キネンシス
（BR第32巻8図　1846年）

このかわいらしい灌木は江西省の鄱陽《ボーヤン》湖の近くでエーベルが見つけたものである。しかし、この植物を生きたままイギリスに送ったのはロバート・フォーチュンが最初で、それはようやく一八四四年になってからであった。フォーチュンは翌年にはアベリアの別の種類、ウニフローラ種（*A. uniflora*）もイギリスにもたらした。しかし、そのあいだにアベリアの一つがメキシコ、オアハカのコルディレラ山脈の山中で発見され、一八四一年にアベリア・フロリブンダ（*A. floribunda*）という名でイギリスにもたらされた。フロリブンダ種はこの属の植物のうちで最も見栄えのするもので、ある著者などは、この花の色を「強烈な紫紅色」と表現している。そして御多分にもれず、もっとも派手な種類がもっとも寒さに弱いという一般法則が当てはまる。コーンウォールとアイルランドを除いて、そのままでは戸外で育てることはできない。キネンシス種はそれほどデリケートではなく、ウニフローラ種は、今日ほとんど見かけないが、耐寒性に優れているといってよい。この二つの種はかけ合わされて、最も強靱で、またアベリアのうちでたいへん人気のあるものの一つ、白とピンクのグランディフローラ種（*A.*×*grandiflora*）が作り出された。この園芸種が初めて作り出された時の記録は残っていないようだ。ウィリアム・ロビンソンの『イギリスの花の庭』一九〇〇年版には出てこないが、一九一四年までにはよく知られるようになっていた。最近この属に仲間入りしたのは、シューマニー種（*A. schumannii*＝*A. longituba*）である。これは、ピンクがかった紫色の矮性種で、E・H・ウィルソンが一九〇八年、中国からもたらしたものである。少し寒さに弱いが、霜がおりる頃までに根ぎわで切り取っておくと、普通はまた元気な芽が出る。アベリアはタニウツギ属の親戚である。数種に芳香性がある。

アベリア・フロリブンダ
（BR第33巻55図　1847年）

アリウム

Allium
アリウム
ユリ科

アリウム・モリー（*Allium moly*）の英語名は「黄金のニンニク」（Golden Garlic）である。

「バラはよい香りがある。けれどトゲの上で大きくなる」、「また香りがよいのはモリー。しかしその根は有毒だ」とスペンサーは彼のソネットの一つに詠んでいる。残念ながらスペンサーがどのアリウムを考えていたのかは我々にはわからない。というのもエリザベス朝時代の人々は、すべてのアリウムをモリーと呼んでいたから。

ジェラードは九種類、パーキンソンは一四種類を育てていた。パーキンソンが育てていたものの一つはイエロー・ガーリックで、これは、今日ガーリックと名がつく唯一のものであるが、当時はほとんど顧みられることがなかったものである。またジェラードやパーキンソンが育てていたもののうちいくつかは同定が困難である。例えば、「ホメロスの大モリー」（The Great Moly of Homer）、「ヘビのモリー」（Serpent's Moly）、「しおれているモリー」（Withering Moly）、「魔法使いのニンニク」（Sorcerer's Garlic）、「魔法使いの根」（Inchaunter's Root）など

アリウム・モリー
（CBM 第499図　1800年）

は何だろうか（十九世紀の編集者は一番最後のものはマギクム種 *A. magicum* であろうとし、『キュー植物園目録』ではおそらくニゲール種 *A. niger* のことであろうとしている）。

たいていのアリウムはヨーロッパ自生で、そのうちモリー種は一六〇四年エドワード・ズーシュ卿によってイギリスで最初に栽培された。

モリー種は、何世紀にもわたって、魔法をかけるためと魔法を解くための薬の原料として大切に育てられた。だから、プリニウスが、最も貴重な植物と呼んだのである。もっとも、啓蒙家のジェラードはそのような迷信をたいそう軽蔑している。「アリウムに関係があるとされるばかばかしく下らない作り話や、魔女の使う妖術や、魔術師のかける魔法について繰り返し語るということは、役に立つまじめなことについて自分の理性を用いようとする人にではなく、闇の世界で動くことを好む人に任せたい。この植物を用いて魔女キルケーや魔法使いたちが魔法をかけたものだが、もし魔術について聞きたい人がいるならば、ホメロスを読ませなさい。彼の書いた『オデュッセイア』の二〇章には、このことに触れている箇所がある。だが読むに値するような魔術などほとんどないことがわかるだろう」。キルケーがユリシーズの部下を豚に変えることができても、ユリシーズ自身を豚に変えることができなかったのは、明らかにこの植物の効き目のせいであった。

ジョン・ヒルは次のようにいっている。「モリーという言葉は古代の文書によく現われるが、関心を持つ人でもそれが本当はどれを指しているのか見つけ出すのは骨がおれる。そのような作家には非常な敬意が払われるが、彼らの多くはモリーが何であるか理解できるほど植物のことを知ってはいなかった。だから、それに解説を加えることは空しい努力だった」。ホメロスはモリーには黒い根があって乳白色の花をつける、「だから人間がそれを見つけ出すのはきわめて難しい」といっているのみである。テオフラストスはモリーには黒色の玉葱のような根があって、葉はカイソウ（海葱）のようであるとつけ加えている。だから、確かなことは当時のアリウムがどの植物を指しているとしても、それは今日庭にごく普通に咲いている黄色の花のモリーではないということだけである。

装飾用のアリウムをエリザベス朝の人々は食用としても薬用としても用いることはなかった。「これらのモリーはとても辛い。

ニンニクにとても似ていて、一時期有能な専門家たちはこれが持つ多くの優れた性質を見いだしていた。例えば、モリーの堂々として美しく均整のとれた姿は、人を夢中にさせるように思われる」とジェラードはいっている。しかし庭の植物としてはすぐに嫌われてしまった。「モリーはどんな土壌でも育ち、花はなんの役にも立たないが、他の花と一緒に鉢に入れるとしっくりする」とスティーヴンソンは書いている。またリアは、モリー種は「種苗商の立派なコレクションに入れる植物としてはあまりにもありふれている」と考えていた。

　イギリス自生のウルシヌム種（*A. ursinum*　英名ラムザンRomsons）の葉は、「私たちがスカンポでグリーンソースをつくるのとまったく同じで、北海沿岸地方では潜水夫が刻んでソースをつくり魚にかけて食べた。同じ葉を、例えば屈強の体格の人や労働者が四月や五月に食べたのは当然かもしれない」とジェラードはいっている。ニンニクはイギリスではノルマン人の征服以前から知られていた。これは強い防腐効果を持っているから、病気はたいてい呪いの結果だと考えていた古代人が、この植物には魔除けの力があると信じていた」としても不思議はない。

アルストレメリア

Alstroemeria
アルストレメリア

アルストレメリア科

アウランティアカ種（*Alstroemeria aurantiaca*）は、よく見られるオレンジ色の花で、イギリスでは、ただ単に「アルストレメリア」とか、「ペルーのユリ」（Peruvian Lily）と呼ばれる。イギリスの庭には比較的遅く入ってきたもので、初めて紹介されたのは一八三一年である。じつは、この種はたいていのアルストレメリアと同じくチリが原産地である。しかし、「チリのユリ」という名前は、情熱的で燃えるようなこの花には適していないように思えることは認めねばならない。とにかく、これは

アルストレメリア・アウランティアカ
（BR第1843図　1836年）

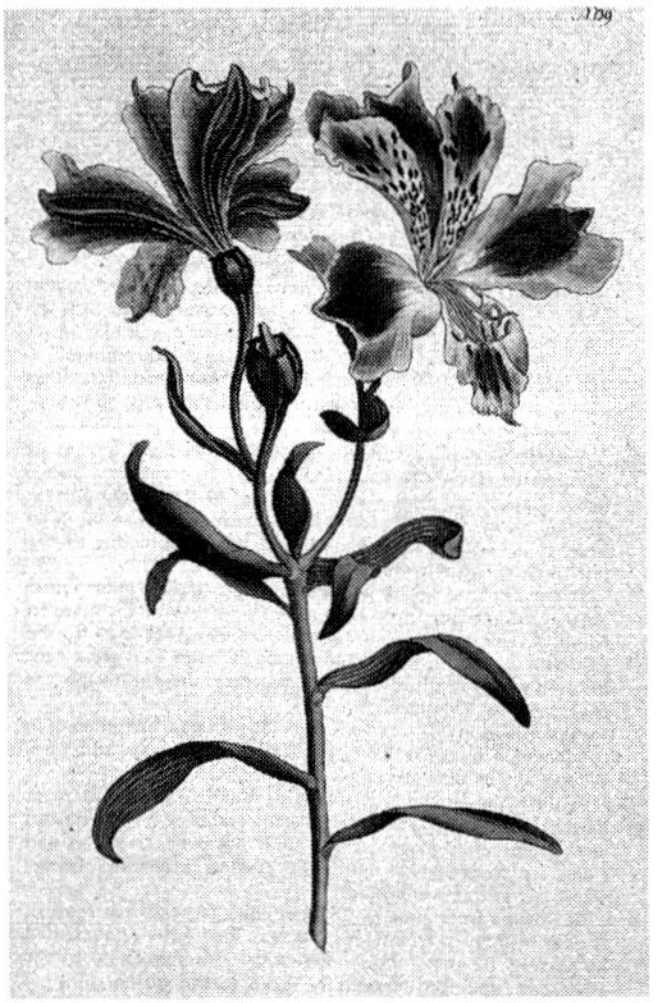

アルストレメリア・ペレグリーナ
（CBM第139図　1790年）

ユリではなくアマリリスの仲間なのである。だから、これを「チリのスイセン」と呼ぶほうがより正確であろう。

アウランティアカ種は、この属の中で最初にヨーロッパに入ってきた植物ではない。一七五三年に「インカのユリ」と呼ばれるペレグリーナ種（*A. pelegrina*）の種子がスウェーデン人のクラエス・アルストレーメルによってスペインからリンネのもとに送られてきた。彼はヨーロッパ中を旅行しているあいだ、自分の師であり、同国人であるリンネに多くの植物を送っていた。だから、この植物の名は彼の名を取ってつけられたのである。リンネはとても熱心にこの新種の世話をした。冬の寒い期間は若苗を自分の寝室に入れていたほどである。ペレグリーナ種はおそらく、もう少し早く南アメリカからスペインに運び込まれたのであろう。一七五四年にはイギリスでも育てられるようになった。この種の白い変種は、一八三二年に園芸協会を創始したジョン・ウェッジウッドが育てていた記録がある。

アルストレメリア・リグツ
（BR第25巻13図　1839年）

紹介された初期のアルストレメリアの多くは温室用であった。その中にはカリオフィラケア種（*A. caryophyllacea*　一七七六年導入）があるが、これは長い間誤ってリグツ種（*A. ligtu*）と呼ばれていた。リグツ種は、「花が大きくよい匂いがすることで有名で、芳香については、ミニオネットに勝るとも劣らないものであった」とミラーは書いている。本物のリグツ種は『ボタニカル・レジスター』中に「一八三八年、ベリー・ヒルのチャールズ・バークレイ氏が咲かせた花の一つ」という記事をつけて初めて図入りで紹介された。しかし、おそらくイギリスの庭ではそれより数年前から育てられていただろうと思われる。

この頃すでに、園芸協会はこの属のいくつかに対して金メダルを与えていた。例えば一八二二年に金メダルを受けたハエマンサ種（*A. haemantha*）など、すでに耐寒性の種が育てられていたけれど品評会はほとんどなかった。しかしながら一九二五年頃、H・コンバー氏がアンデス山脈から、リグツ種の変種であるアングスティフォリア種（*A. ligtu* var. *angustifolia*）の種子を本国に送ったり、クラレンス・エリオット氏がやはりアンデス山脈から一九二七年にハエマンサ種を再び紹介したので、再度この植物に対する関心が起こった。この二種はその後しばらくして交配されて、美しくて寒さに強いリグツ交配種が生み出された。それは庭園植物に最近つけ加えられた最も価値ある花の一つであった。リグツというのは、この花のチリ語の名前である。

アルストレメリアは葉の表と裏が逆になっている唯一の庭園植物であるという変わった個性を持っている。つまり、葉柄がみなねじれているため、葉の裏が表になるのである。若苗のときに表を下に向けてねじると葉は表面に光を受けようとするのでもう一度ねじれさせることができるといわれる。エドゥリス種（*A. edulis*）は自生地のサント・ドミンゴでは「白いエルサレムのアーティチョーク」（White Jerusalem Artichokes）という名前で食用に供せられる。

ヴェロニカ

Veronica
ヴェロニカ

ゴマノハグサ科

英語で「スピードウェル」（Speedwell）と総称されるヴェロニカを古い本草書の中から見つけ出すのは、かなり難しい。というのは、昔流行っていた奇妙な方法による分類では、例えばアカバナ科の仲間に入れられ、「青柳草」（Blue Willow Herb）という名で、あるいはまた、シソ科に入れられて「ワイルド・ジャーマンダー」（Wild Germannder）という名で、いわば変装を施して現われるからである。昔の植物誌家は、ヴェロニカには薬草としての効き目があると信じていた。そのためか、あるいはまた古いドイツの呼び名が「私を忘れないで」と「名誉と称賛」という意味をもっていたためか、植物学者のレオンハル

ヴェロニカの小枝を持ったフックスの肖像
（フックス『植物誌』1542年）

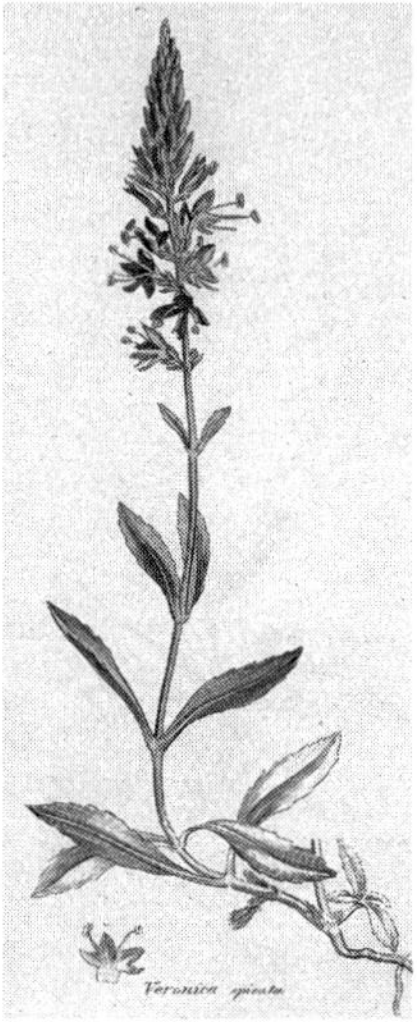

ヴェロニカ・スピカータ
（EB第8図　1832年）

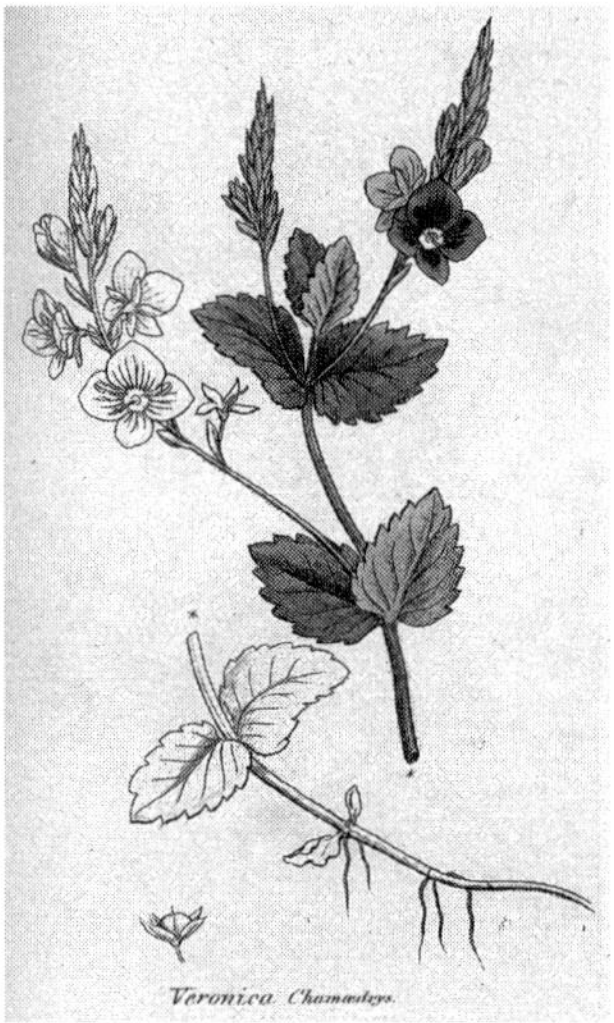

ヴェロニカ・カマエドリス
（EB第17図　1832年）

ト・フックス（一五〇一～六六）は、自著『植物誌』（一五四二）の中の肖像画でヴェロニカの小枝を手にしている。しかし庭師は、かなり遅くまで、すなわちニュージーランドから灌木性の種類やロックガーデン用のほふく性の種類が導入されるまでは、この植物にほとんど関心を寄せなかった。

この属には約二五〇種が含まれるが、花壇用の花として価値があるのはごくわずかである。ミラーが「青柳草」と記したのはスピカータ種（*Veronica spicata*）で、イギリスでは珍しい自生種であり、その「明るい青色の花は、それが普通生えている

ヴェロニカ・オッフィキナリス
（EB第16図　1832年）

不毛な土地を活気づける」と書いている。ドイツからきたテウクリウム種（*V. teucrium*）は、ジェラードの時代より前から知られており、彼は「私は庭に植えるためそれを一本、薬屋のガレット氏から手に入れた」と書いている。この二種と普通の斑入りのロンギフォリア種（*V. longifolia*、ヨーロッパ大陸からイギリスへ一七三一年導入）、インカーナ種（*V. incana*、ロシアから一七五九年導入）、そしてゲンティアノイデス種（*V. gentianoides*、コーカサスから一七八四年導入）の三種が花壇用の花としては最上のヴェロニカである。

イギリス自生のヴェロニカの多くはラスキンが、雑草と同義語である「ミンクスプラント」と呼んだものである。とくに「馬鹿のような薄青い色の目をした」ヴェロニカについてはそれがあてはまる。普通の野生種の中で最上のものはカマエドリス種（*V. chamaedrys*）で、「ジャーマンダー・スピードウェル」（Germannder Speedwell）とか「鳥の目」（Bird's-eye）とか呼ば

れているが、時に「天使の目」（Angel's Eyes）と呼ばれることもある。カマエドリス種は、オッフィキナリス種（*V. officinalis*）やスピカータ種と同じように、お茶の代用品としてよく使われていた。とくに大陸では十九世紀になるまで「ヨーロッパ茶」という名で知られていた。ジェラードによれば「ウェールズではフルーエレンと呼ばれている。ウェールズの人々はこの植物にとても高い評価を与えており」、それは「天然痘や麻疹に」効くとのことである。

　ヴェロニカという名はこの属に含まれる種のいくつかの花についている模様が、聖ヴェロニカの聖なるハンカチの模様に似ていると考えられたためにつけられたといわれている。しかしその他の多くの語源研究では、ヴェール（Ver）は春を意味しているとか、またスペインの一地方の名前ヴェトニカからきたものであるという考えも出されている。

ウツギ

Deutzia
ドイツィア

ユキノシタ科

ウツギ属がイギリスの庭に入ってきたのは比較的最近である。イギリスに見られる灌木の歴史は、ルネサンス時代にまでさかのぼれるものが多い。だから、ウツギのように産業革命時代に初めて現れた植物は、成上り者と見なされるに違いない。この属は約五〇もの種に分類されている大所帯である。今後、この植物についての知識が増えるにつれて、庭での重要性はますます増大していくだろう。

　王立園芸協会編の『園芸事典』に載っているウツギの三分の二は、二十世紀になって紹介されたものである。これまでにわかっている主要な欠点は、多くのウツギがイギリスの寒さに対して強すぎるということであろう。これは他の植物にもよくあることだが、栽培上深刻な欠点である。ウツギは、厳しい冬が終わって、寒さがおさまり、ようやく春めいてくると輝くような色鮮やかな花が一気に咲き出す、そんな気候の地域が原産地である。ところがイギリスの冬の寒さは穏やかで、しかも冬の途中でうららかな春の気配になったりする。そんな時、ウツギの花が咲くことがあるが、しばらくすると花をしおれさせよう

ドイツィア・スカブラ
（和名マルバウツギ）
（シーボルト、ツッカリーニ
『日本植物誌』第7図　1835年）

とするかのように、冬が戻ってきて霜が降りたりするのだ。このためにウツギの多くは南部の地域よりも、例えば、エディンバラのような北方の場所の方がうまく育つ。

ドイツィア・スカブラ（*Deutzia scabra* = *D. crenata*）〔現在、*D. scabra*（和名マルバウツギ）と*D. crenata*（和名ウツギ）は区別されている〕は、この属の中では古参株であり、イギリスにありふれたウツギだが、次にあげるような点ですばらしい花の一つであるといってよい。この植物は「早春にうかれてそわそわするということもなく、暖かい気候の魔力にだまされて生長を早めるということもない」とビーンがいっている。

イギリスの春は気候が不順で、ウツギにとっては最悪であるが、スカブラ種は六月末に開花するから、つぼみがダメージを

ドイツィア・クレナータ
（和名ウツギ）
（シーボルト、ツッカリーニ
『日本植物誌』第6図　1835年）

うけることは少ない。中国が原産地であるが、ヨーロッパへは日本産の園芸種として最初に紹介された〔ウツギは中国・日本原産〕。日本では、一七一二年にケンペルが、一七八四年にツンベルクが見て、記録している〔ケンペルは一六九〇～九二年、ツンベルクは一七七五～七六年に日本に滞在した〕。材は堅く肌目が細かいので、タンスを作ったり、「とてもすばらしい木刀」を作るのに用いられるとケンペルはいっており、ツンベルクは、葉がザラザラなので（種小名のscabraは「粗い」という意味）何かを磨くのに用い、この木で作った道具を磨くこともあるといっている。そのようなことは、牛に口輪をするとか、子山羊を母の乳で煮るのと同じように、モーゼの律法によって禁止されるべきではないかと私は思ったりもする〔旧約聖書・出エジ

プト記に「汝子山羊をその母の乳にて煮るべからず」とある」。

　このウツギをイギリスに導入したのは、一八二二年に広東にいたジョン・リーヴズであると普通いわれているが、本当の導入者は彼の息子ジョン・ラッセル・リーヴズの方で、一八三三年にイギリスに送って来たと博物学者のブレットシュナイダーはいっている。おそらく、両者ともに中国から送ったことは確かであろう。しかし、一八三八年には、まだほとんど知られていなかったようだ。というのは、ラウドンが彼の著書『イギリスの樹木と果樹』の中で、フィラデルフス〔バイカウツギ属〕に関連している属について補足項目でごく短くこのウツギにふれ、「かなり寒さに強い」と書いているにすぎないから。一八六一年、プラント・ハンターのロバート・フォーチュンは八重のピンク色ないしはピンク色がかった園芸種を横浜のある寺の境内で見つけた。フォーチュンはそれをバグショットのスタンディッシュ&ノーブル商会に送り、その商会ではこれにクレナータ・フローレ・プレノ種（*D. crenata flore pleno*　和名サラサウツギ）という名前をつけて広めた。また、純白の八重の変種（*D. crenata f. candidissima*）も十九世紀の終わりまでには栽培されるようになっていた。英語名が「ロチェスターの誇り」（Pride of Rochester）という、もう一つの白の八重のものは、一八八一年にはニューヨーク、ロチェスターのエルワンガー&バリー商会の苗圃で育てられていた記録がある。一九〇〇年まではスカブラ種の仲間が「ほとんどどこの低木の植え込み」にも用いられたし、今では公園にも植えられている。公園に植えるということは、この灌木が「庭向きである以上に寒さに強いことを示すものである」（H・G・ヒリアー、王立園芸協会『樹木及び灌木会議報告書』一九三八）。

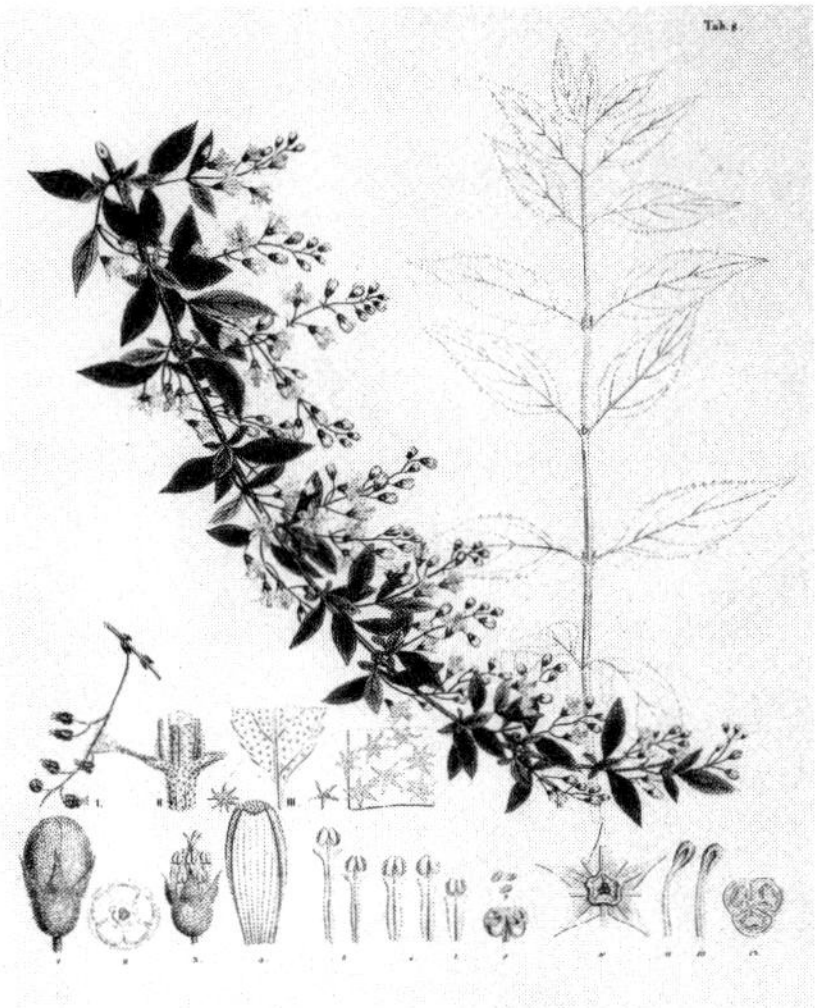

ドイツィア・グラキリス
（和名ヒメウツギ）
（シーボルト、ツッカリーニ
『日本植物誌』第8図　1835年）

　他方、グラキリス種（*D. gracilis*　和名ヒメウツギ）は、芽が出ても寒すぎて枯れることがあるから、寒い地域では、植える場所を注意深く選ばなくてはならない。しかしこの花が早咲きであるということは、温室の中に入れれば促成栽培できる理想的な植物であるということだ。だから、一時期、促成栽培用に用いられていたことがある。ヒッバードは一八九八年頃の種苗商はこのウツギをオランダから大量に手に入れていたといっている。オランダでは、球根床の間に植える間作物として毎年栽培されていたし、春になると大量に市場で売られていた。一八四〇年代にイギリスに導入され、一八五一年に初めて展示された時、銀メダルを獲得した。自生地の日本では、ユキノハナ（Snowflower）とも呼ばれ、低い生垣に用いられる。

以上の他に種類は多くあるが、これまでに述べてきた種類が結局一番よく知られている。プルプラスケンス種（*D. purpurascens*）は種苗商のカタログでもめったに見ることはないが、庭向きの交配種の親株としてはかなり重要である。一八八八年かまたはそれ以前に、フランスのモーリス・ヴィルモラン商会あてにドゥラヴェイ神父が中国から送ってきた種子から育てられたものである。ヴィルモラン商会では別の種も、一八九七年にファルジュ神父が収集した種子から育てていた。これはヴィルモラン夫人にちなんでヴィルモリナエ種（*D. vilmorinae*）と名づけられた。しかし、フランスのナンシーにあったルモワン商会の経営者ルモワン親子もこの属の改良にたいへん貢献した。彼らはたくさんの交配種を作り出し、そのうちの多くは今も栽培されている。例えば、ロセア種（*D.*×*rosea*、一八九六年頃作出）、マグニフィカ種（*D.*×*magnifica*、一九〇六年頃）、また、マグニフィカ種の変種でエレクタ（var. *erecta*）とラティフローラ（var. *latiflora*）があり、エレガンティッシマ種（*D.*×*elegantissima*）や人気の高い「マウント・ローズ」（Mount Rose）や「コントラスト」（Contraste）がある。それ以外の品種も多く、庭向きの灌木として優れている。

二十世紀の初め、たてつづけに価値ある新種が中国から入って来た。ディスコロール種の変種マヨール（*D. discolor* var. *major*、一九〇一年）とロンギフォリア種の変種ヴィーチー（*D. longifolia* var. *veitchii*、一九〇五年）はE・H・ウィルソンがヴィーチ商会あてに送って来たものであるし、ヒポグラウカ種（*D. hypoglauca*）はウィルソンが見つけたものだが、紹介したのはウィリアム・パードムで一九一〇年のことである。モンベイギー種（*D. monbeigii*）は一九一三年にプラント・ハンターのフォレストが雲南から送って来た。丈の高いロンギフォリア種は変種ファレリ（*D. longifolia* var. *farreri*＝*D. albida*）という名前で知られているが、一九一一年にファーラーが見つけた。一九一八年にウィルソンが台湾で見つけたプルクラ種（*D. pulchra*）が一番すばらしいという人は多い。ウィルソンはその種子をアーノルド樹木園のサージェント教授に送った。教授はこの植物が寒さに弱いと考えて、ボストンより気候の良い所にもそれを分けて育てようと考え、同時に、ダブリンのグラスネヴィン植物園の前園長であったフレデリック・モアー卿にも送ったのである。モアーはこれをさらに、ヘッドフォート侯爵の所に送った。それがミーズのケルズにある侯爵の庭園でついに根づき、一九二二年に初めて花が咲いた。

ウツギ属はユキノシタ科に属し、バイカウツギ属（*Philadelphus*）にきわめて近い関係にある。二種類がメキシコに自生するが、それ以外はすべて中国か、その他のアジアが原産地である。栽培されているものはすべて、白、ローズピンク、紫の花が咲く落葉樹で、なかに芳香がある種類もあるが、匂いが特によいということはない。葉の裏側には細かい、いろいろな形の毛が放射状に生えている。その毛の形を顕微鏡で調べるとウツギを同定する時の一つの決め手になる。

　ドイツィアという属名はツンベルクの友人であり、パトロンでもあったヨーハン・ファン・デル・ドイツ（一七四三〜八四）からとられた。ドイツは弁護士であり、アムステルダム市議会の議員でもあった。彼は「ツンベルクが日本に植物探検に行く際の支出をまかなった」人物である（リーズ『サイクロペディア』一八一九）。ドイツはアマチュアであったが熱心な植物研究家で、ジョゼフ・バンクス卿とも交流があった。一七七七年にドイツはバンクス卿に書き送った手紙の中で、今、ツンベルクは帰国の途中であること、彼が持ち帰るはずの植物をバンクス卿にも分けることを約束している。その年の末、ツンベルクの持ち帰った種子のいくつかがバンクス卿の所へ送られて来た。イギリスに導入された新しい植物のいくつかは、バンクスが「この尊敬すべきアムステルダム市民」と知り合いであったお蔭であるといえなくもない。

ウルシ

Rhus
ルース

ウルシ科

　ウルシ属の紅葉の見事さには目をみはるものがある。商品価値もあり、強い毒があることでも注目すべき属である。俗称しか持たないいくつかの種は、トクシコデンドロン（*toxicodendron*、「有毒な木」の意）とかヴェネナータ（*venenata*、「毒液」の意）という種小名を持つものよりも毒性が強いことさえある。熟練した庭師でも毒がないとわかるまでは注意して取り扱うのが賢明である。毒があるにもかかわらず、ウルシ属のいくつかは何世紀にもわたって染料として用いられてきたし、ラッカーやニスやワックスを作り出すのに用いられてきたものもある。一五四八年、ターナーは、プリニウスが述べている三種類のウルシのうちの一つについては間違いなく同定できたといっている。「それはポテカリエス・スマケ（*Potecaries Sumache*＝*Rhus cotinus*）と呼ばれている」もので、もう一つはおそらく彼がイタリアで見たコリアリア種（*R. coriaria*）であろう。これは「皮細工師の灌木」と呼ばれていたウルシで、コリアリウス（*coriarius*）というのは皮細工師のことである。このウルシの葉と樹皮が動物の皮、特にトルコ皮やモロッコ皮をなめすのに用

ルース・コリアリア
（MB第261図　1792年）

いられたからである。コリアリア種の他の部分も様々なことに用いられたが、汁には毒がある。とても寒さに弱いのでイギリスでは戸外で育たない。別のヨーロッパ産の種で、「ヴェニスのウルシ」とか「絹のウルシ」とか呼ばれるコッティヌス種（プリニウスはコギグリア（Coggygria）という変な名前で呼んでいるが）は染料がとれるので重要な植物である。その枝から「ヤング・フスティック」と呼ばれる黄色の染料がとれる。イギリスの庭に一六五六年以前から、マーシャルの表現によれば「毛のような紫色の花の房」を観賞するために植えられていて、その花の形から「かつらの木」（Wig Tree）とか「煙の木」（Smoke Tree）という名前がつけられた。この木はイギリスの冬の寒さに耐えるから、マーシャルは「特異で貴重な性質というべきで、価値がある」といっている。パーキンソンはその葉は「バラのような匂いで、不愉快なものではなく、大きくなって夏の終わりにはすばらしいバラ色になる」と書いている。しかしおそらく色彩の上で目を見張らせるのは紫色の葉の変種である。その変種のいくつかには特に色合いの濃いものがある。秋になって感動的な姿を見せるのがアメリカ産のコティノイデス種（*R. cotinoides*）、英語名が「チッタム・ウッド」（Chittam Wood）で、コティヌス種とかなり近い関係にあるが、それよりも背が高く、色が変化する葉はこの世のものとは思えないほどすばらしい。これは一八一九年に当時北米中を旅行して回っていたイギリス人のプラントハンター、ナットールが見つけ、一八八二年にはアーノルド樹木園のサージェント教授がキュー植物園に送って来た。特にアメリカの南北戦争の間に、染料をとるためにひどく切り倒されてほとんど死滅しかかっているとされた。

　だが、コティノイデス種は比較的遅くイギリスにやって来た。最初にイギリスに入ったアメリカ産のウルシ属はティフィーナ種（*R. typhina*、typhinaはtyphaと同じでイグサを指す）で、一六二九年にパーキンソンはよく知っていたらしい記録を残している。これは「ヴァージニアの鹿の角の木」という名前を持っている。「前の年に生えた若枝は赤味がかった茶色で、触るととても柔らかくて滑らかであり、鹿のヴェルヴェットのような角とよく似ているので、木から切り離して、それだけで見ると腕ききのきこりでさえ角だとだまされるほどだ」からであると、パーキンソンはいっている。今日、「鹿の角のウルシ」（Stag's-horn Sumach）と呼ばれるのがこれである。これは雄花と雌花が別々の株にできる雌雄異株の種である。マーシャルがこの花は見栄えがよくないといっているのは、雌花のことに違いない。緋色の種子の大きな房は冬場「異様な姿」をしている。雄木は、かつては別の種に分類されたこともあり、雌木よりもっと大きな羽毛状の花をつける。果肉と皮は「とてもさわやかな酸味がある。たいそう変わった博物学者とみなされており長い間ヴァージニアに住んでいたジョン・バニスターが、それから酢を作るし、肉に味をつけるのに用いるといっている」という記事がある（『哲学会報』一七一二）。根は解熱剤として、樹脂は歯痛の治療薬に用いる。残念なことに、この美しい灌木の根は「若いひこばえを遠く、その周辺にまで広げる」。その進行を邪魔しようとしても無駄で、かたい道さえものともしない。

　グラブラ種（*R. glabra*）はティフィーナ種と近い関係にあるが、それよりも小形で、他の植物の邪魔になることが少ない。一七二六年頃アメリカから導入されたらしく、この年、フラムの種苗商クリストファー・グレイが栽培していた記録がある。これはケイツビーの『カロライナ等の博物誌』の中に美しく描かれ、それが完全な形の灌木になるには暖かい夏が必要であると書かれている。これには切れ込みの入った葉を持った庭向きの変種ラキニアータ（*R. glabra var. laciniata*）がある。たっぷり栄養を与え、しっかり刈り込むと、葉が一ヤードの長さになる。それは「最もすばらしいグレヴィレアとシダの葉の美しさを」合わせ持っており、「秋にはアメリカ産の灌木と同様に葉が燃えるような明るい色に変わる」とロビンソンはいっている。これらのよく知られている四種、コティヌス、コティノイデス、ティフィーナ、グラブラには毒性はないと考えられているが、次に述べる二種トクシコデンドロン種（*R. toxicodendron*）とラディカンス種（*R. radicans*）に猛毒があることを考えると、何らかの毒性を疑ってかかるべきかもしれない。きつい毒性を持つ二種の英語名はそれぞれ「アメリカ毒ナラ」（American Poison Oak）と「毒ヅタ」（Poison Ivy）で、とても近い関係にあるから後者は前者が変形してつる植物になったにすぎないと考えている植物学者もいる。ラディカンス種はアメリカヅタのように気根でよじ登っていく。トクシコデンドロン種は約二フィートの大きさになり、地面の下のほふく茎で広がっていく。奇妙なことだが、その毒に対して免疫がある人もおり、致命的である人もいる。一六六八年にリチャード・スタッフォードという人がバミューダ諸島から次のような手紙を書いている。「我々の食料輸送船の指令官トーマス・モーリー船長から今私が手に入れたものを送ります。その中にはあなたが探していたあの植物の葉と実があります。「毒草」と呼んでおり、ツタのようになります。その毒にやられた人を見ましたが、顔の皮膚が剥がれていました。しかもそれにまったく触っていないのにです。ただ横を通った時に見ただけなのです。しかし、私はそれを口に入れて噛みましたが、まったく何ともありませんでした。すべての人に対して毒性があるということではないのです。」（『哲学会報』）

カルムは二人の妹について記しているが、一人ははっきり免疫があって、もう一人はとても過敏であるから、その木の方角から吹いて来る風の中に立っているだけでも苦しむ。先住民はその木に向かって親しげに、「私の友人」と呼びかけることでなだめようとするという。「毒ヅタ」に触ったり、それがからみついていた丸太とか、それに触れたブーツや道具や衣服に触って間接的に接触してもヒリヒリしたり、傷みを伴った水膨れができたり、熱が出たり、眠れなくなったり、時には一生治らない傷になったりする。増殖しようとしてその枝を切っていたある庭師が、樹液の「腐食性」といってよい作用のために数カ月病院で過ごさなくてはならなかったと、ビーンは報告している。その毒素（toxicodendrol）は水に溶けないから洗い流すことができないので、治療の多くはただその毒を広げる結果になってしまう。唯一の解毒剤である酢酸鉛のアルコール溶液ですぐに洗い流すことだ。

この植物に毒があることはよく知られていたにもかかわらず、イギリスへ導入しようとする努力が惜しまれることはなかった。パーキンソンが一六四〇年以前に所有していたことは確かであり、スタッフォードがバミューダ諸島からこの種子を送ろうとした試みについてはすでに述べた。コリンソンは一七六〇年にバートラムからこれを受け取っており、後に「昨年七フィートになった」と記録している。ラウドンは一八三八年にトクシコデンドロン種もラディカンス種も頻繁に収集の対象になっていると報告している。十九世紀の終わりには、ラディカンス種は売り出され、「アンペロプシス・ホッギー」（Ampelopsis Hoggii）という名前で、毒のある植物だとはわからないようにされていた。多くの記述者もその危険性については何も警告していない。例えば、パーキンソンは「ヴァージニアの三つ葉のアイヴィー」について、無味で白いミルクのようなものを出し「しばらく放っておくとインクのような真黒い色に変わる。髪の毛等を染めるのに適している」といっているだけである。これがリネンにつくと決して消えることはない。

マーシャルはトクシコデンドロン種は「きちんとした形の灌木にならないで」広がっていくのでやっかいであるかもしれないといっているが、その毒については触れていない。ジョンソンでさえ、『素人庭師のための辞典』の中でこれについては何も述べていない。

「毒ヅタ」よりももっと致命的な毒を持っている「毒トネリコ」（Poison Ash）または「ワニスの木」（Varnish Tree、*R. vernix*＝*R.venenata*）と呼ばれるものはアメリカ産で、ご親切にも一七一三年にイギリスに紹介された。耐寒性のある木の中で最も危険なものの一つであるとビーンは考えている。毒についていえば、東洋産のヴェルニキフルア種（*R. verniciflua*　和名ウルシ）からとった樹液で滑らかに塗り上げられ、その塗装がまだ生乾きのうちに市場に出された道具類からでもかぶれることがある。しかしこれらは、高木であって灌木ではないし、イギリスではめったに栽培されない。見ただけでウルシ属と簡単にわかるとは限らない。外見はいろいろで、例えばコティヌス種のように丸葉もあれば、ラディカンス種のようにインゲンマメの葉によく似た三つ葉のものもある。大多数はティフィーナ種のように羽毛状の葉である。植物学者の中にはコティヌス種を別の属に入れる人もいるほどである。その場合「ヴェニス・スマック」とか「スモーク・ツリー」、学名コティヌス・コッギグリア（*Cotinus coggygria*）と呼ばれる。

　ウルシ属を総称する英語名「スマック」（Sumach）はペルシア語から来た名前であり、学名ルース（*Rhus*）は赤を意味するギリシア語である。

エゾギク

Callistephus
カリステフス

キク科

カリステフス・キネンシス（*Callistephus chinensis*　和名エゾギク、アスター）は、英語ではアステル属（*Aster*）の植物と区別するためか「チャイナ・アスター（China Aster）」と呼ばれる。名前が示すように、この植物は中国が原産である。「そしてイギリスのゼニアオイやアザミがよく見られるのと同じで、あの朗らかな国の生垣によく見られるものである」（ヒル『エデン』）。

　エゾギクの種子は一七二八年に初めてパリに送られてきた。またかなり信憑性に乏しいがこんな話がある。若き日のピエール・ダンカルヴィルが中国に行きたいと思ったのは、この花が一面に咲きほこっているのを見たかったからだというものである。彼は後にジェスイット派の伝道師になり、フランスに中国の植物種子をたくさん送った。ノウゼンカズラ科のインカルヴィレア（*Incarvillea*）は彼を称えてつけられた属名である。

　一七三一年に赤や白の一重のエゾギクの変種がパリからチェルシー薬草園のフィリップ・ミラーのところに送られてきた。さらに一七三六年には青色の一重のもの、八重のものはさらに

カリステフス・キネンシス
（和名エゾギク、アスター）
（CBM 第7616図　1898年）

遅れて一七五二、三年にツィルクゼーのヨブ・バスター博士から送られた。がその頃には、スコットランドの商売熱心な庭師ジェイムズ・ジャスティスが、イギリス北部にある自分の庭ですでに多くのすばらしい種類を育てていたのである。彼は輸入した種子を秋に播き、冷床の中で越冬させた。「九月には外国から入ってきたどれにも劣らない立派な種子を採ることができた。一七四九年にはこの種子から桃、深紅、青、白、紫の美しい品種を、またとくに青と白の縞模様の花を育てあげた」と誇らしげに書いている。このエゾギクは「秋の花壇を美しく彩る」と彼は考え、また「中庭や居間に置けば映えるだろうから」鉢植えで栽培するのにも向いているとしている。

　ウィリアム・ハンベリー牧師は、二〇年ほど後に、同じくこの花を熱狂的に褒めて書いている。「八重のものはびっくりするほど大きくて美しい。一重のものもとても大きく、優雅な形の舌状花に囲まれていて、すばらしいと褒める人がいないわけではないが、完全な八重のほうを好む人が多い。……私は晩秋に庭全体がこの花でいっぱいに覆われているのを見たことがあるが、エゾギクをよく知らない人にとっても魅力的である。」

　エゾギクはフランスでも人気があり、多くの園芸種が育てられている。ホレース・ウォルポール卿は一七七〇年に「パリのマーシャル・ド・ビロンの一四エーカーもある庭では、どの園路の両側にも植木鉢が並んでいる。そしてシーズンには、見事に花を咲かせるのだ。私が見た時は、九〇〇〇もの『マーガレット女王』という品種の鉢が置いてあった」と書いている。十九世紀には、生産の中心はドイツに移り、花びらがひだ状に波打ったものが初めて作られた。それは、一八八六年に作出された花びらが偏平で細長いコメットと呼ばれる形のものにとって代わられるまでは優勢を保っていた。一八九三年に、分枝性のタイプが現われて、それ以来、アメリカの種苗商が多くの品種を作り出している。

エニシダ

Cytisus
キティスス

マメ科

キティススとかゲニスタとかスパルティウムとか呼ばれた植物は、長い間植物学者の間で好んで議論されてきた植物で、属があちこちに移動させられ所属がよく変わった。キティススとゲニスタを区別する唯一の目安は、キティススの種子にはストロフィオール（種枕《しゅちん》）と呼ばれる小さな突起があることだけであるといわれている。しかもそれでさえ、絶対的な目安ではない。ラブルヌムは以前はキティススの仲間として分類されていたが、今は別になっている。イギリス産の普通のエニシダ（キティスス・スコパリウス *Cytisus scoparius*）はかならずしもキティスス属の中にぴったりと収まらない。まずゲニスタに入れ、つぎにキティススに入れと苦労したあげく、どちらのジグソーパズルにもはまらないというので、スコパリウス種だけでサロタムヌスという属を作った専門家もいた。

　スコパリウス種（＝*Sarothamnus scoparius*）は大西洋沿岸部に分布しており、ヨーロッパ大陸内部には分布していない。大陸内部の冬の気候が寒すぎるのであろう。だから、ある所ではありふれた雑草のように扱われているものが、他の場所では喉から手が出るほど欲しいのに育たない、ということが起こりうる。ジェラードはエニシダとハリエニシダの木と種子を「エルビングとかメルイン（ポーランドにある地名）と呼ばれている所に送った。たいそう珍しいので一番美しい庭の中に植えて育てられた」と記している。十八世紀にコリンソンは、ペンシルヴァニアのジョン・バートラムにこの種子を送ったが、厳しい冬の寒さのために枯れてしまった。スコパリウスは土地を痩せさせるというので評判が悪いが、冬の間、羊の餌として貴重な植物である。これは軟膏にもなり、「タールは高いので貧しい人がひげそり後に使う」といわれた。スコットランドでは、かつて畑全体にこれを植えて、薪の代わりとした。植えた土地は、おそらくほとんど何も生えないような岩だらけの傾斜地であったろう。

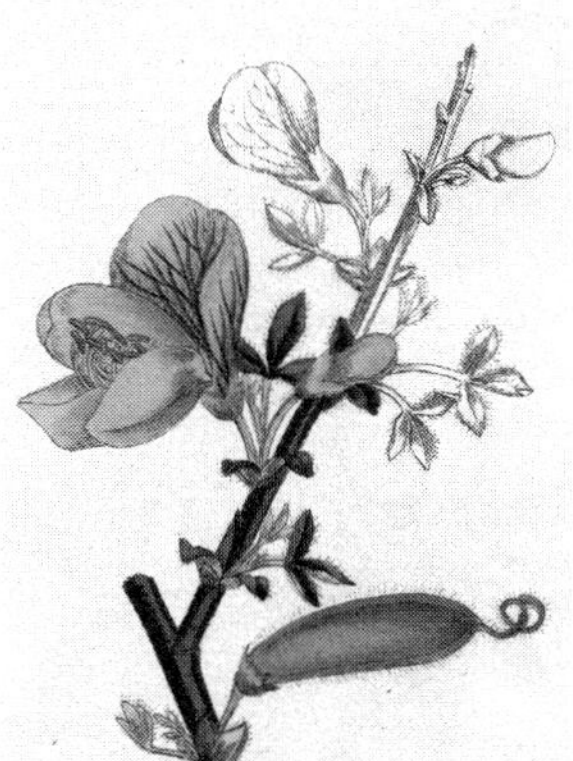

キティスス・スコパリウス
（EB第996図　1852年）

　野生のものでも栽培種でも、エニシダは恋人たちが人目につくことなく会える場所を知っていると、スコットランドの民謡では歌われている。ワーウィックシャーにもエニシダのたくさん生えている所があって、シェイクスピアは『テンペスト』の中で「その茂みの中で、恋しい女性に捨てられた若者たちが身を寄せて深いため息をつく」と書いている（第四幕、第一場）。

この花の匂いは、催眠作用があると信じられていたようだ。『ブルームフィールド・ヒル』という歌に、「女性がエニシダの茂みの中で恋人と会う約束をした。魔女にあいびきの約束と純潔の両方をどうして守るつもりかと問われて、自分の軽率さを後悔した。約束の時間は午後であった。そこに行ってみると、若者は眠っていた」という内容のくだりがある。

この植物にはじつに様々な用途がある。できたばかりのつぼみは塩漬けにし、「ケイパーと同じようにサラダに入れると、とてもおいしい」（ジェラード）。種子はコーヒーの代用物となる。木そのものは、大きくなっていれば、「とても美しい材料として」（ミラー）棚職人の手に渡る。イギリスでもそれ以外の国でも、屋根を葺いたり、衣服を作ったり、紙を作ったり、なめしたり、染料として用いたり、灰汁を取るためにエニシダが用いられるが、とりわけ、箒を作るのに用いられる。だから、箒のことをブルーム（エニシダ）という。しかし今日では、箒とキティスス属とはほとんどまったく関係がなくなっている。「現在、ギブリッジでは、カバノキから箒を作るが、それもやはりブルームと呼ぶ。」（スレルケルド『アイルランド植物要綱』一七二七）一五六二年にはすでに、「緑の新しい箒はきれいに掃ける」という諺があった。カルペッパーは、「イギリスの賢明なる主婦ならたいていが家を掃除するのに用いる」といっている。箒を売り歩いている行商人の姿もよく見慣れた風景であった。

ごく最近に至るまで、エニシダを切って、箒を作っていたジプシーがいた。その箒は煉瓦造りのパン焼き窯の中を掃除するものだった。パン焼き窯の火を落とした後、次のパンを入れる前に掃除をするのだが、箒には簡単に火がつかなかった。

最初にエニシダが薬用植物として栽培されるようになったのは、おそらく野生のエニシダだけでは十分な量が採集できない地域であったと思われる。青々としている小枝の煎じ薬は、利尿剤や下剤として何世紀にもわたって重宝がられた。しかし、「これは強い薬で内臓を痛める。有名なイギリスのヘンリー八世はエニシダの花の蒸留水を暴食をした時に服用していて、かえって病気になってしまった」とジェラードは警告している。ターナーは、酢漬けのエニシダの枝は座骨神経痛の治療薬であるといっているが、当時としては珍しくつぎのような注意を促している。「私はこれと油を混ぜたほうがよいと思う。それを患部に当てるのがよく、患者が強靱である場合を除いて、内服はしないほうがよい。」この植物から作った薬は、腎臓や肝臓の病気には今でも使用され貴重である。エニシダは一九三九～四五年の戦争中には、それらの治療薬にするために採集された。

一七二八年、エニシダを庭で栽培することは「まだ考えられていない」とバティー・ラングレイはいっている。理由は野生のエニシダが豊富にあるからだ。観賞用としても他のどんな灌木にもひけを取らないとミラーは考えていたし、スコパリウス種はキティスス属の中で一番大きな花が咲くから、「イギリスのどこででも見られるありふれた灌木でなかったなら、観賞用に最も適した植物だとされたであろうことは間違いない」とラウドンは指摘している。エニシダは「丈の高い大きな木の根元に植えるのが賢明であろう。そうすれば、ジプシーの焚く火が森の中で持つ効果と同じように、大木のせいで薄暗い森の中を明るくするであろう」とフィリップスはいっている（一八二三）。しかしエニシダは日蔭では生長しない。

　庭園用の植物としてのエニシダの地位は、エドアール・アンドレ（一八四〇～一九一一）が新種を発見したことで、大幅に上がった。彼は有名なフランスの造園家であり花卉栽培の専門家であった。羽状の花弁が茶色がかった赤色の変種が野生のエニシダの中に混じって生えているのをノルマンディーで一八八四年に見つけた。これが増殖されて、彼の名前を取ってスコパリウス種の変種アンドレアヌス（*C. scoparius* var. *andreanus*）と呼ばれた。白色の変種、また黄色でムーンライト・ブルーム（Moonlight Broom）と呼ばれる変種もその頃までには栽培されていた。しかし一八九〇年代になるまで、エニシダの交配種はなかった。キュー植物園の管理人ジョージ・ニコルソンはW・ダリモアを説得して人工交配によって一品種を作らせた。それまでは交配種を作ることは不可能であると考えられていた。理由はエニシダの花粉は花がつぼみの間に生長するので、花がまだ小さい頃に、雌しべを傷つけずに雄しべを切り離すことは、技術を要する難しい処置だったからである。ダリモアは温室の中でアンドレアヌス種だけを隔離して栽培し、何度か失敗を繰り返した後、二つの花から雄しべを取り去ることに成功した。そしてそのうちの一つに、アルブス種（*C. albus*）から取った花粉を人工受粉させた。四個の種子が採れて、それら全部が発芽した。そのうちの二本の若苗はうまく生長し、開花したが、ほとんど価値がないということがわかって捨てられた。残りの二本の若苗はなかなか生長しなかったが、一九〇二年に初めて、そのうちの一本にきれいな花が咲いた。ラブルヌムの木に接ぎ木できるほど大きな枝に育てるのは困難なことであったが、接ぎ木すると、その木は生長し花がよく咲いた。これがきれいなピンクと緋色のダリモレイ種（*C.*×*dallimorei*）で、まったく寒さに弱かったが、種子は繁殖力が優れており、それから美しい園芸種が多く生まれた。もう一本の方は黄色の花が咲いたが、第二世代の木からはピンク色の斑が入ったクリーム色の花が咲いた。ダリモレイ種からできた園芸種が一ダースほどもカタログに載っているが、まるで競馬の馬と騎手の服の色のようである。しかし、二色のエニシダは近くで見ると美しいが、遠くから見ると一色のものとほとんど変わらない。

　いくつかの外国産のキティスス属が十八世紀に紹介されたが、一種だけを除くと、すべて南ヨーロッパが自生地である。その中にはモンスペスレンシス種（*C. monspessulensis*、一七三五年イギリスへ導入）、ヒルスツス種（*C. hirsutus*、一七三九年）、プルガンス種（*C. purgans*、一七五〇年）、アウストリアクス種（*C. austriacus*、一七五九年）や、寒さに弱いカナリエンシス種（*C. canariensis*）がある。カナリエンシスは植物愛好家に人気があった種で、フランシス・マッソンが一七七七年にカナリー諸島からイギリスに持ち帰った。今も昔も春になると、植木鉢に植えたものを、行商人が荷馬車に積んで売りに来る。導入されたものの中で普通の庭向きの種として一番重要なのは、白、黒、紫色のエニシダで、学名はそれぞれアルブス種、ニグリカンス種（*C. nigricans*）、プルプレウス種（*C. purpureus*）である。

アルブス種の英語名は「ホワイト・スパニッシュ」（White Spanish）とか「ポルトガル・ブルーム」（Portugal Broom）で、ジェラードや彼以降の人もヨーロッパ大陸の植物学者が書いているもので名前は知っていたが、イギリスでは一七五二年になるまで栽培されていなかったようである。その年、マイル・エンドの有名な種苗商のジェイムズ・ゴードンが栽培した記録がある。これは花が咲いていない時でも、「配置の仕方がいろいろ可能であり、また針のような小枝がふさふさしている」から芝生に植えるととてもきれいな装飾になるし、花が咲けば、またそれも見事であるとラウドンは思っていたようだ。「一本の幹になるように仕立てると、その効果は増加し、パリあたりでは日常のことであるが、ラブルヌム（*Laburnum*）〔エニシダに近縁のマメ科キングサリ属〕に接ぎ木すると、美しい上に、珍しい見ごたえのある木になる。」

フィリップスの誉め言葉は少々くどいが、アルブス種を「真珠を身につけた処女の花嫁のようであり、花の女神フローラの手で飾られたというよりはむしろ雪をちりばめたようであり、その優雅で波打つように伸びた姿は清純な色合いととてもよく合っている」と書いている。賞賛の言葉を送るのに厳しい王立園芸協会編集の『園芸事典』でさえ、「姿のよい美しい灌木」であるといっている。ただし、その価値を低くみて、これが二つの重要な交配種（ダリモレイ種はその一つ）の一方の親にすぎないという考えもあるが、その交配種は偶然できたのであって、人の手で作り出されたものではない。ハチは庭師と同じくらいにこのアルブス種を好む。花の大きさが手ごろで、ハチを大歓迎しているかのように他のエニシダよりも早い時期から花をつ

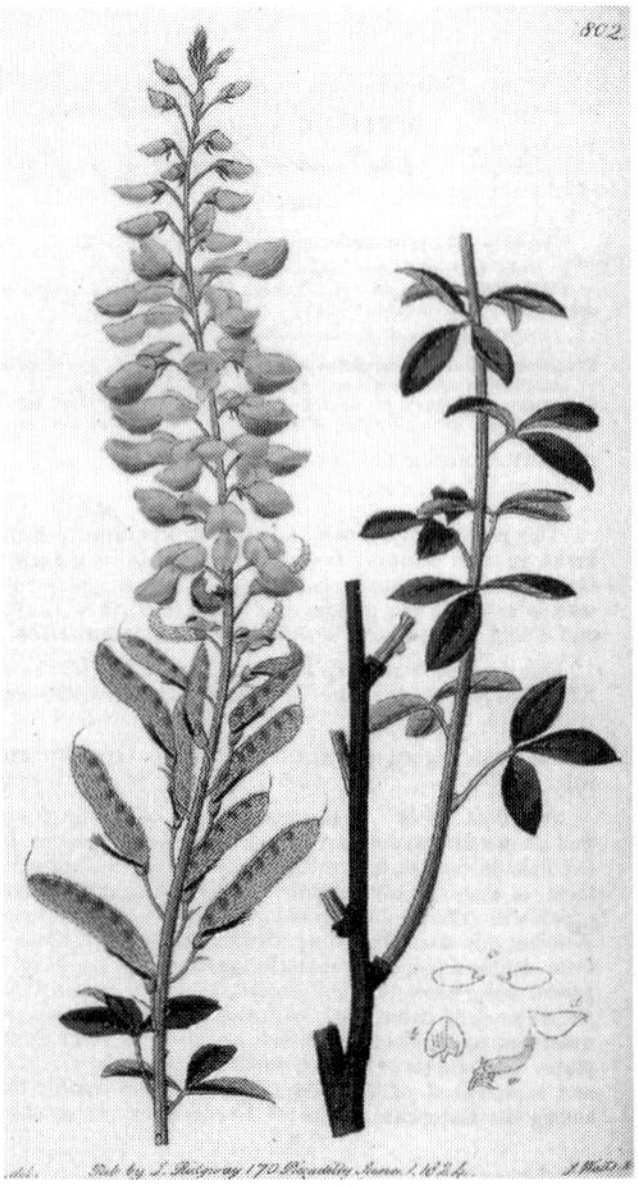

キティスス・ニグリカンス
（BR第802図　1824年）

けるからである。

ニグリカンス種の花の色は黒ではない。花が枯れると黒くなるのでこう名づけられたとたいていの専門家はいっている。これもイギリスに紹介されるかなり以前から、植物学者にはよく知られたものであった。かつては珍しい植物を植えているような庭では必ず栽培されていたが、一七三一年に自分が紹介するまでにはなくなっていたとミラーはいっている。さらに、これは「生長が遅く、一本の幹に仕立てるのはかなり難しい」が、「見た目にすばらしい植物」になるともいっている。いうまでもないことだが、ラウドンはこれを接ぎ木して立ち木に仕立てている。他方、モーンドは「背の低いアメリカ産の植物と混ぜて植えると見た目がよくなる」といっている。優雅な姿のアルプス種とはまったく異なった形であるが、黄色の花をつけた細い真っすぐな茎は七～八月には明るく輝くようになる。ニグリカンス種はもっと広く知られてもよい植物であると私は思う。

プルプレウス種についてはシムズが『ボタニカル・マガジン』（一八一〇）の中で「茎が弱くて見栄えのしない灌木」で、一七九〇年に「ロッディジーズがイギリスへ紹介したと我々は信じている」と書いている。しかしケント女史によると、パラスが「ヴォルカ砂漠で」見つけたものである。ラウドンは、すべてのエニシダの中で一番すばらしいと考えており、当然ながら、接ぎ木して立ち木に仕立てた。このやり方は長く引き継がれていたが、六〇～七〇年後、それを植える場所はロックガーデンの石の間であって、一般に見られるように、「ラブルヌムの枝に接ぎ木する」べきではないとロビンソンが抗議している。

ある時、この習慣が思いもしなかった結果を生んだ。一八二五年にパリ近郊ヴィトリーにあるD・アダムの種苗園で、ラブルヌムに接ぎ木したプルプレウス種の先の部分が偶然折れて、ラブルヌムにプルプレウス種の一部分が少しだけ残るという状態になった。ラブルヌムは大きく生長し、残ったプレプレウス種の接ぎ木部分はラブルヌムの内部で生長した。こうした状態は意図的には生半可な技術では作り出すことはできないが、「接ぎ木のキメラ」（graft chimaera）として知られているものができた。それは小さな奇妙な木になった。この木のほとんどの枝には紫がかった、ないしは銅色がかったピンク色のラブルヌムの花に似た花が咲く。時に、純粋なラブルヌムの外側の組織から枝が出ることがある。また、純粋な紫色のキティススの内側

キティスス・プルプレウス
（CBM 第1176図　1809年）

の組織から枝が出ることもある。この混合した品種は今でもラブルノキティスス・アダミー（*Laburnocytisus* ×*Adamii*）という名前で売られている。普通にしてなにもしなければ、つまり、エーリエル〔中世伝説の空気の精〕を松の木の裂け目に閉じ込めるようなことをしなければ、プルプレウス種は二フィートくらいにはなるが、地面を這うように生長しているものもいくつかあって、丈は二〜三インチにしかならない。

　十八世紀にはもうすでに多くの種が集められていたにもかかわらず、エニシダの交配種が十九世紀の終り近くまで現れなかったのは、たいへん不思議である。もっとも、そのことをこの属が純潔を守るタイプであると高く評価する向きもある。例外としてヴェルシコロール種（*C.*×*versicolor*、プルプレウス種とヒルスツス種またはラティスボネンシス種 *C. ratisbonensis* との交配種）があるが、それができたのはだいたい一八五九年頃といわれる。交配種が五種あって、これは不満からではなく喜んでいうのであるが、すべて偶然にできたもので、人為的に交配したものではない。すでに述べたダリモレイ種だけは意図的に作り出されたものである。そのうちの二種類、キウエンシス種（*C.*×*kewensis*）とビーニー種（*C.*×*beanii*）はロックガーデン向きの灌木で、両方の親は六インチしかないアルドイニー種（*C. ardoinii*）が挙げられる。この二種類は、一八九一年頃にキュー植物園の種苗園で姿を現した。寒さに弱いポーロック・ブルーム（Porlock Broom、ラケモスス種（*C. racemosus*）とモンスペスレンシス種との交配種）はサマセット、ウエストポーロックの庭でノーマン・G・ハドソンが一九二〇年代初め頃栽培していた。人気のあるプラエコックス種（*C.*×*praecox*、プルガンス種とアルバ種 *C. alba* との交配種）は一八六七年頃にウォーミスターのウィーラーの種苗園でプルガンス種が植わっている花壇に生えているのが見つかった。その姿は陽光をいっぱいに浴びて輝いている滝のようでとても美しいが、残念なことに、不快な匂いがするので台無しになっている。両親ともに悪臭はないが、やはり親株のせいである。プラエコックス種にとてもよく似ているが、ダリモレイ種からできたオスボルネイ種（*C.*×*osbornei*）という交配種があるが、幸運なことにこれには悪臭はない。

　比較的最近紹介された新種のエニシダにバッタンディエリー種（*C. battandieri*）がある。それはイギリスの庭を征服するであろうと確信されていた。ところがこの植物に失望させられる点が徐々にわかってきた。変異しやすいということと、グループの中にはうまく花が咲かないものがあるということである。紹介された直後は寒さに弱いのではないかと思われたが、そのようなことはない。異なる二カ所からキュー植物園が手に入れた種子からはオレンジがかった黄色の花をふんだんにつけるタイプと、それよりは色の薄い、花の量の少ないタイプができた。このタイプは五〇〇〇〜六〇〇〇フィートあるモロッコのアトラス山脈でP・ドゥ・ペイエリンホフが見つけ、一九一五年にジュール・エイメ・バッタンディール教授（一八四八～一九二二）に敬意を表してその名前がつけられた。この教授は『アルジェリアの花―モロッコ植物カタログ』の著者であり、その他にも植物関係の書物がある。ビーンは、これが一九二二年頃に紹介されたといっているが、細かいことは何も述べていない。キュー植物園では用心して温室の中で育てていたが、戸外に植えられたという一本はT・ヘイがハイドパークに植えたもののことに違いない。栽培が始まって六年後の一九三〇年、初めて花が咲いた。これは一九三一年にガーデン・メリット賞（英国王立園芸協会が行う試験栽培によって優れた結果が得られたものに与えられる賞）を取った。この種子には突起がないので、キティススが満たしていなければならない特質を完全には満たしていない種である。庭師の目には、とほうもなく大きく思えるヴェルヴェットのような葉を持っている。それは絹のような光沢をもつ小形のラブルヌムの葉に似ているように見える。真っすぐに上に向かって咲くその花は、ソーセージの形の総状花序を持っていて、ボウルズは数分ごとに変化するといったが、パイナップルやイチゴなどの果物に似た匂いがある。

　キティススという名前は、ギリシアの地名キスヌス（今のテルミア）からきている。そこは「ギリシアの島々の中でたくさんの果物の採れる島」（モーンド『植物園』一八二五～四二）である。ここで最初のキティススが見つけられたと考えられた。それは古代人たちがたいへん評価し、「キティソス」（Kytisos）と呼んでいた植物であった。しかしそれはメディカーゴ（ウマゴヤシ属）であろうと、現代の植物学者はいっている。英語名の「ブルーム」だけで多くの園芸種を表現するのは無理であると考えられてきた。そこでイギリスの至る所で、いろいろな種類が紹介されるごとに、「ビーソム」（besom）、「ビソム」（bisom）、「ベイソム」（basom）、「ビッゾム」（bizzom）、「ブレーアム」（breeam）、「ブリーン」（breen）、「ブラウン」（browme）、「ブルム」（brum）といった名前が使われてきた。オランダでは「ブレム」（brem）という。ヨーロッパ大陸の他の所ではこの植物は、普通は単にゲニスタという名で呼ばれるが、その地方固有の呼び名がある。普通のエニシダには「牧場のゴシキヒワ」という意味のウェールズ語の名前がある。だから、中国名が「金色の燕花」を意味するというのはおもしろい一致である。

エリカ

Erica

エリカ

ツツジ科

この属には五〇〇以上もの種があって、そのうち約四七〇種類は南アフリカの喜望峰あたりに集中している。それ以外は、熱帯アフリカ、北アフリカ、南ヨーロッパ、さらに北極海沿岸地域からノルウェーにまで分布している。地球上の東西ではなく、縦に北から南にわたって分布しているのはたいへん珍しい。エリカ以外の例としてはサボテンがある。旧世界のエリカと同様に、サボテンは新世界の北から南に広がっている。

四〜五種のエリカはイギリスの自生種であるが、十八世紀中頃まで庭に植えられることはなかった。エリカ栽培のすすめを早い時期にいい出した人物の一人であるフィリップ・ミラーは「エリカはごくありふれているけれど、ひかえめな花をつける灌木の中では、そこそこの高い評価を受けている。花は美しいし、開花期間も長い。さらに葉は多様な形をしているから、変化の妙を楽しめる」といっている。彼はイギリス自生種は三種しかあげていないが、地中海沿岸が原産地のアルボレア種（*Erica arborea*）を紹介している。ヨーロッパに生える種の大部分は一七六〇年から七〇年の間に紹介、再紹介がくりかえされたものである。エリカの栽培が突如として驚くほど流行し始めた直後、南アフリカから寒さに弱いエリカが紹介された。まず二つの先駆者的役割を果したツビフローラ種（*E. tubiflora*）とコンキンナ種（*E. concinna*）が一七七二年に到着したが、大流行のもとになったのは、イギリスのプラント・ハンター、フランシス・マッソンが一七七四年にキュー植物園に二〇種のケープ原産のエリカを送って来たことである。「マッソンは、イギリス国王の命を受け、また国王から資金を出してもらって、珍しい植物の宝庫であるケープへ二度探検旅行をした」人物である（ミラー）。その後、「多くの収集家が新種をもたらしたので、リストを見ないとそれがどのくらいあるか数え上げることができない」（H・C・アンドリュース『エリカ』全六巻、一八〇四〜一二）。美しくまた珍しい植物の「収集品」を集めることが流行になった。一八二三年までには、約四〇〇のエリカが栽培されていた。そのうち三〇〇種近くのエリカがH・C・アンドリュースのエリカに関するすばらしい研究書『エリカの色刷りエッチング集』に絵入りで載っている。この書は一八〇二年から三〇年の間に四巻が出版された。そのうち、エリカの人気はヨーロッパ大陸に伝染していって、ジョゼフィーヌ皇后がナポレオン戦争中にもかかわらず、イギリスから輸入したエリカの収集品を持っていた。この収集品は、皇后の離宮マルメゾン宮の宝物の一つであった。ジョゼフィーヌ皇后は喜望峰へ出かける収集家の諸費用をイギリスの種苗商ジョン・ケネディー（一七五九〜一八四二）と分担していた。

　南アフリカ産の種はすべて「一七九五年にイギリス政府が出した、ケープ植民地に新種のエリカを見つけるようにという要請の結果」（ウィルキンソン夫人『雑草と野生の花』一八五八）発見され、イギリスに紹介されたというのは正しくない。その頃までに、とても多くの種類が紹介されたので、体系的な収集が必要であるという声がイギリスの庭師から起こり、それを受けて政府がこの要請を出したようである。

　この属に対する関心が刺激となって、ヨーロッパ産の耐寒性のエリカが栽培されるようになった。エリカを植える庭が多くなっていったが、初期の栽培方法は、異国から来たエリカを夏の間温室から出して、花壇に植えたということにすぎない。一八三八年になると、例えばラウドンは、エリカだけを使ったエリセツム（Ericetum）という庭にするのもよいし、ツツジ科の植物や灌木を混ぜたエリカセツム（Ericacetum）という庭にするのも一興だといっている。またデザインも念入りに対称形に仕上げた区画や椅子や噴水がある整形式のテラスから、いわゆる「非整形の」庭までいろいろあるデザインの中から選択するようにといっている。非整形の庭にある腎臓形の花壇やソーセージ形の花壇は「不規則な形になっているから、エリカセツムには決まった特別な形は必要ではないということを示している」のだろう。フィリップスがいうように、どれを選択するかは、「低木の植え込みをするため選ばれた場所にあった形」でよい。

　十九世紀の終わり頃には、エリカの人気は下火になったようだ。というのは、一八八三年に『イギリスの花の庭』を書いたロビンソンが、この植物がまったく無視されているといって嘆いているから。

　ところが最近、いわば振り子のゆりもどしが起きている。ケープ産のエリカはほとんど栽培されることはなくなったが、エリカを植えた非整形の庭が特に人気がある。開花期が長いこととその管理が簡単であることが理由であるらしい。

　ミラーの時代には、エリカを種苗商から買うことはなかったので、栽培したいと思う人は自分で荒地に行って、若苗を掘り起こしてこなければならなかった。今日、カタログには、たくさんの園芸種が載っているが、それらのほとんどは、もともと「山採り」植物である。野生の生息地で偶然に見つけたものか、忍耐強く探し回った結果見つけられたものかのどちらかであって、庭で「育種」したものではない。

　耐寒性の品種に関して、この属ははっきりと二つに分かれる。背が低くて、地面をおおうような種類と、背が高い「木の」エリカである。前者のグループでは、五つの主要な種のうち四つがイギリスの自生種である。残りの一つが、しかも一番重要なものがイギリスの自生種でないのは、不公平に思える。この神の摂理による不公平を残念に思う心はコヴェントリー伯爵ジョージ・ウィリアムが癒してくれた。カルネア種（*E. carnea*）、英語名は「オーストリア・ヒース」というエリカを一七六三年に

エリカ・カルネア
（CBM第11図　1787年）

中央・南ヨーロッパの自生地からイギリスに紹介したのがコヴェントリー伯爵である。伯爵自身が運んで来たのではなく、おそらく知り合いが伯爵の所に種子ないし灌木を送って来たと考えられる。これは一七八七年に創刊されたカーティスの『ボタニカル・マガジン』に最初に絵入りで載った植物の一つである。そこには、「この植物は、普通は温室か温床のフレームの中に入れられている」と書いてある。ただし、ロビンソンによれば「山で採れるエリカの中の宝石とでもいうべき花であって、地衣類と同じくらい寒さに強い」。カーティスはエリカ・カルネアという名が「特徴をよく表しているとはいい難いが、種類が多い場合、各々の種の特徴を完璧にいい表す名前をすべてにつけることは簡単ではない」と考えている。実際、リンネは秋に薄い緑色のつぼみがつくことにだまされて、自分は二つの異なった種を育てていると考えていた。秋に花が咲くものには「草色の、つまり緑がかった」という意味のヘルバケア（*herbacea*）という名前をつけ、春に、ピンク色ないしは、肉色の花が咲くものにはカルネア（*carnea*）という名前をつけていた。この人気のあるエリカには、現在約三〇種の園芸種があって、その多くは、ヨークのバックハウス商会が増殖して広めたものである。

全部で二〇〇ないしそれ以上の種類があるエリカの中で、最上であると考えられている一つは、野生の状態でできたものである。カルネア種の変種で白色の花をつけるこのエリカは、イタリアのモンテ・カレッジオで生えているのをスターリング、スプリングウッドのラルフ・ウォーカー夫人が見つけた。これは最初「スプリングウッド」と呼ばれていたが、後に、これから色のついた交配種「スプリングウッド・ピンク」ができてきたので、「スプリングウッド・ホワイト」と改名された。これは一九三一年に王立園芸協会のメリット賞を獲得し、さらに一〇年後には試験栽培の結果、一般園芸家にとっても実用的と認められてガーデン・メリット賞を受けた。

カルネア種とそれからできた園芸種が持っている長所の一つは、「他のエリカと違って、土壌のカルシウムに対して神経質でない」（マリオン・クラン『大地の喜び』一九二九）ということである。その他のエリカではメディテラネア種（*E. mediterranea*）だけがカルシウムに対して敏感でない。カルシウムは植物自体には何も害を与えないが、根についているバクテリアを殺してしまうのだ。エリカの大部分はこのバクテリアに土壌から栄養物を運んでもらっているから、植物がいわば餓死してしまう。エリカは他の常緑樹と同じように別の敵も持っている。つまり大気の汚染や煙に弱いから、都会で生きていけるものはほとんどない。

四種のイギリスの自生種はすべて、カルシウムに弱いが、空気のきれいな庭ではすばらしい花が咲く。二つはどこででも見られるもので、あと二つは特定の地域でしか見られない。しかしその地域に行けば、どこででも見つけられる。「ベル・ヘザー」（Bell Heather）という誰でも知っている英語名がついているキネレア種（*E. cinerea*）は、樹皮の色が灰色であることからその名がついたのだが、イギリス自生のエリカの中では一番豊富に見られるものである。だから、いろいろな花から採った蜂蜜と混ぜたものではなく、この花だけから採った蜂蜜が手に入ることがある。しかもこの蜂蜜はポートワインのような赤い色で、独特の匂いがある。キネレア種の園芸種は一八三六年以前から一一種も栽培されていて、今では三〇種を超えている。

エリカ・メディテラネア
（CBM 第471図　1800年）

十字形の葉をもつテトラリクス種（*E. tetralix*）は、沼地の湿気の多い所で普通に見られる。ライトは一五七八年に『新本草書』の中で「たくさん小枝があって、根元から小さく細い若枝が出ている小形の低木である。花は垂れ下がっている小枝の先の方に、五～六個かたまってつく。色は肉色ないし赤で、花は長い筒状の穴が開いていて、トンネルのように先で開いている」といっている。これには約一四の園芸種がある。

「ドーセット・ヒース」（Dorset Heath）、キリアリス種（*E. ciliaris*）がイギリスの自生種の中では一番美しいと考えられている。しかし、十八世紀の終わりに、自生種ではないという発

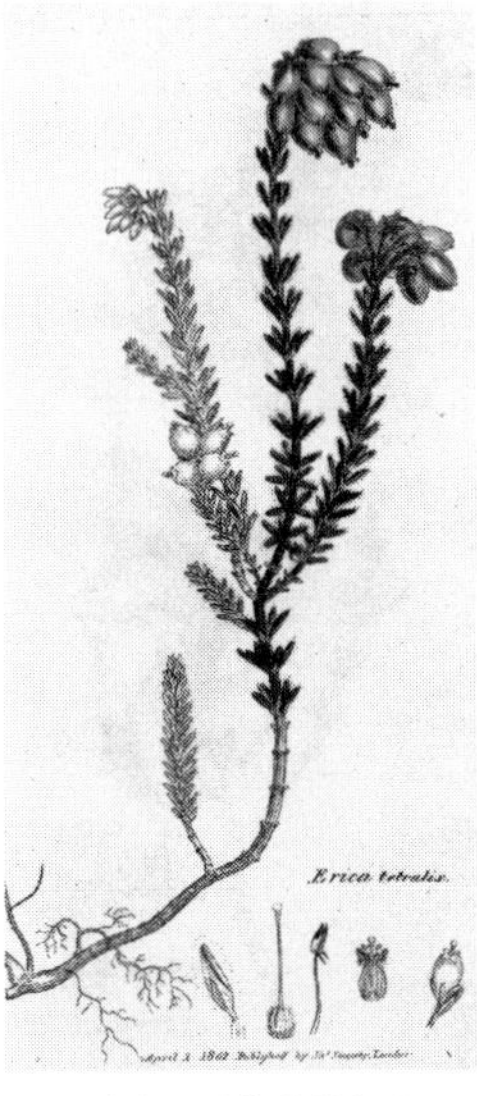

エリカ・テトラリクス
（EB 第557図　1850年）

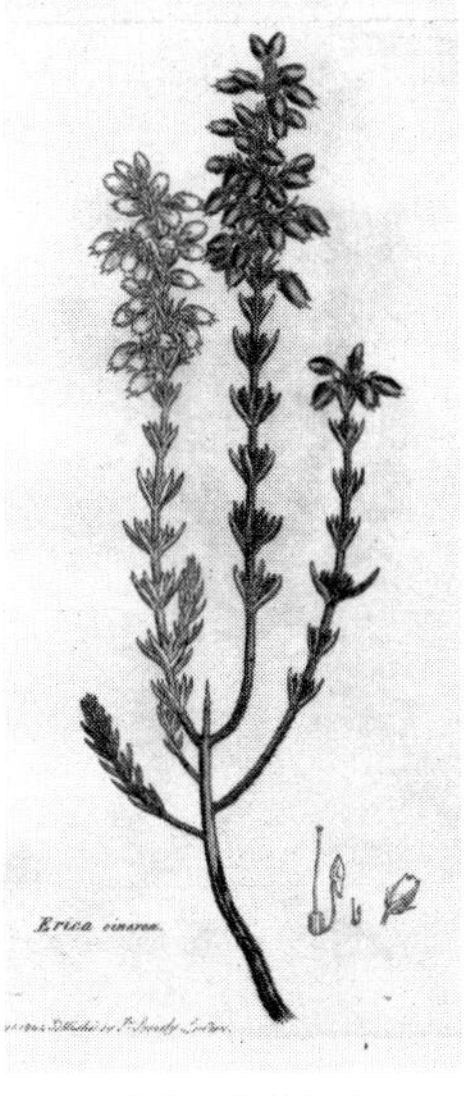

エリカ・キネレア
（EB 第558図　1850年）

エリカ・キリアリス
（CBM 第484図　1800年）

言が出た。スイス人植物学者カスパー・バウヒン（一五六〇～一六二四）はイギリスの自生種であるといっているけれども、レイはそれについては何も知らないと書いているし、一八〇七年にミラーの『庭師の辞典』を編纂した際に、マーティン教授は「この植物がイギリスで見つかったとは、だれからも聞いたことがない」と書いている。そしてミラーがイギリスの植物であると記しているのを軽蔑しているほどだ。なお、ジェラードはこれを「チャリス・ヒース」（Chalice Heath）と呼んでいるが、どこに生えているかについては何もいっていない。マーティンはこのエリカは一七七三年イギリスへ紹介されたのだという説を立てている。ドーセット州やコーンウォール州やヨーロッパ南西部には豊富にある。九ないし一〇種ある園芸種のうちで一番有名なのは変種のマウェアーナ（*E. ciliaris* var. *maweana*）であるが、これは一八七二年にジョージ・モーがポルトガルで見つけた。彼は、クロッカスの専門家でキオノドクサ属（*Chiono-doxa*）をイギリスへ導入した人である。

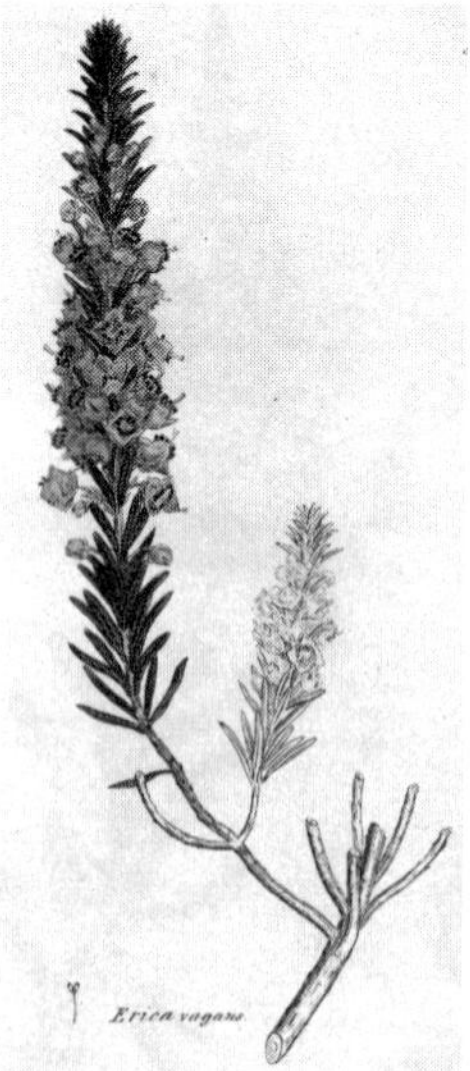

エリカ・ヴァガンス
（EB 第559図　1850年）

ヴァガンス種（*E. vagans*）、英語名「コーニッシュ・ヒース」（Cornish Heath）はイギリスの自生種の中では一番背が高い。壺形ではなく鐘形の花が咲くただ一つの種類でもある。レイはこの「ビャクシンないしはモミの葉に似た葉をもつエリカを、ヘルストンからコーンウォール州のリザードポイントに行く途中の道端で」一六七七年以前に見つけた。聖職者で園芸家のジョンズ（一八一一～七四）は紫がかったピンクと白の園芸種がコーンウォールのグーンヒリー・ダウンズで「何エーカーにもわたって」たくさん生えていたといっている。しかし、この種はイギリスのどこでも咲くほど寒さに強くはない。長い期間続けて開花しないことや、早く咲いた花が見苦しく残ったままでいるから、後から咲く花が台無しになるというのも不愉快なことであるとジョンズはいっている。ヴァガンス種の一四種ある変種のうち最上の二つもまた野生の状態で生えているのが見つかった。セント・ケヴァーン（*E. vagans* var. *St. Keverne*）はコーンウォール州で一九一四年以前にP・D・ウィリアムズが見つけ、ライオネス（*E. vagans* var. *Lyonesse*）は同じくコーンウォールのリザードでマックスウェルとビールが見つけ、一九二五年にはかなり普及していた。

キリアリス種とヴァガンス種は「大西洋の」ないしは「ルシタニア〔ポルトガルの旧名〕の」花に属する。これらはイギリスの気候が今よりも暖かかった頃から生き残ってきたと考えられている。ヨーロッパ西部に生えるメディテラネア種もそうで、これの一変種がコネマラ（アイルランド西岸ガルウェーの不毛地帯）で今も生えている。だから、これはイギリス以外の国からやってきた種類と自生種とをつなぐ輪であり、低い灌木のエリカと木のエリカをつなぐ輪であると考えられるかもしれない。というのは、丈が中くらいであり、背の高い種類のものよりも寒さに強いからである。一六四三年にオックスフォード植物園で栽培されていたが、一七五九年、ミラーはこれについては何もいっていない。おそらく一七六五年頃にジョシュア・ブルックスが再度導入するまで、枯れてなくなっていたのであろう。メディテラネア種には他の種に比べおいしそうな蜂蜜の匂いがあるという魅力が加わっている。普通、早朝花が咲く。八ないし一〇種の庭向きの園芸種があって、そのうちのいくつかは他のエリカよりも一カ月から六週間早く開花する。小形で、花もさほど多く咲かないアイルランド産のものは、まったく異なった種類であると考えている植物学者もいる。すべての交配種の中で最上の種類はダルレイエンシス種（*E.×darleyensis*）で、これはメディテラネア種とカルネア種とをかけ合わせたものであるが、両方の親の長所をすべて受け継いでいるようである。寒さに強く、匂いがよくて、十一月から五月まで花が咲いている。最初の交配種は、一八九八年より前にダービーシャー、ダーレーデイルのジェイムズ・スミス&サンという大規模なエリカ種苗園で偶然に現れたものであった。この交配種は変化しやすく、名前のついた変種が三つないし四つある。

アルボレア種（*E. arborea*）は背の高い「木の」エリカの中で古くから知られていて、しかも典型的な「木の」エリカである。かつてイギリスの自生種であるという、とんでもない意見がまかり通ってきた。というのはローマ時代の堆積物から花粉粒が一粒だけ出たことがあるからだ。私は、ホームシックにかかった百人隊の隊長がもって来た、ただ一本のエリカのただ一本の枝の残骸であるに違いないと考えている。これが紹介された時期について、記録に残っている一番古いものは一六五八年である。今のイギリスの気候では、「木の」エリカは寒さに耐えられないから、気候が穏やかな海岸近くでしか育っていない。ワイト島では、この植物の生長限度約二〇フィートにまで育っている。この灌木をおおっている白っぽい花一つ一つは、生の大麦の粒より小さい。大きく育っている木に咲く花の数は想像するよりも少ない。

家の戸口にビャクシンの木を植えると、魔女が入って来ないといわれている。魔女は軒をくぐって入る前に、戸口で止まって、小さな葉を全部数えなくてはならないからである。エリカでも同じことがいえるとすれば、一本の立派なエリカの木があれば、魔女の集団はその葉の数を数えるのに忙しくて、人間に悪いことができなくなるであろう。アルボレア種はイギリスの寒さに耐えられないのであるが、幸運にも、変種のアルピーナ（*E. arborea var. alpina*）はかなり耐寒性がある。スペインのクエンカの山中で種子が見つかって、一八九九年にキュー植物園に送られて来た。この種子から育てられた一本が、一九四五年時点でもまだキュー植物園で生きていて、寒さの影響はまったく受けていないようだった。その木は本来の大きさにまでは育っていなくて、せいぜい一〇フィートかそこらである。真っすぐに伸びた羽状の枝は、ゴシック建築にたとえられるが、花が咲いていない時でも、すばらしい緑のヴェルヴェットを思わせる効果がある。

耐寒性については問題があるが、もう二種類の「木の」エリカ、すなわちルスティアニカ種（*E. lustianica* =*E. codonodes*）とアウストラリス種（*E. australis*）がある。ルスティアニカ種の英語名は「ポルトガル・ヒース」で、イギリスに紹介されたのは比較的遅い。イギリスでは、一八〇〇年頃には栽培されていたと考えられている。これはアルボレア種とかなりよく似ているので、一八三五年までは、別の種として分けられておらず、名前もなかった。ロビンソンは、「きれいな長いキツネのしっぽのような若枝があって、とても価値がある」といっているが、五年に一度は、霜によって倒れてしまうほど寒さに弱い。冬に花が咲くので、このエリカは特に貴重である。ドーセット州プール近くのライチェットヒースでは、一本のエリカから生まれた子孫が「帰化して、何千という数になり、そのあたりをおおっている」とビーンはいっている。これはコーンウォール州でも「帰化して」いる。こうしてみると、エリカがその生えている沼地から庭に入って来る道は一本しかないとはいえない。

アウストラリス種、英名「スパニッシュ・ヒース」は、一七六九年にコヴェントリー伯爵がイギリスへ紹介したもう一つの種である。これは、「木の」エリカの花では一番美しいといわれているもので、戸外で育てることができないような寒さが厳しい所では、周りに壁をたてて寒さを防ぐ必要があるといわれている。多少は耐寒性もあり、白い花が咲く園芸種である。「ミスター・ロバート」（Mr. Robert）はカーヘイズのJ・C・ウィリアムズの息子ロバート・ウィリアムズ中尉が見つけた。軍隊でも近所の人からも「ミスター・ロバート」と呼ばれていた彼は一九一二年、一〇日間の休暇中、この植物の生息地であるスペイン南部のアルヘシラス近くの山中で、白い花の咲くエリカを探し回って、それを見つけた。彼は一九一五年十月、ルースで戦死したので、自分が見つけた花がイギリスで咲いているのを見ることはなかった。キュー植物園では彼に敬意をはらって、名前をつけた。

本当に寒さに強い「木の」エリカが一種類ある。原産地が暖かいことを考えるとまったく驚くべきことであるが、「コルシカ・ヒース」と呼ばれているテルミナリス種（*E. terminalis* = *E. stricta*）である。よくあることだが、耐寒性がないものに比べると花が美しくない。このエリカは藪のように、しかも八フィートくらいまで真っすぐに生長するから防風林や生垣として用いるとよい。一七六五年頃イギリスに紹介されたが、最初はケープ産であると考えられたので、温室の中で栽培されていた。この園芸種は記録されていない。

アルボレア種はフランス語では「ラ・ブリュイエール」（la bruyère）と呼ばれる。根に節があることからつけられた名前であるが、それからブリュイエール（bruyère、英語のbriar）つまりタバコのパイプが作られる。パイプ作りは長い間、フランス、イタリア、シシリア、コルシカを含めた地中海沿岸地域のかなり大きな産業であった。

二十世紀初め頃にイタリア南部カラブリアのレッジオで行なわれていたパイプ作りの過程をフェアチャイルド博士が記録している。大きな根が沼地から掘り起こされ、加工を始めるまで、枯れないように湿り気の多い所に保存される。まだ青々している状態で小さく切られ、さらに細かく切断したものを八～一〇時間ゆで続けるが、その間さらに小さく割れていく。その後乾燥させて、イギリスに運んだあとすぐ仕上げに入れるように、さらに細かくノコギリで引く。その間約五〇〇人の手が必要で、ノコギリで裁断するのは特に難しい作業なので高い賃金が支払われる。レッジオあたりは、とにかく貧しいので、この危険な作業に従事するものがたくさんいて、多くの人が指を切断していたといわれる。イタリア政府は、指の怪我の程度によって、決まった額の補償金を支払っていた。いくら借金がある人でも補償金目当てに、わざと指先を切り落とすなどとは普通では考えられない。

パイプを作る以外に、アルボレア種には使い道がない。エリカという名前は「割る」という意味のereikeから出たものであり、石を解かす性質があると考えられていたことによる。エリカの中には、枝がもろくて折れやすいものがあるから、その名前がついたという説もある。

エリカ愛好家が、お気に入りの花から自分の娘に名前をつけようとするかもしれないが、女性の名前のエリカの由来は別にある。古代北方民族の言語で、「不滅の王」を意味するEricとかEirikという言葉があったが、その女性形がエリカである。英語のヒースという名前は古英語の「不毛の土地」という意味の言葉から出たものである。エリカは、イギリスでは中部および南部でしか自生していない。もともとヨークシャーやスコットランドの沼地には向かないものである。次の詩のようにペトゥレングロウの風はノーフォークの荒地の上を吹いたのである。「兄弟よ、ヒースに吹きつける風だ。もし、あの風を肌に感じることができれば、私は喜んで永久に生き続けてもよいのだが……。」

オシロイバナ

Mirabilis
ミラビリス

オシロイバナ科

ミラビリス・ヤラパ（*Mirabilis jalapa*　和名オシロイバナ）の英語名は「ペルーの驚異」（Marvel of Peru）である。十六世紀の後半、ペルーからスペインに運ばれ、それからイギリスに入ってきた。ジェラードは『本草書』の中で記述しており、また長年にわたって庭で栽培していた。彼はこの植物を「ペルーだけの驚異ではなく、世界の驚異である」といっている。そのわけは、一株に咲く花でもさまざまである花の色の多様さにある。「というのはいくつか花を集めて、紙にそれをはさんでおき、次の日に咲いたいくつかの花と比較してみると、どの花もそれぞれ色が異なっていることに容易に気づくであろう。ある日に集めた一〇〇種と別の日に集めた一〇〇種を比較してもそうである。それは、この花が咲いている一日のうちの時間の違いでもおこるのである」とジェラードが述べ、「同じ株に咲いたものからでも赤、黄、白の花を摘むことができる」とトーマス・ハンマー卿がいっている。また「こういう色の縦縞模様が入った花も見て楽しいものであり、美しい。日に当たると花びらを閉じる」。パーキンソンはそれにつけ加えて、「私はこの植物の片側に咲く花が反対側に咲く花よりも美しく変化していることがあるのをよく見た。こうしたことは東洋の植物にはよく見られる。穏和な気候、日陰の多いところで頻繁におこる」と述べている。

ミラビリス・ヤラパ
（和名オシロイバナ）
（CBM 第371図　1797年）

この植物の別名は「四時に咲く花」（Four o'clock Flower）である。この花が四時に開き、一晩中開いたままで、翌朝閉じるからである。もっとも、涼しく曇り空の多い気候のイギリスでは一日中咲いたままであることが時にある。フランス人はこれを「夜の美」（Bell de Nuit）と呼び、イギリスよりも暖かい所、例えばマレー諸島では、そのとても規則的な開花習性ゆえに、それを時計代わりに使えるよう、庭の目立つ所に植える。寒さに弱い方だが、半耐寒性の一年草として育てられることがよくある。しかしジェラードは根を秋に掘り出し、今日我々がダリアを扱うように、砂の詰まったバター入れの樽の中に貯蔵した。

そして春に植えつけると、満足のいく結果が得られるということを見いだした。

この花は十八世紀中人気があったが、今日ではめったに見られない。ペチュニアなど後からイギリスに紹介された植物に追い出されたのである。縞模様のものも我々の先祖が好んだほどには好まれない。おそらくいつの日にかまた人気が出て、オシロイバナは有名になるであろう。

クルシウスはこの植物に変種を現わす名前を与えたが、それは根から下剤のヤラップが採れるという間違った考えを直感的に抱いてしまったことによる。

オダマキ

Aquilegia
アクイレギア

キンポウゲ科

アクイレギア・ヴルガリス（*Aquilegia vulgaris*　和名セイヨウオダマキ）の英語名は「コロンバイン」（Columbine）。イギリス自生の植物であるが、記録が現われるのとほぼ同時に庭に取り入れられ、栽培されるようになった。コロンバインという名前は一三一〇年頃に書かれた詩の中にまず現われる。また一三七三年のペスト流行の際に、治療薬として用いられた八種の植物の一つである。さらにチョーサー、スケルトン、シェイクスピアもセイヨウオダマキについて述べている。紋章には古くから用いられており、「青い花をつけた一本のオダマキ、茎は緑」というのは旧家のグレイ・オブ・ヴィッテン男爵家の紋章の頂飾の一部である。さらに料理では一四九四年に、「オダマキの花で色をつけた第二コースのゼリー」という記述がある。またギリムという人の書いた『紋章のいろいろ』（一六三二）という本の中には、「その空色の見事さと同様に見た目にも美しくまた形が俗っぽくないので見る者を喜ばせる。そのうえ医療用としても有用であると考えられている」と記している。実際、薬草としては医療について書いた昔の著述家の多くが高く評価して

アクイレギア・ヴルガリス
（和名セイヨウオダマキ）
（EB第770図　1852年）

いる。トゥルヌフォールの『本草書』には「この種子は天然痘や水痘の跡を取るために女性がよく用いる」と書かれているし、ジョン・ヒルは、ターナーが「飛ぶのが好き」（like unto flees）という名をつけているその種子について、「黄胆に効くので有名で」サフランと併用すればなおさらよいといっている。十八世紀中頃までには、薬草としての人気は衰え始めた。リンネは、これを飲み過ぎて命を落とした子供がいると警告の言葉を記している。この警告は『庭師の辞典』（一八〇六）でも取り上げられているようにオダマキが「うさん臭い属の」一つであり、トリカブトを含め、命取りになるような毒性を持った多くの植物と関係があることを考慮すれば驚くべきことではない。

かなり多くの変種が十六世紀中にはもうすでに栽培されていた。ジェラードは、「花は時として青色であり、また赤や紫のこともあるが、また白の場合や色が混ざり合っている場合もある。花の色を識別しても、大した意味はない。というのは誰もがとてもよく知っているからである」といっている。彼はさらに八重の変種についてつけ加えて「アクイレギアは、正真正銘八重である、つまり、鳥の形をしている小さな花が、別の花の中に押し込まれている。青いものもあるが、白いものの方が多い。さらに色の混ざり合ったものもある。それはまるで自然が小花と戯れるために各種の色を作り出したかのようである」と書いている。

パーキンソンはまるで自分が実際庭の仕事を手がける庭師であるかのように、「これらの八重の種類は、一重のものとまったく同じように、良質の種子を作るが、こういう現象は多くの植物の場合には見られない」と述べ、さらに、「珍しいオダマキほど育てる困難は大きくなる。一方、普通の種類のオダマキはまず枯れることはない」と書いている。

またアーバークロンビーは、種子から育てるようにせよと述べている。そのわけは、「古くなった株は先祖がえりしていることが多いからだ。つまり、完全に八重であったものや優雅な色をもっていた変種が一重の花を咲かせたり、単純な色になったりする」からである。昔のオダマキは田舎家の庭で好まれた。田舎では「おばあさんの帽子」（Granny-bonnets）と呼ばれることがある。ジョン・クレアはそのような庭の描写の中にオダマキを登場させている。

　　オダマキは青色または濃い茶色で、

アクイレギア・カナデンシス
（CBM 第246図　1793年）

ハチの巣のような花をつけている。

今日栽培されている、長い距《きょ》をもった愛らしい交配種のオダマキは比較的最近改良されたものである。それらはまずほとんどがコエルレア種（*A. coerulea*）から作り出されたものである。コエルレア種は一八六四年にロッキー山脈から持ってこられたものだ。クリサンタ種（*A. chrysantha*）は一八七三年にカリフォルニアからイギリスへ導入された。しかし、すべてのオダマキは、じつに自由に交雑しやすいので、もし一つの庭で一種類以上が栽培されていれば、それぞれを完全な純粋種に保つのは不可能である。長い距をもつ交配種の最初のものは十九世紀後半、園芸家のダグラスという人物によって育てられていたようだ。たいへん古くイギリスに導入された外国産のオダマキにカナデンシス種（*A. canadensis*）がある。一六四〇年以前にジョン・トラデスカント（父）が栽培していた記録があるが、少なくとも十八世紀には、「花としては全然美しくない」と見なされていた。

属名はワシを意味するラテン語アクイラ（aquila）からきたもので、また英語名のコロンバインはハトを意味するが、どちらも花の形を述べたものである。「凹んだ花弁、角笛状の花弁と一重の花弁とが組み合わさってできている。それが羽を広げたハトに似ているのである」とトゥルヌフォールは述べているが、じつは花弁でなく蜜腺である。とがった「花びら」を最初に見つけたのはリンネであった。彼はジョン・ヒルの記述をしぶしぶ誉めながら引用して次のように書いている。「その人が考え出した分類体系については、非難せざるを得ないことが多いが、その当人に対してこのような称賛の言葉を贈れるのはたいへんな喜びである」と。ジェラードは、植物研究家の中にはアクイレギアを「ライオン草」（Herba Lionis）もしくは「ライオンが喜ぶ植物」（the herbe wherein the Lion doth delight）と呼んだ人がいるといっているが、その理由は説明していない。

オーニソガラム

Ornithogalum
オルニトガルム

ユリ科

ウムベラーツム種（*Ornithogalum umbellatum*）、英語名「ベツレヘムの星」（Star of Bethlehem）は十六世紀にイギリスに導入されたものであろう。イギリスの各所で野生の状態のオーニソガラムが見つかるけれども、自生種かどうかは疑わしい。ターナーとライトがそれぞれの『本草書』（一五六八、一五七八）の中で、この植物のことを外国産であると述べている。ライトはこれを「荒野のタマネギ」（Wild Feld Onyon）という名前で呼び、フランスのマランの近郊で咲いていると述べている。しかし一五九七年の記録では、この植物は庭でごく普通に見られるようになっていた。その直後に庭園植物としては、同じ種に属するもっと目立つ花に負けてしまった。パーキンソンは一一種を育てており、その中には美しいが寒さに弱いアラビクム種（*O. arabicum*）が含まれていた。トーマス・ハンマー卿は、パーキンソンより一世代あとの人であるが、目立たない「ベツレヘムの星」を「小形でそれほど価値のないオーニソガラム」の中に分類していた。これは寒さに強くて育てやすいことから、その他のオーニソガラムの多くが姿を消してしまった後も庭に残っていた。おそらく、この植物は「だらしない」から、共和制の時代の庭師の間で評判がよくなかったのではないか。清教徒から見れば、朝の十一時に花が開いて三時には閉じてしまうような花はだらしなく、罪深いものであったろう。「ベツレヘムの星」は「正午の目覚め」（Wake-at-Noon）や「眠がりディック」（Sleepy Dick）のほか、英語やフランス語、イタリア語でいずれも「十一時にお目覚めのご婦人」（Eleven o'clock Lady）と

オルニトガルム・ウムベラーツム
（EB 第482図　1850年）

オルニトガルム・アラビクム
（CBM 第728図　1804年）

いう意味の名前をつけられていたのは、開花時間がそれほど正確だったということである。

合計一〇〇種ほどの種類があり、その多くは南アフリカの自生種で、ほとんどは温室の中で育てなければならない。例えば「園芸家の間でよく知られているキンケリングケエ（chincheringchee）」とグレイが書いたティルソイデス種（*O. thyrsoides*）などがある。そのうち三種はおそらくイギリスの自生種であろう。まず、黄色のルテア種（*O. lutea*＝ガゲア・ルテア *Gagea lutea*）であるが、ジェラードの時代に、サマセットで野生の状態で咲いているのが見つかったもので、この花は今日でもサマセットに咲いているのだが、正確な場所は、ごく限られた人しか知らない。「スパイクト・スター」と呼ばれるピレナイクム種（*O. pyrenaicum*）は、かつてバースの近くではごくありふれたものであったから、若芽は束にして「バースのアスパラガス」と呼ばれて売られていた。これこそおそらくターナーが「テムズ河のそばで」見つけた「オルニティガルムまたはドッグリーク」のことであろう。それからヌタンス種（*O. nutans*）だが、これは野生の状態で見つかるのは珍しく、庭で見かけることもめったにないが、「クエーカーグレイ」とか「クエーカーホワイト」と呼ばれるこの大きくてうす気味悪い花は、育てる価値がある。

ギリシア語の名前オーニソガラムはリジェールがいうように「なぜそのように呼ばれるかは容易に判断できないけれども」ディオスコリデスが用いた名前で、「鳥のミルク」という意味になる。リンネはウムベラーツム種というのは『列王記・下』の六章二五行に「ハトの糞」という名で出ている植物であろうと考えている。というのは、この植物は飢饉の時には食料になったからである。パレスチナには豊富にあって、球根は長い隊商の旅の際、乾燥したものが携行食料とされた。パーキンソンは球根の利用法としてイタリアでは「生でも焼いても食べる」。とい

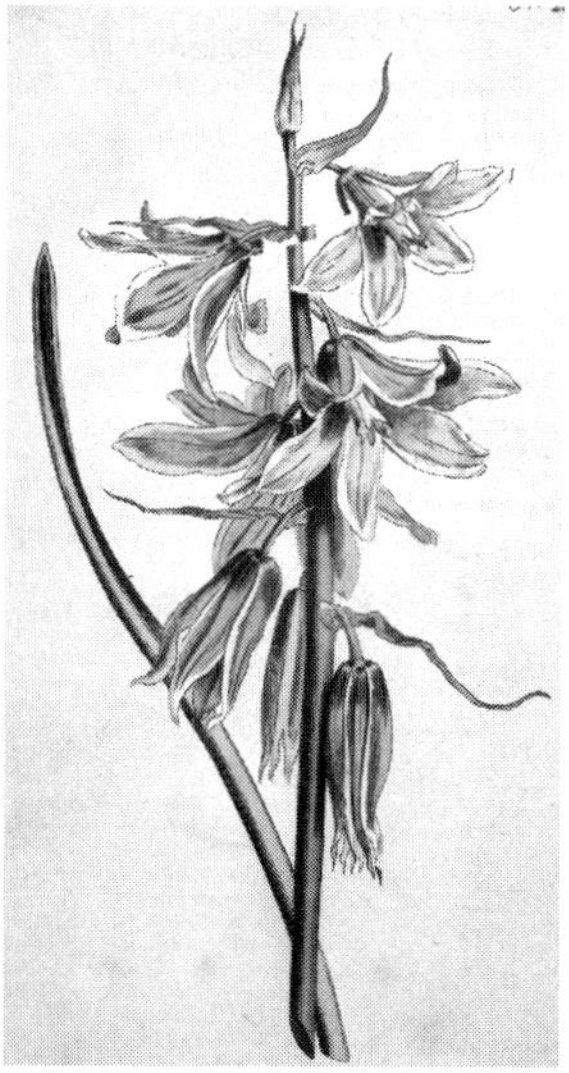

オルニトガルム・ヌタンス
（CBM 第269図　1794年）

オルニトガルム・
ラティフォリウム
（CBM 第876図　1805年）

うのもこれは栗よりも甘く、花を見て楽しめ、また食料として必要であった」といっている。スウェーデンをはじめヨーロッパ諸国でも球根を食べるが、こうした所では、「オーニソガラムのあるものは貧しい人の常食である。この植物はすぐに大きくなるし、とくにラティフォリウム（*O. latifolium*）の根はおいしい」とブライアンは書いているが、モルデンケは『聖書の植物』の中で、最近の分析ではウムベラーツム種の球根には加熱調理をしなければ「かなりの毒がある」ことがわかったし、葉を動物のエサにするのは避けられることが多いと書いている。食用とするには注意が必要である。

カーネーション

Dianthus
ディアンツス

ナデシコ科

ディアンツス・カリオフィルス（*Dianthus caryophyllus*　和名カーネーション）についてパーキンソンは、「喜びの女王、花の女王に向かってどんな言葉がありうるだろうか。カーネーション、別名〝ジリフラワー（丁字花）〟。きらびやかさ、様々な種類、甘い香りの混ざり合った花。すべての人はそれをたいそう好み、また手に入れたいと思うのだ」と『太陽の苑、地上の楽園』（一六二九）に記している。この花については、とにかく非常に多くのことが書かれてきた。というのは、これがイギリスの庭園に植えられた最も古い植物であるだけでなく、何世紀にもわたって一番愛されてきた花であるからだ。だからここでそれをすべて網羅することは難しい。マドンナ・リリーはもっと長い歴史を持っており、恐れや尊敬の念を起こさせる。チューリップは時に異常な熱狂を生む。だが、心暖まるような感情をおこさせるのはやはりカーネーション（Gillyflower）であろう。

　プリニウスは、カーネーションはアウグストゥス帝の時代にスペインで見つけられたと紀元後一世紀に書いている。そしてスペインでは、飲み物に香りをつけるために用いるとも書いている。この利用法は何世紀も続いた。だから英語名の一つに「ワインに浸すパン切れ」(Sops-in-Wine)というのがある。アフリカのイスラム教徒がこの花を栽培しており、それが十三世紀になりチュニスを経てヨーロッパに紹介されたという言い伝えがある。庭で栽培する種類の一つについてなら、この言い伝えもおそらく正しいであろうが、この植物はそれ以前からイギリスでもすでに知られていた。園芸史家で牧師のエラコウム(一八二二〜一九一六)は、おそらくノルマン人のイギリス征服の時に、意図的に持ち込んだかまたはノルマン人が家を作るために運び込んだ石と一緒に偶然にイギリスへ入ってきたと述べている。一八七四年に野生のカーネーションがファレーズのウィリアム征服王の城の城壁にまだ生えていたとの記録がある。そして、ロチェスター城をはじめ、イギリスのノルマン人の遺跡で帰化していったといわれている。

ディアンツス・カリオフィルス
(和名カーネーション)
(CBM 第39図　1788年)

　昔の文学には、カーネーションについての記述は数多い。その際の表現には十四世紀のgilofre、gyngure、groomylyon、carnation、ginger、tansy、gromwellからチョーサーのclove、gilofre、スケルトンのieloffer、そしてシェイクスピアのgillyvoreまで様々なものがある。この植物を称える声は絶えることがない。「おお、なんと美しくもすばらしい花があることか。ソロモン王の華やかさをもってしても、この美しさにはかなわない」と一五七七年にバーナビー・グージが書いている。

　最初の黄色の変種はニコル・リートという人物がジェラードに与えたものである。リートは人々の「尊敬をあつめるロンドンの商人」で、これをポーランドから「苦労して手に入れた」。しかし、この花は一貫して珍しい植物であった。フェアチャイルドは一七二二年に、ロンドンの庭にぴったりの植物としてカーネーションを推薦した中で、白、赤、紫の園芸種については述べているが、「しかし完璧な青色のカーネーションは完璧な黄色の花以上に手に入らない。もっとも黄色のカーネーションについては、聞いたことはあるけれどこの目で見たことはない」と記している。

　ジェラードもパーキンソンもジリフラワーとカーネーションを区別して、カーネーションの方が耐寒性がなく、すべての部分が大きいといっている。例えば、「グレート・ハーウィッチ、またはオールドイングリッシュカーネーションは花を決して多くはつけない。これは生長も遅く、また花をつけるのも遅い。それほど多くの人が育てているわけではないけれど、一種の威厳があって、堂々としているという意見もうなづける」とパーキンソンは『太陽の苑、地上の楽園』に書いている。パーキンソンは一九種の違った名前のついたカーネーションの変種と二九種類のジリフラワーを育てていた。その中には、すべてのカーネーションはそれから生まれたと彼が思っている三種類と、「ピンク」が含まれていた。彼の育てていたジリフラワーは愛らしい名前がついている。例えば、「陽気な恋人」（Lustie Gallant）、「ケントの美人」（Faire Maide of Kent）、「フリルつきのコマドリ」（Ruffling Robin）、「悲しい行列」（the Sad Pageant）、「タギー親方のお嬢さん」（Master Tuggie’s Princess）などで、一連の田舎の踊りの名前のようにも聞える。カーネーションについては、「裸の野蛮人」（the Strip’t Savadge）、「グリメロ」（Grimelo）、「王子」（Prince）である。彼の育てていた園芸種はどれも生き残ってはいない。内乱（一六四二〜四九）の間に庭づくりはおろそかにされたため、多くの庭でイギリスのジリフラワーは栽培されなくなった。その間にオランダの栽培家によって大幅に改良が進み、ついで政治的な安定期に入ると、多くの新しい種類がオランダから持ち込まれた。一六六五年にリアは九一種類の名を挙げているが、一〇年後に、その数は三六〇種類に増えていた。七五年後にジョン・ヒルが「科学は微笑みながら、この数を数えている。ノートが何冊あっても名前を全部載せることはできないだろう」と記しているのも不思議はない。

　十八世紀の庭師はカーネーションをバースター系（Bursters）とホール・ブロワー系（Whole Blowers）の二系統に分け、それをさらに細かくフレイク（Flakes）、フレイム（Flames）、ビザーレ（Bizzarres）またはビーザート（Beazarts）、ピケット（Piquettes）またはピケッティー（Picketees）、ペインティッド・レイディー（Painted Ladies）に分けた。これには「情熱的な試み」（The Fiery Trial）、「傷ついた恋人」（The Bleeding Swain）、「ハミルトン公爵夫人の誇り」（The Dutchess of Hamilton’s Pride）といった名前がついていた。他に「サラの誇り」（the pride of Sarah）、「マルボロー公爵夫人」（Duchess of Marlborough）という名のものもあったようである。ホッグによれば、マルボロー公爵夫人は「満開のカーネーションを見ることほど自分に喜びを与えてくれるものはないとよくいっていた。彼女は自分の温室で育てている植物の中でカーネーションを一番好んでいた」ということである。バースター系、別名ブロークン・フラワーは初期の頃の形をもったカーネーションで、萼が裂けていた。萼が裂けるというのがこのグループに共通した欠点であるが、フリー、別名ホール・ブロワーまたはホール・ポッダーは、十八世紀の中頃にフランスから導入され、すぐに人気を得て、アーバークロンビーがいっているように、「他に大切な仕事をたくさん持っているような地位の高い人々に」好まれた。

　この頃には、すでにカーネーションは花屋で人気のある花の代表七種のうちの一つになっていた。この七種とは、カーネーションの他に、オーリキュラ、ポリアンサス、ヒアシンス、チューリップ、アネモネ、ラナンキュラスである。カーネーションは細かな点にまで細心の注意を払って育てられていた。滑らかで萎縮していない花びらを持った完璧に球形に近いが、やや平たい花をつくるのが目標である。品評会が催され、そのために花をこれ以上ないほど「着飾らせて」、形の悪い花びら、余分な花びら、汚れの付いた花びらはすべて取り除き、花のもっている最も美しい姿に近づける努力がなされた。キット・ナンという名前のエンフィールドの床屋が、この仕事をやらせると腕がよいというので有名であった。そして品評会の前には、「花を着飾らせるために、かつらをかぶる時と同じくらい数多くのものを塗らなくてはならなかった」とホッグは書いている。

カーネーションは一七五四年にはもう温室用の植物になりつつあったことがわかる。ジェイムズ・ジャスティスが『スコットランドの庭師の指導者』（一七五四）の中で次のように書いているからである。「野外にだらしない姿で花を咲かせるよりは、適当な台の上で植木鉢に入れて咲かせるのが見ばえがよくなる。」そして十九世紀になるとカーネーションは、ほとんどガラス室の中にとじ込められてしまい、イギリスの田舎からは姿を消した。四季咲き、トリー、マルメゾンの系統はこの時期のものである。またシャボーという名のカーネーションは、一八七〇年頃にツーロンのシャボーという名前の植物学者が育てていたのであるが、一年生のものと多年生のものとを交配して作り上げたものである。二十世紀になって、カーネーションは再び戸外に出はじめたが、これはモンタギュー・オールウッド氏と彼の商会のお蔭である。オールウッディー種（*D.*×*allwoodii*）は多年生のものとプルマリウス種（*D. plumarius*）とをかけあわせ、満足できるものを作り出そうとした九年間の努力の賜物である。

カーネーションの栽培が難しい、とは多くの人がいっている。けれども、カーネーションの愛好家は、だからといってあきらめたりはけっしてしない。パーキンソンはこの点について一章を費やしている。「カーネーションとジリフラワーはわがイギリスの庭の中で一番注意を要する花であるから、たっぷりと場所をさいて述べてもよいと思う。」そして彼は、「夏に花をだめにしてしまう害虫を防ぎ、また冬には霜や雪や風から守って、植栽したり種子を播いたりして、ジリフラワーを増やしていくやり方や、増えたものを長く生かせるやり方」も述べている。トーマス・ハンマー卿は一六五九年までに書きためたものの中に多くのことを述べている。「立派な大きな素焼きの植木鉢に入れると一番うまく長生きさせることができる。そうすれば天気にあわせて、また季節によって、あちこちに移動させることができるからである。これほど枯れやすい花は他にない……多くの花が毎年枯れるけれど、これほど多くの手間は必要ではない。」

一六九三年にサミュエル・ギルバートは自分の住む地域が栽培に向かない、と次のように書いている。「わが島ではこれらの植物を育てようと努力したが、その苦労に報いられることはめったにない。良質のものはまったくというかほとんど育たない。海の近くではうまくいかないのだ。」ジャスティスは、ヒアシンスの近くにけっして植えてはならないと警告している。ヒアシンスはカーネーションに有害であり、また逆にカーネーションがヒアシンスに有害であるともいえるのである。

カーネーションの長所については、「カーネーションは人間の体を守るだけでなく、その神々しい香りやたいそう甘く心地好い香りで、心や精神に係わる部分を恐ろしい悪夢から守る」（ブレイン『守りの城塞』）といった意見がある。またジェラードは、「ジリフラワーの花の砂糖漬けは、強心剤としてよく効く。時々食べていると、じつにすばらしく、考えられないほど心臓を軽くする」といっている。ギルバートも「これを強心剤として用いると人間の最も高貴な部分、心臓を心地好くする」とほめ言葉を与えているし、昔のフランスの園芸記述家A・カールは、「ジリフラワーを入れて蒸留した水は、気を失った時の特効薬であり、この花の砂糖漬けは、人間に活力をもたらし、喜びを与える」（『わが庭園巡り』）と述べている。

「ジリフラワー」という名前は、奇異な起源をもつクローブ（丁字）を指すアラビア語のクアランフル（quaranful）からきているといわれる。確かに花の匂いはクローブに似ている。ついでギリシア語のkaryophillon、ラテン語のcaryophyllus、イタリア語のgarofolo、フランス語のgiloflee を経て英語の「ジリフラワー」となったらしい。これは時に「七月の花」（July-flower、フランス語ではJolie-fleur）による、と間違って解釈されることがある。

カーネーションという名は一五三八年ターナーの『本草書』にIncarnacyonとして最初に現われた。ライトは『新本草書』（一五七八）の中で「その中で最も大きいもの、華やかなものはコロネーション（Coronations）とかコーネイション（Cornations）と呼ばれる」といっているが、それはおそらく花に「小さな冠（coronet）のようなギザギザがある」（ライト）からであろう。あるいは花輪や花の冠に用いられるからであろう。ジェラードは別の解釈をしている。この花の名前は、その色からきている、という。つまり、本来、肉の色を表わす「カーネーション」という語が転用されたのである。

最後に、「私見」としてウィリアム・コベットが述べた言葉を紹介しておこう。「自分で所有し、人には売らないものとして、また自分に喜びを与えるものとして、ダイヤモンドを散りばめた金時計よりも私は美しいカーネーションの花を躊躇なく挙げる。」

プルマリウス種（*D. plumarius* 和名タツタナデシコ）の英語名は「ピンク」。東ヨーロッパの自生種である。これはカーネーションほど早くイギリスに導入されなかったし、最初はあまり好まれなかった。シトー修道会の時代にまでさかのぼることができるビューリー大修道院の壁に帰化して生えているのが見つかっている。タッサー（一五二四?～八〇）は一五七三年に「ピンクの全種類」について述べている。それから五年後には、ライトが『新本草書』の中でこの花について次のように書いている。「ピンクと小形の羽毛状のジロファーは、一重であること、たいそう小さいことを除けば八重のものやクローヴ・ジロファー（Cloave Gillofers）とよく似ていて、英語名としてはその他に、ピンク（Pynkes）、ソップス・イン・ワイン（Soppes in Wine）、フェザード・ジロファー（Feathered Gillofers）、スモール・オネスティ（Small Honesties）がある。」

　ジェラードは四種類については書いているが、その他については、「特別に書いたところで、すべての人にとまではいえなくてもたいていの人によく知られているので、必要ない」と述べている。そして、パーキンソンは一七種類も育てていた。ジョン・トラデスカントは一六一八年のロシアへの探検の時に、「生えている植物を観察するために、島から島へと自分を運んでくれる皇帝の持ち船の一つ」を支給されていた。そしてある島で「葉の先が深く切れ込んでいて、みごとにギザギザが入っているピンク。イギリスにもあって一番よいものとされているが、自然の状態で咲いているピンク」を見つけた。そしてほぼ同じ頃、ヘンリー・ウォットン卿は友人のジョンソン（ジェラードの『本草書』第二版の編集者）に手紙を書いて、「私の庭の四分の一に植えようと思う各種の花色をもつピンク、または空気によい匂いを漂わせるような花を手に入れるためには一体どこに行けばよいのか」と尋ねている。ピンクは十六、七世紀にはペルシアやトルコでたくさん栽培されていた。この地域では、じゅうたんのデザインや陶磁器の模様にこの植物をよく見かける。

様々な種類のピンク
（パーキンソン『太陽の苑、地上の楽園』）

　ルイ・リジェールの原書をロンドンとワイズが翻訳した『引退した庭師』（一七〇六）では、他の花よりもピンクについて多くのスペースを割いている。しかしウィリアム・ハンベリー牧師は一七七〇年、「その他のディアンツスの種には優雅なものも多い」と認めてはいるけれど、カーネーションよりずっと価値が低いと考えている。彼が述べている変種には、「ダマスク・ピンク」（Damask Pink）、「ちいさな乳しぼり女」（little Milkmaid）、「紙のピンク」（Paper Pink）、「コッブ・ピンク」（Cob Pink）、「老人の頭」（Old Man's Head）、「ブラウンさんのキジの目」（Brown's Pheasant Eye）といった名が見られる。「これらはみなよく知られている植物であり、スパイスのような匂いを除けば、見た目にも美しい。大きな花壇の縁飾りとして、多くは人気がある。満開の時に長い列をなして咲いているのは、何と目の覚めるような光景であることか！」

　しかし、ピンクの新しい時代はすぐ目の前にきていた。一七七二年にジェイムズ・メイジャー氏が「レディー・ストーヴァーディル」（Lady Stoverdale）と呼ばれる園芸種を作った。それは後に「特記に値する最初のピンク」とみなされた。それが、「色縞のピンク」の最初のものである。十九世紀の初め頃までに、人工交配によって作られた花の重要なものとみなされるようになり、注意深い手入れで育てられて、ついにはその中で最高位を占めるようになった。というのは一時期、昔からの代表種七種の花の展覧会の開催数を二倍も上回る数のピンクの展示会が催されたのである。ノーサンバーランドやダラムの坑夫たちがそれらのピンクを数多く育てていたが、その中で最も有名なものがペーズリーの織工達が育てていた色縞の花びらをもつピンクであった。彼らは一八二八年から一八五〇年にかけて、ピンク狂時代ともいうべき気分におそわれた。彼らは当時三〇〇種以上の園芸種を育てていたという。ラウドンは、「彼らの新作は、多様なものを作り出して、その中から新しく好ましい優雅な種類を見つけ育てようとする絶え間ない努力によるものであり、彼らの間ではそうした習慣がしっかり根付いていたので、美しい花を育てるということも容易に受け入れられた。一方、花を育てることは優雅で美しい布を織り出す才能を育てる傾向もあったにちがいない」と述べている。

　十九世紀のこうした腕の立つ草花栽培家は、最後の本当の意味での素人園芸家と考えるのが正しいであろう。彼らが育てた花の中で最も価値があったのは、ほとんどまっ黒のように見える中央部をその黒と同じような色合いに見える濃い赤色の縁がついている白い全縁の花びらが取り囲んでいるものであった。レース状の花びらをもつペイズリー・ピンクのいくつかをよみがえらせようという努力が今日なされている。この花はほとんど絶滅しかけており、各地の古い庭にほそぼそと生き残っているにすぎない。しかし、それを復活させる試みは少しずつ成功している。

　だれもが知っているピンクの一つ「シンキンズ夫人」（Mrs. Sinkins）は救貧院内で作り出された。スラウ救貧院の院長が作出したもので、その夫人の名前を取ったのである。このピンクはこの地方の種苗商チャールズ・ターナーに売られたが、ターナーはそれを一八八〇年に王立園芸協会で展示した。スラウが一九三八年に市に昇格した時、このピンクが町の紋章になった。オールウッド氏の商会では、一時期「〝ピンク色の〟シンキンズ夫人」を作っていたが、「誰もそれを信じようとはしなかった」ので、その名前を「〝バラ色の〟シンキンズ夫人」と変えなくてはならなかったとのことである。

　おかしな話だが、「ピンク」という名は花の色からきているのではない。専門家の中には、これは小さいウィンクしている目とか、キラキラ輝く目という意味のオランダ語pink-oog、英語のピンク・アイ（pink-eye）からきているという人がいる。シェイクスピアの『アントニーとクレオパトラ』（一六〇六）第二幕、第七場には、「ピンクの目をした肉付きのよいバッカス」という表現が出る。おそらくフランス語の「かわいい目」を意味するoeilletの訳語であろう。逆に、色を表現するピンクという言葉はこの花からきている。ピンク色はかなり最近の言葉で、十八世紀末より前には、めったに使われることのなかった単語である。トーマス・ハンマー卿は二度、トラデスカント、ジェイムズ・ジャスティス、ウィリアム・ハンベリー牧師はそれぞれたった一度、レイはまったく使っていない。花の色は薄紅色、薄い赤、バラ色、肉色、明るい赤、カーネーション色という具合でけっしてピンクという表現は用いなかった（ついでだが、薄い青色に相当する言葉を我々イギリス人は、いまだに持っていない）。ピンクという色の表現が最初に現われたのは一七二〇年であった。ジェラードは、この植物に「羽毛の花」（**plumarius**）という名前を与えたといっている。亀裂が入った「羽毛状の」花びらを持っているからである。

バルバッツ種（*D. barbatus*）の英語名は「スウィート・ウィリアム」（Sweet William）で、カルツシアノルム種（*D. carthusianorum*）と近縁関係にある。どちらも南ヨーロッパからきたもので、庭に植える植物としてもたいへん古いものである。

カーネーションほど古い記述は多くないが、かつての学名がカリオフィルス・カルツシアノルム（*Caryophyllus carthusianorum*）とリクニス・モナクルム・ホルテンシス（*Lychnis monachrum hortensis*）という風にカルトゥジオという名や修道院を表わすモナクルムという綴りになっているのは、十二世紀頃にカルトゥジオ修道会の僧が導入したのかもしれないと考えられているからである。一五三八年には、ヘンリー八世がハンプトンコートに造った新しい庭に植えるために一ブッシェルわずか三ペンス

ディアンツス・バルバツス
（CBM 第207図　1792年）

ディアンツス・カルツシアノルム
（CBM 第3342図　1787年）

で買い入れた記録があるが、それほど普及していた。「スウィート・ウィリアム」について活字になった最初の記述は『本草書』の中にある。これは神聖ローマ帝国皇帝シャルル五世の侍医、ランベルト・ドドエンス（ドドネウス）が一五五四年に出版したもので、一五七八年にヘンリー・ライトが翻訳し、加筆したうえで『新本草書』と題して出版したものである。「スウィート・ウィリアム」という名前の他に、「ヴェルヴェット・ウィリアムズ」（Velvet Williams）、「トルメイナーズ」（Tolmeiners）、「ロンドン・タフツ」（London Tufts）とも呼ばれた。パーキンソンによれば「斑入りの種類はイギリスの婦人がロンドンの誇り《プライド》と命名した」という（現在「ロンドンの誇り」と呼ばれているものは、当時「王子の羽根」（Prince Feather）と呼ばれた。この名前は今はアマランツス・ヒポコンドリアクス（*Amaranthus hypochondriacus*）に付いている）。

この花を使って、交配実験の早い例とみなしうるいくつかのかけ合わせが行なわれた。例えば、トーマス・フェアチャイルドはこうしたやりかたに、いささかの道徳的後ろめたさを感じつつ、カーネーションとスウィート・ウィリアムとを交配しようとした。一七一七年にリチャード・ブラッドレーがこの実験について報告している。人工交配によって生まれたためか、ウマとロバのかけ合わせである「ラバ」と呼ばれていた八重の赤色の品種について、ハンベリーが記録している。彼は「スウィート・ウィリアム」はカーネーションに劣ると考えていたが、「関心を引くような花ではないと決めつけるのは公平ではない」と書いている。十九世紀の初め、この花はイングランドでよりもスコットランドで評価されていた。エア、スターリング、モントローズの各州の園芸協会では一番優秀な「スウィート・ウィリアム」に賞を与えていた。一番すばらしいものは、スコットランド南部クライドのミルトン・ロックハートで育てられているもので、「そこでは、スウィート・ウィリアムはじつに美しいので、人工交配によってできた花としては高い地位にある」とラウドン夫人は書いている。一八四〇年代イギリス人愛好家の中の中心人物は、ハイウィコムのハントで、この人物は約一〇〇の品種を育てていた。「スウィート・ウィリアム」という名前はウィリアム征服王に関係があるという考えが昔からあるが、形容詞のスウィートがふさわしくないように思う。アキテーヌの聖ウィリアムから名をとって、スウィート（優しい）聖ウィリアムといわれていたと考える方が正しいようである。

「トルメイナー」という呼び名には少々説明がいるだろう。ライトの『新本草書』のある箇所では、「コルミニアーズ（Colminiers）」という名で出てくるが、別の箇所では「コール・ミー・ニアーズ（Col-me-neers）」とか「スウィート・ウィリアム」と書かれている。コル（coll）とかカル（cull）というのは抱きしめるという意味（カル・ミー・トゥー・ユー cull-me-to-you というのは強心剤の別名）であるから、文字通りすばらしい抱きしめたくなるような名前として用いられるように

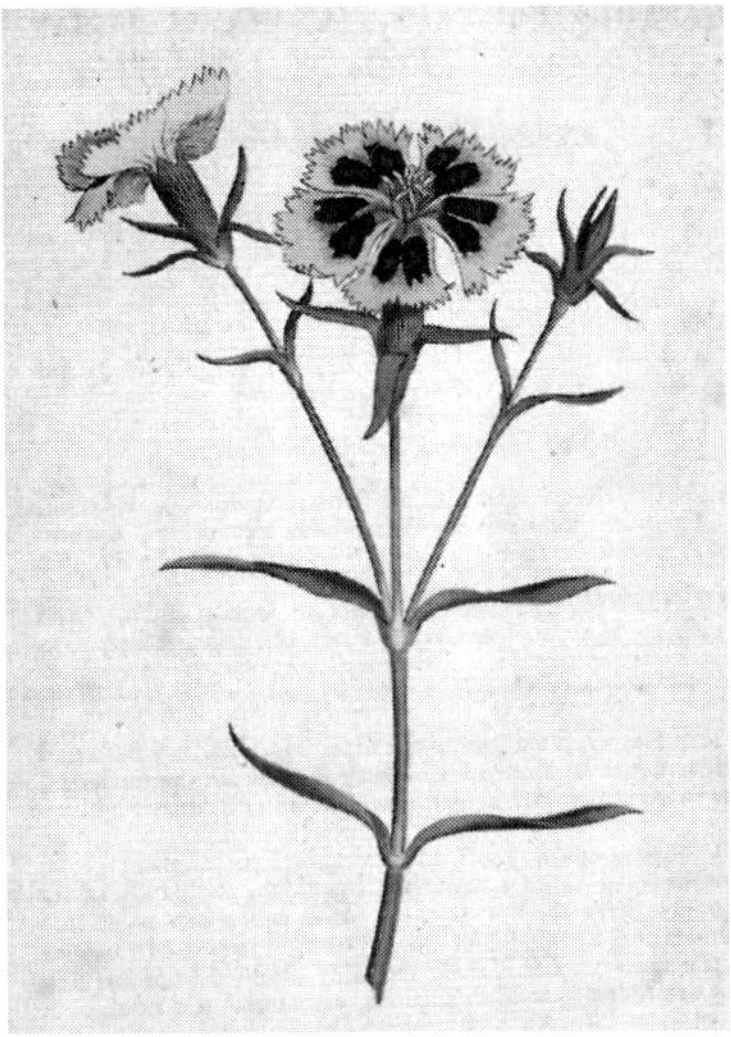
ディアンツス・シネンシス
（CBM 第25図　1783年）

なった。たくさんの花をつける点をうまく表現した名前である。また「ブルーミー・ダウンズ（Bloomy-downs）」とも呼ばれる。

　ジェラードは「この植物は食用にも薬用にも用いられないが、庭や美人の胸元を飾ったり、花輪や冠にすると見た目にも楽しいので高く評価されている」と書いている。

　シネンシス種（*D. sinensis*＝*D. chinensis*　和名セキチク）。一年草のこの「〝インディアン〟ピンク」は一七〇二年頃フランスの宣教師が中国からパリのビニョン修道院に送ってきたものである。この花は一七二二年に、フェアチャイルドが選定したロンドンの庭にふさわしい花の中に含まれている。一七二四年にフィリップ・ミラーが『庭師の辞典』の中で挙げていないところからみて、八重の園芸種は知らなかったようであるが、じつは一七一九年頃から現われ始めていたらしい。「一重のセキチクに対する要望があるとすれば、八重への要望がそれよりずっと多くても不思議ではない。というのは八重の方が優雅で気品があるからである」とハンベリーが書いている。今日「ヘデウィジー（Heddewigii）」という名で知られている種類は十九世紀にサンクト・ペテルブルクの庭師カール・ヘディウィグが育てていたものである。これは日本から輸入した種子から育てられたもので、おそらく長い時間をかけて東洋の庭に適した形に変えられていった種類であったと思われる。一八五八年に初めて学名が与えられ、リーガル編集の『園芸花卉』誌の中に絵入りで紹介された。

　属名のディアンツスはジュピターの花、神々しい花を意味しており、紀元前四世紀にテオフラストスがつけた名前である。この科の植物は暖かい気候よりも寒い気候の土地に数が多い。フンボルトによれば、ナデシコ科はドイツの植物の二十七分の一を占めているが、ラップランドでは、十七分の一を占めているという。これらはチョウやガによって受粉する。そしてヘルマン・ミューラーは「蜜がだんだん深い所に隠され、蜜へ口を届かせることができるのはチョウに限られてくるにつれ、甘い匂いや明るい赤色、そのうえ開口部には、きれいな目印、その周囲のギザギザ、といったものがだんだんと発達してきていることに気づく。こうした特徴は、みな我々人間にとってたいそう魅力的であるが、人間の好みに似たチョウの好みが作りあげたのかもしれない」と書いている。

ガマズミ

Viburnum
ヴィブルヌム

スイカズラ科

ヴィブルヌムは大きな属で、その中には庭向きの灌木として価値あるものがたくさん含まれており、いくつかは欠かすことができないほど重要である。多様な美しさが四季を問わず彩りを添える。この属に含まれる種の大部分は北の寒い地域に生える灌木であるが、そのうち二つはイギリスの自生種である。ランターナ種（*Viburnum lantana*）はウェルギリウスが「ヴィブルヌム」といっている植物であると考えられているが、今もジエラードがつけた英語名「旅人の木」（Wayfaring Tree）と呼ばれる。もっとも「旅人は他の生垣から受けるのと同じ程度にしかこの灌木から楽しみも利益も得ない」とパーキンソンはいって、その名前に抗議している。昔は魔力から家畜を守るためにこの灌木を家畜小屋の戸口に植えたが、庭に植える灌木とは考えていなかった。時折、斑入りのものだけは庭で栽培されることがあった。

　オプルス種（*V. opulus*　和名ヨウシュカンボク）はもう一つのイギリスの自生種である。一風変わった学名は、フランス人植物学者ジャン・ルエル（一四七四～一五三七）が、ディオス

ヴィブルヌム・ランターナ
（EB第442図　1850年）

ヴィブルヌム・オプルス
（和名ヨウシュカンボク）
（EB第443図　1850年）

コリデスのいう「オプルス」であると考えて、この名をつけたことに由来する。髄があるので最初ニワトコの一種として分類され、サンブクス・アクアティカ（*Sambucus aquatica*）とかサンブクス・ロセア（*S. rosea*）という学名で呼ばれ、英語名は「ヌマニワトコ」（Marris [Marsh] Elder Ople）とか「ドワーフ・プレイン・ツリー」（Dwarffe Plane-Tree）であった。「ゲルダー・ローズ」（Guelder-Rose）という名前は一五九七年以前の

文献には現れない。この年、ジェラードが「エルダー・ローズ」（Elder-Rose）と記載し、「間違ってゲルダー・ローズ（Gelder Rose）と呼ばれていた」と書いている。彼はオランダ語の名前が「Gheldershe Roosen」であるといっているが、それは、オプルス種がたくさん生えているゲルダーランドという地方にちなんだ名前である。イギリスで「雪玉の木」（Snowball Tree）と呼ばれている実をつけない庭向きのヴィブルヌムは一五五四年にはヨーロッパ大陸で知られていた。これはオランダを通ってイギリスに届いたが、それとともにオランダ語の名前もついて来た。

サンブクスもゲルドリアの野原からやって来る。
白の衣装を着て、まるでバラのような花が咲く。
このきれいな新参者に親切にして、場所を与えよう。

ラパン『庭について』一七二八

オプルス種はイギリスでも十六世紀中にはよく知られるようになっていたようだ。というのは、ジェラードは二つの変種（一つは紫がかった色の花が咲く）を持っており、しかもそれらが珍しい植物であるとはいっていないからである。以来庭向きの灌木として愛好されたことは、たくさんのあだ名がついていることでわかる。例えば、「ティスティ・トスティ」（Tisty-tosty）、「ウィトサン・ボス」（Whitsun-boss）、「ラヴ・ロージーズ」（Love-roses）、「ピンクッション・ツリー」（Pincushion-tree）などがある。一番普通に使われている「スノーボール・ツリー」（雪玉の木）という名前はこの植物にぴったりだ。だから「ゲルダー・ローズという名前しか知らない人が、〝スノーボール・ツリーという名前であればよかったのに〟というのを一度ならず聞いた」とケント女史はいっている。しかしスノーボール・ツリーという名前は十八世紀からしか記録がない。最初に現れるのはミラーの『庭師の辞典』（一七五九）である。この花は「花頭のところに、雪玉のような形をした、見ていると楽しくなる形の花が咲いている」と一七七〇年にハンベリーはいっている。フィリップスは「最も純粋な縞大理石に彫った最も美しい彫刻作品」と誉め称えている。この「花の玉は泡立つ海面のように軽やかで、砕けた波から風が切り放して」作り出したとクーパーが書いている。

オプルス種は庭に地植えするアジサイと同じく、花は咲くが実をつけない。多くの純粋主義者は、きれいな実ができるものも、つかないものも、とにかく花のてっぺんが平らな花序の野生種を好む。黄色の実がなる変種は十九世紀の終わり頃から栽培されるようになった。サーモンピンクやサンゴ色の美しい変わった実をつける種類があるといわれている。野生のゲルダー・ローズは「庭で長い間生きていられないものが多いが、私は古い庭でその茎が半円で二フィート以上もあるものを見たことがある」とミラーは記している。

ティヌス種（*V. tinus*）の種小名は昔のラテン語名で、プリニ

ヴィブルヌム・ティヌス
（CBM 第38図　1788 年）

ウスがこの種に対して用いたものだが、これは地中海沿岸地域から来た常緑のヴィブルヌムである。英語名は「野生の月桂樹」（Wilde Baie）で、栽培が始まった時期は一五六〇年であるといわれているスノーボール・ツリーと同じ頃からとされている。もっともこのヴィブルヌムとスノーボール・ツリーとの間に関連があるというのが認められたのはその後何世紀か経ってからであった。学名に示されているように、この種は最初ゲッケイジュの変種として分類された。一五九七年以前には二種類しかなかったが、十八世紀の終わりまでには主なものが六種類に増えて、「他にもいくつか、さして重要でない変種」ができた。それらの中には葉が金色や銀色の縦縞になったものも含まれている。「ラウルス・ティヌス（Laurus-Tinus）は冬の間、どこの庭でも一番美しい植物である。腕の悪い庭師がイチイやヒイラギを刈るときと同じようにそれらを刈り込んで、だいなしにすることがなければ、ラウルス・ティヌスの生垣はすばらしくきれいである」とバティ・ラングレイが一七二八年に力説している。半世紀後にはマーシャルが、冬に咲くティヌス種の花を誉めている。彼は「冬の間、どのような天候であっても、また他の花や木が縮みあがるほどのすごい寒さでも、この灌木のつぼみがなんともないのを見ると驚かされるし嬉しくなる」といっている。寒い地方では、植木鉢や樽の中に入れて育てられることがよくあって、オレンジやギンバイカと同じように扱われる。ラングレイは「大きな植木鉢に植えられたラウルス・ティヌスは」冬場、室内の最上の装飾品であるといっている。変種（*V. tinus* var. *lucidem*）はこのタイプよりも美しいが、寒さには弱い。昔はずいぶん愛好されたし、一七〇六年に庭師のロンドンやワイズに育てられていたという「フラム（Fulham）とか、たくさん花の咲くラウルス・ティヌスと呼ばれたもの」と同じものかもしれない。ラウルス・ティヌスは他の常緑樹よりも都市環境に耐える。ラウドンは「郊外の家と前庭とを区切る鉄の柵や杭、れんがの壁の代わりに用いると変化がついてよい」だろうといっている。ただし落葉は「驚くほど悪臭がある」から、きれいに取り除かなくてはならないと警告している。

これら二つの昔から知られているヴィブルヌム、ラウルス・ティヌスとスノーボール・ツリーが、優れていることは長い間変わらなかった。十八世紀に、いくつかのアメリカ産の種類が紹介されたが、どれも園芸界で重要なものにはならなかった。その後、十九世紀、二十世紀になって東洋から来た新種が普通の庭で栽培されるヴィブルヌムの数を二倍、三倍にした。まず、中国産と日本産のスノーボール・ツリーが入って来たが、これらは両方ともロバート・フォーチュンが一八四四年に紹介したものである。英語名「チャイニーズ・スノーボール」(Chinese Snowball)、マクロケファルム種（*V. macrocephalum*）はこの属の中では一番大きな花をつけるが、かなり寒さに弱く、壁を背にして寒さを除けるように植えておくと一番安全である。そこで温室の中に入れて育てられることが多い。若木の頃、頭状花に輝くような青リンゴに似た緑色の小さい花がつくが、花を生ける人の間でたいそう人気がある。これよりも耐寒性がある日本産のスノーボール、トメントスム種の変種（*V. tomentosum* var. *plicatum*〔= *V. plicatum* var. *plicatum*〕和名オオデマリ）は葉の上面にしわがあるので驚かされるが、地面を這うようにして大きくなる習性で知られている。落葉樹の灌木の中のベスト六種の中に入れている専門家もいる。二つのアジア産のヴィブルヌムは長い時間をかけて栽培されてきた庭向きの植物で、トメントスム種の野生種は一八六五年頃に紹介されたが、その変種プリカーツムほど寒さに強くなかったし、一八七九年頃にヴィーチ商会の手で紹介されたきれいな大きな花の咲く変種マリージー（*V. tomentosum* var. *mariesii*）ほどの耐寒性もない。

ここまで述べてきた庭向きのヴィブルヌムは匂いの点では目を引くものはなかったが、二十世紀の初めに繊細な匂いがあるので特に価値がある二種類が紹介された。カールジー種（*V. carlesii*、和名オオチョウジガマズミ）とフラグランス種（*V. fragrans*）〔= *V. farreri*〕である。ウィリアム・リチャード・カールズ（一八四九～一九二九）は一八八三年から八五年まで朝鮮のイギリス次席大使であった。その間仁川を根拠地にして、それまでほとんど知られていなかった内陸に三度調査を行った。

ヴィブルヌム・マクロケファルム
（BR 第33巻43図　1847年）

ヴィブルヌム・トメントスム・
プリカツム（和名オオデマリ）
（シーボルト、ツッカリーニ
『日本植物誌』第37図　1839年）

彼がカールジー種を見つけたのはその調査中で、乾燥標本は一八八五年にキュー植物園に送られて来た。この標本に自分の名の学名がつけられたのをカールズが知るのはそれから九年後のことである。カールズはその後一九〇一年の義和団事件の際の功績によって勲章を受けたが、今日その勇敢な行為よりはむしろ彼が見つけた灌木によってその名前が記憶されている。一八八五年に生きたカールジー種が朝鮮に住む婦人から横浜のL・ベーマー種苗商会のアルフレッド・アンガーのところに送られた。彼はそれを何年かかけて育て増殖した後、同定してもらうために葉と花をキュー植物園に送った。その後一九〇一年にこの灌木自体を送ったが、イギリスで最初に花が咲いたのは一九〇六年のことであった。その後このヴィブルヌムはアンガーによってフランスのルモワン商会に全部売られ、この商会の手で広められた。

フラグランス種は中国でとても好まれている庭向きの植物であり、ヨーロッパの植物学者の間では十八世紀の中頃には知られていたのに、遅くまでイギリスへ導入されなかったのは不思議である。これは中国の北部でも育つ植物であり、初めの頃に植物学者が収集していた上海や広東ではなく、北京から（宮廷の庭を飾る特別な植物であったようだ）報告されている。しかも小麦でさえ三年に一度しか育たないような高緯度地方にある中国人の家の庭で育てられているのだ。一九〇九年にヴィーチ商会のために植物の収集をしていたウィリアム・パードムが見つけてイギリスへ送ったといわれるが、一九一四年にレジナルド・ファーラーが野生の状態で生えているのを甘粛で見つけて再び紹介するまでは注目されることもなく、同定されることもなかった。パードムはその場にいたのだが、導入した功労者としては常に能弁なファーラーの方があげられた。ファーラーは本国にたくさんの種子を送り、さらにもっと多くを送ろうとしたが、不運なことに、中国での彼の保護者であった王族と不仲になってしまい、実が収穫できれば集めて貯蔵しておくと約束していた王は、「腹を立てて、庭になっていたヴィブルヌムの実を全部食べてしまい、種子は捨ててしまう」（『王立園芸協会会報』一九一六年十月）という事件が起こったのであった。イギリスでは食用になるうえに観賞用にもなる美しい実がほとんどできないのは残念なことである。

ヴィブルヌム・フラグランス
（『王立園芸協会会報』）

フラグランス種とカールジー種とはいくつかの賞を受けてい

るが、最初の興奮が収まると、両方とも庭向きの植物としては欠点があるということがわかり、栽培家たちは改善に取りかかった。イギリスで作られた最初の交配種はバークウッディー（*V.×burkwoodii*）で一九二四年頃にキングストン・オン・テムズのバークウッドとスキップウィズが、カールジー種とウティレ種（*V. utile*）とを交配して作り出した。ウティレ種は一九〇一年にヴィーチ商会のためにウィルソンがもたらした中国産の種である。中国人が茎でパイプを作るというあまり合点がいかない理由しかないが、「役に立つ」という学名が与えられた。カールジー種とマクロケファルム種とが交配されてカルケファルム種（*V.×carlcephalum*）が一九二三年頃作り出された。カルケファルム種というのは名実ともに不体裁な植物である。カールジー種を親とした交配種の中で一番よいものはアメリカ産のジャッディー種（*V.×juddii*）であるといわれている。この交配種の場合、もう一つの親は似たような種類のビッチウエンセ種（*V. bitchiuense*　和名チョウジガマズミ）〔= *V. carlesii* var. *bitchiuense*〕であった。ビッチウエンセ種は一九一一年に導入されて、自生している日本の地方名〔備中〕からこんなぱっとしない名前がついている。ジャッディー種は一九二〇年にマサチューセッツのアーノルド樹木園で交配が行われ、増殖に従事していたウィリアム・ヘンリー・ジャッドにちなんでその名前がつけられた。フラグランス種の一番有名な子孫はボドナンテンセ（*V.×bodnantense*）で、サリー州ボドナントのアーバーコンウェイ卿が作り出し、一九四七年に初めて展示された。これは冬に花をつける中国産の一種で、一九一四年にR・E・クーパーが収集したグランディフロール種（*V. grandiflorum*）との交配の結果である。そしてこれは両方の親の長所を受け継いでいるといわれている。

これまで述べてきたすべてのヴィブルヌムは、主として花が美しいので栽培されている。しかし紅葉や実の色が美しいので価値がある種類もある。イギリス野生のゲルダー・ローズは「そこに植わっている木の実がすべて宝石でできているというアラジンの庭」（ナットール『美しい花の咲く灌木』一九四四）から来たといわれている。実が一番美しいのはおそらくベツリフォリウム種（*V. betulifolium*）であろう。枝には秋になると輝く実がたわわに実り、その重さで曲がってしまうほどだ。一九〇一年にE・H・ウィルソンがヴィーチ商会のために中国から紹介した宝物の一つである。ファーラーはフラグランス種の実は核を取り除くと「とてもおいしくて、誰もがむさぼるように食べてしまうが、体にもよい」といっている。オプルス種の実も、発酵したものは食べられるといわれる。「偶然にその匂いをかぐことができた人にはほとんど信じられないようなことである」（『野の花』一八五三）とC・A・ジョンズ牧師はいっている。しかし、ラウルス・ティヌスの実は「すばらしい色合いの薄青色で」あるとパーキンソンは報告しているが、その実を食べると口や喉が焼けつくようになる。「ほとんど信じられないほどひりひりするが、それほど長くは続かない。ミルクを飲んで、口に含んでいると収まって楽になる」ということだ。

複数形の「ヴィブルナ」（Viburna）は昔、ものをくくったり結んだりするのに用いられた灌木がみなその名前で呼ばれていたことによると思われる。例えば「旅人の木」も「ヴィブルナ」で、その若枝は「曲げるのが簡単で、曲げても折れにくい」から、ごく最近になるまで籠を作ったり、薪を束ねたりするのに用いられていた。コリアケウム種（*V. coriaceum* = *V. cylindricum*）の葉は裏側がつるつるしているので、中国では町に住んでいる友人の所へ田舎に隠遁している人が手紙を書くのに使っていたという。尖ったもので葉の裏をひっかいて書くと、その文字は白く浮き出て、何日間かはそのまま残っている。他の種類の葉ではそうしたことは起こらない。ラウルス・ティヌスというのは「もし無視されたならば、私は死ぬ」という意味であるし、スノーボール・ツリーは「冬の時代」を意味している。

カルミア

Kalmia
カルミア

ツツジ科

一七四七年、フィンランド人植物学者で、偉大なリンネの弟子であるペーター・カルムは、財政は乏しいが進取的であったスウェーデン政府（と大学の援助金）によって、アメリカへ植物収集の探検に赴くことができた。アメリカ大陸の北部地域は、スウェーデンと同じ緯度にあるから、有用植物の成育が困難なスウェーデンの気候でもよく育つ植物が見つかるかもしれないと考えられた。カルムは、三年半の間、ニューヨーク、カナダ、ナイアガラの滝などへ、フィラデルフィアの基地から出かけていった。その旅行中、彼は、「ヤマゲッケイジュ」（Mountain Laurel）とか「スプーンの木」（Spoonwood）とか、じつにあっさりと「ツタ」（Ivy）と呼ばれていたアメリカシャクナゲを見て本当にすばらしいと思ったようだ。それは常緑樹で、「すべての木が飾りをなくして、裸で立っている時に、この植物は、緑の葉で森を生き生きさせる」。カルムの記述はさらに、「花が咲いた時の美しさには、我々が知っている樹木のほとんどすべてが足元にも及ばない。花の数は多く、大枝についている。その形は古い噴火口に似ているおかしな形である。美しさは抜群だが、花の匂いは、心地好いとはいい難い」と続く（ちなみにラスキンは、この花の内部を「ハンマーの代わりに雄しべで花びら一つ一つをはっきりと打ち延ばした銀の鋲」にたとえている）。カルミアの花のように自慢げに顔を赤らめながらであろうか、彼はさらに次のように報告している。「リンネ博士はいつも私にあの特別な友情と善意で接してくれたから、この植物をカルミア・ラティフォリア（*Kalmia latifolia*）と呼ぶことを喜んでくれるであろう。」

カルミア・ラティフォリア
（CBM 第175図　1791年）

しかしながら、カルムは、彼の名前がつくことになる灌木を見た最初のヨーロッパ人博物学者ではなかった。すでにマーク・ケイツビーが、カロライナを旅行した時に目にしている。ケイツビーは一七二六年にイギリスに帰った後、この植物の種子とその木自体とを輸入している。彼は、『カロライナ等の博物誌』にカナエダフネ・フォリースティニィ（*Chanaedaphne foliistini*）という名前で記述しており、花をつけるすべての灌木の中で一番美しい植物であり、そう思われて当然の権利を持つと真剣に主張した。一七三四年に、ピーター・コリンソンは、友人のヴァージニアの植物研究家のジョン・カスティス大佐に手紙を書いている。「あなたの国には、私が欲しいと思っている植物が二、三種類あります。ハナミズキと一種のゲッケイジュで、これはガマズミとよく似た花房がついていて、不適当にも〝アイビー〟という名で呼ばれています。羊がこれを食べると、死んでしまうということです。」やがて、カスティスはコリンソンにこの植物を送り、一七三六年に無事到着した。それらは根づいたようである。というのは、一七四一年のカスティスへの手紙の中で、コリンソンは「あなたが私に送ってくれた〝アイビー〟と呼ばれる美しい植物」を「これは毎年花が咲くが、私は、ガマズミよりもすばらしいと思う。もちろんガマズミの花は冬の間中、北半球で咲いていていてすばらしいけれども」と誉め称えている。

カルムはアメリカに行く途中六カ月間イギリスに滞在していた。コリンソンの庭も一七四八年六月一〇日に訪れている。だから、彼がアメリカ大陸に足を踏み入れる以前に、カルミアを見ていたはずである。

長い間、この灌木は、増殖するのが困難だったので、イギリスの庭では珍しいものであった。ケイツビーは、彼が輸入した

カルミア・アングスティフォリア
（CBM 第331図　1796年）

種子からも苗木からもうまく育てられなかった。しかし、ケイツビーが手に入れたものよりも、もっと北から来た植物を、コリンソンから譲り受けてやっと増殖することができた。「コリンソンからもらったものが生えていた所の気候は、私が手に入れたものが生えていた場所よりもイギリスの気候に近いから、一七四〇年六月に、フラムにある私の庭でいくつかの枝に花がついた」と記している。ミラーとコリンソンは、種子からカルミアを育てられるのは、ジェイムズ・ゴードンだけであると書いている。ゴードンは、マイルエンドの優秀な種苗商で、ロードデンドロンやアザレアでも成功していた。ツツジ類はきまぐれな灌木で、今でもこの灌木が望んでいるものは完璧にはわかっていない。同じような困難をアングスティフォリア種（*K. angustifolia*）を育てる際に誰もが経験した。これは、最初の種を手に入れた二年後にコリンソンが輸入したものである。ミラーは、一七五九年に、このカルミアが繁茂している唯一の場所は、ハウンスロー近くのウィットンのアーギル公爵の庭であると述べている。しかし、コリンソンは、一七四三年にペッカムでそれを咲かせておりミルヒルの自分の庭にある灌木が四五個の花をつけ、それらは「驚くほどに美しい」と、誇らしげに書いている。

　残念なことに、「この優雅な植物〔*K. latifolia*〕には毒があるので、美しいからというので受けてきた評価が下がっている」とケイツビーは書いた。たしかにこれは有毒な灌木で、その葉は、雪の上に見える唯一の緑であるという春先に食べられやすいのであるが、それを食べれば、羊が死ぬほどである。カルムは、その若い葉を食べた子羊に「黒色火薬などの薬」を与えてやっと回復させたと報告している。実を食べたヨーロッパヤマウズラを人間が食べるとやはり中毒するといわれる。このことがマリア・エッジワースの『通俗物語』（一八〇四）の中に収められているある物語の事件のもとになっている。花の蜜でさえ危ないといわれ、カルミアが豊富な所では、養蜂家は蜂蜜を自分の子供に食べさせる前、あるいは一般に売り出す前には、犬に試食させるほどの注意を払っている。アングスティフォリア種も同じように有毒である。英語名が「子羊殺し」とか「毒の実」とかいうことからも想像がつく。「スプーンの木」という名前がラティフォリア種につけられているが、その理由は、この灌木の根から先住民がスプーンやこてを作るからである。その根は、掘り出した直後であれば、柔らかくて、簡単に細工ができる。しかし、乾燥してしまうと、硬くて表面がツルツルになる。カルムは、スプーンを一本家に持ち帰った。そのスプーンは、「その後フィラデルフィアが建設された場所で、鹿など多くの動物を殺した」先住民が作ったものであった。幹には、ツゲと同じくらいびっしりと実がついていて、初期の移住者はこれから様々な道具を作った。今、普通に用いられている「キャラコの木」（Calico Bush）という名前は、ピンクと白の花の房がついているこの植物に対してはふさわしいものであるが、コリンソンやケイツビーの記録の中には出てこない。この名はコリンソンにはアピールしたと思われる。というのは、彼は木綿製造者であったから。園芸雑誌『ガードナーズ・クロニクル』（一九三〇）の中に出ている通信によれば、この名前はアメリカでは知られていないか、またはほとんど知られていないということだ。

　リンネは一七五一年六月、病気で寝ていたが、彼のお気に入りの生徒が、アメリカから新しい植物の荷物を持って戻って来たと聞くとすぐに健康になった。「彼はベッドから起き上がって、病気のことを忘れてしまった」という。

　カルムは、スウェーデンのオーボ大学の植物学教授になったが、このことは、彼の旅行の苦労に対する報酬の一つであった。資金の問題があったので「断続的に」カルムは旅行記を出版した。彼は、アメリカでの探検で、政府が出してくれたお金も、また自分がそれまでに貯めていたものもすべて使ってしまったのである。『新大陸への旅』の第一巻は一七五三年に出版され、第二巻は一七五六年、第三巻は一七六一年、最後の第四巻は、原稿は完成していたが、カルムが死んだ一七六九年にはまだ印刷されていなかった。ところがまだ出版されていなかったその手書き原稿は、一八二七年に火事で焼けてしまった。ジョン・フォスターが翻訳したアメリカに関する部分は、一七七〇年に出版されたが、カルムがイギリスを訪問した時の部分は、一八九二年まで翻訳されなかった。

カンパヌラ

Campanula
カンパヌラ

キキョウ科

カンパヌラ・メディウム（*Campanula medium*　和名フウリンソウ）、現在、英語名で「カンタベリーの鐘」（Canterbury Bells）として知られているヨーロッパ産のカンパヌラは、十六、七世紀には「コヴェントリーの鐘」と呼ばれていた。そして「カンタベリーの鐘」は同じ属の別の花、イギリスの自生種カンパヌラ・トラケリウム（*C. trachelium*）につけられた名前であった。これは英語名「ハスクフート」（Haskewurte、ドイツ語でハルスクラウト「喉の草」からきている）、または「喉の草」（Throatwort、うがい薬として用いられたのでこの名がある）という。今日では「チクチクした葉のベルフラワー」（Nettle-leaved Bellflower）とか「鐘楼のコウモリ」（Bats in the Belfry）という名の方がよく知られている。「カンタベリーの鐘」も「コヴェントリーの鐘」も、一五七八年に出たヘンリー・ライトの『新本草書』の中に入っている。ジェラードはフウリンソウについて、花の内側は「犬もしくはそれに似た種類の動物の耳に生えているような柔らかい毛がたくさん付いている」と記している。また、「これらは森、山、暗い谷、生垣のすそに生える。とくにコヴェントリーのあたりでは野原にたくさん生えているので、コヴェントリーベルの名前がある。ロンドンではカンタベリーベルと呼ばれる。しかしその名は不適当だ。カンタベリー近郊のケントには、別の種類のカンパヌラが生えており、それこそカンタベリーベルの名がふさわしい、なぜなら、カンタベリーではどこよりもこの植物が多く咲くからである」と述べている。別の記述家は、「カンタベリーベル」の名前はトラケリウム種（*C. trachelium*）に与えるべきだと書いている。花の形がカンタベリーへ巡礼する人たちが馬につけた鈴とよく似ているからとのことである。パーキンソンはこのことについてもっと詳しく調べた。「コヴェントリーベルはコヴェントリーのどこを探しても野生の状態では生えていない。この情報は、実際コヴェントリーに住んでいるブライアン・ボール氏という信頼できる薬屋から得たものであるから確かである。もちろん他の地方と同様にコヴェントリーでも庭では育てられている」。ハンベリ

カンパヌラ・トラケリウム
（EB第301図　1835年）

ーは、「コヴェントリーベルの根は食べられる。なかなかおいしいという人も多い。これと似た種であるランピアンと同じくゆでて食べる」といっている。フウリンソウはピレネー山脈が原産地であると信じられているが、長い間栽培されてきたから、今では本当に野生の状態を見分けるのは困難である。

ペルシキフォリア種（*C. persicifolia*）、「モモの葉のベルフラワー」（Peach-leaved Bellflower）は、一五九六年以前から青色の種も白色の種も栽培されていた。八重の品種は、もっと後まで現われなかった。八重の品種については、園芸家のレイは一六六五年まで噂でしか知らなかったが、十八世紀までには他のどの種類よりも有名になっていた。「それが我々の庭に導入されてからは、一重のものは顧みられることがなくなった」とハンベリーはいっている。

この植物の使い道については、「他のものと同じでピーチベル（Peach-bel）は毒性がないのでうがい薬として口や喉などを洗うのに用いられる。海外の人々の中には、若い根を、サラダにする人がいる」と、パーキンソンは『太陽の苑、地上の楽園』（一六二九）に書いている。つまり、ヒッバードによれば、「野生でたくさん生えている所ではサラダやつけあわせの野菜にするのは特別なことではない」ということだ。パーキンソンは、自著『植物の劇場』の中で、この植物の葉から根までまるごと漬けた水を蒸留し、化粧水にするとよいといっている。そして「これは顔を輝かせ、さっぱりとさせる」のは確かだという。カンパヌラのどの種類が、こういう効果を持つのかはっきり書いていないが、とにかくこの仲間はそうした効果を持つといっている。

カンパヌラ・ペルシキフォリア・マキシマ（CBM 第397図　1798年）

ピラミダリス種（*C. pyramidalis*）はメディウム種やペルシキフォリア種とは別の種類の大陸原産のカンパヌラで、イギリスでも一五九六年以前から栽培されていた。初めは「尖塔の鈴」（Steeple-bells）と呼ばれ、後には「煙突のカンパヌラ」（Chimney Bellflower）という名前になった。というのは、この植物は夏向きの植物として、また火が入っていない暖炉の装飾として、ポットで育てるのが十七〜九世紀に流行ったからである。「花を飾る時には、両脇にチュベローズのポットを置き、そのチュベローズの脇に真紅のカンパヌラのポットを並べ、煙突の手前、暖炉の上に置けばよい」とルイ・リジェールが一七〇六年に書いている。またスウィート・バジルやマルム・シリアクム（*Marum Syriacum* = *Origanum Syriacum*）の小形の植木鉢をその前にきれいに並べたのもよいと述べられている。ビートン夫

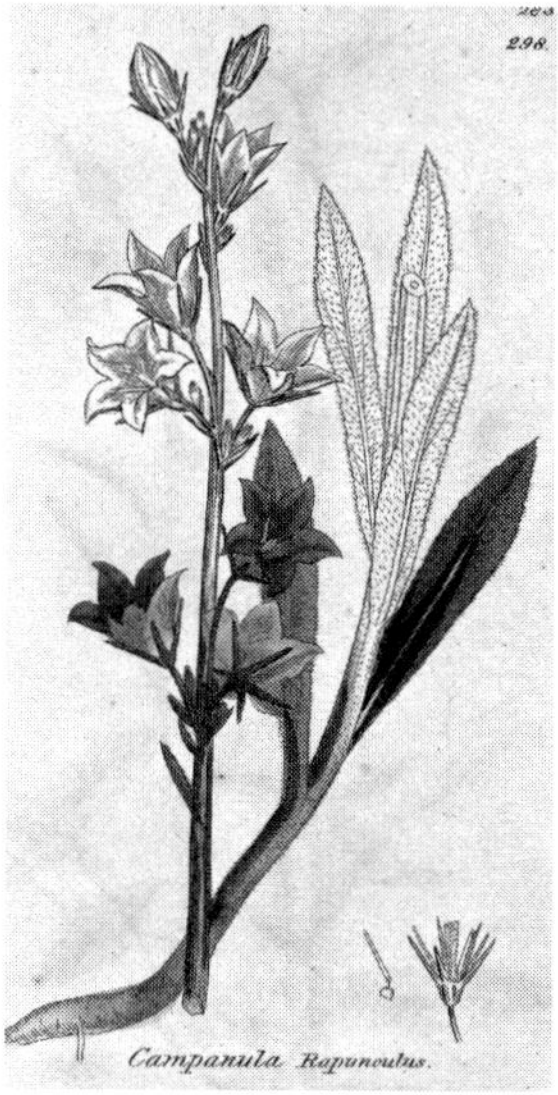

カンパヌラ・ラプンクルス
（EB 第298図　1835年）

人は当時パリの公園でこの植物がどれほど縦横に駆使されていたかを述べている。確かに我々は、リジェールの「カンパヌラは庭の刺繍花壇にとても似合う」という言葉に同意せざるを得ない。

ラプンクルス種（*C. rapunculus*）はイギリスの自生種で「ランピオン」（rampion）と呼ばれ「海外の人々」だけでなく、早くも十五世紀に、イギリスの庭で卓上用の植物として栽培されていた。そしてビートン夫人の時代まで、すばらしくおいしい野菜とされ、二十日大根と並んでよく食べられていたのだが、その根は、「ゆでて油や酢、そして少量の塩・コショウを加えて」サラダにされていた。おそらく、庭で栽培されていたランピオンは、子供をけんか好きにするという古い言い伝えのせいで消えてしまったのだろう（ニンニクの一種であるラムソンと混同しないように）。ドイツではグリム兄弟による次のような話がある。身ごもった婦人がこの植物がほしくてたまらなくなり、夫に夜、魔女の庭からこれを盗んでくれと懇願した。ところが夫は魔女に捕まってしまい、生まれてくる女の子を魔女に与えると約束させられてしまった。その子は、その植物にちなんでラプンツェルと名づけられたという。

カンパヌラ・スペクルム
（CBM 第102図　1789年）

スペクルム種（*C. speculum*＝レゴウシア・スペクルム *Legousia speculum*）は「ヴィーナスの鏡」（Venus' Looking Glass）と呼ばれ、「グリーンヒズやその付近ではどの畑でも小麦に混じって生えており、他の場所では見つからないので、私の庭に植えようと種子を持ってきた。そして庭では毎年芽を出した」とジェラードがいっているが、野生の状態で生えているのを見つけたのは彼である。彼はこれをリンドウの仲間に分類した。まもなく一年草のうちで人気のある植物になり、十七世紀の庭師のほとんどがこの花を誉めている。

トーマス・ハンマー卿は、「とてもきれいな紫色の花をつけ、一日中咲いており、そのまん中に白い縦縞がある。とても美しい眺めである。が、それはやがて萎んでしまう」と書いている。パーキンソンはこれを「小麦のスミレ」（Corn Violet）と呼び、「よく肥えた土地の庭で育てるとどれくらい育つかわからないほどである」といっている。またサミュエル・ギルバートは、「春に種子を播くと、その後は勝手に種子が散らばる。初めに種子を播くのに苦労しておけば、毎年それに報いてくれるわけだ」といっている。後にハンベリーは「丈の低い種類の中では一級品に属する一年草」と呼んでいるが、それほどの植物が最近ほとんど見られないのは不思議な気がする。

この植物については次のような物語がある。ある日ヴィーナスは、持っていた魔法の鏡を落とした。その鏡に映るものは、すべて美しく見える、そのような鏡であった。ある羊飼いが見つけ、鏡に映った自分の姿を見てうっとりしてしまった。そこで鏡をヴィーナスに返すのが嫌になってしまったのである。取り戻しに行ったキューピットが、羊飼いの手からもぎ取った時、鏡は割れて粉々になってしまった。その一つ一つがこの花になったのである。しかし、なぜこの花がとくにこの伝説と結びつけられたのかは誰にもわからないようである。

カンパヌラ属は約二五〇種類あって、そのほとんどの花の色は青、紫、白である。庭先で普通に見られる種類のいくつかについて述べよう。まずカルパティカ種（*C. carpatica*）は東ヨーロッパから一七七四年に導入されたもの。ロツンディフォリア種（*C. rotundifolia*）とグロメラータ種（*C. glomerata*）はイギリスの自生種。次にラクティフローラ種（*C. lactiflora*）。このすばらしいカンパヌラはコーカサス地方の植物を専門に研究しているマーシャル・フォン・ビーバーシュタインが見つけた。「コーカサス山脈中カイシュール山のワディ・カーカス城の牧場で」（『ボタニカル・マガジン』一八一八）見つかったという。そしてイギリスではロッディジーズの苗圃が、おそらくビーバーシュタインの種子を手に入れて、一八一五年以前から栽培していた。ウサギのやり方に学んで、造園家ガートルード・ジーキルは、いつもこの植物を五月の終わりに地上一八インチのところで切りとった。ふつうは六フィートにまで育つが、背が低いうちに分枝し、花が咲くようにしたのである。すべてのカンパヌラは花をたくさんつける。花を咲かせるのに苦労するような植物ではない。花をいっぱいつけるかすぐに枯れてしまうかのどちらかである。

カンパヌラ・ラクティフローラ
（BR 第241図　1817年）

キキョウ

Platycodon
プラティコドン

キキョウ科

プラティコドン・グランディフロールム（*Platycodon grandiflorum*　和名キキョウ）は、英語で「風船花」（The Balloon-flower）または「中国の鈴の花」（Chinese Bell-flower）という。中国やシベリアに自生しており、イギリスに導入された公式の記録は一七八二年である。しかし一五九九年、ジェラードの庭にある植物リストの中に「青い中国のベルフラワー」と出るのは、おそらくキキョウであろう。もしどちらも正しいとすれば、この植物はなんとゆっくりとした苦労に満ちた道筋を経て長い旅の後に公式に認められ、イギリスに入ることができた植物であろうか。というのは、はっきりとした商業的価値をもたない植物が極東から一五九九年という早い時期にこの国に届くことは実際極めて稀なことであるから。しかしながら中国では鉢植用の花として古くから人気があったし、薬用にもされたといわれる。その根は、誤ってか意図的にかインチキでか、チョウセンニンジンの代わりに用いられていた。チョウセンニンジンは東洋では最も価値のある万能薬である。キキョウの薬効が植物学的に認識されたのはヨハン・ゲオルグ・グメリンによるが、彼はアン女帝の時代にサンクト・ペテルブルクで化学と博物史の分野の重職に就いていた。また彼は一七五四年頃に彼が同行した科学的調査・探検についての記録を出版している。

野生種のキキョウはでたらめに伸び広がる性質があるが、今普通に庭で栽培されているグランディフロールム・マリージー種（*P. grandiflorum mariesii*）は、チャールズ・マリーズが日本からもたらした丈が低く小形の種類である。彼はヴィーチ商会が送り出した収集家で、蝦夷の島〔北海道〕でこのキキョウが生えているのを見つけた。それはじつに美しい植物で、シャーリー・ヒッバードから「耐寒性の植物の愛好家は、これの栽培をすみずみに至るまで修得するまでは手足を休める暇もない」というほどの賛辞を受けたが、それに十分値するものである。ファーラーは、自生地では大量に咲いており「ある日本の沼地では秋の特別な光景で、イギリス人にとってのバラやスミレと同じように昔の伝説や詩によく現われる」と述べている。

プラティコドン・
グランディフロールム
（和名キキョウ）
（CBM 第252図　1794年）

キク

Chrysanthemum
クリサンテムム

キク科

クリサンテムム・コロナリウム（*Chrysanthemum coronarium* 和名シュンギク）は英語名で「花冠のキク」（Garland Chrysanthemum）、「一年生のキク」（Annual Chrysanthemum）または「冠デージー」（Crown Daisy）という。一六二九年以前に南ヨーロッパからイギリスに紹介された。パーキンソンは「クレタの麦畑のマリーゴールド」と呼んだ。シュンギクは庭に咲くさまざまなキクの変種の親になったのである。十八世紀にはたいへんもてはやされ、あるものは「八重のラナンキュラスに劣らず完璧な八重で、花がいっぱいに詰まっている様子は驚くほど整っていて美しい」とアーバークロンビーは書いている。しかしそれ以後は庭向けの花としてはカリナツム種（*C. carinatum* 和名ハナワギク）に圧倒されてしまった。カリナツム種は、一七九六年に北アフリカからイギリスへ持ち込まれたもので、中央にシュンギクとは異なる色の輪がある。しかもシュンギクよりもっと色のバラエティーが多い。一年草の中の代表的な三種としては、もう一つイギリス野生のコーン・マリーゴールドであるセゲツム種（*C. segetum*）を挙げれば完璧である。これはいくつかの優れた庭向きの園芸種の親株となった。

フルテスケンス種（*C. frutescens*）はかなり寒さに弱い。イギリスでは「パリのデージー」（Paris Daisy）と呼ばれるが十六世紀の後半にカナリア諸島からフランスにもたらされた。マルガリート・ド・ヴァロアが一六〇〇年頃パリ近郊のイッサイにある庭でこれを育てていた。彼女は一五七二年にナヴァレのヘンリーと結婚したことで聖バーソロミューの大虐殺のきっかけとなった人物である。彼女の死後、この庭は尼僧院に変わり、この花が一般の人々の手に届くまでにはそれからまだ長くかかる

クリサンテムム・カリナツム
（和名ハナワギク）
（CBM 第508図　1801年）

クリサンテムム・セゲツム
（EB 第1172図　1852年）

クリサンテムム・
レウカンテムム
（EB第1171図　1852年）

ことになった。しかし一六九九年に、ようやくイギリスにもたらされた頃にはフランスやオランダの園芸家に、すでによく知られるようになっていた。この花は、よくマーガレットと呼ばれるが、しかし、その名を使う優先権があるのは「牛の目」（Ox-eye）とか、「ドッグ・デージー」（Dog-daisy）と呼ばれるレウカンテムム種（*C. leucanthemum*）である。この花は、アンジュー家のマーガレット（一四三〇～八二）の花であり、彼女は一四四五年にヘンリー六世と結婚し王妃となった。三本のマーガレットが彼女の紋章で、自分の衣装やお付きの者の衣装にその模様を刺繍させていた。マーガレットとはじつは「真珠」という意味である。詩人シェリーがデージーのことを「この真珠のような地上の星」と呼んだ時、彼はそのことを心に留めていたのであろうか。

マクシムム種（*C. maximum*）は英語で「ムーン・デージー（Moon Daisy）」と呼ばれるが、ピレネー山脈が自生地であり、一八一六年にイギリスにもたらされた。人気のある各種のシャスタデージーの一番大事な親であるが、シャスタデージーは一八九〇年代にアメリカの育種家ルーサー・バーバンクが作出したものである。彼はニューイングランドや日本からきたマクシムム種およびそれに近い種を何シーズンにもわたってかけ合わせて、「目を見張るほどに美しく、またどんな土地でも育つ強い種……つまり私の夢に勝るもの」を作り出すのに成功した。そしてそのキクに、彼は自分の苗圃のあるカリフォルニアの村の名であり、その地方と山の名でもある「シャスタ」と名づけた。彼が作り出した一重のキクは、園芸界に対するバーバンクの最大の貢献とは認められているが、今日見かけるフリルの付いた八重の種類には遠く及ばない。

パルテニウム種（*C. parthenium*　和名ナツシロギク）は英語名で「フィーバーフュー」（Feverfew）という。ローマ人が持ち込んだものだという説もあるが、この植物は一般にイギリス自生種と認められている。ローマ人導入説の根拠は、英語名がたくさんの木や草と同じく明らかにラテン語起源だという点にあり、「悪寒を取り除く能力をもつ」（ジェラード）という意味のラテン語 febrifuge の転化したものといわれている。しかしローマ人がイギリスでもこの植物を見つけ、その属性を知らせたにすぎないのかもしれない。

八重の変種は十七世紀の初め頃庭に持ち込まれた。そして当時「イギリス独特のもの」（パーキンソン『太陽の苑、地上の楽園』一六二九）と見なされていた。一六一四年にオランダの草花研究家クリスパン・ド・パスが、「この植物はイギリスに豊富にある。その理由は優秀な技術と勤勉さによってイギリスで立派に育つようになったためだと思われる。実際まず最初はイギリスから、いろいろな種類の花弁をもつたくさんのフィーバーフューが近接の国々へもたらされた」と書いている。後になって、花壇用の観葉植物として、とくに金色の葉をもつ変種（*C. parthenium aureum*）は人気が出た。

薬効に関して、「阿片を乱用した人の特別治療薬として用いられた……イタリアでは一重のものは食用としたが、とくに卵と一緒に油でいためた。そうするとその強いにがみが消えるのである」とパーキンソンは書いている。またジェラードは「めまいのする人に効く。また憂鬱な状態や悲壮感に陥った人、また失語症にも効く」と述べている。

この花は庭向きの植物リストには「ダブル・フェザーフュー」(Double Featherfew)、

クリサンテムム・パルテニウム（フィーバーフュー）
（クリスパン・ド・パス『花の園』1614年）

「ダブル・フィーバーフュー」(Double Feaverfew)、「フェバーフュー」(Feberfeu) など様々な綴りで出てくる。およそ五世紀にわたって栽培がつづけられ、今でもまだ庭で作られているからである。昔の植物学者はパルテニウムと呼んでいた。そのわけはパルテノン神殿を建てている際に、高所から落ちた男の命をこの植物が救ったというプルタルコスの語る話からきている。「めまい」はおそらくこの話からの連想であろう。その香りは、ハチがとくに嫌がるものらしい。パルテニウム種の変種はマトリカリア属に入れられることもある。

クリサンテマム・シネンシス・インディクム（*C. sinensis* × *indicum*）が、いわゆるキクである。この高貴な花は、その自生地、東洋では二〇〇〇年にも及ぶ栽培の歴史を持つが、イギリスにおける栽培の歴史は比較的短い。中国ではおよそ紀元前五〇〇年頃に、孔子がキクについて語っているといわれる。五世紀には陶淵明という人物がいて、キクの花の栽培家として有名であった。彼の死後住んでいた町はチューシアン、すなわちキクの町と改名されたというのを読んだことがある。キクの栽培は四世紀の終わり頃中国から日本に伝えられ、七九七年にミカド個人の紋章となって、この紋章は以後皇族のみに使用が限られるようになった。この花を称える詩をミカド自らがつくり、また菊花勲章はミカドが与える最高のものであった。キクの栽培は皇居や貴族の家の庭でのみ許されていた。今日も用いられている日本の国旗は、一般にはそう思われているようであるが、日の出ではなく、まん中の花盤の周りに一六枚の花びらをつけたキクなのである〔旭日旗のことを指している〕。こうした東洋での栽培事情を知れば、一六八八年には早くもオランダで「マトリカリア・ヤポニカ（Matricaria japonica）」という名前でわずかながらもキクの園芸種が栽培されていたのに、イギリスに到着したのがやっと十八世紀の終わりであったという史実を思い返すと屈辱的な気持ちになる。

一七六四年にはチェルシー薬草園で小さな黄色の花びらを持ったキクが栽培されていた記録があるが、その後間もなく姿を消してしまった。一七八九年にマルセイユのブランカールという商人が三種の園芸種を輸入した。それは白、スミレ色、紫色の三種で、紫色のキクだけが生き残った。そのうちの一本が一七九三年頃にキュー植物園に入った。この時はうまく根付き、立派に育った。このキクがイギリスで最初に展示されたのは、一七九六年コルヴィール氏のチェルシー種苗園の展示会であった。最初は、種子も株もすべて輸入されていた。ロンドン園芸協会の要望に従って、東インド会社の広東代表ジョン・リーヴズ氏が送ってきたものもあった。一八二〇年から三〇年にかけて、およそ七〇種類の園芸種が導入されたが、その中には「真紅のラナンキュラスの花に似たキク」があり、中国人はこの花のことを「酔っ払った婦人」と呼ぶが、それはおそらく「それがバラ色をしているためであろう」とザビーネは一八二六年のロンドン園芸協会『紀要』に書いている。一八三二年にイギリスで初めて種子が採れた。そしてその後、キクの栽培はジャージーの重要な産業になった。ジャージー島では、一時期四〇〇〇種類もの違ったキクの変種が栽培されていたといわれる。最初のキクの品評会は一八四三年にノリッジで催された。そしてストーク・ニューイングトン協会、後の英国菊花協会が一八四六年に創設された。同じ年に、ロバート・フォーチュンが舟山《チューサン》列島で採集した「チューサン・デージー」と呼ぶキクをイギリスにもたらした。これが小形のポンポン咲きの親である。ポン

ポンポン咲きのキク
（ジョン・ソールター
『クリサンテマム』1855年）

中国の園芸種
（リーヴズ・コレクション
1820年代）

ポン咲きのキクはたいそう人気が出て、とくにフランスでは人気が高かった（この名前はフランスの兵士の帽子につけているポンポンから取ったといわれている）。ビートン夫人は一八六五年に「人々に愛好されているこの小形の種類が導入されたことは、キクの栽培がイギリスで再び盛んになったことに少なからず貢献した」と書いている。その頃、キクの栽培は一時的に下火になっていたらしい。グレニーはその理由を「開花時期が遅いのと、色が明るいこと以外推薦できる点はない。匂いはないし、その上栽培を薦められるようなよい性質も持たず、いえるのは下の方から葉が無くなってとても醜くなることである。戸外では棒の支えが必要で、それがないと倒れてしまう」からであるといっている。はじめ栽培されていた中国産の園芸種は、たいてい花びらを内側に巻き込む種類であったが、十九世紀の終わり頃にかけて、日本産の柔らかい、花びらが外側に広がるタイプの方が好まれるようになった。そのいくつかは一八六一年日本での四度目の旅行でロバート・フォーチュンが持ち帰ったものであるが、最初はほとんど注目を浴びなかった。だが、一八九八年までにはヒッバードがいうような「花がとても大きいので帽子に入らないほど」のキクもよく好まれるようになっていた。

　キクは大部分が、温室の花であった。ポンポン咲きの園芸種が一時的に人気がなくなった後、一八八〇から九〇年の間にフランスの栽培家M・デローが関心をキクに向けるまでは、新しい戸外向けの耐寒性のあるキクを作り出すことはほとんど行なわれなかった。その後、寒さに強くて花をつけやすい朝鮮半島産のものが新たに紹介され、花壇の縁どり用として再び関心が寄せられるようになった。朝鮮半島産のものというのはイギリスに早く導入された戸外用の園芸種とコレアヌム種（*C. coreanum*）の交配種で、アメリカのA・カミングスが育てたものである。もう一つの重要なキクはルベルム種（*C. rubellum*）から生まれた。これは一九二三年、ウェールズ地方ランディッドノーのハッピー・ヴァレイ・ガーデンとドイツのダルムシュタット近郊の種苗園で同時に作出された。これは中央ヨーロッパ原産のザワデスキ種（*C. zawadski*）の突然変異であると考えられている。今日では、ウールマンの「リリペット」、サットンの「チャーム」など魅力的な花壇用の小形のキクがたくさん生産されている。

　キクの親、つまりシネンシス種とインディクム種は、ともに中国の自生種である。インディクム種の方はリンネが一七五三年に『植物の種』の中で乾燥標本に名づけたのである。インド産であるかのような名前は誤解を招く。進取の気性に富んだ植物愛好家である中国人は、生食用の花びらを採るために、ある種の園芸種を栽培していた。クリサンテムムは「金色の花」という意味であり、新しく「ココ」というような名前で呼んだり「クリサンス（chrysanths）」とか、もっと悪い「マムズ（mums）」とか呼ぶ人には、一種の罰をあたえるべきだろう。

キヅタ

Hedera
ヘデラ

ウコギ科

あのまっさかさまに垂れているキヅタ！
葉は一枚もないが、
冠のことを考えてしまう。

エリザベス・バレット・ブラウニング
『オーロラ・リー』一八五六

キヅタには、たくさんのクモが集まってくるが、それと同じように、伝説もたくさんまつわりついている。この植物自身の生長についても同じだが、こうした伝説について、ほどほどの量におさめて書こうとすると、かなり選択して減らさなければならない。

キヅタはバッカスとおおいに関係があるとだけいっておこう。「バッカスの冬の冠はキヅタでできており、夏のそれはブドウのツルでできている。」（ブレイン『守りの城塞』一五六二）そこで、キヅタの低木は宿屋や酒場の目印として植えられる。イギリスのことわざ「良質のワインに、キヅタの看板はいらない」は、かつてはローマ人のものであった。ジェイムズ一世時代になると、イギリスの宿屋では、他の目印はほとんど使われなかった。だから、昔の人が、ブドウの木とキヅタとは、お互い相性が悪いと信じていたらしいのは不思議である。例えば、「混ぜ物が入っているワインは、キヅタの木でできたコップで飲めば、すぐわかる」というのもおかしい。そのコップにワインを入れると、ワインは染み出てしまうが、水は中に残っているというのである。多孔性の木は、切られてすぐは特にそうだが、液体をろ過する。しかし最近の実験によれば、染み出るのは水の方で、ワインは中に残ることがわかったようだ。

オックスフォード大学のモードレン学寮の壁に生えていたキヅタの根が、地下にあるワイン庫の中に伸びてゆき、「ワインのビンが置いてあるおがくずのあたりまで広がっていった。ゆるくなったコルク栓から水気がいくらか滲み出ているビンを見つけ出し、根はそのビンの中に入って、ワインを全部吸ってしまい、それから、ビンの中を、からまった根で一杯にしてしまった。それからさらにキヅタの根はもっとおいしい飲み物を探して生長していったようだ。」（ギュンター『オックスフォードの庭』一九一二）このことから考えるに、キヅタがそれほどブドウを毛嫌いしていたとは思えない。

キヅタのコップで飲み物を飲むと、例えば百日咳など、いくつかの病気に効くと信じられていた。キヅタを薬として利用する多くの方法があるが、その種類がとても多いから、単なる経験にたよらずに実験したほうがよいといわれる。薬としての利用法のほとんどは、ディオスコリデスの時代から知られていた。しかしながら、ディオスコリデスはこの実の汁を飲むと不妊症になると警告しているし、その実は、「大量に食べた場合には、精神がおかしくなる」ともいっている。プリニウスは、「この植物を薬にするのは、疑問だし、危険である」と前置きした上で話を始めているが、薬用処方箋の長いリストも挙げている。しかし、いつでも手に入る所にあるからという理由だけでキヅタがこれほど多く利用されるであろうか、という疑念を抱かずにはいられない。十八世紀には、こういう不信の念が起こり始め、「ボイル氏がいうように、この実は伝染病の特効薬（ロバート・ターナー［一六八七］は、そういった目的でペスト患者の出た家にはキヅタが植えられたといっている）とされているが、それはほとんど信じられていない」という記述があるほどだ。

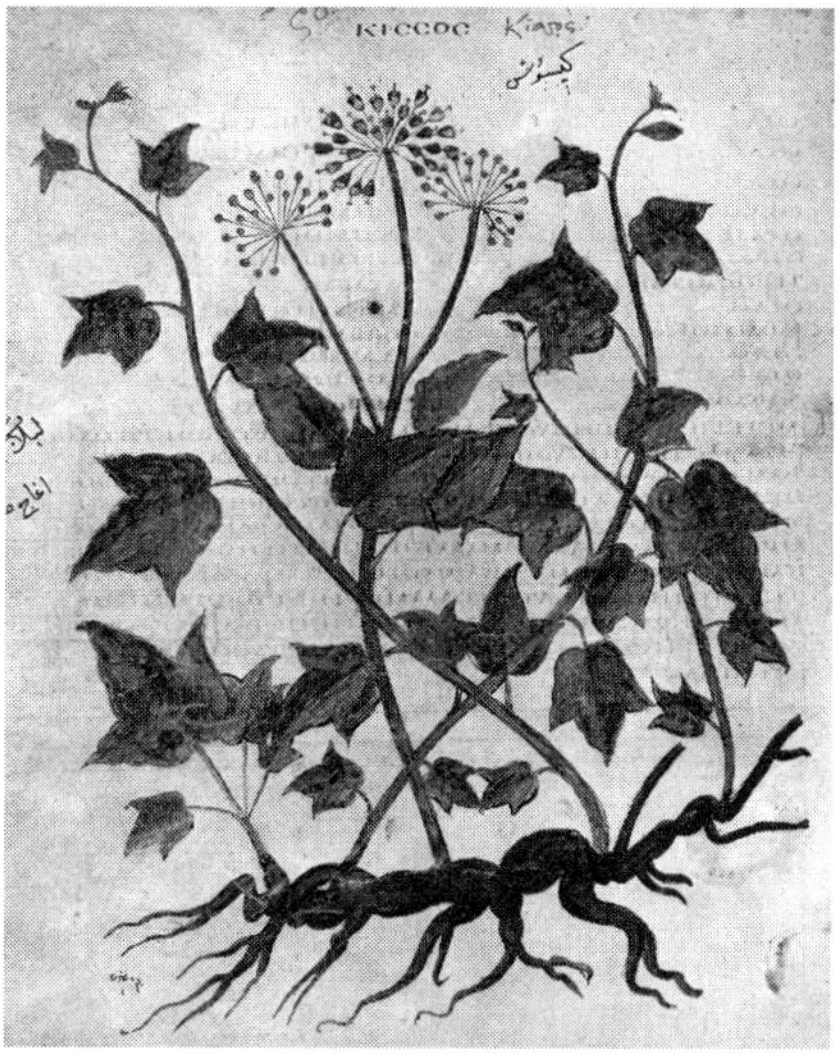

キヅタ
（ディオスコリデス『薬物誌』
ウィーン古写本　512年）

　イギリスでコモン・アイビーと呼ばれているヘデラ・ヘリックス（*Hedera helix*　和名セイヨウキヅタ）の特徴をわざわざ述べる必要はないかもしれないが、このキヅタには多くの純粋な興味を引く点がある。幅の広い常緑の葉をつけ、冬に花が咲くという習性は、これが比較的穏和な気候に適する植物であるということを示している。しかし冬の気候がとても厳しい所でも育つから、たいそう尊重されるし、手に入れたいと思う人も多いのである。有史以前の各時代の気候は、様々な堆積物の中でのキヅタの花粉の多少によって判断できる。一万二〇〇〇年前のある秋の日、一頭のサイが、今のクラクトン（イギリス南東部エセックス）付近で、キヅタを食べていた。つまりそこで見つかったサイの歯の化石の一つからこすり落としたものに、三

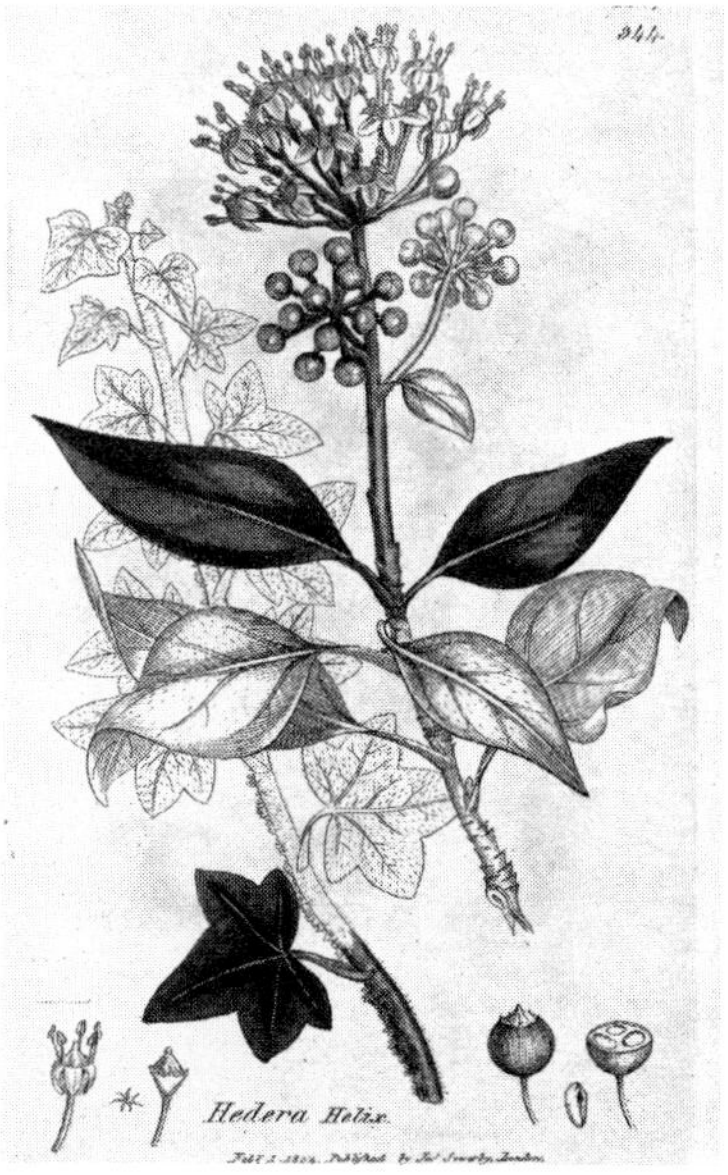

ヘデラ・ヘリックス（和名セイヨウキヅタ）
（EB 第344図　1835年）

七パーセントのキヅタの花粉が含まれていたのである。

　詩人がなんといおうとも、キヅタはけっして「巻きつく」ようなことはない。つまりよじ登っていく時支えを必要としない。というのは、「根」が不定根だから、垂直面に出会うとすぐに、その「根」によって、自分を垂直に保とうとする。しかしこの根毛と呼んでいるものはじつは根ではない。これが植物に栄養物を運んでいない証拠に、もしキヅタを根元で切ると枯れてしまう。キヅタはざらざらした表面も、つるつるの面も好まない。また常緑樹にも好んでは巻きつかないが、完全な日蔭を、おそらく嫌うからであろう。マツにからまないのは、ヒッバードもいっているように、樹脂を含んだ皮が「おいしくない物質」を含んでいるからかもしれない。キヅタは木に害を与えるという極端な意見も含めて、この植物についての意見は常にいろいろに分かれる。十七世紀の英国諷刺詩人アンドリュー・マーヴェルは、「カシの木は、キヅタの支えなしでは立っていられない。一方で、キヅタはヒルガオなどと変わらないほどに性悪の植物で、いつのまにかひそかに他の木にからみついて、その木の水分を吸って枯らしてしまったり、建物をおおいつくしてしまうといわれる。このような植物は他にはない」（『移植の練習』一六七二）といっている。シェイクスピアとパーキンソンは、キヅタは寄生植物であるという意見であった。イヴリンとハンフリー・レプトンは、彼らとは反対に、木の方がキヅタから恩恵を受けていると考えていた。実際は、健康で、元気な木であれば、ほとんど害を被ることはない。キヅタが優位に立って、花を咲かせたり実をつけたりするのは、その木が弱っている時だけである。

　テオフラストス以降、初期の植物学者の中には、地面を這っているキヅタは「まだ成木になるには樹齢が不足しているから」花が咲かず、実をつけないということがわかっていた者もいる。「また、やがてこの植物には実はなるけれど、別の種類に変化してしまう」（パーキンソン、一六七二）ということもわかっていた。しかし、それ以降の多くの植物学者は、キヅタの中でほふく性があるキヅタと、実をつけるキヅタはまったく別の種類であると信じた。第二段階、つまり、キヅタが十分に生長して実や花をつけるほどに成熟すると、庭師にとっては重要になる。この状態で切り取った挿し枝から育った苗は、大きくなっても先に述べた性質を維持していて、しかもほふく性になることはめったにない。

　この花は、「青白い色の花がたくさん集まった、丸い花束のようで」（ライト）秋の終わりになると、昆虫が集まってくる。ハドソンは、この時、昆虫が群れになって太陽の光に輝いている様子は、昆虫の生態の中で最も感動的な光景の一つであるといっている。昆虫が集まって来るのは、この時期に、咲く花が他にはほとんどないからだけでなく、キヅタの蜜が特に濃くて、しかも花からしずくがしたたり落ちるほど豊富に出るからだ。キヅタから出る蜜は、緑がかっていて、心地よい匂いがあるとされる。花のあとにできる実は、花が昆虫にとって大切であるのと同じで、鳥にとっては冬と春の大切な食料である。レイは、この実に入っている種子が、ふくれた小麦とよく似ていて、ツグミ科の鳥のお腹の中を、そのままの形で通過するので、小麦が雨のように降ってきたという話がいくつも生まれたと書いている。

　キヅタが建物に及ぼす影響についての意見は、木に及ぼす影響についての意見と同様、いろいろに分かれる。リンネは、キヅタはほとんど、ないしは、まったく害を与えないと考えていた。「しかし、その意見は認めがたい。我々は、キヅタは湿気や汚れをたくわえ、しかもそのほふく枝は、壁のどんな割れ目にでも入っていき、その中で大きくなると考えるからである」とマーティンがいっている。この悪口は認めなくてはなるまい。例えば十七〜八世紀の詩人ポープは、キヅタのことを「這い回る、汚い、おもねるようなキヅタ」と表現している。しかし、実際には、重なり合った葉が雨を防ぎ、壁を暖かく乾燥した状態に保つ。廃墟の多くが、キヅタによって破壊されずむしろ保存されている。だから、「歴史的な記念物を守っている植物」（ヒッバード『キヅタ』一八七二）と呼ばれるほどである。コモン・アイビーは、古くなって見栄えのしない壁を隠すために用いられるが、銀色の斑入りのものは、建物の外壁をむしろ、飾る材料のうちで最上で美しいものというべきであるとハンベリーはいっている。

　黄色ないしは白い実をつけたキヅタは「キリスト教世界ではほとんど見かけない」（パーキンソン、一六四〇）が、ギリシア・ローマ時代から知られていた。パーキンソンはウェルギリウスの文章を解釈し、それを「ある時は、白鳥の方が美しく、またある時は、白いキヅタの方が美しい」と翻訳している。このキヅタは、銀色の斑入りの種類のことで、これについてはプリニウスも述べている。またこれは、記録上、最古の斑入りの種類であると信じられている。しかし、庭で栽培されているものについては、全体としては、かなり時代が下るまで、ほとんど記述が見られなかった。

　整形式庭園と「常緑樹の刈り込み」が十七世紀後半から十八世紀の初めにかけて流行するようになると、キヅタをスタンダード仕立て（垂直に仕立てる方法）にすることが好まれた。これについてイヴリンは「わずかな努力で」作り出せるといっている。しかも球や三角錐など様々な形に刈り込むことができる。耐寒性のあるものは特に土壌を選ばないし、色が生き生きしている。「しかし、こうした趣味がすたれていくにつれて、壁を隠すとか廃墟に這わせるとかいう場合を除くと、キヅタは庭の中でほとんど見られなくなった」とマーティンは述べている。しかしながら、キヅタは、ロマンチックな、またピクチャレスクなものに大衆の好みが向かっていくのに重要な役割を果たした。一七七八年にすでに、アーバークロンビーは、「グロット、洞穴、田舎家、草庵や人工的廃墟等に、キヅタを這わせて、いっそうひなびた感じを出すようにしているのは、なかなかの効果をあげている」と誉めている。その頃のキヅタはまさにキヅタであって、ごくわずかな変種が区別されていたにすぎない。その後一〇〇年間、キヅタについての詳しい報告は聞かれない。しかし、園芸種はますます多く栽培されるようになっていたらしい。というのは、シャーリー・ヒッバードが一八七二年にキヅタについての楽しい研究書を出版した時、彼はすでに二〇〇以上の異なった種類を収集しており、そのうち極上の珍しい五〇種類をスラウー（イングランド南部バークシャーの都市）の種苗商チャールズ・ターナーに売っている。その頃がキヅタの全盛期で、花壇用に使うことや、植木鉢に仕立てたキヅタを、緑に乏しい冬の花壇の縁飾りにすることを含めて、考えられる限りの用途にふんだんに用いられた。

一時期、すべての種類はイギリスの自生種ヘデラ・ヘリックスの変種であると考えられたことがあったが、今では、六種は違うものだと認められている。種にしても変種にしても、それが最初に見つかった状況は、はっきりしないが、ごくわずかな種類については導入や発見の様子が特例としてわかっている。ヒッバードの持っていた変種の多くは、彼自身が、主にウェールズで見つけたものであり、その他のものは、友人や種苗商から手に入れたものである。

最も重要な種はイタリアン・アイビーと呼ばれるクリソカルパ種（*H. chrysocarpa*）で、コルキカ種（*H. colchica*　和名コルシカキヅタ）やヒベルニカ種（*H. hibernica*）も重要である。イタリアン・アイビーは、すでに述べた黄色の実がなる種類で、その実のなっている様子がとても美しい。この植物が古典古代の文献にある植物であるとかつて同定された時には、「詩人のアイビー」（Poet's Ivy、*H. poetica* ないし *H. poeticarum*）という名前で呼ばれた。これは、ヨーロッパ南東部から来たものである。

大きな葉をもつコルキカ種は、コーカサスから東方に向かって分布している。ケンペルは、これを日本で見つけ、ロバート・フォーチュンは中国で、ウォリックはネパールで見つけた。ネパールでは、ただ単につる性植物を意味する「サグーケ」（Sagooke）とか「グーケ」（Gooke）と呼ばれていた。これは、一八六九年以前に黒海のコーカサス側の海岸から、オデッサの植物園園長であったログナーが導入し栽培したものである。これも黄色の実がなって、葉をちぎるとよい匂いがする。

アイリッシュ・アイビー、ヒベルニカ種はどちらかというと、葉の色が濃い種類である。ロビンソンによれば、当時ヨーロッパ大陸の植物園ではどこでも、花壇の縁取りに用いており、その黒っぽい色の塊を見るとうんざりさせられたという。「北方世界のつる性の植物全部の中で一番好ましい植物であるという、キヅタの価値を示すよりは、その価値をあいまいにしてしまう」ことになったと彼は断言している。

ラウドンの時代〔十九世紀前半〕になると、莫大な数のキヅタが高さ六フィートから一二フィートになるよう仕立てられ、市場に出すために植木鉢で栽培されていた。そうすれば、例えば、バルコニーなどに置くことができ、その結果、ロンドンの新築の家の正面全部を一日にしておおうことができ、それによって、その家が「人里離れた田舎にある古い建物であるかのような効果を出すことができた」という。ラウドンは、また、「とても大きな居間では」、箱に植えたキヅタを、針金で作った傘やコルドン仕立て用の支柱の上を這わせるようにして「ちょっとしたパーティーの客が、そのおおいの下に入って座ることができるように、田舎風の天蓋を提供する」ことができたといっている。

それ以降五〇年間、キヅタは、一種の家具として異常なほどの人気を博した。完全な形に仕上げるのに三年かかるキヅタで作られた持ち運びできる暖炉の火よけついたて、寝椅子やソファーの上のおおいまで作られ、バービッジの『家庭の花づくり』（一八七五）にはそれが絵入りで載っている。また、窓の外側から二、三本のロープを引き込み、それにキヅタを這わせて、室内に「すっきりとしたアーチ形」を作って、ピアノの上にキヅタがかかるように仕立てると、「演奏者は、まるで小さなあずまやにいるかのような気分でピアノの前に座れる」（アン・プラット）とか、または、階段の手すりの上を這わせるとよいという提案まである。さらに、鏡や額縁の後ろに隠したV字形の鉢の中に植えて、その鏡や額縁の周りを取り囲むように仕立てることもできた。「そして、もしその額縁に今は亡き友人の肖像画が入っている場合、縁飾りには、おそらくキヅタが、一番適した植物であろう」（ハサード『すまいのための装飾用の花』一八七五）という意見まであった。

キヅタは、ほんとうに気味が悪いとまでいかないにしても、受ける印象が憂鬱ではある。ヒッバードのいうように「墓場の植物としては一番適しているものの一つ」であると、キヅタの愛好団体の多くが認めるに違いない。教会によって呪われているわけではないのだろうが、中世に作られた多くのヒイラギやキヅタのクリスマスキャロル（祝歌）では、雄木のヒイラギに対して、雌木のキヅタがいつも敗北している。「ヒイラギと楽しげな男たちは踊り歌う。キヅタと女たちは嘆き悲しむ。」こんな風にキヅタは、不運な役にあてられる。「私はお前に祈ろう、親切なキヅタよ。私たちが向かおうとしている土地で、悪いことが起こらないよういってくれ。」キヅタは十九世紀には、常に死や滅亡と関連づけられていた。「立派な堂々たる建物が、ついにキヅタの餌食になっている。」（ディッケンズ『ピックウィック・ペイパー』中の「緑のツタ」）

ヘンリー八世の第六王妃であるキャサリン・パー王妃の棺が開けられた時、「キヅタの冠がこの高貴な人の死体を安置する教会堂を取り巻いていた。王妃の棺を入れる頃、実がそこに落ちて根を張った。そしていつの間にか、墓場の冠を作りあげていったのだ」という話をアン・プラットは繰り返し書いている。

自然を愛した十九世紀後半の随筆家リチャード・ジェフリーズによれば、田舎の老婦人は娘たちに向かって、決してキヅタの葉を髪に差したり、ブローチにしてはならないといい聞かせるという。その理由は、「救貧院ではキヅタを貧民の死体にささげるし、スラム街では狂人につける」（『野原と生垣』一八八九）からである。

　現在、家庭園芸用植物として人気があるということから判断して、キヅタは幸運なことに、先に述べたような病的な連想に打ち勝ったようである。特に選ばれたたくさんの園芸種が、斑入りのものも普通のものも、植木鉢で栽培できるように繁殖が行われている。数多くの種苗商が出すリストを詳しく見てみると、今でも三〇種以上のキヅタが手に入るという驚くべき事実がわかるけれども、戸外では、キヅタは以前のような地位を再び取り戻すことはなかった。スタンダード型のものもブッシュ型のものも、現在では驚くほどに珍しいものになっている。流行の移り変わりもあろうが、維持費がかかるということが、キヅタの縁飾りや「キヅタの冠」が消えてしまったことに関係しているのであろう。クラレンス・エリオットが「フェッジ」（fedge）と呼んだものもごくまれにしか見ることができないのは、残念なことである。フェッジとは垣根や支柱や針金の上を這うように仕立てたキヅタのことで、二、三年すると立派な、体裁のよい、自力で立っていることのできる生垣になり、ほとんど場所を取らないし、維持費もかからない。

「ivy」という語（古英語の ifig からでたもの）の由来はよくわからない。「緑」を意味し、「yew」（イチイ）の語源である古英語の iw にさかのぼらせる人もいる。またきわめて古い写本の中には、「jwy」とか「yuye」という表現があって、混乱させられる。一方、オランダ語の「クリモップ」という名前は、「よじ登る」という意味からきているのですぐに理解できる。属名ヘデラ（*Hedera*）は、「紐」を意味するケルト語の haedra から出たものである。

キョウチクトウ

Nerium
ネリウム

キョウチクトウ科

ネリウム・オレアンデル（*Nerium oleander*　和名セイヨウキョウチクトウ）には、「オレアンダー」（Oleander）とか「ローズ・ベイ」（Rose Bay）とか「ローズ・ローレル」（Rose Laurel）など様々な英語名があるが、戸外の植物というよりは室内の植物である。気候の温暖な地域でさえも、冬の間は家の中に入れておく方がよいといわれる。にもかかわらず、イギリスの庭で何世代にもわたり好んで育てられてきた。三五〇年以上も栽培されてきたのであるから、たとえ簡単にでも記述しておかなくてはなるまい。

キョウチクトウ属はただ二種類しかない。そのうちの一つオドルム種（*N. odorum*　和名キョウチクトウ）は種であると認め難く、イギリスでおなじみのオレアンデル種のアジア的形態にすぎないと考える植物学者もいる。オレアンデル種はたいてい地中海地域の海岸沿いや渓谷に生えている。「特にクレタ島では島のいたる所に豊富に生えている」とライトは述べている。とても大きくなるから時に建築材として用いられると、フランスの博物学者ピエール・ベロンはいっている。クレタでは白の変種も見つかった。

オレアンデル種がイギリスで最初に育てられたのがいつか特定するのは難しい。ターナーはこれをイタリアで見ただけであるが、一五九六年にジェラードは庭に白と赤の変種を育てていた。パーキンソンの持っていたものは「ジョン・モアー博士」

ネリウム・オレアンデル（白花品種）
（和名セイヨウキョウチクトウ）
（BC 第700図）

ネリウム・オドルム
（和名キョウチクトウ）
（CBM 第2032図　1818年）

がスペインから持って来た種子から育てたものであった。それらはうまく育ったに違いない。というのは一六二九年、この灌木の幹は「根元のところで大人の男の親指の太さ」であったが、一六四〇年には「腕ほどの太さになっている」とパーキンソンが記しているからである。これは挿し木をしても増やすことができたようで、一七〇六年に「たいていの雇われの庭師は、小銭稼ぎにオレアンデル種の枝を挿し木して根づかせようとする」とリジェールが警告している。「自分たちの儲けがすべてに優先した。主人たちは根元から枝がたくさん出ているオレアンデル種を見るのが楽しみなので、枝が減らないように庭師を厳しく監督しなくてはならない。連中は、主人を喜ばすためにオレアンデル種の世話をしているのではない、ということを知る必要がある。」

　十八世紀の中頃までには、いくつかの園芸種が栽培されており、白色以外に、一重や八重で様々な色合いの赤花や、縞模様のものがあった。白は他のどの種よりも寒さに弱かった。シャーリー・ヒッバードは『身近な庭の花』（一八九八）の中で、オレアンデル種を家で育てる灌木、身近な植物として「高貴な月桂樹」といっている。彼はこれは正しく栽培すれば、年とともによくなっていくといっている。「冬の間暗い貯蔵室や物置に入れられ、夏の間は戸外の暗い隅の方に放置されたままのもの」もあり、「毎年展覧会で賞を取って、所有者に名誉をもたらすものもある」。冬の霜からちゃんと守られ、春や夏の生長に必要な温度と水分が与えられれば、かなり雑な取り扱いにも耐えるのは明らかである。扱いがひどすぎると、開花時期が遅くなり、正常に生長しない。「田舎の人や素人から、〝花が咲くのがとても遅いのですがどうしたのでしょう?〟とよく質問されるが、それに対して私は〝開花シーズンの初期の頃にもっと刺激を与える必要がある〟と答える」とサミュエル・ウッドがいっている。

　テオフラストスは紀元前三二〇年頃、オエノテラ（oenothera）という植物について書いているが、専門家の間ではこれはオレアンデル種のことであると信じられている。テオフラストスは、この灌木の葉はアーモンドの葉と似ており、バラに似た花をつけると記述しているからである。この根を漬けたワインを飲むと気性が穏やかになり陽気になると書かれているが、この処方

ネリウム・オレアンデル（八重花）
（CBM 第1799図　1816年）

は注意しなくてはならない。この植物は人間や動物だけでなく、植物にとってもきわめて有毒であるとも述べているからだ。また別の人の意見では、オレアンデル種の発散物そのもの、匂いでさえも危険であるということだ。ディオスコリデスが葉は毒ヘビに咬まれた時の解毒剤になるといっているが、ターナーは、この治療は緊急時や、「他の治療法や薬草がない」時にのみ用いるべきであると考えている。また彼は「私はこの木をイタリアのあちこちで見たが、たとえこれがイギリスに入って来ないとしてもいっこう構わない。あらゆる点でパリサイ人のようだといえるからである。つまり、外見はこの世のものとは思えないほど美しいが、中身は飢えたオオカミか殺人者である」ともいっている。ウィリアム・リンドは『植物の世界』の中で、半島戦争〔ウェリントンが率いるイギリス軍がポルトガル、スペインと連合してイベリア半島からナポレオン軍を駆逐（一八〇八～一四）した戦争〕の最中、マドリッド近郊を襲撃したフランス兵の一隊のことを書いている。兵士の一人が、オレアンデル種の枝を折り、樹皮を剝いで、肉を焼く串にしたが、その結果、その肉を食べた一二人のうち七人が死亡し、残りの者も重体になったというのである。

この灌木はパレスティナに豊富にある。『レビ記』二三章四〇節の中で「茂った木の枝」とともに「谷のハコヤナギ」といわれているものはオレアンデル種であるかもしれない。トスカナ地方では、「聖ヨセフの杖」と呼ばれている。天使がヨセフにマリアの夫となるようにと告げた時に、彼の持っていた杖に花があふれるように咲いたという言い伝えにちなんだ呼び名である。

キョウチクトウ属の英語名「オレアンダー」（oleander）を「オレアスター」（oleaster、学名エラエアグヌス *Elaeagnus* 和名グミ）とか、「オレアリア」（olearia、キク科の常緑樹）と混同してはならない。これらはoleaという綴りの部分が同じという表面的な類似から混同されやすい。オリーヴとはまったく関係がない。ツルニチニチソウ（Periwinkle）とは遠い従兄弟関係にある。属名のネリウム（*Nerium*）は「湿気のある」という意味のネロス（neros）から来ている。この植物が湿気の多い場所に好んで生えるからである。プリニウスによればギリシア人は「ネリオン」（Nerion）とか「ロードデンドロス」（Rhododendros）とか「ロードダフネ」（Rhododaphne）と呼んでおり、「ラテン語で多くの名前を持っていたのはわかるけれども、それほどこの木は望ましいもの」ではないといっている。

ギョリュウ

Tamarix
タマリクス

ギョリュウ科

タマリクスをイギリスに紹介したのはエリザベス一世時代の優れた聖職者グリンダル司教とその同時代人である。「この大司教がドイツから戻って来る時にイギリスにタマリクスを持ち帰った。そしてこれを増殖したので、何千という数になり多くの人々がこの植物のおかげでとても健康になった」とハックリュートが書いている。彼は紹介された時期を一五五八年としているが、その根拠はメアリーが迫害を続けていた間グリンダルは国外に逃亡していて、この年イギリスに帰還したからである。その直後、彼はロンドンの司教になり、最後にはカンタベリー大司教になった。

タマリクスは脾臓に効くと考えられていたが、この時期には「タマリクス」と呼ばれる植物が二つあったことを忘れてはならない。一つはフレンチ・タマリクスまたはイタリアン・タマリクスと呼ばれるガリカ種（*Tamarix gallica*）で、もう一つはジャーマン・タマリクスである。後者は、今では、ミリカリア・ゲルマニカ（*Myricaria germanica*）という学名で違う属に入っている。グリンダルが紹介したのはジャーマン・タマリクスの方であり、およそ一〇年後にターナーが『植物の名前』の中で述べているのもこれである可能性が大きい。「ミリカまたの名をタマリクス。私はこれまでイギリスでこの木を見たことがないが、高地ドイツやイタリアではよく見かけた。コロン（ドイツの町ケルンのこと）の薬屋は私にこの木の枝を渡す前、使用に際しての注意を促した。」一五六二年にブレインは「ドイツのある地方、ドイツの司教の所有地では多く生えている」といっており、さらにイギリスで知られるようになったのは主として「有名で博学なウィリアム・ターナーという医者によってである。この医者はイギリスにとって大切な人である。とにかく彼には独自の学識と知識、理性があるから」ともいっている。

フレンチ・タマリクス、ガリカ種はターナーとジェラードの時代の間の時期に導入された。だから十七世紀のイギリスの薬屋はとにかく「脾臓の」病気の薬を処方するのに、危険なイチイに頼る必要がなくなった。この病気にタマリクスはたいそう

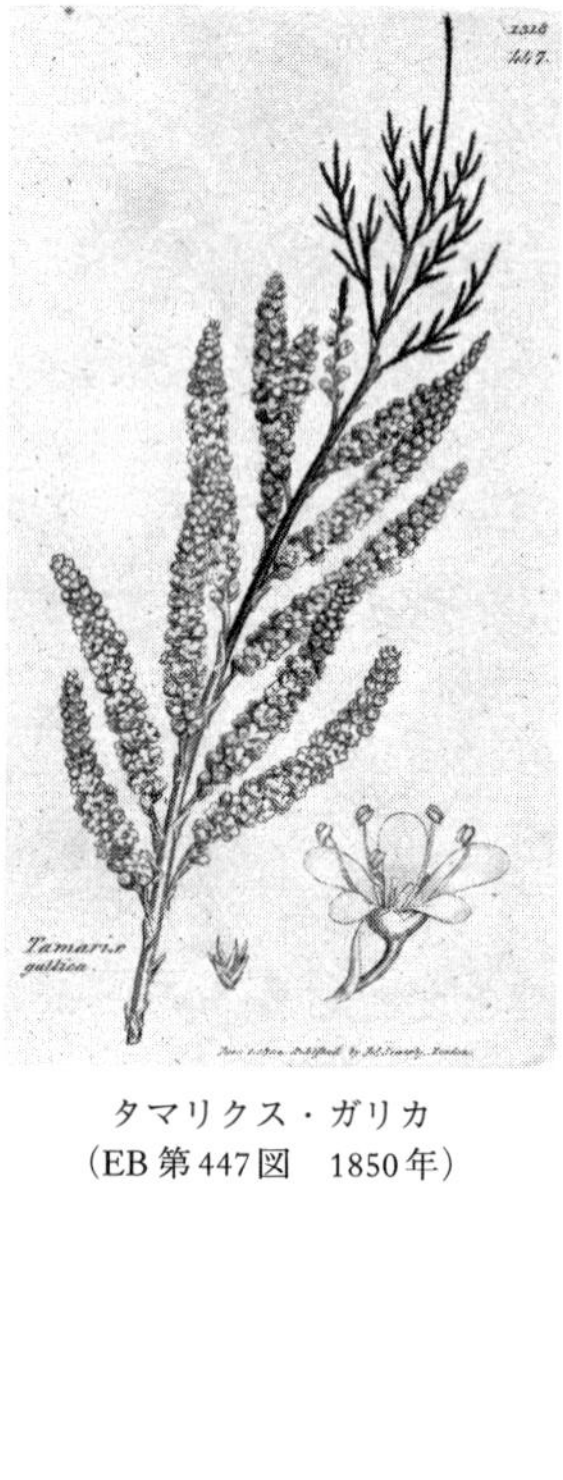

タマリクス・ガリカ
（EB第447図　1850年）

効果があると考えられていたので、たいていの病人はこの木から作った薬をコップ一杯飲むだけで十分であった。「コップに入ったこの飲み物は病人によく効いたのである。」（ディオスコリデス）プリニウスもタマリクスの葉から作った塗り薬は「不眠症」や「しもやけ」に効くと勧めている。ヘンリー・フィリップスはタマリクスの魔力について妙なことを述べている。彼によれば「人が一般常識や世間に通用する立ち居振舞いに著しく反するようになるのは、この植物の持っている力に動かされた時だ」。おそらく彼は占いのためにペルシアのマギ教の司祭が用いていた神秘的なバレスマ（baresma）やタマリクスの枝のことを指しているのであろう。プリニウスによれば、タマリクスは普通「ついていない木」と呼ばれるが、その理由は実がならず、装飾としてどこかに飾ったり植えられたりすることもないし、呪われている木とみなされ、犯罪者に被せる花輪をこれから作ったからである。花言葉は「罪」である。

　おそらく、タマリクスの最も興味深い産物はアラブ人がマンナと呼ぶものであろう。気象状態が適すればガリカ種の変種から得られるこの珍しい産物は、カイガラムシ（*coccus manniparus*）が樹皮に穴をあけるのが原因である。雨期が終わると、こうした穴から樹液が玉のような形でにじみ出て来る。その液は最初は澄んで透明であるが、そのうち精製していない大麦の砂糖に似たような結晶ができる。それは枝から落ちたり、または振るい落とされたりして採集されるが、太陽に当たると溶けてしまう。だから日の出前に収集しなくてはならない。甘くかすかな芳香があり、アラブ人は大変な御馳走だと考えている。これは、ユダヤ人のいうマナ〔ユダヤの民がアラビアの荒野で神から恵まれたという食物〕と似ている。ユダヤ人のマナは「コリアンダーの種子に似て、白く、その味は蜂蜜の入ったせんべいに似ていた。太陽の熱が強いと、それは溶けてしまった」（『出エジプト記』第一六章二一、三一節）というものである。

　タマリクスはパレスチナではあまり馴染みがない。ただシナイ山から遠くないワディ-エル-シェイクの塩分を含んだ土壌には多く生えている。マンナはそこではアラブ人が集めて、聖カタリナ修道院の僧にそれを売っていた。僧たちは巡礼者にそれを配った。巡礼者の中にはこのマンナをたいそうありがたがる者がいて、高い値段でも買う人がいたのだ。

　ミラーは普通のタマリクス（ガリカ種）は「一枚一枚が魚のうろこのようになっている」小さな葉を持ち、スパイク状の花は「一インチの大きさで、大きなミミズくらいに分厚い」といっている。彼の描写は生き生きしているがあまり人を引きつけるようなものではない。にもかかわらず、一六七五年の記述ではこの灌木は「庭に変化を与えたいと思っている人や庭いじりが好きな人が楽しみのために植え」るのが普通になっていた（ウォーリッジ『農業の体系』）。この属では様々な種の間の違いはごくわずかである。庭用として、最上のものは一八二一年にイギリスに導入された早咲きのテタンドラ種（*T. tetandra*）である。この花の雄しべは四本あって、前年に出た枝に花が咲く。遅咲きのペンタンドラ種（*T. pentandra*）の雄しべは五本で、その年に出た枝に花が咲く。両方とも自生地はヨーロッパ南西部である。

アングリカ種（*T. anglica*）とその他いくつかの種は、広く分布しているガリカ種が地方ごとに少しずつ変化したものに過ぎないと考えている植物学者もいる。

ガリカ種の分布は中国にまで広がっている。中国でタマリクスは「祈りに耳を傾ける柳」（Hear-Prayers Willow）という魅力的な名前である。ガリカ種とアングリカ種はイギリス南部の海岸地方で野生の状態で生えているが、どちらもイギリスの自生種ではない。それらは海岸地帯に適した灌木と考えられている。簡単に増殖できるから、小さなステッキほどの枝を挿し木するだけでタマリクスの生垣を作ることができる。

タマリクスは「沼地に生えて、水に強いことでよく知られた木である」とディオスコリデスはいっている。昔からのラテン語の名前は、スペインのタマリス川（今のタンブラ川）からとったものであると何人かの人が書いている。しかし逆にタマリクスがたくさん生えているからその川の名前がつけられた、というふうに考えることもできるのではないだろうか。

〔訳註〕見出項目名のギョリュウはタマリクス属の一種（*T. chinensis*）につけられた和名である。

キンギョソウ

Antirrhinum
アンティリヌム
ゴマノハグサ科

アンティリヌム・マユス（*Antirrhinum majus*　和名キンギョソウ）は「咬みつき竜」（Snapdragon）、「子羊の鼻」（Calves' Snout）、「ライオンの口」（Lion's Mouth）と呼ばれる。南ヨーロッパからもたらされたものでイギリスの自生種ではないが、庭でずいぶん長く栽培されてきたのでイギリス各地で帰化してしまった。だから実際いつ導入されたのかについてはまったくわからない。ターナーもライトもこの植物をよく知っていた。ライトは彼の書『新本草書』（一五七八）の中で、「上へ上へと次々に花をつけるトードフラックス（Todeflax）〔不明〕の花とは違う。それよりもかなり大きく、尾状のものがないし、淡い黄色である。花が咲いた後から長くて丸い殻が現われてその一番先の部分がなんとなく子羊の鼻やMoosell〔不明〕に似ており、その中に種子が入っている」と書いている。

ジェラードは白、紫、黄色の変種を育てていたが、「熱心な植物愛好家の庭以外では、黄色の種類はまず栽培されていない」と記した。パーキンソンは、当時たいへんよく知られていて、しかもチューリップやオーリキュラのような「外国産の」珍種とは異なり「イギリス産の」花と考えられている植物について述べた本の中の一章でこれを扱っている。しかし、昔の植物愛好家の中で最も研究熱心な人でさえ、この植物に薬効があると述べている人はいない。

ターナーはテオフラストスを引用して、「この植物を使って称賛の気持ちを起こさせたり、崇拝の念を得たりすることができると考えた人がいる。しかしこれらは妖術師のいだく悪夢にすぎない」と述べている。さらにジェラードは古典を引用して、「この植物を自分の周りにぶら下げておくと魔法にかかるのが免れられる」とつけ加えている。しかしこうした効能は、見た目にあまり美しくない植物が持っていると思われている「美点」の数々と比べても、さほどすばらしい授かりものではない。

「わがイギリス土着の植物ではないが、この国で自由な空気をいっぱい吸い込み、まるでわが国原産の植物のように自由に種を播く植物についてここでお話しよう」とジョン・ヒルは一七五七年に書いている。そして「庭師に向かって、古い城壁の上に育ち、なんの世話をしなくとも年々増えていく植物の栽培について教えようといえば、彼らは笑うであろう」としながらも、庭師に向け、その育て方について詳しく説いており、次のように結論づけている。「ここまで述べたような注意を払って育てれば、たいへん豪華な花を咲かせる植物は多いが、それにも優るであろう。」

アンティリヌム・マユス
（和名キンギョソウ）
（EB第874図　1852年）

一方、『庭師の辞典』（一八〇六）にはこう書かれている。「これらの植物は石垣や古い城壁の割れ目の間で大きくなる。庭の中でみじめな状態にある所を、たいそう快適なものにするために植えられるのであろう。」オックスフォードの城壁の上でそんなふうに花を咲かせているキンギョソウは、ニューマン枢機卿の道徳的な反省材料となった。

十九世紀の中頃、キンギョソウは園芸商の商品になり、栽培技術はほとんど完成の域にまで達していた。高さ七フィートにまで達し、五フィートの幅にまで広がったとの報告がある。「この巨大な花の群れは満開の時、目を見張るほどの効果を持った花のオブジェになる」とトンプソンは表現しているが「華やかな」という形容詞がぴったりだと思われたに違いない。特に丈が高く縞模様の変種は当時たいへん人気があった。しかし、キンギョソウの専門家ジョージ・グレニーは、「筋模様入りの、斑点入りの、まだら模様のまたは濃淡のある」花を、まともなキンギョソウとは認めておらず、白い筒があり真紅の唇弁がある古いタイプのピクツム種（*A. pictum*）や、はっきりと変わった性質を示している変種を好んでいて、「これがなければキンギョソウの花はつまらないものになってしまう」としている。矮性の種類は最近現われたもので、悪質なさび病に強い改良種はさらにもっと新しく、一九三三年に最初に現われた。ロシアでは、キンギョソウは種子を採るために栽培されている（ないしは、いた）。この種子から「オリーヴ油とほとんど同じくらい良質の油が採れる」とフィリップスは書いている。

「咬みつき竜」（Snapdragon）という、英語名の由来はこの花の開口部を摘まんでみたり、マルハナバチ（ミツバチでは重さが十分ではない）が大きな口を開けたアゴのような花に飲み込まれる様子を見れば、誰にでも容易に理解できる。「子羊の鼻」（Calves' Snout）という名も古くからあり、それはサヤの形からきている。この名についてジュラードは「長い間水の中に入れておいてその肉が完全にとれてしまった羊の頭蓋骨」になぞらえている。アン・プラットは「ブルドッグ」（Bulldogs）という変わった名前を用いている。

キンセンカ

Calendula
カレンドゥラ

キク科

カレンドゥラ・オッフィキナリス（*Calendula officinalis* 和名キンセンカ）はイギリスで「マリーゴールド」、または「ゴールド」という。マリーゴールドがヨーロッパからイギリスに導入されたのは一五七三年だとする専門家がいる。しかし十三、四世紀にもこの植物について言及しているものが数多くある。だから十六世紀の後半頃広まり始め、親しまれるようになったのであろう。イギリス自生のコーン・マリーゴールド（*Chrysanthemum segetum*）も「ゴールド」、「バイゴールド」と呼ばれていたが、食用や薬草としてマリーゴールドやゴールドと呼ばれる場合は、カレンドゥラのことを常に指しているらしい。ストックホルムの王立図書館に保存されている十四世紀の薬草についての写本には「ゴールド」についての長い記述がある。

ゴールドの味は苦い
だが、花は美しい黄色である。
その金色の花は見て美しく
じっとよく見ていると
ずる賢いやつもうっとりして注意を怠る。

カレンドゥラ・オッフィキナリス
（和名キンセンカ）
（CBM 第3204図　1832年）

さらに次のように書いてある。「もし朝早くマリーゴールドを〃よく〃見ておくと、その日一日中〃熱病〃から守ってくれる。それにゴールドの香りはとても馨しい」と。つまるところ美的観点よりは薬効の点から書かれている。次の処方箋は一三七三年のものである。「ルリハコベ、セージ、アヴァンス、マリーゴールド、ヨモギギク、スイバ、オダマキと、七種の草を採ってきて混ぜあわせ、細かく刻んでエールか清水に浸してそのジュースを飲みなさい、そうすれば悪疫がどんなにひどくても治るであろう。」

『大本草書』（古くからフランスに存在した本草書で一五二六年にイギリスで翻訳が出たものだといわれる）には、庭に咲く「マリーゴールドまたはルーデス」を「祭や結婚式」の時、花輪にして使うという記述がある。別の使用法についてはターナーが「この花で髪の毛を黄色に染める人がいる。神様が与えてくれた自然の色ほど満足のいく色ではないが」と書いている。カルペッパーは、「マリーゴールドはサフランと同じく水痘や麻疹に効き目がある」と述べ、ジェラードは、オランダの薬屋には、「スープや水薬用に、また異なったいろいろな用途のために……スープは乾燥したマリーゴールドがないとおいしくできないので」、樽一杯の大量の乾燥したマリーゴールドの花びらが置いてあると書いている。この花びらはサフランの安価な代用品として人気があった。チャールズ・ラムは「ポットの中に浮かんでいるいやな感じのマリーゴールド」について述べた。ペンブロークシャーでは、かつてスープに用いられていたことをまだありありと記憶している人もいる。

ここでウィリアム・コベットが書いていることを記しておく必要があるだろう。「食用に栽培するのは一重のマリーゴールドである。八重のものは装飾用で、実際はとても安いのである。」シェイクスピアは、数多い昔の著述家の中でマリーゴールドに言及している唯一の人である。「太陽と共に眠りにつくマリーゴールドは太陽と共に起き出す……」、こういう性質を持っているために、とくにエリザベス朝時代の人々の空想をかきたてたのだろう。そこでこの点については多くの記述が見られる。「マリーゴールドは亭主の時計と名づけられている。人々に朝と夕方の潮時を示す。また夏の花嫁と名づけている人もいる。マリーゴールドの恋は高貴な星の恋である。夜は、花びらを硬く閉じて、星に対して物思いに沈み、悲しい気持ちでいるが、昼間は花びらを広げている。花婿を待ち望み、彼を抱きしめようとしてものぐるおしく腕を広げているかのように」とトーマス・ヒルが一五七七年に書いている。しかし、マリーゴールドについての最も感動的な記述はチャールズ一世がカリスブルック城に幽閉されていた時に書いた二行連句であると思う。

マリーゴールドは太陽を見ている、
わが臣民が朕を見るより熱心に。

スウェーデンの植物学者M・ハッガルンは（コルリッジが記録している講演で）、エリザベス・リンネが見たキンレンカの発光現象と同じように、マリーゴールドが光を発するのを見たと主張した。その光は夏のよく晴れた日没の頃に起こったもので、断続的であった。こういう発光現象の存在は、ハッガルン以外の人物によっても確認された。それほど強くはないが、オレンジの花の場合もその光が見られたというものであった。しかし、これらはみな今では幻覚だったとされている。

今日マリーゴールドは、何種類あるかわからないほど無数に改良種がある。熱で処理された種子のうちから、たいへんよい香りのする花が咲き、それはつる状であったといわれる。

属名カレンドゥラは「カレンドの」という意味で、それは月初めのことである。なぜなら、マリーゴールドはほとんど毎月開花しているのが見られるからである。スズメバチやミツバチに刺された時、この花でこすると痛みは軽くなるといわれている。

グラジオラス

Gladiolus
グラディオルス
アヤメ科

イギリスでのグラジオラスの改良の進み具合は、会社の事務所の壁に掛けられた見事な業績上昇線のグラフと見ても満足がゆくものである。新種は次々とつけ加えられ、十九世紀初め頃にその頂点に達し、そしてすばらしい交配種をロケットのように発射した。イギリスの自生種としてまず取り上げるべきものに、イリリクス種（*Gladiolus illyricus*）があるが、これはニュー・フォレストとワイト島にしか生えていない珍しいものである。他のヨーロッパ原産の球茎が、フランスやイタリアから導入されて庭で栽培されるようになった後、しばらくしてようやく見つけられたものであろう。グラジオラスについての最も早い記録は、一五七八年、ライトの『新本草書』の中のウィリアム・マウントの庭の植物リストで、「コーン・フラッグ（Coarne flagge）とかコーン・グラディン（coarne-gladdyn）と呼ばれる花を私は育てている。一五七八年にモーガン氏がロンドンでくれたものだ」と記されている。

一五九七年ジェラードは二つのヨーロッパ産のグラジオラス、コムニス種（*G. communis*）とセゲツム種（*G. segetum*）を育てていた。その根から作った湿布薬は十分な効果があり、また「この種子とタラを乾燥させ、粉にしたものをヤギかロバのミルクに混ぜて飲むと胃痛が直ちに治る」と彼は報告している。

一六〇四年にウィリアム・コイズという人物がノースオッケンデンの自分の庭でインブリカツム種（*G. imbricatum*）を栽培していた記録がある。一六二九年にはパーキンソンは、そのリストにもビサンティヌス種（*G. byzantinus*）をつけ加えていた。この頃には、コムニス種はかなり人気がなくなってきていた。パーキンソンは、増え過ぎてこまると文句をいっているくらいで「もしこれを長い間庭に放っておくと、装飾になるというより、庭を狭め邪魔になる」といっている。三〇年後、トーマス・ハンマー卿は「ごくありふれた」三種のグラジオラスと珍しい二種について語っている。珍しい種類の一方は「エチオピアン *Aethiopian* で、これについてはコルヌツスが最初に書いており、アフリカの喜望峰から持ってこられたものである。明るい赤から紅色に色調が変わる花をつける」。これはイギリスに届いた喜望峰の地域の多数の植物の第一号であったにちがいない。

それからしばらく中断の期間があって、十八世紀の中頃に甘い匂いのするトリスティス種（*G. tristis*）が紹介された。これ

グラディオルス・コムニス
（CBM 第86図　1789年）

グラディオルス・セゲツム
（CBM 第719図　1804年）

グラディオルス・ビサンティヌス
（CBM 第874図　1805年）

グラディオルス・トリスティス
（CBM 第272図　1794年）

は一七四五年にチェルシーの薬草園で育てられていた記録がある。喜望峰からもたらされた新しいグラジオラスは数え切れないほどたくさんあるが、とくに一七五八年から一八七二年にかけて矢継ぎ早に入ってきた。そのいくつかは、一八一六年にキュー植物園が派遣した採集家のジェイムズ・ボウイが紹介したものである。この頃、フランス、オランダ、ベルギーの栽培家はもう交配種を作り始めていた。最初の重要なものは「ヘントのグラジオラス」といわれたガンダヴェンシス種（G.×*gandavensis*＝G. *psittanicus*×G. *cardinalis*）である。これはアーレンベルグ公爵のお抱え庭師で、ファン・フーテ種苗商で仕事をしていたベッダンゴーが一八三七年頃に作り出したものである。ついでイギリスでは、一八四八年に同じ親から別の交配種ブレンチレイェンシス種（G.×*brenchleyensis*）が作られた。フランスでは一八八五年にヴィクトール・ルモワーヌという人物がルモワニー種（G.×*lemoinii*＝G. *brenchleyensis*×G. *purpureo-auratus*）を生み出した。この花はチョウのような形をしており、その花びらの左右対称の位置に斑点がある。チャイルジー種（G.×*childsii*＝G. *grandavensis*×G. *saundersii*）はドイツ人のマックス・ライヒトリンが作り出したものである。これがアメリカに入り、ジョン・ルイス・チャイルズが全部買い取った。こうして球はアメリカにパスされたのである。アメリカ人のA・E・クンダーは一九〇七年に花弁にひだが入っているグラジオラスを最初に育てた。

　一方、プリムリヌス種（G. *primulinus*）の導入によって、重要な改良が始まっていた。プリムリヌス種は一八八七年にJ・T・ラスト氏が雨の多いモザンビークからキュー植物園に送ってきたものである。また一九〇四年には、F・フォックス卿が再びこの植物を紹介した。彼はヴィクトリア滝の付近でザンベジ川に橋を架けていた技師で、滝の飛沫が当たり、雷のような滝の大音響が轟いている所で咲いているのを見つけた。これは「霞の乙女」（Maid of the Mist）と名づけられたが、フードを被ったような形の花びらは、絶えずふりかかるしぶきから雄しべと雌しべを守るために進化してそうなったらしい。この植物には、グラジオラスの花色リストになかった黄色とオレンジ色を作り出そうとしていた交配専門家がすぐに飛びついた。それ以来、いくつもの園芸種が生みだされたが、その花の重量が減少することはなく、花が小さくなることもない。もうすぐ、グラジオラスは重さで評価されるようになるだろう。この植物を両腕に抱えて坂道を一マイル登ることができるようでは、その栽培家の技術はまったく向上していないということである。

　グラディオルスという属名は、硬い葉とその形のせいでラテン語の刀を表わす単語からつけられた。ヨーロッパの変種は畑の厄介な雑草でもある。「英語名は穀物の旗（Corn-flag）であるが、使われることはほとんどない。わがイギリスの庭師が教わったラテン語を覚えておこうと努力するのは、この花の名前のお蔭である。」（ヒル『エデン』）

クリスマスローズ

Helleborus
ヘレボルス

キンポウゲ科

ヘレボルス・ニジェール（*Helleborus niger*）、英語名クリスマスローズ（Christmas Rose）ほど、伝説や迷信に取り囲まれながら、昔から栽培され続けているものは少ない。ギリシアの伝説によれば、羊飼いのメランプスという男が、これを食べた自分のヤギの反応を観察していて最初にこの植物の性質を知ったという。彼はアルゴスの王プロエッスの娘が精神錯乱を起こした時、これを用いてその治療に成功した。この話にはいくつかのバラエティーがあって、この植物と、この植物を食べたヤギのミルクとを一緒に飲ませて病を治した、というものや、冷たい泉で水浴させた後に、この植物自体を飲ませることによって治療に成功した、という話もある。その後何世紀も経って、ヘレボルスは狂気を治す薬として有名になった。ある種類はコリント湾にあるアンティシラのあたりでたくさん生えていた。だから奇人に向かって、冗談に、「アンティシラに旅行したら」と忠告することもある。もちろん、おそれ敬う気持ちが生まれるほど、この植物の効果は強かった。そして、この根を探し出すリゾトモイと呼ばれるギリシアの採集人たちは引き抜く前には、剣で根のまわりに円を描き、アポロとエスキュラピウスに祈りを捧げなければならないと考えていた。同時に、ワシがその時飛んでいないかどうか用心しておかなければならなかった。というのは、ワシが偶然に上空を飛んでいたとすると、その人は一年以内に死ぬと考えられていたからである。ヘレボルスの毒性から身を守るためには、前もってニンニクを食べておくと効果があると考えられていた。ゴール人は、狩りの前に矢の先をヘレボルスでこすった。そうすればうまく獲物を仕止めることができるうえ、その肉を柔らかくする効果もあると考えられていたからである。

　ヘレボルスはおそらくローマ人によってイギリスに導入された。ローマ人は、これほど有用な植物を手離すことはほとんど許しがたいと思っていたふしがある。中世には魔女や悪霊を遠ざけておくためにも、また呪文や魔法を破るためにも非常に価

ヘレボルス・ニジェール
（クリスマスローズ）
（CBM 第8図　1787年）

値があった。もし家畜が何かの毒や呪文のせいで病気になった時には、耳に穴を開けて、そこにこの植物の根を通した。これをまる一日経った後に外すと、その間に厄介な病いは打ち負かされて、病気は治るのである。狂気に対するこの植物の効き目は十六～七世紀の間信じられていた。ジェラードは「ヘレボルスが示す浄化作用は……気が狂った人や怒り狂った人、憂鬱症、愚鈍な人、暗い陰気な人に有効である。要するに、黒い胆汁で困っている人や憂鬱症で悩んでいる人に効くのである」と記している。

　こうしたすばらしい性質が備わっていると思われていたのは、必ずしもニジェール種だけではない。もっともパーキンソンは、ニジェール種が唯一の「正真正銘のヘルボルスであり、花は一番美しいが、その開花時期は非常に短くて、真冬のクリスマス頃であり、その時期には他の植物が地面に生えていることはない……」といっている。家畜を治すために用いられる根は多くの場合、「クマの足」（Bear foot）と呼ばれるヴィリディス種（*H. viridis*）、もしくは英語名を「シッターワート」（Citterwort）というフォエティドゥス種（*H. foetidus*）のものであって、両方ともイギリスの一部で帰化しているが、本当に自生種であるとは考えられていない。一方、古代ギリシア人が薬用に用いていたヘレボルスは真紅のオリエンタリス種（*H. orientalis*　英名レンテンローズ Lenten rose）、またはシクロフィルス種（*H. cyclophyllus*）であろう。ターナーは「クマの足」や「シッターワート」についてはよく知っているがクリスマスローズは知らなかったようである。しかし、中世のキリスト降誕劇に現われるのは、間違いなくニジェール種である。この劇では、まず羊飼いと一緒に現われる田舎の娘マデロンが、神聖な乳飲み児に捧げるものを何一つ、とくに冬なので花さえも持っていないことを悲しんでいると、天使が彼女を外に連れ出す。そしてその天使が暗いクリスマスの夜の外の冷たい土に触れると、クリスマスローズが突然現われて花を咲かせる。最近に至るまで、悪

ヘレボルス・ヴィリディス
（EB 第800図　1852年）

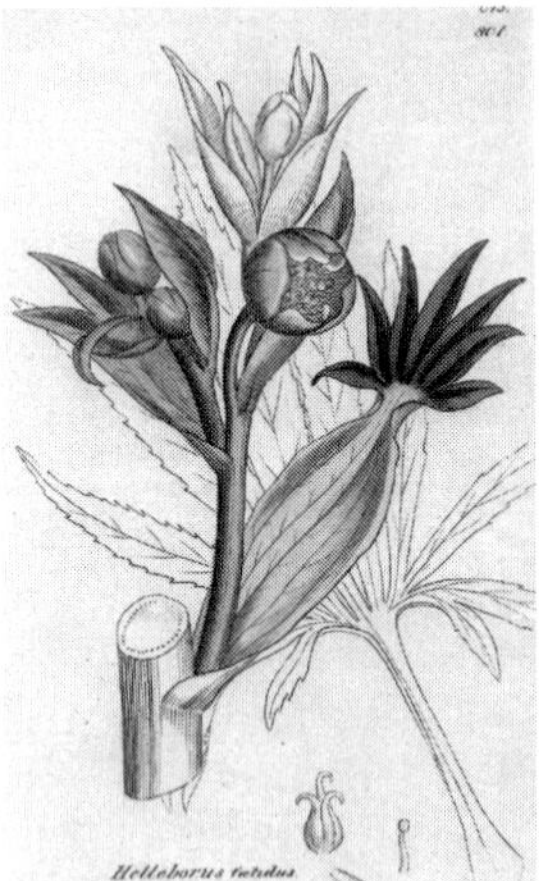

ヘレボルス・フォエティドゥス
（EB 第801図　1852年）

霊が軒下を通らないようにする力があると信じられて、家の近くに植えられた。この植物は驚くほど生命力があり、その一塊が五〇年以上もの間変わることなく開花し続けたことが知られている。これはカルパティア山脈の周辺に自生している種である。

その他のヘレボルスの種には、斑点のあるグッタツス種（*H. guttatus*）、芳香のあるオドルス種（*H. odorus*）、ピスタチオの緑色をしたコルシクス種（*H. corsicus*）などがある。これらはかなりおそく十九世紀になってイギリスへ導入された。もっともそれ以前の一時期、パーキンソンは、「海外から送られてきたが、その後すぐに枯れてしまった」赤いヘレボルスを持っていたけれども。一八八〇年代には、数多くの種が育てられており、ニュートン・アボットのT・H・アーチャー・ハインドが変種や交配種を育てていた。

ヘレボルスという属名は、「殺す」を意味するギリシア語のヘレインと「食べ物」の意味のボラからきている。つまりこの植物が持っている毒性から名前が出ており、最近まで、庭の害虫駆除のために用いられていた。クリスマスローズは、また「黒いヘレボルス」とも呼ばれるが、ファーラーは「花びらは輝くばかりの純白であるが、本当に純真な心《ハート》を持っているかどうかは不明で、中心部《ハート》や根が黒いからそう呼ばれる」といっている。

クレマチス

Clematis
クレマティス

キンポウゲ科

とても多くの仲間を持つこの属は温帯地域のいたるところで、その巻きつく手を広げている。クレマチスの野生種はバラよりも種類が多い。草本もあるが、ほとんどが木本のつる性植物である。大部分は耐寒性があって、多くは観賞に向いている。クレマチスのいくつかは植物界でもっとも生長が早く、葉柄を止め金のように用いて伸びていく。イギリス自生の「旅人の喜び」（Traveller's Joy）は温帯にあるつる植物のうちで熱帯のつる植物に一番近い強壮な繁殖力を持っている。芳香のある種もあり、多くのものは美しい種子頭を持っている（ファーラーは、これをストルウェルペーター Struwwelpeter 属といっている）。花はいわば従兄弟関係にあるアネモネにたとえられてきた。

ヴィタルバ種（*Clematis vitalba*）はイギリスの自生種であるが、だからといって、けっして軽んじることはできない。ジェラードは「花の美しさ、心地好い香り」を誉め称え、さらにこの植物が冬のあいだに見せる「美しい姿」も誉めている。つまり「生垣を羽毛のような若芽が真白に覆う」姿を誉めているのである。これに「旅人の喜び」という名前をつけたのは十六世紀の植物学者ジェラードである。庭に植えるには繁茂しすぎるが、「灌木の植え込みや木工芸用として［つるが使えるから］紹介されたのかもしれない。あちこちで藪からはみ出るほど茂っている」とアーバークロンビーは述べている。ラウドン夫人は墓地に多く植えられていると一八四六年に述べている。クレマチスの幹は、強くてしなやかなので薪を束ねるのに用いられることが多い。「クレマチスが手に入る森ではいつでも用いられる。」（マーシャル）短い幹は老人が切り取って、その一方の端を燃していぶすので「いぶした杖」（Smoking Cane）、「ジプシーのタバコ」（Gypsies' Bacca）、「羊飼いの喜び」（Shepherd's Delight）と呼ぶ地方がある。ヴィタルバ種の葉は苦くて毒がある。昔はこの植物を内臓病の薬としては用いなかった。

　イギリスにまず紹介された外国産の最初のクレマチスは、当然ヨーロッパ産のものであった。そのうち最も重要なものは一番最初に紹介されたヴィティケラ種（*C. viticella*）で、一五六九年以前にエリザベス一世のおかかえ薬剤師ヒュー・モーガンが育てていたとの記録がある。一五九七年までには、青と赤色の二つの園芸種が栽培されていたし、「御婦人の木蔭」（Ladies' Bower）とか「乙女の木蔭」（Virgin's Bower）という名前のものも現れた。パーキンソンは一六二九年に「くすんだ地味な色合いで青色がかった紫色の」八重のクレマチスを持っていた。またこのクレマチスは種子ができない。だから、種子を分け与えてくれる「庭師の連中は、嘘つきか詐欺師である。そうした人々の話を信用してはならない」。一七八五年にはマーシャルが青、赤、紫そして八重の紫の四種について記述しているが、それによると八重の紫のクレマチスは特に生長が早く、庭園の中のあずまやに植えるには最上である。今日、六ないし八種類の名前を持った園芸種があるが、これらが主として大きな花の咲く庭向きの交配種の親となった点で重要である。一時、それに選りすぐったクレマチスを接ぎ木するための株としてよく用いられた。

　知られている限りでは、ヴィティケラ種の次に紹介されたのはフランムラ種（*C. flammula*）で、一五九七年にはジェラードが育てていた記録がある。彼は「噛み付きクレマチス」（Biting Clematis）とか「清めのペリウィンクル」（Purging Periwinkle、ペリウィンクルは当時クレマチスの属の中に入れられていた）と呼んでいた。この葉は細かく刻んだ時や、暑い夏の日には匂いがするが、「やけどをした時の匂いと痛みと同じである」とミラーはいっている。ジェラードによれば、ヨーロッパ産の種類

クレマティス・ヴィティケラ
（CBM 第565図　1802年）

の中では一番匂いがよく、その花は「とても甘くて、サンザシの花に似た匂いがするが、それよりもっとよい匂いで、頭が痛くなるようなことはない」。ビーンはその匂いを分析して、ヴァニラとアーモンドに似ており、この匂いは秋の庭で咲く花の中で一番楽しみを与えてくれるといっている。あまり身近にあるとその匂いに圧倒されてしまう人もいるが、無理もない。というのも、この植物はその白い星形の花弁が花全体をしっかりと覆っているから、我々はまるで銀河全体から出る匂いを吸いこむようだと思うことになる。フィリップスは一八二三年に、パリの王立植物園では、クレマチスは刺繍花壇に植えられ、杭に結びつけられて花壇の周りを縁どっていると記している。「そうすると、装飾としてとても見事なものになる。白い花が刺繍花壇の植物全体を覆っていると同時に、クレマチスが植わっている庭全体に五月の匂いをふりまいている。」パリの市場では、植木鉢に植えて売られているがとても人気がある。この種から二種の交配種が作られた。一つがルブロマリギナータ種（*C.*×*rubromariginata*＝*C. flammula*×*C. viticella*）で、もう一つがアロマティカ種（*C.*×*aromatica*＝*C. flammula*×*C. integrifolia*）であり、青色の花をつける草本の種類である。

　ジェラードは少々寒さに弱いが、冬に花が咲くキルローサ種（*C. cirrhosa*）と草本のインテグリフォリア種（*C. integrifolia*）を育てていた。しかし十八世紀になってやっとヨーロッパ産の種のうちで最上のものの一つがイギリスに紹介された。これはアルピーナ種（*C. alpina*）で、外見ははかない風情と繊細な美しさを持っているが、実際はたくましい。ロビンソンは「オークと同じくらいに寒さに強いが、外見はハトのように弱そうに見える」といっている。まったく目立たない種であるから、ツツジ類や派手な灌木の中にいっしょに植えることはできない。だが逆にいえば、そうした目立つ植物の上を自由に伸びていっても許されるのだとも述べている。これはのちにミラーが一七五九年に「ツルの口ばしのような葉を持ったアルプスのツルクサ」と書いているものであろう。ただ彼がその花は普通は青色ではなく白であるといっている点は異なっている。ミラーは「これが豊富にあるバルド山から」手に入れた。『ボタニカル・マガジン』の中には、イギリスに導入された期日がはっきりと一七八四～五年と書かれているが、その年にロッディジーズ商会がその種子を手に入れて育て始めた。

　十八世紀初め頃に、

クレマティス・
インテグリフォリア
（CBM 第65図　1788年）

クレマティス・アルピーナ
（CBM 第530図　1801年）

アメリカから何種類かのクレマチスがイギリスに紹介されたが、それらは園芸上ほとんど価値はなく、本当に重要であったのはアジア産のものであった。一七七六年にフロリダ種（*C. florida* 和名テッセン）がまず到着して先頭を切った。この中国原産のクレマチスは日本で十七世紀から栽培されており、クエーカー教徒で、熱心な植物愛好家であったジョン・フォザギル博士（一七一二〜八〇）の代理人の手で、その一種類がイギリスに到着する頃までには、いくつかの庭向きの園芸種が手に入れられるようになっていた。フォザギル博士が持っていたエセックス州アプトンの庭では、当時の人の言葉によれば、「まるで地球がひっくりかえったかのように北極圏の植物と赤道の植物とがいっしょになっていた」（レットソム『ジョン・フォザギル博士の思い出』一七八六）とのことである。

フォザギルが持っていた園芸種はおそらく八重のものであったろう。白の一重はようやく十九世紀初め頃イギリスに来たし、変種シーボルディー（*C. florida* var. *sieboldii*）として知られている美しい二色のクレマチスは一八三七年に日本からシーボルトがもたらしたものだったから。これらはすべて日本で見つかった園芸種であった。一八八〇年代になってやっと、中国西部の宜昌《イーチャン》で原種のテッセンが野生の状態で生えているのをオーガスティン・ヘンリーが発見した。かなり寒さに弱いクレマチスで、後に交配用の親として重要になった。

生長の早いモンタナ種（*C. montana* = *C. odorata*）、英語名が

クレマティス・フロリダ（和名テッセン）
（『ボタニスト・レポジトリー』第402図　1797-1815年）

クレマティス・フロリダ・シーボルディー
（二色咲き品種）
（BR 第24巻25図　1838年）

クレマティス・モンタナ
（ムーア、ジャックマン
『庭向きの花としてのクレマチス』1872年）

「グレート・インディアン・ヴァージンズ・バウワー」（Great Indian Virgin's Bower）は、高さ四〇フィートもある壁を覆ってしまうほどである。イギリスに紹介されたのは、順番でいくとテッセンの次になるが、クレマチス発展史の中では常に本流の中にいたわけではなかった。一八三一年インド総督アマースト夫人がイギリスに持ち帰ったのが最初である。バラのような形の花を持ったモンタナ種の変種（*C. montana* var. *rubens*）は、中国西部で発見され、主要なクレマチスとなった白花のヒマラヤタイプに取って代わることになる。一九〇三年にヴィーチ商会あてにウィルソンが送って来たこのクレマチスから、多くの優れた園芸種が育てられた。その後すぐに重要なアジア産のクレマチスが二種類やって来た。一つはパテンス種（*C. patens*）で、原産は中国であるが、それから作った別の園芸種といっしょに一八三六年にシーボルトによって日本からヨーロッパに紹介された（パテンス種は和名カザグルマで、今は日本原産とされている）。もう一つがラヌギノーサ種（*C. lanuginosa*）で、ロバート・フォーチュンが一八五〇年に中国から紹介したものである。クレマチスの野生種の中では一番大きな、直径六インチもある花が咲く。

次いで大形の花をつける交配種の生産の段階に入る。その先駆者はロンドンのセント・ジョン・ウッドにあったパイナップル種苗園のヘンダーソンで、ラヌギノーサ種が導入される以前すでに仕事を開始していた。彼は一八三五年頃にインテグリフォリア種とヴィティケラ種とを交配して、彼の名にちなんだヘンデルソニー種（*C. hendersonii* = *C.*× *eriostemon*）を作り出した。これはつる性であったが、親のインテグリフォリア種の草本としての性質を受け継いで、冬になると枯れてしまった。一八五五年にはエディンバラのアイザック・アンダーソン＝ヘンリーがラヌギノーサ種とパテンス種との交配種を作り出し、ヴィクトリア女王に敬意を表して愛国心あふれたレギナエ種（*C. reginae*）という名前をつけた。ヨーロッパ大陸にあったいくつかの種苗園も意欲的に交配種を作り出していた。ジョージ・ジャックマン&サン種苗園が一八六二年に有名な園芸種の第一号を作り出した時に、それまでに作られたすべての交配種は、まったく価値がなくなってしまった。それは一八五八年にラヌギノーサ種とヘンデルソニー種、またラヌギノーサ種と赤色のヴィティケラ種とを交配した結果生まれたものであった。その後も多くの種苗園や商会が多数の交配種を作り出したが、ジャックマニー種（*C.×jackmanii*）を追い越すものはついに現れなかった。今でもつる性のクレマチスの中でたいそう人気のあるものの一つである。

　クレマチスの黄金時代が始まった。ムーアとジャックマンの研究書『庭向きの花としてのクレマチス』の中には二〇〇以上の種や園芸種についての記録がある。この書物は一八七二年に出版され、テック公爵夫人のメアリー女王が「この花を好んでいたから」というので彼女への献辞がある。この植物が亭や木造の小さな構造物に付属するものとして扱われるか、放置されたままであった冷遇の時代は終わった。ジャックマンはクレマチス専用の庭を作ることを提案している。この庭を彼は「つる植物園」（Climbery）と名づけ、「遊園や花卉園の中でも、特に人に感動を与えるような庭になるであろう」と考えた。彼は石組の上にもクレマチスはよく似合うと考えていた。また「一般にルータリー（Rootery）と呼ばれている古い木の切り株をグロテスクな形に組み合わせた築山に」クレマチスを植え込んでもマッチするといっている。さらにジャックマンは、自分の持っているクレマチスの花と同じ華麗な表現で「このような絵画的な不整形が背景にあると、女王クレマチスの豪華な紫色の衣装が引き立つし、女王を敬い感嘆の目で見ている崇拝者たちに向かって、豪華であでやかな裳裾を広げ持って、さらに引き立てるように脇侍の役割を果たす」と書いている。クレマチスは展示用や温室向けの植物として植木鉢に入れて育てられることもあった。戸外では、特別に組み立てられた柱、いろいろな材料を使ってピラミッド形やパラソル形などの構造物の上に広がるように仕立てられた。クレマチスは花壇にも用いられたが、その場合、地面全体をカバーするようにていねいに地表にしばりつけられ、一つの株の枝葉がその隣にある株の根元を隠すようにした。育てるのに労力がかかりすぎるためであろうか、十九世紀終わり頃にはクレマチスの人気が落ちてきた。その頃、種苗商が育てていた園芸種の多くは、ヴィティケラ種の株に接ぎ木された。そのために、ロビンソンの言葉によれば、そういう園芸種は「ハエのように枯死してしまった」ので、クレマチスは弱いという評判が立つようになった。ジャックマン商会はまだ繁盛しており、この花を専門に扱っているけれど、今日では初期の交配種はごくわずかしか生き残っていない。

　しかしながら、ジャックマンとクレマチスは同意語ではないし、ヴィティケラ種の花の色が必ず青、紫、白であるとは限らない。この属には多くの違った形や色のものがある。庭向きの交配種しか見慣れていない人々にはほとんどクレマチスであるとは思えないような姿のものもある。例えば、「オレンジの皮」（orange-peel）といわれる黄色い筋の入った花をつけるオリエンタリス種（*C. orientalis*）はトゥルヌフォールが東部地中海沿岸諸国で見つけたもので、一七三一年にジェイムズ・シェラード

（一六六六～一七三八）がエルサムにある庭で育てていた。英語名が「カウスリップ・ベル」（Cowslip-bell）というレーデリアナ種（*C. rehderiana*）には芳香がある。これは一八九八年にジエスイット派の伝道師、オーベール神父が中国からフランスに送り、さらに一九〇四年キュー植物園に送られたものである。濃い金色の中国のちょうちんの形をしたタングティカ種（*C. tangutica*）は一八九八年にサンクト・ペテルブルクを経由してキュー植物園に送られた。その変種でウィルソンが見つけたオブツシウスクラ種（*C. obtusiuscula*）は四川でファーラーが見て誉め称えている。アメリカ産で花が水差しの形をした緋色のテクセンシス種（*C. texensis*）は一八八〇年に、バーデン植物園のマックス・ライヒトリンの手でキュー植物園に届けられた。これらは今ではほとんど栽培されていないが、いくつかのすばらしい交配種の親になった。ニュージーランドから来たもっと変わった種類はほとんど葉がなく、イグサのような茎をしたクレマチスで、アフォリアータ種（*C. afoliata*）という名前である。この花はよい匂いがするし、色は緑がかっている。二つの重要な品種が中国から来たのは比較的最近のことである。一九〇〇年に、ヴィーチ商会あてにウィルソンが送ったアルマンディー種（*C. armandii*）は、寒さよけの壁を建ててやると、白またはピンク色の花が束のように四月かそれより早い時期に咲く。さらに一九一〇年、マクロペターラ種（*C. macropetala*）の種子がやはりヴィーチ商会あてにウィリアム・パードムが甘粛《カンスー》から送られて来た。この種は一七四二年にはもうすでに存在していることはわかっていたが、野生の状態で見つかることも珍しく、一九一四年に大通《タートン》山脈から二度目の種子の荷物を送ったファーラーでさえ、一度しか見ていない。このクレマチスは「それほど密生していない藪の中で上に向かって茎がそろそろと這うように二ないし三フィート伸びていって、その先のところから淡い青色の美しい大きな花が咲いて滝のように垂れ下がっている。このクレマチスには花弁のように見える突起がいっぱいついていて、実際の花の二倍もあるように見える」とファーラーはいっている。

クレマチスの「花」と呼ばれている部分は植物学的には花ではない。花のように見えているのは色のついたがくである。しかしアルピーナ種やマクロペターラ種、またフロリダ種等には、がくと本当の雄しべとの間に「花弁状の仮雄ずい」の輪があるので、まるで八重の花のように見える。これらはアトラゲネ（*Atragene*）と呼ばれる属の亜属に分類されており、水差しのような形をした花や花びらが閉じた種類はヴィオルナ（*Viorna*）に入れられている。

クレマティスという属名は「小枝」とか「つる植物の若枝」を意味するギリシア語のクレマ（klema）からきた。クレマチスとツタがどちらもつる性であることから、昔の植物学者は両者に関係があると考えた。ターナーはイギリス自生のクレマチス「トラベラーズ・ジョイ」にヴィティス・シルヴェストリス

（*Vitis sylvestris*）という学名をつけたが、これは「森の、あるいは野生のツタ」という意味である。それ以来、ヴィタルバ（vitalba、白いツタ）とヴィティケラ（viticella、ツタのあずまや）という特別な名詞が生まれたが、ヴィオルナ（viorna）という言葉はない。ロベールがクレマチスのことを「道や生垣を飾る」ものの意味である「ヴィアス・オルナンス」（vias ornans）と呼んでいるとジェラードは説明している。不適当な用例だが、後にこの名前はアメリカ産の「皮の花」（Leather-flower）という装飾として用いられることのまったくない植物に使われていた。ターナーは英語名として「生垣ツタ」（Heguine）とか「柔かいツタ」（Douniuine）をあげているが、これらはクレマチスに限った表現ではなかったようである。ジェラードは「旅人の喜び」を野生のクレマチスに用い、「乙女の木蔭」を園芸種の方に用いてはどうかという提案をしている。また「乙女の木蔭」という名前の命名者は自分ではないといっている。この二つの名前はじつにぴったりであると考えられたのであろう、すぐにその他の名前を放逐してしまった。「乙女の木蔭」ないしは「御婦人の木蔭」という名前についてはいくつか異なった意見があって、この名前は宗教的な意味合いを持つという人もおり、エリザベス一世のことだといっている人もいる。エリザベス一世は「よく知られているように、処女王と呼ばれることを好んだ」とラウドンはいう（私が知っている範囲では、この名前はエリザベス女王以前には見られない）。和名の「テッセン」はいくつかの東洋産の種に対しては特にふさわしいと思われる。クレマチスはヨーロッパのいろいろな言語で、合計二〇〇以上の名前を持っているといわれる。これまでに述べたもの以外に、英語名には「老人のひげ」（old Man’s Beard）、「おじいさんのほおひげ」（Grandfather’s Whiskers）、「オールド・マンズ・ウーザード」（Old Man’s Woozard）、「時の翁」（Father Time）、「生垣の羽根」（Hedge Feathers）、「収穫時の雪」（Snow in Harvest）というようなものがあるが、それらはすべて種子の形が羽根のようであるところに由来している。また花の様子を表していない名前もあって、例えば「鬼婆のロープ」（Hag-rope）、「ベッドの風」（Bed-wind）、「腹の風」（Belly-wind）、「悪魔のより糸機」（Devil’s Twister）である。花言葉を集めている人々もクレマチスによい意味を見つけ出せない。クレマチスの花言葉は「策略」である。その理由は、ヴィタルバ種の葉に苦みがあり、その葉の汁を自分の肌につけて、乞食が腫ものや潰瘍を作り、哀れみを乞うのに利用したからである。「クレマチスを信用するな！　あれはこっそり壁をよじ登り、窓辺にその頭を少しだけのぞかせる。夜に窓辺で乙女たちが愛をささやくと、狡猾なクレマチスは彼女たちの秘密を握ってしまう……」とグランヴィルは警告している。なるほどと思う人もいるに違いないが、クレマチスに限らず他のつる性植物でも同じことはできるのだ。

クロッカス

Crocus
クロクス

アヤメ科

今のクロッカス属分類の複雑さに直面すると、昔の植物学者はなんとあっさりしていたのかとため息が出る。彼らの分類は大胆で、クロッカスはただ一種類だけである。多くても二種類、ヴェルヌス種（*Crocus vernus*）とサティヴス種（*C. sativus*）に分けるだけで、それ以外のものは変種であると述べている。だが、実際には七〇以上の種類がある。ジェラードはこれらの「変種」のうちで四種類を育てていた。それはアウレウス種（*C. aureus*）、ヴェルヌス種、サティヴス種、ヌディフロールス種（*C. nudiflorus*）、ないしはセロティヌス種（*C. serotinus*）である。パーキンソンが育てていた種類はもっと多く、その中にはビフロールス種（*C. biflorus*）、ビザンティヌス種（*C. byzantinus*）、ミニムス種（*C. minimus*）、スシアヌス種（*C. susianus*）、ヴェルシコロール種（*C. versicolor*）が含まれている。パーキンソンは自分の著書の中で、クロッカスについて一〇ページも割き、春咲きのもの二七種、秋咲きのもの四種について書いている。トゥルヌフォールは『系統的本草学』（一七〇〇）の中で四八種類のクロッカスを挙げているが、そのうち一五種類は、実際分類上の種である。

　アウレウス〔「黄金色の」の意〕種はおそらくジェラードが、「本当に光輝いているかと思うほどの黄色の花をつけるが、もちろんその色は炎を出して明々と燃えている炭の色とはほど遠い」と述べているクロッカスのことであろう。これは、「パリのロビヌスから送られてきたもので、彼は一重の種類を苦労して、またじつに執念深く探した人である」。ロビヌスとはジャン・ロバン（一五五〇～一六二九）のことである。彼はフランス王お抱えの庭師でパリ植物園の最初の管理人である。ジェラードの記述からは、ロバンがもうろくした変人のように思えるのだが、本当は、勤勉で探求心旺盛な人であると考えるべきであろう。アウレウス種のクロッカスは有名な「ダッチイエロー（ルテウス種 *C. luteus*）」の片親である。しかしながら、このダッチイエ

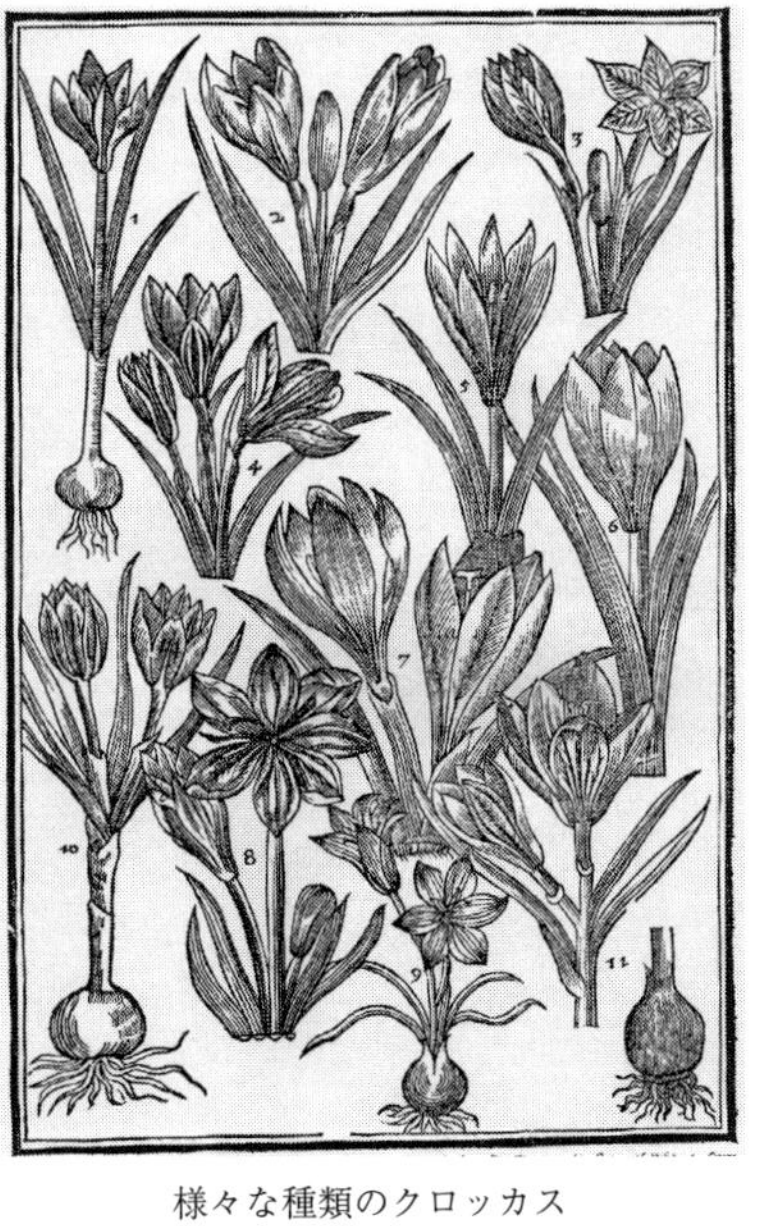

様々な種類のクロッカス
（パーキンソン『太陽の苑、地上の楽園』）

クロクス・ヴェルヌス
（CBM 第45図　1788年）

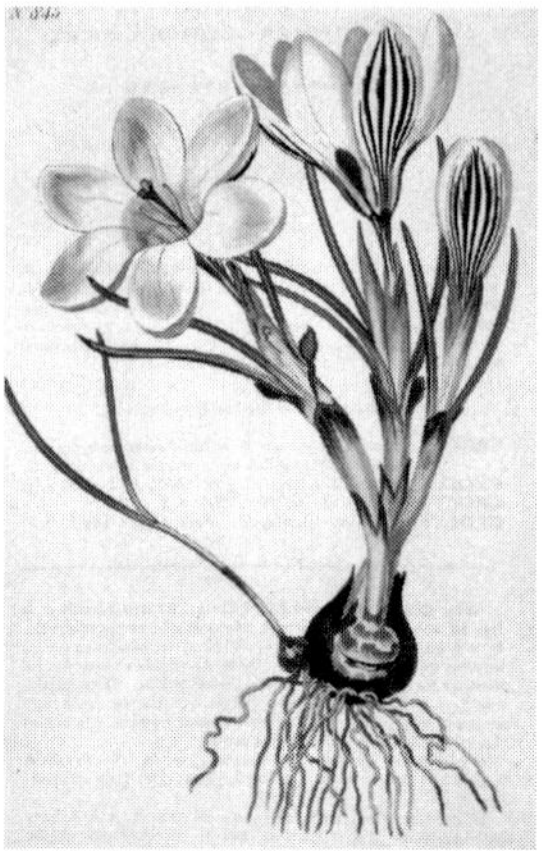

クロクス・ビフロールス
（CBM 第845図　1805年）

ローは「クローン」であることが知られている。不稔性の交配種であり、栄養繁殖でしか増やすことができない。つまり種子ができないのである。これまで、こうしたクローンはその生命力を失い、死滅すると一般には考えられていたから、このクロッカスが生き続けていることは驚くべき例外である。

ヴェルヌス種のクロッカスは、今日みられるはなやかな紫色と白色のオランダのクロッカスすべての親である。これもジェラードの時代にイギリスに紹介されたものである。ジェラードは「植物愛好家は紫色もしくはスミレ色の、その他の点では以前のものと変わらないクロッカスを自分たちの庭にとり入れた」といっている。十八世紀の中頃までには、球根が大量にオランダから輸入されるようになっていた。「一〇〇個の球根が一ギルダーで買える」とジェイムズ・ジャスティスは書き、穴掘り器を使って植えるのがよいと述べている。また「一つ一つの植穴には、少量の乾燥した灰を入れておくとよい。球根が好物であるネズミを防ぐためである」ともいっている。しかし、実生苗はイギリスでもすでに栽培されていた。そして十九世紀の中頃までには、クロッカスを花屋が商売として扱う花の位置にまで

クロクス・スシアヌス
（CBM 第952図　1803年）

クロクス・ヴェルシコロール
（CBM 第1110図　1808年）

高めようという試みがなされるようになっていた。

「すばらしい空想をかきたてるような変種も栽培されるようになった。そして、目下のところかなり遅々とした歩みではあるが、望んでいる一定の水準にまで到達している」とグレニーがいっている。一群の苗が開花してから「その中で出来の悪いものは捨ててしまって、一番よいものだけを残すように」。また「チューリップの栽培では質のよい新種の生産量ではオランダ人に勝っている。だから我々がうまくやれば、クロッカスの場合もオランダ人を追い抜けない理由はどこにもない」とも述べている。十九世紀の終わり頃には、リンカンシャー、とくにリトルオランダという名で有名な地域でクロッカス栽培が大規模に行なわれていた。「〝ただ今オランダから輸入したばかり〟という広告で売られているオランダの球根の九割はリンカンシャーの〝オランダ〟からのものであるといってもいい過ぎではない。大陸のオランダとは関係ないのだ」とスポールディングのG・F・バレットが述べている。このちょっとインチキなやり方で栽培・販売されていたのは、たいていが黄色の変種であったが、ラヴェンダー色のヴェルヌス種は庭から逃げ出して、一世紀前にはイギリスのかなりな地域で帰化してしまった。「子供の頃に、バタシーの牧場や粉ひき小屋の近くで群生しているのを見たことがある」と改訂版『庭師の辞典』（一八〇六）の中でマーティン教授が書いている。また、ノッティンガム近郊にもたくさん生えていたという。

秋咲きの種類も数多くあるが、春咲きの種類に比べると、ほとんど関心がもたれていない。おそらく「秋のクロッカス」という名前をもらっているコルチカムと混同されているからに違いない。両者はまったく別でコルチカムはユリ科であるし、クロッカスはアヤメ科である。またクロッカスはコルチカムと比較すればずっと洗練された雰囲気を持つ。ハンベリーは、「秋咲きのクロッカスはすべて美しい。しかも春咲きのものと見た目が同じであるため、周囲の自然が、この花を除いてまったく衰弱しているように見える時期に、春の季節がまた訪れたのかと我々に錯覚を起こさせる」と認めてはいるけれども、一七七〇年当時、彼は一六二九年のパーキンソンの時代よりわずかに一種多い五種類の秋咲きのクロッカスを持っていただけである。また、そのほとんどがラウドンによるものであるが、一八二九年以前に輸入されたわずかなクロッカスも、いつの間にか姿を消してしまった。今日、秋咲きのクロッカスは以前よりも人気が出ている。秋咲きのクロッカスの多くは、あまり知られていないけれども、庭にぴったりだ。

花は派手ではないが、たいへん重要なのがサティヴス種、かの有名なサフランである。これほど夢のある物語を持っている植物は他にない。かつては大事な貿易品だったが、今日ではほとんど、少なくともイギリスでは育てられていない。つまり、亜麻やクレスなどと同じ運命をたどったのである。しかし、その相違点はサフランがあまりにも長い間人手によって栽培されてきたので、自生地がどこであるかが定かでないということである。蒙古人やアラブ人、ギリシア人やローマ人はさまざまな用途にこれを用いていた。とくにローマ人は薬、香料、殺菌剤、染料にしていた。しかもこの高価な必需品は、サフランの花の柱頭部分だけを乾燥させたものである。わずか一オンスを採るために四三〇〇の花が要るという計算になる。

　サフランをイギリスにもたらしたのはおそらくローマ人であろう。しかしローマ帝国が滅びた後、サフランもイギリスから消えてしまった。そして十四世紀頃、再び紹介されたといわれている。ハクルートは、「サフランウォールデンを出た巡礼者が、自分の国のために、サフランの柱頭を盗み、杖の中に隠した。その杖には、あらかじめサフランを隠すための穴をあけておいたのである。さらに彼は命がけでサフランの根を持ち帰った。サフランの生えている国の法律によれば、サフランを盗んだ罪は死刑に値するからである」という話を紹介している。別の人物は、一三三〇年頃にサフランウォールデンのトーマス・スミス氏が導入したのに間違いないとしている。どちらの話も信憑性は薄い。とくに前者の場合、「ほとんど信じがたい。サフランウォールデンで報告されているからといって、さほど信頼を置けるものではない」とミラーは述べている。ともかく、ずいぶん昔からそのあたりで栽培されていて、サフランという名前が地名に与えられるほど大量に生産されていたのである。サフランウォールデンの町の武器には、三本のクロッカス文様が付いている。エドワード六世の統治三年目に、サフランウォールデンの特許状が授与されたのであるが、おそらく同じ年にこの文様も承認されたものと考えられている。

　サフランは十八世紀まで、じつに高価な商品であり、イギリスで栽培されているサフランが世界中で一番品質がよいと考えられていた。おそらく、他の国で栽培されているものほど交配が多くなかったからであろう。サフランの最も奇妙な作用は「人を笑わせ陽気な騒ぎを引き起こさせる」というものである。ベーコンが、サフランは「イギリス人を陽気にさせる」と書いたのは、本気でそう思っていたからに違いない。というのは、トゥルヌフォールが『本草書』の中で、摂り過ぎると笑い過ぎて死んでしまうと警告しているからである。「私はトレントのある婦人が三時間もの間、慎しみなく笑い転げていたのを見たことがある。そうなったのは彼女がサフランを摂り過ぎたせいである」と。十九世紀までは、この植物は「たいそう稀にしか」栽培されていなかったが、当時でさえ、「サフランを袋に入れ、みぞおちのあたりに当てておくと船酔いを防ぐ効果があるといわれていた」（ケント）。今では、この高価な植物は、庭ではごく稀にしか栽培されない珍しい「秋咲きクロッカス」としてのみ知られている。

　「クロッカス」という名前はきわめて古いもので、サンスクリット語やカルデア語などに現われている。「サフラン」はアラビア語のサハファラン sahafaran からきたものである。フラーによるとクロコダイルCrocodile（ワニ）は、クロッカスを恐れるものという意味である。「クロッカスの咲いている所に無理やり連れて行かれた時を除くと、ワニの流す涙はまったくそら涙だといわれるからである。なぜならワニは自分が毒の固まりであって、サフランが解毒剤だと知っているからだ。」（『イギリスの価値あるもの』一六六二）

　クロッカスをこのうえなく愛好した二人、モーとボウルズについて述べないのは恩知らずということになるだろう。ジョージ・モーは財産家の煉瓦工場主で、クロッカスをはじめ多くの植物を収集するためとくに南ヨーロッパや小アジアを旅行した。そして収集した植物をスタッフォードシャーのブラウズレイの自分の庭で育てた。一八八六年、彼は『クロッカス属の研究』を出版し、そこに記した六七種類のほとんどすべての球根をキュー植物園に寄贈した。彼の仕事はE・A・ボウルズに引き継がれた。ボウルズは、ロンドン近郊エンフィールドのミドルトンハウスにある自分の庭の少し石灰質の土にぴったり合ったクロッカスを見つけたのである。そして一九二四年には『クロッカスとコルチカムの手引き』を著わした。どちらも作者自身が描いた水彩の美しい挿絵入りである。

ケシ

Papaver
パパヴェル

ケシ科

ケシでもマンドラゴラでも
この世のすべての眠りをもたらす薬を用いても
お前が昨日まで持っていたあの甘美な眠りは
もはやお前のものにはならないだろう。

『オセロ』第三幕第三場

たいへん不思議なことにケシは、我々イギリス人には思い出の象徴になっているが、もとは眠りと忘却の花とされ、有史以前から人間が利用してきた最も古い植物の一つである。ギリシア神話によれば、眠りの神ソムヌスが、実りの女神セレスの苦労を取り除いてやり、彼女を眠らせてやろうとして作り出したものである。なぜなら疲労がつのって彼女が作物のことを顧みなくなったからである。彼女が十分に眠り、再び元気になると作物も生き返った。だからセレスは、いつもケシの花の絡んでいる作物の花輪をつけた姿で現われる。この伝説があるので、古代人は、ケシさえあれば作物は健康に育つという気楽な信心を持つようになった。別の伝説で、ケシが大地の女神キュベレー（時にセレスと同じ神だとされている）の表象となっているのは、たくさん種子をつけるため多産の象徴とされるからである。

パパヴェル・ソムニフェルム（*Papaver somniferum*）、すなわち「オピウム・ポピー」は栽培されたケシでは一番古い。これはローマ人によってイギリスに導入されたといわれる。自生地はわかっていないが、地中海沿岸地域や中東地域に野生の状態で見られる。ターナーは薬用の植物だといっているが、ジェラードは、一五九七年までに装飾用の変種が庭に現れるようになり「色とりどりでたいそう美しいけれども、その匂いはひどい」と書いている。そこでエリザベス女王時代の淑女はこの花を「外見は美しいが中身は腐っているジョン・シルヴァーピン」と呼んだとハンベリーが記している。「花の色は見て楽しく、たくさんの花びらは一つ一つはっきり分かれている。そして、「バイオレット・ポピー」、「カーネーション・ポピー」、「巻葉のポピー」（Curled Poppy）、「フリルのポピー」（Fringed Poppy）、「羽状のポピー」（Feathered Poppy）等の名前が、それぞれ異なった変種を表わすためにつけられた。色合いはさまざまで、たいそう見事な斑が入ったものもあり、それらが最初に出現した時には、最も美しいカーネーションでさえも比べものにはならなかった」と彼はいう。これらは、オランダの絵画にたいへんよく描かれているケシである。しかしながらすべての庭師がケシに熱狂したわけではない。例えば、フィリップ・ミラーの『庭師の辞典』（一八〇六）の中では「花がこれほど美しい植物はほとんどないといってよいが、とてもひどい匂いがするし、開花期間が短いのであまり顧みられることはない」とある。

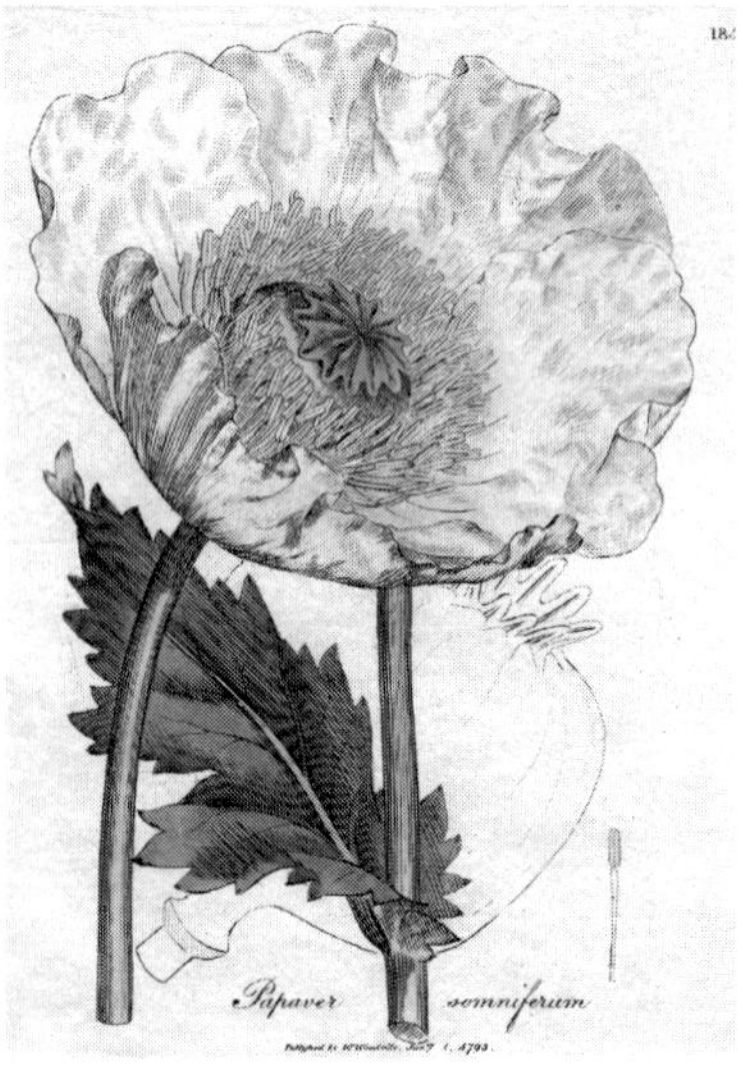

パパヴェル・ソムニフェルム
（MB 第185図　1793年）

このケシは阿片が採れるだけでなく、種子が食べられることもあって何世紀にもわたって栽培されてきた。アマニと同じくケシの蒴果《さくか》も有史以前の住居跡で見つかる。古代オリンピックに出場するために訓練している運動選手は、ケシの種子をワインや蜂蜜と混ぜて食べた（この種子は小鳥を籠で飼育する時の餌に適している。もっとも一緒につけ合わせるものはないけれども）。卵の黄身で照りをつけ、味つけと飾りにケシの種子を散らしているパンは古代ローマの時代から人気があった。今日でもこのパンはドイツ等いくつかの地域でよく売られている。ジエラードはケシの実の使いみちについて「種子はパンの味つけによい。コンフィッツ〔木の実、果物などに砂糖衣をかけた菓子〕にもよく入れられるし、祝宴の食卓にも出される」といっている。種子には阿片が入っている様子はないが、脂肪分は豊富で、ジェラードがいうように、「食べるとすばらしくおいしい」。そして、その油脂は時にオリーヴ油に混ぜて、量を水増しするのに用いられた。これは油絵用に画家も用いた。リンネは一つの花で三万二〇〇〇個の種子ができたと報告している。

「ケシには眠気を起こす作用があるということは誰も知らないと思う。あらゆる痛みを鎮めるが、その後病気それ自体よりも悪いものを体に残すことがよくある。阿片は摂取しすぎると死ぬことがある」とパーキンソンがいっている。緑の種子に含まれる液から採れる阿片は、紀元前数世紀頃にすでにギリシア人やエジプト人がその使用法を知っており、トルコや近東から輸入されていた。粗悪なものは十六世紀のイギリスでも作り出され使用されていた。しかしながら、これが商業用にわがイギリスで生産されていたとはショックである。十九世紀の初め頃には、かなり大量に生産されており、ヤングという人が計算したところ「一エーカーに植えられたケシから五六ポンドの阿片ができる。そのケシの種子をしぼると、油が三七五パイント採れる」。当時阿片は一ポンドが二一シリングで売られており、イギリスで年間五万ポンドが消費されたという。一八二三年にケント女史がこのケシについて書いたものの中に「阿片をワインの中に溶かしたものをアヘンチンキと呼ぶが、マンチェスター等の工業地帯の貧しい階級の女性たちがお茶代わりにこれをたくさん飲んでいる」という記述がみられる。

ヌディカウレ種（*P. nudicaule*）、すなわちイギリスでいう「アイスランド・ポピー」は十八世紀にシベリアから導入された。ハイデンライヒがアルグンスキーからその種子を手に入れ、J・H・ド・シュプレケルフェンが一七三〇年にその他いくつかの植物と一緒にイギリスに送った。『庭師の辞典』には「この植物はジョンキルと同じようなよい匂いがある。とくに朝と夕方に匂う」と記されている。十九世紀後半の有名な園芸家でもあるエラコム牧師〔一八二二～一九一六〕は、「極北の植物であるから、北極探検隊の隊員の一人から聞いた話では、北極のどこかに土地があれば、そこで見つかる可能性はあるとのことだ」と記している。ごく近い種のラディカーツム種（*P. radicatum*）はグリーンランドの北海岸にある四種の植物のうちの一つであ

パパヴェル・ヌディカウレ
（CBM 第3035図　1830年）

る。

オリエンターレ種（*P. orientale*）すなわち「オリエンタル・ポピー」はフランスの植物学者トゥルヌフォールがアメリカで見つけた。その種子はパリに送られ、そこからオランダやイギリスに広がっていった。イギリスではジョージ・ロンドン（ロンドンとワイズという風に語られる二人の一方）が一七一四年以前に栽培していた。トゥルヌフォールは、その緑のケシ坊主は苦くて酸味があるけれど、トルコ人はこれを食べる、といっている。「オリエンタル・ポピー」にたいへん近い種であるブラクテアツム種（*P. bracteatum*）は一八一七年にシベリアからもたらされ、オリエンターレ種と交配されて、もっと小形で色が様々な変種が作り出された。いろいろな名前をもった変種が、エイモス・ペリーという種苗商によって一九〇六年から一九一四年の間に育てられた。

パパヴェル・オリエンターレ
（CBM 第57図　1788年）

ロエアス種（*P. rhoeas*　和名ヒナゲシ）はイギリスに自生しており、庭の花としてすばらしくたくさんの変種がこれから作り出された。そのいくつかについては、「ダッチ・ポピー」という名前で、一七二二年にフェアチャイルドが書いている。彼はこれのことを「美しい花といえば思いつく花の中でも、最も美しいものの一つで、普通はバラと同様に八重であり、真紅と白の縦縞があって、カーネーションと同じくらいに美しい」といっている。十八世紀の後半にはハンベリーが、大形のソムニフェルム種の変種よりも好かれるといっている。その理由は「こちらの方が穏やかでソムニフェルム種より散漫な感じがない」からである。我々に最も親しみを与えるポピーは一八八〇年頃にシャーレイのW・ウィルクス牧師が育てていた種類である。彼はこれを庭の近くの野原で偶然見つけたのだが、赤花で白の縁どりがあるこの野生のケシの若苗を繰り返し選別して「シャ

パパヴェル・ロエアス
（和名ヒナゲシ）
（MB 第186図　1793年）

ーレイ・ポピー」と呼ばれる美しい品種を作り出した。

普通のケシについてはたくさんのことが書かれており、本書よりおそらくもっと多くのことが述べられているだろう。ケシが畑に生えているということは、農民にはむごいいい方かもしれないが、畑が荒れていると宣伝するようなものである。だがこれを根絶やしにするのはとても難しい。あるケシの種子は二四年間埋められていた後でも発芽した記録をもっている。農夫が「赤い雑草」（Red-weed）、「悩み」（Canker）、「頭痛」（Headache）と呼ぶのは不思議ではない。フランス人はケシに対してもっと優しく、ニワトリの鳴声である「コケコッコー《コケリコー》」（Coquelicot）と呼ぶが、ケシはニワトリが鳴くのを聞くと自分の名前が呼ばれたのではないかと思って動くとロスタンはいっている。

ラスキンの『プロセルピナ』（一八七九～八六）の中にケシについてのすばらしい記述があるので紹介しておこう。「ケシは絵に描かれたガラスのコップである。太陽が当たっている時、じつに美しく輝く。どこから見ても、逆光であってもなくても、ケシは炎のように見え、ルビーのように風を暖める。花びらが開く時はまるで、拷問から解き放たれたような姿をみせる。花を閉じ込めていた二枚の緑の萼が地面に振り落とされる。それまで不自由の身であった花冠は太陽の中に身を伸ばし、できるだけのびやかになろうとする。しかし押し込められていたために、傷ついた跡は、花が咲いている間ずっと残っている。」また、ネヘミア・グルーは、つぼみが「何百という小さなしわのようなひだで包み込まれており、まるで三～四枚の白麻布のハンカチを一つのポケットに詰め込んだようである」と書いている。

ラテン語のパパヴェルという名前は、古いケルト語のPapと語源が同じである。おそらく、子供を眠らせるためにケシの汁をまぜた食べ物が与えられたことからきているのであろう。別の解釈によれば、古代ローマ人の食事作法はひどく嘆かわしいものだったが、パパヴェルという名前は、彼らがケシの種子を噛む時に出す音からきたものだという。

ゲッケイジュ

Laurus
ラウルス

クスノキ科

神々は、人間の美人を追いかけて、
その追いかけっこは木に変身して終わりとなる。
アポロはダフネを追いかけて、
彼女は月桂樹に変わる。
パンもシューリンクスを追いかけた、
しかし妖精であったからではなく、葦が欲しかったのだ。

アンドリュー・マーヴェル『庭』一六八一

ペネウスの娘が変身したのは本当のゲッケイジュである。英語名は「ベイ・ローレル」(Bay Laurel)か「スウィート・ベイ」(Sweet Bay)である。リンネは、これが多くの高貴な行事に使用されているからというので、「高貴な」(nobilis)という種小名をつけた。ここで扱うのは、本物のゲッケイジュである。ところがゲッケイジュより劣った多くの植物や、ゲッケイジュとは無関係な植物が、楕円形で常緑の葉を持っているというだけで、この名前を使っている。庭師はもっと注意深く自分が育てている「ゲッケイジュ」を見るべきだ。植物学者はもうすでにそうしているが、かつてゲッケイジュに分類されていた多くの属が、非常に近縁ではあるが、別の属になっている。近い関係にある植物には、クスノキ、シナモン、ケイ、アボカドのような熱帯の植物や、クロバナロウバイ、サッサフラスといったものが含まれている。

ゲッケイジュの匂いはどこから来るかすぐわかる。イギリス中部地方の工業地帯のような土壌や気候でも、この木が間違いなく匂いを発するのは、奇跡といってよい。

有名なダフネの変身の後で、アポロは、罪を深く悔いたのか単に挫折しただけなのかはわからないが、ゲッケイジュを自分の聖なる木にした。それ以来、この木は多くの点で、太陽神アポロや彼に対する信仰心と関係づけられるようになった。詩人は、ゲッケイジュを身につける権利を持つ。その理由は、詩は、

ダフネはアポロの求愛を拒み続け、ついにはゲッケイジュに変身して身を守る（アントニオ・デル・ポッライウォーロ《アポロとダフネ》1480年頃　ロンドン、ナショナル・ギャラリー）

ラウルス・ノビリス
（和名ゲッケイジュ）
（MB 第32図　1790年）

「一種の予言であり、アポロは予言を支配していた」からであるとライトは述べている。また支配するという点では、征服者もゲッケイジュを身につける権利を持っていた。戦に勝った将軍が、勝利の報告をどのようにして国の支配者に送ったかということは、興味深い。針金のような扱いにくいゲッケイジュの葉にその伝言書を包んだのである。すでにローマ時代に、ゲッケイジュに関する迷信が多くあった。おもいがけなく枯れてしまったりすると、それは間違いなく病気の前兆であった。ゲッケイジュは雷や稲妻や、悪天候を防ぐこともできると信じられていた。ティベリウス皇帝は、頭にゲッケイジュの枝の冠をつけ、寝る時はそれを枕の下に置いていた。同じようなことが十七世紀のイギリスでも信じられており、「魔女も悪魔も雷も稲妻も、ゲッケイジュのそばにいる人間を傷つけることはできない」とカルペッパーが記している。

ラウルス・ノビリス（*Laurus nobilis*　和名ゲッケイジュ）がイギリスに導入された時期はわからない。チョーサーが、ゲッケイジュは円卓の騎士を飾ったと書いているのを信じるわけではないが、かなり早い時期であったろうと思われる。ターナーは一五四八年に、イギリスの南部の庭で、普通に見られる植物であると記している。彼はその後、次のように書いている。木が古くなると、葉は、「黒っぽい緑になる。葉は先の方で曲がり、強く匂う。火の中に投げ入れると、パチパチという音をたててはじける。この木はイギリスでは大きくならないが、ドイツよりもイギリスの方が、多くの場所で繁茂している」と。それから一〇〇年後に、ジョン・イヴリンは、フランドル地方から持ち込まれた「ケース - スタンダード」（case-standard）なるものを高く評価している。「その幹はツルツルで、真っすぐである。全体は丸く、花がたくさんついており、そうした状態の木は一本二〇ポンドで売られたこともある。どうしてこの木をまとめて何本も植えないのであろうか、しかもこの木は、耐寒性があるのに、どうして戸外に植えないのであろうか。真っすぐになるように仕立てて、高貴な感じに作れると思う」と書いている。もっともそんな高値では、彼の肩を持つことはまずできないであろう。ミラーは、「先の方が丸い木」すなわち、イヴリンのいうスタンダードは種子から育てるのが一番よいと記している。そうすると、木は元気で、垂直に伸び、横に伸びる枝が少なくなる。寒さをよけて育ててやると、ゲッケイジュは少しくらいの日蔭はいやがらないし、実際、栄養のない砂地を好む。園芸家ウィリアム・コベットは、自分が見た最大の種類は、約二八フィートの高さで、「最も不毛な地、バグショットヒースのすぐ近くの」ウィンザー・グレート・パークという場所で、背の高いヨーロッパアカマツの下に生えていたといっている。伸びるがままに育ててやると、比較的寒い地方でも、ゲッケイジュは花と実をつける。しかし、強度に刈り込んで育てるのが普通である。葉の幅の広いものや、狭いもの、ねじれたもの、斑入りのものなど六種類の変種が一八六五年以前に栽培されていた。

パーキンソンによれば、ゲッケイジュの葉は「見ばえが良いし、利益を生み、装飾にもなるし、有用でもある。善良な市民が用いるし、薬用にもなる。病人も健康な人も、生きている者も死んだ者も用いる。この木については、多くのことがいわれているので、そのすべてを語れば、読者も語り手もうんざりするし、疲れてしまう。ゆりかごから墓場まで、我々はこの木を用いる。今もこの木が必要である」。ほとんどすべての本草学者は、薬としてそれぞれ異なった使用法を次々述べている。

ディオスコリデスは、じつに慎重に、ハチに刺された時に効くと述べている。プリニウスは、咳止め用に、ターナーは、「そばかすを治したり、その他、疲れを治す」ために用いると述べている。ブレインは「肝臓の熱をさますのに、強いワインといっしょに飲むとよい」と書いている。一方、ジェラードは、二日酔いに効くと述べており、パーキンソンは、「関節の痛み」に、カルペッパーは、「口蓋を安定させるため」に、イヴリンはマラリア熱に効くと述べている。葉が用いられることもあり、実が使われることもあった。ウッドヴィルによれば、実は、その頃（一七九三年頃）にはほとんど需要はなかったけれど、ジブラルタルから輸入されていた。イヴリンは、「真っすぐで、強くて、軽いから老人用のステッキ」は、この木から作られたとも述べている。

これら多様なゲッケイジュの利用法は、今日ではもう忘れられてしまった。今でも用いられている唯一の用途は、料理の香辛料である。一六三四年のある書物に、「注目に値する匂いのごちそうだ。それを入れるととてもおいしいので、それなしでは宴会にならない」と書かれている。料理上手な人ならば知っているが、ゲッケイジュの葉はブーケガルニ（香りを添えるためにシチュー等に入れる香辛料の束）に欠かせない。ただしセイヨウバクチノキ（Cherry Laurel）と混同しないように。その葉はアーモンドの匂いがするが、一定量以上を用いると毒になる。本当のゲッケイジュの葉は無害であるだけでなく、役に立つ。

コーンウォールでは、「魚の木」（Fish-tree）という名で知られている。昔、イワシやマイワシのピクルスを作る時に、ゲッケイジュの葉が用いられたことによる。フランス語名の一つは「ハム・ローレル」（laurier du jambon）である。ゲッケイジュの植木鉢が、立派なホテルやレストランの入口に置いてあるのをよく見かけるが、ジェイソン・ヒルが指摘しているように、台所の戸口の前に置いた方が役に立つ。食物の匂い付けとして使うためだが、ベーラム（Bay Rum）を作るのに、ゲッケイジュとラムが用いられるかどうかについては疑わしいようだ。ベーラムというのは十九世紀の中頃、ニューヨークの美容院で最初に作られた髪の毛のローションで、人気があったものである。実際、これに用いられている植物は西インド諸島のベーラムノキ（*Pimenta acris*）である。

ゲッケイジュのギリシア語名は「ダフネ」（daphne）で、ラテン語名が「ラウルス」（laurus）である。それの語源は様々に解釈されて、例えば、ケルト語の緑を意味するブラウル（blaur）、ラテン語で賞賛を意味するラウス（laus）から出たというような説もある。ベイ（bay）という言葉は、間接的にはラテン語の実を意味するバッカ（bacca）から出たもので、もともとゲッケイジュの実を指す時にのみ用いられた。一五八〇年以前にはすでに、それが木そのものにも用いられるようになっていた。このことは、イギリスで古くからゲッケイジュが栽培されていたことの証しであろう。ギリシア・ローマ時代には、試験に合格した若い医学博士に実のついたゲッケイジュの冠をかぶせる習慣があった。それはアポロの息子で病気を治す神、アスクレピウスの植物だからである。ここから、バカロレアという言葉ができて、それから、その言葉からの連想として学士（bachelor）という言葉ができた。その名前が出てくるもとになった灌木と同じように、いろいろな方面に手を広げていく不届きな学士がいるかもしれない。というのは、「詩篇」第三七章で、ずるい人間がそれにたとえられている「グリーン・ベイ・ツリー」（green bay-tree）は、じつは常緑のゲッケイジュであろうと考えられているからである。ゲッケイジュはそれほど豊富ではないが、パレスティナにも生えている。

一つの木から出た、もしくはそれに関連して、二つの洗礼名があるというのは珍しい。ダフネは二十世紀になってから人気が出た名前で、キリスト教圏の名前について研究したシャーロット・M・ヤングによれば、以前ダフネという名前は犬にしか用いなかった（『洗礼名の歴史』一八八四）。ローレンス（女性名だとローラ）はラテン名のラウレンティウス（Laurentius）から出たものであるが、それは「ラウレンティウム（Laurentium）の」という意味で、この名前の都市に、ゲッケイジュの木が多くあることからその名がついたのであるが、保養地としても有名である。

コトネアスター

Cotoneaster
コトネアステル

バラ科

コトネアスターは、多くの植物を含んでいるバラ科に属する。バラ科には有用な木本や美しい木本が多いが、草本の数は少ない。コトネアスターは秋に美しい実がなるので栽培されることが多い。葉の周囲は切れ込みがなく、また刺がないという点がピラカンサスとは異なっている。ヨーロッパ産の種類も二、三あるが、大多数はインド北部やチベットが原産地で、中国にまで広がっているが日本には分布していない。

ほとんどのコトネアスターは比較的最近になってイギリスに紹介された。十九世紀の最初の二五年間に知られるようになったコトネアスターの種類が四から一二に増えたのは、一八一五年から四六年までカルカッタ植物園の園長であったN・ウォリック博士のお蔭である。それ以後アジアから導入されたコトネアスターの数は二十世紀初め頃まで確実に増加していった。二十世紀の初めに中国産のコトネアスターが一〇種以上も導入された。続いて一九一五年までに少なくとも二〇種が導入され、さらに増えて、今では約六〇種が知られており、そのうち半数以上が実際に栽培されている。黒色の実をつけるもの、赤色の実をつけるもの、常緑樹もあり、落葉樹もある。大きさも地面を這うような丈の低い灌木から樹木に近いものまで様々である。フリギドゥス種（*Cotoneaster frigidus*）は、一本の幹になるように仕立てれば、三〇～四〇フィートにまで生長するから、街路樹として用いられる。インテゲリムス種（*C. integerrimus*）はイギリスの自生種といわれているが、確かなことはわからない。一六五六年に息子のトラデスカントが栽培していたが、一七八三年にJ・W・グリフィスがウェールズ北西部ランディドノ近くのグレート・オームズ・ヘッドでこれを見つけるまでは野生の種であることは知られていなかった。ここは今でもイギリス唯一の自生地である。

一八二〇年代にウォリックがインド産のコトネアスターを送ってきてから、それまでほとんど顧みられることのなかったこの植物に関心が集まるようになった。ウォリックが送ったもの

コトネアステル・フリギドゥス
（BR 第1229図　1829年）

コトネアステル・
ミクロフィルス
（BR 第1114図　1827年）

コトネアステル・
ロツンディフォリウス
（BR 第1187図　1828年）

のいくつか、例えばフリギドゥス種、ミクロフィルス種（*C. microphyllus*）、ロツンディフォリウス種（*C. rotundifolius*）などは、今なおすばらしい品種であるとされている。

フリギドゥス種の種子は「ゴサイン・タンと呼ばれるネパールの北部の山岳地帯から」原住民がウォリックの所に持ってきた。ウォリックが東インド会社の名誉理事の所に送り、その人物がさらにロンドン園芸協会へ送った。新しくできた園芸協会所有のチズウィック庭園で一八二四年に育てられたのが最初である。フリギドゥスという種小名は、見つかったのが寒い地域であることに由来しているといわれている。十分広い土地に植えれば、大きな灌木に生長するし、また交配種の親に使えるので重要である。一九二五年に試験栽培の審査の結果、ガーデン・メリット賞を受けた。これから作られた交配種には、黄色の実をつけるのでフルクツ-ルテウス（*fructu-luteus*）という種小名がつけられたものがある。

常緑樹のミクロフィルス種はフリギドゥス種と同じ船荷の中に入れられて送られて来た。ミクロフィルス種は、地面を這うように伸びていくが、壁のようなものがあるとそれをよじ登っていく。だから、「壁のコトネアスター」（Wall Cotoneaster）とか「建築家の友人」（Architect's Friend）とも呼ばれる。ミクロフィルス種は壁をびっしりおおって見えなくさせるほど大きく育つ。雪のように白い花が光沢のある濃い緑色の葉の上に咲くと「対比が鮮やかである。詩人であれば、エメラルドの上に置かれたダイアモンドにたとえる」であろうとリンドレイは述べている。

ロツンディフォリウス種は半常緑樹で、大きさは中くらいである。これもフリギドゥス種が紹介された翌年の一八二五年にゴサイン・タンからやって来た。一九二七年にガーデン・メリット賞を受けた。

これらの初期のコトネアスターは、受け入れ準備ができていない庭に入って来たといってよいだろう。「ロッケリー」と呼ばれるロックガーデン形式の庭や「灌木の植え込み」と呼ばれるものはあったけれど、自然のロックガーデンとか不整形の林が主体の庭園などはまだなかった。一八三八年にラウドンがいい出したコトネアスターの利用法は今となれば奇妙なものである。彼はインテゲリムス、ミクロフィルス、ロツンディフォリウス種を立ち木に仕立てるにはサンザシに接ぎ木するとよいと述べている。そうすれば、「変わった形の、珍しい」しだれになった木ができる。特に、耐寒性のあるロツンディフォリウス種は「スコットランド北部にあるすべてのサンザシの生垣に接ぎ木するのがよい」と主張している。さらに、ミクロフィルス種はツゲと同じように刈り込んでトピアリーを作るのに用いるとよいともいっている。

「緑の彫刻を復活させるのは悪趣味だという人もいるかもしれないが、新奇なものを求めるのは人間の熱烈な欲求であるから、近い将来、刈り込んだ木や灌木のトピアリーが再び庭に現れるだろう。美しく人工的に作られたものは、自然の景色や自然に見えるように作られた景色と対比させると見た目に楽しいだろう」というのがラウドンの考えだった。十九世紀後半に、中国産のコトネアスターのイギリスへの紹介が始まった。一八七九年、ホリゾンタリス種（*C. horizontalis*　和名ベニシタン）、一八九五年にはフランチェティー種（*C. franchetii*）、一八九八年にはブラッツス種（*C. bullatus*）が導入された。ホリゾンタリス種の英語名は「魚の骨のコトネアスター」（Fish-bone Cotoneaster）とか「ニシンの骨のコトネアスター」（Herring-bone Cotoneaster）とかで、コトネアスターの中でおそらく一番親しまれている種であろう。英語名を持っているのは、ホリゾンタリス種だけである。規則的に交互に枝が出ているのが多くのコトネアスターの特徴であるが、この種の場合は、交互に枝を出すように全神経が集中されているかのように、驚くほど厳密に規則的で、度がすぎているといってもよいほどである。その枝が岩の上から垂れ下がった様子は、まるで壁に張りついた大きなムカデのようだ。アルマン・ダヴィッド神父がパリの自然史博物館に一八七四年以前にその種子を送っており、『園芸批評』という雑誌の記事によれば、ドゥケーヌという人物が、さらに多くの人に分配したので、じわじわと園芸界に広がってはいったが、それはほとんど気づかれなかった。確かに、これがイギリスに紹介された事情については記録がない。

コトネアスターは甘い樹液を出すが、樹液を出すシーズンになると、特にホリゾンタリス種には、ハチなどの昆虫が押し寄せる。新たに群れを作るスズメバチの女王を招き寄せるから、特にそれをつかまえるためにこの木が植えられたと考えられることもある。

他にも矮性のものや、ほふく性のコトネアスターが多くある。ほふく性があることはコトネアスターが壁に登っていかなければ、気づかない。実際、その数がとても多いので、ロビンソンは属の名前としてロック・スプレイ（Rock-spray、「岩にはりつく小枝」の意味）がよいといっている。もっと大きくなる種類を栽培したいという気持ちを刺激したのは、二十世紀に新種や園芸種が多く入ってきたからである。ディヴァリカツス種（*C. divaricatus*）、ヘンリアヌス種（*C. henryanus*）、ヘベフィルス種（*C. hebephyllus*）、フペヘンシス種（*C. hupehensis*）、ラクテウス種（*C. lacteus*）、セロティヌス種（*C. serotinus*）、ウォーディー種（*C. wardii*）、サリキフォリウス種（*C. salicifolius*）、またこの種の変種ルゴスス（*C. salicifolius* var. *rugosus*）が一九一四年までには中国から紹介されていた。後の二種を除いて、六〜一二フィートの高さになるから丈の高い灌木といえる。貴重な品種サリキフォリウス種はダヴィッド神父が発見したものの一つである。一八六九年にフランスに導入されたが、一九〇八年にウィルソンがダヴィッドと同じ地域で収集した種子をアメリカのアーノルド樹木園に送り、さらにそこからいろいろな所、例えばダブリンにあるグラスネヴィン植物園に分配されるまでは、イギリスでは栽培されていなかったようだ。

　ディヴァリカツス種とヘンリアヌス種はウィルソンが紹介したが、ラクテウス種とセロティヌス種の種子はフォレストが収集したものである。特にセロティヌス種の実は、他のコトネアスターよりも遅い時期にでき、春になるまで枝に残っているので価値がある。しかし、コトネアスターが実をつけるのは我々の目を楽しませるためではないということは認めなくてはならない。庭で、たいそう華やかな色の実をつけていても、一晩で、お腹をすかせたクロウタドリに食べ尽くされてしまうこともありうる。庭に植えた木の実が鳥に食べられてしまうかどうかは、季節や植物の種類によっておおいに異なる。よほどのことがない限り、手つかずのままで残る木の実もある。セロティヌス種はこの点ではきわだっている。ごく最近紹介されて、しかもその導入がきわめてうまくいったコンスピクウス種（*C. conspicuus*）もそうである。このすばらしい灌木は一九二四年にチベットの南西部でキングドン＝ウォードが発見して収集した。まっすぐな立木になる種類（今ではミクロフィルスの変種コンスピクウス *C. microphyllus* var. *conspicuus* として分類されているものであると私は信じている）とほふく性の変種デコルス（var. *decorus*）があって、デコルスを断崖の上から発見した時、「赤い実が大釜から泡立つ」ように見えたとキングドン＝ウォードはいっている。ロヒット谷のリマの近く、彼が「ほとんど家のない村」といっている所では、四月に渡り鳥が食べるまではそのまま残っていた。サセックスのナイマンズで最初にそれを育てた一人であるL・C・R・メッセル中佐は、その実は次の年の六月にツツジ類の花の中に混じっていても、明るく輝く色で人を引きつける魅力があったといっている。

　丈の高いフリギドゥス種は三ないし四種類の美しく生命力旺盛な交配種の片親である。交配の行われた時期は一九二〇年代で、コルヌビア種（C.×*cornubia*）、セント・モニカ種（C.×St. *Monica*）、ウォーテレリー種（C.×*watereri*）である。コルヌビア種は、ハンプシャー、エクスベリーのL・ドゥ・ロスチヤイルドの庭で、お互いに近い関係にあるフリギドゥス種の変種ヴィカリー（*C. frigidus* var. *vicarii*）とグラブラッス種（*C. glabratus*）とが偶然交雑したものであり、どのコトネアスターよりも大きな実がなると考えられている。二番目のセント・モニカ種の親ははっきりしない。たぶんフリギドゥス種とサリキフォリウス種であろうと思うが、バウアー博士が「ブリストルのセント・モニカ・ホームで偶然作り出した」といわれる。その管理人の一人、ハイアット・ベイカーがそれを分類した。ウォーテレリー種は、サリー州バグショットのジョン・ウォータラーとその息子やクリスプが運営していた種苗園で大切に育てられていた。これはフリギドゥス種とヘンリアヌス種との交配の結果生まれた。どの場合も、片方の親は常緑樹の種類であるから、その子孫は気候が穏やかで条件が整えば、冬でも葉が落ちないが、冬の寒さが厳しいと落葉してしまう。残念なことに、フリギドゥス種とサリキフォリウス種、サイモンシー種（*C. simonsii*）、コルヌビウス種（*C.*×*cornubius*）等は、火傷病という恐ろしい病気にかかりやすいということがわかった。このひどく感染力の強いバクテリアによる病気にかかった木は、どんな種類の木でもただちに引き抜いて、焼いてしまわなくてはならない（『火傷病』一九五八）。庭に植えてある美しいこの灌木は、この病気にかかるや否や枯れてしまうからである。

　ラウドンによれば、コトネアスターというのは「マルメロ」を意味するギリシア語のコトネオン（kotoneon）と、「同じ」か「ほぼ同じ」という意味のラテン語アド・イスター（ad istar）から作られた「マルメロに似ている」という意味の名前であるという。命名者はスイス人植物学者のコンラッド・ゲスナー（一五一六〜六五）ではないかといわれている。最近、この属名は女性形ではなく男性形であると決められたので、種小名の語尾が変更されて現在のようになった。

コルチカム

Colchicum
コルキクム

ユリ科

アウツムナーレ種（*Colchicum autumnale*　和名イヌサフラン）は、英語で「秋クロッカス」とか「出しゃばり」（Upstart）とか「裸婦」（Naked Ladies）と呼ばれる。評判は悪いが、美しいイギリスの自生の花である。例えばターナーは次のようにいっている。「この植物についての噂は知っておいた方がよい。コルチカムは人を窒息させる。しかもまるで本物の毒薬のように、たった一日で人を殺してしまう……。」ターナーと同時代のウィリアム・マウントは一五七八年に次のように書いている。「サイミンズ博士は牧場で見たそうだが、サマーセットシャーやウィルトシャーの水場の近くでたくさん咲いているらしい。この地方では、誤ってこれを食べた家畜は、死んでしまうか、牧童や飼い主がほとんど全部の汗を出させてしまうまで、重病が続く」。球根はとてもよい匂いがするから、なおさら危険である。しかしジェラードのいっていることが信用できるなら、解毒剤は簡単に手に入る。「よく見かける牧場のサフランを食べた人は牛乳を飲むこと。さもないと間違いなく死んでしまう。」テオフラストスは奴隷が「叱られたり注意された時」仮病を使うためにこれを食べるといっている。というのは、コルチカムの毒は効き目が遅いので、解毒剤が間に合うからである。しかしコルチカムを繰り返し服用していると体に蓄積し、ついには致死量にまで至る。そうなると、どんな治療薬も無駄である。

ところが、コルチカムの根は薬の材料にもなる。もっとも、コルチシンという名で知られていたわけではない。コルチシンは痛風の治療薬として、長い間重宝がられていた。紀元前一八〇〇年頃にはエジプト人が使っていた。イギリスでは埋葬されなかった頭蓋骨の粉末と混ぜて服用するという処方である。この処方を行なったのはジェイムズ一世の侍医者テオドア・メイヤーン博士である。これは特効薬と見なされていたので、投薬しても効かなければ、その病気は痛風ではないとされた。コルチカムの葉を食べた牛の乳でさえも、この病気を鎮める効果が

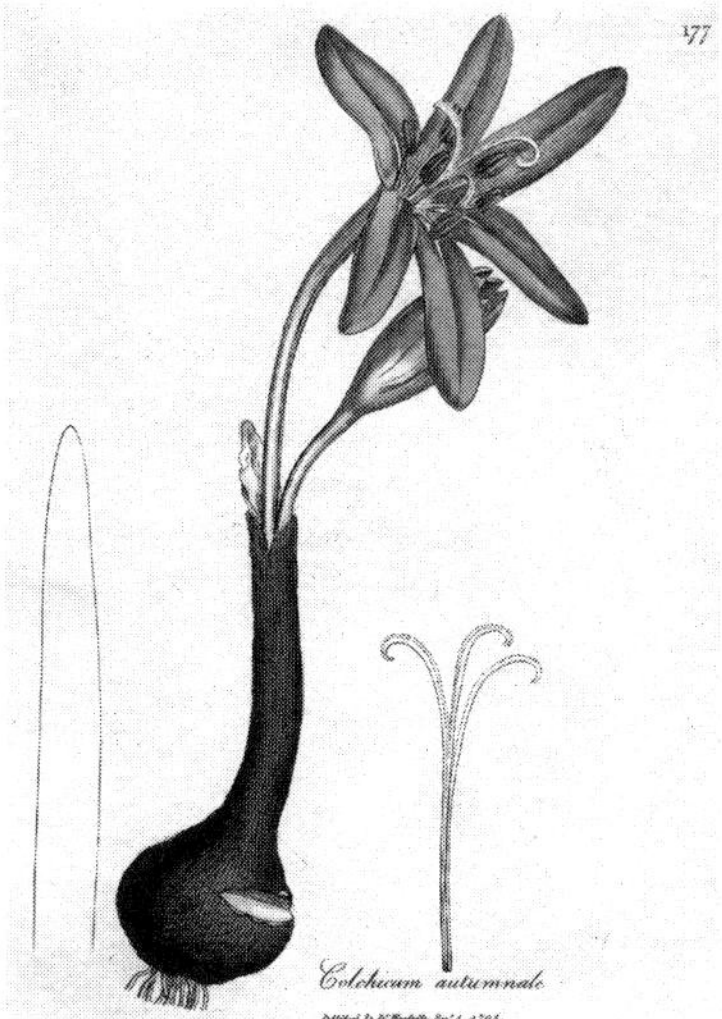

コルキクム・アウツムナーレ
（和名イヌサフラン）
（MB 第177図　1793年）

様々な種類のイヌサフラン
（パーキンソン『太陽の苑、地上の楽園』）

あると思われていた。

ジェラードは三、四種の外国種を、レイは約一〇種、パーキンソンは少なくとも一七種の園芸種を栽培していた。十八世紀の庭師は、イヌサフラン以外のコルチカムを種子から栽培していた。「これにはいくつかの種類があって、できたばかりの種子を播くと、時には新しい種類ができることがある。それは『父親になる前の息子』と呼ばれる」とスティーヴンソンは記している。こう呼ぶのは、コルチカムは他の植物と違って、まず最初に種子ができ、その後花が咲くと昔の薬種商が信じていたためである。それはアンドリュー・ヤング氏がいうように「死後出版の詩集のように現われる」。これは「裸のばあや」（Naked Nannies）とか「すっ裸の少年」（Star-naked Boys）と呼ばれる。

ウィリアム・コベットは、彼がかつて「田舎を馬で旅した時」、途中でコルチカムを見つけた。彼が野生の花について述べているほとんど唯一のものがコルチカムである。「私が進んで行くと、これまで見たことがないほど美しい花が咲いている光景に出くわした。そこは小さな果樹園だった。下草は萌え出したばかりで、美しく生き生きとしていた。その草の中にびっしりと生えていたのが満開の紫色のコルチカムであった。春、家畜がこの植物の葉を食べ過ぎると毒になるといわれている。」

パーキンソンが栽培していた外国産のコルチカムのいくつかは今日でもまだ栽培されている。しかし庭向きのコルチカムの中で最も美しいのは、スペキオスム種（*C. speciosum*）であることは間違いない。この花は一八二八年まで、生まれ故郷のコーカサスでも見つからなかったし、一八五〇年頃までイギリスに紹介されていなかったものである。スペキオスム種のうちでも、ほれぼれするような白い形の花を咲かすスペキオスム・アルブム種（*C. speciosum album*）は、今世紀末頃、ヨークのバックハウス商会種苗園で育てられていた。そして当初、球根一つが大枚五ギニーで売られていた。

最近になって、コルチシンには染色体の複製をつくり出せるという変わった性質があることがわかってきた。そこでこれは園芸業者や遺伝学者にとっては価値ある材料になった。この性質を利用すれば、実のならない交配種も増やすことができるし、新しい花や果実を手に入れることができるようになる。

イヌサフランはヨーロッパでは、どこでも普通に見られる。学名はコルキスという黒海東部の古い町の名前からきている。コルキスの王アイエーテースの娘メーディアが夫イーソンの若さを取り戻そうとして蒸留したアルコールの雫が落ちて、それから生まれたものであるといわれている。フランス人は毒性があるため、イヌ殺し（Tue-chienとかMort-au-chien）と呼ぶ。かつてアルザス地方では、髪の毛のシラミを退治するために、絞り汁を用いたという。

　コルチカムに非常に近い属は、同じユリ科のブルボコディウム（*Bulbocodium*）で、実際その主要な違いは、コルチカムは秋に花が咲き、ブルボコディウムは春に花が咲くということだけである。ヨーロッパのヴェルヌム種（*B. vernum*）はパーキンソンが栽培していたことがあるが、今日ではあまり育てられていない。

サクラ

Prunus
プルヌス

バラ科

小形の灌木で、種類の多い、利用価値のあるこの属にはプラム、チェリー、アーモンド、アプリコット、ピーチが入っている。ただこの属はイギリスの自生種のブラックソーン（別名スロー）を除くと、その重要さに比べて意外なほど馴染みがない。ブラックソーン（プルヌス・スピノサ *Prunus spinosa*）は野生種である。見た目がおそろしげなので、このタイプは普通は庭に植えられることはない。しかし八重の種類があって、花をたくさん、しかも若木のうちからつけるので価値があると考えられている。一八三八年ラウドンはこれがタラスコンで「ほんの数年前に」見つけられたといっている。また、美しい紫色の葉をつける種もあって、珍しい生垣をつくるのに使われることがあるが、その両方ともが今日、種苗商のリストに載っている。

　「ニワトコやブラックソーンはこれからもずっと生垣に用いられる」という田舎の諺があるが、ブラックソーンは生垣以外にも多くの用途がある。この実の汁にリネンをつけると赤っぽい色になり、洗うと明るい青に染まるが、その色はあせることがない。スローストーン〔リンボクの化石〕が新石器時代の地層

プルヌス・スピノサ
（ブラックソーン）
（EB 第692図　1851年）

からたくさん見つかることがある。イングランド南西部のグラストンベリーにある一つの丘から手押車に一杯みつかったこともある。石器時代の先祖がスロージン〔リンボクで味をつけた甘いジン〕のようなものを飲んでいたと想像したいところだが、この実が食料としてではなく染料として用いられた証拠だとイギリス人植物学者ゴッドウィンはいっている。

　アイルランド人がシャレイラというこん棒を作るのと同じように、原始人はブラックソーンからこん棒を作っていたのは間違いない。後にはこの植物の全ての部分が薬として用いられるようになった。乾燥した葉は茶の葉に混ぜたり、それだけで茶の代用品にしたり広く使用されていた。イギリスだけでも、ポートと呼ばれる酒がポルトガルで作られている量よりも多く飲まれていた頃には、スロージュースが混ぜ物としてたくさん使われていた。リチャード・ブルックは「多くの伊達男がポートワインを飲みながら、自分の履いているブーツをきれいなブラックソーンの杖で叩く時、ワインと杖が両方とも同じものから作られていることに気が付いていた者はほとんどいない」といっている。

　「花が咲く」という意味の英語 flourish は古いスコットランド語で、樹木の花、特に実のなる木の花のことを指していた。ブラックソーンの花は、普通「ブラックソーンの冬」と呼ばれる有名な悪天候が続く頃に咲く。「ブラックソーンの冬」という文句はセルボーンの田舎の人々の間で用いられているとギルバート・ホワイトが一七七五年に記録している。この灌木の樹皮がとても濃い茶色であることから、明るい色のホワイトソーンやメイ〔和名セイヨウサンザシ〕と区別するためにブラックソーンと呼ばれたのである。フランスでは「森の母」（Mère des Bois）と呼ばれるが、若苗を保護する形にひこばえで急速に広がるからである。

　ブラックソーンには多くの外国産の親戚がある。例えば、アメリカ産のサンド・チェリー（プミラ種 *P. pumila*）やロシア産の「矮性のアーモンド」（Dwarf Almond、テネラ種 *P. tenella*）や中国産のオヒヨモモ（Flowering Plum、トリローバ種 *P. triloba*）や日本産のマメザクラ（Fuji Cherry、インキーサ種 *P. incisa*）などである。さらに中央ヨーロッパの種もあって、グラウンド・チェリー（フルティコーサ種 *P. fruticosa*）がイギリスへ導入されたものの中では一番早く一五八七年である。これは、

「珍しい上に装飾にもなる」立木を作り出すために接ぎ木されたが、今日ではほとんど栽培されていないとラウドンがいっている。プミラ種についても接ぎ木の上手なラウドンが同じようなことを述べている。これは十八世紀の中頃にカナダからフランスに導入され、イギリスには一七五六年までには入った。本当に寒さに強く、庭用として最も重要なのはテネラ種とインキーサ種である。この二種が導入された時期には二三〇年の開きがある。

エイトンによれば、テネラ種（＝*Amygdalis nana*）はエディンバラの薬草園園長ジェイムズ・サザーランドがイギリスへ導入し、一六八三年にサザーランドが作ったカタログの中に入っている。一七五九年までにはロンドンの種苗園で普通に見られるようになっていた。ロシアが原産地で、これが咲くと「ヴォルガ河の広い流域が毎年火事のような色になる。丈はたいして高くはならず、低い灌木であるが、根が広くはびこるので耕作の邪魔になる」（マーティン）という。しかし、イギリスの庭では五フィートにもなる。一七八五年にマーシャルは、八重の変種は他に比べるものがないほどすばらしいといっているが、両者ともに「一番高く評価されるのは花をつける灌木」である点だということだ。一八三三年、コベットは「花と葉が同時に出ないこれらの灌木を見ると、花の美しさはどれほど葉に影響されるかがはっきりわかる」と考えていたが、今では花と葉が同時に出ると、テネラ種の美しさが損なわれると考える人はほとんどいない。特に美しいのは大きな紅色の花をつける変種で、マルティノ夫人がルーマニアで収集し、一九二九年には王立園芸協会から優秀花としてメリット賞を受けた。一八六四年メリット賞を受けた変種ゲッセリアーナ（*P. tenella* var. *gessleriana*）と「ファイアー・ヒル」（Fire Hill、一九五九年にメリット賞を受賞）は同一品種と考えられている。「ファイアー・ヒル」は春の庭で咲く最も華やかな植物の一つであるといわれている。

プルヌス・テネラ
（CBM 第161図　1791年）

マメザクラ（インキーサ種）の美しさは華やかというよりは繊細な感じである。富士山の東や南の斜面でたくさん咲いていて、とても美しいので、これを見るためにわざわざそこまで行っても十分価値があるということだ。一七八四年にツンベルクが記述しているが、二十世紀になるまでイギリスには入って来なかった。キュー植物園ではアーノルド樹木園から一九一六年に受け取ったが、エディンバラではそれより一、二年早く栽培されていたようである。インキーサ種は剪定にも強いので日本人が盆栽を作る練習に用いる種である。コリンウッド・イング

プルヌス・ヤポニカ
（和名ニワウメ）
（BR 第27図　1815年）

ラムは「ほどよい性質で手頃な大きさ」だと誉めているが、簡単に交配できるので、インカーム（×*incam*）と呼ばれる一連の交配種の片親として用いられた。この交配種の中で一番すばらしいのは「オカメ」で、一九五二年に王立園芸協会による試験栽培の結果、一般園芸家にとっての実用的価値を認められてガーデン・メリット賞を受けた。インキーサ種は一九二七年に優秀花に与えられるメリット賞を、一九三〇年にはガーデン・メリット賞を受けた。そして早いうちから花をつける変種プラエコックス（*P. incisa var. praecox*）はウィンチェスターのヒリアーが栽培したものでメリット賞を一九五七年に獲得した。

　戸外ではあまりうまくいかないが、壁に囲われた場所やストーブが入っていなくても温室の中であれば育つ二種の東洋産プルヌス（ピーチとアプリコットのグループ）がある。ヤポニカ種（*P. japonica*　和名ニワウメ）とトリローバ種（オヒヨモモ）である。両方ともに促成栽培用に用いる。ヤポニカ種はその名前にもかかわらず、中国が原産地である。これは『ボタニカル・レジスター』（一八一五）によれば「パディンドンの自分の庭で」チャールズ・グレヴィルが一八〇八年頃に育てていた。トリローバ種の中国名は「楡の葉桃」で、このほうが学名よりもその姿をよく表している。というのは、トリローバ種の葉のうち、学名のように三裂形のものはごくまれだからだ。一八五五年にロバート・フォーチュンが北京から紹介したもので、八重のピンクまたは白い花を長い小枝につける。まるでモスリンで作った造花のようであるが、春になると高級な花屋の窓辺に置かれているのが見られる。

　我々は「サクランボやスモモの実は、けっしてサクラやスモモの木以外では見られない」（チャールズ・ギブディン『ウォーターマン』一七七四）と確信を持っている。しかし、植物学者はゲッケイジュの木にも同じような果実がなると確証する。コモン・ローレルとポルトガル・ローレルはプルヌスの仲間であるからだ。コモン・ローレルと呼ばれることもあるチェリー・ローレル（ラウロケラスス種　*P. laurocerasus*　和名セイヨウバクチノキ）については、古い記録が不思議なほど多くある。これは東ヨーロッパや小アジアが原産地で、栽培種として最初に姿を見せたのはジェノヴァのオリア公の庭である。一五四六年から五〇年まで行った「つらい旅」の途中でそこに立ち寄ったピエール・ベロンが見ている。一五七六年、フランス人植物学者クルシウス（ド・レクルーズ）はウィーンで皇帝マクシミリアンに仕えていたが、コンスタンティノープルにいた皇帝派遣大使ダヴィッド・フォン・ウグナッド博士から珍しい樹木や灌木の荷物を受け取った。ところがセイヨウトチノキとトラビソン・クルマシ（*Trabison curmasi*、イギリスの「ローレル」と呼ばれるもの）以外すべて枯れてしまっていた。トラビソン・クルマシは苦労の末うまく生き返り、やがて増殖され広がった。

このセイヨウバクチノキについて、一五九七年にはまだジェラードは知らなかったが、パーキンソンは一六二九年にはジェイムズ・コールのハイゲートの庭で花をつけている木を見ている。「毎年コール氏が冬の厳しい気候からこの木を守るために毛布をかぶせていたのでうまく生き延びていた」と彼は記録している。コールはクルシウスと知り合いだったから、彼からこの木を手に入れたと考えられる。もしそうであれば、クルシウスが死んだ一六〇六年より前に受け取ったに違いない。一方、イヴリンは、それを「高貴な人」から手に入れたといっており、アランデル伯爵アレシア夫人が一六一四年にイタリアに行った帰りにキヴィタ・ヴェッキアから持ってきたともいっている。どちらにしても、一六三三年以前にはこの植物は「イギリスの庭に適したものとして選び出された多くの植物の中に入っており、葉が美しいこと、永久にとはいえなくとも長い間緑色が変わらないので、とても評判がよかった」（ジョンソン編集、ジェラードの『本草書』一六三三）。

最初、セイヨウバクチノキは寒さに弱い植物だと考えられていた。だから冬には植木鉢や桶に入れて室内で育てられていた。パーキンソンは「下の方の枝を切り込めば」立木にできるといっており、イヴリンは立木の「形と青緑の色が、最も美しいオレンジの木」に似ているといっている。彼の時代にはごく普通に生垣に用いられていた。しかしイヴリンは生垣には適さないと考えていた。つまり、「下の方の枝が小枝になってしまい、シーズンも考えないで刈り込むと枯れてしまう」というものである。だが彼の意に反してこの生垣は流行した。この灌木は十七世紀の終わりまで球やピラミッドの形に刈り込まれて傷めつけられ続けたが、その頃になると、流行が変わって、もっと自由に森や荒地にも植えられるようになった。「大きなやぶにかなり密生した状態に植えてそのまま手入れをしないでおくと、お互いが霜から身を守るようになり、かなりの高さにまで生長する」とミラーは一七五九年に述べている。一七四三年から四六年の間、第四代ベッドフォード公爵ジョンはセイヨウバクチノキをかなりの範囲にわたって植えたが、それが今も残っていればきっと途方もなくうっそうとした森になったに違いない。その当時の人々はこれを大いに誉めており、一七七六年にはよく繁茂していたという記録もあるが、今ではその跡はほとんど残っていない。「私たちはもはや森には行かないだろう。〝ローレル〟が切り倒されてしまったから。」（テオドール・ド・バンヴィー

ユ、一八九〇）

十八世紀には、セイヨウバクチノキは大人気であった。毒があること、つまり葉に青酸が含まれていることがわかっても重大な影響はなかったようである。一六六二年にはすでに、葉にアーモンドの匂いがあるので料理に用いていたことが記録されている。この木のエキスを蒸留した水はゲッケイジュ水と呼ばれ特にアイルランドで人気があったようである。一七三一年にはダブリンの医者マッデン博士が『哲学会報』の中で、強壮剤としてゲッケイジュ水を用いた結果、二人の婦人が死亡したと述べている。煎薬は「何年もの間、主婦や料理人がクリームやプディングに、おいしそうな匂い、例えばアーモンドやピーチの実の匂いをつけるために頻繁に用いていた。〝ドラム〟という飲み物を飲む人も、よくこれを混ぜた。その割合はゲッケイジュ水が一に対してブランデーが四である。こうしてどれほど頻繁に使用してもはっきりとした病状がでなかった」。ただし一七二八年九月まではあったが。この時、不運な女性が普通よりも青酸が多く入った「ドラム」を飲んだらしい。その後、犬を使ってマッデン博士はいくつかの実験を行い、致死成分があることを証明した。一七八〇年には有名な事件が起こった。セオドシウス・ブートン卿が義理の弟にゲッケイジュ水で殺されたのである。その結果弟は有罪となった。にもかかわらずゲッケイジュ水は有名なウィリアム・ベイリーズ博士（一七二四〜八七）によって広く処方されていた。フィリップスがいうように「これは血を薄めるのに驚くほどに効果」があるとベイリーズ博士も信じていた。一八三八年までには「苦いアーモンドの匂い」は探偵小説の愛好家にはごく馴染み深いものになっており、犠牲者にも警察にもすぐわかってしまうようになったので殺人を犯そうとする者には人気がなくなっていった。しかし、ごく少量の細かく刻んだセイヨウバクチノキの葉の入ったジャムの瓶は昆虫学者にとっては大切であった。

セイヨウバクチノキの高い評価が落ちていったのは、毒のせいというよりはむしろ庭づくりの流行の変化による。他の常緑樹、特にシャクナゲ類が導入されてその地位を失っていったのである。十九世紀の終わり頃にロビンソンは、ヨウシュイボタノキとニレとともに「灌木の中では貧弱な層のような種」と記した。今日では良質なもの、多くの変種の中で特に美しいものがわずかに人気を回復してきており、少なくとも一五種類には名前がついている。それぞれ葉の形や習性が異なっており、葉の一番広い変種がラティフォリア（*P. laurocerasus* var. *latifolia*）と呼ばれ、葉の一番小さな変種がザベリアーナ（*P. laurocerasus* var. *zabeliana*）と呼ばれて、様々である。

ポルトガル・ローレル（ルシタニカ種　*P. lusitanica*）についてはほとんどいうことがない。コモン・ローレルよりも耐寒性があって、もっと高貴な姿の植物であるが、ほとんど資料がない。おそらく灌木ではなく高木に分類されたためであろう。というのは、ミラーは「経験上、性質にぴったり合う土壌に植えれば大きな木になることがわかった」と述べており、コベットは「とても短いが立派な幹」になると述べている。

　コリンソンは、一七一九年にトーマス・フェアチャイルドがポルトガルから持ち帰ったものであるといっている。フェアチャイルドは「ホックストン在住の、珍品をたくさん収集している庭師で、この灌木を何年間も温室の中に入れて育てていた。その後徐々に外に出すようにして、あらゆる気候に耐えられるようになった」とのことである。実際には、この灌木は一六四八年にオックスフォード植物園で育てられて、一八二六年に切り倒されるまでそこで生きていた。鳥、特にキジはこの実が好きである。「野原に生えている実よりも、森になる実の方が味がよいことはよく知られている」から、よく森に植えられるのかもしれないとフィリップスがいっている。

　コモン・ローレル、セイヨウバクチノキの花はハエやカブトムシを介して受精する。これらの昆虫はアイルランド人が「ドラム」の中に青酸を入れるとおいしいと思ったのと同じように考えているのかもしれない。実には葉のように毒はない。ミラーも保証しているが「何の偏見もいらない。かなりたくさんの量を」食べられる。ジャムもできる。ワインも作られるが「まずくはないという人もいる」程度だとイヴリンが述べている。

　この実は「ヒナゲシと同じくらいの大きさで、黒く光った色でとても甘い」。そこでパーキンソンはこれをチェリーに分類している。リンネはチェリー、バードチェリー、アプリコット、プラムを一つの属の中に合わせてしまった。それについてミラーは「自然の境界線を越えている」と考えた。理由はチェリーとプラムは接ぎ木することができないが、もしそれが同じ属であれば、できるはずだということである。セイヨウバクチノキ（cherry-laurel）はかなり昔から勝利の象徴であるゲッケイジュ（bay-laurel）の代わりに用いられていた。その葉が冠を作るのに都合がよいからである。この植物の枝で飾られた郵便馬車がトラファルガーとワーテルローの勝利の知らせを持って国中を走った。「御者はローレルを身につけ、その護衛もローレルを身につけよ。そうすれば連中にわかるであろう。そうすれば連中にわかるであろう！」（ケネス・グレハム『ドリーム・デイズ』一八九八）

ザクロ

Punica
プニカ

ザクロ科

異国的な響きのあるポメグラネート（プニカ・グラナツム *Punica granatum*　和名ザクロ）が、少なくとも十六世紀からイギリスで栽培されていたと聞くとちょっと驚かされる。ペルシアやアフガニスタンが原産のサンザシに似た灌木で、モモと同じくらいの耐寒性を持った小形の木である。有史以前から栽培されており、地中海沿岸の国々で広く帰化している。この地域では多くの伝説や民話があり、ペルセポネの物語は、最も親しまれているものの一つである。彼女は黄泉の国でザクロの実を七粒かじったので、毎年三カ月の間黄泉の国にいなくてはならなくなったという物語である。

ザクロがいつイギリスに導入されたかははっきりしていない。ターナーは一五四八年にこれがサイオンハウスのサマーセット公爵の庭にあると記録しているが、僧院ではもっと前から栽培されていたと思われる。ジェラードは実生の若木を多く持っていたし、一五九七年には「花と実を手にするために神の余暇の仕事に参加している」と書いている。十七世紀の初めまでには、観賞用として育てられており、いくつかの八重の変種も栽培されていた。たいそう美しい八重咲きで、「すばらしく輝くような緋色の八重のプロヴィンス・ローズと同じくらいの大きさの花をつけ、絹のようなカーネーションに似ている」（一六二九）とパーキンソンが書いた種類は、一六一八年以前にジョン・トラデスカントが大陸から導入し、カンタベリーのウォットン卿の庭で育てられていた。パーキンソンは塀に面するように植えて、「花が咲いているのを見る楽しみを味わうために、我が国の冬の

プニカ・グラナツム
（和名ザクロ）
（CBM 第1832A図　1816年）

プニカ・グラナツム（果実）
（和名ザクロ）
（CBM 第1832B図　1816年）

厳しさからうまく守ってやる」必要があると考えていた。しかしイヴリンはザクロは「防寒設備に入れなくても寒さに簡単に慣らすことができ、生垣にできるほどである。一六六三年の厳しい寒さの時でも何も問題なく、また寒さ除けをしなくても私の庭で生き延びた」といっている。一六九八年にはセリア・フィーネスという人物がスタッフォードシャーのインゲスターで（戸外であることは明らかである）「私の背と同じくらいの高さの美しいザクロを見た。葉の縁が赤くて中が黄緑色の細長い形で、かなり厚く、花は白できれいな八重である」と書いている。しかも、その白の八重の変種は寒さに弱いというので有名であった。一七五九年までには、八重咲きは六種類に増えており、その中には赤と白の縦縞模様や、矮性の「ナーナ」（nana）と呼ばれる一七三一年以前にミラーが栽培していたものも含まれていた。八重の赤い花の咲く種類は、「三カ月近くも咲き続けるので、これまで知られている中で最も価値のあるものの一つとなっている」とミラーがいっている。もちろん、八重の種類には実がならない。一重のものは状態がよければ「かわいい小さな実」をつけるとイヴリンがいっている。実際、イギリスでザクロが実をつけたという記録は多くあるが、食べられるほどに大きくなったというのは珍しい。ミラーは、持っていた木が「完全な大きさの実をたくさんつけた。それらが木になっているのはとても良い眺めであるが、味がよいとはいえない」と述べている。一七六五年にフラムに近いパーソンズグリーンに住むガスクリー夫人が良質なザクロの実を収穫した。「各々の木に二ダース近く、見事な大きさできれいな血のような色の、中くらいのオレンジの大きさのものであった。中に赤くて熟れた実がつまっていた。」（コリンソン『リンネ協会会報』一〇号）豊作だった一八七四年には、バースのある家の正面に植わっている木に実が鈴なりになった。一九一一年もそうだった。一八一六年の『ボタニカル・マガジン』では、一番よい状態で花を咲かせるためには、暖かい塀に接するように植えなければならないという制約がなければ、ザクロはもっと広く栽培されるであろうと指摘されている。それは花よりもっと有益な果実を収穫するための条件である。

　イギリスで完璧なザクロがなかなかできないのは幸運というべきだろう。それは「血を腐敗させるから注意して食べなくてはならない」（ブライアント『食用植物誌』一七八三）といわれているからだ。これはペルセポネに与えるべき助言であったと

プニカ・グラナツム・ナーナ
（CBM 第634図　1803年）

思う。

　ザクロは食用以外の用途に用いるのが賢明であろう。例えば収斂性があるので薬として用いたり、皮を染めたり、また「一番上質のインクの原料になる。このインクは世界が終わっても消えることがない」とパーキンソンは一六二九年に述べている。

　ローマ人はカルタゴからザクロを手に入れた。だからその地の古い名前をとってマルス・プニカ（*Malus punica*）という名をつけた。しかしながら、花も実も両方とも「濃い赤色（Punicean）であるし、外側が赤い」のでその名前がついたとミラーはいっている。グラナツムという種小名はおそらく「穀物」を意味するグラヌム（granum）からとったのであろう。スペインのグラナダは「ムーア人が植えたと考えられているザクロがたくさん採れたから」そう呼ばれるようになったとジェラードは述べている。この果実は民主主義の象徴であるといわれることがある。理由は実の大部分はたくさんの種子〔民衆を象徴〕が占めて、価値のないがくの名残りの副花冠〔英語でクラウン（crown）といい王冠と同じ綴り〕が先の方についているからである。しかもこの副花冠はソロモン王の王冠の模様であったと考えられているのだ。

サルビア

Salvia
サルビア

シソ科

エリザベス一世の時代には、有用植物と観賞用植物との間にはまだ一線が引かれていなかった。ジェラードは、赤花で葉に斑が入ったありふれた料理用のセージ（culinary sage、サルビア・オッフィキナリス *Salvia officinalis*　和名セージ）を多くのサルビアとともに栽培していた。サルビアのうちのいくつかは、美しいからではなく薬用として有名であった。これらについては後半で記述することにしよう（料理用のセージは灌木である）。ここではまず庭に咲く草本種について述べることにする。もっとも、その中のいくつかは、いろいろな点で木とも草ともいいがたいものがあるのだが。例えば、一年草のホルミヌム種（*S. horminum*）は、紫色の苞《ほう》を花頭につけている。また古くからあるスクラレア種（*S. sclarea*　和名オニサルビア）、英語名「クレイリー」（Clary）は二年草の美しい植物である。両方とも、昔はいろいろ役に立っていた。スクラレア種の葉を蒸留して香水に入れると、ドイツワインの味つけに用いられたマスカットのような匂いが楽しめる。「イギリスではサルビアの葉をいり卵とクリームと少しの花びらとともに炒めて、食事のコースの二番目に出す。それは背中の弱い人にとくによいといわれている」とトゥルヌフォールは述べている。花びらからワインを造ることもあるが、その味は「フロンティニアックワインに似ていなくもない」とミラーは書いている。現代の庭で見られる代表的なサルビアはスクラレア種の変種のツルケスタニカ種（*S. turkestanica*）で、これはアジアや極東からきた。私自身の経験では、花にも葉にもよい匂いはないが、花の苞はよい香りがして、強く全体に漂っている。とても強烈なので、それに触れた手や袖にはその後数時間は匂いが残っている。耐寒性がある別のヨーロッパ産のプラテンシス種（*S. pratensis*）の英語名は「牧場のセージ」（Meadow Sage）で、ジェラードが栽培していた。最近ケント、コーンウォール、オックスフォードシャーで野生の状態で咲いているのが見つかっている。ヴィルガータ種（*S. virgata*）は地中海沿岸地域から一七五八年イギリスに導入された。これに近い種のネモローサ（スペルバ種、*S.*×*superba* という名の方がよく知られている）がいつイギリスに導入されたかははっきりしないが、二十世紀の初め頃であろうと考えられている。庭向きのセージの中で一番すばらしいものはハエマトーデス種（*S. haematodes*）である。これはオックスフォード植物園で一六九九年以前にボバートが栽培していた記録があるが、一九三八年にE・K・ボールズがギリシアから再度紹介するまで、姿を消していた。

サルビア・スクラレア
（和名オニサルビア）
（BR 第1003図　1826年）

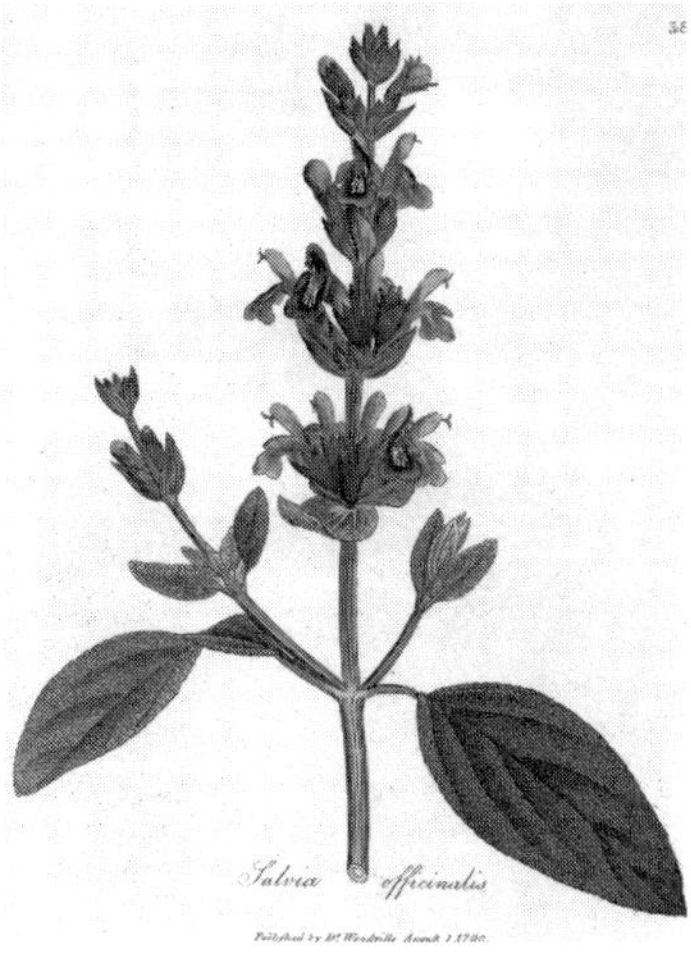

サルビア・オッフィキナリス
（和名セージ）
（MB 第38図　1790年）

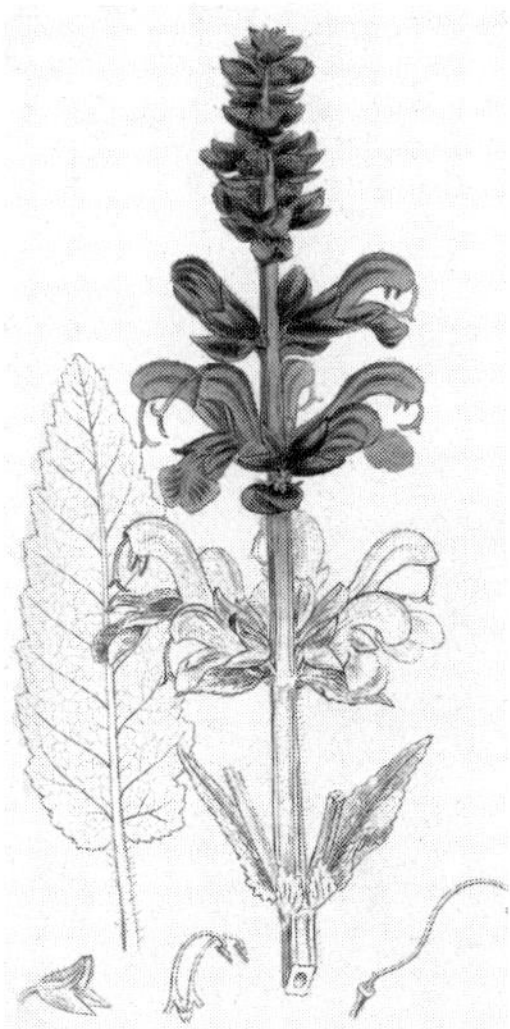

サルビア・プラテンシス
（EB 第31図　1832年）

イギリスに入ってきた外国産のサルビアにはコッキネア種（*S. cocinea*）というのがある。これは半耐寒性で、東フロリダが原産地である。一七七四年、ジョン・バートラムが初めて新世界からイギリスに送ってきた。とても美しい真紅の花冠があり、葉は「これ以上完全な形のものはないといえるほどきれいなハート形」をしている。「光り輝く真紅の色の」メキシコ産フルゲンス種（*S. fulgens*）は一八二七年までイギリスでは栽培されていなかったようである。もっともヨーロッパ大陸ではそれ以前から知られており、マーティンの編集したミラーの『庭師の辞典』（一八〇六）の中に載っている。スプレンデンス種（*S. splendens*　和名ヒゴロモソウ、サルビア）も一八二二年にメキシコからイギリスに入ってきた。スプレンデンス種は数多くの夏咲きサルビアの親であるが、ある人がいっているように、「けばけばしい夏咲きの園芸種」というのは正しい評価である（日本でサルビアといえばこれを指す）。自生地では、昆虫ではなく小鳥によって受粉が行なわれる。小鳥がその鮮やかな色に引きつけられるのであろう。華やかな青色のパテンス種（*S. patens*　和名ソライロサルビア）もメキシコ産で、一八三八年にイギリスに導入された。ラスキンはこれらのサルビアが好きでなかったようだ。アイルランドの知人に書いた手紙から引用すると、「外国産のセージは色が謙虚でない」といっている。「ヴェルヴェットのような派手な色合いの青色や真紅のものがあって、ぼかしとか淡い色合いのものはないようだ。これほど強烈な青色を見ると私は、激しさというか一種の荒々しさ、怒りの叫びとでもいえるようなものを感じずにはいられない。リンドウの青は緑がかっているし、ヤグルマソウの青は赤味を帯びている。しかし、サルビアの色はまさに青色そのものである。」しかしながら、ラスキンの意見は、テキサス産で一八四七年にイギリス

サルビア・フルゲンス
（BR 第1356図　1830年）

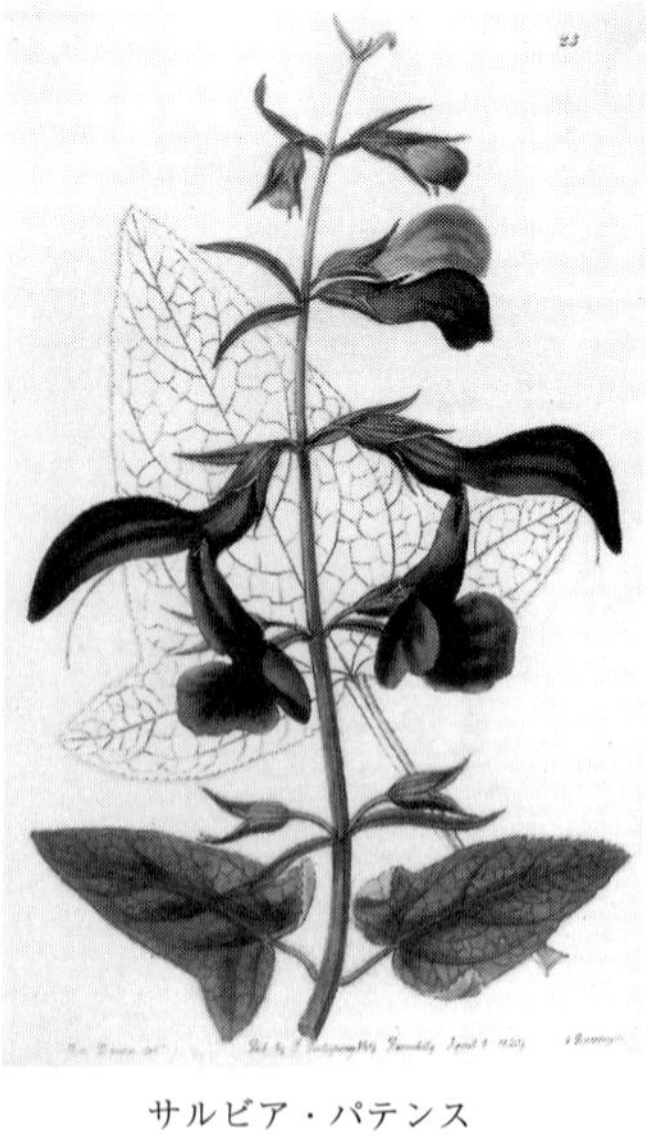

サルビア・パテンス
（BR 第25巻23図　1839年）

に導入された魅力的なファリナセア種（*S. farinacea*　和名ブルーサルビア）には当てはまらない。この花はラヴェンダーに似ており、白い粉をふいた茎に青い花の穂状花序がついている。ユダヤ人の用いている七つに枝分かれしたロウソク立ての形は、シリアが原産地であるユダイカ種（*S. judaica*）からヒントを得たものだといわれる。

　オッフィキナリス種、「コモン・セージ」は地中海沿岸産の植物である。イギリスでは、はるか昔から栽培されているが、おそらくローマ人がもたらしたものであろう。一二一三年には早くも庭に必要な植物であるという記述が現われる。サルビアという名前は「私は元気です」という意味のラテン語サルヴェオ（Salveo）からきている。イヴリンが「根気よく服用していると、不死になるというとてもすばらしい薬効を持った植物である」といっているが、そのような驚異的な効能があると信じられていた。「庭にセージを植えている人が、死ぬというようなことは一体あるだろうか？」という古いアラブの諺がある。そして「永遠に生きたいと願っている人は、五月にセージを食べなくてはならない」。すなわち、セージが開花し始める直前だが、その時に植物の持つ力が最高点に達するのである。セージをいつも使っていたために驚くほど長生きした男女の話は数多く残っている。だからピープスがゴスポートとサザンプトンの中間の地域で「墓にセージを播くのが習慣になっている墓地がある」（一六六二年四月二十六日の日記）ということを知ったのは皮肉なことである。しかしセージを口にすることは危険も伴っていた。十六世紀末の人物トーマス・ラプトンが記している話をあげてみよう。

　「ある男が恋人と一緒に庭を散歩しながら、セージの葉を二、三枚採って、それで歯と歯茎を擦っていたが、急に倒れて死んでしまった。その恋人は、どうして死んだのかを確かめてみたが、彼にはどこも悪いところはなく、ただセージで歯と歯茎を擦っていたのは見た、と証言した。彼女は判事らとともに庭に入り、事件の起こった場所で、同じセージの葉を採って彼がしていたとおりのことをして見せた。つまりセージの葉で彼女の歯と歯茎を擦ったのである。すると彼女もまもなく死んでしまったので、そばに立っていたみんなはたいへん驚いた。判事は、二人の死亡の原因がセージにあると考えて、他の人が同じ被害に会わないようにこのセージの植えてある花壇を掘り起こして、焼いてしまうようにと命じた。ところがセージの根元で、大きなカエルが見つかり、そのカエルが有害な息を問題のセージに吐きかけていたのだということになった。だが、この話は、生のセージを洗わずに食べるといったような性急の振舞いへの警告であろう。セージのまわりにヘンルーダを植えるとよい。なぜなら、カエルはけっして（そう考えられていたのであるが）ヘンルーダには近づかないからである。」

　この話は、ラプトンがボッカチオから盗作したものである。さてこの不幸な男がなぜセージで歯を擦ったのかであるが、その理由は、セージの葉は歯を白くし、歯茎を強くするので有名だからである。そして、こういうセージの利用は、二十世紀になるまで続いた。ある時私はタンブリッジ・ウェルズで、薬と一緒にセージの葉を載せた皿を手渡された経験がある。薬を飲んだあとで、歯を擦って鉄分の汚れを取るためである。セージで歯をきれいにする習慣は、歯磨粉の使用が広まったあとでもかなり長く続いていた。ある年配の看護婦が患者に向かって、歯磨粉は歯を清潔にするために、セージの葉は歯を美しくするために使うのだ、といっているのを聞いたことがある。こうしたセージの葉の威力は、葉の異常なざらつきによるものであろう。ジェラードは「擦り切れた羊毛の布に似ている」といい、トゥルヌフォールは「着古してごわごわの古いきれ」にたとえている。

　セージ・エールはとても健康によい飲み物であると考えられていた。セージ・ティーも高く評価されていた。とくに中国人はそうで、これをオランダから輸入し、中国茶三ポンドを乾燥したセージ一ポンドと交換していた時期がある。しかしセージの利用は忘れられて、モーンドが『植物園』（一八二五～四二）の中で書いているように「現代人の評価では、病気に効くからではなく、飢えをまぎらせる効果で、その地位を保っている」し、「匂いがきつい肉にかける香りのよい」ソースを作る材料としてのみ考えられている。

ジギタリス

Digitalis
ジギタリス

ゴマノハグサ科

プルプレア種（*Digitalis purpurea*　和名ジギタリス）の英語名は「狐の手袋」（Fox glove）。私たちイギリス人は、今日ジギタリスの栽培にはあまり熱心ではない。とくにイギリス自生のプルプレア種の子孫を除けば、庭で見られることは稀である。ジギタリスについてパーキンソンは、桃色と白の変種以外、述べる価値はほとんどないと考えていたふしがある。「戸外に生えている普通の紫の種類については、勝手に生やしておけばよいと私は思う」と書いているところからもそれはわかる。パーキンソンは少なくとも四つの外国産の種類を育てていた。しかし、彼より三〇年前に、多くの植物を育てていたジェラードでさえ、ルテア種（*D. lutea*）とフェルギネア種（*D. ferruginea*）の二種類しか育てていなかった。その二種については、グッドイヤーが「ピラミッドのように巨大に育つ、とても美しい植物だ」と述べている。その他の種は、例えば一六九八年にボーフォート公爵夫人が紹介したカナリエンシス種（*D. canariensis*）とか、一七九八年にジョゼフ・バンクス卿がもたらしたパルヴィフローラ種（*D. parviflora*）がある。

しかし、これらは今日、普通の庭で見かけることはない。それにもかかわらず、イギリスのありふれた自生種のジギタリスは、ゴマノハグサ科の中で少なからず興味を引くものである。心臓病に有用であるジギタリンという貴重な薬を作る原料である、イギリス自生の数少ない薬草の一つといえよう。じつに不思議であるが、この植物成分がもつ重要な効能は、比較的最近になるまで知られていなかったのである。昔の園芸家は、ジギタリスが信じられないほど多様な特質を持っていると考えていたが、本当の性質はまったく見いだせなかった。十三世紀ウェールズの「ミッドヴェイの医者」は、この植物をいろいろの症状（scrofulous）についての訴えに外用薬として処方していた。そこでジギタリスが属しているゴマノハグサ科にはスクロフラリアケアエ（Scrophulariaceae）という学前がつけられている。イタリアの諺に「ジギタリスはあらゆる病気を治す」というのがある。しかしジェラードが『本草書』を書いた十七世紀初めの時代に至るまで、外傷治療の目的に対しても、この薬草は間違った処方で使用されていた。パーキンソンは「ジギタリスは私の知っている賢明な医者はみな、薬としては用いない」といっている。今日と同じ薬用としての効能を見つけたのはバーミンガムの医者、ウィリアム・ウィザリング博士である。彼は、水腫治療のため利尿剤として紹介した。そして一七八五年に、

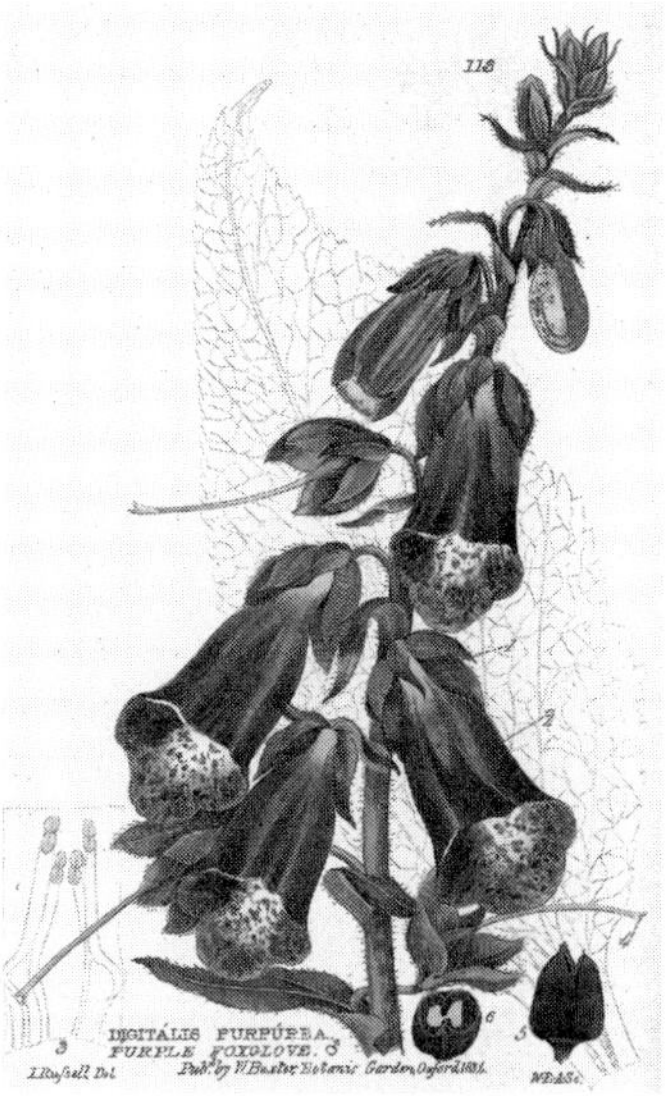

ジギタリス・プルプレア
（和名ジギタリス）
（BFP 第670図　1789年）

ジギタリス・フェルギネア
（CBM 第1828図　1816年）

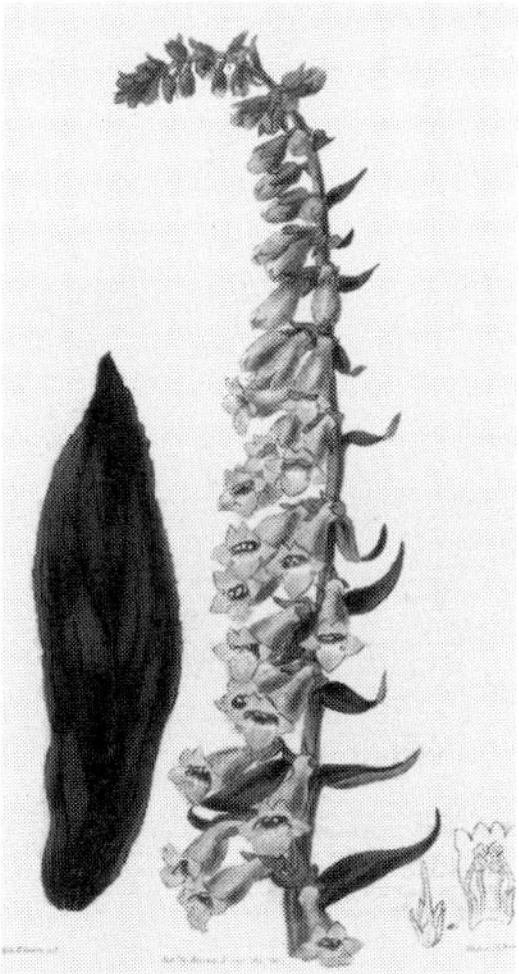

ジギタリス・ルテア
（BR 第251図　1817年）

この件に関して本を出版している。心臓の働きに対する効能は十八世紀の終わり頃まで認められなかった。その後、この効能は急速に知れわたるようになり、とくにフランスでは、「パリの薬屋は、店の柱や壁に装飾としてこの植物の絵をよく描いていた」（フィリップス　一八二二）ということだ。

ジギタリスは不吉な植物であり、メーテルリンクの言葉によれば「憂鬱なロケットのように」空に突き出ており、ライトによれば「暗い日陰の谷や、かつて鉄や石炭が採掘されていたことのある、今ではさびれた場所」に生えている。ウィリアム・ストゥークレー（一六八七〜一七六五）はドルイド（古代ケルト族の間に行なわれたドルイド教の祭司）がジギタリスを好む理由を三つ挙げている。

一、紫の花の色と形が大司教の儀式用の冠に似ていること。

二、いけにえの儀式の行なわれる夏至の頃に開花すること。

三、薬用としての効果。

かつて田舎では、「魔女の指抜き」（Witches' Thimble）、「血の付いた男の指」（Bluidy-man's Fingers）と呼ばれていたことがある。メアリー・ウェッブの『貴重な死』という小説の中では、この植物の毒性が上手に（つまり悪役として）効果的に用いられている。

十九世紀初期の植物学の権威者たちは、白花のジギタリスから自然に落ちてできた苗からは紫色の花が咲き、この花から採れた種子を注意深く保存し、春になってから播くと、親と同じ白の花が咲く、と堂々たる自信と威厳をもって語っている（同様に、八重のバルサムの種子も、播く前に三年から九年の間保存しておいた場合にのみ、八重の花が咲き、もし種子がまだ新しいうちに播くと、みな一重になってしまう）。ケントではこの茎から傘の柄が作られたことがあった。ノースウェールズでは、この葉から石細工に色をつける染料を採ったといわれている。

フックスは一五四二年にこの仲間に「ジギタリス（*Digitalis*）、すなわち、指の花（Finger-flower）」という名前を与えた。パーキンソンは『太陽の苑、地上の楽園』（一六二九）の中で「これらの花を指の花と呼ぶ人もいる。それが指先を切り取った手袋の形に似ているからである」と書いている。それ以前には、ギリシア語でもラテン語でもこの植物には名前が付いていなかった。アーサー・スタンレーは、溝の中に生えているから、「溝の草」（Ditch-tails）と呼ばれるのだと考えている庭師が昔いたと述べている。英語名はアングロ・サクソン語の「フォックス・グルウ」（Foxes-gleow）からきている。グルウは鈴をアーチ状の支柱に大きさの順番に並べてある楽器のことである。ノルウエー語でもやはりキツネに関係して「キツネの鈴」とか「キツネの音楽」という名である。その他これにぴったりの英語名の例としては、「パタパタゆれる尾」（Floppydock）とか「フロウスター・ドッケン」（Flowster-docken）というのがある。

シクラメン

Cyclamen
シクラメン

サクラソウ科

ヘデラエフォリウム種（*Cyclamen hederaefolium*）は、イギリスでは根を薬用にする植物として知られていた。「薬屋にある普通のマルバシクラメン」と呼ばれ、我々が庭の花として育てるようになるずっと以前から知られていた。シクラメンは驚くほど多種多様な病状に処方された。「髪の毛が抜けるような場合は、この植物を用いる。鼻に入れるのである」とアプレイウスは『本草書』に書いている。それから六〇〇年後クリスパン・ド・パスは、「この根は、毒消しとして用いると効果があるといわれる」と記している。しかし、この植物がたいへん価値があるのは出産の際に助けになることである。とはいえ、とても薬効が強いのでターナーは、「妊娠している女性が服用し過ぎると、危険である」と警告している。そしてジェラードは、偶然にシクラメンを踏んだ女性が流産するといけないので、自分が育てているシクラメンのまわりには木で柵をするという配慮をしている。彼はまた、「細かく砕いて、小さな平たいケーキを作り、本人に知られないように食べさせると、恋するようにしむけられる媚薬になる」といっている。しかしパーキンソンは、完全に啓蒙思想が広まった後の時代に書いているので、このことについてはさらに懐疑的で、「しかし惚れ薬としての効果については、私は単なる作り話であると思う」といっている。

ターナーは一五五一年に、まだイギリスでシクラメンが育っているのを見ていなかった。しかしジェラードは、一五九七年

シクラメン・ヘデラエフォリウム
（CBM 第1001図　1807年）

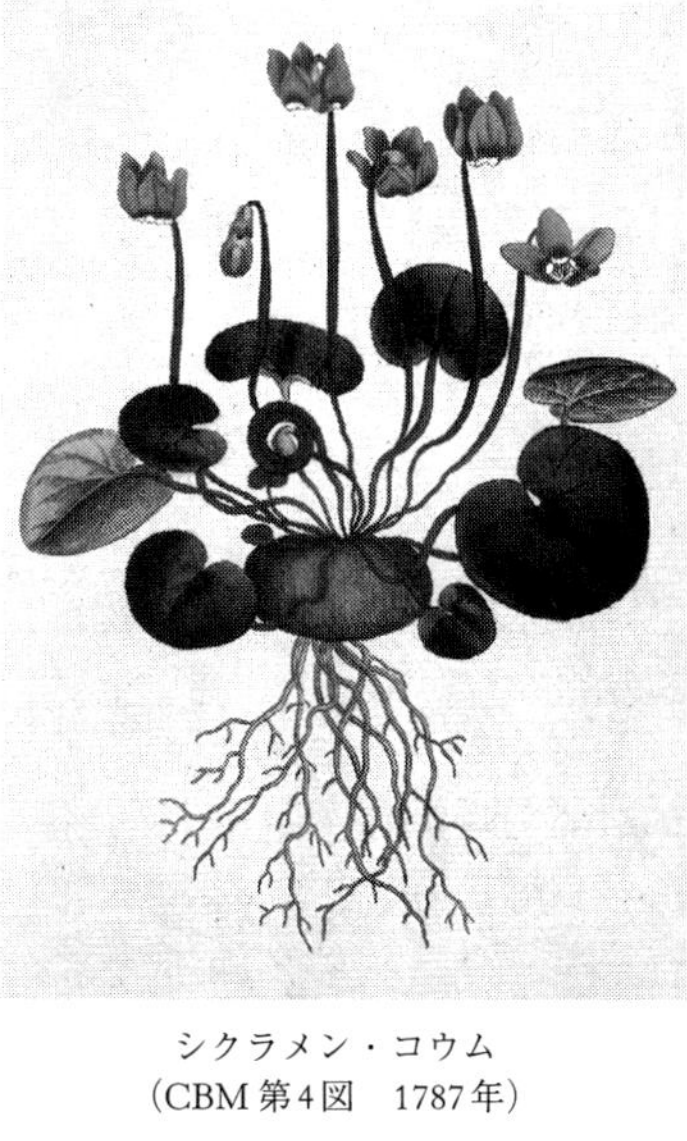

シクラメン・コウム
（CBM 第4図　1787年）

にすでに二種類を育てていた。一つは丸葉のコウム種（*C. coum*）である。この名はCousとかCosと呼ばれるトルコ島からきているが、もはやその島では見られない。もう一つはヘデラエフォリウム種である。エウロパエウム種（*C. europaeum*）は一六〇五年にウィリアム・コイズが作った庭の植物一覧表にその名が見える。パーキンソンは一〇種類ほど育てており、その中にはヴェルヌム種（*C. vernum*）の名がみえる。

　ジェラードとパーキンソンは、この植物の自生地がどこかについては考えが異なっている。ジェラードは「十分に信用できる人から聞いたのであるが、シクラメンことソーブレッドはウエールズの山や、リンカンシャーやサマセットシャーの丘に生えている」といっている。しかしパーキンソンは「私は、とにかくイギリスのどの地域でもよいからシクラメンを見つけたことがあるかと人々に詳しく尋ねてみたが、誰もがシクラメンを見かけたことはなく、またそんな話も聞いたことがないとはっきり言明した」といっている。エウロパエウム種は今では、ケント、サセックス、サリーで帰化しているが、自生種とは考えられていない。「ちょっと驚いて後向きに傾けたときの子ウサギの耳のようなシクラメン……」（サックヴィル＝ウェスト『庭』一九四六）は種子から育てるのが難しくない。「この慎ましい植物で庭を飾るのに、ほとんど苦労はないし注意もいらない。しかし、釣り人と同じくらいの忍耐が庭師に要求されるであろう。なぜなら、苗が花をつけるまでには数年かかるからである」と一七五七年にジョン・ヒルが書いている。ハンベリーは約二〇年後にほぼ同じ言葉を述べている。しかし、庭師たちにはその必要な忍耐が欠けていたようだ。というのは、十九世紀になっても、耐寒性のシクラメンは広まってはいなかったからである。「立派な庭を二〇挙げたとしても、その中でシクラメンを収集している庭はない」とモーンドは書いている。

　ペルシクム種（*C. persicum*　和名シクラメン）は温室用園芸種シクラメンの親である。これは一六五九年のトーマス・ハンマー卿の『庭の本』では、新しくイギリスに導入された珍しい植物であると述べられている。私はビートン夫人の記述を引用せずにはいられない。それによればこの花は「たいそう美しく、優雅な貴婦人のようで、とても簡単に栽培できるから、だれでもこの宝石のような花を居間の窓辺でも、温室ででも楽しむことができる」。

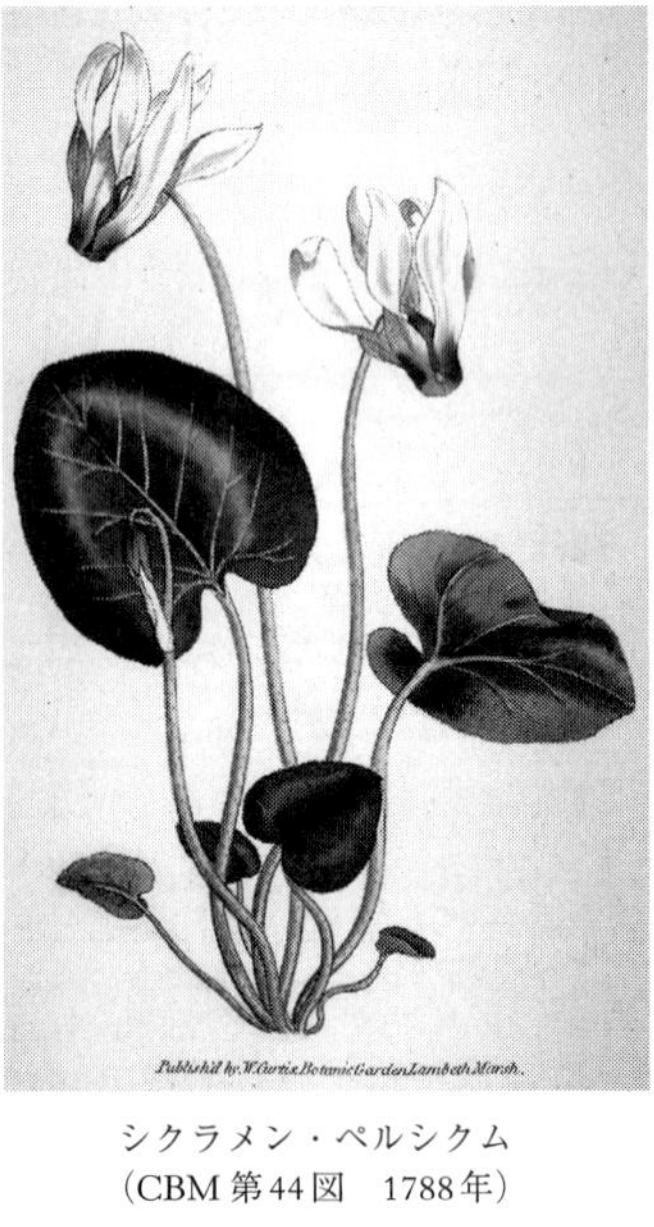

シクラメン・ペルシクム
（CBM第44図　1788年）

名前については説明がたくさんなされている。例えば、輪を意味するギリシア語のcyclosからきたというもの。もっとも妥当なのは、花が咲いた後の茎が、螺旋《らせん》状に曲がるという特徴からその名ができたというものである。「頭状花、果皮は萎み、葉柄が曲がり、茎がケーブルのような螺旋状に巻く」とパーキンソンが書いているが、英語名「雌豚のパン」(sowbread)はターナーがつけた名に由来する。「イギリスに持ち込まれたとしても、またはイギリスのどこかで見つけられたとしても、名無しであるということがないように私はこれに〝雌豚のパン〟(sawesbread)という名をつける。」これはフランス名「パン・ド・ポルソー(pain de porceau　豚のパン)」の文字通りの翻訳である。だがどうしてこういう名前がついたのか理解しにくい。なぜなら、一般に、この根は豚には毒だといわれているから。しかし、リンドレイは彼の著書『植物学体系』の中で、「えぐ味があるので有名であるが、シチリアでは豚の主要なエサである」と説明している。

シモツケ

Spiraea
スピラエア

バラ科

スピラエア属(和名シモツケ属)の植物は、どれもよく似た姿をしているのに、種類が多くて習性が様々なので、植物学者にとっては悩みのタネである。以前スピラエアに分類されていた植物には八グループあったが、例えば草本のアスティルベ(*Astilbe*　和名チダケサシ属〔アワモリショウマなどを含む〕)やフィリペンドゥラ(*Filipendula*　和名シモツケソウ属)、灌木のホロディスクス(*Holodiscus*)やソルバリア(*Sorbaria*　和名ホザキナナカマド属)などが独自の属となって、その数は少なくなった。それでも、約八〇種がまだスピラエアに分類されており、その中には庭で交雑したものが多いが、自然に交雑したものもある。ロビンソンの『イギリスの花の庭』に寄稿したある人は、スピラエアは大切な植物だが、種類が多すぎる上に、それぞれが非常によく似ており、開花時期がほぼ同じであると不平を述べている。さらに彼は、一ダース以上のスピラエアの品種が必要な庭はまずないとも考えていたようだ。

　スピラエアは二グループに分けられる。つまり前年枝に、きれいな日傘か花嫁の持つ花束のような形で白い花が咲く散形花序ないしは散房花序のグループと、当年枝の先で穂状、またはてっぺんが平らに白、ピンク、赤の花をつけるグループとがある。

最初にヨーロッパで記録された種は後者のグループに属しているサリキフォリア種（*Spiraea salicifolia*　和名ホザキシモツケ）で、テオフラストスがスピラエアといっている灌木はこれであるとクルシウスが同定した記録がある。これをテオフラストスは下穂をつける樹木の中に入れていた。ウィーンのクルシウスの所にブリガ公爵おかかえの薬剤師のシベシウスという人がシレジアから送ったのである。シベシウスはこれをライラックの一種であると考えていた。イギリスでは一六四〇年以前に栽培されていた記録はない。というのはパーキンソンは孫引きで「テオフラストスは下穂状のヤナギと記述しているとクルシウスがいった」と記録しているからである。しかし一六六五年に、レイが「普通のスピラエア・フルテクス（*S. frutex*）」といっており、それ以来イギリスでは至る所で帰化していったので、後に植物学者がイギリスの自生種と間違えたほどである。分布は東ヨーロッパ及びアジアに近いロシアから日本まで広がっている。フィリップスは「流刑に処せられたロシア人を慰めるためにスピラエアは荒涼とした地域で育つ。恐ろしい専制君主はうんざりするような所で人生の盛りを無駄に過ごさせるように、罪人をシベリアに送ったのである」といっている。フィリップスはスピラエアのことを「珍しくてしかも美しい」と見ていたし、またこの小花を「妖精ティターニアの針刺し」と呼んでいる。「その花は薄い赤であり」、「四ないし五インチの長さの小枝にびっしりと花をつける姿はすばらしい。根元から出ている生命力ある若枝は弾力性があり、先にいくほど細くなっていて、

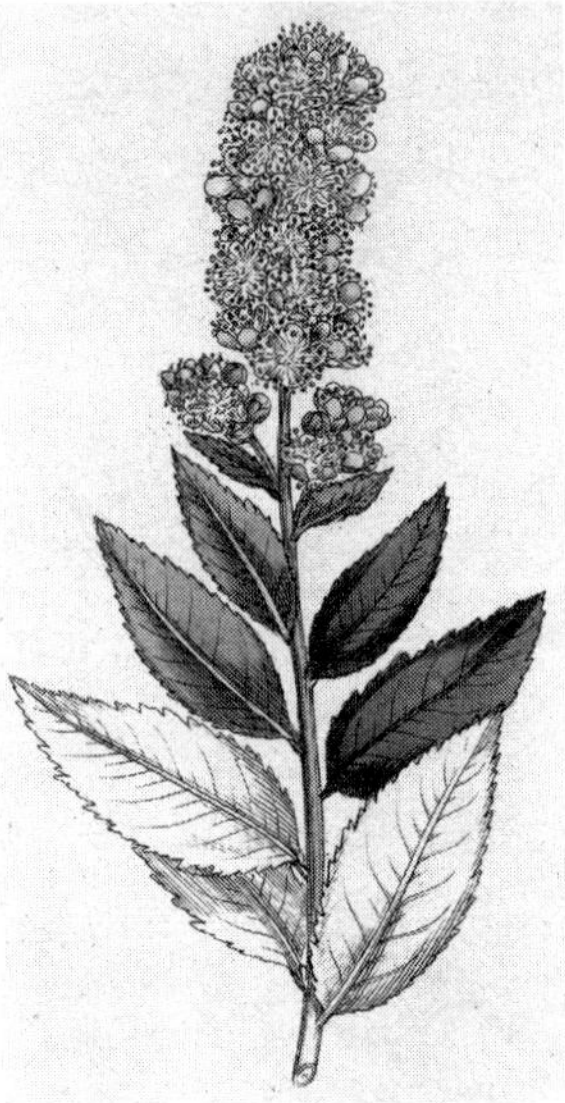

スピラエア・サリキフォリア
（和名ホザキシモツケ）
（EB第702図　1851年）

スピラエア・プルニフォリア
（和名シジミバナ）
（シーボルト、ツッカリーニ
『日本植物誌』第70図　1840年）

これから上等の乗馬用の鞭が作られる。」

プルニフォリア種（*S. prunifolia*　和名ジジミバナ）の中国名の一つは「乗馬用の鞭」であるとマーシャルがいっている。この灌木の英語名は「花嫁の草」（Bridewort）とか「女王の針仕事」（Queen's Needlework）で、一時は二〇もの変種があった。しかし同じくらいの大きさに育つアメリカ産のスピラエアに駆逐されてしまった。アメリカ産の種の方が濃い色の花をつける。その赤の色相はきつく、吸取紙の色からアニリン染料の色にまでスピラエアのピンク色とか赤色という呼び名が付けられているが、それは決して美しい色の代名詞ではない。

アメリカ産の種類の中で最初にイギリスに導入されたのはトメントーサ種（*S. tomentosa*）で一七三六年のことである。しかし、これは今ではほとんど育てられていない。一八二七年にダグラスがイギリスに送った種子からグラスゴー植物園が育てあげた有名なダグラシー種（*S. douglasii*）ときわめてよく似ているからである。トメントーサ種は北アメリカ東部から導入されたが、ダグラシー種は西部から導入された。もう一つたいへんよく似た種メンジーシー種（*S.menziesii*）が一八三八年に導入された。メンジーシー種はサリキフォリア種とダグラシー種との交配種であることが証明されるであろうとビーンは考えている。もしこれが一つの種であるならば、その変種エクシミア（*S. menziesii* var. *eximia*）とトリアンファンス（*S. menziesii* var. *triumphans*）は交配種の親ということになるかもしれないといっている。トリアンファンスはこのタイプの中の代表で、最も多く庭で栽培されている。人気の点でこれのライバルといえるのは、ヤポニカ種（*S. japonica*　和名シモツケ）の変種がいくつかあるだけである。ヤポニカ種は一八七〇年に日本から導入されたピンクの花を頂生の散房花序につける種類である。

たくさんある園芸種の中に矮性の「ブマルダ」（Bumalda）というのがあって、これから有名な「アンソニー・ウォーターラー」（Anthony Waterer）が一八九〇年以前にナップ・ヒルの種苗園で作り出された。これは「ブマルダ」よりも花の色が濃いということ以外は、よく似ている。スピラエアに典型的に見られる真紅色は、ピンクとクリーム色の斑がなかなか魅力的な葉のおかげで、色合いがいくぶん和らげられている。矮性のブラータ種（*S. bullata*）はマキシモヴィッチが一八六四年に日本から持ち帰り、イギリスでは一八七九年に栽培された品種であるが、その赤色は遠くから見る分には我慢できる色である。ほとんど黒といってよい濃緑色の小さな葉によって花の色は緩和されている。

白花のスピラエアの栽培はヒペリキフォリア種（*S. hypericifolia*）から始まった。この種小名は葉がオトギリソウ属（*Hypericum*）の葉と同じで貫生葉であることによる。イギリスでは一六四〇年以前から栽培され、非常に高い評価を得ていたようである。マーシャルは「表現できないほど美しく優雅であり」、「小さな花がたくさん集まっているのだけれど、まるで一塊の花

スピラエア・カマエドリフォリア
（BR 第1222図　1829年）

のような様子」をしていると述べている。これはアメリカから来たとパーキンソンは考えており、ミラーはカナダであると述べている。実際にはヨーロッパ南西部からシベリアやアジアにまで広く分布しているが、アメリカ大陸には分布していない。すばらしい交配種クレナータ（*S. crenata*）の片親であるから、最も重要なスピラエアであると考えられている。カマエドリフォリア種（*S. chamaedryfolia*）についても似たような記述がなされているが、クレナータ種はアジアにまで広がっていないし、カマエドリフォリア種はヨーロッパに分布していないという点が異なる。クレナータ種は一七三九年にイギリスへ導入され、カマエドリフォリア種はその後約五〇年経って導入された。カマエドリフォリア種の花は「大きくて、白く、かすかに悪臭があり、散るのが早い」とマーティンが書いている。これは生垣に適するともいっているが、「六月に灌木が花で覆われるから」である。カムチャツカでは、このスピラエアの葉は紅茶の葉の代用品として用いられる。

さらに東に進み、さらに時代が下ってくると、八重咲きの中国産プルニフォリア種（*S. prunifolia* fl. pl.）に出会う。これは一八四四年にロバート・フォーチュンによってイギリスへ導入された。ブレットシュナイダーによると、一八四五年頃シーボルトが紹介し、ファン・フートが広めたとビーンは述べているとある。これは中国で愛好された庭向きの植物で、「えくぼ花」という意味の名前がついている。これはよく墓に植えられた。八重の形はまったく規則的で完璧であると書かれている。おまけに秋には美しく紅葉する。さらに東に進み、さらに二〇年経

スピラエア・ツンベルギー
（和名ユキヤナギ）
（シーボルト、ツッカリーニ
『日本植物誌』第69図　1840年）

つと日本からツンベルギー種（*S. thunbergii*　和名ユキヤナギ）が一八六三年頃にイギリスにもたらされた。すべてのスピラエアの中で一番早くから花をつけるようになる。つまり四月には小さな白い花が葉の出ていない小枝につくのである。これも秋には鮮やかな紅葉が見られる。一時、これは促成栽培用として人気があった。日本では園芸用に栽培されていたが、中国自生種である。あと三種類ヘンリー種（*S. henryi*）、ヴィーチー種（*S. veitchii*）、ウィルソニー種（*S. wilsonii*）も中国自生で、一九〇〇年にヴィーチ商会のためにE・H・ウィルソンが紹介した。

　多くの庭向きの交配種が作り出されている中でアルグータ種（*S.*×*arguta*）が傑出している。これの親はツンベルギー種とクレナータ種とヒペリキフォリア種であると考えられているが、ツンベルギー種の影響が一番強い。これは「花嫁の花冠」（Bridal Wreath）とか「五月の泡」（Foam of May）と呼ばれている。スピラエアの中で一番古いものではないが、最高の種で、一八九七年以前から栽培されていた。ヴァン・ホウテイ種（*S.*×*van houttei*）は一八六二年頃パリ近郊のフォントネー・オー・ローズでビリアールという人が作り出した。これはカントニエンシス種（*S. cantoniensis*　和名コデマリ）の片親であった。カントニエンシス種は寒さに弱くて、イギリスでは戸外では育たない。その交配種は春先の霜で被害を受けると考えられているが、促成栽培用として室内で多く育てられている。

　属名は「ねじれ」とか「螺旋状」とか「渦巻」という意味のギリシア語のspeiraから来ている。この名前は初めはメドウスウィート（meadowsweet、かつてはスピラエアに属していたが、今はシモツケソウ属の*Filipendula ulmaria*である）に対して使っていたらしい。というのは、これから花輪を作ったからである。だが、やはりこの名前は小枝いっぱいに白い花をつける植物に対して用いるのが最もふさわしい。

スピラエア・カントニエンシス
（和名コデマリ）
（BR 第30巻10図　1844年）

シャクヤク（ボタン）

Paeonia
パエオニア

ボタン科

パエオニアの根は深く長いが、その歴史も長く過去にまでさかのぼる。中国における栽培の歴史と象徴としてのパエオニアについては何冊でも本が書けるほどである。日本では木本性の種〔ボタン〕と草本性の種〔シャクヤク〕の両方が八世紀には栽培されていた。プリニウスはパエオニアをすべての植物の中で一番古いものであるといっている。パエオニアという名前は、プルートがヘラクレスから受けた傷を治すために、この植物の根を用いた医者のパエオン（Paeon）から取られている。パエオンは怪我を治す神として崇められ、時に太陽神のアポロと同一視される。だから彼を称える歌がピーアン（paean）という名で知られるようになった。パエオニアは「グリキーサイド」という別名を持つが、その名はテオフラストスの『植物探索』（三二〇年頃）の中に描写されている。「雌」と「雄」との区別はディオスコリデスが行なった。パエオニアについて昔の人々は恐れに近い尊敬の念をもって見ていた。ギリシア人は、キツツキはパエオニアの根を抜こうとする人の目を突つくから、それを防ぐために、根を集めるなら深夜でなくてはならないとか、マンドラゴラと同じで、腹をすかせた犬をパエオニアの根に紐で繋ぎ、この犬を焼いた肉の匂いでおびきよせて根をひき抜かせるようにしなくてはならない、と言い伝えていたようだ。というのも根がひき抜かれる時にパエオニアが出す嘆きの声を聞いた人は必ず死ぬ運命になると信じていたからである。この迷信は、植物によっては種子が燐光を発し、夜に青白く光るという事実からきているのかもしれない。だから、「パエオニアの多くは夜に見つかり、羊飼いが集めたという話がある。……しかしこんな話はみな、ばかげており、取るに足らない」とジェラードはいっている。「というのは、パエオニアの根はマンドラゴラと同じく、一年中いつでも、また昼でも夜でも移植することができるのだから。」

マスクラ種（*Paeonia mascula*＝コラリナ種 *P. corallina*）の英語名は「雄のパエオニア」（The Male Peionic）。このパエオニ

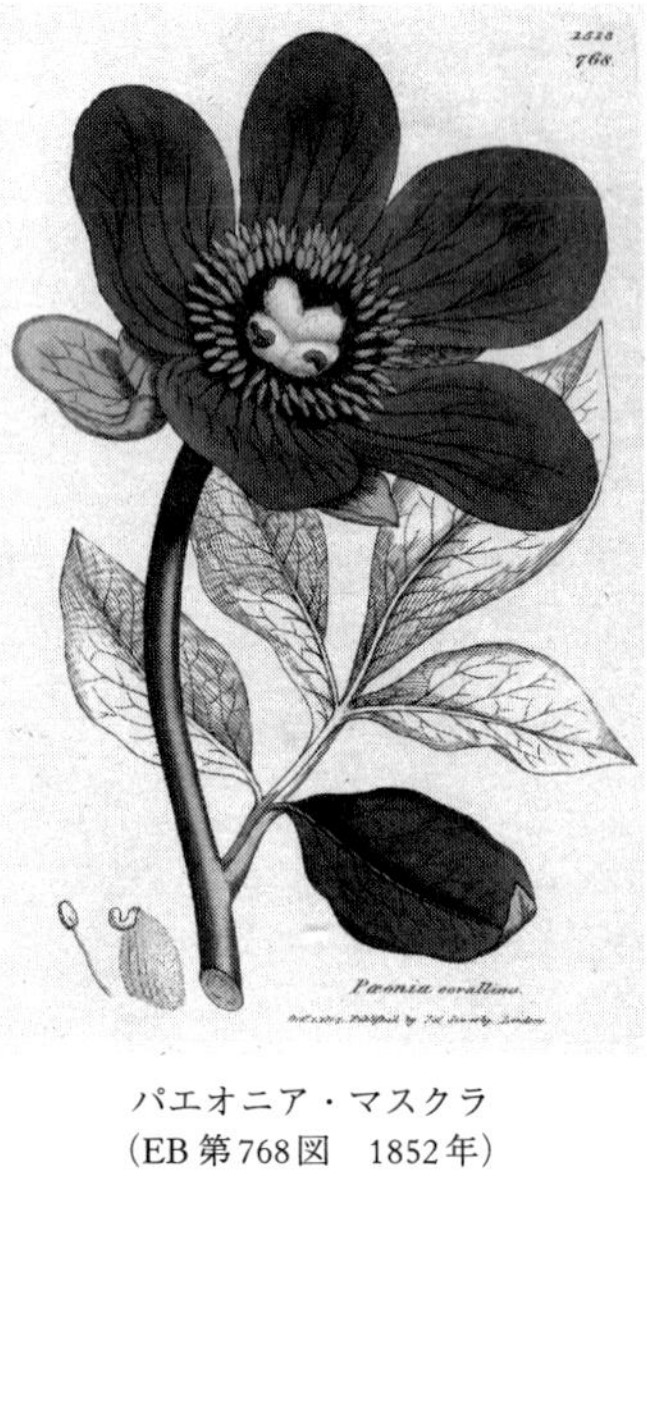

パエオニア・マスクラ
（EB 第768図　1852年）

パエオニア・オッフィキナリス
（CBM 第1784図　1815年）

アはイギリスではじめて知られるようになって以来ずっと、イギリスの自生種であると考えられてきた。ジェラードはグレイブズエンド近郊の、ある養兎場で野生の状態で咲いているのを見つけたと書いているが、死後二〇年経って、彼の本を編集したジョンソンはこれを疑問視して「この著者自身がパエオニアをそこに植えて、その後再び偶然見つけたのではないか」と述べている。スティープホーム島ではまだ野生の状態で咲いていて、丹精込めて世話されており、言い伝えによれば、歴史家のギルダスがこの島に導入したものだという。ギルダスは、六世紀のサクソン族の侵入の頃に、この島に避難していた人である。しかし、このパエオニアは、おそらく聖ミカエル修道院の庭から逃げ出したものであろう。この修道院はかつて崖の上に建っていた。同じ野生の状態のパエオニアが以前コッツウォルド丘陵のウインチコムの近所で見かった。ここにも八世紀には修道院があったのだ。このパエオニアは今日の庭では珍しいものである。

オッフィキナリス種（*P. officinalis*）、英語名「雌のパエオニア」（Female Peionie）はクレタ島もしくは、地中海沿岸地方から一五四八年以前にイギリスに導入された。その後二〇年経ってターナーは「田舎でごく普通に見られる。私がこれまで見たものの内で一番美しいのは、ニューベリーの金持ちの服屋の庭にあった」といっている。その「金持ちの服屋」は花をアントワープから手に入れたのかもしれない。というのは、アントワープでは八重咲きのものがこの頃に現われており、一本一二クラウンという高い値段で売られていたからである。これは真紅のパエオニアで、今ではほとんど至る所で普通に見られる。花言葉は「羞恥心」である。どうやらそれは「悪臭」のために顔が赤くなるからであろうと思われる。同じ種の変種で八重の白花は一五九七年には、噂でのみ知られていたが、まだイギリスに紹介されていなかった。ジェラードは「フランドルから」すぐに手に入るであろうと期待していると書いている。すでに述べた二種類と、八重の庭園向きの変種二種類の他に、パーキンソンは一六二九年にアリエティナ種（*P. arietina*）とバルカン地方からきた明るいペレグリナ種（*P. peregrina*）を育てていた。ペレグリナ種は、昔の植物学者には「ビザンティーナ」という名前で知られていたものである。「ビザンティーナ」と呼ぶ理由はその根がコンスタンティノープルからイギリスに入ったからである。

ラクティフローラ種（*P. lactiflora*＝アルビフローラ種 *P. albiflora*＝エドゥリス種 *P. edulis*）は一七八四年頃にロシア人の旅行家パラスによってイギリスに導入された。彼はシベリアで咲いているのを見つけ、学名をつけた。ドーリア人やモンゴル人はこのパエオニアの根をスープに入れて煮込んだり、細かく挽いた種子をお茶に入れていたといわれる。本書中でも豊富に例を挙げているが、人は何でも食べるものである。そのため最初に導入されたものは、姿を消してしまったようである。イギリスに再度現われたものはジョゼフ・バンクス卿が一八〇五年に手に入れたものである。甘い匂いのする種類は「中国の」シャクヤクの親であり、この「ミルク色の花の咲く」パエオニアが赤や紫の子孫を生み出したということがわかって植物学者は驚いた。その他の名前は「まったくばかげている」から、エドゥリス（食べられる、という意味）種の変種シネンシスという学名を復活させようとの試みがなされた。しかし、植物命名法の規則によれば、古い方の命名を使わなくてはならない。ラクティフローラ種の庭向きの美しい花が十九世紀の初め頃にたくさん中国から導入され、これら新しく入ってきた種類は、すぐにフランスとイギリス両国の庭で栽培されるようになった。グレニーは一八五一年に「最近輸入されるものを用いて、大幅な改良種を作り出せそうだ。種の交配を行なうたいそう興味深い機会が我々に与えられると考えるとじつに嬉しい」ことであるといっている。しかしパエオニアの専門家と言える最初のイギリスの庭師が現われたのは一八六五年頃である。それはジェイムズ・ケルウェイという人物である。一八〇八年、黄色のパエオニアのものだと思われた種子が、広東のジョン・リヴィングストーンからフラムのレジナルド・ホイットレーという種苗商

パエオニア・ペレグリナ
（CBM 第1050図　1807年）

パエオニア・ラクティフローラ
（CBM 第1756図　1815年）

の所に送られた。ところがその種子からは茎の長い芳香のある半八重の白花が咲いた。これは今もパエオニア・ウィットレイ（ラクティフローラ種）という名で手に入れることができるし、切り花として人気がある。

　ボタンについては多くの文献があるが、スッフルティコーサ種（*P. suffruticosa*＝モウタン種 *P. moutan*）は中国で、はるか昔から栽培されており、すでに十世紀には三九種類の変種があった。ここではごく簡単に説明しよう。実際、正確に言えば、灌木で、丈が六フィートにまでなるようなものがあり、一度に三～四〇〇の花をつけ（花はどれも六～七インチの大きさになる）二〇〇年以上も生き続ける。このパエオニアの中国名の一つは「最も美しい」という意味で、中国で一番人気が出た時期には、選ばれた変種の一本が金一〇〇オンスで売られたという。イギリスでは、中国の絵画や刺繍、宣教師や旅行者の報告書を通して評判だけが知られていた。しかしこのパエオニアは王宮の庭や高級官吏の庭の中で囲われ厳重に監視されていたので、イギリスには一七八七年まで姿を見せなかった。その年ジョゼフ・バンクス卿は東インド会社の医師、ジョン・ダンカン博士に、キュー植物園のために標本を手に入れるようにという指令を出した。さらに別の種類は一七九四年に手に入ったが、これ以外の種の多くは十九世紀にロバート・フォーチュンがイギリスに送ってきたものである。しかし値段は長い間ずっと下がらず、一八三〇年代には変種一つに六ギニーも払わなければならなかった。これら貴重な植物は「開花させたり、花の興奮をなだめるために」（リンドレイ＆パクストン『花壇』一八八二～八四）北側の塀の下で育てると一番うまく育ったといわれる。

　一六九八年頃の中国の書物に、陝西省にあるムータンシャンと呼ばれる丘がパエオニアの花でまっ赤になり、あたり一面その匂いでむせかえるという記述があるが、収集家のウィリアム・パードムが一九二一年頃にこの地域を探検した時には、パエオニアはまったく見つからなかった。しかし、彼は甘粛とチベットとの国境付近で野生の赤い花の咲くボタンを見つけていた。一九一四年には同じ地域でレジナルド・ファーラーが大形の白いパエオニアを発見した。「雄」のパエオニア（マスクラ種）の種子は、『農夫ピアーズ』（一三八〇）の中に記述があり、イギリスではアングロ・サクソンの時代に香辛料としてまた魔除けとして用いられていたことがわかる。ワインや蜂蜜酒の中に入れておくと、それは「エフィアルティス（悪夢を見るように仕向ける悪魔）とか悪夢にうなされる病気」（ジェラード）の「特製治療薬」になると考えられていた。マスクラ種とオッフィキナリス種の根は十六～七世紀には「英語でフォーリング・シックネスと表現されるてんかん性の病気全部に効く貴重な特効薬」（パーキンソン）であると高く評価されていた。子供の場合には、首の周りにパエオニアの根を掛けてやるだけで十分であるといわれた。カルペッパーは、「医者は雄のパエオニアの根が最高だというが、〝理性《リーズン》〟博士は雄のパエオニアは男の人に一番よく効き、雌のパエオニアは女の人に一番よく効くといった。博士は自分の弟というべき〝経験《エクスペリエンス》〟博士にこのことの真偽を判断してもらいたいと思っているようだ」と書いている。十八世紀に入ると、パエオニアの根はだんだん顧みられることがなくなった。もっとも、一七一九年に「子供の歯が生える時に起こるひきつけを防ぐために、世間の人はよく用いる」（トゥルヌフォール）と書かれたものが見られるけれども。

〔訳註〕パエオニア属のうち、草本性のものを総称してシャクヤク、木本性のものをボタンと呼ぶ。別項「ボタン」も参照。

ジャスミン

Jasminum
ヤスミヌム

モクセイ科

つる植物であるか、灌木であるか、はっきり決定されていない属である。つる性とされているジャスミンの多くは、這い回って薮をつくり大きくなるが、灌木として分類されるものの多くは、最盛期には、壁によりかかるようにしなる。ガーデン・ジャスミンの中でつる性でないのは小形のパルケリ種（*Jasminum parkeri*）だけで、R・N・パーカーが一九一九年にインドの北西部で見つけ、一九二三年にイギリスに紹介した。丈は三〇センチもない。ローズピンクのものもあるが、黄色や白の花をつける約二〇〇種があって、そのうち一二ないし一四種は、イギリスで栽培されている。ほとんどすべての白い花の咲く種は、その匂いが強くて甘いので驚くほどであるが、黄色のものの大部分は、匂いはほとんど、または、まったくない。この属は、モクセイ科に属し、やはり芳香のあるライラックやモクセイがその仲間である。

　オッフィキナーレ種（*J. officinale*）は、普通の白い花が咲くジャスミンである。とても古くからイギリスにあって、広く栽培されており、自生地がどこかはっきりしない。ペルシア、インド北部、そしておそらく中国が原産地であろうと信じられているが、リーによれば三世紀にはサンバック種（*J. sambac*）とオッフィキナーレ種は、中国では「外国産の」植物と記録されているし、九世紀には、生息地として、ビザンティンとペルシアがそれぞれ挙げられている。オッフィキナーレ種の中国名は「Yeh-hsi-ming」で、明らかにペルシアやアラビアでの名前の翻訳である。一八二五年には、『ボタニカル・レジスター』の中に、「かつて何人かのロシア人博物学者が」、これはコーカサスの黒海地域で野生の状態で生えていると信じていたという報告がある。ヨーロッパでこれがどのように広がっていったかについては、一四五三年、トルコがコンスタンティノープルを占領した後、トルコ人がこれをさらに西へと運んだという説がある。ヨーロッパの南では、かなり昔から帰化していたので、リンネは誤って、スイスの自生種であると考えていた。しかしオッフィキナーレ種は、ターナーが一五四八年に著書『本草書』を書く前から、すでにロンドンの庭では普通に見られるものであった。

ヤスミヌム・オッフィキナーレ
（CBM 第31図　1787年）

これほど古い歴史をもち、しかもこれほど広い範囲に分布している植物であるのに、白い花が咲くジャスミンは驚くほど園芸種が少ない。おそらく、種子での増殖がめったになかったからであろう。イギリスよりも、もっと暖かい国でさえも、それほど簡単に種子はできないのである。十八世紀には、銀や金色の斑入りのものが普通のジャスミンに接ぎ木して栽培されていた。なかなか見られなかったとはいえ、八重のものもあったが、これは今日ではなくなってしまった。今でも変種のアッフィネ（*J. officinale var. affine*）なら手に入る。ピンク色のつぼみから大きな花が咲き、その種子はインド北部からロイル博士が送ってきたものを一八四五年以前にロンドン園芸協会で育てていた

ヤスミヌム・サンバック
（BR 第1図　1815年）

記録がある。普通のジャスミンは、選別された種類や弱い種、例えば、グランディフロールム種（*J. grandiflorum*）とかサンバック種を接ぎ木するための台木に用いられた。ジョン・オーブレイが王政復古の時代（一六六〇～八五）に「ジャスミンはマリア王妃（ヘンリエッタ・マリア、花の愛好家として知られている）とともにイギリスに入ってきた」と書いた時、おそらく英語名の「大形スペインジャスミン」（Great Spanish Jasmine、グランディフロールム種）のことを指していたのであろうが、これは、一六二九年にパーキンソンによって初めて記録された。もともとは亜熱帯の植物であるが、イタリアやスペイン、特にカタロニア地方で多く栽培されている。だから、スペインという名前がつけられた。サンバック種、英語名「アラビアジャスミン」（Arabian Jasmine）は、一六六五年にはもうハンプトンコートの庭で育てられていたといわれるが「しかし、そこでは絶えてしまったので、いまヨーロッパでは唯一、トスカナ大公の庭で咲いているのみである。大公は、自分の持っている植物を挿し木に提供するのをいやがった。おかげで、一七三〇年にミラーがマラバル海岸（インド南西岸）から届いたものを手に入れるまでイギリスにはなかった」とマーティンは記している。

　このサンバック種は、ハンマーが「とにかく甘い匂いがあって、他のどんなジャスミンよりも優れている。その匂いはオレンジとジャスミンの花の両方を合わせたような匂いである」と書いている。残念なことに、イギリスでは、「アラビアジャスミン」も「スペインジャスミン」も温室以外では育たない。

　これまで述べてきた三種類はすべて、ジャスミン香水を作るのに用いられてきたが、この香水はかなり古くからあるものだ。ディオスコリデスは、ジャスミン油について記しているが、それによると、彼が「白い花が咲くヴィオレット」と呼ぶものを

ヤスミヌム・アッフィネ
（BR 第31巻26図　1845年）

ヤスミヌム・グランディフロールム
（BR 第91図　1816年）

ペルシア人がゴマ油の中につけて作っていたものである。ジャスミン油を使用すると、「とてもよい匂いがするので、ペルシア人の宴会の席で喜ばれた」。今日、香水はエフロラージュと呼ばれる工程を経て作り出される。この方法は、花を薄い脂肪の層の間にはさんで圧力をかける。甘い匂いがしみこむまで、花片は毎日新しいものと取り替える。その後脂肪をアルコールの中に入れて、花の香りのエッセンスを蒸留する。この工程の最初の部分は、古代ギリシア人も知っており、軟膏を作るために用いていたが、エッセンスを蒸留するようになるのは、もっと後である。「この繊細な植物の、我々はそう呼んでいるのだが、油というか、エッセンスを得るということについては、珍しいことやいうべきことは何もない。そうした秘密にふさわしい化学者や御婦人方にまかせておきたいと思う」とイヴリンはいっている。

「ジャスミン手袋」は、十七世紀後半に、イギリスで人気があった。また皮をみがいたり、香水の匂いを強くするために用いられた「ジャスミンバター」は、一オンス一シリングで手袋屋で売られていた。しかしジャスミンの匂いはとてもきついので、不快だという人もいる。マシュー・アーノルドにとっては、「ジャスミンでおおわれた格子窓」こそ、夏そのものであったが、ギルバート・ホワイトは、一七八三年七月十七日の日記で、「ジャスミンの匂いが甘すぎるので、部屋を出なくてはならないほどであった」と書いている。ジャスミンは本質的に夜の花で、ムーアは、

臆病もののジャスミンのつぼみは
昼の間は匂いを内に隠し持っているが、
太陽の光が消えてしまうと、
辺りを漂う風に乗せて
よい香りを外に送る

と書いている。

白花のジャスミンは、東洋の女性の美しさを連想させるが、中国産の冬咲きジャスミン、ヌディフロールム種（*J. nudiflorum*　和名オウバイ）にはまったく女性的なところはない。匂いはないし、枯らせることができないほど強くて耐寒性にも富む。高貴な感じの黄色の花を自慢げに咲かせるが、その色は最も身分の高い人たちしか身につけることが許されていないものである。この植物の価値を測るものさしとしては、つぎの事

ヤスミヌム・ヌディフロールム
（CBM 第4649図　1852年）

実を挙げればよいであろう。

イギリスには一八四四年に紹介されたにすぎないが、それ以前からあった多くの白花の種と同じくらい広まっているし、ほとんどすべての庭で栽培されている。一八三〇～一年に北京でアレキサンダー・フォン・ブンゲ博士が見つけ、ロバート・フォーチュンが上海の種苗園や庭から集めたものをイギリスへ導入した。フォーチュンは「たいへん美しい矮性の灌木で、イギリスでも間違いなく冬を越すと思う。これは落葉する。その葉は、中国では秋の初めに落ちて、多くの花のつぼみを残す。つぼみは、春の早い時期に開花し、雪がまだ地面に残っているような時には、小さなプリムローズのように見える」と書いている。

たいていの新しく紹介された植物と同様に、イギリスでは、戸外で栽培される前には、温室用の植物として取り扱われていた。しかし、厳しい冬を何回も耐えて生き残っていることで、耐寒性が証明された。ジャスミンが生き延びた冬の中には、一八七九～八〇年の厳冬もあったわけで、二月は、二〇日間が霧という天候であった。今日、ジョゼフ・フッカー卿の意見に賛成する人はほとんどいないが、彼の意見は、ジャスミンがまだ珍しい植物であった頃のもので、「最盛期でも数が少ない葉（foliage）は、葉（leaves）と同じ時期に現れないのが、残念である」（『ボタニカル・マガジン』一八五二）というものである。この通り書かれているが、「葉（leaves）」は花の間違いではないだろうか。冬の貧弱な枝で劇的に咲く花の美しさは、十九世紀初め頃には評価されてはいなかったようだ。しかも、葉が全然ついていない緑色のイグサのような茎に、明るい黄色の花が咲くという組み合わせである、夏咲きのスパニッシュ・ブルーム（Spanish Broom）については、私が知るかぎり、批評もされていなかった。

以上二つのとても貴重な耐寒性のあるつる性ジャスミン（オッフィキナーレ種とヌディフロールム種）に、ほぼ耐寒性があるといえるよく似た二つの種類がある。プリムリヌム種（*J. primulinum* 和名オウバイモドキ）、ポリアンツム種（*J. polyanthum*）で、色も黄色か白で似ている。両者の紹介は比較的新しいが、人気と重要性は、だんだん増しているようだ。両者とも、南や西向きの戸外で、風よけの壁があれば、育てることができるが、それ以外の所であれば、暖房を入れていないにしても温室のような保護物が必要である。プリムリヌム種は黄色い花が咲く種で、大形で半八重の花が咲くヌディカウレ種（*J. nudicaule*）がいったん野生化し、もう一度庭園に取り入れられたものであろう。雲南にいるオーガスティン・ヘンリーを訪問した危険な旅から帰る途中で、E・H・ウィルソンがこれを見つけた。ウィルソンは、これをヴィーチ商会に送り、そこで一九〇一年に花が咲いた。ポリアンツム種よりも少しは寒さに強いが、育てるのに必要などんな苦労にも報いるほどの価値がある。強い匂いのある白い花をつけた総状花序で、戸外で育てられると、花の外側はピンク色になる。しかし、温室に入れるとその色が消えやすい。一八八三年に雲南でドラヴェイ神父が見つけたが、イギリスへ導入したのはローレンス・ジョンストン・ヒドコート大佐で、一九三一年彼がジョージ・フォレストといっしょに中国探検を行った後のことである。

二つの耐寒性のあるジャスミン、フルティカンス種（*J. fruticans*）とフミレ種（*J. humile*）は、普通は灌木だとされるが、壁に接するようにして育つことがある。両者とも、黄色の花が咲く常緑樹で、古くから庭で栽培されてきたものである。前者は、フランスの南部が自生地で、葉は三出葉であり、低木のような性質があるので、昔の植物学者は、メリロット〔シナガワハギ属〕やエニシダの中に分類した。ジェラードは、この植物を「三つ葉の灌木」（Shrub Trefoil）とか「マケバテ」（Makebate）という名前をつけて、育てていた。そして「黄色のジャスミンととてもよく似た」花をつけるということは認めていた。フルティカンス種は、ジャスミンの中で唯一薬用として用いられる種類である。愛用する人もいたが、これより効きめのある多くの植物に負けてしまって、今では栽培されていないようだ。フミレ種は、一六五六年以前にジョン・トラデスカントが育てていた。これは「イタリアジャスミン」として知られていた。なぜなら、この植物は、ミラーによれば「毎年、イタリアからオレンジの木を売りに来る人が持って来た」からである。自生地についての意見は様々であるが、ヒマラヤにごく近縁の種が二つある。その二つは、レヴォルツム種（*J. revolutum*）とウォーリッキアヌム種（*J. wallichianum*）の変種として分類されている。この二種は一八一二年にイギリスへ紹

ヤスミヌム・フルティカンス
（CBM 第461図　1800年）

ヤスミヌム・フミレ
（CBM 第1731図　1815年）

介された。フミレ種とこの二種はともに、夏の終わり頃に、きれいな黄色の花をつける。

白いジャスミンが、しっかり立たない性質を持っていることは、いつの時代でも、庭師にとっては問題だった。ジェラードは「支えや、補助するものが必要だが、近くに立っているものに茎を巻きつけたりはしない。ただ庭のあずまやや舞踏会場で支柱などにもたれかかっているだけである」と記している。リジェールは、一七〇六年にジャスミンはすべて、「まったく規則性なしに」大きくなる。それを「庭師は剪定で、直すことが許されていない」という不満を述べている。にもかかわらず、リシェールの本を翻訳した造園家ロンドンは、「我々はジャスミンを使って、先端が丸くなったものか、ピラミッド形になったものか、どちらかの刈り込みを作り出すことはできる。我が国ではたいていの所で、戸外の花壇や花壇の縁に植えることができる」と付け加えていっている。しかしそのような刈り込みを、「美しい形に保つことは難しい」とミラーは認めている。アーバークロンビーは一七七八年に果樹で垣根を仕立てる方法を使って、ジャスミンを壁や垣根にきれいに這わせるための指示を与えているが、マーシャルは一七八五年に、ジャスミンは落葉するから、「茶色できたない樹皮」が、冬には見苦しいと指摘し、これを普通の木として育てるようにと提案している。そうすれば、古くなった枝は何度も地面の所で刈り込むことになる。

ルイザ・ジョンソン女史は一八三九年の著書の中で、ある工夫をこらしたあずまやでは、ジャスミンがその背後から伸びてくるように仕立てられて、たっぷりの枝が上からおおいかぶさるように伸びており、テントの出入口のように下がっている」様子を誉めている。黄色の冬咲きのジャスミンにとって理想的な状態を見つけ出そうとして、同じような様々な困難を経験したガートルード・ジーキルは、大きな岩の上を這わせるように植えるとよいといっている。また小さな温室ほどの大きさの岩を持っている場合は、それを使うのが間違いなく最上の解決策であるとも述べている。

ジャスミンの名前はペルシア語のジャセミン（jasemin）とアラビア語のイスミン（ysmin）から来たもので、何世紀もの間にいろいろな英語名をもった。ターナーは、英語名として「Gethsamyne」を挙げているが、他に「Jessamine」、「Gelsemine」、「Gessemine」、「Jessimy」、「Gesse」という名前でも現れている。トルコやギリシアでは、このつる性植物の若枝は一年間に一〇から二〇フィートにもなるが、二～三年経つとタバコのパイプ（水キセル）を作るのに用いられた。「様々にねじれている八～一〇フィートの長さのキセルが、コンスタンティノープルで見られる」と書いたのはラウドンであるが、ゴムのチューブがなかった頃のことである。彼はまた、ジャスミンとジャガイモは「チョウやガの仲間でたいそう目立つ昆虫、スズメガの」幼虫の食料であるともいっている。

シラー

Scilla
スキラ

ユリ科

シラーはオーニソガラム、ムスカリ、コルチカムなどの球茎の植物の場合と同じように、十六、七世紀の方が現在よりはるかに多く栽培されていた。一五九七年には早くも、五種類が栽培されており、ビフォーリア種（*Scilla bifolia*）、アモエナ種（*S. amoena*）、リリオ-ヒアキンツス種（*S. lilio-hyacinthus*）、アウツムナリス種（*S. autumnalis*）といった名で記されている。十六世紀当時、アウツムナリス種がイギリス自生種であることは知られておらず、貴重な園芸種であると考えられていた。パーキンソンの時代の英語名は「星形のヒアシンス」（the Starry Jacinths）といい、彼は一四種と園芸種をいくつか栽培していたという。一方、今日ではイギリスの自生種のシラーを含めて二、三種類育てているだけでたいしたものだという具合いで、昔の種類は、最近導入された多くの新種に排除されてしまっている。十七世紀の終わりには、もう流行遅れになって、サミュエル・ギルバートは、花卉園芸家が関心を持つ価値があると思われるシラーは、わずか二種類だけだといっている。「その他はきれいな園芸種であるが、価値はない。」しかし約八〇年後、ハンベリ

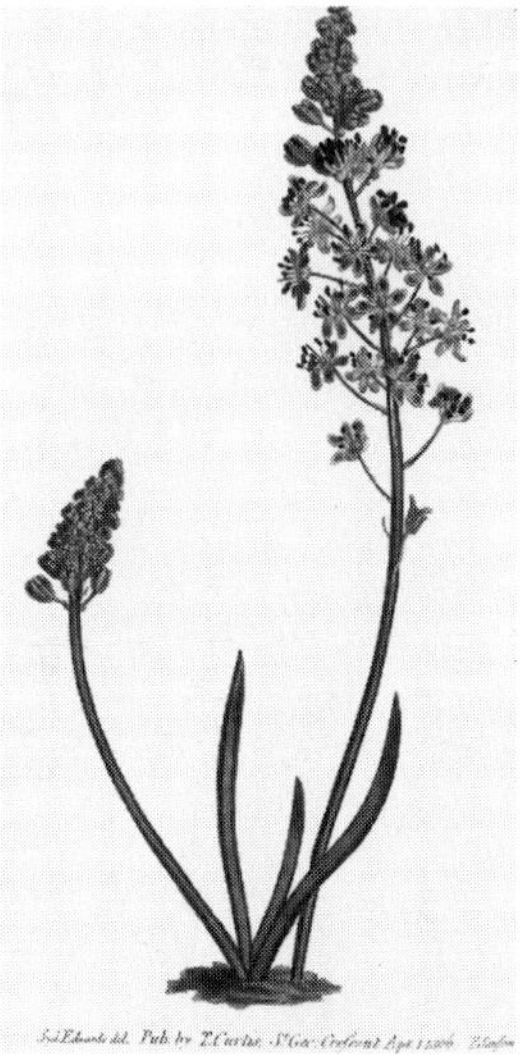

スキラ・アウツムナリス
（CBM 第919図　1806年）

スキラ・アモエナ
（CBM 第341図　1796年）

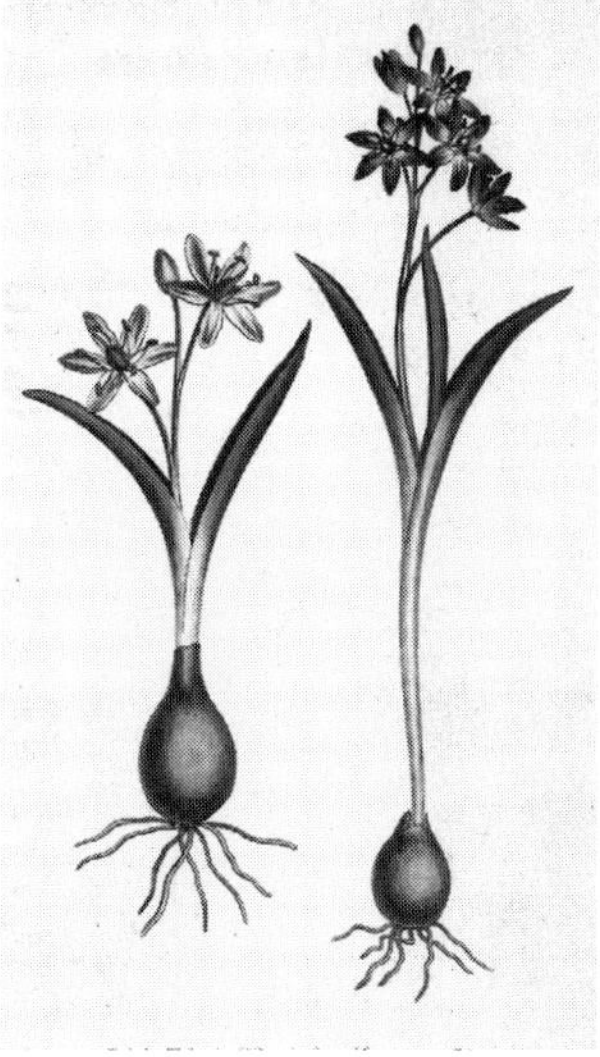

スキラ・ビフォーリア
（CBM 第746図　1804年）

ーはまだシラーに好意的な言葉をかけている。「多年草の多くはまとまりのない姿をしているが、シラーが咲いている姿は上品である。」

ビフォーリア種は、ジェラードが書いているように、「星形に広がる六枚の小さな花びら《リーヴズ》でできた青い花をつける。種子は小さな丸い球の中に入っている。その球はとても重く、地面の上に引きずっているかのようである」。イタリアではどこでも見られるもので、パーキンソンはヴァッキニウム・ニグルム（*Vaccinium nigrum*）〔コケモモの仲間〕だといったが、ウェルギリウスは『牧歌』の中で、この花で花輪を作ると書いている（ウェルギリウスはスミレのことを「黒い」といっているから、「黒い」という言葉は濃い青や紫色の代わりに使われたと思われる）。パーキンソンはピンクと白のシラーも栽培していた。

シビリカ種（*S. sibirica*）はヨーロッパ大陸では一六二二年以前から知られていたが、イギリスには一七九六年まで紹介されなかった。十九世紀の初めにはまだ、冬には防寒用の覆いが必要である、寒さに弱い珍種と考えられていたが、今ではイギリスで、二〇〇年前から栽培されていたビフォーリア種よりもシビリカ種の方がよく知られている。ビフォーリア種はアウツムナリス種と同じくらい育てるのが簡単だし、増やすのも易しい。シビリカ種よりも二週間も早く開花するし、春の庭の中で一番濃く豊かな色合いの青色の花をつけるが、めったに見られない。

スキラ・ペルヴィアーナ
（CBM 第749図　1804年）

ペルヴィアーナ種（*S. peruviana*）はイギリスに紹介されたシラーのうちでも早いものの一つである。学名から判断するとペルーと関係があるように思えるが、南ヨーロッパが原産地で、エヴァラード・ミュニックホーヴェンという人物が栽培していた。彼は一五九二年にペルーからきたものであるという言葉を添えて、この植物の絵をクルシウスの所に送った。十七世紀のはじめパーキンソンはこれがスペインからきたことを知っていたが、彼の時代までには、間違った学名がすでに確立していた。一六〇六年の冬は寒さが厳しく、多くの球根が枯れてしまったので、そのうめ合わせに一六〇七年にギヨーム・ボエル（極寒の地の生まれといわれている）が、スペインで収集したそれ以外の球根と一緒にパーキソンのところに送ったものである。

ツベルゲニアーナ種（*S. tubergeniana*）は一九三二年に紹介された価値があるシラーである。というのは、他のシラーと同じように繁殖力があって、耐寒性があるし、スノードロップの花が咲く前に磁器のような淡い青色の花をつけるからである。ペルシア北西部からオランダのハールレムのC・G・ファン・ツベルゲン商会宛てに送られてきた植物の中に、いつの間にかまぎれこんでいたものである。この種苗商の名前にちなんで学名がつけられた。

「森林に咲くブルーベル」(woodland bluebell)と呼ばれる植物がシラーと関係があるのは確かだが、例えば交配種としてこの仲間に入りこんでいたかどうかははっきりとしない。ジェラードがつけた名前は「イギリスのヒアシンス」(*Hyacinthus Anglicus*)で「どの地域よりも、イギリスで多く咲いているから」ということだ。リンネは「未記入のヒアシンス」(*Hyacinthus non-scriptus*)という名前をつけたが、その理由は、花びらに嘆きの声「ああ、ああ!」という意味のギリシア文字Ai-aiが刻まれていないからだという。美少年ヒアキントスが殺されて植物に変身したとき、嘆きの言葉が刻み込まれたと考えられていたからだ。しかし、この植物はリンネが生まれるかなり以前から、この名前で呼ばれていた。「ドドネウスは「未記入のヒアシンス」と呼んでいる。そのわけは、ドドネウスより前には、誰もこの植物について記載していないからだ」とパーキンソンは説明している。後にヌタンス種(*S. nutans*)と改名され、さらにフェスタリス種(*S. festalis*)となった。最終的にはこの属はシラーとエンディミオンの二つに分けられた。その分類法に従えば、この植物はエンディミオン・ノン-スクリプツス(*Endymion non-scripyus*)になる。エンディミオンは月の女神セレネーに愛され、永久に眠ったままにされた羊飼いの美少年の名であるが、この学名より美しく、この植物にふさわしい名前はまず考えられないから、もう変更されることがないように願う。もっとも私はスコットランドでの呼び名を知っているが、「カッコウの長靴」(the cuckoo’s boots)という名前である。

シラーは、同じく森の中に咲いているプリムローズ、バイオレット、ウッドラフ、フォックスグローブ、スズランほど早くから庭で栽培されていなかった。その理由は薬用としてはほとんど利用されなかったからであろう。チューダー朝の少年の様子がターナーの記述の中に残っている。「ノーサンバーランドに住む少年はこの植物の根に切りきずをつけ、そこから出るねばねばした液で矢の羽根を固める。」エリザベス女王時代の人々は球根から作る糊で首を一周する円筒形のひだ襟を固めた。

マリティマ種(*S. maritima*)は、現在ウルギネア・マリティマ(*Urginea maritima*)と改名されているが何世紀にもわたって愛用された薬「スキラ液」の原料であった。またこの植物から「とてもよく効くので、広く使われている殺鼠剤の一つ」(H・L・エドリン『イギリスの植物』一九五一)ができる。

ジンチョウゲ

Daphne
ダフネ

ジンチョウゲ科

この属には、ダフネという名前をもらう権利がないことを、まずはっきりさせておかなくてはならないであろう。ペネウスの娘ダフネがアポロの追跡を逃れるために姿を変えたといわれる植物はゲッケイジュ（*Laurus nobilis*）であると専門家の意見は全員一致している。ゲッケイジュが現在のジンチョウゲの仲間にダフネの名を奪われている理由は、外見上いくつかの類似点があるからにすぎない。だから、植物分類の体系ができあがる以前は、ジンチョウゲの仲間のあるものに「矮性のゲッケイジュ」（Dwarf Bay）とか「ラウレオラ」（Laureola）といった名前がつけられるということがあった。もしダフネが変身してこの植物になったとすれば、ダフネが逃げ出したのはアポロにとって幸運であったと祝福されたかもしれない。というのは、ジンチョウゲの外見は甘美であるが、毒があるからだ。それを別にしても、庭の妖精ジンチョウゲは、アポロに追いかけられて変身したショックで、永久に気が狂ってしまったかのように気紛れである。耐寒性がある「メゼレオン」（Mezereon）と呼ばれるヨーロッパ産のジンチョウゲでさえ気紛れで、健康で元気に見えている時に突然枯れてしまうことが起こる。ロックガーデン向きの種類の中にも、栽培が難しく、習性がわからないものがある。

ダフネ・メゼレウム
（EB第564図　1850年）

　メゼレオンすなわちメゼレウム種（*Daphne mezereum*）がイギリスの自生種であるか、外国から来て帰化したものであるかは定かでない。イギリスで一五六一年以前から栽培されていたのは確かだが、ジェラードはそれをポーランドから手に入れているし、野生のメゼレウム種を知らなかったのは明らかである。それ以後の植物学者、「疲れを知らないレイ」といわれた十七世紀の大学者ジョン・レイでさえこれを見つけられなかった。マーティンは「植物研究家が春になって植物探しに出かける前にこれが開花するから」見過ごされたのかもしれないといっている。野生の状態については一七五九年に初めて記録されている。その年、ミラーが「アントーヴァー近くの森で生えているのを発見した。さらに後年にはその森でたくさんの他の植物も採集された」といっている。そこからそれほど遠く離れていない、セルボーン・ハンガーの南東部の外れにあった「ある家の屋根の上で」、ギルバート・ホワイト（一七二〇～九三）が一七七八年にこれを見つけた。この植物は庭から屋根の上に逃げ出したのであろう。エリザベス・ケントは『ドメスティカ』（一八二三）という本の中でバーミンガムシャーでは森の中にはどこにでもあるといっているが、アン・パットン（一八五五）はこれは珍しい植物で、おそらくハンプシャーが自生地であろうといっている。

メゼレウム種は、フランスユリと同じように、田舎の家の庭でも育つ一般向けの植物といってもよい。一六五九年にトーマス・ハンマー卿が、当時としては珍しい、白の園芸種について書いている。いろいろな色合いの赤い花をつける園芸種については、八重のものや秋咲きの種類同様、十八世紀の終わりまでには知られるようになっていた。一七五九年にミラーはメゼレウム種の斑入りとラウレオラ種（*D. laureola*）の斑入りの種類について記録している。ミラーにいわせれば、「斑入りの種類を自分の庭で育てたいと思う人がいるが、斑入りでない方がはるかに美しい」ということだ。実が観賞用として美しいこともまた高く評価された。「花が終わっても、この植物はなお美しい。美しい葉に混ざり合っている真紅の実で飾られるからだ。それはとにかくたいそうすばらしいものである」と十八世紀前半に活躍した園芸家ラングレイが述べている。

ダフネ・ラウレオラ
（EB第565図　1850年）

厳しい意見を述べる評論家の中には、赤の園芸種はけばけばしいし、白は寒々としているという人もいる。花や実がそれほど美しくないとしても、メゼレウム種は、暖かい感じで、異国風で、芳香があるから、栽培する価値は十分にある。穏やかな一月に、たくさんの花をつけた木があれば、「はるか遠い所からでもジンチョウゲが咲いているのがわかる」（ウッド『よい庭づくりへの簡明ガイド』一八九一）。ハンベリーがいっているように、「この花の匂いは特にすばらしい」ので、甘い匂いで失望することはない。

ジンチョウゲは、どの部分も苦くて、強い毒を持っており、特に実には一番毒が多い。花だけを噛めば、喉が焼けるようにひりひりする。フィリップスは「子供が小枝を口に入れて困ったことになるといけないから、匂いをかぐために枝を切ってはならない」といっている。なお、気紛れなジンチョウゲは刈り込みをまったく好まず、ごく限られた刈り込み以外には腹を立てるのか、枯れやすい。

ジンチョウゲの実が大粒であれば狼でも殺せるとリンネはいい、一二粒食べた女の子が「悪寒に震えながら」死んだのを見たことがあるといっている。ジェラードは「もし酔っ払いがこの実を食べると、とにかくなんでも飲みたがる。これは口の中が熱くなって、喉が詰まったようになるからだ」といっている。ロシア人やタタール人の女性は、頬をこの実でこする。そうするとヒリヒリしてきて、輝くような赤い色の頬になるからである。その効用は、この実から「きれいな深紅色」の絵の具をつくったといわれるから、実そのものの色が頬についたのかもしれない。皮（特に根の皮）は水膨れを起こす。乾燥した根は歯痛を鎮めるというので評判が高かった。ジンチョウゲには毒があるにもかかわらず、リスボン・ダイエット・ドリンクという名の治療薬が作られて庶民がよく用いた。アーバークロンビーは一七七八年に、ロンドン近郊の庭師は「ジンチョウゲを何年もかけて育て、根が大きくなるとそれを掘り出して切り取り、薬屋に一ポンドにつき三ないし四シリングで売った」といっている。

人間や動物にとって毒になるこの実を鳥は特に好む。十八〜九世紀の植物学者マーシャルは、鳥を招き寄せたいと思う人はジンチョウゲの灌木を植えるとよいと次のように述べている。「鳥の歌を聞きたいと思う人は誰でも、自分の庭に余地があればこの植物を植えるとよい。」熟した実を鳥が食べるのに満足しているあいだは、まったく問題はなく、ジンチョウゲを広めていくのに役立っていた。ところが最近の研究によれば、アオカワラヒワが、まだ実が熟していないうちにつつくという破壊的な習性を新たに持つようになったという。アオカワラヒワは種子の皮をむいて、まだ熟していない芯を旺盛に食べるのである。この興味深い習性を研究したのはマックス・ペターソン博士である。彼の研究によれば、この習性は、一九〇〇年以前にはセルカークからランカシャーまでしか記録されていないが、一九三〇年までにはパースからロンドンにまで広がって、一九五五年までにはインヴァネスからディールやデヴォンシャーまで、ウェールズを除く全土に広がっている。しかもそれが一番激しく起こっているのは、ロンドンをはじめとする都市部であると報告している。（こうしたことは、ヨーロッパ大陸ではまったく見られない）ジンチョウゲは、多くの庭で、自然にこぼれ落ちた種子から出た苗で増殖しているのが普通だから、こうした破壊行為が続くとますます珍しい植物になってしまうであろう。

もう一つのジンチョウゲ、スパージ・ローレル（Spurge Laurel、ラウレオラ種）はイギリスの自生種である。一五四八年にターナーがこれのことを「地域によってはローレオラ、英語名は「ローリエル」とか「ロレル」とか「ローリー」と呼ばれるジンチョウゲはイギリスの生垣に多く栽培されていて、コッコグニンという物質があるのでその種子は薬として様々な用途に用いられる」といっている。正確にいえば、コッコグニンが採れるのは別のグニディウム種（*D. gnidium*）の種子で、当時は薬用であった。普通に呼ばれている名前の由来は常緑の葉がゲッケイジュの葉と少し似ており、その小さな緑色の花がスパージ（**spurge**、和名トウダイグサ）の花に似ていることによる。ラウレオラ種のいくつかは、葉が茎の先のところでかたまりになっているので、小形のヤシの木のように見えると記述されたことがある。

このジンチョウゲは十八世紀には人気があって、ミラーがいうには、「最近では、貧しい人が、森から若木を採ってきてそれを冬や春に都市に持って行って売ることがある」ということだ。アーバークロンビーは、耐寒性があり、見た目にも楽しい小形の常緑樹であるといっている。

ダフネ・グニディウム
（BC第150図）

この花は芳香があるとハンベリーが誉め称えている。「庭のすみずみにまでよい匂いを漂わせる。他の花が姿を現すかなり前に開花する。かぐわしい匂いがジンチョウゲの方から漂ってきても、花の形がよくないので、この花にこれほどの芳香があるとは信じられず、その匂いがどこから来ているのかを探し始める。」そして窓辺に植えると、匂いが「居間から寝室にまで入ってくるから、家の者は心地好い気分を味わい、爽やかな訪問者に大いに驚きもする」という記述をマーシャルが引用している。しかし、この花は高く評価されているほどよい匂いもきれいな色も持たないとビーンはいっている。おそらく彼は適切な時期に出会わなかったのであろう。というのは、このジンチョウゲがよい匂いを漂わせるのは夕方だけであるから。

今日では、ラウレオラ種ではなくポンティカ種（*D. pontica*）を植えるとよいといわれる。ポンティカ種は、一七五二年以前にトゥルヌフォールが黒海沿岸近くで見つけて、イギリスに紹介した。メゼレウム種とよく似ているが、それよりも美しい。「いつジンチョウゲを栽培したいという情熱にとりつかれるかわからないから」、庭師は常に手元にわずかでよいからラウレオラ種を持っているとよいとヒッパードは述べている。というのはラウレオラはきれいな常緑樹を接ぎ木するための株として用いられていたからである。メゼレウム種の方は、落葉樹の接ぎ木用の株として用いられていた。

ラウレオラ種に接ぎ木することが多いのが次に述べる種で、芳香があるその性質をぴったり現している種小名オドーラ（*D.*

odora）がついている。その匂いは、芳香を持つこの属の中でも群を抜いている。自生地中国では、宋の時代（九六〇～一二七九）から栽培されており、『中国の庭の花』（一九五九）の中で、著者のリーは、ルー・シャンという名の僧侶がこの灌木を見つけた物語を書いている。ルー・シャンは崖の下で眠っていた時、よい香りをかいでいる夢を見た。目覚めて、その匂いの元を探しに出かけ、ついにそれを見つけて「眠っている匂い」という名前をつけた（後に、その名前は「よい前兆の匂い」と改名された）。リンネは、中国産のジンチョウゲしか知らなかったが、これにインディカ種（*D. indica*）という名前をつけた。また彼は、いくつかのインド産の植物に、「シネンシス」（*sinensis*）という名前をつけているから、リンネが中国とインドとをはっきりと区別していないというのは明らかである。インディカ種は一七七一年にベンジャミン・トーリンがイギリスに導入したが、極東から紹介されたたいていのものと同様に、最初は「ストーブの入った温室」の中で育てられ、その次に暖房装置のない温室に移され、最後に戸外の寒さよけのある場所に植えられた。これは花壇の縁飾りに向く灌木で、南部や西部では戸外でも育つが、その他の地域では、「台所の煙突のそばの、ネコが寝転びに行くような場所か、晩秋にアオバエが壁に止まっているような場所」（ボウルズ『王立園芸協会会報』一九五三）でないと育たない。斑入りの種類は逆に、耐寒性があり、花がよく咲く。

人気のある「ガーランド・フラワー」（Garland Flower）つまりクネオルム種（*D. cneorum*）は、十六世紀には、オーストリアの山岳地方で豊富に生えていたので、その花束がウィーンの市場でたくさん売られていたという。イギリスには一七三九年にすでに導入されていた。普通は「まったく目立たない灌木」であるが、ラウレオラ種に接ぎ木すると、「自然の状態のものよりも優れていると考えられるようになった」（『ボタニカル・マガジン』一七九五）。背の低い灌木を敷きつめた花壇の縁飾りとして用いるとよいと推薦されている。「草本を植えた場所の前景として、この灌木はふさわしい。トレント以南であればどんな所でも庭に植えられるほど耐寒性がある」とヒッバードはいっている。しかし、これにもジンチョウゲ独特の気紛れがあるということは認めなくてはならない。ある庭ではどのように手をかけても、「すねている」のに、その隣の庭では放っておいても

ダフネ・クネオルム
（CBM 第313図　1795年）

華々しく咲いたりする。ケント州プラムステッド・コモンでは「イボタノキと同じような雑な取り扱い」（ビーン）を受けていたが、それでもよく育った。

　以上あげたのはジンチョウゲの中で最も親しまれているものである。ジンチョウゲは三〇ないし四〇種類もあって、すべて灌木であり、その多くは姿が美しく、ほどほどに耐寒性もあって、育てにくいということもない。レツーサ種（*D. retusa*）は、長く生きれば、三フィートくらいの高さにまでなり、適応力がある種類の一つという評判がある。これは一九〇一年にヴィーチ商会あてにウィルソンが中国から送ったものである。この花はジンチョウゲとしては大きく育ち、「まるでライラックのような、とてもよい匂い」（ビーン）がある。ゲンクワ種（*D. genkwa*　和名フジモドキ）も中国産の植物だが匂いだけでなく、

ダフネ・ゲンクワ（和名フジモドキ）
（シーボルト、ツッカリーニ
『日本植物誌』第75図　1840年）

その姿も細身のペルシア・ライラックに似ている。ヴィーチ商会が一八七八年にチャールズ・マリーズから手に入れた。一八四三年ロバート・フォーチュンが導入したゲンクワ種は枯れてしまったようである。というのも、このジンチョウゲは育てるのが困難な種類であるから。しかし、ストーカー博士がいっているように、アポロにではなく庭師の意志に屈した場合、ゲンクワ種は強く育つ。この名前は中国名「元華」を日本語読みしたものからつけられた。

　ジンチョウゲの交配種は数が多い。そのうち、自然に交雑した二つにネアポリターナ種（*D.*×*neapolitana*＝*D. collina*×*D. cneorum?*）とホウッテアーナ種（*D.*×*houtteana*＝*D. mezereum*×*D. laureola*）がある。耐寒性は優れているが、特に美しく観賞用に向いているというわけではない。一方、ヒブリダ種（*D.*×*hybrida*＝*D. collina*×*D. odora*）は観賞に適しており、いつまでも花を咲かせるが、比較的寒さに弱い。普通の庭園に一番向いているのは、アルバートとアルフレッドのバークウッド兄弟が二十世紀に作り出した二種の強靱なジンチョウゲである。二人は別個に仕事をしていたが、どちらもカウカシカ種（*D. caucasica*）とクネオルム種とを交配させ、できたもののうち質の良いものを選別していった。アルフレッドの作り出したものは、「サマーセット」という名前でスコット商会が売り出し、アルバートの作ったものは、バークウッド&スキップウィズ商会の手でブルクウッディー種（*D.*×*burkwoodii*）という名前で売

りに出された。どちらのジンチョウゲもブルクウッディー種と呼ばれることがあるが、両方とも同じ親からできたからだ。

　ジェラードは「メゼレオン」（Mezereon）という名前ではなく「ジェマイン・オリーヴ・スパージ」（Gemaine Olive Spurge）か「スパージ・フラックス」（Spurge Flax）か「ドワーフ・ベイ」（Dwarffe Bay）にしようとした。メゼレオンというのは、「生命の破壊」という意味のアラビア語（mazaryum）からきたもので、有毒性であることによる。サマーセット州では、「楽園の植物」（Paradise Plant）と呼ばれることがある。

　ジンチョウゲは火曜日の花である。昔、この花がスカンディナヴィアの神ティールに捧げられたからであり、火曜日はティールの日である。ジンチョウゲ属はジンチョウゲ科（Thymelaeaceae）に属しているが、タイムとはなんの関係もないから、まるでタイムに関係があるようなこの科名もジンチョウゲが「あまのじゃく」であることの現れといえるかもしれない（なおタイムはシソ科である）。多くは、樹皮がたいへん硬いのが特徴で、この樹皮から紙を作る国もある。

スイセン

Narcissus
ナルキッスス

ヒガンバナ科

ナルキッソスは不死の神々にとっても、死ぬ運命の人間にとっても驚くほどに光輝く、高貴な姿を見せる。その根からは百もの芽が出て、その快い香りで広い天国や地球全体もまた海の塩辛い水さえも喜びで微笑ます。

ホメロス『デミーターへの賛歌』

　このように古代ギリシア人に誉め称えられたのは、タゼッタ種（*Narcissus tazetta*　和名フサザキスイセン）であろうと考えられている。これはスイセンの中で一番広い地域に分布しているうえに、人間と一番長く係わりを持ってきた。ホメロスの時代より何世紀も前にスイセンの花は葬式の花輪としてエジプト人が用いており、それが墓の中で見つかることがある。驚くべきことに三〇〇〇年たってもまだ残っているのである。このスイセンはもともとは白い花で、ペルセフォネがその花の冠を頭につけて眠っているところをプルートが捕えようとして触れた時に黄色に変わったのだという。これは白花の種類ときわめてよく似ている黄花のポリアンサスの種類があるという事実にうまくあてはまる伝説である。

ポエティクス種（*N. poeticus*　和名クチベニズイセン）もまた古代ギリシア人にかなり知られており、おそらく「ナルキッソスという名前の祝福された若者の変身がその美しさの由来であると古代ギリシア人が連想をした」とヒルが『エデン』の中で書いているその花のことであろう。これと同じ物語を詩人オウィディウスが書いている。先に述べた二種についてはテオフラストスが紀元前約三二〇年頃に書いているし、プリニウスはこの植物がナルキッソスと名づけられたのは、「匂いをかぐとしびれたように感じることから of Narce（麻酔の）という名前がつけられたので、詩人が考えたようにナルキッソスという少年の名前から取られたのではない」つまり、その匂いが麻薬のようであったからであるといっている。

ナルキッソス・タゼッタ
（和名フサザキスイセン）
（CBM 第948図　1790年）

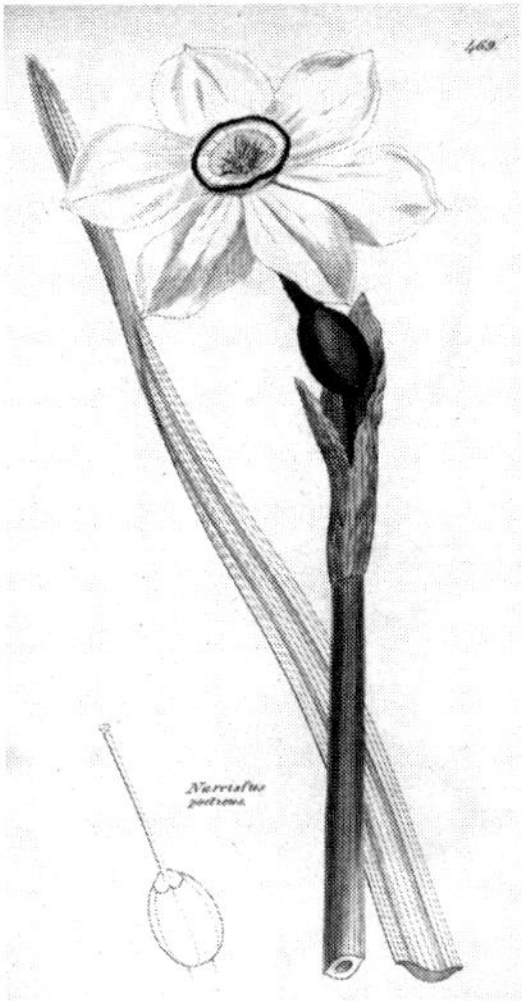

ナルキッソス・ポエティクス
（和名クチベニズイセン）
（EB 第469図　1850年）

ソポクレスが「偉大な黄泉の国の神々の花輪である。なぜなら、黄泉の国の神々は死というものに慣れて麻痺しているから、この人をしびれさせるような匂いの花で飾るのがふさわしいのである」といっているのには、こういう理由があるとジェラードはさらに説明している。怒りの神はそのクシャクシャの髪の中にナルキッソスをつけている。そして、罰を与えようとする者をばかにするためにこの植物を用いたといわれる。怒りがナルキッソスに関連づけて語られる伝統があることは、ナルキッソスの匂いは有毒であると信じられている説明になるかもしれない。この考えは少なくとも十九世紀まで続いた。ヨンキル種（*N. jonquil*　和名キズイセン）とタゼッタ種（フサザキスイセン）の匂いはとくに怪しい。密閉した部屋の中でこの匂いは「繊細な人にとって、実際には害がなくともきわめて不愉快」（バービッジ）であると考えられた。それは頭痛をもたらし、さらには狂気をも引き起こすといわれた。

野生のナルキッソスはたくさんあるが、ほとんどが地中海周辺に集まっている。大多数はイベリア半島が自生地で、そこから各地に散らばっていったと考えられている。ナルキッソスは

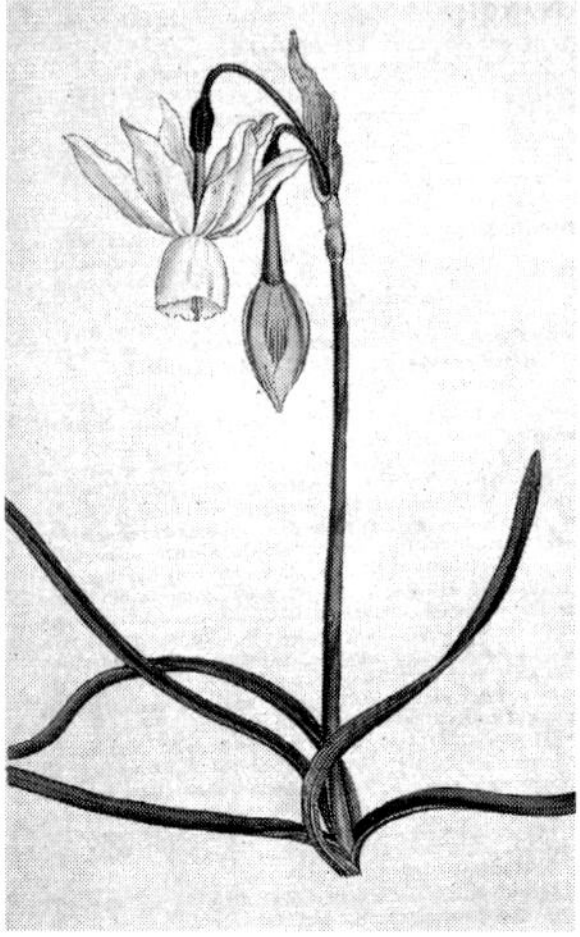

ナルキッスス・トリアンドルス
（CBM 第48図　1788年）

ナルキッスス・ブルボコディウム
（CBM 第88図　1789年）

便宜上主要な六種と、それほど重要でないもの数種とに分けられる。長いラッパを持ったダフォディルの種類であるアジャックスのグループ、短く切られたポエティクス（クチベニズイセン）のグループ、束状花のタゼッタ（フサザキスイセン）のグループ、アジャックスとポエティクスとの中間に位置するインコンパラビリスのグループ、ポエティクスとタゼッタとの中間にあるポエタのグループ、ジョンキル（キズイセン）のグループ、そしていろいろな丈の短い高山性の種、例えば、トリアンドルス（*N. triandrus*）とかブルボコディウム（*N. bulbocodium*）といったようなものがある。これらすべてのグループ（おそらく高山性の種を除いて）に、八重咲きの種類がある。八重の種類の多くは、かなり昔から存在していた。「四旬節のユリ」（Lent Lily）ともいうイギリスの野生のダフォディルは第一のグループに属する。このスイセンは、かつてロンドン近郊にたくさん咲いており、それをチープサイドの市場で女性が大量に売っていたので、その店内は明るく輝いていたという一五八一年の記録がある。その他一～二種類のナルキッソスがイギリス各地で見られるが、おそらく自生種ではなく帰化したものであろう。

　全体として、イギリスでは十六世紀になるまでは、この花にほとんど注意を払っていなかったようである。数限りなく咲いているから、あえて自慢するほどのこともなかったのではないだろうか。「アフォディル Affodyl」というのはおそらく一五三八年より以前に導入された白のアスフォデルにつけられた名であろう。アスフォデルは「ラウスティビ」とも呼ばれていた。この二つの名前は、ともかくなんらかの理由で白のクチベニズイセンを指していた。この花はスイセンの仲間でダフォディルと呼ばれた最初のものであろう。黄色の長いラッパを持った花を我々イギリス人はダフォディルと呼ぶのであるが、何世紀にもわたってダフォディルという名前をつけようという考えはなかった。この花は長らく「スイセンもどき」（pseudo-narcissus）で英語では「ニセラッパズイセン」（a False Daffodil）ないしは

「まがいラッパズイセン」（Bastard Daffodil）といい、一五七八年にライトは「黄色のカラス鈴」（Yellow Crow Bels）、「黄色スイセン」（Yellow Narcissus）、「まがいズイセン」（Bastarde Narcissus）といい、フランス語では「コケロールド」（Coquelorde）という。これ以外にはスイセンにつけられている名前を我々は知らないといっている。本当のダフォディルというのは蕚の短い種類をいう。しかもその名前はかなり一般的になっていたようである。というのは同じ年にウィリアム・マウントが「ナルキッソスという名前で普通呼ばれているこの植物のことを我々はダフォディルと呼んでいる。これはどこにでもあるもので、各種の色をもった様々な種がある」と書いているからである。

ジェラードが一五九七年に『本草書』を出版する頃までには、もう一ダース以上の違ったダフォディルのリストを挙げることができるようになっていた。ところが、パーキンソンはわずか三〇年後に、なんと七八種挙げている。その中には、その後およそ二〇〇年の間に栽培されなくなって、十九世紀の終わり頃に再度見つけ出されたものも含まれている。これらのナルキッソスのあるものは、ヨーロッパ産の球根から育てたものであり、あるものは国の内外にいるパーキンソンの友人が栽培していた変種である。またあるものはコンスタンティノープルから買い付けられたものもある。というのは当時トルコ人には腕のよい庭師が多く、オランダの植物貿易が盛んになる以前は、ヨーロッパの庭に球根や植物の優良な品種をたくさん供給していたからである。

ヒスパニクス種（*N. hispanicus*、アジャックスのグループ）は現在見られるダフォディルの先祖として最も重要な種の一つである。黄色のラッパ咲きの変種のうち九九パーセントは、これを親としていると考えられている。ジェラードが育てていた「大きなスペインラッパズイセン」といわれるものはこれであった。アイルランドで育てられていたこのナルキッソスは、高さが二～三フィートにもなるといわれる。またこれは海岸べりの地域の屋内では一月に開花する。「金箔製ヘイルの花瓶」（Hale's Vase of Beaten Gold）は十九世紀に生まれたこの植物の子孫の一つである。「老女帝」（the old Empress）のような黄色と白のラッパ咲きは、その先祖を現在のラッパズイセンより大きくて寒さに強い変種であるビコロール種（*N. bicolor*）にまでさかのぼれる。ビコロール種はイギリスにはかなり遅くおよそ一六八八年頃に紹介されたといわれる。白のラッパ咲きは自然の状態

ナルキッスス・ヒスパニクス
（CBM 第51図　1788年）

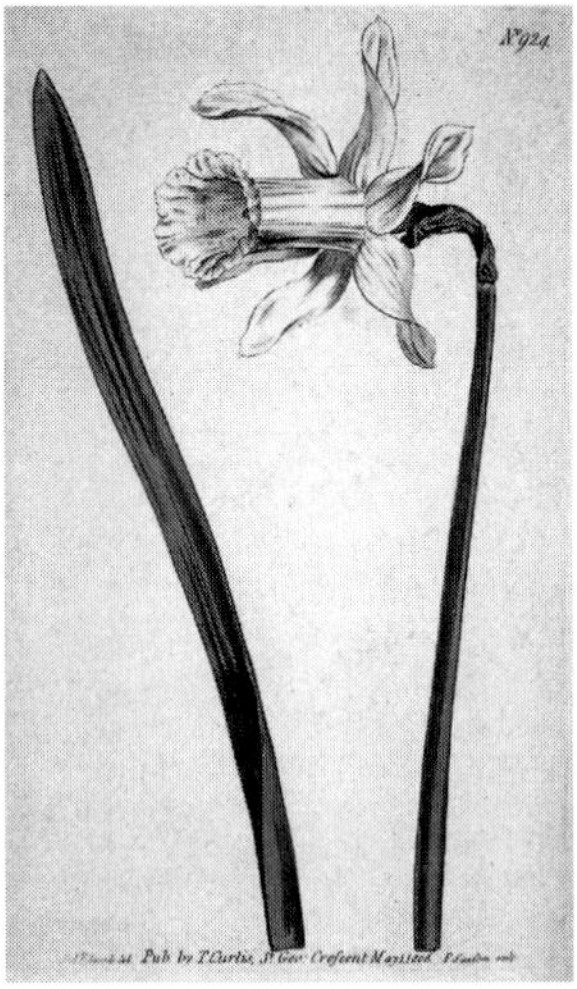

ナルキッススス・モスカツス
（CBM 第924図　1806年）

で見つかることは珍しく、アルペストリス種（*N. alpestris*）があるだけである。パーキンソンが育てていた記録があるが、小さくて繊細な種である。クリーム色のモスカッス種（*N. moschatus*）については、パーキンソンはただ名前だけしか知らなかったようである。八重の黄色のラッパ咲きはすでに一五九七年に栽培されており、パーキンソンは数種持っていたが、その中には大きな「ローズ・ダフォディル」と「ジョン・トラデスカント」、ウィルマー氏の持っていた「グレート・ダブル・ダフォディル」やその他「私自身が育てたもので私の庭で初めて咲いたもの」が含まれていた。ウィルマー氏の種類は、今日でも栽培されている。これはもともと「故ヴィンセント・シオン氏」なる人が育てていたもので、彼の庭で最初に開花したのは一六二〇年である。ウィルマー氏はパーキンソンの『太陽の苑、地上の楽園』（一六二九）によれば「自分がこれを見つけた最初の人間である」という業績を得ようとしたらしい。これは、幸運にも「ヴァン・シオン」（Van Sion）とかテラモニウス・プレヌス種（*N. telamonius plenus*）という名前で各種カタログの中に今も入っている。今日ではイギリスや大陸各地で野生の状態で咲いているのが見つかる。ところがその元の植物はよくわかっていない。というのは、植物学者はその八重の種類が出てきたと確かにいえる一重のダフォディルはない、と言明しているからである。

ポエティクス種（クチベニズイセン）、またはそれと関連が深いマヤリス種（*N. majalis*）の変種パテラリス（*N. majalis* var. *patellaris*）はおそらくイギリスで最も古くから栽培されていたスイセンであろう。これは十八世紀にケント州北部のグレイブスエンドの近くやノーフォークの一部で帰化しているのが見つかった。実はかなり根拠は乏しいのだが、ある専門家はローマ人の英国植民地時代から生息していると推測している。ウィリアム・ターナーが、本では読んだことがあるがこれまでに見たことのないナルキッソスだと判断した白い花を、腕いっぱい抱えた七歳くらいの少女に出会ったのはノーフォークであった。これから考えると、マヤリス種が一五三八年以前からこの地方では野生の花であると考えられていたようである。小さい少女は、今と同じで、栽培されている花をたくさん摘むことは許されていなかったはずだから。名前から考えると奇妙なことであるが、英語名で「年老いたキジの目」（old Pheasant-eyes）と呼ばれるレクルヴス種（*N. recurvus*）は、「スウィート・ナンシー」

という名でも知られる比較的新参者で、イギリスでは十九世紀の初め頃まで栽培されていなかった。その名前は一八七二年の『全少年年鑑』の中に初めて現われる。クチベニズイセンのグループの古い種は、今日庭で見ることは稀であるが、それはエクセルツスの変種オルナツス（*N. exertus* var. *ornatus*）に追い出されてしまったからである。早咲きのこの花は一八七〇年頃にパリのヴィルモラン商会を通じてフランスからもたらされた。その後、急速にヨーロッパで最も広く栽培されるスイセンの一つになった。

タゼッタ種、すなわち「小さなコップ」を意味するタゼッタという種小名をもったフサザキスイセンは、他のどのスイセンよりも広い地域に分布している。このスイセンは地中海地域だけでなくシリア、ペルシア、カシミールから中国、日本でも見られる。これら各地では、いつからとは言えないほど昔から栽培されていた。およそ一〇〇〇年頃に描かれた「新年」と題された中国の絵の中に、川のほとりでこの種のナルキッソスが咲いているのが見られる。八重のものは十九世紀までには栽培されるようになっていた。「聖なる中国のユリ」（Sacred Chinese Lily）、「新年のユリ」（New Year Lily）、「幸運の花」（Good-Luck Flower）、「水の精の花」（Water-Fairy Flower）という名前で、中国の新年の祭の時に花が咲くように小石と水が入ったボールの中で育てられた。中国の新年はイギリスの新年よりも一週間遅い。イギリスでは一五九七年以前には一〜二種の変種が苦労して育てられていた。パピラケウス種（*N. papyraceus*）をはじめとするタゼッタ種の亜種の大部分と同じように、フサザキスイセンの仲間はかなり寒さに弱く、とくに性質に合った地域を除けば、イギリスでは戸外で育たない。しかし交配種のなかには寒さに強いものもある。育てにくいということが、おそらく野心家の庭師の注意を引いたのであろう。というのは十七世紀の終わりから十八世紀を通じて、フサザキスイセンもしくは「ポリアンサス」ナルキッソスと呼ばれるスイセンは、次第に人気が出るようになって、十九世紀の初め頃までには、他のものに比べるとその種類の数はイギリスでも大陸でも群を抜いている。グレニーの『顕花植物の特性』（一八三二）の中に、オランダの種苗商では二〜三〇〇の変種が育てられていると書いてあり、それらだけが価値あるものだと考えられたようである。シリー諸島やコーンウォールで、切り花として盛んに栽培されていたのはフサザキスイセンの変種である。一八七〇年頃

ナルキッスス・パピラケウス
（CBM 第947図　1806年）

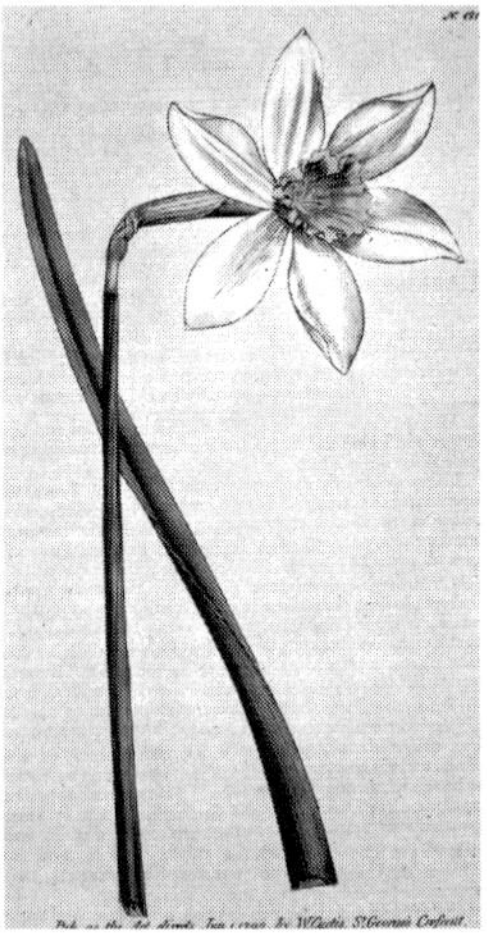

ナルキッスス・
インコンパラビリス
（CBM 第121図　1790年）

にトレヴェリック氏という人が摘んで市場に送ったのは半野生状態の「シリーホワイト」という名のスイセン一箱であった。これが予想もしない利益を生むことがわかったので、シリーの農民はナルキッソスも栽培しようという気になったのであった。シリー諸島から最盛期に送り出される花の量は一日で何トンという量である。このナルキッソスはベネディクト派の僧がシリー諸島に持ってきたと考えられている。

インコンパラビリス種（N. *incomparabilis*）はラッパズイセンとクチベニズイセンとの交配の結果生まれてきたダフォディルのグループの代表である。両者の交配は、親となる両方の種が野生で育っている自然状態でもよく起こる。これは非常に早く見つけられたダフォディルの一つで、一五五七年に出版されたクルシウスの『植物誌』〔ドドネウス『本草書』（一五五四）のクルシウスによる仏訳書〕の中にも絵入りで出ている。昔のイギリスの庭では「天下無双」（Nonpareille）とか「天下一品」（Great Peerlesse）とか「絶品のダフォディル」（Great None-such Daffodil）という名前で知られており、花の形は「以前には我々の国でも用いられていたもので、外国では今も用いている聖餐用のワインを入れる聖杯の形によく似ている。下部ほど細くなり、口のところが広い形である」とパーキンソンが『太陽の苑、地上の楽園』に記している。典型的なインコンパラビリス種は昔「ワトキン卿」とか「ウェールズの絶品《ペアレス》」とか呼ばれていたもので、一八八六年にペンブロークシャーのディナスの古い庭で咲いているのが見つかった時には、ちょっとしたセンセーションを巻き起こした。しかし実際に、ダフォディルの変種はほとんどこのグループに入れられる。花被よりは短いが、花被の三分の一以上の大きさの蕚を持っているもの、かつて「バーリイ」（Barrii）と呼ばれた種や「リージイ・ダフォディル」（Leedsii daffodil）がそうであるが、これらはすべて十九世紀にそれを育てた育種家の名前をとって呼ばれるようになった。このグループにも八重のものがあって、その多くはかつて田舎家の庭に咲いていた花で、E・H・ボウルズ氏がいうように、「様々な食べ物の名前を組み合わせた名で」呼ばれている。例えば「バターと卵」（Butter-and-Eggs）とか「リンゴとクリーム」（Codlins-and-Cream）である。前者の「バターと卵」という名前は少なくとも一七八九年頃のあるスイセンには使われており、黄色のホソバウンランに対してもこの名が使われていた。後者の「リンゴとクリーム」というのは、正しくはおそらくヤナギランの一つ、グレーター・ウイローハーブを指しているであろ

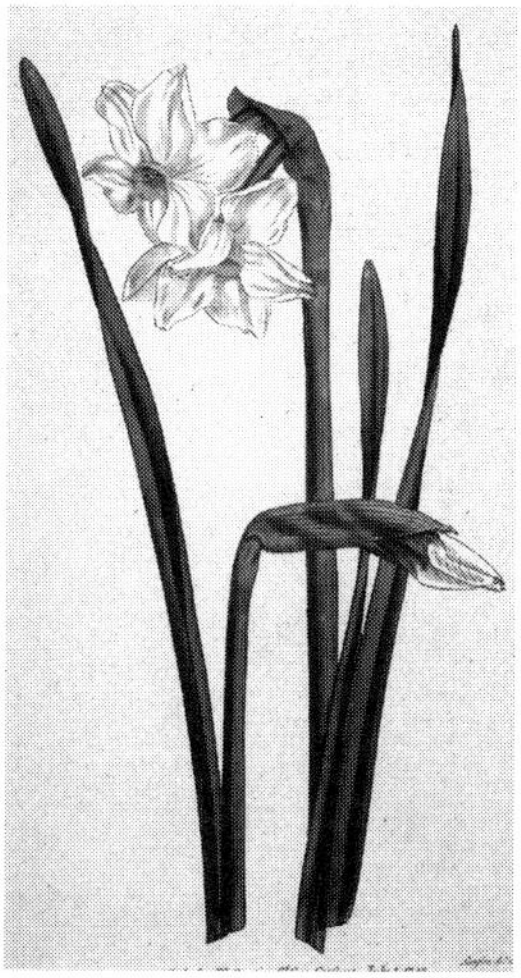

ナルキッスス・ビフロールス
（和名ウスギズイセン）
（CBM第197図　1790年）

う。

ビフロール種（*N. biflorus*　和名ウスギズイセン）は、ポエティクス種とタゼッタ種との交雑の結果生まれた別の交雑種である。両種がたくさん生えている所では野生の状態の交雑種を見ることもある。このタイプのナルキッソスは一本の茎に二〜三個の花をつけるが、花の大きさは両親の中間ぐらいである。エリザベス女王時代のウスギズイセン、「プリムローズ・ペアレス」はビフロール種の原種だと思われるが実ができず、めったに種子も作らないが、こうした交雑種のいくつかはたいへん生命力が強くて、根茎によってとても早く増えていくので、十七世紀初期の植物学者がこれは自生種であると誤解したほど、イギリス各地で帰化していった。パーキンソンはこれは「鼻が詰まりそうになるほど甘く強い匂いがあるため、よい花だという以上のものである」といっており、さらにつけ加えて、「私はこの花は田舎の庭全部にたくさんあると確信しているから、珍しい庭をつくろうとするならこれを植える必要はない」ともいっている。同じ仲間で別の変種を「イギリスのポリアンサス・スイセン」（Narcissus Anglicus Polyanthes）と彼は呼び「海外ではイギリスの自生種であると考えられている。しかし私はわが国でそれを手に入れたという人を知らないし、それを持っている人はみな海外から手に入れたのである」。「プリムローズ・ペアレス」はジェラードのいうところの「黄色の輪のついた普通の白いスイセン」のことで、この植物をトルコ人は「ラクダの首」と呼んでいると彼はいっている。つまり「花の首が長いところからこの名をつけたのであろう」。これら初めの頃の交雑種はおそらく偶然に生まれてきたものであろうが、一八八五年にポエティクス種とタゼッタ種の二種をファン・デル・シュートというオランダ人の園芸商会が意図的に交配させた。その結果生まれたものは「ポエタ」ナルキッソスと名づけられ、今日でも普通はこの名前の下に分類されている。

ヨンキラ種（*N. jonquilla*）、ジョンキルのグループ（jonquils）は小さくて丸い葉をつける甘い匂いのナルキッソスからなっており、スペイン語の「細長い棒」という意味の単語ジュンキロ（*junquillo*）からきている。他のスイセンの場合と同じように、主要な種はすでに十六〜七世紀にはイギリスでも栽培されていた。ジェラードはヨンキラ種を育てており、パーキンソンはそれに加えて、八重の種類や大形の「カンパネル・ジョンキル」、つまりオドルス種（*N. odorus*）の三種の変種を育てていた。八重のジョンキルは新築中のブレニム宮殿の庭が作られた時に植

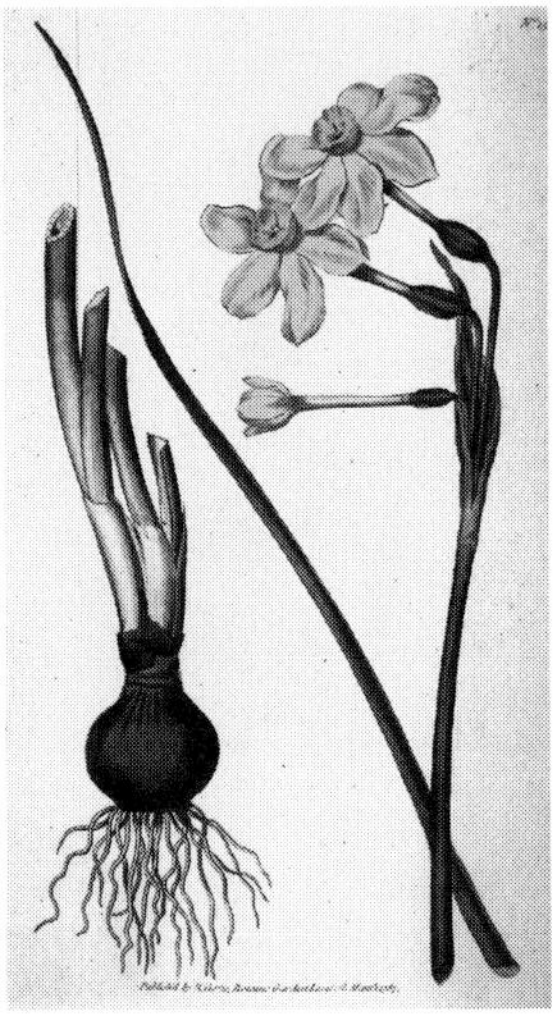

ナルキッスス・ヨンキラ
（CBM 第15図　1787年）

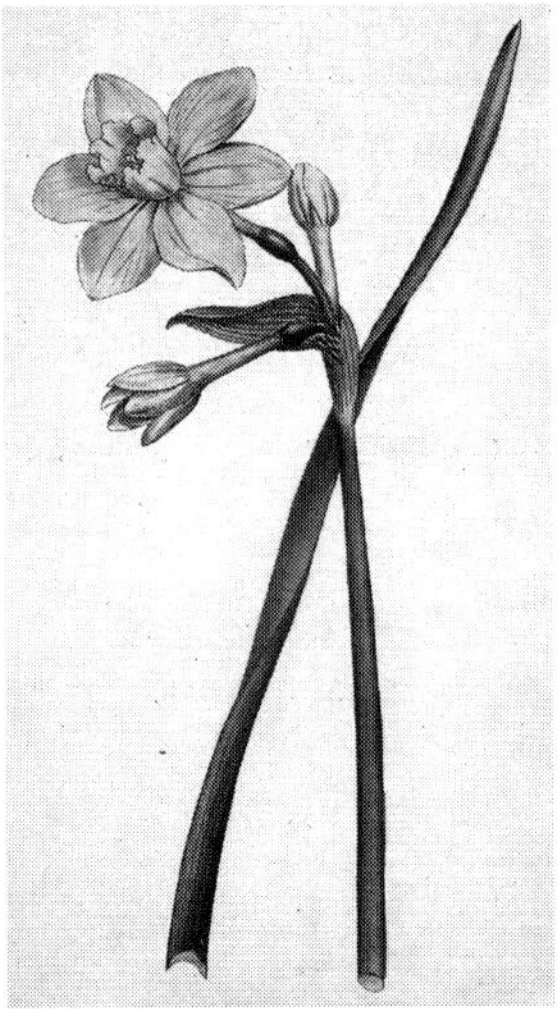

ナルキッスス・オドルス
（CBM 第78図　1789年）

えられたナルキッソスのうちに含まれていた。「アン女王のジョンキル」という名前がつけられたのはその頃であったろう。これを「アン女王のダフォディル」、すなわちエイステッテンシス種（*N. eystettensis*）と混同してはいけない。後者は清楚で淡い色をした八重の花で、その親ははっきりしていないが、おそらく一六〇五年頃生まれたものであろう。これはルイ十三世の皇后でオーストリアのアン王妃（ヘンリー八世の四番目の王妃のアンからその名を取ったといわれることもある）にちなんでその名がつけられた。さらに「スペイン女王」という名の寒さに弱いヨンストニー種（*N. johnstonii*）がある。

庭向きのダフォディルの変種を作り出すという活動は、それが熟練の技としてにせよ趣味にせよ仕事にせよ、最近現われたものではない。それはすでにジェイムズ一世の時代に始まっており、若苗を大きく育てるための色々な注意を一六六五年にジョン・レイが与えている。しかし、昔の庭師の大部分は大陸から新種を輸入することで満足していたようである。というのは、フィリップ・ミラーが一七二四年に、「イギリスでは、これらの花を増やすための努力をしている人がほとんどいない。その努力が報いられるのに、五年もの歳月がかかるのが普通であるから」と不満を述べている。一八三七年に出版された『ヒガンバナ科について』という本を書くために、マンチェスター司教のウィリアム・ハーバートが行なうまでは、交配に関する実験がなされることはなかった。この本によってイギリスではダフォディルの栽培への関心が起こり、マンチェスターのエドワード・リーズやダーリントンのウィリアム・バックハウスや最後にはピーター・バーに刺激を与え、それゆえ彼らはこの花の専門家になったのである。ピーター・バーは「ダフォディルの王」と呼ばれる。バー&サン商会を創立し、バックハウスやリーズが始めた種の改良の仕事を継続させただけでなく、広くスペインや南ヨーロッパに野生のダフォディルを求めて旅行し、パーキンソンの時代以降忘れられていた多くの庭向きの種類を再度収集することに貢献した。彼はまた『ナルキッソス』という名の本を書き、一八八四年の第一回のダフォディル会議を組織するのに大いに貢献した。彼は一九〇九年に他界したが、その仕事はジョージ・ハーバート・エンゲルハートが継承した。エンゲルハートは「現代のダフォディルの父」という名誉な称号を与えられるに至った。第一回のダフォディルの品評会は一八九三年にバーミンガムで開かれ、その後この植物は確実に普及してきている。今日ではダフォディルは世界で最も人気のある花の一つとなり、この花の専門家はかつてカーネーションやチューリップやオーリキュラに対して惜しみなく与えたような注意と世話をこの植物に向けている。一九〇三年には当時の王立園芸協会の理事W・ウィルクス牧師がダフォディルの育種に関してこれ以上の進歩は望めないし、不可能であるという意見を述べたが、振り返って見ると、当時は現代のダフォディルのまだほんの出発点にすぎなかったように思える。それ以後、美しいピンク色の変種が現われてきた。これは一九二三年にR・O・バックハウス夫人が作り出したものである。その後の成果としては彼女の息子のW・O・バックハウス氏が一九五三年に紹介した白い花被と赤い萼のラッパ咲きのダフォディルがある。全体が赤いダフォディルや白と緑のラッパ形のものや、青色に近い色合いのものを見ることができるようになるかもしれない。

　最近の進歩の一つはキクラミネウス種（*N. cyclamineus*）とかトリアンドルス種といった小形の種が増加してきたということである。キクラミネウス種は一六〇八年にピエール・ヴァレの『王の庭』の中に絵入りで説明されており、ヴェスパジアン・ロバンが一六〇三年にスペインからパリに運んだ植物の中に含まれていたものかもしれない。その後この花はまったく栽培されなくなったが、ハーバート司教は「この花が全然見つからないとはばかげた話である」という信念をもっていた。一八八五年にポルトガルの港町ポルトの近くで再び発見され、ピーター・バーがトリアンドルス種と共に再度紹介したものである。トリアンドルス種もまた十七世紀初めにクルシウスやパーキンソンが栽培した後、姿を消していたものである。この小形のダフォディルが「天使の涙」（Angel's Tears）という誤解しそうな詩的な名前を得たいきさつについては少なくとも三種類の組み合わせになる説がある。すべてはエンゼルとかエンゲールとかアンジェロとかいう名前の、ガイドともガイドの息子ともまた農夫の助手ともいわれる人の苦労に係わっている。この人物はピーター・バーが山に登るのについて行かねばならなかったか、近づきがたい所にある植物を採らなくてはならなかったか、あるいは後で取りにくるように残されている球根の入った包みを取りに行くために険しい山登りをしなくてはならなかったかである。アイルランドでの名前は、ゼウスのために酒の酌をしたトロイアの美少年にちなんだ「ガニメデスの杯」である。

　英国のダフォディルにはいろいろ種類があるが、ジェイムズ一世の頃の庭師が育てていた多数の「ダフォディル」とは比較にならない。というのはパーキンソンは革帯状の葉とツルツルの茎をもった球根の植物を「ダフォディル」と分類していた。七八種の本当のナルキッソスもすでに言及されていたが、中にはユリ科のアガパンツス・ウンベラーツス（*Agapanthus umbellatus*、英語名「青色の南アフリカのユリ」the blue South African lily）や、メキシコ産で真紅の花が咲くヒガンバナ科のスプレケリア・フォルモシッシマ（*Sprekelia formosissima*）、同じくヒガンバナ科で「銀白色のゼフィル・フラワー（Zephyr-flower）」と呼ばれるゼフィランテス・カンディーダ（*Zephyranthes candida*　和名タマスダレ）、「白花の海スイセン」と呼ばれるパンクラティウム・マリティムム（*Pancratium maritimum*）、クロッカスに似たステルンベルギア・ルテア（*Sternbergia lutea*）、その他六〜七種が含まれていた。今日、それらはみな展覧会ではダフォディルだと認められていない。そのうちのいくつかは、一四九一年刊の『健康の園』の中に「ナルキッソス」として掲げられている有名な花の絵「変身の過程にある半分人間のようになった奇妙な花」と同じくらいに、ダフォディルという我々の概念からはずれたものである。

　食料とか薬用とか、実用的な役に立つダフォディルはない。この花から、古くは軟膏が作られたが、その製法も紀元一世紀になる以前に消えてしまった。おそらくこの植物の汁にはカルシウム・オキシレイトの結晶が含まれているからであろう。この針状の結晶体は束になって集まっているので、害はないにしてもその葉を食べる動物にとってはうれしくないものだし、たくさん摘んだ時に現われるユリの発疹（lily-rash）として知られている皮膚のかゆみの原因になることがある。英国紋章院の紋章官たちは美しいが強情なこの花のデザインに苦労したにちがいない。というのも、一九一一年の皇太子エドワードの認証式でウェールズの花として、目立たないが役に立つリークに代わって、公式に採用されたからである。

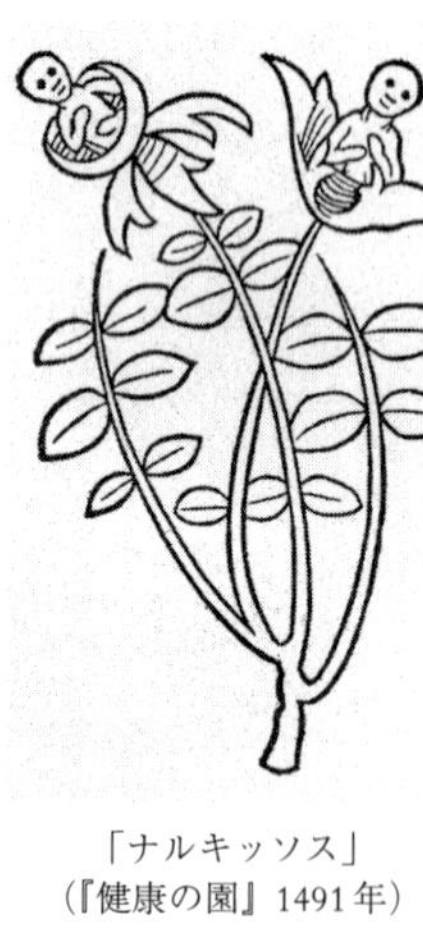

「ナルキッソス」
（『健康の園』1491年）

スイートピー

Lathyrus
ラティルス

マメ科

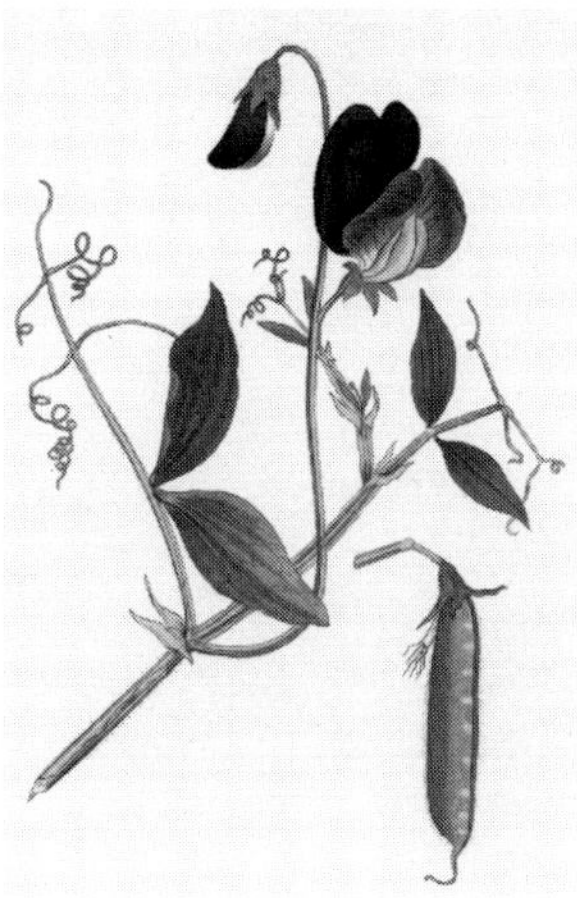

ラティルス・オドラツス
（和名スイートピー）
（CBM 第60図　1788年）

ラティルス・オドラツス（*Lathyrus odorathus*　和名スイートピー）。シチリア島の野生の花で、最初にこれを記録したのはシチリア島にいたフランシスクス・クパーニ司教である。彼はこの植物について、一六九七年に著わした書『カトリック教圏の植物』の中で述べている。リンネおよびその後の多くの植物学者は、この植物がセイロン島原産であるとも考えていた。セイロン島で花びらの色だけが違うスイートピーが見つかっていたからである。その花は、植物学者のハルトークがセイロン島からアムステルダムのコルネリウス・ヴォススに送った植物標本の中に収められていた。しかしこれは、何かの間違いであったにちがいない。というのはセイロン島で野生のスイートピーはそれ以来まったく見つかっていないからである。

一六九九年にクパーニ司教は、新しい花の種子をロンドン北部エンフィールドでグラマースクールの教師をしているロバート・ユーヴデイル博士に送った。この人物は「研究熱心な収集家で、多くの珍しい種の紹介者」であり、六〜七棟もの温室を持っていたイギリスで最初の植物愛好家の一人である。当時スイートピーはまだ雑草扱いであった。二本の短い花柄の両方に栗色の翼弁と青色か紫の旗弁が付いた形の定まっていない花が咲いた。この花の絵は一七三一年頃に出版された『花の十二カ月』の六月の項に現われる。絵のもととなった標本は「ケンジ

『花の十二カ月』（1731年頃）より「六月」
スイートピーは右下部分に描かれている

ントンの庭師ロバート・ファーバーの収集品」の中から採ったものである。付属の説明書には、スイートピーの種子の最初の宣伝といってよいものが載っている。しかし、スイートピーはおそらくもっと以前から市場に出ていたにちがいない。というのは、トーマス・フェアチャイルドが一七二二年に、ロンドンの庭に似合うと推薦しているからである。「甘い匂いのするこのマメは美しい花で、赤や青色の穂状の花序を持っている。その匂いはどことなく蜂蜜に似ており、少しオレンジの匂いにも似ている。」フェアチャイルドはここでは二色の花についてしか述べていないが、ジェイムズ・ジャスティスは一七五四年に紫と白色のものおよび「ペインティッド・レディー」(Painted Lady)の変種についても述べている。この「ペインティッド・レディー」については他のものほどによい匂いがしないといっている。

最初、スイートピーの改良の速度はゆっくりであった。十九世紀の初めまではわずか五種類の色しかなかったし、一八三七年でも六色にしか増えなかった。スイートピーの花は自家受精し、全然何も手を加えなければ、他家受精することはきわめて稀である。初期の栽培家は、変種を得るためには選別するか、または自然に変種がでることに依存していた。意図的に交配を行なうようになったのは十九世紀の後半になってからである。その最初の一人にノーザンプトン州ダヴェントリーのトレヴァー・クラーク大佐がいる。彼は青色のスイートピーを手に入れるために多くの実験を行ない、一八六〇年に花弁のまわりが青色の白いスイートピーを作るのに成功した。英語名で「アンソン卿のエンドウ」と呼ばれるマゲラニクス種(*L. magellanicus*)との交配の成果であるといわれた。しかし、現代のスイートピー作りの本当の意味での先駆者は、ヘンリー・エックフォードである。彼は一八七〇年頃に、この花を専門に扱いはじめたが、当時は約一五種ほどしかなかった。そのうちから彼は五種を選びだし、交配に大成功を収めて、一九〇〇年のスイートピー二百年祭展覧会では二六四種もの変種を出品することができた。そのうち一一五種類は彼が作り出したものである。新しい色のものを作り出すほか、彼は一本の分枝に付く花の数を二つから四つに増やした。

二百年祭はロンドン郊外シドナムの水晶宮で催され、次の年にスイートピー協会が設立された。一九〇一年という年はノーザンプトンにあったアルソープ・パークのスペンサー公爵付きの庭師サイラス・コール氏が「スペンサー夫人」と呼ばれる変種を出品して、センセーションを巻き起こしたことでも記憶される年である。これがウェーブのかかった最初のスイートピーであった。ウェーブのかかったスイートピーは、今では初期の滑らかなスイートピーにほとんどとって代わった。この花はエックフォードが育てていた桃色の種類「プリマドンナ」からたまたまできたもので、「ブレイク」(break)と呼ばれたが、同じ年に三つの異なった種苗園で見つかった。残念ながら、「スペンサー夫人」は変異種であることがわかったが、ウェーブのかかった一つ、小形の花をつける「グラディス・アンウィン」は種子からできた。こうしてウェーブのスイートピーの種類は定着した。すでに一九一一年に、先を見越していた専門家は、この性質は一過性のもので、今後できる花は全然美しいものではなくなると、次のように警告していた。「この方面での発展では美しさは終わり、下品さが始まるような兆しがある。」（カーティス）しかしその警告は無視されて、今日「細かい八重のフリルの付いた……それを見ると八重のベゴニア以外何も連想させない」（トーマス）スイートピーがあるという話だ。新しい変種の多くは、増殖させるためにカリフォルニアに送られたが、そこではスイートピーの種子が、トンの単位で生産された。いくつかのアメリカの会社がこの花を専門に扱った。例えば、フィラデルフィアのW・アトレー・バーピー社ではサーモンピンク、オレンジ、緋色のいずれも陽にあたっても色のさめない種類を育てていた。小形の「キューピッド」種は一八九五年に優秀花としてメリット賞を受けたが、これはまだ珍しい種類であると見なされている。

　スイートピーは、とくにエドワード朝の花であった。アレクサンドラ王妃のお気入りの花で、シーズンには、食卓でも結婚式でもまたボタンホールでさえも、これがなければ完全とは言えないほどであった。すべてのお祝い事の場でテーブルを飾るものとして「手籠や食卓のスタンドやその他の装置」の中に入れて世界中で用いられた。もちろん今日でも人気はあるが、当時その人気は、とくに広い範囲に及んだ。W・T・ハッチンズ牧師が二百年祭の品評会の席でいったように、「スイートピーはすべての港を求める船（舟弁）を持っている。すべての大陸を飛び回る翼（翼弁）を持っている。すべての国民に好まれる旗（旗弁）を持っている。世界中に広まっている讃美歌のような、誰にも受け入れられる芳香がある。まさに至る所で歓迎される好ましい予言に満ち溢れている」。

　ラティフォリウス種（*L. latifolius*）は英語で「多年草のエンドウ」（Perennial Pea）という。イギリスの自生種シルヴェストリス種（*L. sylvestris*）と近い関係にあって、もっと色が変わりやすく、繁りすぎない一年草の変種にとって代わられるまでは、よく庭で栽培され評価も高かった。ジェラードは「他のエンド

ラティルス・ラティフォリウス
（EB第1005図　1852年）

ウと同じようにたいそう美しい。中心部は輝くような赤で、豆は赤紫色がかっており、外側の葉はいくぶん明るい赤色である」といって誉め称えている。そしてパーキンソンは「咲きつづけるエンドウ」（Pease Everlasting）には「花のような紫がかった豆がついていて、見た目にとても美しく、よい匂い」があるといっている。後にこれは「普通の庭向きの花としては大きすぎるし、繁茂しすぎる」（マクドナルド『実用的庭づくりのための辞典』一八〇七）と見なされた。しかし、ラウドン夫人はあずまやにはとくに適しているという指摘をした。理由は、この花は日陰でも色があせないからである。そして白の変種は「人工の廃墟の壁に這わせたり、古風な田舎家風の建物のまわりに植えるのに最も適しているものの一つである。なぜなら、そういう建物にはひ弱ではあるが、よく繁る植物の装飾が必要だから」（ヒッバード）と考えられた。『庭師の辞典』（一八〇六）には、飼料になるかもしれないが、「どの程度家畜に与えてよいか、また種子がハトや家禽の餌になるかについては経験を積んで調べなければならない」と書いている。ネヘミア・グルーはワインの中に花を漬けておくと、とびきり上等の群青色に近い顔料を作り出せることを見つけた。

　マゲラニクス種、「アンソン卿のエンドウ」は、アンソン卿の持船センチュリオン号の料理人がイギリスに紹介したものである。この料理人は、一七四四年にマゼラン海峡沿いの海岸付近でその種子を集めていた。アンソン卿はそのうちのいくつかを

ラティルス・ヴェルヌス
（CBM 第521図　1801年）

ラティルス・ツベロスス
（CBM 第111図　1790年）

チェルシー薬草園に寄贈し、チェルシーではフィリップ・ミラーがこれを育てた。海辺のマメであるから、与える水に塩を加えることで、この植物の栄養補給になると考えられる。このエンドウの仲間であるヴェルヌス種（*L. vernus*＝オロブス・ヴェルヌス *Orobus vernus*）とツベロスス種（*L. tuberosus*）は、ときおり庭で見ることがある。ヴェルヌス種は一六二九年以前にヨーロッパ大陸からイギリスにもたらされ、咲きつづける「青色エンドウ」（Blew Everlasting Paese）という名前でパーキンソン

が育てていた。ツベロスス種、「球根エンドウ」もヨーロッパが原産地でエセックスのファイフィールドで帰化していたのであるが、根が食用になり、以前にはオランダで栽培されていた。ジェラードは「すてきにおいしく、甘いクリの実の味とよく似ている」と述べている。オランダでは「尻尾のあるネズミ」と呼ばれていた。「家ネズミとよく似ているからで、黒い楕円形の木の実の形で、一方の端に細い尻尾のようなものが付いているところがネズミにそっくりである」とジェラードが書いている。これは、時にはその根のせいで、時にはそのきれいなバラ色の花のために、二十世紀に至るまでときおり庭にふさわしい植物として挙げられている。しかしその根はヒルガオと同じように根絶するのが難しいといわれる。

　モンタヌス種（*L. montanus*）、「チューベローズ・ビター・ヴェッチ」（Tuberous Bitter Vetch）はイギリス自生種であるが、庭向きの植物ではない。この根も食べられる。かつてスコットランド高地地方の人々に「Cairmeal」とか「Cormeille」と呼ばれて尊重されていた。その根をタバコを吸った後に噛むのだが、ごくわずかな量で空腹や渇きを長い間まぎらわせることができる。

スズラン

Convallaria
コンヴァラリア

ユリ科

コンヴァラリア・マヤリス（*Convallaria majalis*　和名ドイツスズラン）の英語名は「谷間のユリ」（Lily of the Valley）である。この花はイギリスにも自生、イタリアからラップランドに及ぶヨーロッパのほとんど全地域で野生の状態で生えている。古代にはスウェーデンの夜明けの女神オスタラの特別な花と考えられていた。『黄金のロバ』の著者ローマ人アプレイウスの書いた『本草書』にもこれについての記述があるが、一般的にいって、南欧の花というよりはむしろ北欧の花であり、日陰や涼しい森の中を好む。十五～六世紀の植物学者ブルンフェルスが書いているところでは、それ以前のほとんどの記述家が、この植物の薬効については「まったく何も」述べていない。スズランが最初に生えたのは聖レオナルドの森であり、それは聖レオナルドが、イギリス中を荒らし回っていた「火竜《ファイアー・ドレイク》」たちを打ち負かした時にうけた傷より流れた血から生まれたためである、というサセックスの伝説がある。十六世紀の中頃、スズランは庭の中に持ち込まれたようである。というのは一五六八年にトーマス・ヒルがこの花について書いているからである。「森のユ

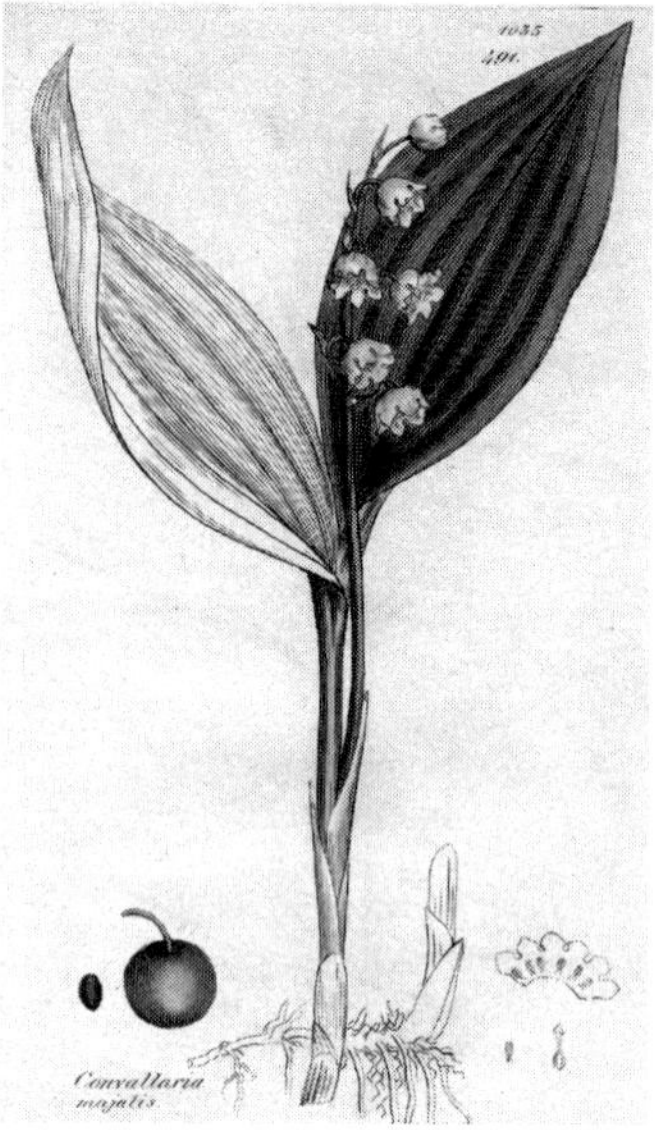

コンヴァラリア・マヤリス
（和名ドイツスズラン）
（EB 第491図　1850年）

リ（The Wood Lillie）または谷間のユリ（Lillie of the Valley）の美しさはたとえようもない。とくに春は満開に咲き、そして森の中で育つ。しかし、今では最近知られるようになったすばらしい特性や有用性ゆえに庭の中に持ち込まれ栽培されている。」

「すばらしい特性や有用性」とはドイツスズランの蒸留液のことである。その液体はとても高価だったため大陸では金の水（Aqua Aurea）と呼ばれ、金や銀の器に入れられていた。ジェラードによれば、「五月のユリ（May Lillies）の花をガラスの器に入れて、アリ塚の中に置く。一カ月の間そのままにしておいた後、取り出すと、器の中には液体がたまっており、これを患部に塗ると痛風の痛みや苦しみを癒す。その効果はすばらしいものである」。R・L・スティーヴンソンの書いた『かどわかされて』の第一章には、ジェラードのそれと似たような処方が出ている。つまり、「この液は効く。しかし、悪くなることもあり、よくなることもある。男にも女にも効く。ねんざのような場合は患部にこれを塗る。また肝臓が悪い場合には、一時間ごとにスプーン一杯をたっぷりと飲むとよい」と出ている。かつてはとくに惚れ薬の材料にもされた。今日では、その葉や花から心臓の苦しみにもまた心の病気にも効く高価な薬ができるということが知られている。園芸家のレイは薬効と道徳心をうまく読み込んで次のようにいっている。「もしこれが旧約聖書の『雅歌』の中で、私はシャロンのバラ、谷間のユリと詠われているものならば、うるわしの王を表わしているのはバラであって、この背の低い小さな花は美徳ある謙遜を表わしていたのであろう。この小さな花には記憶の減退を防ぎ、卒中を起こした人を救い、心を明るくし、痛風の痛みを癒すという特別な効能がある。」しかしながら、コンヴァラリアはパレスチナ自生の植物ではないから、ここで詠われている「谷間のユリ」とはヒアシンスであ

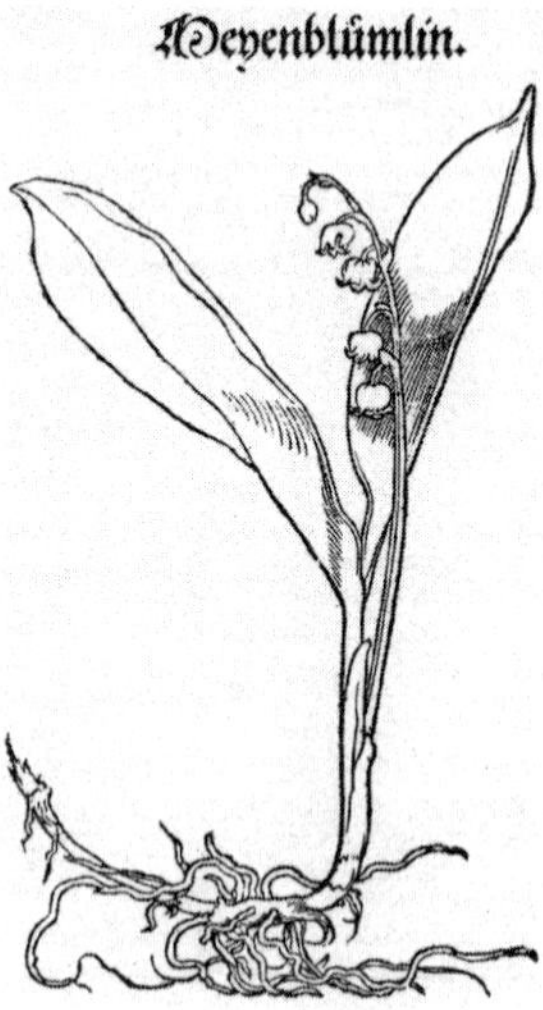

コンヴァラリア・マヤリス
（ブルンフェルス
『本草写生図譜』1530年）

ると思われる。

　ちょうど五月の中頃に開花するので、ドイツスズランは聖霊降臨祭〔キリスト復活後の第七日曜日〕の聖、俗両方の催しととくに関連がある。ヘンリー・フィリップスは、この花はハノーファー近くの森の中で、あちこちと気ままに咲くので、聖霊降臨祭の翌日《ウィット・マンデー》にそれを摘むため特別な遠足をする、と一八二九年に書いている。その日には「コーヒーやその他さまざまな飲み物を売るための小屋が建てられ、この時ばかりはタバコを吸う楽しみも、踊り回る楽しみも禁止されることはない」。カルペッパーが、「先のほうが反り返った小さな鈴のような白い花」と書いたものは、一五九七年にはハムステッドヒースにたくさん生えていた。十九世紀の初め頃にはまだ見られたが、今日では、タバコを吸う楽しみや踊り回る楽しみはまだ残っているかもしれないけれど、野生のドイツスズランはハムステッドヒースにはもうない。

　桃色と赤の変種ははるか昔一五九七年に栽培されていた。一七七〇年にはウィリアム・ハンベリー牧師が、「縞模様や八重の種類は本当にすばらしい。とくに八重の花は美しい紫と白の縞模様になっている」と書いている。これはおそらく、フィリップ・ミラーが『庭師の辞典』（一八〇六）の中でパリの王立植物園から手に入れたと述べている「紫色の斑がきれいに入った」変種のことであろう。これはチェルシー薬草園で数年の間花が咲いていたが、増殖せず、今ではむしろその方が幸運だったといえるが、栽培されていない。ジェラードは、赤みがかった変種は一番香りがよいといっているが、一般の意見はこれと逆である。斑入りの葉を持ったタイプは十九世紀には観葉植物としてもてはやされていた。

　属名コンヴァラリアは「谷」を意味するラテン語（convallis）からきている。英語の名前がいくつかあるが、アプレイウスの『本草書』の英語訳には、「手袋草」（Glovewort）という名前で出ている。「手の炎症」によく効くとされているからであろう。昔、田舎では「マジェット」（Mugget）と呼ばれた。これは明らかに、フランス語の伊達男（Muguet）に由来する。もっと美しく、またふさわしい名前は「婦人の涙」（Our Lady's Tears）や「節操のユリ」（Lily Constancy）である。「リリーコンファンシー」（Liriconfancie）というのは、古い名前「リリーコンヴェイル（谷間のユリ）」が魅力的な転化をとげたもの。花言葉は、「幸福の再来」である。

ストック

Matthiola
マッティオラ

アブラナ科

現在、庭で咲いている各種ストックのほとんどはインカーナ種（*Matthiola incana*）から出たものである。ワイト島南部の海岸では野生の状態で生えている。ただ、例外として「十週咲きのストック」（Ten-week Stock）があって、これはヨーロッパ原産のアンヌア種（*M. annua*）から出てきたものである。インカーナ種はエリザベス女王時代には「ストック・ジロフラワー」（Stock-gilloflower）という名で知られていたが、それは花の香りがジロフラワー、つまりカーネーションの香りと似ていたことによる。ただ「ストック（茎）」が目立つということだけがカーネーションとは異なっていたのだ。我々はその名前の一部分だけを残したのである。

古い庭の花の中に含まれている、「ストック・ジロファー」（Stock Gillofer）と「ガーンジー・バイオレット」（Garnzie Violet）という二種類については一五七八年にライトが書いているが、一五九七年までにはすでに、たいていの家の庭でごく普通に見られるようになっていた。八重のものも一重のものもあり、「さまざまな色があって、花の美しさやよい匂いが、たいへんもてはやされた」とジェラードは記している。新しい変種はイギリス以外の国から持ち込まれて、例えば「八重で白のストック・ジロフラワー」はジョン・トラデスカント（父）がソールズベリー卿のために一六一一年頃にフランスで購入した植物リストの中に入っている。「この植物には多くの変種がある」と一七一九年頃にトゥルヌフォールの著書の英訳者がいっている。「あるものは白く、あるものはカーネーションの色で、バラ色のようなピンクもあり、紫色、すみれ色、血のような色もあり、鮮やかな赤もあった。おまけに、さまざまな濃淡の色合いをもったもの、すなわち、白に斑入りの紫、赤、バラ色のピンク、すみれ色で斑点のものや縞模様のものなどである。C・バウヒニウスによれば、彼は「この花の仲間で青色のものだけは見たことがない」ということだ。

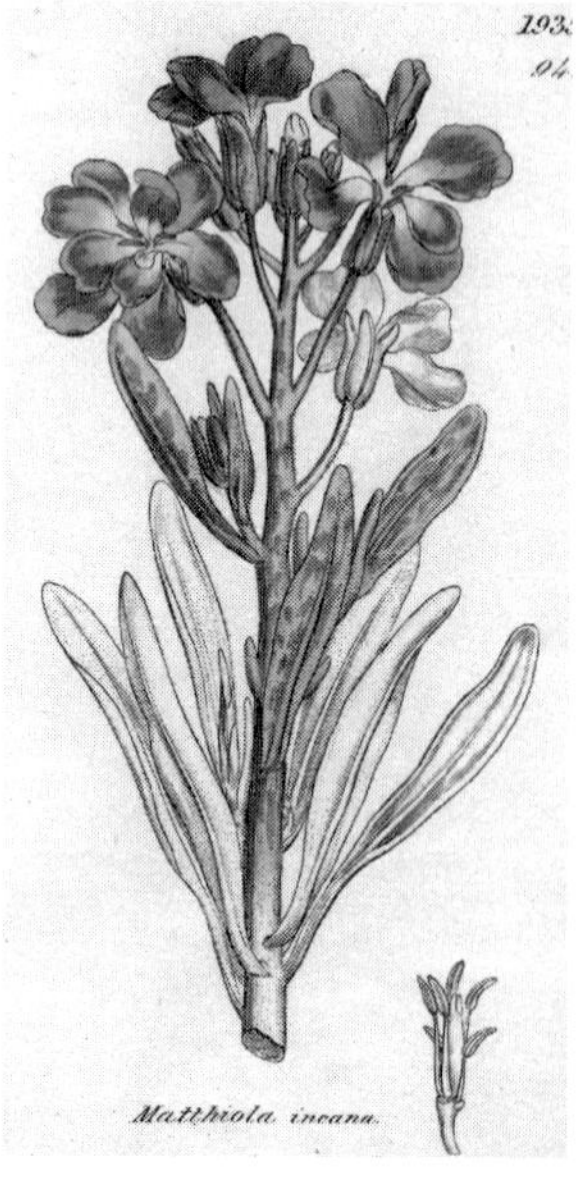

マッティオラ・インカーナ
（EB第947図　1852年）

昔の植物著述家は、この植物の栽培方法について、必ず何か一言変わったことを書いている。とくに園芸の分野で、一番正確さをもって咲かさなくてはならない花だといっているようだ。例えば、「ストックのとても美しいものを手に入れたいなら、きれいな八重の花をつけたものを選びなさい。一本の茎にだけ花がつくように、二月に種子を温床に播きなさい。そして聖ミカエル祭の日〔九月二十九日〕に移植すること。これが大切な秘訣である」といっているのはジョン・イヴリンで、これを自分の庭のあったロンドンのセイズコートで「庭師」に指示している。リジェールは一七〇六年に、同じように注意深い指示を与えている。それによると、植木林から苗を畑に移植する時には「帽子と同じくらいの広さと深さの穴を踏鋤を使って掘りなさい」ということだ。一七五七年にはジョン・ヒルが、その当時流行していたと思われるやり方を記録している。それは、ラディッシュの種子と混ぜて播けば、ノミハムシの注意がラディッシュに向くので、ストックからそらすことができるというものだ。彼はまた、堆肥に海の砂を混ぜるのがよいといっており、前もって海水にその砂を漬けておくと、この海辺の植物を生かすことができるというのである。「ストックから採った種子を播いて、八重のものや美しい花をたくさん咲かせるのに庭師が失敗するようなことはないが、一番よい方法は遠くの誠実な人と毎年種子を交換することである。」数年後に、ヘンリー・スティーヴンソン牧師はさらに細かい指示を与えている。「ストックは普通四月の満月の時に播いた種子を育ててゆく。三〜四インチに育った頃、掘り取って土地を瘦せさせるため苗床の上に少し砂を播く。それから再び適当な間隔をあけて植える。低く育てるために三カ月の間これを繰り返す。移植せずに放っておくと冬に枯れてしまう危険がある。何度も移植することで、植物の価値が上がるだけでなく、強くなる。たとえ満月の時に移植できなくとも、一カ月に一度は移植すること。」これより以前、一六九三年にサミュエル・ギルバートが同じような指示をしている。彼によると「満月の頃、瘦せた土地に若苗を移植するか、若苗を掘り取ってから苗床の土に砂を混ぜ合わせて再び植え戻すとよい。しかも、砂を混ぜるのは苗を掘り取った直後のほうがよい。そうすれば適当な間隔を空けて、もう一度その土にすぐ植え戻せる。」尋常でないとしてもこうした注意深い栽培法の結果、一八二二年にはノッティングヒルのストックデイルという人物の庭で、周囲が一一フィート九インチもある花が咲いたという記録がある。

「ブロンプトンストック」はロンドンとワイズが初めて育てた種であった。彼らの種苗園はブロンプトンにあって、「紫や縞模様」のストックを当時建設中であったブレニム城の新しい庭にたくさん供給していた。八重のストックだけが、「愛好家の庭に植えられており、一重のものはその種子から八重のものを作り出すので、いくつかの種苗園で育てられていた」（レイ）。

　アンヌア種はライトが述べている二種類のストックのうちの一つで、「十週咲きのストック」の親であり、ジェイムズ・ジャスティスが一七五四年にこの名前で初めて記述している。これは以前には「小形の多年生ストック」という名で知られていたものである。十九世紀になると、とてもすばらしい変種がドイツのザクセンの織工たちによって育てられるようになった。「この人々は、セキチクやカーネーションを育てていたイギリスのランカシャーの織工と同様にストックを育て、その種子を採ることが無上の喜びであった」とジェイン・ラウドンが書いているが、全員の同意によるものか、なんらかの取り決めとしてあったのか、とにかく一つの村は必ず一種類か一変種だけを栽培した。そうすることで、花の種類が混じることなく、一つ一つの種を別々に独立させておくことができた。これらのストックの種子は、約四〇種の名の知れた種類がひとまとめにされてイギリスに送られた。現代の植物学者はアンヌア種は、確立した一つの種ではなくインカーナ種の変種にすぎないと考えている。

今日では多くのすばらしいストックが手に入るが、デンマークのハンセンという種苗商が八重の花なら必ず薄緑の葉をつけ、一重なら必ず濃い緑の葉をつけるという種を改良して作り出した。その結果、一重のものは若苗の段階で簡単に取り除くことができるようになった。このやり方のほうがビートン夫人のやり方よりも信頼できるようである。彼女は移植の際の若苗で長い主根を持っているのが一重であり、毛根がたくさんあるものが八重であるといっている。

初期の本草書などでは、ストックはレウコイウム・アルブム（Leucoium album）とかヴィオラ・アルバ（viola alba）、つまり「白スミレ」という名で知られていた。しかし、この属はピエランドリア・マッティオリ（一五〇一～七七）にちなんで後で改名された。彼はイタリアの植物学者でマクシミリアン二世の主治医でもあった人である。しかしながら、ストックは薬用としてはジェラードが「いんちきな医者が恋とか気の病いに効くといって用いただけで、私は使ったりはしない」と書いている。

ビコルニス種（*M. bicornis*）の英語名は「夜芳香のあるストック」（Night-scented Stock）である。この謹厳な花には沈黙していて何か陰謀を企てているところがあるように思える。昼の間は、まったくなんでもない花だが、夜になるとよい匂いがする。まるで正式に招待されていないのに、ガーデン・パーティーに無断で入ってきたようなものだ。昔からあり、広く各地で栽培されているから、一般には古くに導入されたと信じられている。しかし私は、一九〇一年以前に出版された園芸書の中に、この花についての記述を見つけることはできなかった。「夜咲きストック」（Night-flowering Stock）については、もっと早くから記述があり、ハナダイコン（*Hesperis tristis*）に入るかどうか検討する際に常に見いだされる。この植物はギリシアが原産地で、たそがれ時に咲く多感な花は、太陽が出ていない間、開くことが観察されている。

スノードロップ

Galanthus
ガランツス

ヒガンバナ科

スノードロップ、すなわちガランツス・ニヴァリス（*Galanthus nivalis*　和名マツユキソウ）は有名で、人びとに親しまれている花だが、今日専門家の多くは、イギリスの自生種ではないと考えている。というのは、野生の状態で生えているのが見つかるのは、ほとんど昔の修道院の跡地とか、かつて庭のあった場所だからである。十五世紀に、修道僧がイタリアから持ち込んだものだという話もある。根は切り傷ややけがの外用薬になると考えられていた。しかし、スノードロップは聖母マリアの清めを祝う聖燭節《せいしょくせつ》（二月二日）との関わりから修道院の庭で育てられていた例が多い。この日には聖母の像が祭壇から移されて、その場所に清めの象徴であるスノードロップがまき散らされたのである。イギリスでの自生地とされてきたヘリフォード・ビーコンの近くでは、聖燭節の日に、ボウル一杯のスノードロップを家に持ち込めば、その家は「真に清められる」と考えられている。スノードロップにまつわる言い伝えに次のような話がある。アダムとイヴがエデンの園を追われた時、雪が降っていた。絶望するイヴをある天使が冬が過ぎれば春が来ると元気づけ、降っている雪に触れてスノードロップに変えたという。聖フランシスが希望の象徴としてスノードロップについて語った時、おそらくこの話が心の中にあったのであろう。

この花はかつてはあまりよく知られていなかったようだ。チョーサーもシェイクスピアもこの花について何もいっていない。たとえ知られていたとしても、「球根スミレ」（bulbous Violet）というありふれた名前の花について詩人が語ることを、どうして期待できようか。「球根スミレ」とは、ジェラードとパーキンソンが用いていた名前である。ジョンソンが一六三三年にジェラードの『本草書』の改訂版を出して、その中で、「この植物はスノードロップ（Snowdrop）と呼ばれることもある」と書くまでその名は「球根スミレ」であった。クリスパン・ド・パスは一六一四年にオランダで、「この植物はイタリアにたくさんあるが、専門家の庭を除くとここでは見られない」と書いている。

スノードロップは、そのはかなげな風情にもかかわらず、な

ガランツス・ニヴァリス
（和名マツユキソウ）
（EB 第463図　1850年）

かなか個性的な花である。寒さにはたいそう強いが、土壌に対する好き嫌いが激しく、嫌がる土地で育てようとしたり、開花の季節でないのに咲かせようとすると強情に拒否する。実験によると、頭《こうべ》を垂れたような形の花は、夜には閉じて、さらに深くうなだれることによって、昼間の暖かい空気をその中に保持する。だから夜明け前の気温が低い時間帯では、花の中の温度が周囲の気温より二度も高いということもある。ジェラードもクルシウスも芳香のある花といっている。摘んだばかりのスノードロップを暖かい部屋の中に持ってくると、かすかにハチミツの匂いがするが、もちろんそれは感覚が鋭い人だけである。テオフラストスは紀元前三〇〇年以上も前に、この花はイミトスの山に生えていると書いている。

もっと大形のプリカツス種（*G. plicatus*）はクリミアが原産地で、パーキンソンがコンスタンティノープルから自分の所に送られてきたといっているのは、おそらくその園芸種であろう。その後、長い間栽培されなかったが、一八一八年に再びイギリスに入ってきた。改良種の「ウォーラム・ヴァラエティー」はアディングトン大尉が一八五五年頃クリミア戦争の時に故郷に持ち帰った。スコットランド北西部スカイ島のスノードロップは、戦場から帰還した高地地方の兵士がかつて植えたものであるといわれている。ニヴァリス・シャーロキー種（*G. nivalis* var. *scharlokii*）は約一〇〇年前にプロシアの森で見つかったが、苞が二つに分かれ、花の両側にロバの耳に似た小さな葉のようについている。

スノードロップは、この花に適したいくつかの可愛らしい名前が付いている。例えば、「メアリーの小ロウソク」（Mary's Tapers）、「聖燭節の鈴」（Candlemas Bells）、「二月の乙女」（February Fairmaids）である。ビートン夫人はその「白鳥のように白い花」について語っている。フランスの作家コレットは、詩才はないが詩心はあって、「ハチの形の花」と呼んでいる。リンネはこれにガランツス（*Galanthus*）という属名を与え、かつてはその仲間と考えられていたレウコユム（*Leucojum*　和名スノーフレーク）と区別した。

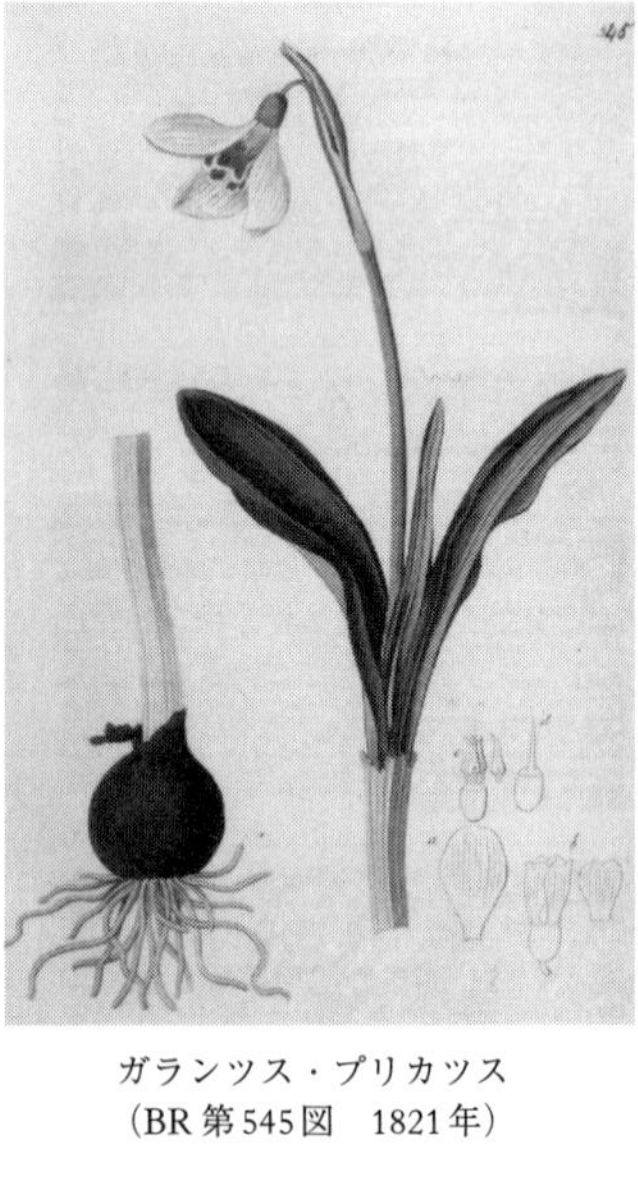

ガランツス・プリカツス
（BR 第545図　1821年）

スノーフレーク

Leucojum
レウコユム

ヒガンバナ科

ジェラードは『本草書』の中で、二種のスノーフレークについて記述し図を載せているし、一五九九年の『植物のカタログ』の中には三種類、ヴェルヌム種（*Leucojum vernum*）、アエスティヴム種（*L. aestivum*）、アウツムナーレ種（*L. autumnale*）を挙げている。これら三種はすべてヨーロッパが原産地である。彼はこれらを「球根アラセイトウ（Bulbed Stocke Gilloflowers）」と呼びスノードロップ（和名マツユキソウ）の中に分類している。また彼は「これらの植物は、ロンドンの庭でもかなり前から全種類が栽培されているけれども、イタリアでは野生の状態で育っている」といっている。パーキンソンは（私も同じ意見だが）「春咲きスノーフレーク」と呼ばれるヴェルヌム種が栽培しにくいといっている。彼はその球根をギヨーム・ブールから手に入れたが、「とても弱くて一〇のうちで一つしか芽が出ないし生き残らない」ことがわかったという。『庭師の辞典』には「サンザシの花とかなりよく似たよい匂い」があると書かれている。

アエスティヴム種、「夏咲きスノーフレーク」は他方、とても栽培しやすい植物で、イギリス各地で野生の状態で生えている。〔テムズ川の支流ロッドン川の土手に多かったため〕「ロッドン・リリー」（Loddon Lily）とも呼ばれる。ジェラードとパーキンソンは「初夏の馬鹿」（Early Summer Fooles）とか、「サマー・ソットキンズ」（Summer Sottekins）と呼んでいるが、これは「四月馬鹿」と同じような意味で使う、「初夏馬鹿」というオランダ語からきている。その理由は私にはわからないが、五月に咲くスノードロップと似ていて、だまされやすいことによるのかもしれない。野生の状態では湿地や小川のそばでよく見ら

レウコユム・ヴェルヌム
（CBM 第46図　1788年）

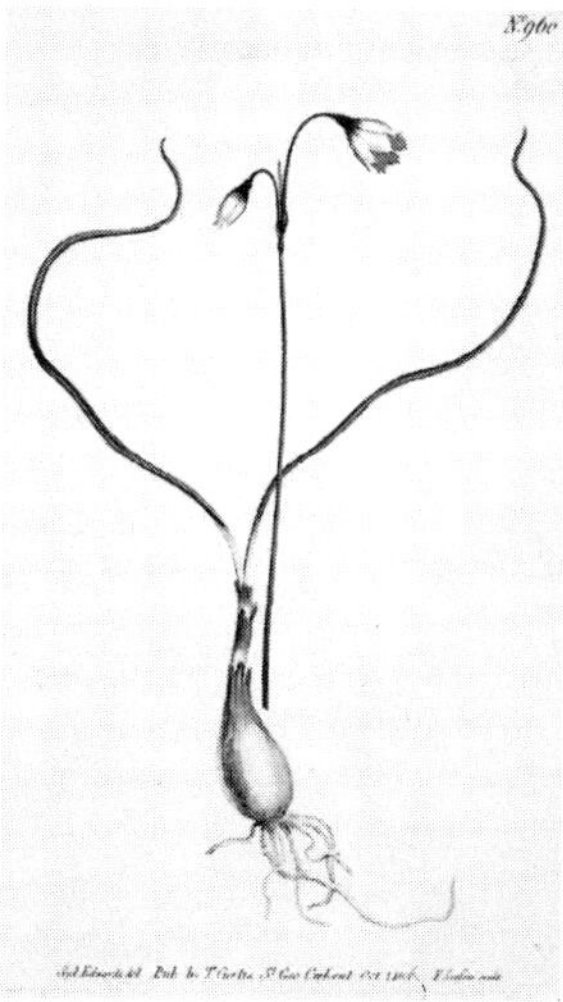

レウコユム・アウツムナーレ
（CBM 第960図　1806年）

れる。その種子は、水に浮きやすいように空気袋を持っており、水に運ばれ広がる。スノードロップと春咲きのスノーフレークの種子は、これとは異なって、種袋の外側にすこし黄色がかった白いものがついている。これはアリを引きつける効果があるといわれており、アリが種子を運んで広くまき散らす役割を果たしている。

　ギリシア語の名前「Leucoion」は白いスミレという意味で、オウィディウスがスミレ、ポピー、ユリが嵐で折れたと書いているが、そのスミレとはおそらく多汁質の、折れやすい茎を持った夏咲きのスノーフレークのことであろう。レウコユム・アルバ（*Leucojum alba*）とか「ヴィオラ・アルバ」（*Viola alba*）という名前は、昔の植物学者がストック（マッティオラ・インカーナ *Matthiola incana*）に対して用いており、ジェラードが「球根ストック」という名前をつけているのは、彼以前の権威者が挙げた業績に対して、たとえそれが人を混乱させるものであったとはいえ、その後を継ごうという彼の最大限の努力を示しているということであろう。

スミレ

Viola
ヴィオラ

スミレ科

エリザベス女王時代の人々が「心の慰め」（heart's-ease）と呼んだのはイギリス自生のヴィオラ・トリコロール（*Viola tricolor*）のことであった。これは今でも「心の慰め」とか「ワイルド・パンジー」と呼ばれる。長く栽培され改良されても野生の祖先とそれほど変わっていないし、交配種のパンジーや今日のヴィオラとはあまり似ていない。ジェラードは十六世紀の終わり頃、「茎は弱くきゃしゃで、そのてっぺんに大きさも形も〝ヴァイオレット〟に似た花をつける。そしてそれぞれ大きさがほぼ同じの三色の違った色の花びらをつけるが、その色は、紫、黄色、白もしくは青である。その美しさと派手な色合いが目を楽しませ、匂いはほとんどないといってよいほどだ」と書いている。当時すでに、この植物には多くの愛らしい名前がつけられており、例えば「私をそばにおいて」（Cull Me to You）、「帽子の中の三つの顔」（Three Faces in a Hood）、「三位一体草」（Herb Trinity）、「無為の愛」（Love in Idleness）などがあった。カルペッパーは、「イギリスの医者は「空想」（Phansies）とか「心の慰め」と呼ぶべきこの花を不敬にも「三位一体草」などと呼んでいるが、それが三色の花であるからだ」と書いている。十六世紀後半の詩人スペンサーが「プリティー・ポーンス」（Pretie Pawnce）と、シェイクスピアが「考えるパンジーズ」（pansies, that's for thoughts）と記しているのはもちろん中世にさかのぼるフランス語の、考える（Pensée）からきている。もっともジョンソン博士は、パンジーの由来をパナケア（万能薬）からとしており、その理由はおそらく、この植物が「梅毒の特効薬」（カルペッパー）であると考えられたからであろう。この植物は英語で六〇、大陸では二〇〇もの違った名をもつといわれている。

周知のようにパンジーは十九世紀になるまで現われなかった。トリコロール種とイギリスの自生種であるルテア種の変種スデティカ（*V. lutea var. sudetica*）を親としてできた交配種である。パンジーを最初に作り出した人として誰にその名誉を与えるかは、メリー・バネット嬢とその庭師のリチャードソンかそれともガンビアー卿とその庭師のトンプソンかで意見は分かれているようである。メリー嬢は一八一二年以前からヴィオラの収集を始め、野生の若苗から改良を続けていたといわれるが、マッキントッシュによればその年一八一二年に「心臓の形に草花を植えつけた」花壇を持っていたとのことである。その後種苗商のジェイムズ・リーが彼女の花壇に注目したのである。一方、ガンビアー卿が野原から野生のパンジーをいくつか、バッキンガムシャーのアイヴァーにある自分の庭に持ち帰ったのは一八一三年のことで、庭師にそれを育てて改良するようにと命じた。この二カ所は約七マイルの距離でそれほど離れていない。時代も場所もこれほど近くで、貴族階級の間に突然パンジー熱が起こったということは両者に何か関係があるにちがいないと誰もが思うだろう。しかし目下の所、それに関しては関係のあるこ

ヴィオラ・トリコロール
（MB 第252図　1795年）

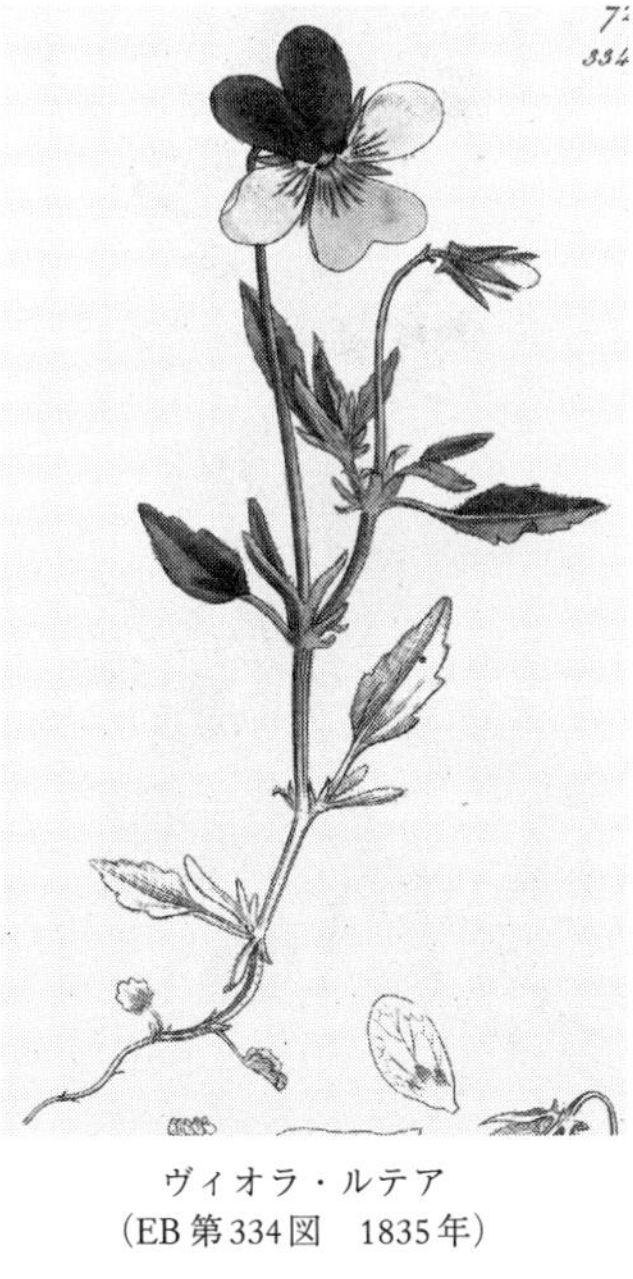

ヴィオラ・ルテア
（EB 第334図　1835年）

とが何も見つかってはいない。同じ頃、パンジー作出について第三番目に関わりをもつ男が栽培していたが、環境はかなり違っている。その男とはリー・ハントという名で、時の皇太子、のちのジョージ四世を「五〇歳の太ったアドニス」であると中傷したかどで一八一三年から一八一五年まで高等法院に監禁されていた。パンジーをそこの小さな庭で栽培しており、自分を訪ねてきた人のうちの一人が「これほどすばらしいパンジーを見たことがない」と断言したと誇らしげに記録している。

しかし、一八一六年以降舞台に登場するのはトンプソン氏だけである。彼は後にパンジーの父と呼ばれたが、そのわけは、非常に多くの変種を作り出したからで、「名前をつけるためによくシェイクスピアをたよりにしなくてはならなかった」と『パンジー』（一八八九）の著者シムキンズは書いている。最初の頃の丈は「馬の顔ほどの長さ」があったが、すぐに「豊かな色合いで、大形で美しい形の」（トンプソン自身の表現による）花が作り出された。ただしその頃は、後にこの花の特徴になる中央部の黒い点はまだなかった。一八一三年にはフィリップスが『歴史の花』の中で「この小形の変種の花は考えられているよりはかなり数が多い」というほどになり、その同じ年に、もう一人の有名なこの花の愛好家、悲劇を得意とする有名な女優であったシドンズ夫人が、「自分の庭全体にもの惜しみしないでいっぱいに」この花を植えたという。そして、彼女は「毎年春になると、紫色の花壇を完璧に保つために、いつもたくさんこの花を買い求めた。近所の庭師たちは彼女の花壇を取り仕切っている女性にミスパンジーというあだ名を与えた。というのも、この女性は取り引きの際、しっかりとした倹約の精神を発揮してこの植物を求めたからであった」とカーネーションなどについて書いたホッグは述べている。

ヴィオラ・アルタイカ
（BR 第54図　1815年）

斑点のある品種は、一八三〇年頃偶然に現われた。トンプソンは、荒地から採集してきて、まったく放ったらかしにしていたものから自然に種子が落ち、芽をふいた若苗からそれを見つけ出したいきさつをを書いている。もちろん彼は、すぐにこれを増殖していった。この頃までにはおそらく、外国産の「血統」も混じっていたにちがいない。十八世紀の種苗商ジェイムズ・リーは、かなりはやくにオランダから変種を手に入れていたとの記録が残っている。イギリスには一八〇五年に入ってきたシベリア産のアルタイカ種（*V. altaica*）がいつの頃からか交配に用いられるようになった。名前をつけられたパンジーの数は急激に増加し、四百種類以上が一八三五年から一八三八年の間につぎつぎと現われ、研究書の中に絵入りで紹介された。ハンマースミス・パンジー協会が結成され、その最初の展覧会は一八四一年に催された。また、スコットランド・パンジー協会は一八四五年に創設された。従来のパンジーは「ショー」タイプに準拠して新しい品種を作り出すことに限られていたが、その基準がとても厳格だったので、本当にごく限られた変形しかできなかった。地の色が黄色か白であるほぼ円形の花の三枚の花弁のうち下の花弁にははっきりとした鮮やかな色の縁飾りがなくてはならず、また上の二枚の花弁も同じ色合いで、しかも中央には小さくはっきりとわかる斑点がなくてはならなかった。しかしすぐに変化がやってきた。一八三〇年代にイギリスの園芸家の育てたパンジーの幾種類かがフランスやベルギーに輸出され、そこではイギリスのパンジーを統制していた厳格な基準にとらわれることなく、改良が施されたのである。

一八四七年、ハマースミスの種苗商であったジョン・ソルターが、フランスやベルギーのパンジーのいくつかを見て感心し、翌年その種子をイギリスに持ち帰った。最初はあまり成功しなかったが、他の種苗商がさらに輸入を続け、イギリスを代表しうるような園芸種が一八六一年にはじめて作り出された。これらは「ファンシー」パンジーという名前で呼ばれ、ヴェルヴェットを思わせるような大きな斑点があった。その斑点はほとんど下の花弁全体を覆うほどの大きさで、色は今日我々がパンジーの花で見慣れている豊かな混合色を備えていた。ファンシー・パンジーに最初に賞が与えられたのは一八七一年のことである。この奇妙な目立つ花は、地位を確立するのが遅かったけれども、やがてかつてのショー・パンジーを駆逐してしまい、今日ではショー・パンジーはほとんど見ることができない。

一方、もっと寒さに強く小形で多くの花を咲かせるパンジーを、また展示用の鉢植えではなく花壇で栽培できるような種類を作り出そうという考えが起こり、一八六二年にリンゴの改良で有名なスコットランドのジャクソン商会の支配人であったジェイムズ・グリーヴが、ショー・パンジーとコルヌータ種（*V. cornuta*　和名ツノスミレ）やルテア種との交配実験を始めた。一八六七年に彼は改良したコルヌータ種の変種パーフェクション（Perfection）を六株得て、「その花全部に手に入るすべての

ヴィオラ・コルヌータ
（和名ツノスミレ）
（CBM 第791図　1804年）

ものをかけ合わせた」と、『パンジー・ビオラ・スミレ』の著者カスバートソンは述べている。その結果、ヴィオラという属名で我々が呼んでいる一群の花が生まれたが、ウィリアム・ロビンソンは「フリルつき《タフテド》のパンジー」というもっと繊細な名前を普及させようと熱心だった。他の種苗商もジェイムズ・グリーヴを手本にして、交配をすすめ、ヴィオラもやがて展示用に鉢植えができる花になり、人気が頂点に達したのは一八九二年頃であった。

　ヴィオラ栽培に関するいくつかの興味深い実験が同じような交配の仕方によって一八七二年、バーウィックシャーのチャーンサイドのスチュワート博士によって始められた。彼は後ろに突出した距のない花を作り出すという目的を持っていたが、それは簡単な仕事ではなかった。というのはヴィオラがこの距を下の花弁につけるに至るまでに何百年もの年月を要したのであるから。彼は、この花に集まる昆虫の行動に学んだりもして、一〇年そこそこの年月を経て最初の「ヴィオレッタ」を作り出した。それはこれまでのものよりもヒダが多く小形で、小さな楕円形の花には縞がなく、強いバニラの匂いがあることが特徴である。最初のヴィオレッタは白ないし薄青色が多かったが、もっと濃い色の変種が二十世紀の初めにD・B・クレインによって作り出された。成長の仕方が違っているほか、ヴィオラとヴィオレッタには花の中央に濃い色の斑点がないという点でもパンジーとは異なっている。パンジーの正式な名前は今ではウィットロキアーナ種（*V.×wittrockiana*）で、ヴィオラはウィリアムシー種（*V.×williamsii*）である。

　園芸家の扱うパンジーは、貴族たちの間から生まれた花だが、運命の奇妙な気紛れによって、貧しい人びとの住む鉱山地域で好まれるようになり、きれいな空気が必要であるにもかかわらず、煤煙たなびく炭坑地帯で広く栽培されていた。

　パンジーについてのおもしろい研究書の一つは一八八九年にバーミンガム近郊のキングズノートンに住むジェイムズ・シムキンズが書いたものである。彼はパンジーが貧しい人々の庭に適していることを長所としてとくに挙げ、「高価でなく、栽培が簡単で、しかも美しい。そして美しさとは金持ちよりも貧乏人にとって必要なものである」と述べている。バーミンガムには、イギリスに四つあるヴィオラやパンジー愛好家の協会のうち一つの本部が置かれており、他はマンチェスターとブラッドフォードにある。

　コルヌータ種は、各種のヴィオラの系統を作り出すのに重要な役割を演じた種であるが、カシミール・ゴメス・オルテガという人物の書いた『庭師の辞典』によると、ピレネー山脈から一七七六年にイギリスへ導入された。一八六三年、種苗商のジョン・ウィリスが大量に育てて広め、B・S・ウィリアムズがさらに改良していった。ウィリアムズはジェイムズ・グリーヴがパンジーとの交配に用いたコルヌータ種の変種「パーフェクション」を作った人である。

ジョン・ラスキンはパーフェクションが気に入らなかったようである。「この、自然の秩序にそむく花はひょろ長く、ぶざまで、弾力性のない、硬い花柄の上についていて、茎は丸いのが当然であるのに四角く、溝があって、角が突き出ており、それはまるで、安っぽい鉄道の駅を作るために鉄工所で薄っぺらく引き伸ばした柱のようである。さらにこのひょろ長い花柄は少しひねくれたように、また折れているかのように曲がっており、まるで疲れはてたひねくれもののようだ。しかもこの花柄はさらにいっそう硬くて角ばった、名状しがたい空洞をもったみすぼらしいガス管のような茎の上につき出ている。茎からはぶざまで縁が不細工に折れ曲がった葉がたくさん出ているが、その葉の手ざわりや肌目も筆で著わせるものではない」と書いている。しかし、ラスキンの酷評にもかかわらず、この植物は人気を保っていた。故バーナード・ショー氏を彷彿とさせる白の変種がある。

「スウィート・ヴァイオレット」（the Sweet Violet）と呼ばれるオドラータ種（*V. odorata*　和名ニオイスミレ）はたいへん古くから愛好され栽培されてきた。この花はよくギリシア・ローマの古典の中に現われる。テオフラストスの時代の腕の立つ庭師は、栽培がたいそううまく、一年中この花を咲かせることができたという。アテネのシンボルで「イギリスのバラ、フランスのユリと同じくイオニアのアテネの人々にとって誇るべきもの」であったと『趣味と実益のヴィオラ栽培』（一九二六）を書いたディリストーンは述べている。イタリアでは、紀元一世紀のある「巧みな庭師」はこのスミレをニンニクや玉葱の間に植えてそのひどい匂いを和らげようとした。「くさい匂いがあるとしてもそれが他へ追いやられるかもしれないからである」とプルタークは書いている。このスミレはシリアやトルコでは独特の飲み物や、シャーベットの材料として用いられ、ペルシアでは栽培方法が古いアラム語から九〇四年に翻訳されていた。

フォルツナツス牧師がこれをラーデゴン女王に送り、彼女がポワチエにある修道院の庭にそれを植え込むのを監督した六世紀からナポレオンの時代まで、フランスではスミレは歴史とさまざまな関わりをもっている。ナポレオンはスミレをたいへん好んでいた。そして彼は結婚記念日には妻のジョゼフィーヌに

ヴィオラ・オドラータ
（和名ニオイスミレ）
（MB 第81図　1792年）

必ずスミレの花束を送っていた。エルバ島に流される時に彼が口にした最後の言葉は「私は春にヴァイオレットとともに戻ってくる」であった。この花は、だからナポレオンの支持者のシンボルであり合い言葉でもあった。ナポレオンは自分の言葉を守った。一八一五年三月二十日にパリに入城したのである。ブルボン王朝が復活するとスミレはパリの通りから消えてしまったが、ナポレオン三世のウジェニー皇后によってその人気はまた回復した。フランス南部のグラースでは香水を作るために一シーズンにこの花が一五〇トンも使われるという。

　スウィート・ヴァイオレットはイギリス自生種の一つで、とにかくイギリスで庭というものがつくられるようになって以来、ずっと庭で栽培されてきたものであろう。ジェラードは紫、白、八重の紫、八重の白の変種を育てており、珍しい種類は彼の時代十六世紀の末頃から十九世紀までそれほど増えなかった。十九世紀になってローズピンクの一重と八重の変種が育てられるようになった。現代の大形種はオドラータ種、キアネア種（*V. cyanea*）、ポンティカ種（*V. pontica*）、アルバ種（*V. alba*）の間でかけあわせが行なわれた結果生まれたものであるが、スミレはそれほど交配するのが容易ではない。今現われている新しい変種の多くは意図的な交配の結果である。パルマ・ヴァイオレットは普通のスウィート・ヴァイオレットの八重のものとは明らかに異なったものである。原種が何であり、それがいつ現われたのかははっきりしないが、一般には東洋からイタリアにきたと考えられている。ナポレオンの妻ジョゼフィーヌ皇后がマルメゾン宮殿で育てており、イギリスでは一八二〇年にはジョゼフ・バンクス卿が栽培していた。最も匂いがよくて一番長く咲きつづける種であり、美しいが、イギリスでは温室の中で育てられる。ほとんどが寒さにたいへん強い早咲きの変種にも温室の中でしか育たない一、二種がある。ウォルター・サヴェジ・ランダーという人物が育てていたスミレが温室の中で育てられたかどうかはわからないが、よく知られた逸話では、ある時怒りが爆発して窓から料理番を放り投げてしまってから、彼は窓の所に走って戻り、「しまった！　スミレのことを忘れていた！」と叫んだという。これはアレキサンドラ女王が好んだ花で、ウィンザーの庭では一時期五〇〇〇株の花が温室の中で育てられていた。一八八〇年代には狩りに出かける婦人のボタンホールに、パルマ・ヴァイオレットをつけるのが流行したので、どこの田舎でも温室いっぱいにこの花を育てていた。イギリスで市場に出すために大規模に栽培されるようになるのは一九一四年以降になってからである。それまではほとんどがフランスから輸入されていた。条件さえ整えばこの花は十分利益を上げることのできる植物である。かつてわずか四分の一エーカーに七〇〇〇株育てていたアイルランド人がいるし、デボンシャーでは三エーカーの畑から一シーズンで一三〇〇ポンドをかせぎ出したという。しかしながら、天候に左右されることが多く、労賃も高い。都会やその近郊でスミレを栽培しても引きあわない。

「スミレは朝採ってきたものがよい。その徳が太陽の熱で溶け失せてしまうこともなく、雨で洗い流されることもないから」とターナーはいい、また、「徳が多ければ多いほど、スミレは頭を低くする」という説もある。役に立つということが徳であるならば、スミレほど徳の備わったものはない。ギリシア時代から薬用に用いられていたし、アンソニー・アスカムという人物は一五五五年にスミレを使った催眠剤を処方している。スミレの蜜は何世紀にもわたってトゥルヌフォールがいうように「小さな子供の安全で効き目が穏やかな下剤」であった。しかしジェラードがスミレと濃硫酸を混ぜ合わせて薬を作っていたことにはぎょっとさせられる。彼はこれが「小さな子供の熱や悪寒に効く。一オンスの蜜の中に八、九滴の濃硫酸を入れるととくに効果がある。濃硫酸のような刺激の強いものを体内に取り入れることには疑問をもつ人もいるであろうが、上記のように薄めて与えれば何の危険もない」といっている。砂糖漬けのスミレは中世の頃からお菓子であり、またジョン・イヴリンは若葉のフライにオレンジジュースかレモンジュースと砂糖とをかけて食べると「野菜を材料にした料理の中では一番おいしい」と述べている。多くの人がスミレの葉を服用しても、またそれを患部にはりつけても癌や悪性腫瘍の治療薬として効果があり、少なくとも腫瘍が大きくなるのを防げると今でも信じている。

化学の分野でもこの花は利用されている。スミレの青い蜜は酸に混じると赤く変わり、アルカリ性のものと出会うと緑色に変わるという性質がある。十八世紀終わりから十九世紀初めにかけてこうした試薬剤として用いるために大量のスミレがストラトフォード・オン・エイヴォンで栽培されていた。この花の匂いのもととしてイオニンが知られており、その匂いをかぐと眠くなる効果がある。嗅覚はその後しばらくの間はマヒしている。だからスミレの匂いは我々には「甘く香るが、長く続かない。よい匂いではあるが一時の慰めにすぎない」（シェイクスピア『ハムレット』第一幕第三場）といわれる。

スミレは植物学者にとってももちろん大いに興味深い植物である。閉鎖花をつけ、アリのよく集まる種子を結ぶといわれる。なんと可愛そうな小さな花であろうか。種子を結ぶにしては特別な閉ざされた目立たない花をつけ、種子はなんとかアリを引

ヴィオラ・ペダータ
（CBM 第89図　1789年）

きつけ、遠くに運んでもらうということになる。十八世紀のドイツ人、C・C・シュプレンゲルの研究はダーウィンに植物の受精について興味をかきたてさせた。シュプレンゲルはスミレの花がふつうの花からすれば上下逆さまになっていること、一番下にあるように見える花びらが、実際は一番上でなくてはならないということに気がついた最初の人である。またアメリカ人のジョン・バートラムがある晩その夢を見て、それ以後ラテン語を習おうと決心した。植物学の研究に熱中させるほどに彼を魅了したのがペダータ種（*V. pedata*）であったといっている人もいる。

ヴィオラという名前は、ギリシア語の ion〔初期の形では wion〕からきており、ジェラードによれば「ジュピターが、愛していた乙女のイオを雌牛に変えた時〔ユノの神殿の美しい巫女であるイオとの恋の戯れを妻に見つかりそうになったためである〕、大地は彼女のため食糧としてこの植物を生んだ。イオのために作られたから、彼女と同じ名前がつけられたのである」という。別の伝説では、オルフェウスが疲れて、苔の生えている土手で休もうと腰を下ろした時、リュートを置いた所から最初のスミレが生え出たという。しかしながら、古典作家はイオンという名前を三種の異なった植物に用いている。イオン・メラン（ion melan）つまりヴィオラ・プルプレア（viola purpurea）はヴァイオレットのこと、レウロイオン（leuloion）つまりヴィオラ・アルバ（viola alba）はストックのこと、イオン・メリオン（ion melinon）つまりヴィオラ・ルテア（viola lutea）はニオイアラセイトウのことである。ターナーをはじめ初期のイギリスの植物学者はそのように使い分けているようだ。「心の慰め」（heart's-ease）と最初に呼ばれたのはニオイアラセイトウである。強心剤として用いられていたからといわれるが、これとは違う「ヴァイオレット」の一つを指すようになったのは、その後、すぐであった。バレインが述べている「天国の心の慰め」（heavenly hearts-ease）は「この世にある植物の中で一番心楽しい花」だそうだが、それはニオイアラセイトウのことをいっている。最後にエドガー・アラン・ポーの一節を紹介しよう。「オリオン星の向こうの星の輝く草原で探しなさい、そこには三色に輝く三倍の太陽（triplicate and triple-tinted sun）があり、パンジーやヴァイオレットやハーツ・イーズの花壇がある。」（『言葉の威力』）

セダム

Sedum
セドゥム

ベンケイソウ科

テレフィウム種（*Sedum telephium*　和名ムラサキベンケイソウ）と日本産のスペクタビレ種（*S. spectabile*　和名オオベンケイソウ、一八六八年イギリスに導入〔実際は中国東北部、朝鮮半島原産〕）のような二、三のムラサキベンケイソウに近い種類は別にすると〔現在は二種ともヒロテレフィウム属（*Hylotelephium*）に分類される〕、セダムは普通花壇向きの花ではない。塀の上とかロックガーデンを好む。しかし、これほど多くの楽しい名前をもっている植物をこの本で省くことはできない。ラテン語のセダムは、「座っている植物」を意味し、「気紛れにつけられた名前で、この植物には立ち上がるための脚がないのがわかったからである」とモーンドは『植物園』（一八二五）に書いている。イギリスの黄花の自生種、アクレ種（*S. acre*）は「塀のコショウ」（Wall-Pepper）、「燭台」（Pricket）、「酒蔵の中の奴」（Iacke-of-the Batterie）ともいわれることをジェラードは記している。また彼より後の時代に、ある田舎の婦人が「そんなに酔っ払わないで、お帰りおまえさん」（Welcome-home-husband-though-never-so-drunk）という名で呼んでいた記録がある。アクレ種に似た白花のアングリクム種（*S. anglicum*）は十六、七世紀には「チクリと刺す御婦人」（Prick-Madam）という名前で知られており、薬草であった。これは十一世紀のノルマン人の侵入以前には「脚のえそ」や痛風やその他多くの病気

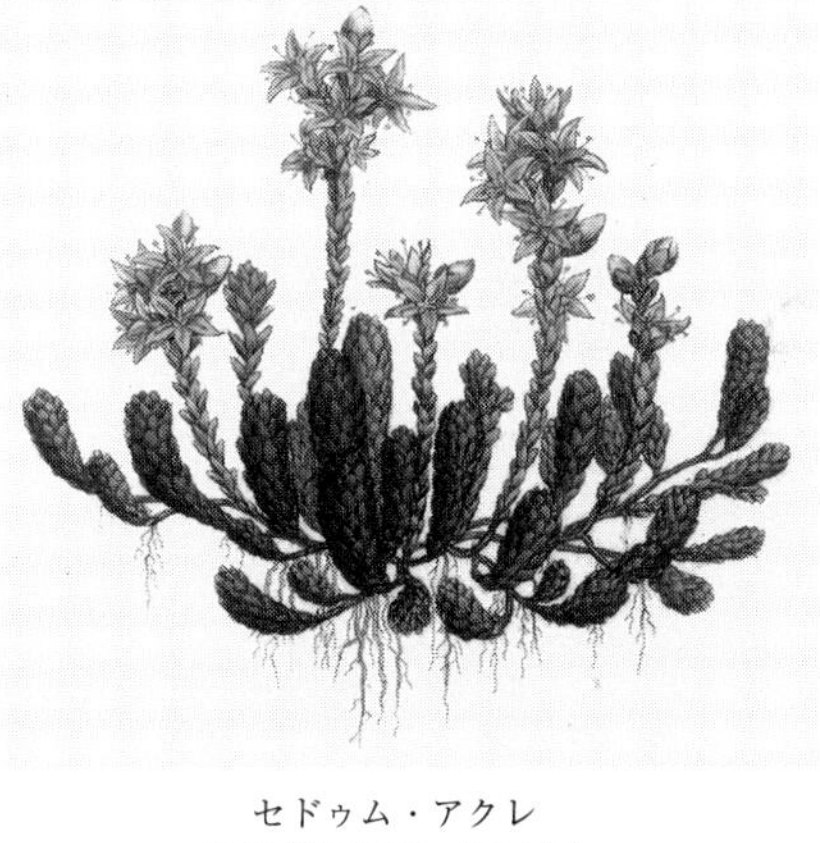

セドゥム・アクレ
（MB 第231図　1795年）

セドゥム・テレフィウム
（和名ムラサキベンケイソウ）
（EB 第650図　1851年）

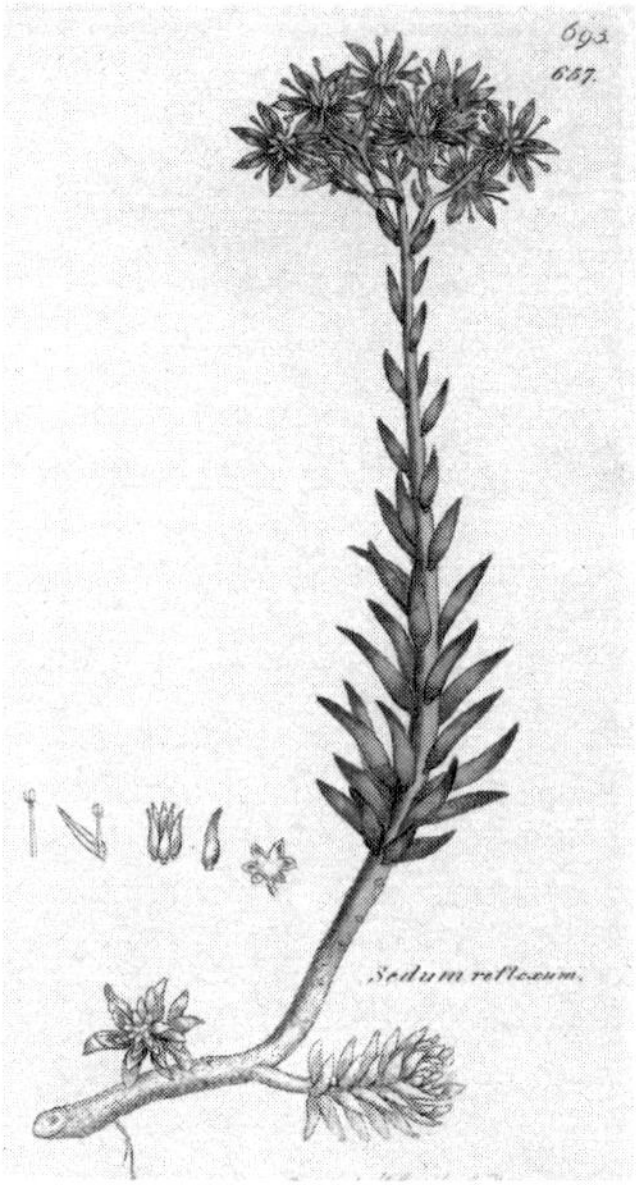

セドゥム・レフレクスム
（EB 第657図　1851年）

に効くと推められていた。「まったく害のない植物であるから、それを使用する際に怖がる必要はない」とカルペッパーがいっている。また別のイギリスの自生種ロディオラ種（*S. rhodiola*）は英語で「バラの根」（Rose-root）と呼ばれるが、根にバラのような香りがあるからついた名前である。レフレクスム種（*S. reflexum*）はブリテン島のいくつかの地域で野生の状態で咲いているが、かつてオランダから入ってきたものであろう。オランダではサラダとして葉を生で食べるために栽培した。「この葉はよい匂いで、味もよく胸やけに効く」とジェラードは書いている。葉が植物学上からも料理の面からも多肉多汁に関心が注がれる数少ない植物の一つである。

　テレフィウム種は、十六世紀後半にジェラードが広い地域に野生状態で咲いていると書いているが、英語名で「オーピン」（Orpine）〔黄色顔料をとる鉱物名〕、「長生き」（Live-Long）などと呼ばれるこの植物が、本当にイギリス自生種であるかどうかははっきりしない。田舎家の庭にごく普通に見られる花で、天井から紐で吊しておくと、一度も水をやらなくても、何カ月も生き続けているから、「長生き」という名前はぴったりである。夏に吊るしてもクリスマスまで生き生きしているからか、夏至の日にこの草を吊るす習慣があった。「これを吊るした人は、それが緑色の間はジステンパーにかからないという言い伝えがある」とトゥルヌフォールは記している。場所によっては、「夏至の男」（Midsummer Men）と呼ばれる。他のセダムも同じように生命力が旺盛であるから、乾燥標本が必要なときは、生き続けることがないように前もって煮ておく必要がある。

セネシオ

Senecio
セネシオ

キク科

属名のセネシオ（*Senecio*）は「老人」という意味だが、種子に灰白色の冠毛がついているところから名づけられた。セネシオ属は植物界の中では大所帯の属として知られ、約一五〇〇種からなる。多くは繁殖力が旺盛で、必要以上に庭にはびこる。「庭師が種子を播くと、その数以上の花が庭に咲く」というスペインの諺があるほどだ。地面にはびこるところからきた英語名「グラウンドセル」（groundsel）を持つヴルガリス種（*S. vulgaris*）や、「いたずら草」（ragwort）という英語名のジャコバエア種（*S. jacobaea*）はこの仲間である。庭の雑草を抜きながら面倒だと感じる時に、東アフリカ赤道直下の山地には二〇フィートを超えるセネシオが生えていることを思い出せば我慢もできよう。一方で、クルエンツス種（*S. cruentus*）のような温室で栽培しなくてはならない、か弱い種もまたあるので、バランスがかろうじて取れている。

露地庭で栽培されるセネシオは、ほとんどが放っておいても育つもので、その代表的な例は、今ではリグラリア（*Ligularia*）という他の属に移されている。セネシオの中には、きれいな水がないと育たないクリヴォルム種（*S. clivorum*、現リグラリア・クリヴォルム *L. clivorum*）があるが、ヴィーチ商会が派遣した採集者E・H・ウィルソンが、一九〇〇年に中国の湖北省西部から初めてイギリスにもたらした。コーカサスから導入されたマクロフィルム種（*S. macrophyllum*、現リグラリア・マクロフィラ *L. macrophylla*）については、「このセネシオを手に入れるということは七面鳥の大きさのカナリアを手に入れるのと同じである」とウィリアム・ローレンス卿が述べている。

セネシオ・クルエンツス
（CBM 第406図　1798年）

セネシオ・ラクシフォリウス
（CBM 第7378図　1894年）

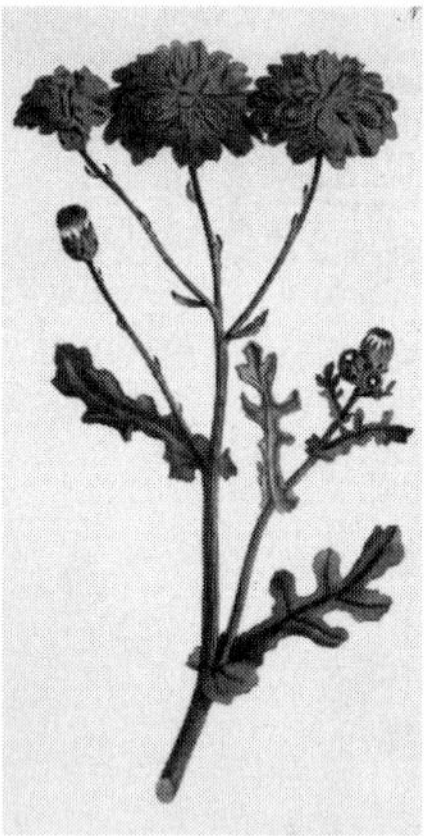
セネシオ・エレガンス
（CBM 第7378図　1793年）

これ以外のセネシオで、非常に重要であってしかも普通に庭で咲いている種類といえば、貴重な灌木のラクシフォリウス種（*S. laxifolius*）である。花も葉も金色や銀色や象牙色をしている。またエレガンス種（*S. elegans*）は喜望峰原産の美しい一年草であるが、意外にもあまり栽培されていない。時に「ヤコバエア」（Jacobea）と呼ばれることもあるが、この名前は「いたずら草」の代わりに名づけられた。かつては「聖ジェイムズ草」（St. James's Wort）とか、「聖ヤコブの花」（Flos Sancti Jacobi）とも呼ばれていた。シャルル・デュボアによって一七〇〇年ヨーロッパに紹介された。

かつてセネシオは「グロウディズウィリ」（Growdyswyli）という洗練されたとはいいがたい名前を持ち、しかし薬用植物としては高く評価されていたことがある。実際十五世紀には薬草として栽培されていた。十七世紀のカルペッパーも「これはヴィーナスの護符であり、太陽が万物を照らすように、熱が出るあらゆる病気によく効くというのでしばしば用いられる薬草である。人体にはまったく無害で、健康によい」といっている。

センノウ

Lychnis
リクニス

ナデシコ科

リクニス・カルケドニカ（*Lychnis chalcedonica*）は、入手できる資料から判断して、イギリスにはなかったとしてもヨーロッパには十字軍の時代にもたらされたようである。というのはリクニスは英語、フランス語、スペイン語、イタリア語、ドイツ語では「エルサレム十字」、ポルトガル語では「マルタ十字」と呼ばれており、フランスでは、ルイ九世が聖地から戻る際に持ってきたという言い伝えがあるからだ。これが最初にパレスチナに、あるいはコンスタンティノープル（種小名のカルケドニカというのはコンスタンティノープルの近くであるカルケドニア地方の、という意味である）に、どのように入ってきたかについては多くの謎めいた話、あるいはいろいろの言い伝えがある。というのもこの植物の原産地はロシアだからである。この花はかなり早い時期に、トルコの庭に紹介されたにちがいない。「コンスタンティノープルの花」という名でライトの『本草書』（一五七八）の中に詳しく書かれている。その花は「茎の先で大きくなり、コール・ミー・ニアーズや、スウィート・ウィリアムと同じく、たくさんの花が鈴なりになる。……色は赤銅色、別の表現をすると完全に熟したオレンジの皮の色で……変わった種類の花は楽しいものだから、こういう植物を庭に植えるとよい」。一五九七年までには、「ほとんどの地域でごく普通の花」になって、多くの英語の名前がつけられた。ふつう名前は、その故郷をあらわすものであるが、「コンスタンティノープルのキャンピオン」、「ブリストウの花」（Flower of Bristow）、「絶品」（Nonesuch）などがある。たいへん広まったにもかかわらず、ターナーがこれについて何も述べていないのは、おそらく薬用に用いられなかったからであろう。

一六二九年までには、八重の変種が現われた。これについてはパーキンソンが、「この美しい花は、美しいと同時に珍しい。だから、この華やかな植物を育て増やしていくために要する世話は、たいへんなものである」と述べている。八重は一重ものほど耐寒性はない。一重のものは「生命力のある根をもっており、長く生き延びてわが国の寒い気候にも耐えてゆける」（ジェラード）。この「元気で丈夫な大きな八重の花」（ギルバート）は、それ以後庭師たちからいつも「神々しい花で、美しく、また立派である」（サモン）と誉め称えられた。一七一〇年までには白と肉色の八重の種類が栽培されるようになっていた。ウィリアム・サモンは「大きな一団となって、多くが群れて生えている」といっている。これはスウィート・ウィリアムのような種子をつけるが「匂いはあまりしない」。「ブリストウの花」という古い名前は、花の色がブリストルで作られていた染料の色と似ていたのでつけられたと思われる。そして十六世紀には「ブリストル」とか「ブリストウ・レッド」という名前で人気があった。スケルトン（一四〇六？～一五二九）の詩の中でエリナ・ラミンクは「ガウン《カートル》のような・ブリストル・レッド」を持っていたと出ている。一五五一年に遺言の中で「母親のものであったブリストル・レッドのドレス《カートル》一本」を譲っている人がいる（マレイ『新英語辞書』）。その他の古い名前として「騎士の十字架」（Knight's Cross）、「赤い稲妻」（Scarlet Lightning）、「華麗なブリジット」（Bridget-in-her-Bravery）がある。

リクニス・カルケドニカ
（CBM 第257図　1794年）

コロナリア種（*L. coronaria* ＝アグロステムマ・コロナリア *Agrostemma coronaria*）。この赤い花、「バラのセンノウ《キャンピオン》」は、ヴィーナスの風呂から生まれたといわれる。これは「リクニウス」とか「ランプの花」という名前でこの仲間に入った最初のものであるが、花の神々しさからでた名前ではなくて、葉がふかふかしていて柔らかいので「ろうそくの芯を作るのに適している」

リクニス・コロナリア
（CBM 第24図　1787年）

からである。「綿が不足している時には、その代用品としてランプの芯に、この葉を覆っている綿毛を用いた。その名前にバラという言葉がついたのは、おそらくプリニウスのせいであろうと思われる。彼は例の荒っぽい考えで、これをバラであるとみなしたのである。しかし、彼は観察の結果、匂いがないという特色をつけ加えている。」（ヒル『エデン』）これはヨーロッパが原産地で、かなり早い時期にイギリスに導入された。「ローズ・キャンピー」（Rose-campy）の名は十四世紀の中頃の「薬草商のための植物」リストの中に見えている。ジェラードの時代になるまでに、たいていの庭でたくさん栽培されるようになり、白の変種も見られた。八重のものは少し遅れて現われたが、それは一七二二年にトーマス・フェアチャイルドがロンドンの庭に適するとして推薦した植物の中に入っている。彼は「春、庭から掘り出した直後に植えるように。というのは、よく起こることだが、この植物の根は、放っておくと乾燥してしまうか枯れてしまうし、あまり長い間水の中に漬けておくと腐ってしまう。そうしたことは市場ではよく起こっていることである」と気をきかせた助言をしている。別の個所で彼は再びこの植物に関して、名のある種苗商から直接購入するようにという忠告をしつこく繰り返している。というのは「市場で売っている植物を見たのであるが、もしそれを植えたなら、ノアの箱舟の時代の植物が芽を出すかどうかわからないのと同じほどに、その生育はあやしいものである」代物だったからである。

それから二世紀後でも、このリクニスはまだ、市場で人気のある植物であった。「春に、ローズ・キャンピオンを一本一ペニーで行商人が売っていた。……この植物が安いからといって軽蔑するような人物はきっと、他の世界で何を見ようとも、この世では花を見る値打ちのない人である」とヒッバードが書き残している。十八世紀の間は、他のほとんどのものをしのいで、もっぱら八重の変種が植えられていた。しかし、ジェイムズ・ジャスティスはエジンバラの芝生市場にいる種子商人のドラモンド博士という人が、「すべてのセンノウ《キャンピオン》の中で一番きれいな花である厚化粧した婦人のローズ・キャンピオン（Painted Lady Rose Campion）を持っていた」と書いている。かつてこの花につけられたいろいろな名前をジェラードが挙げているが、それは「庭師の喜び」（Gardner's Delight）と「庭師の目」（Gardner's Eie）で、オランダ語、フランス語では「キリストの目」、ドイツ語では「メリーのバラ」「天国のバラ」である。た

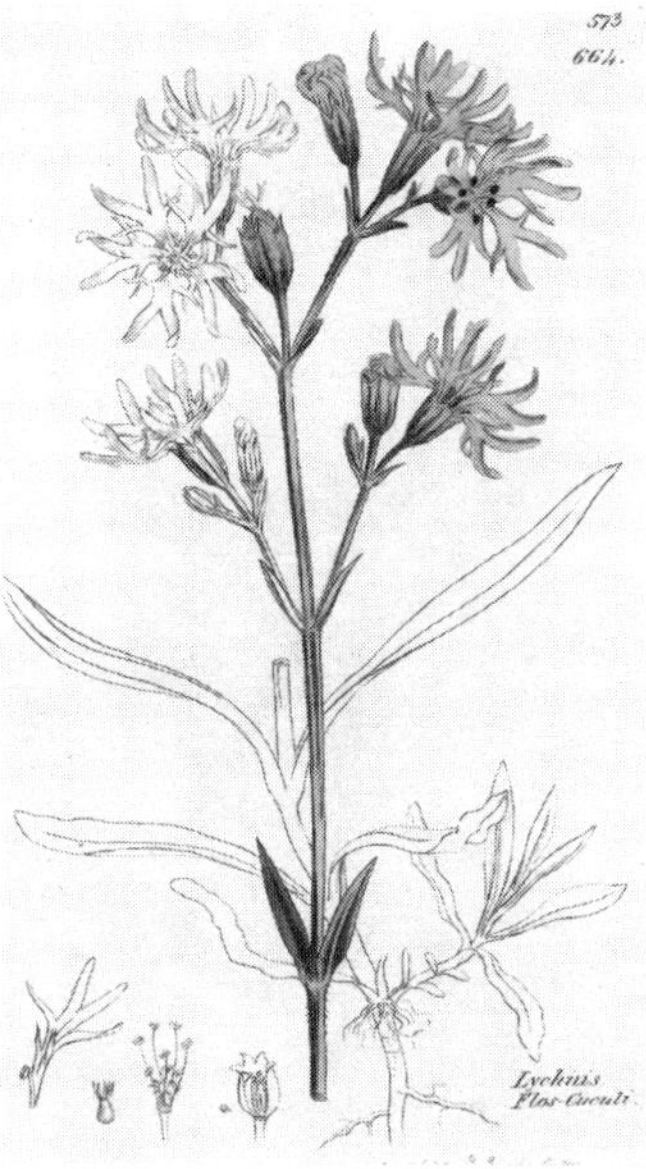

リクニス・フロス‐ククリ
（EB 第664図　1851年）

だし、ドイツ語名の二種は別の種コエリ・ローサ種（*L. coelirosa*）に属するものであろう。リクニスは『庭師の辞典』（一八〇六）の中では、「ほとんど美しくない花」と呼ばれており、「植物園で保存されるだけの植物」といっている。「ローズ・キャンピオン」のとんでもない別名は「血塗られたウィリアム」（Bloody William）である。

エリザベス女王時代の庭師も、イギリス自生の八重のセンノウを栽培していた。それはフロス‐ククリ種（*L. flos-cuculi*）、ヴェスペルティナ種（*L. vespertina*）、ディオイカ種（*L. dioica*）であった（後の二種は今ではメランドリウム・アルブム *Melandrium album* とメランドリウム・ルブルム *M. rubrum* という名に変わっている）。八重で赤色のセンノウはパーキンソンの時代にはたいていは「独身男のボタン」（Bachelor's Buttons）と呼ばれていた花である。もっともその名前は、ほとんどの八重

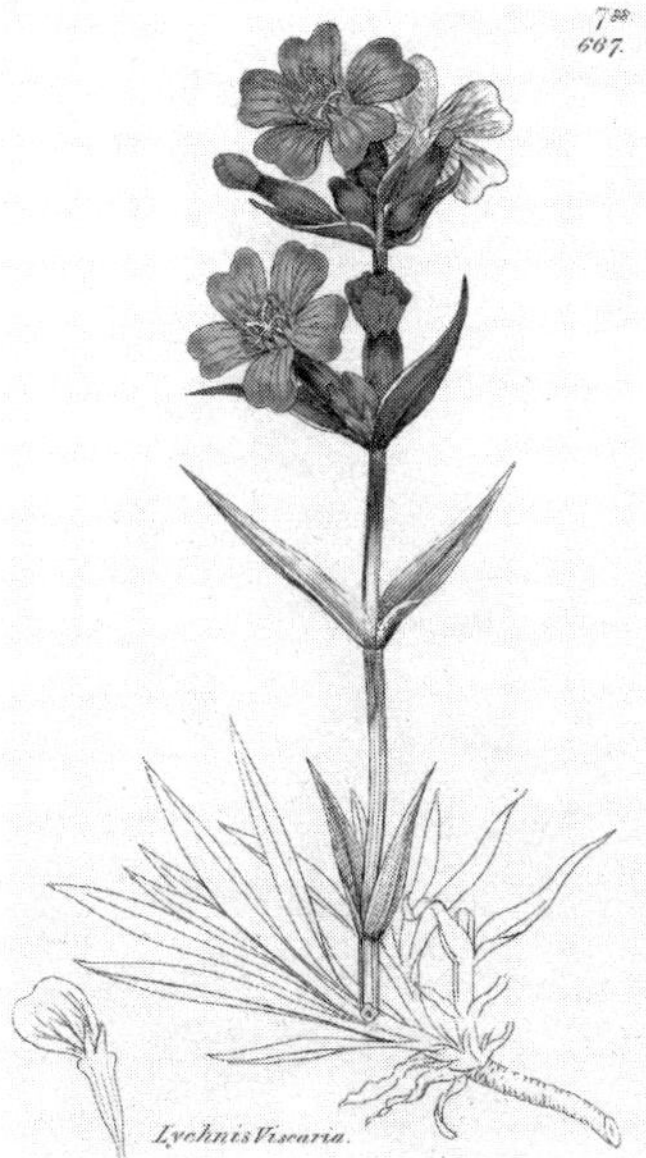

リクニス・ヴィスカリア
（EB 第667図　1851年）

の種類にも等しく用いられていたけれど、その中にはラナンクルス・アクリス（*Ranunculus acris*）やカルタ・パルストリス（*Caltha palustris*）まで含まれていた。

リクニス、シレーネ、アグロステムマの仲間は絶えず「陣取りごっこ」をしているように見える。わがイギリス自生の「コーン・コックル」（Corn-cockle、和名ムギセンノウ。時にリクニスの中に分類されるが、今は、私が信じるところでは、アグロステムマ・ギターゴ *Agrostemma githago* である）は野生では珍しいものになってきているが、美しい園芸品種の「ミラス」（Milas）に姿を変えて庭で歓迎されるようになっている。この名は、それが発見されたすぐ近くのトルコの町の名前からとられている。一年草のリクニスの中で最も美しく、満足を与えてくれるものの一つで、その繊細で優雅な風情にもかかわらず、強風や悪天候にも雄々しく立っている。「ヴィスカリア」

（*Viscaria*）という名で知られている一年草もいろいろな名前で呼ばれてきたが、目下のところ、「リクニス」と「シレーネ・コエリ・ローサ」（*Silene coeli-rosa*）との間を揺れ動いているようだ。これは一八四四年以前に北アフリカの海岸からもたらされたもので、ヨークの種苗商ジェイムズ・バックハウス宛てに種子が送られてきた。その種子は「とてもきれいな花を咲かせたので、人の注意は直ちにそちらに向いて、我々の庭で大変な人気者になった」と『ボタニカル・マガジン』（一八四四）に出ている。

キャンピオンとかチャンピオンとかいう名前は、各種の試合の勝者に贈られる花輪や首飾りをリクニスで作ったためにつけられた。確かにその綴りは少しずつ違ってもいるようであるが、詩人のウィリアム・ダンバーが死の武勇を悼んで作った詩は次のように綴られている。

キャンピオンを戦場に持って行く
大将は塔の中にたてこもり
美しい貴夫人は洞窟の中に入る。

しかしながら、この花の名前は本当はフランス語の「国」を意味するカンパーニュという単語から出たと考えるのがおそらく正当だろう。

タチアオイ

Althaea
アルタエア

アオイ科

アルタエア・ロセア（*Althaea rosea*　和名タチアオイ）の英語名は「ホリーホック」（Hollyhock）。「ホリーホック」がイギリスにいつ頃導入されたかを決定するのは困難である。「外国のバラ」（Outlandish Rose）とか「ローザ・ウルトラマリナ」（Rosa Ultramarina）という名でユグノー教徒（十六、七世紀のフランス新教徒）によって持ち込まれたという人もいる。しかし実際はそれよりもかなり以前から知られていたにちがいない。というのは、ターナーは『新本草書』（一五五一）のなかの第一章で「わが国のごくありふれたホリオーク」について語っているからである。また「ホリーホック」はジョン・カーディナーの『庭づくりの技術』という一篇の詩の中でも述べられている。これは一四四〇年に手書きで写されたものだから、オリジナルはもっと以前に作られたものであろう。ところでHocはアングロ・サクソン語でゼニアオイを意味した。その野生種はパレスチナに今も豊富にある。だからおそらく「ホリーホック」は十字軍の頃、初めて導入されたのではないかと考えられる。古代以来知られている多くの植物と同様、しっかりとある場所に定着する前には、おそらく、なくなっては再導入されるという経過が、二度三度と続いたのであろう。しかし最も控えめに見積っても「ホリーホック」は五〇〇年以上の歴史を持っているといえよう。

ジェラードはロセア種とカンナビーナ種（*A. cannabina*）の両方を育てていた。パーキンソンは、「黒い血のような濃い赤色の」ものなど、たくさんの変種について記述を残している。彼は、「一重でも八重でも多くの様々なホリーホックは、木のように高い枝にバラのような花をつける。あなたの庭を飾るものがほとんど何もない時にはこの花があなたを満足させるであろう」と書いている。それからおよそ三〇年後にはトーマス・ハンマー卿がさらに多くの種類を挙げている。その中には淡い黄色の種類があって、「八重のものはフランスのオルレアン公爵が育てていた。この植物は宮廷をはじめ広々とした庭にもっとも似つかわしい。とても堂々としてどっしりしているからである」と述べられている。この意見を一七二六年にジョン・ローレンスが次のように支持した。「壁に面した適当な場所や庭の隅がこの植物にあてられるべきだ。そこにあれば、遠くからでもその美しさがわかるからである。」

アルタエア・ロセア
（和名タチアオイ）
（CBM 第892図　1805年）

それから少し後になると、新しいものが出てきた。つまり中国から送られてきた種子から、斑入りの花をつけるものがバーリントン卿の庭で育てられるようになったのである。十九世紀の初め頃人気がでて、しばらくは花屋の扱う大事な花の仲間入りをしていた。しかもその色の多様さではダリアと競い合っていた。しかし、それもこの植物にとって陰険な敵の出現するまでであった。それはさび病である。これはプッキニア・マルヴァセアルム（*Puccinia malvacearum*）という菌によって引き起こされるもので、一八七三年頃に最初の記述がみられる。一八八〇年代の代表的な愛好家を挙げるとすればW・チャーター氏で、サフランウォールデンの自分の種苗園では一エーカーの畑にホリーホックを育てていた。

一八二一年には、産業用にこの植物を育てようと試みられたことがあった。インドアサやアマのように茎から繊維を取って利用するために、フリント近くの二八〇エーカーの土地にホリーホックの種子が播かれたのである。こういうことが起こるのも、それほど驚くべきことではなかった。当時はインドワタ（*Gossypium herbaceum*）の仲間だと考えられていたからである。

この実験は成功とはいえなかったし、また少なくとも実験が繰り返されることはなかった。もっとも、副産物として「最良のインディゴと同じ質の」（ヒッバード）青い染料が採れたけれども。

ジェラードもクリスパン・ド・パス（一六一四）も種子の鞘について述べている。ド・パスは、「形は小さなチーズのようだ……そこでオランダ人はチーズ草（Keeskens cruyt）とこの植物を呼ぶ」と書いている。葉はお茶の代用品として用いられていたが、「イヴリンはこれを推賞する人は少ない」と書いている。他方、花は中国料理の高価な材料である。

ダリア

Dahlia
ダリア
キク科

ああ！　霜だ！　ダリアがみんな枯れてしまった！

サーティーズ『ハンドリー・クロス』一八四三

ダリア・ピンナータ（*Dahlia pinnata*）はヴァリアビリス種（*D. variabilis*）とも呼ばれる。このあでやかな色を持った原始的な感じのする花は、メキシコが原産地である。メキシコでは、相当古くからアステカ人の庭で育っていたに違いない。スペイン人がメキシコを征服した時（一五一九～二一）、野生の状態では見られない変わった種類のダリアが、もうすでに栽培されていたといわれる。スペイン王フェリペ二世おかかえの植物学者であり、医者でもあったフランシスコ・エルナンデスは、新世界の植物とその薬効について書いた自著の中で、ダリアについて述べ、その図を載せている。この本は彼の死後一六五一年に出版された。しかしダリアは、一七八九年までヨーロッパには導入されなかった。一七八九年、現在のメキシコシティーにあたる場所にあった植物園のヴィンセント・セルバンテスがマドリッド王立植物園のカヴァニレス神父に種子を送った。翌年、その苗の一つが半八重のダリアの花を咲かせた。それについては、一七九一年に出版されたカヴァニレス神父の本『植物図説』の第一巻に述べられている。カヴァニレス神父はこの植物にダリア・ピンナータという名前を付けた。これはスウェーデンの植物学者でリンネの弟子であるダール博士の名にちなんだものである。その後、また二種類のダリアが咲き、同書の第三巻でロセア種（*D. rosea*）とコッキネア種（*D. coccinea*）と名づけられ図入りで紹介された。コッキネア種は、一八〇〇年にパリの自然史博物館の教授ツーアン氏の所に送られた。ダール博士もツーアン氏もダリアはジャガイモと同じで、新発見の有用な野菜になるであろうと大いに期待していたらしい。ところが、その塊茎は「食べられるが、おいしくない」ので人間用にも家畜用にも不向きだとわかった。彼らは大いに失望したにちがいない。

ダリア・ロセア
（CBM 第1885A図　1817年）

初期のダリアはさほど華やかなものではなかったが、最上流の階級に広まっていった。イギリスに入った最初のダリアは、一七九八年ブート侯爵夫人からキュー植物園に送られてきたものである。彼女の夫は、当時マドリッド駐在のイギリス大使であった。このダリアは数年後には枯れてしまったが、おそらく、当時その栽培方法がよくわかっていなかったからであろう。これと同じ運命をダリア・コッキネアもたどっている。コッキネア種はチェルシーの種苗商、ジョン・フレイザーが持っていたもので、一八〇四年『ボタニカル・マガジン』に図入りで紹介された。オランダ公夫人はこれら三種類をマドリッドからブオナイウティという人物宛に送っている。ブオナイウティ氏はイタリア人で、オランダ公の司書であった。彼は熱心にこれらを栽培し、その年に花を咲かせ、種子を採ることに成功した。さて、一八〇四年からおよそ一〇年間にわたるナポレオン戦争期

ダリア・コッキネア
（CBM 第762図　1804年）

マルメゾン庭園の八重咲きダリア
（ルドゥテ『美花選』1827年）

には、フランスで多くの新しい園芸種が栽培されており、それらのうちのいくつかはマルメゾンでジョゼフィーヌ皇妃が庭に植えていた。最初の塊茎は、彼女が自らの手で植えたといわれる。一八一四年にヨーロッパが平穏になった後、多くの園芸変種はフランスからイギリスに輸出され、一八二九年にはダリアは「イギリスで最も流行している花であり、……種苗園での栽培面積の拡大は本当に驚くばかりである」とJ・C・ラウドンが『造園辞典』に記すほど人気のある花となった。一八二三年に種苗商のトーマス・ホッグは、「ダリアの花は小さい庭には大き過ぎる」ので、むしろ「装飾用の低木のすき間を埋めるのに最適である」と考えた。しかし一〇年後に、ダリアは花屋の扱う重要な花になっていた。一八三五年には、園芸協会の創始者、ジョン・ウェッジウッドが二〇〇種の園芸種を育てており、その中には小形の黒いものやラヴェンダー色のものまで含まれていた。この花に関する大事な文献は一八三八年にジョゼフ・パクストンが発表したものである。

　その他の種のダリアはメキシコから一つまた一つとゆっくり紹介されていった。その中には、カクタスダリアの親であるフアレジー種（*D. juarezii*）が含まれているが、それは一八七二年に、メキシコからオランダの種苗商宛に送られてきたものの中にその塊茎があるのが見つかったのである。残りは輸送の途中に枯れてしまった。生き残ったダリアはこれまで知られていたものと違うことがわかり、当時のメキシコ大統領フアレス氏の名にちなんで命名された。ショー、ファンシー、ポンポン咲きといったダリアの種類は、ヴァリアビリス種から分かれてきたのであるが、ヴァリアビリス種の種子は「様々な変種を生む。濃淡の紅色、濃淡の緋色、サーモン色、ライラック、濃い紫、縞模様などさまざまな花が、一つの花から採れる種子より生まれ出る」（ジェーン・ラウドン）。

　コッキネア種から生まれた一重のダリアは、色は緋色からオレンジ色、黄色と変化するが、八重のものはめったにできない。そこでヴァリアビリス種と交配しないように気をつけよといわれている。一重のダリアは一八八〇年頃に人気がでた。当時、ダリアへの人気が復活して、その結果ダリア協会が創立された。

　ダリアの歴史の初期に、その名前を「ゲオルギア」と改名しようという試みがあった。それはロシアの植物学者ゲオルギにちなむもので、モーンドが残念がっていっているように、「イギリス国民の尊敬の的であった故ジョージ三世にちなむものではない」。改名の動きは、ダリア（Dahlia）と「デイレア」（Dalea）との間で混乱が起こるといけないという理由からであった。デイレアというのは、イギリスの植物学者サミュエル・デイル博士にちなんで付けられたアメリカのマメ科の植物で、大きく育つが興味を引かない植物である。またダリアは、ヨーロッパ大陸の一部ではまだ「ジョルジーヌ」という名で知られている。また普通の（または庭の花用の）英語名がないので、原産地メキシコの名前「ココクソチトル」を採用しようと主張する人がいるかもしれない。ココクソチトルという名はこの植物にまさにぴったりと合っている。ダリアは栽培を続ければ続けるほど、それだけいっそう原始的に野蛮になり、人に馴染まないから。ダリアは清楚で小さな野生のままのようなものから、お化けのように巨大なものまで、さまざまな大きさの花を咲かせる。インディアンはその苦い根を強壮剤として用いているとエルナンデスは報告している。最近では、イヌリンの原料として商業化しようとする試みがある。イヌリンからは薬用のレブロースという糖が採れる。余剰の園芸種ダリアの塊茎をこの目的のために使用するのが年々増えている。しかもその需要が増大してきたので、ダリアが畑の作物として栽培される日がくるかもしれない。花びらはマリーゴールドやキクと同じで、サラダとして生食用になる。

チューリップ

Tulipa
ツリパ

ユリ科

「チューリップの全種類について述べるのは私の能力を超えるし、誰にもできないことだと信じる。きらびやかで多様な花の色合いは別にしても、堂々とした、楽しげな姿をもつこの花のきらびやかさについて、これまでもずっと人の口にのぼり続けていることを見ても、高貴な身分の人で、しかも重要な人物のうちで、チューリップに惹かれないような、またこの花を好まないような女性はまずいない」とパーキンソンは『太陽の苑、地上の楽園』（一六二九）の中で述べている。

チューリップ栽培史については記録がたくさん残っており、何度も繰り返し語られてきた。庭園植物として栽培され始めたのはおそらく十六世紀の初め頃のトルコにおいてだと思われる。一五五四年に神聖ローマ帝国皇帝フェルディナンド一世の大使として、スレイマン大王治世下のトルコに赴任したアウグリウス・ド・ブスベックが、ヨーロッパ人としては初めてチューリップを見た。その頃、トルコではチューリップの栽培は相当進んでいた。彼はウィーンに種子を持ち帰った。おそらく球根も持ち帰ったと思われるが、それらは「贈り物」として貰いうけたものだったにもかかわらず、「少なからず出費があった」と記している。一五五九年、植物学者コンラート・フォン・ゲスナーはアウグスブルクで数本のチューリップが咲いているのを見て、一五六一年に出版した絵入りの書物に初めてチューリップの絵を載せた。描かれている花は今日の庭で咲いているチューリップの主要な先祖で、彼の名前を取ってツリパ・ゲスネリアーナ（*Tulipa gesneriana*）と名づけられた。これはじつは種ではなく、交配種であったが、両親ははっきりしていない。それから約二〇年後ウィーンに住んでいたクルシウスが、八重のチューリップについて最初の記述をしている。それは「今あるものの中では貧弱なチューリップにすぎず」、色は「きたない緑色」と記述されているが、まもなく赤花と黄花が加わった。一五九三年、クルシウスはライデン大学の植物学教授に任命された。そこで、色々あった植物のうちでもとくに、チューリップをオランダに運んだ。クルシウスは、自分の持ってきたチューリップに法外な値段をつけて売り出したが、「どれほど金を積んでも、誰もそれを手に入れることができないほどに高かった。彼の持っていた植物が、夜の間に盗まれる事件がよく起こって、その後いろいろな植物が彼の庭以外でも栽培されるようになった。チューリップを盗んだ人は時を移さず種子を播いて増やした。このようにして、一七の地域でチューリップが栽培されるようになった」とN・ヴァッセナーは『植物誌』に書いている。この話を知ったあとでクルシウスがオランダの球根栽培の基礎を築いた人であるといわれるのを聞くと、たいへん皮肉に聞こえる。しかも、チューリップが一五六二年にはアントワープで、一五九〇年にはライデンで栽培されていたらしいから、彼はオランダにチューリップを初めて紹介した人でもないことになる。一六〇八年までにはすでに、チューリップはフランスでも栽

ゲスナーの論文（1561年）に
掲載されたチューリップの図

ツリパ・ゲスネリアーナ
（CBM 第1135図　1790年）

培され、一六一八年まではロシアに入っていた。というのは、ジョン・トラデスカントがこの年アルハンゲリスクを訪れた際に、「ここにはチューリップとスイセンが咲く」という話を聞いているからである。オランダで起こったチューリップ熱がどこまで広まっていったかがよくわかる。その伝播についての詳細は、ウィルフリッド・ブラントが書いたすぐれた小冊子の中に書かれている〔八坂書房刊『チューリップ・ブック』に邦訳収載〕。チューリップは賭けと投機の対象になったこともある。一六三〇年代には、取引者が実物を見たことさえない球根で大儲けしたり、財産をなくしたりした。ある記録によれば「グリフォンや一角獣を投機の対象にした方がましである」というほどのとんでもない投機熱で、チューリップの球根一つにつき四〇〇ポンドを価格の上限とする法律が施行されるという状態であった。一六三七年に市場が底値をつき、数百人が破産した。それから約一〇〇年経って、これほどではないがまたブームが再来した。ついで十八世紀の初め、同じくらい熱狂的だが、投機とはあまり関係がないチューリップ熱がトルコで起こった。それでも珍しい変種の球根に高値がつき、毎年スルタンの庭で盛大なチューリップ祭が開かれた。一七三〇年頃にイルブラヒム・パシャ首相が書いた記録には一三二三の変種が出ている。

　チューリップは、一五七八年頃まではイギリスにやってきたらしい。というのはトーマス・ハックルートが一五八二年に次のように書いているからである。「この四年間で、オーストリアのウィーンからチューリップという名のさまざまな種類がイギリスに紹介されている。イギリスに入ってきている種類や他の種類は、少し前にコンスタンティノープルからカロルス・クルシウスというずばぬけた人物が手に入れたものである。」そしてジェラードもまた一五九七年に、彼の「親友のジェイムズ・ガレット氏はロンドンに住む珍品奇品の収集家で薬草商であるが」、もう二〇年以上も前からチューリップを栽培していると記している。ジェラードは一四種しか記述していないが、数えられない程多くの種類があると述べ、「それらすべてについて書くことは、ギリシア神話のシーシュポスが地獄で永遠に岩を運び続けるのと同じで、砂を数えるようなものである」とも書いている。

　パーキンソンは一五〇種について記載しており、その中には

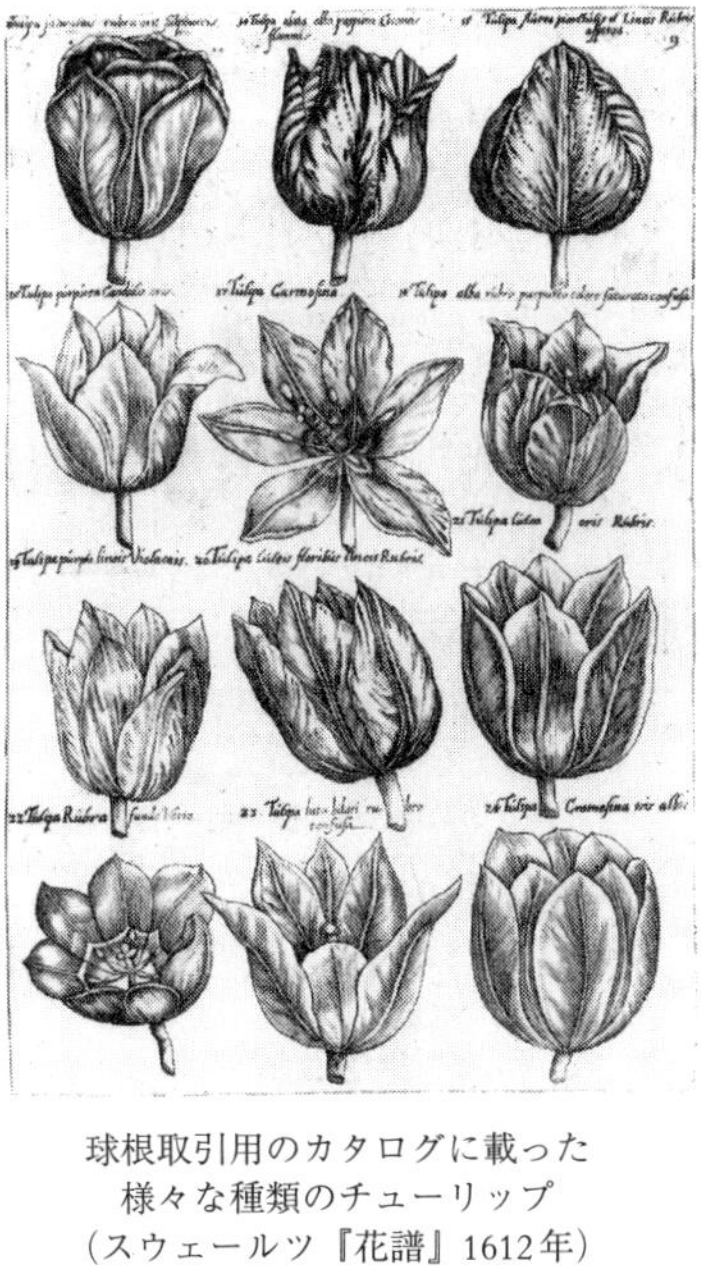

球根取引用のカタログに載った
様々な種類のチューリップ
（スウェールツ『花譜』1612年）

ジンジャリン・カラー（Gingeline Color）、テスタメント・ブランシオン（Testament Brancion）、レッド・フラムバント（Red Flambant）、パープル・ホリアス（Purple Holias）、クリムゾン・フールズ・コート（Crimson Foole's Coate）、グリーン・スウィサー（Green Swisser）、ガライア（Goliah）、スタメル（Stamell）、プリンス・オブ・ブラックラー（Prince of Bracklar）といったさまざまな変わった名前のものがあった。「あるものは早く、またあるものは遅く開花するから、チューリップの花だけでも少なくとも三カ月の間は庭は花盛りである。またとても種類が多いので、他の植物と一緒に栽培しなくても庭は十分満足できる状態になる。」共和制の時代（一六四九〜六〇）、ランバート将軍は先に述べたチューリップの何種類かを栽培していたかもしれない。一時クロムウェルとたもとをわかっていた時、ウィンブルドンの領地に戻り、そこでチューリップとカーネーションの栽培に日々を送っていたから。とくにテスタメント・ブランシオンが彼の庭にあっていたようである。彼は王党派が用いていた風刺トランプのカードの中で「ランバート、金色のチューリップの騎士」という姿に描かれている。

　その後しばらくしてジョン・レイは約一七四種の異なるチューリップを数えあげており、その他のものまで「全部記録してゆくとかなり分厚い本がいっぱいになるであろう」といっている。昔の草花愛好家が高く評価していたものは、もちろん縦縞模様のチューリップで、ビザールとかビブローメンとかエドガーとか呼ばれる種類で、「縦縞模様の、羽状の、またはマーブル状のいろいろな模様になった」ものであった。現在我々が栽培している単色のものは当時はあまり評価されていなかった。色もしくは大きさのどちらかが気に入らなかったようである。一七五四年にジェイムズ・ジャスティスがいっているのが本当であるとすれば、バゲット・リゴーズ（Baguet Rigauds）と呼ばれている種類は「きれいな大形の花で、とても寒さに強い。そのうちのあるものは、とても大きくて、満開の時には、花びらの中に一パイントのワインが入った」そうだ。

　単色のチューリップは単に「交配用」としか考えられていなかった。当時チューリップは「突然変異して」縞模様ができると考えられていた。望ましい成果を生み出すために多くの奇妙な工夫がなされた。しかし「突然変化する」のはウィルスに感染して一種の病気にかかったために花に変化が起こったのであって、それが花から花に感染していくことは、最近になるまでわからなかった。初期の園芸家の多くは、縞模様の変種は子球によってしか増殖しないこと、また「突然変異した」チューリップを混ぜるとそうでなかったものも縦縞模様になることを知っていた。クルシウス自身もそのようにして変化した球根は生命力が弱いことに気がついていた。「クルシウスはまた、元の色から変化したチューリップは開花するとすぐに枯れてしまうということも気づいていた。世話をしてくれた人と別れなくてはならないから、色を変えることで最後に恩人の目を楽しませることを喜んでいるかのようである」とトゥルヌフォールは記している。

一七二二年、トーマス・フェアチャイルドがロンドンの庭に適していると推薦しているチューリップは「人工受粉で作り出したもので、それは縞模様のチューリップよりもはるかによく育つので、植木鉢で栽培するとよい」と記されている。そうした事実は観察されていたけれども、そこから正しい結論を引き出すには至らなかった。一八〇六年、マーティン教授でさえ次のような告白をしている。「必要ならいつでも、どの種類のチューリップでも縞模様に変化させられる秘訣を知っているといっている人がいるけれども、これには根拠がないと私はいいたい。というのは、私もその他の人も多くの実験を行なったが、なぜこの変化が起こるのかについてはまったくその理由はわからなかったのであるから。」スティーヴンソンは一七六九年の著書で次のように書いている。「黒い色の花を作るためにはチューリップの種子をインクの中に浸しておくとか、緑色を作りたい場合には緑青の中に入れるとか、バイオレットの場合にはアズリンの中に入れるとか。」

いろいろ奇妙な実験も行なわれたようである。「チューリップから出る汁が土地を悪くするから、同種類のチューリップを毎年植える場合は、畑を変えなくてはならない」とジェーン・ラウドンはいっている。十八世紀に栽培されていた美しい園芸種の多くはオランダからの輸入品だったが、イギリスでも多くのチューリップが栽培されていた。ウォルワースに住んでいた種苗商で花卉園芸家でもあるジェイムズ・マードックの一七九六年版のカタログには六六五種が載っている。「オランダ人はとてもケチなので、イギリス産の改良種を買うよりも無視する。その新しい変種にはオランダ産のどれにもないような優れた性質をもつものがあるのに」とマードックは不満を述べている。

十九世紀には、イングランドの中部や北部の職工の間で一時忘れられていたチューリップ栽培が再び盛んになってきた。彼らはナデシコやオーリキュラの栽培を得意としていた人々と同じ階級の人たちである。例えば一八五〇年から一八六〇年にかけてダービー近郊で機械工をしていたトム・ストーラーがいくつかの有名な変種を栽培していた。リチャード・ヘッドレイという人は、武装した見張り番を雇って自分のチューリップを守っていたが、注意を怠るとすぐに盗まれてしまったという。一八四七年六月の『園芸雑誌』には、ダルウィッチのある園芸愛好家についての記事が出ている。この人は自分の花に深い愛情を注いでいたので、霜のおりそうなある寒い晩に自分のベッドの一枚しかない薄い毛布をチューリップの上にかけた。その結果、自分の方が肺炎にかかって早死にすることになったということだ。価格は再び高騰して、十九世紀初頭の園芸家トーマス・ホッグは「選り抜きのチューリップのそこそこの量のコレクションは、普通のカタログに出ている価格で、一〇〇〇ポンド以下ということはまずないし、永年にわたって忍耐強く探したり、飽くことなく単調な仕事を続けずには手に入れることもできない」と一八二三年にいっている。多くの素人は、費用がかかりすぎるので栽培をやめたともいっている。一八三六年に「アントワープの要塞」(Citadel of Antwerp) という新種の球根一つがオランダでイギリスの価格でいえば六五〇ポンドで売りに出た。一八五四年、クラファムのグルーム氏のカタログには、三種類の園芸種が各々につき一〇〇ギニーで売りに出ている。しかしその後、価格は下がって行き、十九世紀の終わりまでには素人が「自分の財産が管財人の手に渡る危険なしに、良質のチューリップをかなり多く」(ステップ) 栽培できるようになっていた。

今日、優れた種苗商のカタログには、いろいろなタイプのチューリップが数百は載っているだろう。数ページにも及ぶ園芸品種の中にはいうまでもなく、アーリー、ダブル、コッテイジ、ブリーダー、ダーウィン、パロット、リリー・フラワー、トライアンフ、メンデル、フリンジ等の系統が入っている。しかし、昔のタイプである縞模様の種についての記述があるとしても、ただ一行「ビザールもしくはビブローメン、交配種」とのみ記されているだけだろう。今でも手に入る最も古い園芸種は、おそらく「キーサーズクルーン」であろう。これの栽培の記録は一六八〇年が最初である。パロットタイプはかなり古いものであるが、これは一六二〇年頃に最初に現われた。しかし、奇形植物であると考えられて「園芸家の間ではまったく評価されなかった」とミラーは記している。パロットタイプに人気が出るようになったのは二十世紀になって、ファン・ツベルゲン氏の畑でファンタジーという種のチューリップが現われて以後のことである。ダーウィン種のチューリップは一八八九年に最初に現われたが、これはリールのジュール・ラングラー氏が、フランドル種から作り出して、J・H・クレラージュが市場に出したものである。その頃死亡したチャールス・ダーウィンにちなんでその名がつけられた。ダーウィンタイプに属する古い園芸種の一つは「ハーレムの誇り」(the pride of Haarlem) で、ハイドパークに植えられたものは、そこの守衛の制服と調和するようにと小形の種から選別し増殖させたものである。

パロットタイプのチューリップ
(水彩画　1820年)

多くのチューリップは、ヨーロッパ各地に野生状態で生えているけれども、その地域の自生種ではなく、かなり昔、おそらく十字軍遠征の際、小アジアからヨーロッパに運び込まれた球根の子孫だと考えられている。最近発見された聖書の写本を見ると何枚かのチューリップの絵がある。これは、チューリップがすでに十二世紀にはイタリアで知られていたことを示している。チューリップはとても華やかな花であるから、土着の植物であれば見逃されることはまずありえないので、イタリアやギリシアの古典文学の中のどこにも記述されていないというのは、重要なことである。ヨーロッパに導入された種のうちの一つは、黄色のシルヴェストリス種（*T. sylvestris*）でイギリスやスウェーデンなど北部ヨーロッパで野生の状態で見つかる。ジェラードの『本草書』の中で「フランスの」「イタリアの」と書かれている二種のチューリップは、どちらも葉の先が尖っていて、よい匂いのする、花の首が下に垂れているものである。庭向きの種の親としてはゲスネリアーナ種や一六〇三年にクリミアから導入された早咲きのスアヴェオレンス種（*T. suaveolens*）の方がふさわしいということがわかった。シルヴェストリス種は、今は放置されているような古い庭でしか見かけられないというのがわかった。「しかし、このチューリップは一度植えられた所ではまずどこでも見つかるであろう。これが枯れることはないからである」とハンベリーがいっている。

ツリパ・シルヴェストリス
（CBM 第1202図　1809年）

ツリパ・クルシアーナ
（CBM 第1390図　1811年）

ツリパ・スアヴェオレンス
（CBM 第839図　1805年）

ツリパ・オクリス-ソリス
（ロバート・ストリート
『観賞用植物の庭』1831年）

　魅力的であるが野生の状態ではなかなか見つけにくいレディ・チューリップ（Lady Tulip）、クルシアーナ種（*T. clusiana*）は、かなり初期にイギリスに導入されて一六三六年までには栽培されるようになっていた。その花の色は氷砂糖（sugar-candy）のようなピンク色か白色で、海辺の極上のペパーミントロック〔ペパーミント味の棒状キャンディのこと？〕を思わせる。その他の種、例えばペルシカ種（*T. persica*）やオクリス-ソリス種（*T. oculis-solis*）は十九世紀初め、薬用として輸入されたコルチカムの球根の中に混じって、偶然イギリスに入ったと思われる。今日花壇用の植物として重要性が増しているフォステリアーナ種（*T. fosteriana*）やカウフマニアーナ種（*T. kaufmaniana*）は、比較的新しくイギリスに導入されたものである。カウフマニアーナ種は一八七八年、アルバート・リーゲルがトルキスタンで見つけたものである。小形のロックガーデン向きのチューリップの中には枝分かれした茎を持つものもあるが、一八二八年にチェルテナム付近に住むほらふきの山師が売り出したという「一本の茎に多くのいろいろな色の花」をつけた「ツリー・チューリップ」なるものを見たいものだ。

　ツリパという学名は、ターバンを意味するペルシア語の「トリバン」とトルコ語の「トゥルバン」という言葉からきているが、おそらくブスベックが助手にしていたトルコ人の話を誤解したためできたにちがいない。というのは、チューリップはペルシア語でもトルコ語でもラーレと呼ばれているから。旧約聖書の「雅歌」の中に出ている「シャロンのバラ」は、じつはチューリップのことで、だぶんシャロネンシス種（*T. sharonensis*）がそれであろう。ペルシアでは、この花はファルハッドという青年の血から生え出たといわれている。ファルハッドは恋人のシャーリンが死んだという誤報を聞いて岩山から身を投げて死んだ。その時に流した血からチューリップが生まれたのである。チューリップは「完全な愛」を表わすとされる。「若い男がこれを恋人に送る場合、普通の色の花の場合は、自分が相手の美しさに夢中であることを、また花の色が黒を基調にしたものの場合は、自分の心臓は恋焦がれて炭になったということを相手に知らせるためだという」とジョン・チャーディン卿は『ペルシアへの旅』（一六八六）の中で書いている。

　高価なチューリップの球根を間違って、またはチューリップとは知らずに食べてしまった話はたくさん残っている。一番早い記録は一五六二年で、アントワープの商人が、コンスタンティノープルから布と一緒に送られてきた時に、そのいくつかを蒸し焼きにして食卓に出すように、また残りは野菜畑のキャベツの間に植えておくようにと命令している。クルシウスもパーキンソンも、チューリップの球根を砂糖漬けにして保存する実験をしているが、「コリコリしておいしいから、珍しいものを好む人に出すと喜ばれるだろう。エリンギウムの根と同じくらいおいしい」ということがわかったとパーキンソンは書き残している。第二次世界大戦の食料不足の際にチューリップまで食べざるを得なかったオランダ人にも、チューリップの球根はおいしいことが理解できたと思いたい。

トーマス・フラーの『植物物語』（一六六〇）の中に、チューリップをねたむバラがあざ笑って、「最近チューリップなんていう花がいるのよ。たくさんの人間が愛情と情熱を注いでいるけれど、チューリップがどうしたっていうのよ？　へんな匂いを出して、人を喜ばすような色の中に悪名（悪臭の間違いか？）を包み込んでいるんだわ」といっている。匂いについてはヘンリー・ファン・オースティンが答えている。「匂いの強いものは香水にすればよいだろう。花の女王チューリップにこの性質がなければ、もっと簡単に人を満足させることができたであろう。というのは匂いがきつすぎるので、花の美しさがそがれ、見る楽しさを半減しているからである。」

ツゲ

Buxus
ブクスス

ツゲ科

英国で普通「コモン・ボックス」と呼ばれているブクスス・センペルヴィレンス（*Buxus sempervirens*）が、ほんとうにイギリス原産の植物であるといい切るには、少々疑問がある。つまり、分布状態がきわめて局地的なのである。しかし、間氷期の地層から発見された花粉はツゲ属であると同定されているし、新石器時代の地層からは炭化したツゲの木が見つかっている。また、ローマ時代の遺跡から見つかった記録にはツゲの小枝を並べた棺に埋葬する三例を含め、ツゲについていくつかの記事が見られる。H・ゴドウィン博士は、自著『イギリス植物相の歴史』（一九五六）の中で、ツゲとともに埋葬するという習慣は、イタリアをはじめヨーロッパのどこにおいても、現在は見当たらないといっている。そこで彼は、ローマ人がツゲを、この特異な埋葬目的のために持って来たとは考えにくいから、ツゲはイギリス固有のものであったろうと推論する。だがローマ人が、灌木を刈り込んで彫刻のようにするトピアリーの作品をどれほど好んでいたか、例えば一時は「庭師」という言葉と「トピアリー師」（topiarius）という言葉が同義語であったほどであるこ

ブクスス・センペルヴィレンス
（EB第1306図　1854年）

とをゴドウィン博士はたぶん忘れていたのだろう。ローマ帝国辺境の植民地イギリスで、自慢するにたる庭を備えた別荘を構えているローマ人なら、ほとんど例外なくトピアリーの一つや二つは持っていただろうし、またそれが固有種であれ外来種であれ、ツゲで作られていたこともまず間違いない。葬儀の際、戸口にツゲの若枝をいっぱい入れた鉢が置いてあって、参列者が一本ずつ取って、あとで墓の中にそれを投げ入れるという習慣は、十九世紀の北部イングランドにまだ残っていて、ワーズワースがそのことを書いている。

ブリテン島の「野生」のツゲの主な産地は、サリーのボックス・ヒルで、そこは十七、八世紀には有名な行楽地であった。一六六二年にジョン・イヴリンは「近くのエプソム温泉から淑女、紳士あるいは鉱泉水の愛飲家」がしきりに訪れる、と書いている。そして半世紀後の本には「この美しいツゲの森の迷路の中で、紳士淑女たちは知らず知らずのうちに一行と離れ、やすやすと人目につくことなく一人楽しい時を過ごす……」（ジョン・マッケイ『イングランド旅行記』一七一四）と書かれている。しかし、一七五九年にはもうすでに、この「かぐわしい森」は相当切り倒されていたが、それでも次の十九世紀にはまだ、木材として売ればかなりの収益を生むツゲの森が残されていた。この森の立木の市場価値は一七一五年には三千ポンド、一八一五年には一万ポンドに見積られていた。立木は材積ではなく重量で取り引きされたが、そのほうが林業家にははるかに有利であった。

ボックス・ヒルのツゲの木はもちろん一番背が高くなる種類で、時には三〇フィートにも達する。そもそもツゲは自然のままで形がとても優雅で上品だから、ペルシアの文献では、女性がツゲによくたとえられている。しかし、庭の中では、自然のままの形であることはほとんどない。庭では、ラウドンがいうようにツゲは常に「緑の建物とか彫刻」として使用される。以前はツゲは、刺繍花壇の周りを取り囲むために用いられていた。「フランス人は、あまり忍耐強くないので、なにか計画するとすぐに、その結末がどうなるのか早く見たいと思うのである。それでフランスでは、ツゲを植えることはまったく流行しなかった。理由は、庭の装飾品としてとてもよいものであるけれど、この木が育つのを待てなかったからである」と、リジェールはいっている。

品種の数は多い。斑入りの種についての最初の記述は、パーキンソンの『太陽の苑、地上の楽園』（一六二九）の中に見られる。その中でパーキンソンは、「金色に塗られた」ツゲの葉は「表側の先の方が黄色のけづめの形になっている。だから、とても美しい」。さらにそれについて、後に書いた『植物の劇場』の中で、「私より以前の人は、これについては何も書いていない」といっている。もっとも一六〇八年に、ヒュー・プラット卿が、金色の葉のツゲの作り方を書いているのだが。それによれば、「その植物は、雨の暴力に出会っても、長い間美しい状態に保たれる」ということだ。十八世紀の終わりまでには、銀色や金色の縦縞のもの、葉の縁が銀色や金色であるもの、幅の広いもの、狭いもの、曲がっているもの、変わった育ち方をするもの等、八品種が知られていた。今日、王立園芸協会編の『園芸事典』には、一四種が載っている。これまでのところ、その中で一番重要なものは、矮性のスッフルティコーサ種（*B. suffruticosa*）である。これは少なくとも、ジェラードの時代にはもうあった種類で、パーキンソンは、生垣に用いると「すばらしく美しい装飾になる」と考えていた。十七世紀の後半には、大規模な庭で大流行していた刺繍花壇によく用いられていた。その様式は十九世紀にまで、例えば、ヴァチカンの庭などで生き延びていた。ヴァチカンの庭では、「法王の名前や法王が選出された日時等が、ツゲで書かれているのが見られるであろう」とラウドンが書いている。他には、ロンドンのケンジントン公園にあるオランダ館の庭で、家訓やキツネの紋章がツゲで作られている。イヴリン以降の庭師はほとんど全員、花壇の縁飾りとして「価値ある灌木である」と声を大にして誉めている。イギリス生まれで、十八世紀後半の園芸家であり、政治家、社会学者であったコベットは、この植物について特に雄弁で、次のような結論を出している。「この世に清らかで美しいものがあるとすれば、私がいえるのはただひとこと、それはツゲより他にはない」というものである。

十八世紀に造園家バティー・ラングレイだけは、他の人とは異なった意見を述べている。「ツゲは上部よりも根の方がよく生長する。だからツゲの周囲に生えているすべての草本や灌木から養分を奪ってしまう」とラングレイは警告している。二十世紀の初めロビンソンは、この植物を本当によい状態で育てるにはナメクジや雑草から保護してやる以外にもかなりの労力を必要とすると指摘し、さらに、「庭師ならだれでもツゲを上手に刈り込むことができるわけではない」といっている。

オレンジ公ウィリアムとメアリーといっしょに入って来たオランダ様式の庭園では、丈の高いツゲと、矮性のツゲの両方が多く用いられた。スイス人は、ハンプトン・コートで作られたような庭は、「ツゲが詰め込まれすぎている」と考えており、アン王女はツゲの匂いが嫌いで、即位後にハンプトン・コートとケンジントン・パレスの庭のツゲを全部取り払ってしまったことは有名である。それよりもかなり以前に、匂いが「ひどくて、うんざりする」とジェラードがいっているし、さらにもっと以前には、ライトがツゲを室内に入れると人に害を与えるだけでなく、「その匂いをかぐと、頭によくない」といっている。「社交界では最近、生垣や庭から、ツゲを追い出してしまったが、その匂いをさほど嫌がらずに」ボックス・ヒルでは社交を楽しんでいると、イヴリンは指摘している。さらに、ツゲを刈った直後に水をかけておくと、「よく苦情が出ているいやな匂いを消すことができる」とつけ加えている。要するに匂いというのは個人の好みの問題で、オリヴァー・ウェンデル・ホームズ〔一八〇九～九四、アメリカの詩人・小説家〕は、ツゲの匂いに何か永遠なものを感じており、「というのは、その匂いは、時間を越えて、始まりのない過去の深淵に我々を運んでくれるからである。もし、地球以外の天体に住むことになっても、そこに生えているのは、ツゲであるに違いない」（『エルジー・ヴェンナー』一八六一）といっている。

吐き気を催させるような匂いがする様々な薬がツゲの葉を煎じて作り出されたが、名のある医者ではなく、「馬鹿なヤブ医者や女のインチキ医者」（ジェラード）が用いていた。しかしながら、ツゲの煎薬は、十九世紀の終わり頃でもまだ、ハンセン病とか「血の汚れ」に効くといわれていたし、フィリップスは、「無知な時代のヤブ医者」はツゲは「繊細な神経の持ち主であればとても口に出せない病気」に効果があるといっていたと述べている。この薬からボクシンという薬が作られるが、第二次世界大戦中は、麻酔薬とか鎮静剤とか下剤として用いられていた。

さらに、パーキンソンは、「ツゲの葉と木屑を灰汁の中に入れて煮ると髪の毛を鳶色に染める薬ができる」といっているし、フィリップスはシレジアの若い女性の話を記録している。それによると、その女性は、「不幸な運命」によって髪の毛がなくなったが、ツゲの煎薬で頭を洗うときれいな栗色の髪の毛が生えてきた。しかし、「顔や首にその液が付かないように注意しなかったために、顔や首にも赤い色の毛が生えてきて、猿のようになってしまった」ということだ。彼はこの恐ろしくもあり、おかしくもある話の出典をあげていないし、私としては、信憑性については受け合いかねる。

幹も根も、とても太くて、水につけると沈んでしまうほどどっしりと重い点で、ギリシア時代から高く評価されていた。ギリシア人は、櫛や楽器などの道具を作った。ジェラードは「ろくろ師や刃物屋は、その根から刃物の柄（dudgeon）を作ったので、この木をdudgeonと呼んでいた」といっている。これは「そしてその刃にも柄にも血糊が付いている」というマクベスの幻覚の短剣を思い出させるが、ジェラードの『本草書』は一五九七年に出版され、『マクベス』は一六一〇年に上演されたのである。また根は家具製作に用いられ、象眼をほどこしたりもするが、その根で作られた「品物は、ひずんだりすることはめったになく、しかも種類が豊富である」（イヴリン）。幹の横引き部分は、木彫に使われ、写真が発明される以前は、木彫の肖像づくりが盛んだったので、六〇〇トンものツゲが毎年トルコから輸入されていた。近年でも様々な用途（例えば計算尺等）に用いられて、需要は供給より常に多い傾向にある。

属名は、「密な」とか「ごつい」という意味のギリシア語のpuknosからきている。この木から作られた箱はピクシデスpyxidesと呼ばれた。カトリックの儀式で用いる聖餐式《せいさんしき》のパンを入れておく聖なる箱「ピクス」（pyx）の語源になった言葉である。マーティンは、矮性のツゲに花が咲くということはまったく知らないといっているが、背の高いものは手をかけずに放置しておくと、花が咲き実がなる。それは「三フィートくらいで、真鍮のやかんのような形である」とジェラードはいっている。その葉は奇妙なことに、二層構造である。古木の葉を横に切って、端を押すと、中心部がはなれて輪ができる。ツゲはラクダには有毒であるが、馬鹿な人は、そうと知らずにツゲを植えたりする。ペルシアで、ツゲがたくさん生えている所では、隊商は、ラクダの代わりに馬やロバや雄牛を使わなくてはならないといわれている。

ツツジ・シャクナゲ

Rhododendron
ロードデンドロン

ツツジ科

石灰分の含有量の少ない庭の女王がバラであるとすれば、ロードデンドロンは王である。美しいこと、変種の数の多いこと、育てやすいことからしても右に出るものがない。この属は種類が多いが、属している科はあまり大きくない。そこでこの科の中ではヒマラヤの頂のように全体をへいげいしているようだから、これに近づこうという向う見ずな考えを持つ素人に恐れの気持ちをいだかせる。どのくらいあるかについての見積りが様々なのは、種であると思われていた多くのロードデンドロンが研究が進むにつれて変種にすぎないとされることが多かったためである。それでも、一九五二年度版の『ロードデンドロンの手引き』では七五〇種が掲載されており、キングドン＝ウォードは中国やチベットのまだ探検されていない谷では、さらに一〇〇種もの種類が見つかるかもしれないといっている。ロードデンドロンの中には地面を這う二～三インチの小形の灌木や九〇フィートにも達するギガンテウム種（*Rhododendron giganteum*）といった樹木、さらに世界で一番背が高いことで有名で、しかも一年のうち八カ月は雪の下に埋もれたままであるというニヴァーレ種（*R. nivale*）から、熱帯地方の森にあるランのように育つ着生種までいろいろ含まれている。ヒマラヤの西部地方はロードデンドロンが豊富で、この属であふれんばかりだ。分布は北アメリカも含む北半球の広い地域から、アジアの熱帯地方にまで広がっている。ロードデンドロンの多くが比較的最近イギリスに導入されたのは、この属の本拠地になかなか近づけなかったためである。フォーチュンが中国を旅した時に、いくつかの栽培種を収集したけれども、主要な中心地は訪れていない。フッカーは中国の南部の国境線沿いをくまなく探検している。フランスのジェスイット派の伝道師は十九世紀後半に標本や種子を本国に送ったが、一九〇四〜五年になるまでロードデンドロンの源泉がまだつきとめられていない状態であった。その年からまず最初にウィルソンが、その後ファーラー、フォレスト、ロック、ラッドロー、シェリフそしてキングドン＝ウォードらが次々に収集を進めていった。新しい種があふれるように出てきたので、彼らの探検の後援者たちは自分のことを「魔法使いの弟子」だと思ったことだろう。呪文を覚えていなかったために洪水を止めることができなかった、あの弟子である。フォレストだけでロードデンドロンの種子を五三七五も集め、そこには二六〇種が含まれていた。その種子はすべてイギリスのどこかの庭に播かれていった。

　この物語は、これでひとまず終わりである。またふりだしに戻ることにしよう。最初はまずヨーロッパから始まる。化石から見るとヨーロッパではロードデンドロンが中新生から存在していたことがわかる。最初に知られたものは高山性のフェルギネウム種（*R. ferrugineum*）とヒルスツム種（*R. hirsutum*）である。これらについては「レドゥム」（Ledum）とか「キスツス」（Cistus）とか「カマエキスツス」（Chamaecistus）といった様々な名前でクルシウスをはじめ十六世紀のヨーロッパ大陸の植物学者が書いている。「ロードデンドロス」（Rhododendros、「赤い木」とか「バラの木」の意）という名前は元来ギリシア人がオレアンダーに用いていたもので、一五八三年にイタリア人植物学者アンドレアス・カエサルピヌスによって今日の属との関連ができたと思われる。彼はフェルギネウム種を「ロードデンドロン（オレアンダーのこと）によく似た花をつけるが、アルペンロードデンドロンと呼ぶ人もいる」（『植物論』）と書いている。一七五三年にリンネが公式にこの属を確立し、命名した。同時に、ロイセレウラ・プロクンベンス（*Loiseleura procumbens*）

ロードデンドロン・ヒルスツム
（CBM 第1853図　1816年）

として分類されていたイギリス自生の植物を入れるために、アザレア（*Azalea*）という別の属を作った。アザレアは「乾燥した」という意味のギリシア語から取ったものである。しかしこの学名を選んだ時にリンネが知っていたアザレアは、ロイセレウラと「沼を好むもの」（Swamp-lovers）と呼ばれる植物だけであったことを考えると不思議である。十九世紀の初期に、この二つの属は根本的なところでは違いがないことが明らかになった。実際最初の交配種の一つオドラータ（*R.*×*odorata*、一八二〇年頃作出）はアザレアとロードデンドロンの交配種で、後にアザレオデンドロンと呼ばれるようになった種である。今では両方ともロードデンドロンに分類されている。しかしながら、この植物について述べるには、昔からの分類、つまり常緑のロードデンドロン〔シャクナゲ類〕と落葉性のアザレア〔ツツジ類〕とに分類する方をそのまま用いるのが便利である。

最初に栽培されるようになった常緑種はアルペンローズ、ヒルスツム種であった。これについてジェラードは伝聞で記述しているだけであるが、一六五六年以前にトラデスカントの庭で育っていたという。アメリカ産で最初に導入された三種類が、より一般的な高山種フェルギネウム種より前に紹介されていたのは奇妙である。マーティンはこのロードデンドロンは一七三九年にミラーが栽培していたといっている。ミラーは珍しい白の種類も持っていた。

最初の常緑のアメリカ産の種にマキシムム種（*R. maximum*）という名前がつけられたのは残念である。その名前の由来はこれが、当時知られていたわずかなロードデンドロンの中では間違いなく一番大きかったからであるが、植物全体でも花の大きさでも別の種が勝っている。野生の状態ではかなり大きくなるけれども、栽培していると一〇フィートを超えることはめったにない。「ペンシルヴァニアの岩のバラ」（Rock Rose of Pennsylvania）、「カロライナのキョウチクトウ」（Rose Bay of the Carolinas）はジョン・バートラムがコリンソンたちへ一七三六年に送ったものだが、一定の位置を占めるようになるには時間がかかった。それらは一七四七年、まだ花をつけていない

ロードデンドロン・マキシムム
（CBM 第951図　1806年）

ロードデンドロン・ポンティクム
（CBM 第650図　1803年）

し、「これらのアメリカ産のものには、ここの土壌や気候に合わないものがある」ようだとケイツビーは記録している。おそらく酸性土壌が不可欠であることが、当時はまだわかっていなかったのであろう。コリンソンの育てていた木は一七五六年についに花をつけた。一七六〇年には、わずか七年前に種子を播き、育てた木に花が咲いたと誇らしげに記録している。

典型的なロードデンドロンであると考えられている灌木は、至る所で見られるポンティクム種（*R. ponticum*）である。これは比較的遅く、アザレアも勘定に入れると六番目、一七六三年に初めてイギリスにやって来た。最初フランス人植物学者トゥルヌフォールが一七〇〇〜二年にかけて、近東を旅した際に見つけたもので、名前の由来は、それが育っている所、黒海の南岸沿いが昔のポントス王国の場所だったことによる。コリンソンによれば十八世紀の中頃、リンネの弟子クラエス・アルストローマーが「クエルヴォという名前のカルメル会修道院の近く、カディスとジブラルタルの間にある小川のほとりで、ネリウムとオレアンダーといっしょに」生えているのを見つけ、その結果、ジブラルタルから輸入されることになった。この灌木は大切に植木鉢に入れて栽培すべき植物であると人はまず考えないだろうが、一八〇三年の『ボタニカル・マガジン』には、驚くほどうまく促成栽培できることがわかったので、「春にイギリスの家を飾るために」毎年ロンドンの市場にたくさん出されるようになったと記録されている。ソーントンの『フローラの神殿』（一八〇二）の図版の一枚になったというので高く評価されたが、後にもっと普及して、地主たちが文字通り何マイルにもわたってこれを植えた例もある。この熱心さにロードデンドロンの方

ロードデンドロン・ポンティクム
（ソーントン『フローラの神殿』）

も非常な善意で応えたので、これを根こそぎにするには費用がかかる上に難しいという、いわばやっかいな雑草になってしまった例もある。

耐寒性のある交配種を作り出すのにたいへん重要な二種類カウカシクム種（*R. caucasicum*）とカタウビエンセ種（*R. catawbiense*）が十九世紀初めの一〇年間にまったく別の方角からイギリスにやって来た。前者は「コーカサス山の最も高い地域の万年雪のある所で」（『ボタニカル・マガジン』一八〇八）生えているのが見つかり、ロシアの旅行家アポロス・アポロソヴィッチ・ムッシン-プシュキン伯爵が一八〇三年にジョゼフ・バンクス卿に送った。種子や木がサンクト・ペテルブルクからロッディジーズ商会の所に送られて、そこで増殖され、一八〇八年に最初の花が咲いた。この花の改良史の初期の段階で、カウカシクム種はシベリアから一七九六年に来たごく近縁のクリサンツム種（*R. chrysanthum*）とかけ合わされた。クリサンツム種は栽培が難しくてその労に見合わない種であるが、その当時知られたものの中では唯一黄色の花をつける種であった。その頃の関心はただ、麦わら色というか硫黄色の子孫を作り出すことにだけ集中していて、その他の改良されたカウカシクム種の変種やその原種はなくなっても放っておかれたし、再び紹介されることもなかった。この交配種の中の、早咲きの「クリスマスのごちそう」（Christmas Cheer）はベルギーの種苗商のヴィレステークという人が作出したもので、別の交配種ノブレアヌム（*R. nobleanum*）は一八三五年にマイケル・ウェイトラーが作り出したものである。この名前は競争相手のスタンディッシュ&ノーブル商会の会長に敬意を表してつけられたものである。

ロードデンドロン・カウカシクム
（CBM 第1145図　1808年）

ロードデンドロン・クリサンツム
（MB 第149図　1792年）

ロードデンドロン・カタウビエンセ
（CBM 第1671図　1814年）

一七九九年、ジョン・フレイザーとその息子はアメリカで、ロシア皇帝パーヴェル一世のために植物を収集していた。「新種のすばらしいカタウビエンセ種を、そこから五州が見渡せるグレート・ロア山またの名を禿山の頂で見つけて収集できたことは二人にとって幸運であった」（W・J・フッカー『ボタニカル・マガジンの手引き』一八三六）という記録がある。もっともこの発見は確かにそれほど難しいことではなかったであろう。というのは一〇〇年後の状況ではこのロードデンドロンは、その地域でやぶのようになって何千エーカーにも広がっていたからである。そのやぶはとても密生していたから、けもの道をたどらなければ入って行けないほどであった。一八〇九年、二人の収集家フレーザーとその息子は新しいロードデンドロンの木をその付近のカトーバ川地域からイギリスに持って来た。それは一八一三年にリー&ケネディー種苗園で花が咲いたが、最初見た者を失望させたと思われる。というのは、花は緋色であるといわれていたのに、『ボタニカル・マガジン』（一八一六）によれば「マキシムム種の花と同じ程度の見栄えの花で」あることがわかったからである。しかしながら、すぐに、「これまで栽培されてきた中で第一級のロードデンドロン」であることがわかり、ビーンは「耐寒性の交配種を作るための親としては、これまで紹介された常緑の灌木の中でおそらく最も価値あるもの」とまでいっている。交配はマクシムム種、ポンティクム種、カウカシクム種、カタウビエンセ種の四種で始まった。交配の片

ロードデンドロン・アルボレウム
（BR 第890図　1825年）

親はすべて、ポンティクム種で、ポンティクム以外の種は今日庭では見られない。それらは多数の子孫に追い出されてしまったのである。これらはすべてピンクでも藤色でも色あせた感じがする。しかし鮮やかな色のものがすぐに東洋からやって来た。まず最初はヒマラヤ産の種類で、血のように赤い花の咲くアルボレウム種（*R. arboreum*）が到着した。一七九六年にハードウィックという人が見つけ、「この紳士は種子を惜しげもなくイギリス中の人々に分け与えた。そうすればこの高貴な木が増える」と喜んでいた（スミス『異国の植物』一八〇四）。最初に導入されたアルボレウム種がうまく育ったかどうかについては記録がないようだ。イギリスで開花したのはそれから二九年後のことである。

ロードデンドロン・アルタクラレンセ
（BR 第1414図　1831年）

二番目に導入されたのは「まず間違いないが」一八一五年頃のことで、フランシス・ブキャナン・ハミルトン博士による。イギリス南部や西部で防寒の手当をしてやると、このロードデンドロンは四〇フィートの高さにまで大きくなるが、寒さに弱いので、たいていの所では温室の中に入れておく。しかし、交配種の多くは驚くほど寒さに強いことがわかったので、交配の研究家はみなこれを手に入れたいと熱望した。一八二五年にアルレスフォード近郊、ノージントンのグレンジで最初の交配種が開花した。それからおそらく同じシーズンにハンプシャーのハイクリア、カーナーヴォン伯爵の所でも開花した。一八二六年頃にここでは、カタウビエンセ種とポンティクム種との交配種とかけ合わせたアルボレウム種から有名な交配種のアルタクラレンセ（*R. altaclarense*、alta は high で、clarense は clear を意味し、要するにハイクリアのこと）が作り出された。これがイギリスの庭に今日あるロードデンドロンの本当の祖先である。「この灌木の歴史は特に記載する価値がある。というのは、人間の自然に対する力がいかに大きいかを示すだけでなく、これからの庭づくりの楽しみを考えると、最も満足する種類ができる見通しがついたからである」と一八三一年度版の『ボタニカル・レジスター』の中でリンドレイは書いている。

以上のように交配種のロードデンドロンの作出にはジョゼフ・ダルトン・フッカー卿が一八四七～五一年にかけて有名なヒマラヤ探検をするまでにかなりの進歩があった。彼はその探検で四三種を収集したが、その多くが新種であった。イギリス

ロードデンドロン・フルゲンス
（W.J.フッカー
『シッキム・ヒマラヤのロードデンドロン』）

に種子や絵や記録を送り、それに基づいて彼の父親のウィリアム・ジャクソン・フッカーが大著『シッキム・ヒマラヤのロードデンドロン』（一八四九）を編集した。この属に関する多くの研究書の第一号である。

フッカーが紹介したものの中には、優美なキリアツム種（*R. ciliatum*）、黄色のカンピロカルプム種（*R. campylocarpum*）、葉の長いファルコネリー種（*R. falconeri*）、筒状のキンナバリヌム種（*R. cinnabarinum*）、華々しいトンプソニー種（*R. thompsonii*）、彼の収集品の中で最上のグリフィシアヌム種（*R. griffithianum*）などが含まれていた。グリフィシアヌム種はすでに、ウィリアム・グリフィス博士が見つけていたものだが、形が不完全であった。博士は東インド会社に勤めていた間に何度もたいへん危険な探検をした植物学者であった。しかし、フッカーの収集したものは博士のものと異なった種と考えられて、オークランディー種（*R. aucklandii*）という名前がつけられた。これは一八三五年から四一年までインド総督であったオークランド卿、ジョージ・エデンにちなんだ名前である。

闘牛士のマタドールが自分の牛を献上するように、ジョゼフ・フッカー卿は気前よく友人や援助者にロードデンドロンを献上した。一八四九年にフッカーがイギリスに送った種子から育てられた木は一八五八年にキュー植物園やウォンズワースのケインズの種苗園で花をつけたのである。この種はすべての野生のロードデンドロンの中で一番美しいといわれていた。白い花の直径は五インチ以上、時には七インチもあって、とてもよい匂いがする。かなり高温になるか完全な防寒設備のある所でなければ、「極楽鳥花《ストレリチア》とロードデンドロン・グリフィティアヌム

ロードデンドロン・フォーチュネイ
（CBM 第5596図　1866年）

はイギリスの庭では育たない」とチャールズ・イーレイがいっている。しかし、これは交配種を作る親としてよく用いられている。第一代の交配種はかなり寒さに弱いが、第二世代の孫は耐寒性があって美しい。

フッカーがグリフィティアヌム種をイギリスにもたらしてから六年後、ロバート・フォーチュンが収集した野生の中国産ロードデンドロンが入って来た。これがフォーチュネイ種（*R. fortunei*）でグリフィティアヌム種と近い関係にあり、グリフィティアヌム種より寒さに強くて、美しい。フォーチュンは一八五五年に種子を寧波《ニンポー》の西部にある高い山で集め、チズウィックのグレンディニングの所に送った。交配の親として重要なものになったが、これもまた原種は今では珍しいものになっている。

それ以降、交配種の数と交配種を作り出そうとする人の数は当惑するほど多くなる。その歴史について書かれた本も多くある。一例として、ナップのウェイトラー商会ではロードデンドロンとアザレアを四世代にわたって専門的に扱っていた。バグショットのジョン・ウェイトラーは有名な園芸種「ピンク・パール」（Pink Pearl）を一八九七年以前に作り出した人で、この一族である。「ピンク・パール」の親はアルボレウムの交配種とかけ合わせたグリフィティアヌムの交配種である。だから、最もすばらしい種の血を受け継いでおり、寒さに弱いという欠点がない。

述べておく必要があるもう一つの交配種は、人気のあるプラエコックス（*R.*×*praecox*）で、オームズカークの息子やアイザック・デイヴィス等によって一八六〇年頃に作り出されたものである。フッカーの紹介したキリアツム種とシベリア産のダウリクム種との交配種で、開花するのが最も早い。エイトンによれば、この種は一七八〇年頃にフランス人の役人アンソニー・シャミエールが紹介したもので、彼はジョンソン博士の友人であった。作り出した人が怠慢であったためかその秘密主義のせいか、多くのロードデンドロンの園芸種の親はよくわからない。偶然にできたものもあるし、競馬の馬のように注意深く育てられたものもある。一九〇一年にサセックス、レオナーズリーのエドモンド・ローダー卿が特に美しくて甘い匂いのするフォーチュネイ種と、近所の温室で育てられていた特に良質のグリフィティアヌム種を交配した。その成果がロデリー種（*R.*×*loderi*）で、いまだにこれを超えるものは出ていない。同じかけ合わせは他の人も行っている。グリフィティアヌム種との交配種は一八六九年にエディンバラの商会で行われたのが最初であるが、ロデリー種が最上であると考えられている。

二十世紀になって洪水のように大小の中国産の種が押し寄せた。これまでのところ最も重要なものはグリアソニアヌム種（*R. griersonianum*）である。フォレストが一九一七年に見つけ、R・C・グリアソンにちなんで名前がつけられた。グリアソンは雲南に駐在していた税関署の役人でフォレストが雲南にいた間援助してくれた人であった。ゼラニウムのような赤色の花をつけるこの品種を見て交配に関心のある人はたいそう興奮し、「目につくものとは何とでもかけ合わせた」。そして一九五二年までには一二二の交配種の親になったのである。これは他のどのロードデンドロンよりも多くの子孫を持っているが、庭向きの灌木として評価するのはまだ少々性急すぎる。

アザレア〔ツツジ類〕の歴史については、再び十七世紀に戻らなくてはならない。というのは、ジョン・バニスター牧師からコンプトン司教の所に送られたヴァージニアの植物の中に英語名「スワンプ・ハニーサックル」(Swamp Honeysuckle)、すなわちヴィスコスム種（*R. viscosum*）が含まれていて、一六九一年にハンプトン・コートの管理人プルッケネットが記述しているからである。これはその直後消滅してしまったらしく、一七三四年に再びコリンソンがヌディフロールム種（*R. nudiflorum*）といっしょに紹介している。

ヌディフロールム種はペンシルヴァニアに移民したオランダ人が「ピンクスター・ブルーム」(Pinxter-bloom、ドイツ語の pfingsten は聖霊降臨祭のこと）とか「ウィトサン・フラワー」(Whitsun flower）と呼んでいた植物である。スペキオスム種（*R. speciosum*）は変種であると考えられていたが、一七八九年頃に両者ともにアメリカ産植物の収集家としては有名であった「ケント、ブロムレイのノーマン夫人かサリー、クラパムのビューイック夫人のどちらかが」（『ボタニカル・マガジン』一七九二）紹介した。しかしビューイック夫人の収集品が売り出されるまではこれはほとんど知られていなかった。当時、このアザレアは二〇ギニーで取引された。

ロードデンドロン・カレンドゥラケウム
（CBM 第1721図　1815年）

北アメリカには常緑のシャクナゲ類は比較的少なかったけれど、落葉性のツツジ類は豊富であった。最もみごとなものがカレンドゥラケウム種（*R. calendulaceum*）で、簡単に交雑するために植物学者の中にはこのアザレアは自然に交雑した種であると考える人もいる。ウィリアム・バートラムはこれを「火のツツジ」(Fiery Azalea）と呼んでいた。理由は、「花の姿がいろいろあって、普通は黄色かクリーム色であるが、非常に美しい朱、オレンジ、輝く金色もある。信じられないほど多くの花の房が灌木を覆っているので、突然暗闇から視界が開けたかのように感じる。このアザレアが生えている所は火事だと間違えて驚かされるほどである」からである（バートラム『南北カロライナ等旅行記』一七九一）。バートラムは一七七四年にジョゼフ・バンクス卿に乾燥標本を送ったが、生きたものは一八〇六年にミショーがフランスに紹介するまでは姿を現さなかった。一八一二年までには少なくとも二つのイギリスの種苗園で栽培されていた。

ロードデンドロン・ルテウム
（CBM 第433図　1799年）

その頃、ポンティック・アザレア、すなわちルテウム種（*R. luteum* = *Azalea pontica*）がついに登場する。同じ地域から来たポンティクム種がロードデンドロンの典型であると考えられているように、アザレアの典型と考えられている植物である。このアザレアも相棒のロードデンドロンも同じ頃にトゥルヌフォールが見つけたが、イギリスにはかなり遅くまで姿を見せなかった。そして三人の人物によってほぼ時を同じくして導入された。ドイツ生まれの博物学者で、ロシアのエカテリーナ女帝に雇われていたペーター・ジーモン・パラスが一七九三年にクリミアからリー&ケネディー商会とブレントフォードのベル商会に種子を送った。一七九八年にポーランド生まれの収集家でキュー植物園のために仕事をしたアンソニー・ホーヴがイズリントンの種苗商ワトソンに植物を送って来たが、その年ストーブ入りの温室の中で開花し、その絵が『ボタニカル・マガジン』に掲載された。一八〇三年にムッシン−プシュキン伯からバンクス卿あてにすでに述べたカウカシクム種といっしょに標本が送られてきた。だからマーティンが一八〇七年に編集したミラーの『庭師の辞典』の中にこのロードデンドロンはまだヨーロッパでは栽培されていないと述べられているのを見ると驚かざるをえない。ポンティクム種ほどたくさんではないが、今ではあちこちで帰化し、その両方の種は接ぎ木するために広く用いられている。お互いを侵略者と考えて押し出そうとするためか、それらに接ぎ木された変種は死んでしまうことがある。アザレアの変種の栽培はイギリスでも外国でも急速に進んでいる。ヨーロッパ大陸で最も重要な先駆者の一人はヘントのパン屋P・モーティエールである。彼の交配の秘訣は、交配のタイミングを合わせるために遅咲きの種をおそらくパン焼き用のオーヴンを用いて早く開花させ、早咲きの種を遅く開花させることであった。彼の仕事はこの地域の種苗商が受け継ぎ、ついにはアザレアの栽培がこの地域の重要な産業にまでなった。「ヘント」アザレアの多くは一八五〇年までには五〇〇種類が商品化されていた。それをイギリスの種苗商が輸入し、イギリスの品種を豊富にするために用いられた。その状況は次の三種類が導入されることによって、複雑になっていった。三種のうち二種は東洋から来たもので、一種は遅咲きのアメリカ産であった。まず日本産のレンゲツツジの仲間、モレ種（*R. molle*）は一八二四年にはもうロッディジーズが育てていたが、一八四五年にフォーチュンが再度イギリスへ紹介した。しかし残念なことに、とても寒さに弱いので温室に入れておけば美しいけれど戸外では満足できる状態に育たないことがわかった。同じアザレアの中国産のものは最初シネンセ種（*R. sinense*）という名前がついていた。一八三〇年にシーボルトが日本から美しくて耐寒性のあるアザレアを持ち帰った。シーボルトはモレ種の変種であると考えていたが、後になって新種であることがわかり、ヤポニクム種（*R. japonicum*　和名レンゲツツジ）という学名がつけられた。オランダのボスコープでコスター商会が最初に作り出した「モリス」アザレアの主要な親になったのは、寒さに弱いモレ種ではなくヤポニクム種である。

　一八五一年にウィリアム・ロブがヴィーチ商会に白の遅咲きのカリフォルニア産ロードデンドロン、オッキデンターレ種（*R. occidentale*）を送って来た。これはロッキー山脈より西で見つけられた唯一のアメリカ産のアザレアであった。一八五七年に花が咲き、最初はほとんど価値がないと考えられていたが、アンソニー・ウォータラーがこれを交配の親として用いて、このアザレアの持つ芳香や房の大きさ、紅葉を他の種に分け与えるのに成功した。ウォータラー親子が育てていた変種は後になってライオネル・ド・ロスチャイルドの有名なエクスベリー種の基礎になった。エクスベリー種というのは一九三七年にチェルシーで展示された時にたいへんな反響を呼んだものである。こうした栽培家の努力でかぐわしい果実（レモン、オレンジ、アプリコット、ピーチ、タンジェリン〔アメリカ、アフリカ南部で多く産する柑橘〕、チェリー、イチゴ）色のアザレアができ、今日に至っている。

　庭向きのアザレアとして重要性が増していったグループは矮性の常緑のものや半常緑のアザレアで、温室用の「インディアン」アザレアと同じタイプである。原則的には、「インディアン」アザレアというのは、親がインディクム種（*R. indicum*）ではなく、それよりも寒さに弱いシムシー種（*R. simsii*）である。なお、どちらも種小名とは異なりインドが原産ではない。インディクム種は耐寒性があるといってよいほどで、それに近い種のオブツスム種（*R. obtusum*、和名キリシマツツジ）等いくつかは、戸外に植えるのにたいそう適している。たいていの庭師は今では矮性の「クルメ」アザレアをよく栽培しているが、これはほとんどオブツスム種の変種（*R. obtusum var. kiusianum*）の子孫である。日本ではかなり昔から庭に植えられていた。そのうちのわずかなものが中国を経て一八四四年にイギリスに到着していたが、主要なものの紹介はE・H・ウィルソンの努力によるところが大きい。彼は一九一四年に東京近郊の種苗園でいくつかのアザレアを見てその美しさを賞賛している。その折に、本国には標本しか持ち帰ることができなかったが、収集したアザレアをマサチューセッツのジョン・S・エイミスのもとに送らせた。それが一九一七年に到着した時には、アメリカでたいへんな関心を呼び起こした。

一九一八年にウィルソンは特に久留米（このタイプのアザレアの生産の中心地で、いわば日本の「ヘント」のような土地）を訪れており。赤司《あかし》という人の種苗園〔赤司広楽園〕で二五〇種のうちから特によい五〇種を慎重に選び出し、ボストンのアーノルド樹木園に送った。「ウィルソン五〇選」の完全な収集品はイギリスでは珍しいが、ウィズレイ園芸植物園に一つある。これは一九四六年に挿し木で育てられたものである。その変種は大きさや耐寒性の程度では様々に異なっているが、すべて太陽に十分当てることが絶対必要である。栽培は今も続けられていて、アメリカ産の「グレン・デイルズ」（Glen Dales）など四五〇種類以上もの交配種を作り出すためにケンペリ種（*R. kaempferi*）、マルヴァティカ種（*R. malvatica*）、オルダミー種（*R. oldhamii*）といった品種が用いられている。「グレン・デイルズ」は「クルメ」がなかなか花をつけないようなもっと寒い地域でも十分に育つ。それらは丈が高くなる傾向があって、一〇フィート以上になることもある。

ロードデンドロンを専門に扱っている種苗商のカタログには今では一一〇〇以上の種や品種が載っている。一八六〇年に耐寒性のものと寒さに弱いものを含めて五〇種のロードデンドロンを持っていて、しかも一年中毎月ロードデンドロンに花を咲かせようとしたエディンバラ近くのドラムスヒュークスのウォーカー夫人の収集品も今では驚くにはあたらない。今日のように庭が小さくなると、フッカーが奨励して、南部や西部の庭で植えられた木のようになる種ではなく、矮性の品種に関心が向くようになる。しかし多くの大小の庭でロードデンドロンは効果的に用いられているので、キングドン=ウォードが予言したように、イギリスはオランダが球根で有名であるようにロードデンドロンで有名になるかもしれない。

フィリップスがポンティクム種を「禁色である紫色に潜んでいる危険なもの」の象徴として選んだ時、ロードデンドロンの蜜に含まれている毒性について昔から伝わっている物語が念頭にあったようだ。

紀元前四〇年、敗れたキプロス軍の敗残兵はクセノフォンに率いられてバビロンの平原から黒海の沿岸まで闘いながら後退していた。トレビゾンの近くまでやっとたどり着き、かつてコルキス人との闘いに勝利した後でさびれた村に逗留した。そこでハチの巣からとった蜂蜜を食べた兵士たちは、吐き気、下痢、うわごとをいったり、昏睡状態に陥ったりと、驚くような症状をきたした。幸運にもコルキス人は反撃をしかけて来ず、一〜二日後にはすべての患者が回復した。プリニウスはこれは有毒なオレアンダーからとった蜂蜜だったと考えており、トゥルヌフォールはその地方の伝承から、ポンティクム種からとった蜂蜜に毒があったと想像しているが、後世の旅行者はその近くで普通に見られるルテウム種（アザレア・ポンティカ）のせいだといっている。このツツジの蜜を多く食べれば有害であるということがわかっている。アンソニー・ホーヴは一七九六年に南ロシアやアジア側のトルコを旅行した際に、ドニエプル川のあたりではこのアザレアは「しびれを引き起こす灌木」として知られていると述べた。ドニエストル川の流域では「人々はこの植物に麻酔性があると考えており、いろいろな病気の治療薬として用いていた」と『ボタニカル・マガジン』（一七九九）に引用されている。彼はタタール人の農夫のことを述べている。その農夫はアザレアの蜜を集め、薬としてコンスタンティノープルやトレビゾンで売って生計を立てていた。この毒による事故は決まってコーカサス地方で、それも新しい蜂蜜がとれるシーズンに起こり、時に子供が死ぬこともあるといわれている。軽い症状はイギリスでも起こっている。蜜の中の毒性は熱することで取り除けるし、普通は蜂蜜が古く熟成すると消える。ロードデンドロンの中には蜜がとても豊富なものがあって、花一つでスプーン一杯も分泌することがある。ポンティクム種でも、室内に置き植木鉢で育てると、一つ一つの花に大きな蜜のしずくができるのを観察できる。蜜は花が枯れると結晶になって、「最も純粋なシュガーキャンディー」（『ボタニカル・マガジン』一八〇三）に似たものになる。チベットでは砂糖漬けのロードデンドロンの花は珍味とされ、高価で特別な食料である。ロブサン・ランパという人物は自分の母親がパーティーの時にこの珍味をどのようにして用意したかについて書いている。望んでいる種類の花を集めるために、パーティーの何週間も前から使用人を馬に乗せて使いに出すのである。彼の父親が「これらの可憐な花のために使った費用で子牛と一〇頭のヤクを買うことができたであろうに」（『第三の目』一九五六）となげいていたということだ。

ヨーロッパでは、ロードデンドロンの木で作ったヤクにのせるサドルはまず必要とされないから、観賞用として目立っている植物もそれほど役に立つとはいえない。しかし、一時期薬用として用いられていた種があった。

クリサンツム種（*R. chrysanthum*）は自生地のシベリアからリウマチや関節の痛みに効くという評判が伝わってイギリスに導入された。十八世紀末までこれは「ヨーロッパのいろいろな地域で慢性のリウマチの薬として一般に用いられていた」（ウッドヴィル『薬用植物誌』一七九三）。葉は鎮静・麻酔の効き目があり、その煎薬はシベリアで使用されたが、「熱、渇き、うわごとなどを引き起こすことがあり、病気になっている箇所に特別な刺激をもたらすといわれていた」（『薬用植物誌』）。マーティンは「これがイギリスで治療薬として好まれるとは信じがたい」といっている。しかし、一八三八年までリウマチや痛風の治療薬としてコルヒチンの代わりによく用いられていた。イタリアではフェルンギネウム種の葉が、アメリカではマクシムム種の葉が同じ目的で用いられていた。しかし牧畜に害があるのではないかと思われているし、いくつかの種は現に害があることがわかっている。特にキリアツム種は死に至るほど猛毒があり、若芽を二個、馬がかじって死にかけたという話もある。高山種の中には強く甘い匂いのするものがあって、時に頭痛を引き起こすほどであるといわれている。

アザレアやロードデンドロンが文学の中で用いられた例は驚くほど少ない。高貴な堂々とした響きのあるロードデンドロンという言葉を文学に用いたのはジョージ・バローだけである。もっともロードデンドロン公爵という人物について述べただけのことであるが、それは農業関係者の食事会での演説だった。コベットは「ロードデンドロンは我々がこれまでに知っている中で最も美しい灌木の学名であり、英語名もこれしかない」といっている。つまらない、品位を下げるような名前をつけてこの植物の品格を落とすようなことをしなかったのはイギリス人がこの植物に対して持っている敬意の現れであろう。この大所帯の属はエディンバラのアイザック・ベイリー＝バルフォア卿とその助手の手で四三のシリーズやサブシリーズに分類されて、その結果は一九三〇年に『ロードデンドロンの種』として出版された。しかし、この属の分類はその後も引き続き改正され、バルフォア卿の分類はもうすでに古くなってしまっている。

ツバキ

Camellia
カメリア

ツバキ科

五一六年頃、神秘的な名前ダーマとかダルマとか呼ばれるインドの王子が、「宗教上の義務として、中国人を教えるために」（フッカー『ボタニカル・マガジン』一八三二）、中国へ行った。ある時、祈りと断食で疲れ果てたダルマは、瞑想中に眠ってしまった。己の弱さを罰するために、彼はもじゃもじゃの眉毛〔瞼《まぶた》ともされる〕を切り取って、地面に投げつけた。その眉毛から根が出て、芽が出て、最初の茶の木になった。この植物の葉を煎じたものを飲むと、心が弱くならないようになり、精神に刺激を与えるという効用がある。

この木が、ツバキの元でもある。というのは、茶の灌木は、最初テア（*Thea*）という別の属に分類されていたが、後に、「有用な多くの植物をあまりに細かく分類して多くの属を作り出してきたが、そうした細かい分類は、適切でないものがあるので、改めるべきである」（『ボタニカル・レジスター』一八一五）ということになった。そこで茶の木はカメリア・シネンシス（*Camellia sinensis*　和名チャ）という名前でツバキ属の中に分類されることになった。初期に紹介されたツバキの多くは、偶

カメリア・シネンシス（和名チャ）
（CBM 第3148図　1832年）

然に、または意図的に茶の木の代用品として輸入されたものであった。ジョン・エリスは中国人の商売の腕のよさのせいだといっているが、連中は、「この植物を売る時には、本物の茶の木だといって売るために、花を引き抜いていた」。しかし、場合によっては、言葉の難しさが生んだ誤解から混乱が起こったこともある。中国語で茶のことをCh'aとかTch'aというが、いくつかのカメリアの種、例えばヤポニカ種（*C. japonica*　和名ツバキ、ヤブツバキ）とその園芸種も似た名前で「Ch'a Wha」とか「Ch'a Hoa」と呼ばれており、それは「茶の花」という意味である。「南山茶」（Nan Shan Ch'a）という名の植物は、レティクラータ種（*C. reticulata*　和名トウツバキ）のことであり、「油のついた茶」（Ch'a Yeao）というのはオレイフェラ種（*C. oleifera*＝ドルピフェラ種 *C. drupifera*　和名ユチャ）のことである。この種の多くは、少しずつであるが、共通した性質を持っていて、「誰も欲しがらないが茶の木の代わりになるもの」（ヒッバード）と呼ばれていた。本当の茶の木は、一七三九年より前に、東インド会社のゴフ船長がイギリスにもたらした。しかし、それは庭師に知識がなかったために枯れてしまい、次に紹介されたのは一七六八年であった。これは、戸外で育てられるほどの耐寒性はない。キュー植物園では数年間戸外で生き延びた茶の木があったが、それはシャクナゲの林でうまく保護されていたからである。一八三八年の冬は寒さが厳しく、その木は枯れてしまった。

カメリア・ヤポニカ（和名ツバキ）
（CBM 第42図　1788年）

中国や日本で栽培されている観賞用の植物としてのヤポニカ種の評判は、それが実際に紹介されるよりも何年も前からイギリスに知れわたっていた。一重の赤色の園芸種の見本は、一七〇〇年頃、ジェイムズ・カニンガムが中国から送ってきた。これについては、一七〇二～三年に出版された『哲学会報』の中で、植物学者のペティヴァーが書いている。日本語名のツバキの名前でもっと完全な形での記述がなされたのは、ドイツの植物学者で旅行家のエンゲルベルト・ケンペルが一七一二年に出版した『廻国奇観』であった。そこで、彼は「日本のバラ」と呼んでいるのであるが、これはどんな森でも生垣にでも野生の状態で生えていると書いている。他にもっと優れた園芸種がたくさんあって、ケンペルは『日本誌』の中で、「日本人がいっていることが本当であれば」、この植物には九〇〇の日本名があると付け加えている［おそらく様々な園芸品種につけられた源氏名を指しているのだろう］。その一つに「獅子」というのがあって、「我々が小さなライオン（つまりペキニーズのこと）と呼ぶ小形の犬のことである。かわいらしい花の形からでた名前である」。

カメリア・ヤポニカ（和名ツバキ）
（ケンペル『廻国奇観』1712年）

　イギリスで見ることができた最初の生きた花は、一七三九年にエセックスのソーンドン・ホールで、熱心な植物研究家であったロバート・ジェイムズ、ピーター卿が育てていたツバキの花であった。彼が天然痘のため二九歳で死んだ時、コリンソンはイギリスの植物学および造園界にとってこの上ない損失であると嘆いた。彼が育てていた二つのツバキは、一重の赤色と一重の白色のもので、その花の色が「上品な明るさ」を持っているというので、彼の同時代の人々が誉めたものであった。一七四〇年八月に、そのうちの一つに「ケトミア型のとてもきれいな真紅の八重の花」（コリンソン）が咲いた。ヤポニカ種の園芸種の多くは枝変わりによってできたから、おそらくこれもそうであろう。この灌木をいつ、どこで、ピーター卿が手に入れたかはまったくわからない。しかし気温を高くしすぎたためであろう、それらは間もなく枯れてしまったようだ。ピーター卿の庭師であったジェイムズ・ゴードンはピーター卿が死んだ後、自分の種苗園を作った。ゴードンはツバキを売りに出した最初の人であるといわれているから、ピーター卿所有のツバキが枯れる以前に、もうすでに増殖されていたと思われる。一七四五年に描かれた中国産のキジの絵の中にツバキの枝が一本描かれているが、それはピーター卿が育てていたツバキをスケッチしたものである。

その後、一七九二年までは、ツバキについてはほとんど何も聞かれなかった。その年、二つの新種、八重の白と八重の縦縞模様のツバキが中国から東インド会社のジョン・スレイターによって輸入された。彼は他の多くの中国の植物をイギリスに紹介した人である。スレイターは「すべての中国産の植物について中国語で書かれたカタログを手に入れて、それを英語に翻訳したものをつけて、様々な手段を講じて植物をイギリスに送った」（ブレットシュナイダー）。他の種類も次々にイギリスに紹介されるようになったが、それらもやはり、東インド会社の船に積まれてきたのである。一七九四年にロバート・プレストン卿のもとに赤い八重の種類が、一八〇六年には、うすいピンク色の種類がヘアフォードシャー、ウォームリーベリーのエイブラハム・ヒューム卿夫人アメリアのもとに送られてきた。これは「花びらが対称形に重なっていて、その美しさは誰からも誉められたに違いない」と、『ボタニカル・マガジン』の編集者ウィリアム・カーティスの従兄弟にあたるサミュエル・カーティスが述べている種類で、後にインカルナータ種（*C. incarnata*）とか「レディ・ヒュームズ・ブラッシュ」（Lady Hume's Blush）という名で知られるようになった品種であった。ヒューム卿夫人は、植物学者としても、庭師としても熱心な人で、J・E・スミス卿の弟子であった。スミス卿は、彼女にちなんで「ヒューメア」という植物名をつけた。一八一五年までには、一二種のツバキが育てられていて、一八一九年までには、二五種に花が咲き、さらに四種に花が咲くのを待っているという状態であった。この年に、ツバキについての最初の書『ツバキ属についての研究』が出た。サミュエル・カーティスが書いたもので、薄い冊子であるが大判で、ツバキの園芸種のうちから一〇種類を選び、それについて五枚のすばらしい彩色図を入れたものである。この本が出版されたおかげで、それまで不足していたツバキについての情報が大いに補足された。同年、ヴォクスホールの種苗商アルフレッド・チャンドラーは、アネモネのような花をつける「ワラタ・カメリア」（Waratah Camellia、一八〇六年に紹介された）から「約四リッターほどの」種子を採った。その種子は、「ワラタ・カメリア」と八重の縦縞模様のものなどとを交配して採集したのである。熟すとすぐにその種子を播くというふうにして、種子から新しい品種が育てられたのであった。こうした実生苗の一つで、一八三〇年に花が咲いたものに

カメリア・ヤポニカ
（和名ツバキ）の園芸品種
（W. ブース『ツバキ図誌』1831年）

チャンドレリ・エレガンス種（*C. chandleri elegans*）という名前がつけられたが、これは、今日手に入る上質の二〇種のツバキの一つである。ピーター卿の持っていた一重の赤い花が咲く木は、挿し木で驚くほど簡単に増えていくので、この頃までには、もっと新しい品種を作るための接ぎ木の親株としてのみ用いられるようになっていた。

ツバキについて書かれた初めの頃の書物中には、それらを運んだ東インド会社の船の船長の名前が出てくる。確かに、彼らの積極的な協力がなければ、植物が三、四カ月もの航海を生き抜くことは不可能である。有名な話であるが、一八六六年の新茶競争《ティー・レース》で中国からイギリスへ新茶が運ばれた時でも、九九日かかっている。アジアからヨーロッパに向かう航海では、二回赤道を横切り、喜望峰を越える時には大荒れの海を経験するのが常で、特にウォーディアン・ケースが発明される以前の航海は植物にとって苛酷なものであった。この箱は一八三三年に初めて試されて、よい成果をもたらした。最初にイギリスに運ばれたツバキは一七九二年にカーナティック号に乗せられて、コナー船長が運んだものだ。その後、ツバキの運搬にかかわった主要な二人は、カフネルズ号のウェルバンク船長とウォレン・ヘイスティング号のリチャード・ローズ船長である。ウェルバンク船長の船の荷物の大部分は、サリー、ゴッドストーン近くのルークスネスト・パークのチャールズ・ハンプデン・ターナーのものであり、リチャード・ローズ船長の船荷は、ケントのブロムレイに住む彼の妹と義弟にあたるトーマス・カレイ・パーマー夫妻のもので、ローズ船長は、一八一六年から二四年の間に続けて一ダースかそれ以上も荷物を運んだ。ある時、その二人の船長は、同年に、同じ新しい八重の白い花が咲くツバキを運んだ。ウェルバンク船長がターナーのために運んだツバキの方が先に花をつけたので、これにはウェルバンキアーナ種（*C. welbankiana*）という名前がつけられた。ローズ船長は、一八二〇年に運んだレティクラータ種からできた美しい園芸種にその名を残しており、今でも「ローズ船長」という名で呼ばれている。ローズ船長が運んだもう一つはおそらくヤポニカ種の変種であろうと思われるヘクサングラーレ種（*C. hexangulare*）で、運搬中の船上で最初の花が咲いた。航海の途中で赤ん坊が生まれたというとなんとなく悲壮な感じがするが、この場合は園芸史上楽しい事件であった。

一八四〇年代頃には、ツバキの人気は最盛期を迎え、ハックニーのロッディジーズ商会のような大きな種苗商は、その花が咲く時期には、ロンドンの名物の一つであった。ロッディジーズの温室では、「この植物の多くが、高さ三〇フィートもあって、すばらしく元気で、花をつけていた。その様子はまさにツバキの森で、クロウタドリやツグミやその他の鳥が、その木々に巣を作り、開いている温室の戸や窓を通って楽しそうに出入りしていた」と書かれている。ヨーロッパ大陸でも同様に、ツバキは人気があった。マリー・ドゥプレシス（一八二四〜五二）すなわち「椿姫」のことはたいていの人が知っている。彼女にまつわる世間の非難に取材した悲しい物語は、小説（息子アレクサンドル・デューマ）、劇、オペラ（ヴェルディ『ラ・トラヴィアータ』）を作り出した。しかし同じ頃に、ラトール・メズレイという男性も「椿の君」として知られていたことはほとんど知られていない。彼がそう呼ばれたのも「椿姫」と同じように、常にツバキを身につけていたからである。見積ってみると、彼がパリに住んでいた一九年間に、ボタンホールを飾る費用として五万フランはかかっていたに違いない。ツバキは、とても高価な植物であったが、優雅さの象徴と考えられていた。この植物は「美しさはあなただけに備わった魅力である」という意味を表わし、また白のツバキには匂いがないから、「純潔」を象徴した。

この時期ヨーロッパ大陸にあった品種は、白い斑点のあるドンケラリー種（*C. donckelarii*）で、これには、ロマンティックな歴史があり、後には交配種の親株として重要になるから記述しておく価値がある。これの原産地は日本である。シーボルト博士が紹介した植物の一つであるが、一八三〇年の革命のさなかにアントワープに着いた。その時荷揚げされた植物の荷が置いてある場所を騎士の馬の群れが占領した。これが大きな損害を与え、無傷な葉は一枚もないというありさまで、ほとんど全部がだめになってしまった。しかしこのツバキは、その大混乱の中を生き抜いた。ルーヴァンの植物園の庭師頭であったアンドレ・ドンクラールが救い出して増殖したのである。この話はドンクラール自身が記しているものである。この植物の名前は、じつに色々なふうに綴られるが、「Don Klari」が一般的である。「ピコティー」（花弁に覆輪のある花）の第一号として、気取った感じのしない花はその当時の花屋の性急な要求に応じられなかったという事実にもかかわらず、すぐに人気が出た。これは今でも最上のツバキの一つであると考えられているし、一九六〇年には、遅ればせながら、優秀花としてメリット賞も受けた。

十九世紀終わり頃に、ツバキの栽培は衰退した。理由はおそらく、流行の品種についてあまりにも観賞の形式をうるさくいわれるようになったことへの反動からであったと思われる。その傾向は一八六〇年代に、アメリカで見られ出し、ヨーロッパ大陸ではそれより少し後で、イギリスでは一八八〇年代だった。ツバキについて庭園関係の書物の中で書かれることはほとんどなくなって、種苗商が出すカタログからも一八八八年以降は消えてしまった。耐寒性のある植物であるから、以前のように形式にとらわれず戸外で栽培することにより、ツバキへの関心が二十世紀になる頃から再び起こってきたが、第一次世界大戦が勃発したことでしばらくは、またその興味が失せていた。

ツバキ復興運動の先駆者はG・F・ウィルソンで、自分の庭の林の中に何本かのツバキを植えていた。その時は、冬の寒さを防ぐ装置が用いられていたが、後になって、不必要であるということがわかった。一九〇三年にウィルソンが死去した後、ウィズレイにあった彼の庭は売りに出されて、現在は王立園芸協会の管轄となっている。それから二年後、ツバキの木が何本か、寒さよけのない落葉樹の林の中に移植された。今でもウィズレイの林の中で、その移植されたツバキを見ることができる。それらの木は三〇〜四〇フィートの高さがあって、春ごとに花を咲かせている。一八二七年、ウォートレイ・ホールのジョゼフ・ハリソンという庭師が書いたツバキについての記事が園芸協会の手に渡ったが、その時以来、園芸関係者の間で、ツバキというのはゲッケイジュと同じくらい耐寒性があるという論が延々と変わることなく述べられているということは、興味深い。実際、ツバキはゲッケイジュよりも耐寒性に優れている。ハリソンがいうには、普通のゲッケイジュならば被害を被るような霜にも耐えるということであるが、それは信じられないと、我々は思っている。

　以後、復活したツバキの人気は、イギリスでもアメリカでもはずみがついたかのような勢いで盛り上がり続けており、ツバキ協会やツバキの専門家の数が増えている。ヤポニカ一種だけからできた園芸種の数は三〇〇〇を超える。しかし、青色や黄色のものは含まれていない。青いツバキは青いバラと同じで固定できないキメラである。青いツバキを作ろうという努力は続けられているが、汚い紫色のものしかできない。黄色のツバキはツバキの栽培が始まったごく初期の頃から作り出そうと試みられている。黄色の花があるという噂は、十九世紀初め頃には、イギリスにも届いていた。一八四三年に園芸協会から植物収集家のロバート・フォーチュンが中国に派遣された時にも、「もし存在するのであれば、黄色のツバキを探すように」という強い命令を受けていた。彼は最初に行った探検で、「そのような植物は見つからない。そんな花を持っている人はいないと思う」という報告を書いているが一八四八年の二度目の探検では、上海の種苗園で、欲しくてしようがなかった品種を見つけ、バグショットのスタンディッシュ&ノーブル種苗商の所に送っている。それは黄色ではなかったが、黄色の花弁状の雄しべがついたアネモネ・タイプのクリームがかった白の花を咲かせた。寒さに弱く、増殖するのが困難であり、「美しいというよりは珍しい」だけなので、すぐに栽培されなくなった。長い間探し続けられた結果、一九五二年、アメリカ人の専門家でラルフ・ピアーズがポルトガルの種苗園で再び見つけるまでは、ほぼ一〇〇年近くの間まったく姿を消していたのである。キュー植物園とアメリカに送られたそのツバキは、その後枯れてしまったが、さらに多くのものが手に入って、今度は十分注意して育てられている。それはヒエマリス種（*C. hiemalis*）の園芸種であると考えられている〔黄色のツバキとしては一九六五年に新種として報告された中国原産のキンカチャ（*C. ohrysanta*）が有名〕。

　ヤポニカ種（ツバキ）はずいぶんと脚光を浴びていたが、ツバキ属の中には他にも美しい種がある。ササンクア種（*C. sasanqua*　和名サザンカ）は、人気の点でツバキと初めの頃は

カメリア・ササンクア（和名サザンカ）
（シーボルト、ツッカリーニ
『日本植物誌』第83図　1841年）

接戦を演じていたが、その後ははるか後方に引き離されてしまった（両方とも中国でも栽培されているが、日本が自生地である）。長い間、別の種類であると認められなかったけれど、サザンカもカニンガムがイギリスに送ったものである。ケンペルは、ツバキと同じくらいサザンカについても多くのスペースを割いて記述している。東インド会社の船に乗せてイギリスに運んできたカメリアのいくつかは、サザンカの一種であると考えられていた。しかし、一八一一年にウェルバンク船長が持ち帰った「バンクス夫人のカメリア」と、ドラモンド船長が一八二三年に持ち帰った八重で白い花の咲く種類は、オレイフェラ種の仲間であると信じられており、一八一八年にローズ船長が運んで来たピンク色の八重のものは、まったく別の種であるということが判明したので、マリフローラ種（*C. maliflora*　和名テマリツバキ）として新たに分類された。本当のサザンカは、白で八重のものと一重でローズピンクの品種がある。一八七九年にヴィーチ商会のためにチャールズ・マリーズが導入した。この植物は耐寒性に優れてはいるが、十月から四月にかけて花が咲くため、壁などの保護物がなければ、霜の被害を受けることがよくある。しかし、日本とかアメリカの気候がこの植物に適している地域では、その品種はわずか二〇〇種類ほどしかないけれど、

カメリア・オレイフェラ
（和名ユチャ）
（BR 第942図　1825年）

カメリア・マリフローラ
（和名テマリツバキ）
（CBM 第2080図　1819年）

とても人気のある植物である。

サザンカとオレイフェラ種とはよく混同される。この二種は、ごく近い関係にあって、植物学者の中には、オレイフェラ種は日本のサザンカが中国で育ったものにすぎないという人もいるほどである。両者ともに長い間栽培されており、その二種をつなぐと思われる中間体の品種も多い。オレイフェラ種には、栽培種と野生の状態のものとがあると、大使マッカートニー卿について北京に行ったジョージ・ストーントン卿が一七九三年に述べている。当時、彼はあまりよく知らなかったようで、オレイフェラ種のことを「サザンカ」と呼んでいた。しかし二〇年後に、アマースト卿に同行したクラーク・エーベル博士は、二つは別々の種類であると考え、中国ではオレイフェラ種から油を採るために大規模に栽培しているから、現在我々が用いている名前をつけたのである。その典型的なものが、一八二〇年にエセックス号のネスビット船長によって紹介された。サザンカとオレイフェラ種とは、たいていのツバキとは異なり、匂いのある花をつける。特に、それらの変種の中には強い匂いのするものがある。種類によっては、中国人は乾燥させてジャスミンのようにお茶に入れる。シーボルトがいうには、日本では防風林として、また生垣としてサザンカは茶畑に植えられる。そうすれば、花の匂いがお茶に移ると信じられたためである。

一八二〇年にローズ船長が紹介したツバキの中で、半八重の品種は大形のレティクラータ種であったということはすでに述べた。これは一八二六年に初めて花が咲いて、その翌年、リンドレイが名前をつけた。このすばらしい種は、九〇〇年頃には雲南で栽培されていた記録がある。十一世紀までには、すでに七二の園芸種があった。それは生長するのが遅いので、イギリスではいつも数が少なく、高価である。一八四〇年頃にチャッツワースの温室に植えられた「ローズ船長」と呼ばれる種類は、今もまったく健康で、高さが二四フィートもあって壁をおおい、毎年春には、何千という数の花が咲く。その花の大きさは多くのものが六インチもあり、時には九インチもある花が咲くので、よくシャクヤクの花にたとえられる。ただグレニーは、花の形がバラバラなので嫌っており、「これほど過大評価されている植物は他にない」といっているが、彼以外の専門家はみんな、「ローズ船長」がこの属の中で一番美しいと意見が一致している。

カメリア・レティクラータ
（和名トウツバキ）
（CBM 第9397図　1935年）

残念なことに、この種は寒さに弱くて、ヨークシャー以北の地域では戸外で育てられているけれど、抜群によい条件である場合を除けば、壁などで保護されている。レティクラータ種の親株となった一重の野生の木が、一九二四年にジョージ・フォレストが雲南からイギリスに送った種子から育てられたが、一九三二年にコーンウォール、カーヘイズ・キャッスルのJ・C・ウィリアムズの庭で開花した。この野生のタイプからできた若木のいくつかは、複数の園芸の賞を受賞している。それらは以前の庭向きの種類よりも耐寒性があるかもしれないという期待が寄せられている。また、一九四九年に、ツバキの専門家のアメリカ人ラルフ・ピアーは、昆明からロサンジェルスに一九種類のレティクラータ種を輸入したが、そのうちのいくつかは、ウィズレイ園芸植物園に送られたので、いずれ誰の手にも入るようになるであろう。

　ツバキ属の王であるレティクラータ種は、他のツバキと変わったところがいくらかある。まず耐寒性に乏しく、増殖するのが困難で、他の種との交配もうまくいかない。ツバキの品種は多いが、交配種はどの種類のものでも、二十世紀になるまで作り出されることはなかった。二十世紀になって、野生種の新種がいくつかヨーロッパに到着してツバキ栽培に革命を起こし、新鮮な刺激と新しい方向を与えることになった。最初のものはクスピダータ種（*C. cuspidata*）で、レティクラータ種が見栄えはするが寒さに弱いのに対し、上品な姿をしており、しかも耐寒性がある。このツバキは一九〇〇年にE・H・ウィルソンがエクスターのヴィーチ商会のために紹介した植物の中に入っていた。エクスターで、一九二一年になってやっとたくさんの小さな白い花を咲かせた。これほどには耐寒性がないが、重要なツバキはサルエンシス種（*C. saluensis*　和名サルウィンツバキ）で、これは、雲南省の西部、サルウィン川（怒江）とシュウェリ川の分岐点にあたる地方でジョージ・フォレストが見つけた。ローズピンクの花の色は白からピンク、さら真紅に変化する。一九二四年に種子がイギリスに送られて、カーヘイズなどいくつかの庭で栽培された。一九三〇年頃花が咲いた時に、ウィリアムズは、そのうちの最上のものとヤポニカ種の園芸種とを交配させて、今ではウィリアムシー種（*C.×williamsii*）と呼ばれる有名な交配種を作り出した。彼の名前を取ったもう一つのツバキは「J・C・ウィリアムズ」（J. C. Williams、一九四二年に最優秀花としてFCCを受賞）で、イギリスの庭に紹介された灌木の交配種の中では一番よいものであるといわれている。この品種は庭向きの植物が持っているべき長所をすべて備えている。その長所の一つに、「死んだものを埋めてしまう」ということがある。どういうことかというと、しぼんで、茶色く見苦しくなった花をいつまでも枝につけておくのではなく、地面に落としてしまうということである。

　枯れた花が枝についたままにならないのは、私はツバキの長所の一つであると思うが、日本では短所であると考えられている。日本人は、封建時代から伝統的にこの花が好きではない。理由は、刀で切り落とされた頭のように、その花が落ちるからであるといわれている。

同じものの交配でできた品種（サルエンシス種×ヤポニカ種）から、サセックス、ボード・ヒルのスティーヴンソン大佐がさらにもっとよい品種を一九四一年頃育てていた。それが一九五二年にFCCを受賞した「ドネイション」（Donation）と呼ばれる種類である。このツバキはたいへん美しいので、この灌木が植わっているコーンウォールの庭を訪れた有名人が、何度も帽子をとってその木に挨拶したといわれている。クスピダータ種からできた交配種は、数はそれほど多くない。しかしウィリアムズの作り出した「コーニッシュ・スノー」（Cornish Snow クスピダータ種×サルエンシス種）は、小さな白い花をたくさんつけるし、耐寒性があるので高い評価を受けている。「ウィントン」（Winton）という名のアーモンドピンクの花が咲く品種もある。

この属の名前は、ゲオルグ・ジョセフ・カメル（一六六一〜一七〇六）にちなんだものである。彼の名前をラテン語化するとカメルス（Camellus）になる。彼は実際にはカメリアの発見にもまた紹介にも貢献してはいないが、彼の植物学に対する貢献に敬意を払って彼の名前が用いられたのであった。カメルについて、「あえていわせてもらえば、博物に関する知識を増やしていくために生まれて来た」ような人とレイはいっている。カメルはモラヴィアのブルンで生まれ、一六八二年にジェスイット派の伝道師になって、一六八八年にフィリピンに行った。マニラで、博物学研究を行ない、特に植物学に熱心であった。また貧しい人々のために無料の薬局を開いた。主としてルソン島で植物を収集したが、中国人の家の庭で栽培されていたものが多く含まれていた。その収集品の標本や絵や写し書をイギリスにいるレイやペティヴァーの所に送ったが、彼が送った標本の一つに、「聖イグナティウスの豆」と呼ばれる植物、ストリクノス・イグナティー（*Strychnos ignatii*）があった。その種皮からストリキニーネが採れる。ストリキニーネは、正しく用いれば、有用な植物である。カメルが送った最初の荷物は海賊に奪われてしまったが、彼の著書『ルソン島の種綱領』の中の二カ所が、レイの『植物誌』（一七〇二）の第三巻の付録の部分に九六ページにわたって載せられている。二〇〇種以上のつる性植物を扱っているところは、ペティヴァーが出版した。リンネは、一七五三年五月に出版した『植物の種』の第一巻で茶の木にテア・シネンシス（*Thea sinensis*）という名前をつけており、第二巻では、ケンペルが「ツバキ」と呼んだものをカメリア・ヤポニカと記している。この第二巻は同じ年の八月に出版されている。であるから、この二冊は同時に出版されたと通常は考えることになっているが、その習慣がなければ、古い方の名前テアがこの属全体の名前として優先権を持ち、尊敬すべきカメルは忘れられたかもしれない。

ツルニチニチソウ

Vinca
ヴィンカ

キョウチクトウ科

ツルニチニチソウは緑の薬草
五月には青色の花が終わる。
茎はとても細くてきゃしゃであまり伸びない。
葉は分厚く、光沢があり、硬くて、
まるで緑のツタの葉のよう。
幅一インチでほとんど円形に近く
これを大地の喜びと人は呼ぶ。

十四世紀の医療に関する手記

ヴィンカ・ミノール（*Vinca minor*　和名ヒメツルニチニチソウ）の英語名は「小形のペリウィンクル」（Lesser Periwinkle）。野生の状態で咲いているのがよく見つかるが、イギリスでは種子ができないから、ヒメツルニチニチソウは自生種ではないと考えている人もいる。しかしランナーで増えていく植物の場合、種子をつけないものが多いから、種子ができないことが必ずしも自生種でないという理由にはならない。ランナーが枯れたり、根が植木鉢の中でいっぱいに広がってしまうとヒメツルニチニチソウは種子をむすぶといわれている。もし自生種でないとしても、かなり昔からイギリスに生えていたことは間違いない。儀式に使う花輪をこの花で編む必要があるので、おそらくローマ人が持ってきたのであろう。ローマ人のいけにえのことを思い出してであろうか、中世では、刑場に行くまでの間、罪人をこの花で飾った。

一人の頭には月桂樹の冠や干し草が
他の者の頭にはヒメツルニチニチソウがのせられていた。
さらしものにするために。

ジェイソン・ヒル『奇妙なる庭師』一九三二

サイモン・フレイザーはウィリアム・ウォレス卿〔一二七二?～一三〇五、英国王エドワード一世に反抗してスコットランド独立のために戦った国民的英雄〕の忠実な信奉者で、一三

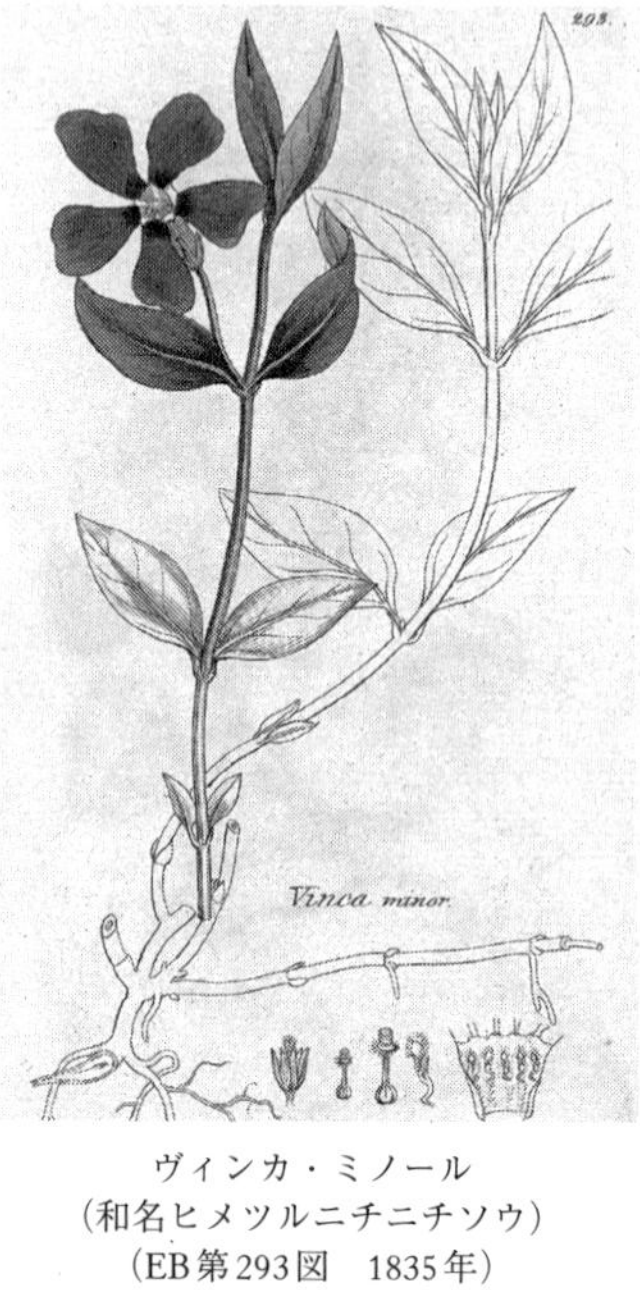

ヴィンカ・ミノール
（和名ヒメツルニチニチソウ）
（EB第293図　1835年）

〇六年に死刑になったが、「重い鉄の足かせをはめられてロンドンに連れてこられた時、ロンドン市内を引き回された時、彼を侮辱するために、頭の上にヒメツルニチニチソウの花輪がのせられていた」と『花とその伝説』（一八八三）を書いたフレンド牧師は記している。イタリアでは「死の花」と呼ばれるが、理由は死んだ子供をこの花で飾る習慣があったからである。フランスの呼び名の一つは「魔女のバイオレット」であった。確かにうす気味悪い植物であり、アングロ・サクソン人が、月の満ち欠けの相を見て祈りを捧げながら引き抜いたというのも不思議ではない。

　十四世紀の頃の「大地の喜び」（Joy of the Ground）という美しい名前は、二十世紀になって感傷的な女性園芸家たちが再び復活させて用いていたが、かつての陰気な名前からの連想に押されて影が薄くなってしまったらしく、もう使われることはないだろう。チョーサーからスケルトンまで、この植物は詩人にも庭師にも常に「パーヴェンク」（parvenke）とか「パーヴィンク」（pervink）と呼ばれていた。なぜヴィンカ・ペルヴィンカ（*Vinca pervinca*）というかつての学名からきている「パーヴィンク」が「ペリウィンクル」という巻貝（タマキビガイ科の貝）と同じ名前に転化したのかは誰にもまだ説明できない。貝と植物はとにかくほとんど何の関係もない。

　色と育ち方の習性から、昔の植物学者はヒメツルニチニチソウをクレマティスの中に分類した。「この植物はきれいな青色の花をつけ、地面の上を這って厚く覆っていくが、蔓と蔓がしっかりと絡み合っている」と十六世紀半ばのターナーがいっている。ジェラードは「この植物は湿気や暗い所が好きで、その蔓はいつも変わらず緑色のままである」と十六世紀の終わり頃記している。十八世紀の初め頃までには、白、赤、青、八重の紫、八重の青、そして八重の斑入りの変種が栽培されていた。「見た目にも楽しいことであるが、スミレ色の花には花びらの先から基部のところにまでミルク色のすじが入っており、それは八重のものでも幾重にもなった花でも同様に見られる」と書いたのはフランスの植物学者トゥルヌフォールであった。こういう変種のほとんどは、それ以来見られなくなってしまったが、白花のものは十九世紀にケント州のチルティングトンで野生の状態で咲いているのが再発見された。ワイン色のものも一九二〇年代にやはりケント州で見つけられ、マリオン・クラン女史によって再び広められた。

　この花とジャン・ジャック・ルソーとにまつわるよく知られている逸話がある。ある日、ルソーがド・ワーレン夫人と散歩していた時のこと、夫人が「ヒメツルニチニチソウがまだ咲いているわ」と声をあげた。この哲学者は近視がひどいので、しゃがまないと花を見ることができなかった。それから三〇年後「少しは植物採集を始めていた」ので、自分でこの植物を見つけ、昔のことを思い出して「おや！　ここにヒメツルニチニチソウがまだ咲いている」と叫んだという。その後、この植物は「記

ヴィンカ・マヨール
（和名ツルニチニチソウ）
（EB第294図　1835年）

憶の喜び」という花言葉をもらうことになった。

学名はラテン語で紐を意味するヴィンクラからきている。その長いしなやかな茎からつけられたものである。紐を意味するその名前と、噛めばわずかに渋みがあることから、本草家がこの植物には医学的にも形而上学的な意味でも、何か結ぶ力があると考えるようになったのである。「男女双方がその葉を食べると、二人の間に愛情が芽生える」とカルペッパーは確信をもって語っているし、パーキンソンは「コステウスによれば、口に含んだヒメツルニチニチソウの葉で鼻血が止まるのを何度も見たことがあるそうだ」といっている。またターナーは「ヒメツルニチニチソウをよく噛むと歯痛が止まる」と書いている。ベーコンはヒメツルニチニチソウで作った紐を子牛の脚に結んでおくと筋肉の痛みを和らげると述べている。マヨール種（V. *major*　和名ツルニチニチソウ）の英語名は「大きいペリウィンクル」（Greater Periwinkle）であるが「紐草」（Band Plant）と呼ばれることもあった。イギリスでは地域によってたくさん咲いているところもあるが、庭向きの花としてはヒメツルニチニチソウより珍しいものである。十八世紀にはヒメツルニチニチソウよりも野生の花としてはありふれていると考えられていた。ツルニチニチソウは普通、人の家の近くで見つかる。

　朽ちた田舎家の塀があった所。
　ツルニチニチソウが這い
　花をつけ、森の中へ伸びている。

エドワード・トーマス『物語』

デルフィニウム

Delphinium
デルフィニウム

キンポウゲ科

イギリスで最初に栽培されたと思われるデルフィニウムは、今日ではもはや育てられていない種類である。それはスタフィサグリア種（*Delphinium staphisagria*）で、「ステイヴゼイカー」（Stavesaker）とターナーが記し、「庭で育てられているものを除いて私はイタリア以外では生えているのを見たことがない」と書いているものである。たいへん毒性の強い植物であるが、種子は細心の注意のもとに薬用に用いられている。歯痛止めや、荒く粉にひいて子供の頭にふりかけ、シラミを退治するためにも使われた。ヒルの『イギリス本草書』には「これは絶対に確実である」と書かれている。

　コンソリダ種（*D. consolida*）はデルフィニウムの仲間としては長い間イギリスの庭でごくありふれた植物であった。トーマス・タッサーは一五七二年に、この草について傷薬として重宝がられていると述べている。また花弁の汁かまたは花弁を入れた水を蒸留したものは、視力を鋭くする効果があると思われていた。「いや、それを絶えず見ているだけでも同じ効果があるといっている人もいる。だから、部屋の中にその花束をつるしてあるのだ」とトゥルヌフォールも書いている。確かに目がヒリヒリする時には効果がある。この種は、今日見られる一年草のデルフィニウムのうち、分枝タイプや直茎タイプの主要な親である。

　アヤキス種（*D. ajacis*　和名ヒエンソウ）〔現在はコンソリダ属*Consolida* に分類されている。デルフィニウム属の和名はオオヒエンソウ属である〕も、その後しばらくして大陸からイギリスに入ってきた。これは「ロケット型のヒエンソウ」とか

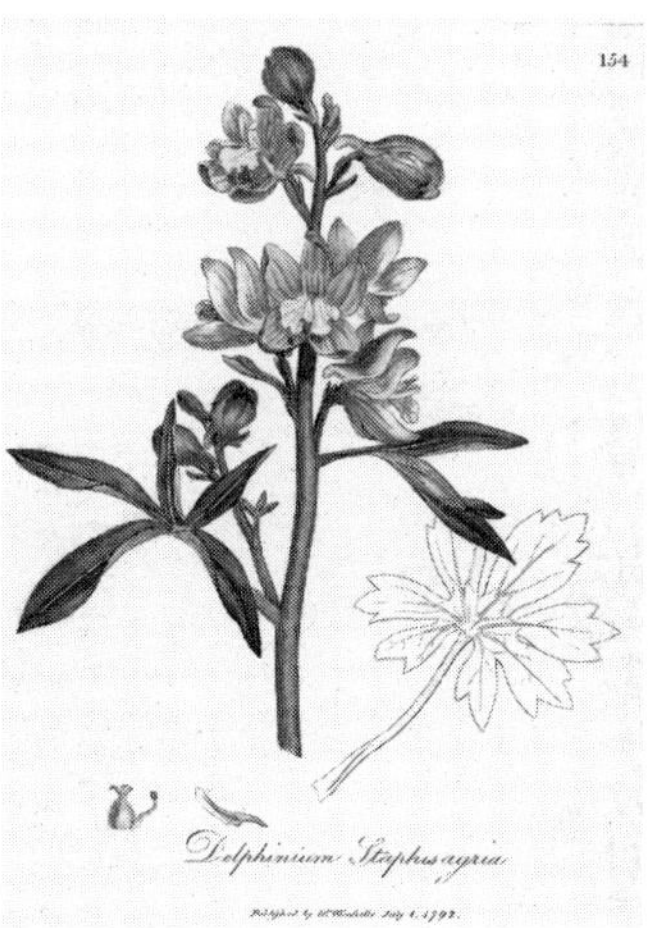

デルフィニウム・スタフィサグリア
（MB第154図　1793年）

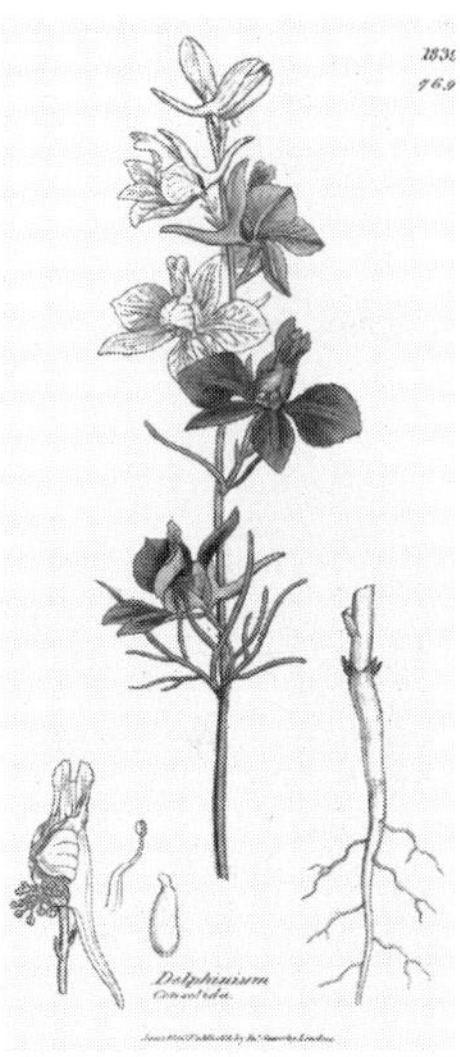

デルフィニウム・
コンソリダ
（EB第769図　1852年）

「一本茎のヒエンソウ」と呼ばれる変種の親である。一五七三年に導入されたといわれているが、二五年後にはもう畑の雑草として、すでに馴染みのあるものであった。ジェラードは「庭のデルフィニウム」（garden Larks spur）であるコンソリダ種と区別して、「野生のデルフィニウム」（Wilde Larks spur）と呼んでいる。また、この花は一重で、紫、白、または「それらが混ざった色のもの」だと書いている。しかし一六二九年には、パーキンソンはさまざまな色の八重のヒエンソウを持っており、一六五九年にはトーマス・ハンマー卿が一重、八重、斑入りで九色あると述べている。また、「あるものは丈が二、三ヤードにもなるが、花をびっしりとつけるので茎が見えないほどである」と記している。その後リジェールのように寒さに強いのを誉めている人もいる。「ヒエンソウは……寒さに弱いとはいいがたい植物である。……地面に種を直播きして、花壇の縁にぎっしりと花を咲かせている人がいる。私はそれを称えずにはいられない。」また、「この花は、一重のものでも完全な八重のものでも、色がとても明るく映えて、たいそう美しいので見る人の目を楽しませる」とハンベリーは述べている。アヤキスという種小名は、この花が、英雄アイアースの血からできたというギリシア神話に由来する。ヒアシンスについても同じような話がある。

エラツム種（*D. elatum*）は次にイギリスに入ってきた。これはイギリスに最初に入った多年草のデルフィニウムということになる。シベリアが原産地で、その正確な時期はわからないが、

デルフィニウム・エラツム
（BR 第1936図　1837年）

十七世紀の初め頃に導入された。パーキンソンが一重のもの、八重のものも育てていた記録がある。今日、花壇の縁に植えるデルフィニウムの主要な親の一つであるが、今あるデルフィニウムはさまざまな種類の交配によって生まれたものである。しかしその大部分は、十九世紀になるまでイギリスには入ってこなかった。大ざっぱにいって、すべてのデルフィニウムは、ここ一〇〇年のうちに作られたものであるが、青い花が咲く耐寒性の種は、二十世紀に作られたものである。ジェイムズ・ケルウェイ商会では、一八五九年頃にこれを専門に扱い始めたが、一八七一年には、ウィリアム・サザーランドが「これほどすばらしい性質を持つ植物が、一般的にいってあまり庭で育てられていないのは、そしてとくに、裕福な家庭で育てられていないのは驚くべきことだといってもよいと思う」と述べている。その後、改良は急速に進み、一八八一年にケルウェイが挙げた一

六種が、一八八九年までには一三七種に増えた。一九〇七年頃になると有名なブラックモアーとラングドンの商会で育てられるようになっていた。一九二〇年代には、ワトキン・サミュエル氏が育てていた「レクサム」という品種がアメリカでたいへん高く評価され、その種子は一オンス一二〇ドルもの高値で売られた。つづいてアメリカの栽培家が寒さに強くて美しい白の園芸種を作り出した。そのうちのいくつかは芳香があった。イギリスでは一九二八年にデルフィニウム協会が創設された。

　小形のベラドンナ・デルフィニウムの親は知られていないが、このタイプの名前のついた変種は一八九〇年以後作られるようになった。一九〇〇年代の初め頃、あるオランダの栽培家は穂状花序のこのタイプのものを五種類作っていたが、そのうちの二種は青い色の花を付け、三種類は白であった。これらは注意深く区分された結果、Capri（青）とMoerheimi（白）の二種に分けられた。この分野での最近の成果は、一九三四年頃初めてピンクのデルフィニウムが現われたことで、これが魅力的な「ピンクセンセーション」である。これもまた、オランダにおける栽培技術の成果だがエラツム種と紅色のカリフォルニア産ヌディカウレ種（*D. nudicaule*）との交配の結果であり、一八六五年にイギリスに紹介された。これは公式には*D.*×*ruysii*という学名をもっている。新しい栽培技術によって、今日ではピンク、赤、黄、また匂いのするものといったさまざまなデルフィニウムの栽培が可能になった。

　グランディフロールム種（*D. grandiflorum*）は一年草として扱われ、また花壇敷のカバープラントとしてよく用いられるけれども、この魅力的なシベリア産のデルフィニウムは、条件さえ整えば多年草になる。サンクト・ペテルブルクのアマン教授がロンドンの商人で植物研究家であるピーター・コリンソンに送ってきたものであるが、一七四二年にイギリスでは初めて花を付けた。同じ種で中国産のものがあり、「ツバメが飛ぶ姿をしたハーブ〔飛燕草〕」と呼ばれる。中国産のものは一八一八年にフラムの種苗商レジナルド・ウィットレーがイギリスにもたらした。

　デルフィニウムはチベットからカリフォルニアに至る温帯のほとんどの地域で見つかる。多年生のものにはたいてい葉に毒がある。だから虫がまったく寄りつかないといわれる。ただしここではナメクジは虫に含めていない。

デルフィニウム・
グランディフロールム
（CBM第1686図　1814年）

デルフィニウムという名はイルカ（ドルフィン）に由来する。ジェラードによればそのわけは、「花が、とくに完全に開かないうちは、イルカによく似ているからである。イルカは昔の絵や、古い家系に伝わる武器の文様として歪んだり、曲がったりした形で描かれている。そのような形で神々しいイルカが現わされたのである」。現代の園芸種の多くは袋状の突起である距《きょ》をほとんどか、あるいはまったく持っていない。だから、そのつぼみは昔のイルカ型を幾分かは失っている。ともかく、オタマジャクシのほうにはるかによく似ているのである。

啓蒙的精神に富むジェラードは、解毒剤として使用できると記した昔の人を軽蔑して、次のように書いている。「その威力はすさまじいので、サソリや猛毒を持った動物の前に投げ出しさえすればよい。動物は力を失い、危害を加えることができなくなってしまう。この植物がなくならない限り動くことができない。などというくだらない話は読む価値がない。」

トケイソウ

Passiflora
パッシフローラ

トケイソウ科

ヨーロッパ人が初めてこの花を見たのは中央アメリカか南アメリカである。その時、敬虔で想像力豊かなスペイン人伝道師は、この花の奇妙な形は主の受難を表すと考えた。三本の柱頭は手と足を打ちつけた三本の釘を表し、五本の雄しべは五カ所の傷を、そして副花冠は茨の冠ないしは光輪を表す。五枚の萼と五枚の副花冠にある花びらはユダとペテロを除いた使徒を表している。五カ所に切れ込みの入った葉と丸まった巻ひげは主の迫害者を表すというような解釈をした。その他、各部分について様々な宗教的解釈がある。種が異なれば形も少しずつ違っているわけで、カエルレア種（*Passiflora caerulea*　和名トケイソウ）の葉は五裂することもあるが七裂することもある。エドゥリス種（*P. edulis*　和名パッションフルーツ）の葉は三カ所に切れ込みが入っているし、クアドラングラリス種（*P. quadrangularis*　和名オオミノトケイソウ）の葉は切れ込みがない。

このすばらしいフロス・パショニス（Flos Passionis）、英語名「受難の花《パッションフラワー》」（Passion-Flower）については、メキシコからローマに送られた報告や絵で知られており、一六一〇年にはヤーコモ・ボッジーオが出版した「カルヴァリのキリスト磔刑の地の十字架について」の論文の中でも記述されている。トケイソウ自体はその後すぐにヨーロッパに紹介されて、一六二三年以前にヨーロッパ大陸で花を咲かせている。イギリスに入ったのは一六二九年より前のことである。

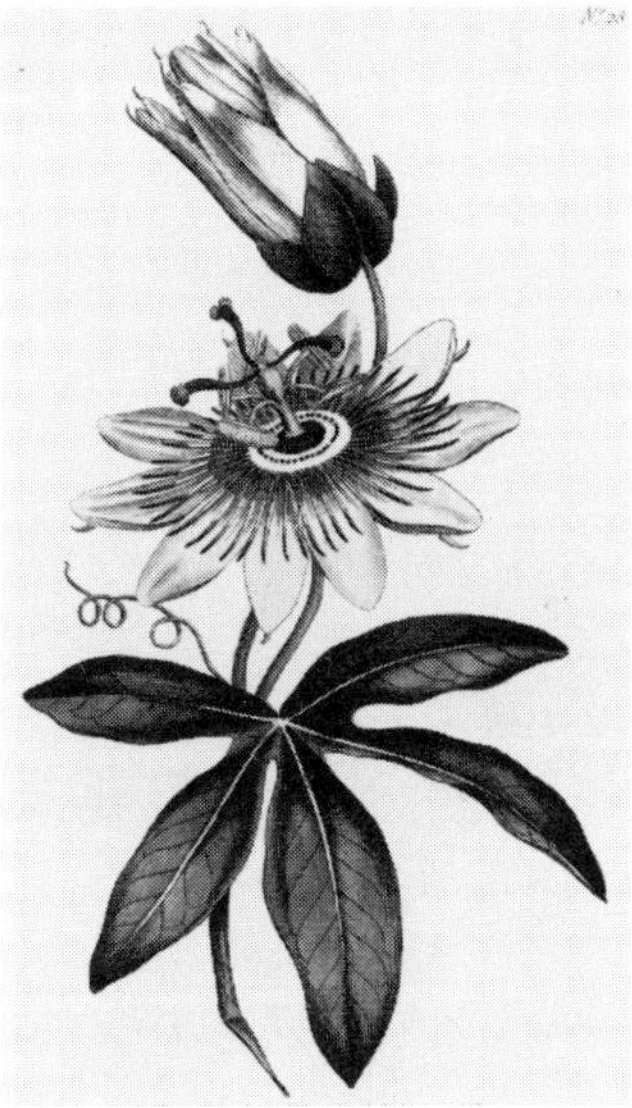

パッシフローラ・カエルレア
（和名トケイソウ）
（CBM 第28図　1787年）

パッシフローラ・クアドラングラリス
（和名オオミノトケイソウ）
（CBM 第2041図　1819年）

プロテスタントのパーキンソンはジェスイット派の人々の想像は迷信であると考え、当然と思える怒りを次のように著している。ジェスイット派の人々は「この植物の全ての部分をイバラの冠、釘、槍、鞭、柱等に見立てて、描いたものを出版したりする。また、海が燃えると同じ程度に信じがたい描写がある。しかしその姿は、実物を見れば理解できるし、私は実物通りに描いているから、ジェスイット派の人々が描いていたものと比較すれば誰が見てもこの植物がどんなものかわかるのではないだろうか」。しかし正直いって、パーキンソンが異議を唱えた絵は、粗雑だったことは確かだろうが、ありのまま描いたというよりは概略を表そうとしたものではなかったかと思われる。

パーキンソンが育て、描いたトケイソウは、今日最も親しまれている耐寒性に優れた青色の花が咲くものではなく、寒さに弱いインカルナータ種（*P. incarnata*　和名チャボトケイソウ）で、アメリカ東南部から紹介されたものである。これについて、

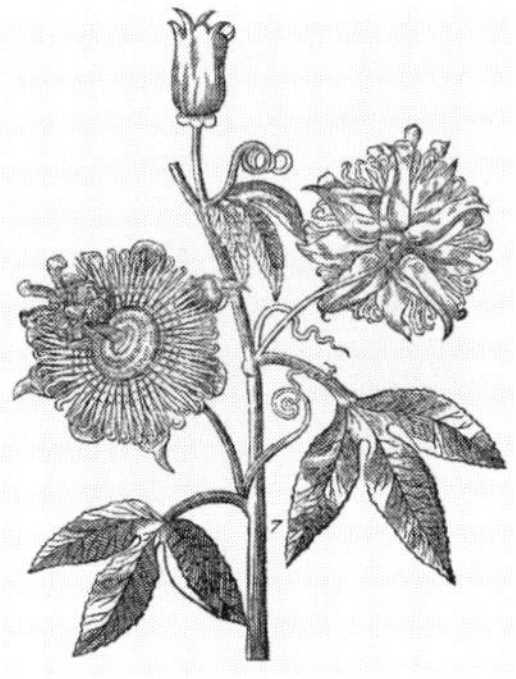

パーキンソンの描いたトケイソウ
（『太陽の苑、地上の楽園』）

ジェスイット派の象徴化されたトケイソウ（1616年）

パッシフローラ・インカルナータ
（和名チャボトケイソウ）
（BR 第332図　1818年）

彼は「半草本の性質を持った可憐な植物である」、花を咲かせ完全な形の実をつけさせたければ、温室に入れなくてはならないと書いている。種子でなく、生きた植物が入ったことは明らかで、「私は運ばれてきた根を見たことがあるが、その根はサルサ・パリラ（*Sarsa parilla*、シオデ属の数種の総称）の根と同じくらい長く、非常に大きい。地面の中に入り込んでいる根はケーブル線のようにきれいに巻いている」と彼は述べている。

青色のトケイソウ、カエルレア種をボーフォール公爵が栽培しているという一六九九年の記録が、この植物に関してはイギリス最初のものである。この属の中ではカエルレア種だけが戸外で栽培でき、耐寒性がある。中央アメリカやアメリカ西部の自生種であるが、防風壁があればイングランド中部地方やイングランド南西部のコッツウォルト丘陵でも戸外で育つ。さらに北になると、人を驚かす姿を持ち、寒さに弱いこの植物を育てることはかなり難しい。寒い地域では、若枝に「ちょっとした覆いをかけ、冬にはマットで守れば、防寒できる」とジョンソンはいっている。しかし一シーズンで一二～一五フィートにも生長するから、防寒措置はジョンソンがいうほど簡単ではない。「防寒をほどこすにも十分に注意して、しっかり押えておかなければ、枝がからみついて醜い灌木になってしまうだろう」とコベットは述べている。このトケイソウは一八九〇年代に、ロンドン郊外でとても人気があって、「コンスタンス・エリオット」という名前の白色の花の咲く園芸種はたくさん栽培されていた。

ロンドン近郊あるいはその南部や西部では、カエルレア種は花だけでなく実もなる。オレンジがかった黄色の実は大きく、観賞用にもなる。一八七五年頃から室内の装飾用として評価されており、切枝についている実も色が長く変わらない。実は食べられるが、ワイン漬けにしても砂糖漬けにしてもおいしくは

パッシフローラ・エドゥリス（和名パッションフルーツ）
（BR 第152図　1816年）

ない。香りの点でも他の種の果実とは比較にならない。例えば、エドゥリス種は「グラナディラ」と呼ばれる果実〔パッションフルーツ〕を採集するために、温暖な地域で大規模に栽培されている。この果実はフルーツサラダに入れたり、アイスクリームや夏向きの飲み物の香りつけに用いる。その匂いはメロンとイチゴを混ぜたようだといわれる。クアドラングラリス種の果実も食べられる。

以上述べてきたものは、たくさんの種をかかえるこの属の中のごく一部にすぎない。仲間は三〇〇種を超え、しかもその多くが十九世紀にはもう温室の中で栽培されていた。「広い温室を持っていれば、栽培してみるとおもしろいと思われる多くのパッションフラワーがある」とヒッバードが書いている。しかし、今日そのような珍しいパッションフラワーを手にする幸運な専門家はごくまれにしかいない。いろいろな変わったパッションフラワーを見たいと思う人はブラジルに行かなくてはなるまい。そこに行けば「六〇フィートもの高さにまで巻きつき、花綱になって木から木へと伸びている。花はまるで明るく輝く星のように光っている」と、すでに十九世紀の植物学者フィリップスが書いている。

「パッションフラワー」という名前は、宗教上の迷信からついた名前である。だから、パーキンソンは「マラコック」(Maracoc)という名前にしてはどうであろうかと提案している。

トチノキ

Aesculus
アエスクルス
トチノキ科

灌木について書かれた本のなかで、トチノキ属の記述に出会う人はまずいない。つまり、たいていが高木であるこの属には、いくつかの丈の低いものも含まれているということが、忘れられていることが多い。例えば、遅咲きの美しいパルヴィフローラ種(*Aesculus parviflora*)は灌木である。その姿を正確に表わした英語名は「びん洗いブラシのトチノキ」(Bottlebrush Buckeye)と呼ばれる。

この植物を最初に見つけたのはウィリアム・バートラム(一七三九〜一八二三)で、一七七三年から一七七八年にかけてカロライナ、ジョージア、フロリダを旅していた時のことであった。彼はこの植物を「たいへん奇妙な、得体の知れない灌木である。私が見つけたのは薄暗い林の中で、斜面の下部、ちょうど河岸の肥沃な低地に接するところであった」と述べている。バートラムはそれをアエスクルス(*Aesculus*)かパヴィア(*Pavia*)の一種だと考えた。「しかし、まったく季節外れで、不完全な形の花はいくつか残っていたが、果実を一つも見つけることができなかったので確信は持てない」と記している。ちな

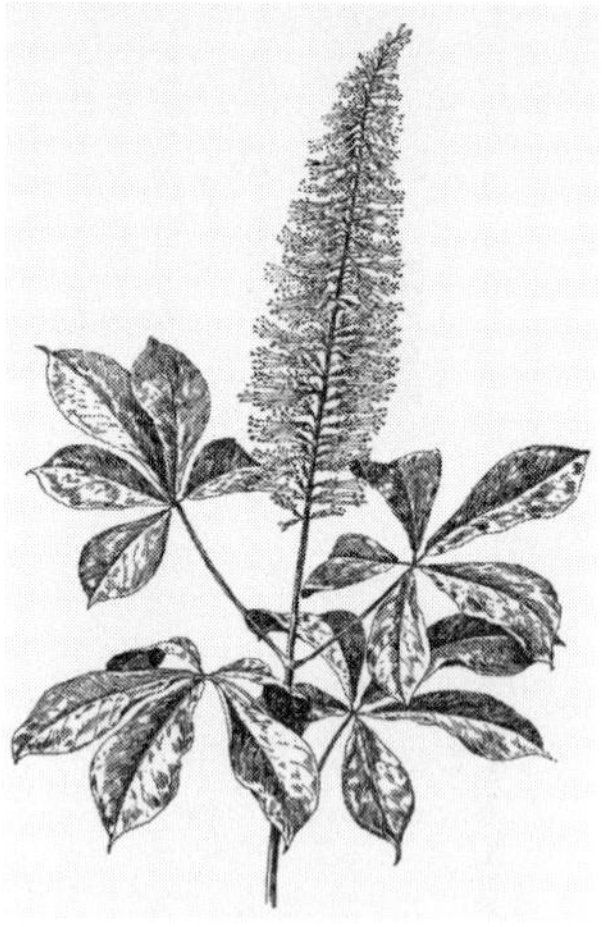

アエスクルス・パルヴィフローラ
（L. H. ベイリー
『標準園芸事典』1933年）

みに、おそらくウィリアム・バートラムが植えたのではないかと思われる、たいへんな老木が一本、一九三〇年当時、まだフィラデルフィアのバートラム家の庭に生えていた。

一七八五年、この灌木はジョン・フレイザー（一七五〇～一八一一）によってイギリスにもたらされたが、この年フレイザーは、初めて南部諸州を旅したのである。彼はスコットランド人で、一七七〇年頃ロンドンに出てきた。そして、チェルシーでリネンやメリヤスの商いを始めた。だが、おそらくチェルシー薬草園に近いことで強い刺激を受けたのだろう。彼は植物学に興味を持つようになり、ウィリアム・エイトンやJ・E・スミス卿など著名な人々の援助を得て、植物採集家として身を立てるようになった。一七八〇年、ニューファウンドランドへの旅がスタートした。はじめ彼の収集品は、有名な種苗商であるリー&ケネディ、あるいはロッディジーズの苗圃へ、あるいは特定の個人のもとに送られた。しかしのちになって彼は、あまり成功したとはいえないが、自分自身の苗圃をロンドンのスローン広場の近くに開いた。一八二〇年までには、「びん洗いブラシのトチノキ」は、「イギリスのたいていの苗圃で見かけられる」ようになっていた。しかし、春秋の葉の色が美しいとか、八月に蝶がよくやってくる、といったような、庭木にふさわしい数々の長所を持っているのに、いまだになぜか見かけることが少ない。

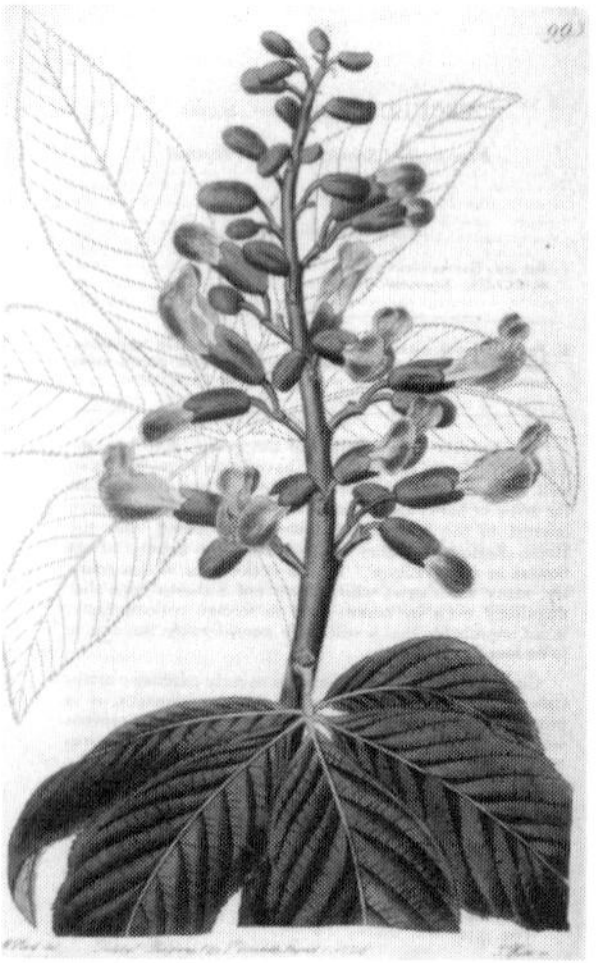

アエスクルス・パヴィア
（BR 第993図　1826年）

イギリスにもっと早くもたらされ、またもっと親しまれている赤花のパヴィア種（*A. pavia*）は、独立木にはなるが、灌木以上の大きさには育たないことが多く、わずか三インチの丈で花を咲かせることもある。種子は一七一一年にカリフォルニアからもたらされ、一七五九年にはすでに、庭でずいぶん育てられるようになっていた。「この木には、好ましいなと感じさせる優雅さがある」と書いたのはマーシャルである。彼は、たくさんの植物が花を咲かせてはいるが、そのほとんどが黄花である季節に、この木の赤い花は効果的であると高く評価した。十八世紀の園芸学者アーバークロンビーは、「この木は装飾的な植栽を狙った場合、植えられた場所の価値を高める」といっている。

種子のさやに毛がなく、花びらが五枚ではなく四枚であるということで「パヴィア種をトチノキとは別の属に分類するほうが好ましいと考える植物学者もいた」。そこで、いくつかの似た種とひとまとめにして独立した属がつくられ、ライデン大学の植物学教授ペーテル・パーウ（Peter Paaw）の名をとってパヴィア属と名づけられた。だが、さきの引用に続けてロッディジーズは『ボタニカル・キャビネット』のなかで、「しかし正直にいうと、それほど自然にあわせて属を分類したところで有益な点は見当たらない」と書いている。現代の植物学もはっきりこの意見に同意している。

パヴィア属は、養蜂家のあいだで評判が悪い。この花が分泌する蜜が蜜蜂には有害であるといわれ、幼虫や若い蜜蜂がかかる「トチノキ中毒」は、パヴィア属が野生の茂みを作っている合衆国の南部ではよく知られている。普通のトチノキの花はまったく無害で、蜜と花粉の重要な供給源の一つである。

アエスクルスという属名は、ラテン語で滋養物・食物を意味するエスカ（esca）からきたのだろうといわれている。いくつかの種の木の実から澱粉が採れるからである。

トラデスカンティア

Tradescantia
トラデスカンティア
ツユクサ科

トラデスカンティア・ヴィルギニアーナ種（*Tradescantia virginiana*）は英語名で「蜘蛛草」（Spider-wort）とか「三位一体花」（Trinity-Flower）とか「未亡人の涙」（Widow’s Tears）、また「葦原の中のモーゼ」（Moses in the Burlrushes）ともいう。イギリスにはアメリカから早い時期に入ったが、何かの間違いで、国王おかかえの庭師トラデスカントの名前がつけられた。〝すぐにしぼんでしまうヴァージニアの蜘蛛草〟（the soon-fading spiderwort of virginia）とか〝トラデスカントの蜘蛛草〟（Tradescant his spiderwort）とか呼ばれるこの植物は、最近知られるようになった。自然界のすべての珍しいものを手に入れようと骨を折り、勤勉に努力したジョン・トラデスカント（しかしながら、ヨーロッパ大陸では、トラデスカントが活躍する前、一五九〇年以前にもう知られていた）のお蔭でキリスト教世界はこの植物を手に入れた。彼は最初友人から入手したが、その友人はヴァージニアに生えている〝絹草〟（Silke Grasse）であると信じてトラデスカントのところにこれを持ってきた」とパーキンソンが書いている。トラデスカント（父）は何人かの貴族のお抱え庭師を務め、植物や果樹を求めてロシア、ヨーロッパ、北アメリカを旅した後、一六二九年に国王チャールズ一世とヘンリエッタ・マリアの庭師になった。同じ年にパーキンソンの『太陽の苑、地上の楽園』が出版されている。

ジョン・トラデスカント（子）は一六三七年にヴァージニアへ植物採集行に出かけ、多くの植物を持ち帰ったが、その中に「アメリカヅタ」（Virginia Creeper）とイギリスに最初に紹介されたアメリカ産アスター類が含まれていた。旅行中に父親が死んだので、彼は父の職を継ぐことになった。ランベス教会にある二人の墓碑には、

この有名な古物収集家は二人とも
　バラやユリの女王を世話する庭師であった

と記されている。トラデスカント親子の興味は、植物だけに限られていたのではない。あらゆる珍しいものを収集し、ランベスに収蔵・展示館と薬草園を作ったが、これは雑多な様々なものが収められているので親しみを込めて「トラデスカントの箱舟」と呼ばれた。収蔵品目録が一六五六年に出版されているが、『トラデスカントの博物館、ジョン・トラデスカントが収集し、南ランベスに保存している収集珍品』と題された冊子である。その中には〔一六〇五年国会議事堂爆破によって国王ジェイムズ一世と議員たちを殺そうとした未遂事件の首謀者とされる〕ギー・フォークスの使ったランタンとか、剥製のドードー鳥とか、「不死鳥のしっぽの二枚の羽根」とかが含まれている。一六六二年にトラデスカント（子）が死亡して、収集品は友人のエリアス・アシュモールに譲り渡された。その品が現在オックスフォードにあるアシュモリアン博物館の核になった。そこに行けばトラデスカント親子の肖像画や彼らが収集し

トラデスカンティア・
ヴィルギニアーナ
（CBM 第670図　1789年）

トラデスカント父（左）子（右）の肖像（アシュモリアン博物館）

たものの実物が今でも見られる。

トラデスカンティアは、植物の中では博物館行きがふさわしい植物だという主張があるかもしれない。英語名の「蜘蛛草」は、昔の植物学者が「ファランギウム」という属に分類したためである。ファランギウムとは、ファランギウムというクモ（ただし毒はない）に咬まれた時の治療薬となると信じられていた。ファランギウム・エフェメルム・ヴィルギニアーナ・ヨアンナ・トラデスカンティウム（*Phalanguium Ephemerum Virginiana Joanna Tradescantium*）は間違った属の中に分類されていることがわかって、トラデスカンティアと改名されたのは一七一八年になってからである。ハンマーが一六五九年に書いているように、花の色はもともと「深く濃い青色」であるが、白や紅色、赤紫や明るい青色の変種がイギリスではすでに種子から栽培されていたし、一六五九年までには赤色あるいは八重の赤の種類も育てられるようになっていた。

トラデスカンティアの染色体は大きいので、扱いやすいから、細胞学研究の格好の材料であるが、スイセン属の植物と同様に、その汁には針状結晶体が含まれていて、触わると炎症が起きる。植物は生命を終えると乾燥し、萎びるが、トラデスカンティアの花ではある種の酵素が働いて枯れかけている花の分解が起きてインクのしみのようになる。それで未亡人の涙という名前が生まれた。植物学者がツユクサ科に興味をもつようになったのは、ショウブとユリとを繋ぐ性質を示す植物だからである。トラデスカンティア以外に、この科にはコンメリナ属（ツユクサ属）が入っている。リンネがコンメリナ属という名前をつけた理由は「三枚の花弁があり、そのうちの二枚は見栄えのするものであるが、三枚目は目立たない。コンメリンという植物学者のうち二人は有名であるが、三人目のコンメリンは植物界に何も貢献しないで死んでしまったからである」という。

リンドウと同じ青色のコンメリナ・コエレスティス（*Commelina coelestis*）は、一七三二年より前にメキシコから導入されたが、シェラード博士はエルサムの自分の庭の温室で栽培していた。塊茎を冬の間は室内に運び込んでおけば、寒さにとくに弱くはない。根は煮てホワイトソースを添えて出されるが、「おいしい野菜」であるといわれる。

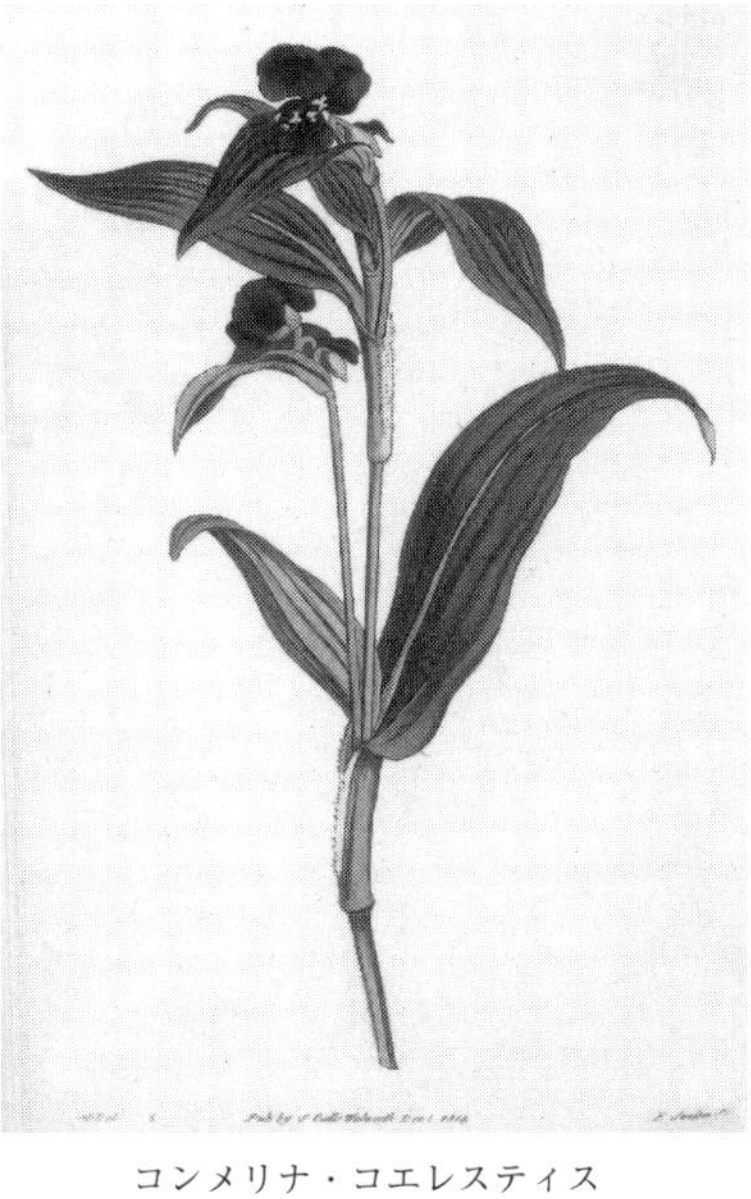

コンメリナ・コエレスティス
（CBM第1695図　1814年）

トリカブト

Aconitum
アコニツム

キンポウゲ科

アコニツム・ナペルス（*Aconitum napellus*　和名ヨウシュトリカブト）は、イギリスでは「修道士の頭巾」（Monk's Hood）、「狼の毒」（Wolf's Bane）、「カブト草」（Helmet Flower）と呼ばれる。死をもたらす美しいヨーロッパ産のこの植物の名前はいくつかあるが、その一つは、狼を殺す毒餌として用いられたことに由来する。例えばライトは「狼を殺すトリカブト」と書いている。

何世代にもわたって園芸文筆家は、この植物にはものすごい毒があると読者に警告を発してきたが、それでも一五五一年以前から今日に至るまでずっと庭で栽培されている。ターナーは「トリカブトの毒は、あらゆる毒の中で最も即効性がある。最近この青いトリカブト、またの名を修道士の頭巾（Monkes Coule）と呼ばれるものをロンドンっ子たちが手に入れたが、この植物の根の毒は七年間にわたってその花が与えてくれる楽しみを考えれば、たいした害は及ぼさないのだということを心に留めておくようにさせよう。しかし彼らがその毒性について警告を受けなかったとはいわせないようにしよう」と書いている。マッティオリは、この根を一ドラム（約三・九グラム）与えれば罪人を死に至らしめることができると述べている。ジェラードは、乾燥したものであれば、馬はこれを食べるけれども、牛は近づこうとはしないといっており、さらに「アントワープでの悲しい出来事」について、「トリカブトの毒について知らなかった人がサラダにした。それを食べた全員に恐ろしい症状が出て、みな死んでしまった」と引用している。パーキンソンは、「自らが犠牲になってもよいのでなければ、舌や口の近くに寄せないように注意しなさい。この葉はみかけほど善良なものではない」といっている。リチャード・ブラッドレイは「サラダに入れて花をほんの六、七個食べた」ために、死んでしまったフランスの男性のことを述べている。リンネは、この葉で薬を処方したが、患者が飲もうとしないので代わりに自らが試しに飲んで、死んでしまった無知な医者がいたという教訓話を書いている。

アコニツム・ナペルス
（和名ヨウシュトリカブト）
（MB 第6図　1790年）

ヘンリー・フィリップはさらに「鼻からその臭気をかぐだけで、気絶して、二、三日のあいだ目が見えなくなる人がいる」といっているし、またウィリアム・コベットは、「ミラーをはじめ多くの人々が、この植物のあらゆる部分には毒があることを、証拠を示して忠告しているにもかかわらず、まだ栽培されている。食べた時だけでなく、不用意にこれをかいだ時にも有毒である」と嘆いている。

しかし、この植物にも使い道がある。古代ギリシア・ローマでは、気にいらない妻あるいは夫を殺す手段としてよく使われたというが、低い階層の人々に用いられたもので、身分の高い人々はソクラテスを殺した毒ニンジン（Poison Hemlock）のほうが優れていると考えていたようだ。あの宿命の恋人たち、ヴィリキンズとデナを死に至らしめた「冷たいピゾンのコップに入った」ものはトリカブトだったのだろうか。

恐ろしげな警告がたくさんあるにもかかわらず、トリカブトはまだ庭の花として扱われている。モーンドがいうように、「イギリス人は、調べもせずに庭の植物を口にするほど熱心な菜食主義ではないから、トリカブトの仲間すべてを庭から放り出すのは潔癖過ぎる」だろう。その他の三種、アントーラ種（*A. anthora*）、ヴァリエガツム種（*A. variegatum*）、リコクトヌム種（*A. lycoctonum*）は、一五九七年以前にイギリスへ導入されたが、「カブラの根」（turnip-rooted）と呼ばれるナペルス種ほど広く栽培されることはなかった。

トリカブトの仲間はほとんどが有毒である。最も毒性が強いのはヒマラヤ山脈からもたらされたフェロックス種（*A. ferox*）で、かつてイギリス軍が攻めてきた時に、ネパール人が井戸の中に投げ込んだのがこれである。この植物のすべての部分、根から花粉まで全部が有毒である。にもかかわらず、十三世紀頃ミッドヴェイのある医者が薬として使いはじめた。彼はこの植物はすべての医者が栽培すべき植物の一つであると考えていた。そして、この草から取れる薬は今日も使用されている。根は薬用目的で輸入されており、イギリスでも小規模ながら栽培されている。イギリス自生のアングリクム種（*A. anglicum*）は高山性のナペルス種と同じ系列に属するが、かなり形が違い、時に薬として使用される。

ブラットレイは「花は濃い青色で驚くような形をしている」と書いたが、植物学者たちによればこの形はマルハナバチが受粉を媒介しやすくするためだという。この花の内側の形を石膏でとってみると、ちょうど普通の大きさのマルハナバチと同じである。マルハナバチがいない所ではトリカブトは自生していないといわれる。

ヴァリエガツム種とリコクトヌム種とには（後者にはそれほど特徴的ではないが）、一つの奇妙な特徴がある。それはつぼみができたての頃、内部が液体でいっぱいに満たされており、雄しべ、蜜腺、雌しべはその機能がまだよくわかっていない乳液の中に浸されていることである。

属名アコニツムは、ヘラクレスが地獄の番犬ケルベロスと格闘したポンチカの丘の名アコニツスに由来する。ケルベロスの吹いた泡からこの植物が生まれたが、死にいたらしめる性質をもっているのはその泡のせいなのだ。アングロ・サクソン人はこれをthungと呼んだが、それは「たいへん有毒な」という意味だった。「庭の大将」（Captain over the Garden）、「戦車と馬」（Chariot and Horses）、「おばあさんの寝酒」（Granny's Nightcap）、「古女房の帽子」（Auld Wife's Huid）、「ラッキーズ・マッチ」（Luckie's Mutch）など多くの英語名がある。

ナンテン

Nandina
ナンディナ

メギ科

ナンディナ・ドメスティカ（*Nandina domestica*　和名ナンテン）の英語名は「天の竹」（Heavenly Bamboo）。半耐寒性の灌木として有名であり、寒さ除けが必要である。ウィズレイ園芸植物園のロックガーデンではよく繁茂しており、高さ六フィートもあり、魅力的な白い花をつける。イギリスでは優雅な姿が目立っており、実はめったにできないが、自生地の中国では赤い実をたくさんつけるので、たいへん人目を引く装飾用の植物になっている。何世紀にもわたって中国や日本の庭で栽培されていたが、十七世紀の後半にケンペルがこれを日本で見た。彼は遠くから見るとヨシのようだと書いている。赤い実を彼は「店でカニの眼（Crab's Eyes）と呼ばれている植物」にたとえている。これは、熱帯性のつる植物アブルス・プレカトリウス（*Abrus precatorius*）のことで、東洋では首飾りやロザリオの球として用いる。

ナンテンは一八〇四年にイギリスに導入された。広東からウィリアム・カーがカークパトリック船長の東インド貿易船ヘンリー・アディントン号に載せてイギリスに送った最初の荷物の中に入っていた。比較的短期間に、「イギリスの温室では珍しいものではなくなっていった」とラウドンは述べている。

　E・H・ウィルソンが一九一〇年から一一年にかけて四度目の中国西部の探検を行った時に、四川の近くでナンテンが野生の状態で生えているのを見つけた。「その優雅な形の葉と大きくて真っすぐに立っている黄色の葯《やく》のついた白い花の束は人目を引き、この木はたいへん魅力的である。秋や冬には赤い実がたくさんなって、とにかく美しい」と述べている。

　上海ではこの灌木をイギリスのヒイラギと同じように扱っている。冬には赤い実をつけた枝が街頭で売られ、寺社や家庭や舟の祭壇を飾るのに用いられている。日本ではごく小さいものでも、庭の玄関に近い所や中庭にかならず植えられている。『ボタニカル・マガジン』には「装飾にしか用いないのか、何か特別な利用法があるのか、我々にはわからない」と書かれている。実際は、たいへん重要な役目があって、もし家の誰かが不吉な夢を見た場合には、「家庭の灌木」にその夢について相談すると、その後は絶対に悪いことは起こらなくなる。材木には芳香があって、「最も香りのよい、つまようじを作るのに最適な」木であると日本人は考えているということだ。

　属の名前は日本名の「ナンテン」とか「ナンディン」から来ている。これは英語名になっているように「神々しい」かもしれないが、タケではなく、メギ科の単型属である。

ナンディナ・ドメスティカ
（和名ナンテン）
（CBM 第1109図　1808年）

ニワトコ

Sambucus
サンブクス

スイカズラ科

ニワトコの花が咲くと、夏が盛りになる。

ギルバート・ホワイト『日誌』一七七二

私はこれまでニワトコがこんなにたくさん花をつけているのを見たことがなかった。そしてその花冠全体を、形を変えずに切り縮めるととても優雅な雰囲気になる。この植物は私の好きなものであるが、じつは「憂鬱」の象徴で、「死」の表象でもあるのだ。

J・コンスタブル『C・R・レスリーへの手紙』一八三五

ニグラ種（*Sambucus nigra*　和名セイヨウニワトコ）、英語名「コモン・エルダー」（Common Elder）は、少なくとも氷河時代が終わったあとのアトランティック紀からはイギリスの自生種である。この灌木の植物遺体が青銅器時代、鉄器時代、ローマ時代の人間の居住地跡から出てくるが、その理由はこの植物が「人間の住居跡といっしょに見つかる窒素分に富んだ土壌環境を」（ゴッドウィン）好むからである。ウサギの群生地からニワトコが見つかるのも同じ理由からだが、我々の祖先はこの現象からウサギはニワトコの生えている場所が好きであるという結論を出した。そして人間に対してどちらも有害生物とは考えられていなかった時代には、「ウサギにとって日除けになるから」（ジェラード）ニワトコはウサギ穴のあたりに植えるとよいといわれた。

サンブクス・ニグラ
（MB第78図　1790年）

ニワトコ属は木の中の雑草と呼ばれるほどよく茂るし、ごくありふれた植物だが、同様に食用になる実をつけない他のどの灌木よりも多く栽培され、民話や伝説の中にこれほど多く出て来るものはない。ユダはニワトコの木で首をくくったと『農夫ピアーズ』（一三六〇年から一三九九年の間に書かれたもの）の中に出てくる。ジョン・マンデヴィル卿は旅行中にユダが首をくくったその木を見せられており、その木に生える「ユダの耳茸」（Judas' Ear Fungus、和名キクラゲ）は、そのニワトコにかけられた呪いであると説明された。なお、ぞっとする話だが、この茸は喉荒れや扁桃腺炎やヘルニアの治療に用いられた。古木はかたくて、よく燃えるし磨くと美しい肌を見せるが、使用法には気をつけなくてはならない。というのは、もし赤ん坊をニワトコで作ったゆりかごに寝かせると、ニワトコ材が赤ん坊を弱らせるか、妖精が赤ん坊をつねってあざを作るといわれているからである。

ニワトコの木の杖で叩くと子供の成長が止まってしまうとか、この木で家を建てると、住人は不思議な手に足を引っ張られるとか、ニワトコの木を燃やすと悪魔が家の中に入ってくるなどという話がたくさんあった。ウェールズの農家では、主婦は、きれいに洗って磨いた石の床にたくさんのニワトコの葉を裂いて緑色の模様を描くが、それは魔女を遠ざけておくためである。死体といっしょに埋めた枝も同じ役割を果たすし、一八九五年にファーニー博士は「今でも、馬に乗る人は普通、鞭の柄をニワトコの木で作る」と書いている。スキナーによれば、チロル地方では、ニワトコの木の十字架が墓に立てられた。それが大きく育って花が咲けば、死者が美徳の人であったことを示すし、そうでなければ、「親戚の者はそれなりの結論を下すことになるであろう」ということだ。この木の匂いは催眠作用があるからこの木の下で眠ること、家の近くにこれを植えることは危険であると考えられていた。この木に囲まれたスペインのある家では、それを切り倒すまでに「家の人のほとんどが病気になるか死んでしまった」とイヴリンはいっている。これまで私が述べてきたことは、今日まで語り継がれているもののごく一部にすぎない。

この陰気な木が庭向きの植物として適していると考えられていたかどうかという疑問が起こってくる。もっとも、ニワトコの木を栽培している人は自分のベッドで死ねるといわれているけれど。しかしこの木は美しい。ロビンソンは、枝が芝生につくほど大きく生長したニワトコに花が咲いたり実がなっている様は、「決してつまらないものではない」し、また多くの庭向きの変種があって、それらのうちのいくつかは、何世紀にもわたって栽培されていると述べている。ジェラードは切れ込みの入った葉を持つもの（*S. nigra* var. *lacinata*）と、白い実をつける種類（*S. nigra* var. *alba*）とを栽培しており、十八世紀の終わり頃までには、緑色の実をつけるもの（*S. nigra* var. *viridis*）、葉に金色の縞模様のあるもの（*S. nigra* var. *aureo-variegata*）、銀色の縞模様のあるもの（*S. nigra* var. *albo-variegata*）、銀色の斑が入っているもの（*S. nigra* var. *pulverulenta*）が加えられた。

マーシャルによれば、ニワトコは歩道や建物の近くに植えない方がよいが、遠くから見ても堂々とした風情があって、「風が吹くと、誇らしげで華やかな姿を見せる」。匂いは、強烈な悪臭があるが、困るということは決してない」。王立園芸協会の『園芸事典』では、一四の変種があげられており、その中には「金のニワトコ」（Golden Elder）と呼ばれる葉の美しい種類（今では、多く植えすぎている感があるが、工業地帯のうらびれた公園を明るくするのには役に立つ）と八重の花が咲く種類（「大きなカリフラワー」によく似ていて、十九世紀のバーミンガムの職工はこれを見るために郊外へ花見に出たといわれる）が含まれている。

　その他の種類も時に栽培されることがある。中でもすばらしいのはラケモーサ種（*S. racemosa*）で、スイスやスペインではたくさん実をつける。イギリスでも同じように緋色の実をつければ、とてもきれいなのだが。もっとも、スコットランドではよく実がなる地方もある。ターナーはアルプス山脈で咲いているのを見ており、ジェラードは一五九六年に自分の庭に植えていた。これには切れ込みのある葉をつけるものや覆輪などの変種があり、きれいな金色の葉をつける変種（*S. racemosa* var. *serratifolia aurea*）は観葉植物として高く評価されている。もう一つの外国産の種類カナデンシス種（*S. canadensis*）は一七六一年に北アメリカから導入された。ラウドンは収集品の中ではごく普通のものであるが、「灌木の茂みで保護された状態でのみ育つ木だ」といっている。その変種マクシマ（*S. canadensis* var. *maxima*）は一八インチもの長さの葉と同じくらいの大きさの花をつけ、その他の部分も葉や花につり合った大きさの灌木なので、植える余裕がたっぷりある場所ではなかなか美しいといわれる。

パーキンソンは一六四〇年にコモン・エルダーは野生では育たないが、「住宅の生垣用や庭やブドウ畑等を区切る垣根として、至る所で植えられている」といっている。バティ・ラングレイはニワトコは防風林によいと次のように推薦している。「寒さに弱い植物を冷たい北風から守るために大変役立つだけでなく、花や実をつけるから、とても価値がある。」ニワトコの生垣は生長が早いが、マーティンがいうには、「すその方は数年で裸になってしまうので、それほど生垣に適しているわけではない」。

　一七四八年、ペーター・カルムは「密に茂った美しい」ニワトコの生垣をロンドン近くの市場の広場で見た。それから一〇〇年後にもケントの果樹園や庭の生垣に広くたくさん栽培されていた記録がある。ワインを作るために「莫大な量」のニワトコの実や花がロンドンに運び込まれていた。これは町でも田舎でも人気のある醸造酒だったらしい。特に、冬場には温かい飲み物として人気があった。コベットは皆が「それを求めて走り回る」といっている。レーズン、砂糖、香辛料を入れ、三年もかけて作り出された甘いワインは、「イギリス・ポートワイン」（English Port）として知られていた。「ポートはどんな薬より自分の胃にはよく効く」といい張る患者を前に、それがニワトコの実から作った「ポート」であることに気づくまでお手上げ状態だった、という医者の話をアンドリュー・ヤングは記述している。ワインを飲もうとしてエルダー（elder、つまりニワトコで作ったもの）ではなくオールド（old、つまり本物の年代ものワイン）をくれと酒場で酒落をいったのは『パンチ』誌のダグラス・ジェロルドであった。しかし、ニワトコのポートの香りは誰にでも好まれるようなものではなく、二十世紀の初めまでには、人気は衰えた。ニワトコの花の方がはるかに利用価値がある。たいしてよくないワインによい香りをつけたり、グーズベリーのジャムにマスカットのおいしそうな匂いをつけたり、フロンティニアックに似ているといわれるまがいものの「シャンペン」をおいしく、発泡性を加えるために用いられた。ニワトコの花の蒸留水はお菓子の香り付けに用いられたし、日焼けした肌やそばかすの肌をきれいにする化粧水として、また風邪や気管支の病気の治療薬の原料として用いられる。また乾燥した花で作るお茶はよい匂いがして発汗を促す作用があるが、人を衰弱させると記述されている。

　ニワトコの薬としての利用法については、記述しないのが一番である。というのは、書きはじめたら最後、いつまでたっても終わらないからである。「葉、樹皮、実等の薬としての効能が完全にわかれば、我が国の人が病気で苦しむことはなくなるだろう。つまり病気になっても怪我をしても治すには、生垣に治療薬を取りに行けば済むことになるからだ」とイヴリンはいっている。

　あらゆる部分が利用された。「あなたの血をきれいにするニワトコのつぼみはいかが」という呼び声は十八世紀のロンドンの通りでいつでも聞くことができた。若芽、皮、葉、花、実、種子はすべてすりつぶして薬にした。カルペッパーが「根が薬になることに何の不思議もない」といっているのを見つけるとやはりと思う。この植物の古代ローマ時代の処方が載っている『アナトミア・サンブキ』はマーティン・ブロックウィッツ博士が一六五五年に英語に翻訳した。それにはニワトコは「頭痛、狂気、夢遊病、心身症、憂鬱症、てんかん、カタル、難聴、失神、熱」（コールズ『エデンの園のアダム』一六五七）、その他たくさんの治療に処方されている。すぐれたオランダ人の医者ブールハーヴェ博士が、いつでもニワトコに向かって帽子を取って挨拶していたというのも合点がいく。「健康に役立つ薬草として多くの役に立っているから関心を持って当然」（エリス『木の取り扱い』）であり、尊敬をもって取り扱われるのが当然なのだ。ニワトコの枝を集める場合はその前に「ニワトコよ、ニワトコよ、枝を取ってもよろしいですか」といって許可を得なくてはならない。ニワトコがそれを聞いて怒らなければ、三度つばを吐いてから枝を切ってよい。

　サンブクスというのはギリシア語のsambukeから来たものである。この木から楽器が作られたといわれている。「羊飼いは、道の外れの町のニワトリの鳴き声が聞こえない所に生えているニワトコの木を用いれば、他のどれよりもかん高く大きな音の出る笛を作ることができる。」子供は有史以前からこの木で笛を作りピストルをこしらえた。若枝の芯の軽い髄は、今日電気器具に用いられている。

ノウゼンカズラ

Campsis
カンプシス

ノウゼンカズラ科

一七〇〇年に、フランスの偉大な植物学者トゥルヌフォールは、たいていが熱帯のつる性植物で見事な花が咲くグループに対してビグノニアという名前をつけた。理由は「高名なビニョン神父に対して、トゥルヌフォールがこの上もないほどの尊敬と崇拝を表わすため」であった。トゥルヌフォールが植物に関する自分の書籍コレクションをこの神父に譲った当時、ビニョン（一六六二～一七四三）はルイ十四世の司書であった。すでにその当時から、このグループに分類される植物の種類は多く、トゥルヌフォールは一五種類を記述している。その後一〇〇年間で、さらに多くの種類が見つかり、ついに、植物学者はこのグループを二八の属に分類した。耐寒性があって食べられる二種の植物がカンプシスと呼ばれる属（kampe、曲がるの意味）に分類されたが、曲がった雄しべを持つことからその名がある。

名前をつけたり分類したりするのが難しいことは、まさに最初の種カンプシス・ラディカンス（*Campsis radicans*　和名アメリカノウゼンカズラ）、英語名「トランペット・クリーパー」（Trumpet Creeper）が見つかった時にわかった。これは十七世紀初め頃、アメリカの南東部からヨーロッパに運ばれて来た。ヴァージニアに移住したイギリス人は最初、これのことを「ジャスミン」とか「ハニーサックル」、その後は「ベル・イエロー」と呼んでいたとパーキンソンは記述しており、パーキンソン自身は、「アポシヌム」とか「犬の骨」（Dog's Bane）と呼んだ。一六四〇年には紹介されていたが、イギリスでは花が咲いたことがなかった。その花は「ものさびしい色合いのオレンジ色か黄色がかった赤色」であると、パーキンソンはまた聞きで記述している。

パーキンソンはコルヌツスという植物学者を軽べつしていた。コルヌツスは、この植物について一六三五年『カナダの植物誌』の中で初めて記述し、絵を描いて示した。コルヌツスは「ツタのような」という意味のhederaceaという名前で呼んでいる。このフランス人植物学者は、おそらく、主根にしがみついているような細い小根の様子からその名前を思いついたのであろう。

カンプシス・ラディカンス
（和名アメリカノウゼンカズラ）
（CBM 第485図　1800年）

驚いたことに、パーキンソンはその根について記述していない。トゥルヌフォールは、「ヒゲというか房というか、それでもって自分を支えるものをつかむのであるが、ツタのようにその植物全体から出ているのではなく、節のところからだけ出ている」といっている。この植物はすぐに壁をおおってしまうが、「茎のあらゆる節のところから根を出している。建物のすきまにその根を押し込んで建物の上まで登って行く。植物が何年もそこで耐えて、大きく生長すれば、毎年花が咲く」とアーバークロンビーはいっている。ラウドンは、しかしながら、この植物は年をとると、「すその方が裸になりやすい」という点を指摘している。ケイツビーによれば、自生地では「ハチドリが喜んでその花に寄ってくる。花の中に深く体を入れすぎて、そこから出られなくなることがある」。コルヌツスはこの花を「裁縫する時の真鍮の指抜き」にたとえている。

カンプシス・キネンシス
（和名ノウゼンカズラ）
（CBM 第1398図　1811 年）

　日本では、一六九一年にケンペルがカンプシス・キネンシス（*C. chinensis* = *Bignonia grandiflora*　和名ノウゼンカズラ）を見つけたが、それから一〇〇年以上もイギリスには紹介されなかった。中国では、「空に届く花」と呼ばれているが、記録に現れる限り薬用として栽培されてきた。しかし、花粉は有害であると考えられているので、家の近くでは育てられない。ラディカンス種よりも寒さに弱いし、主根にからんでいる小根もないが、花は大きくて見栄えのするものである。ラウドンにいわせれば、「総合すれば、とてもすばらしい植物」ということになる。このタイプの花は、外側が黄褐色で、内側は、「かなり明るい赤がかったオレンジ色」（ラウドン）である。改良園芸品種は、キネンシス種やラディカンス種から作られているが、十九世紀終わり頃に、ミラノ近くのラニアテの種苗商タグリアブエ兄弟が二種類を交配してタグリアブアーナ種（*C.*×*tagliabuana*）を作り出した。この交配種はラディカンス種の持つ耐寒性とキネンシス種の大きな花が咲く性質を兼ね備えている。交配種の中で良質なのは、一八八九年頃にできた赤い花の「ガラン夫人」（Mme Galen）であろう。これは今でも、ウィズレイ園芸植物園で見ることができる美しい植物である。この品種には一九五九年に優秀花としてメリット賞が与えられた。

　ビグノニアの中に分類されていたつる性植物の中には、一七一〇年紹介されたアメリカ産のドクサンタ・カプレオラータ（*Doxantha capreolata* = *Bignonia capreolata*）、英語名「珊瑚ヅタ」（Coral Vine）とか「十字ヅタ」（Cross-Vine）と呼ばれるものがある。この木を切る時には十字の印が付けられたからである。一六四〇年に紹介された芳香性のゲルセミウム・センペルヴィレンス（*Gelsemium sempervirens* = *Bignonia sempervirens*）は、英語名が「ヴァージニアン・ジャスミン」（Virginian Jasmine）で、高く這い登っていく茎は、マーシャルによれば、「力にあふれ、遠くからは大きな木にも見える」。かつてビグノニアは、大きな属であったが、ビニョン神父の名の元に残されたのは、ウングイス-カティ種（*Bignonia unguis-cati*）だけである。この種についてはマーシャルが一七八五年に述べているが、南アメリカ産で、英語名は「ネコの爪」（Cat's Claw）である。今日、ビグノニアは温室向きのつる植物だとみなされており、ドクサンタもゲルセミウムも寒さに弱いとされている。

ドクサンタ・カプレオラータ
（CBM 第864図　1805年）

ノコギリソウ

Achillea
アキレア

キク科

アキレア・ミレフォリウム（*Achillea millefolium*　和名セイヨウノコギリソウ）の英語名は「ミルフォイル」（Milfoil）または「ヤロウ」（Yarrow）。野生の赤花はジェラードが発見した。しかしそれ以来、庭の中で確固たる地位を築いているわけではない。彼はこの種類について、「スポークのように放射状になったすばらしい真紅の花が咲くことを除けば、普通のものと変わりない。手の中で少しもむと芳香がする。……赤いセイヨウノコギリソウは『ホーリー・ディーン』（Holly Deane）と呼ばれ、ケント州のサットン近郊の野原に生えているが、私の庭で咲いているのは、そこから持ってきたものだ。しかし、だからといってこの花が他のものと同じようにどこでも見られるわけではない」といっている。ヒルは、「道ばたで咲いているアキレアには、赤色の花がめったにないが、もしアメリカでこれが見つかったら、我々の庭にすばらしい植物を追加することになるであろう」と書いている。

アキレアは用途が広く、一四四〇年以前から栽培されていたとの記録がある。緑の葉を噛めば歯痛は治るし、「葉を鼻の中に入れると悪い鼻血を出させ、偏頭痛を和らげてくれる」とジェラードはいっている。またこの植物は、「生きている間に毎日欠かさずこの植物を煎じた汁を飲んでいたならば、けっして墓地にくることはなかったであろうと思われる死人を叱責するために墓場に咲いているのだ」（マリオン・クラン『大地の喜び』一九二九）といわれる。さらにフィリップ・ミラーの『庭師の辞典』（一八〇六）には、「ダラカールリア（スウェーデン中西部の山岳地方）の人々は、ホップのかわりにビールにこれを混ぜる。そのほうがビールの酔い方が強くなるのだ」と書かれている。

　しかし、「血生臭い」（Sanguinary）、「止血草」（Staunchgrass）、「兵士の傷薬草」（Soldier's Woundwort）、「血の草」（Bloodwort）など、かつて田舎で呼ばれていた名からわかるように、この植物の主要な用途は傷薬である。学名もまた同じような意味を持つ。というのも、この植物の名前はアキレスから取られたもので、アキレスは自軍の兵士の血を止めるために、この植物を用いたといわれる。アキレスはこの効能をケンタウロスから教えられたのだった。「Milfoil」という名前はノルマン語の「Mille-feuille、沢山の切れ込みのある葉」という意味からきている。

　プタルミカ種（*A. ptarmica*）はイギリスでは「シャツのボタン」（Shirt-buttons）とか「ガチョウの舌」（Goosetongue）とか「クシャミ草」（Sneezewort）とか呼ばれている。「クシャミ草」というのは「花がひどいくしゃみを起こさせるからである」とターナーは書いている。

　イギリス自生の八重のアキレアは、一五九七年頃にはすでに栽培されるようになっており、大いにもてはやされた。「たいそう美しい植物で、花をつけている間にその茎を切り取ると、一カ月以内には最初のものよりも美しい花を咲かせるだろう」とジェラードは書いている。パーキンソンは、この花のことを「ダブル・ワイルド・ペレトリー」（Double Wilde Pelletory）と

アキレア・ミレフォリウム
（和名セイヨウノコギリソウ）
（MB 第64図　1790年）

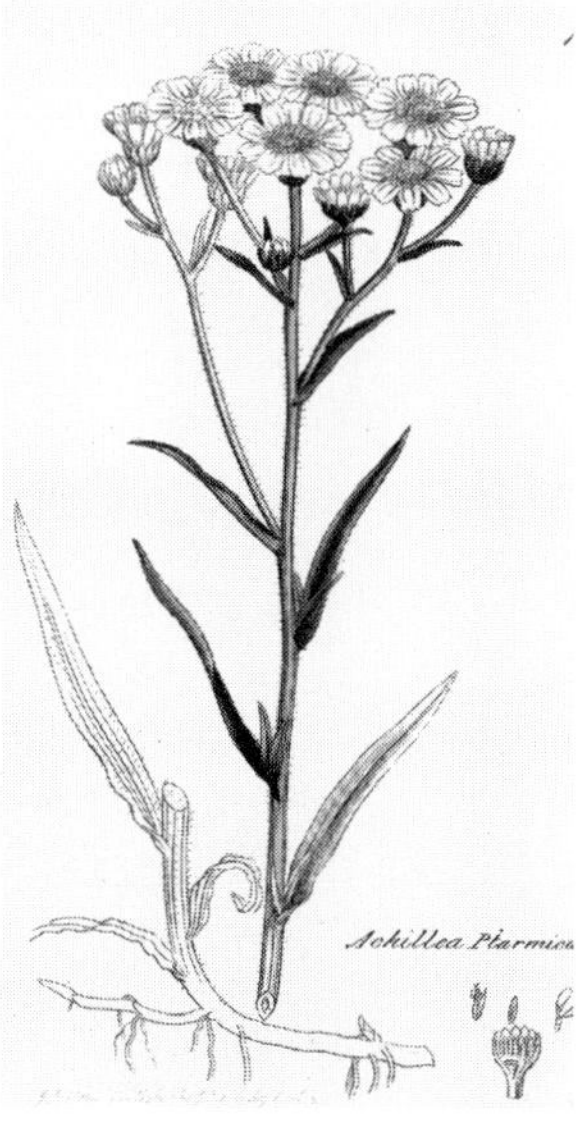

アキレア・プタルミカ
（EB 第1182図　1852年）

しているが、「この植物はごく限られた庭で大事に育てられているだけである。なぜならとても珍しいものであるから」といっている。

しかし、実際はそれほど大事に育てられていなかったのではないだろうか。ミラーの『庭師の辞典』の中に出ている記述ではせいぜい、「根がからみつかないようにするために、植木鉢に植えると茎がまとまって大きくなる。そうなれば、七〜八月の開花期にはかなりよい姿になる」と書かれている程度である。

グロスターシャーではアキレアは「七年越しの恋」（Seven Years' Love）と呼ばれている。田舎の結婚式では花嫁の付添い娘がこの花を運んだ。この葉を乾燥して粉にしたものは、かぎタバコの代用品として用いられた。さらに若芽は生で食べられ、それはタラゴンと似たような香りがするといわれていた。また時に、この葉から紅茶の代用品が作られることもあったが、この代用品には、嵐の海で救われたような気分になるありがたい効果があったと書かれている。

人気のあるエウパトリウム種（*A. eupatorium*＝フィリペンドゥリナ種 *A. filipendulina*）はコーカサス原産だがイギリスに入ってきたのは比較的新しく、一八〇四年のことである。

バイカウツギ

Philadelphus
フィラデルフス

ユキノシタ科

フィラデルフス・コロナリウス（*Philadelphus coronarius*）はライラックとともにヨーロッパに紹介された。その紹介者は神聖ローマ帝国皇帝フェルディナンドの大使としてトルコのスレイマン大王の所に派遣されていたオジェール・ギスラン・ド・ブスベックで、一五六二年トルコからウィーンに戻る途中でこれを見つけたのである。二つの灌木は長い間親類だと思われていた。それで今日に至るまで、分類や呼び名が混乱している。最初この二つは同じ属に分類されて、シリンガという名前であった。この学名は「牧神パンの笛」という意味のsyrinxから来ている。理由は、どちらもニワトコと同じく、空洞があってしかも強く、これでトルコ人が笛を作ったからである。ジェラードの『本草書』の中にも、フィラデルフスとライラックは「青い笛の木」（Blew Pipe Tree）と「白い笛の木」（White Pipe Tree）という名前で現れている。これを見ても、昔からの言い伝えがいかに根強く残っているかがわかる。一六二三年にはすでにスイスの植物分類学者バウヒン（一五四一〜一六一三）が「白い笛の木」にフィラデルフスという名前をつけ、一七三五年にリンネがその分類を認めていたが、この灌木は普通一般には「シリンガ」と呼ばれ続けていた。

フィラデルフスがイギリスに紹介された正確な時期はわからないが、一五九七年にはすでにジェラードの庭に「とてもたくさん」あった。ヨーロッパ大陸では、かなり早く帰化しており、後の植物学者は自生地について研究を続けたが、今ではヨーロッパ南東部や小アジア原産であると考えられている。そして、これはリスボンやナポリから、冬には防寒の設備が必要だが北はストックホルムやサンクト・ペテルブルクに至るまで、もとの野生種からほとんど変化することなく広がっていった。八重の種類も一六二九年には栽培されていたが、寒さに弱いと考えられていた。別の八重の種類は（先のものと同じ品種かもしれないが）、矮性でとても貧弱な花しか咲かないのでほとんど顧みられることはない、と十八世紀に書かれている。銀色や金色の園芸種も十八世紀には知られるようになっていた。

フィラデルフス・コロナリウス
（CBM 第391図　1797年）

このように改良があまり進んでいないのは、フィラデルフスの優れた特性は匂いで、それ以外の点については重要視されなかったからであろう。その匂いをかぐと酔ったようになるという人もいるが、我慢できないという人もいる。ジェラードは我慢できない方に入っている。「私はこの花を集めたことがあって、部屋の窓辺に置いていた。二、三時間置いていただけだが、強い匂いが残り、その酸っぱい、妙な匂いのために眠れなかった。それで私は花を部屋から出してしまった」と彼は書いている。初夏には特に濃厚で、「かなり離れた所でもこの花の匂いで一杯になる」。「室内では、暖炉の近くに置いたり水漕等に入れておくのはよくない。というのは、こうした所ではその匂いが強くなりすぎるからで、特に女性の好みには合わないであろう」とマーシャルもいっている。

E・A・ボウルズはこの植物によって花粉症が出ることを発見した。そこで、斑入りの種については花が咲く前に、つぼみを取り除いておき、それ以外のコロナリウス種の灌木はすべて庭から取り除いた。フィラデルフスの花は香水や香料茶に用いられる。葉を夏向きの飲み物に入れるとキュウリの匂いがする。多くの種類がまずアメリカから、後には東洋から紹介されるようになったけれども、何世紀にもわたって、原種のコロナリウス種がイギリスの庭で栽培されている唯一の種であった。フィラデルフスには約四〇種あるが、それらは簡単に交雑するので、庭で純血を保たせるのは難しい。すべての種に匂いがあるわけ

フィラデルフス・
グランディフロールス
（BR 第570図　1821年）

ではなく、また匂いも同じではない。イギリスに二番目に導入された種はまったく匂いがしないので、イノドルス種（*P. inodorus*）、つまり無臭という意味の種小名がつけられた。

一七二六年頃、南カリフォルニアで一重の種類をマーク・ケイツビーが見つけた。またミラーは一七三四年以前に、別の種類を持っていたようである。彼はチャールストンのトーマス・デイル博士（植物学者サミュエル・デイルの甥）から種子を何度か送ってもらっていたが、それらの種は増やすのが難しく、野生でもきわめて珍しいことがわかった。

美しく、丈の高いアメリカ産のプベスケンス種（*P. pubescens*）とグランディフロール種（*P. grandiflorus*）がそれぞれ一八〇〇年と一八一一年にイギリスに到着して長い沈黙が破られた。その後、新しいフィラデルフスがたくさん、しかも急激に紹介されるようになったが、その中には中国や日本から来た種類もいくつかあった。しかしながら、東洋から来た種はアメリカの種ほどには、この属の園芸上の発展に貢献しなかった。

アメリカ産の中で最も重要で目立っているのは、クールテリ種（*P. coulteri*）とミクロフィルス種（*P. microphyllus*）である。前者はアイルランドの植物学者トーマス・クールター博士の名前をとったのであるが、彼は一八三一年から三三年にかけて中部メキシコを探検した人物である。クールテリ種はメキシカヌス種（*P. mexicanus*）の変種の一つであると考える人もいて、この属の中では比較的初期に知られるようになったものの一つである。ヘルナンデスの書いた『テサウルス』（一六五一）の中に出てくるが、そこではメキシコでの呼び名の「アクイロートル」（Acuilotl）という名前で記述されている。メキシカヌス種もクールテリ種も一八四〇年に紹介されたもので、フィラデルフスの中で耐寒性がないのはこれら二種だけである。クールテリ種は花びらの基部に紫色の点があることが他の種とは異なっている。この特徴は多くの子孫に受け継がれている。

ミクロフィルス種はこの属の中で最も小形の種である。これはコロラドやアリゾナの自生地から一八八三年頃にアーノルド樹木園のサージェント教授によってイギリスやヨーロッパに紹介された。

ミクロフィルス種とクールテリ種は、現代の庭で栽培されている交配種の親としてたいへん重要である。最初の交配種を作り出したのはナンシーのルモワンである。彼はミクロフィルス種をサージェント教授から手に入れるとすぐに、コロナリウス種と交配させてルモワネイ種（*P.×lemoinei*）を作り出した。これはビーンが「これまで専門家が行ってきた交配種のうちで最も重要な成功の一つ」といったものであるが、やがて後から生まれてきたものに追い越された。新しい交配種に花が咲くと、ルモワンはそれをもう一度クールテリ種と交配させた。その成果がプルプレオ－マクラーツス種（*P.×purpureo-maculatus*）で、これができた一八九一年以後すべての園芸種にはピンク色か紫色の斑点が花びらについて、かならず子孫に伝わっている。ルモワンが成功させたもう一つの例は半八重の「ヴァージナル」（Virginal）で、一九一一年に最優秀花としてＦＣＣを受賞した。これは今でも最も人気のある灌木である。以来、たいへんな数の園芸種がフランスをはじめ各国で栽培された。フィラデルフスを汚しているとか、むさくるしいとか、匂いがないと非難されるものがある一方、元の形や色を保っている種も多くあり、今日ではまったく庭で栽培されていないコロナリウス種に比べれば、園芸種は大きな花をたくさんつけ、葉は小さいが、ほどよい丈と習性を持っている。

　古代ギリシア人は同定できていない植物をすべて「フィラデルフス」といった。エジプトの王プトレミー・フィラデルフス〔ヘレニズム文化最盛期のプトレマイオス二世〕にちなんだものかもしれない。「しかし、その根拠は何なのか我々には推量の域を出ない」（フィリップス）ということになる。文字通りに翻訳すれば、フィラデルフスは「兄弟愛」という意味で、ペンシルヴァニアの州都の名前はこの灌木とは関係がない。この属はユキノシタ科に属し、モクセイ科のライラックとは、はるかに縁遠い。フィラデルフスに近い親戚はウツギ属、アジサイ属、スグリ属、ユキノシタ属で、それらの匂いはよくない。フィラデルフスだけに芳香性が備わっている。

　フィラデルフスの花言葉は、「思い出」である。理由は「私たちがこの突き刺すような匂いを吸うと、かなり長時間にわたってその匂いが後をついてまわるように思えるからである」とフィリップスは述べている。

ハゲイトウ

Amaranthus
アマランツス

ヒユ科

……私たちは目覚めてしばらくの間ささやく
しかし、昼は過ぎて
アマランツスの咲く野原のように
沈黙と眠りが広がっている。

ウォルター・デ・ラ・メア

アマランツスはスイセンと同じで、植物をよく知らない詩人たちによってしばしば詠われ、誤用されることが多かったので、このような花が本当に存在することを知らない人もたくさんいる。しかも、そういった状況は植物分類が進んだことでさらに複雑になってしまった。つまりそうした分類によって、以前はアマランツスと呼ばれていたものが違うものだとされるようになったからである。アマランツスとはかつては永遠の花であり、しおれない花であった。その名前は「けっして古くならない」という意味であり、だから不滅の象徴であった。自生地はインドであるにもかかわらず、グローブ・アマランツス（和名センニチコウ）が、古代ギリシアでアマランツスと呼ばれていた植物であると信じられている。しかしこれは今では別属とされてゴムフレーナ（*Gomphrena*　センニチコウ属）という奇妙な醜い名前を与えられている。パープル・アマランツスは、エリザベス朝の人々が「愛の花」（Floramor）とか「上流花」（Flower-Gentle）と呼んでいたものであるが、今日ではケロシア（*Celosia*　ヒユ科ケイトウ属）として知られている。ゴムフレーナもケロシアもどちらも寒さに弱く、普通は温室の中でしか育たない。このようにしてアマランツスという名で残された植物は長持ちする花では全然なくて、名前を裏切るものである。多くは、我々がホウレンソウを食べるように、それぞれの自生の国で食用にされているありふれたハーブであり、アマランツスの咲く野原がナタネやキャベツの畑よりもロマンティックであることは実際にはほとんどない。とはいえ、チューダー朝の時代からイギリスの庭で育てられてきた二、三の観賞用の種類がある。

カウダツス種（*Amaranthus caudatus*　和名ヒモゲイトウ）は、ジェラードやパーキンソンが「大形の紫上流花」（Great Purple Flower-Gentle）と呼んでいたものだが、一六六五年にレイの『花、穀類、果実』で、「これは古い花で、ごく普通に見られ、田舎の女の人のなかには〝愛は血を流す〟（Love lies a Bleeding）と呼ぶ人もいる」と初めてもっと親しみのある名前で表われる。

「王子の羽根」（Prince's Feather）とは普通はヒポコンドリアクス種（*A. hypochondriacus*）のことであり、カウダツス種とたいへんよく似ているが、花が下を向かずまっすぐ上を向いている。もっとも、この二種についてはすこし混乱があったようだ。

例えば、一七二二年に「王子の羽根」について描写しているフェアチャイルドの記述は、カウダッツ種について述べたものであるように思えるからである。「その葉は紫色で、花は数珠繋ぎになっている。生育場所によっては長さが二フィートにもなって、これが望み通りの美しさを醸しだしている。」

この両者のうちどちらがイギリスへ最初に導入されたかについてはいろいろと意見の分かれるところである。ある専門家はヒポコンドリアクス種は一五四八年にはもう導入されたとしているし、一六八四年とする人もいる。ジャスティスは一七五四年に両方を育てて、次のように述べている。「これらの植物は蒸散が著しいので、乾燥期にはたっぷりと水を与えなくてはならない。そうすれば強く育つし花がよくつく。」フローラモール（Floramor）やラブ・ライズ・ブリーディング（Love-lieth-Bleeding）という名前はギリシア語で不滅を意味するアマランツスとラテン語の愛、アモールとを混同したため生まれたものである。フランスではカウダッツスは「尼僧のたたり」（Nun's Scourge）というぞっとするが生々しい名である。

トリコロール種（*A. tricolor*　和名ハゲイトウ）の英語名は「ジョセフの上着」（Joseph's Coat）で、熱帯の植物であるが、早い時期に導入されてエリザベス朝の人々にずいぶん愛された。ジェラードはこれを見てひどく興奮し、「この珍しいフローラモールと呼ばれる花の美しさやすばらしさを描写することは私の技量を超えている。熱心な画家の筆は、みずみずしい色でこれを描き留めようとするが、どうしてもその手がとまってしまうであろう。というのはどの葉の色も、じつに美しいオウムの羽根の色に似ているからである。とくに、赤、黄色の縦縞、少量の白、緑とさまざまな色の混ざり合った羽根に似ている。その色合いについて言葉ではとてもいい表わせない。それは、この花について自然の神が自分の無上の喜びのうちに与え給うような、さまざまな色合いというべきものである」と書いている。

この種は、他の種類よりもむしろ寒さに弱いので、ハンフリーがいうように、「多くの庭師が、自分が修めるはずの大成功を仲間に見せて技が優れていることを示したいと熱望したが、何度試みてもその企てに失敗した」にもかかわらず、栽培され続けた。というのは、「人気が絶頂のときには、これよりも美しい植物がなかったのである」。トリコロール種は十九世紀になってもまだほめそやされており、例えばロビンソンは観葉植物としてすばらしいと書いたが、今日ではほとんど見かけない。

アマランツス・トリコロール
（和名ハゲイトウ）
（J. エドワーズ『植物百選』1775年）

ハナミズキ

Cornus
コルヌス

ミズキ科

コルヌス（*Cornus*）、英語名「ドッグウッド」（Dogwood）に属する植物の数は驚くほど多い。我々イギリス人に馴染み深い六種類の中には、園芸種以外にもちろん自生種もある。その自生種はサングイネア種（*C. sanguinea*）であるが、ジェラードは「雌のコーネル」（Female Cornel）とか「ドッグ・ベリー・ツリー」（Dog-berrie Tree）と呼んでいる。十九世紀には「ごくありふれた灌木」といわれていたし、斑入りの種類が時に育てられることがあったが、栽培植物といえるまでには至らなかった。以前から材はたいして役に立たないものとされていたし、実はジェラードがいうように「おいしくないし、鳥も好まない」が、ヨーロッパ大陸ではランプの油を採るために栽培されることがあった。古くはすでにパーキンソンが述べているのだが、「ドッグウッド」という名前の由来は実が「食用にはなりにくいし、犬にやるのも好ましくない」からだという人もいる。

　イギリスに導入された最初の外国産のコルヌスはヨーロッパ産のマス種（*C. mas*　和名セイヨウサンシュユ）で、「雄のコーネル」（Male Cornel）とか「コーネリアン・チェリー」（Cornelian Cherry）と呼ばれて、実を採集するために栽培されていた。昔の園芸の本には、果樹園・庭園向けの果樹のリスト中にこれが入っている。ターナーは一五四八年にはまだこの木を見ていなかったが、一五五一年には「私はイギリスのハンプトンコートにこの木があるという話を聞いた」と報告しているし、その後すぐに、タッサーがコーネット・プラム（cornet plums）やバーベリーを植えるのは一月の庭仕事の一つであると述べている。ジェラードによればこの木は彼自身の庭も含めて「珍しい植物を好む人の庭や上品な植物が植えられているような」庭で栽培されていた。十九世紀には人気があって、パーキンソンは「実が熟れるのが楽しみなので、たいそう好まれる」し、その実は「珍しい上、じつにおいしいから」好んで食べられるといっている。また収斂作用があるから薬用にもされた。イヴリンはこの実を摘む手段を工夫するべきだと主張しており、

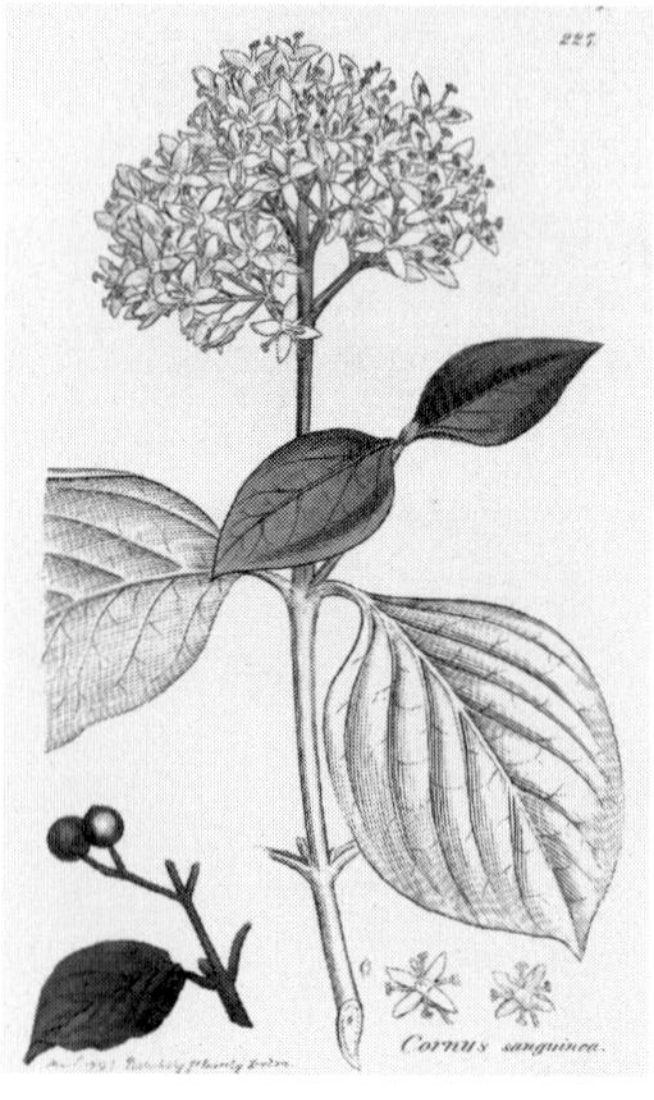

コルヌス・サングイネア
（EB第227図　1835年）

彼は「よくその実をフランス産のオリーヴだといい張った」と述べているが、ターナーはしばらく経ってから、「これはオリーヴと同じように塩水の中に入れて保存して」いたかもしれないといっている。一七八三年にブライアントは、この実を「枝からとってすぐに食べることはめったにない」といっているが、お菓子の「タルト等を」作るのに用いられ、それ以来、この木が「かつて」実をとるために栽培されていたという記述が見られるようになる。ところが十九世紀初め頃までに、そういう記述はほとんど見受けられなくなっていったので、フィリップスが述べているように「多くの人はこの木に美しい透明な実がなるということを知らない」のが現状である。

　実が利用されなくなって初めて、コルヌスは観賞用の植物として評価されるようになり、果樹園から庭園に移された。この木が最初に受けた本当の誉め言葉は一八二三年にフィリップスがいったものであった。一八二六年の『ボタニカル・マガジン』には、八月に実がなって美しい姿になると書かれている。この実が「紅玉随（後出）の玉のように、枝から垂れ下がっているのは見事な光景である」（フィリップス）。残念なことに、成熟した木であって、しかも気候条件が適合しなければ、このコルヌスにはまばらにしか実がならない。サングイネア種が「雌のコーネル」と呼ばれる理由は、未熟な実しかできないからであり、一方、マス種が「雄のコーネル」と呼ばれるのは、一五～二〇年間は、雄花しか咲かないからだとラウドンはいっている。若木がつける花は、ほとんど観賞に値しない。ジェラードは「小枝に葉が出る前に、黄色の花が咲くが、たいしたものではない、ほんの小さい花が咲くだけである」と書いている。一五〇年後、フィリップ・ミラーは、しぶしぶながらこの植物を認めている。つまり、「まったく美しくないけれど、他にほとんど花が咲かない頃に、たくさんの花をつけるので、庭に変化をつけるためにこの木を少しくらいは植えてもよいだろう」ということだ。しかし、この小さな花は見る人を明るくする独特の雰囲気を持っている。二十世紀になってやっと、二月に小さな黄色の花をつけるコルヌスがたいへんよい評価を得て、一九二四年にガーデン・メリット賞を与えられた。

　マス種の発育はきわめて遅いが、長命である。丈の低い木であるが、材が鉄のように硬いというので、長い間評価されてきた。トロイの木馬はこの木で作ったといわれている。槍の取っ手を作ってもよいものができる。ロムルスがこれから築こうとしているローマの境界線を決める時、槍をパラティヌスの丘（ローマの七つの丘の中心をなす丘で、ローマ皇帝が最初に宮殿を築いた丘）に向かって投げた。コルヌスでできている取っ手が地面につきささって、それから葉と枝が伸びて「生長していく様子は、ローマの領土が広がり、強くなっていくことを予言した」（スキナー）。その木は生長を続け、神聖な木であると考えられるようになり、暑い季節にはきちょうめんに水が注がれた。ウェルギリウスが語っている物語は、ポリドレという人が殺された時の話である。コルヌスやギンバイカで作られた槍の柄が森の中に飛んで行って、それが木になった。その後アイネイアスがそのうちの一本を引き抜こうとすると、その木は血を流した。この物語はコルヌスの中でも冬になると樹皮が赤くなる品種のことを特にいっているようだ。このコルヌスは、背景に常緑樹のギンバイカをもってくると、とても美しい木立になる。イギリスの野生のコルヌスは、ギリシア・ローマ時代から「ヴィルガ・サングイネア」（virga sanguinea、ジェラードは「血のついた杖」と英訳した）と呼ばれていたが、それほど鮮やかな色合いにはならない。皮が一番きれいな赤色になるのはアルバ種（*C. alba*）で「白いハナミズキ」という意味である。頭の中が混乱するが、この実が白色であるからつけられた名前である。アルバ種はシベリア原産である。サンクト・ペテルブルクのアマン教授が送ってきた種子を一七四一年にチェルシー薬草園でフィリップ・ミラーが育てた。この木は猛烈な勢いで増えていくから庭向きではないと考えられるが、二つの管理しやすい園芸種を生み出した。まず、片親がよくわかっていない矮性のシビリカ種（*C. sibirrica*）で、一八三六年のロッディジーズのカタログに初めて載せられた。もう一つは最近作り出された変種アトロサングイネア（*C. alba* var. *atrosanguinea*）で英語名は「ウェストンバート・ドッグウッド」（Westonbirt Dogwood）といい、冬になると、樹皮が他のどのタイプのものよりも鮮やかな赤色になる。しかしながら、矮性のものでさえ大きくなるので、普通一般の家の庭よりも公園向きの種類である。葉が美しい斑入りになる種類が二つあるが、それらはそれほど大きくならないから小形の植木鉢に入れても美しい。まず変種ヴァリエガータ（*C. alba* var. *variegata*）で、これは時にエレガンティッシマ（*C. alba* var. *elegantissima*）と呼ばれることがあるが、別の斑入りの変種（*C. mas* var. *elegantissima*）とは違い、葉が灰緑色で縁は幅広く白色になっている。もう一つが、金色の斑入りの変種スパエティー（*C. alba* var. *spaethii*）で、二十世紀の初めにベルリンのシュペート種苗園で作り出された。ラウドンがコルヌス・アルバという名で記述しているのはほんとうはアメリカ産のストロニフェラ種（*C. stolonifera*）のことで、英語名は「レッド・オシアー・ドッグウッド」（Red Osier Dogwood）である。アメリカ先住民はこれを「赤い縞のある実」という意味の「meenisan」と呼んでいた。このコルヌスは一六五六年より前に、息子の方のトラデスカントが育てていた。現在我々のいうコルヌス・アルバはロシア産で、自己主張が強く目立つ植物である。一か八かでやってみるのが好きな人に向いているコルヌスとしては、皮がきれいな黄色になる種類（*C. alba* var. *flavirramea*）がある。これも一八九九年にシュペートが紹介した。

　これまで述べてきたコルヌスが美しいのは葉や皮であって、花や実はほとんど重要でない。しかし、正確にいえば花ではなく、小さな花の房を取り巻いている大きくて見ごたえのある総包片がついている種類もあって、それは人間だけでなく昆虫も引きつける。まず最初に紹介されたのがフロリダ種（*C. florida* 和名アメリカヤマボウシ、ハナミズキ）で、マーク・ケイツビーが一七三一年に自著『カロライナ等の博物誌』の中で記述し、次のように紹介している。「三月の初めに花が咲き始める。きれいな花が咲くが、六ペンス硬貨の大きさもない。その後しだいに大きくなって人間の手の大きさになる。夏になると花は森を美しく飾り、実は冬の森を彩る。そしてたいてい春になるまで木の枝にそのまま残っている。ただとても苦いので飢死しそうにならない限り、鳥でも食べることはまずないが、私はマネシツグミなどいろいろな種類のツグミがこの実を食べているのを見たことがある。ヴァージニアで、バラ色の花をつけたコルヌスの木の一本を見つけたことがあった。その木は風で折れていたが、幸運なことに、倒れた木の枝から根が出ていたので、それを私は庭に移植した。フェアチャイルド〔ロンドンの種苗商で一七二二年に『ロンドンの庭師』を出版した〕が育てていた白い花が咲く種類であった。」

コルヌス・フロリダ
（和名アメリカヤマボウシ、ハナミズキ）
（CBM 第526図　1801年）

　ケイツビーの本にある絵では、ピンク色の花で、アメリカ先住民が「百の舌を持つ鳥」と呼ぶマネシツグミが一羽その木に止まっている。残念なことに、このきれいなアメリカ産の灌木はイギリスでは簡単には花が咲かない。この花が咲くためには夏は高温で、冬は寒くなければならない。イギリスのような穏やかではあるが不順な冬の気候では、この木は早く生長しすぎて、惨めな結果になる。イギリスで花が咲いたという記録が現れるのは、これが紹介されてからじつに三〇年後のことである。その時は晩餐会を開いて祝うほどの価値があると考えられた。一七六一年五月十七日、ピーター・コリンソンはエンフィールド・チェイスのサウス・ロッジのシャープから、自分の庭のフロリダ種の花が咲いたので、それを見物がてら

コルヌス・フロリダとマネシツグミ
（M. ケイツビー『カロライナ等の博物誌』）

コルヌス・ヌッタリー
（CBM 第8311図　1910年）

食事にきてほしいという招待を受けた。コリンソンはそれがケイツビーが記述し、描いているものと同じであることを知った。それは「私がこれまで見てきた何百という木の中で花をつけた唯一のものである。この木は一七五九年に花をつけ始めた」と書いている。十八世紀の間ずっと、何度も失敗して失望させられたにもかかわらず、栽培が続けられたのは、アメリカでこれを見た何人もの旅行者が、いかに美しかったかということを次々に記述しているのに励まされてのことであったろう。例えば、ペーター・カルム（一七七〇年）やウィリアム・バートラム（一七九二年）といった人々である。ケイツビーが書いているピンクのもの（*C. florida* var. *rubra*）はそのタイプの中では一番花を多くつける種で、南の国々では庭でとても大きく育つ。一九三七年にガーデン・メリット賞を受けた。

ヌッタリー種（*C. nuttallii*）はアメリカ西部の州の自生種である。これは一八二六年にデヴィッド・ダグラスが発見したが、最初はフロリダ種の地域による変異にすぎないと考えられていた。しかし、ヌッタリー種は平らで六枚の総包片のついた花序があるが、東部のフロリダ種は四枚の総包片しかないので、これらははっきり別種であることがわかった。総包片の一つ一つの先のところにつまみというかねじれがあって、それはおもちゃのコマとどことなく似ている。一〇年後、これを再度トーマス・ナットールが見つけた。彼はヨークシャーの人で、一八〇八年にアメリカに移住し、一八一八年に『北アメリカの植物の属』を出版するまでに何度も植物を求めて広範囲に渡って探検旅行をしている。後に、彼は鳥類学に関心を持つようになって、一八三二年にアメリカの鳥についての手引書を出版した。彼は、友人のJ・J・オーデュボンに、ヌッタリー種についての情報を送ったが、彼はこれははっきり別の種であると信じていた。

コルヌス・ヌッタリーとオウギバト
（J. J. オーデュボン『アメリカの鳥』）

また、その実を食べるハトについての情報も送った。オーデュボンは一八四二年に、有名な『アメリカの鳥』を編集した際に、この植物について記述し、見つけた人にちなんでその名前をつけた。オーデュボンの絵には、二種類のオウギバトが示されていて、その鳥は、「私の博識の友人、トーマス・ナットールが太平洋に向かって探検を進めていた際に見つけ出したので、彼の名前がつけられたすばらしいコルヌスの枝に止まっている。この新種コルヌスの種子は私がレイヴンスワース卿の所に送り、そこで発芽した。その結果、コロンビア川の豊かな谷にあったこの美しい植物が今ではロンドン近郊のニューキャッスル・アポン・タイン近くにあるレイヴンスワース卿の家の庭で、見ることができるようになった」と書かれている。この美しいコルヌスは、この属の中では一番高貴であるといわれている。カリフォルニアでは一〇〇フィートにも生長し、秋にはとても大きくなるので、「そこの住人もてあますほどだ」と『ガードナーズ・クロニクル』に書かれているのを『ボタニカル・マガジン』（一九一〇）が引用している。イギリスのコルヌスは、大ぶりの灌木で、耐寒性があり、十分大きくなると花が咲き、しかも秋に木全体が銀色がかった緋色に変わる前、花の季節の終わり頃に二度目の花が咲く。

コルヌス・コウサ
（和名ヤマボウシ）
（シーボルト、ツッカリーニ
『日本植物誌』第16図　1836年）

コウサ種（*C. kousa*　和名ヤマボウシ）は、それが見つかった日本の九州から名前がつけられたが、普通の庭向きのものとしては最上の種であろう。その花は一つ一つを見ればヌッタリー種の方がきれいだが、とにかくたくさん花が咲く。これは一八七五年に日本から紹介されて、一八九二年に第一級の花であるとの折紙をつけられた。優秀な変種キネンシス（*C. kousa* var. *chinensis*）は一九〇七年にウィルソンがアーノルド樹木園のために収集して、そこから一九一〇年にキュー植物園に送られ

コルヌス・カピタータ
（BR 第1579図　1833年）

コルヌス・カナデンシス
（CBM 第880図　1805年）

て来た。これは自生地ではフロリダ種に匹敵するといわれ、早い時期に花が咲き始める。実もよく実って、一九五八年には果樹としてメリット賞を受賞した。この実も食べられるといわれている。

　この属の中には、たいへん美しい常緑樹のカピタータ種（*C. capitata = Benthamia fragifera*、一八二五年にヒマラヤで発見）がある。だが、残念なことに、寒さに弱い。

　二つの小形の草本の種は、ロック・ガーデンを作る人にとって喜びではあるが、同時に絶望的気分にさせるものでもある。理由は育てるのが難しいと同時に取り除くのも困難であるから。その二種というのは、カナデンシス種（*C. canadensis*）とスエキカ種（*C. suecica*）である。スエキカ種はイギリス北部やスコットランドで野生の状態で生えており、スコットランドでは「Luc an Chraois」と呼ばれるが、「大食漢の花」の意味である。その名の由来は、実がおいしく食欲をそそることからきたらしい。カナデンシス種は一七五八年にコリンソンがイギリスに紹介したが、「ハリファックスやニューファウンドランドのあたりで生えており、〝焼きリンゴとか焼きナシ〟と呼ばれている」と記録している。

　コルヌスという名前がつけられたのは、テオフラストスの時代である。「ツノ」を意味し、この木がとにかく硬いことからきた名前である。マス種の実が「紅玉髄《コルネリアン》」と呼ばれる半透明で褐色がかった赤い色の石に似ているので、その名前がつけられたという人もいる。

　庭師は以前から別の種類であるといっていたが、最近植物学者によって正式に別の属に分けられたものがある。マス種は名前が変わらなかったが、例えばアルバ種やサングイネア種といったつる性で茎が赤い品種はテリクラニアと呼ばれる。派手な包葉を持ったヌッタリー種やフロリダ種などはベンタミディアスになって、草本種はかつて用いられていた名前のカマエペリクリメヌムに戻った。

　一言警告しておきたい。過去一二カ月のうちに狂犬に咬まれた人が、暖かい気候になる前にコルヌスの木（マス種でもサングイネア種でも）に触ると、その人は確実に狂犬病になる。医者であり、園芸家でもあったイタリア人のピエランドレア・マッティオリ自身が経験しているから間違いない。彼は一五七七年にその病気で帰らぬ人となった。

バーベナ

Verbena
ヴェルベナ

クマツヅラ科

イギリスに初めて入った南アメリカ産のバーベナは、ボナリエンシス種（*Verbena bonariensis*）であった。一七二六年、ブエノスアイレスから乾燥標本が送られ、その標本から採った種子をジェイムズ・シェラード博士が自分のエルサムの庭で発芽させたのである。彼もその兄のウィリアム（一六六六～一七二八）も優れた植物学者であった。ウィリアムはオックスフォード大学に植物学講座のポストを作り、ディレニウス（一六八四～一七四七）を初代植物学教授に任命した人物である。ディレニウスは、自分のパトロンであるジェイムズが育てている植物についての記述を一七三二年に『エルサムの植物』として出版した。

ボナリエンシス種以外のバーベナは、十八世紀の終わり頃イギリスに導入されたが、その中でまず重要だと思われるのは真紅のカマエドリフォリア種（*V. chamaedrifolia*）である。これはペルヴィアーナ種（*V. perviana*）ともメリンドレス種（*V. melindres*）とも記される。メリンドレスという種小名は、この花の自生地での呼び名からきている。この花がブエノスアイレスの近郊でたくさん咲いているのをプーセット氏が見つけ、種子を一八二六年に「ビッグノーパークのJ・ホーキンズ氏」のもとに送ったが、一八二七年にそこで初めて開花した。そしてその後、どこでも栽培できるようになった。一八四四年にラウドン夫人が「この花のない庭やバルコニーはめったに見られない」と記述していることからもそれがわかる。ほぼ同じ頃、モーンドは、色があまりにも強烈なので「平静な気持ちを失わずにそれを見続けることはできない」といっている。自分の出す色を自慢するような芸術家は「この花を見て、思い上がりの心を抑え」た方がよいとも忠告している。今日、あまりこの植物が見られないのは、比較的寒さに弱いためであろう。ヴィクトリア時代の庭師は、バーベナを移植する前に、花壇の土中深さ六インチの所に、バスケットの蓋とか小さな編み垣を置いておき、冬が近づくと植物に触れることなく全体を持ち上げて、涼しい温室の中に入れるというような工夫をした。そうすると、この花が冬中ずっと咲き続けるのである。現在はもっと馬鹿な扱いをしているからうまく咲かせられないのかもしれない。

ヴェルベナ・
カマエドリフォリア
（BR 第1184図　1828年）

美しい花壇用バーベナ、ヒブリダ種（*V.*×*hybrida*）はたいへん人気がある。一八二六年から一八三七年の間に南アメリカから紹介された三種、カマエドリフォリア種、インキーサ種（*V. incisa*）とトゥエーディー種（*V. tweedii*）の交雑の結果生まれたものである。すぐに人気を博し、一時期は草花愛好家の扱う人気植物として、美しい花はもっぱら品評会の展示用に栽培されていた。一八八〇年代までにはきちんと名前のある変種が六〇～一〇〇種もあり、今日でもその数は多い。最近仲間に加わった耐寒性の種はコリンボーサ（*V. corymbosa*）で、一九二八年にクラレンス・エリオットがペルーから持ち帰ったものである。

ほとんどのバーベナは新世界の自生種だが、わずかな例外があり、その一つがイギリス野生の「バーベイン」と呼ばれるオッフィキナリス種（*V. officinalis*）である。際立って美しいわけではないが、外見以上のものがこの花には隠されている。この植物は昔から宗教や魔法と関係があった。ローマ時代にジュピターの祭壇を清めた聖なる植物の一つがこれである。ペルシアでは、太陽を崇める儀式で巫女が手にしていたし、魔法にも薬用にもドルイド［キリスト教浸透以前のケルト族の僧で、予言者、詩人、裁判官、妖術使いでもある］が用いていた。「バーベインとディルは魔女の力を注いでくれる」との言い伝えがあるし、ドレイトンは「神聖なバーベインは魔よけによく効く」といっている。バーベインという名前は、ケルト語で魔女の薬草を意味するフェルファエン（Ferfaen）からきている。ハンガリーでは「錠前はずしの薬草」と呼ばれた。泥棒が手のひらの切り傷をこの葉で治せば、その手はちょっと触わるだけで錠前を開ける力を持つといわれていたからである。こんな呆れた利用法がとても多いので、この植物は「愚か者の楽しみ」とも呼ばれた。また家から四分の一マイルを超えて栽培してはならないといわれた。ある治療法に、その根を一ヤードの長さのサテンのリボンで、患者の首に病気が治るまで結びつけておくというのがある。「この植物の葉は、憂鬱症の治療薬として、お茶のようにして服用されている」とトゥルヌフォールは記している。

ヴェルベナ・オッフィキナリス
（EB第883図　1852年）

バーベナはハーベナ、つまり「よい薬草」という意味のヘルバ・ボーナ（herba bona）から転化したものであるといわれる。「異教徒の間でたくさん用いられているので、宗教や信仰に役立つ植物を総称する名前になった」からだとトゥルヌフォールは書いている。チークの木（*Tectona grandis*）と木立性のレモンバーベナ（*Lippia citriodora*）は同じクマツヅラ科である。

バラ

Rosa
ロサ

バラ科

私の心はなぜかいつもバラを見ては開いたり閉じたりする。

ダグラス・ジェロルド
『コードゥル夫人の寝室話』一八五二

バラは軽視しがたい歴史を持っている。昔からある花なので、意味不明の物語もたくさんあるが、多くの専門家が広範囲にわたる研究をしており、大所帯ではないが複雑な属である。というのは、バラは交配がとても簡単なので、種ごとに多くの変種があるし、人間とも長い付き合いを重ねているからである。バラ属はすべて北半球が原産地であり、三〇〇〇年以上も前から栽培されて、約一二〇種あると考えられている。しかしそのうちわずかなものだけが庭向きのバラへの改良にかかわってきた。

最初バラの種類はごくゆっくりと増加していった。パーキンソンは一六二九年に「バラには多くの変種があって、ほとんどは美しい」と述べている。パーキンソンの庭には「少なくとも三〇種」あって、その中に野生種は入っていない。一〇〇年以上経ってもその数は四六にしか増えておらず、十八世紀の終わりにイギリスで最初のこの花に関する専門書が印刷されたのであるが（ローレンス『バラの収集品』一七九九、九〇種が記載されている）、まだ三桁になっていない。しかし十九世紀の最初の二五年間にその数は急激に増え始め、一八二六年のロッディジーズのカタログには一三九三の種や変種が載っている。それ以来新品種は目まぐるしい速さで現れ、一九二五年から三五年の絶頂期には、毎年約二〇〇もの品種が新たに作られていた。

ヨーロッパやアジアの至る所に、バラについて多くの文献や言い伝えがあるが、この本ですべてを扱う余裕はないからイギリスのバラについての話に限りたい。「バラの花は美しいが枝には刺がある」という言葉がある。イギリスのイバラはアルヴェンシス種（*Rosa arvensis*）、ピンピネリフォリア種（*R. pimpinellifolia*）、ルビギノーサ種（*R. rubiginosa*）、ヴィローサ種（*R. villosa*）と、ドッグ・ローズすなわちカニーナ種（*R. canina*

ロサ・カニーナ
（ドッグ・ローズ）
（MB 第139図　1793年）

和名ヨーロッパノイバラ）の五種類である。カニーナ種は近縁の一三種に分かれている。また帰化したものも四種ある。野生の状態で交雑した種がたくさんあって、ウサギどん〔アンクル・レムズ物語に登場する主人公〕のように、「牧場のイバラの生えた場所で育った」植物学者にしか区別はできない。

これらの自生のバラは庭向きの種を改良していくのにはごくわずかな役割しか果たしていないが、がく片や花弁について基本的なバラの形を区別するのには役立っている。カニーナ種のつぼみを覆っているがく片の縁には切れ込みが見当らないがつぼみが開くとギザギザがあるのがわかる。このことがラテン語や英語で書かれ、中世に人気があった様々なヴァリエーションを持つなぞなぞに素材を提供している。

　我々は同じ時に生まれた五人の兄弟である。
　二人は生まれた時からひげがある。
　他の二人にはまったくひげは出ない。
　ところが五番目の兄弟にはひげが片方にしかない。

イギリスの栽培種のバラについての最初の記録はウィリアム・ルーファス（一〇八七～一一〇〇）の統治時代に現れた。サクソン王の子孫で、征服された後ウィリアムの弟のヘンリー一世と結婚した若いマチルダに会おうとして、ウィリアムは彼女の伯母のクリスティーナが彼女をかくまっていたロムセイの修道院の回廊に、「バラなどの花を愛でたいだけである」（ペヴスナー『サウスウェルの植物』一九四五）という口実で入った。

イギリスで後に有名になった白と赤のバラは「すべての我々の祖先の王たちが、自分たちの尊厳を表すものとして用いた」とパーキンソン（一六二九年）は書いているが、両者ともフランスから来たものである。白のバラは一二三六年にヘンリー三世と結婚したプロヴァンスのエレノアの紋章であり、彼女から息子のエドワード一世に譲られた。エドワード一世はその紋章を金色のバラに変えたようである。彼女の次男のエドモンドは第一代ランカスター伯爵で、一二七五年結婚した後シャンパーニュ伯爵になってしばらく暮していたプロヴァンスから、のちに自分の紋章として用いるようになる赤いバラを母国に持ち帰った。だから、バラ戦争の原因となった修道院の庭での有名な口論の何世代も前からこの一家のものであった。ただし、シェイクスピア研究の権威者、ホリンシェッドはこの事件についてまったく記述していない。『不思議の国のアリス』の中で公爵夫人の白いバラを塗り変えて赤いバラにした庭師の話と同程度の信頼しか置けないのであろう。バラ戦争は一四八五年にヘンリー七世とヨークのエリザベスが結婚することで終わり、二家の紋章は合体し形式化されたチューダーのバラになった。その頃「ヨークとランカスター」という名の赤と白のダマスク・ローズがウィルトシャーの僧院の庭で発見されたといわれている。このバラの発見は何かが起こる前兆であると考えられたが、あまりにも都合よい事件なので、発見の信憑性については疑問視されるが、このバラは一五五一年より前にその名前で確かに栽培されていた。ジェラードは一五九七年に『本草書』で一七種のバラについて書いているが、最も重要なものはガリカ種（*R. gallica*）、モスカータ種（*R. moschata*）、ダマスケーナ種（*R. damascena*）、アルバ種（*R. alba*）、ケンティフォリア種（*R. centifolia*）の五種で、これがバラの五大祖先である。

　ガリカ種はヨーロッパ自生の唯一の赤いバラである。その他のものは濃いピンク色以上にはならない。これを同定するのは比較的簡単である。古代メディアやペルシアの拝火教にとって神聖なバラであり、紀元前十二世紀頃に宗教上の儀式のために栽培していたと信じられている。そうであれば、栽培されたバラの一番古い例であるといえよう。これはローマ人のいう「ミレトスのバラ」であったと考えられ、ローマ帝国が広がっていくにつれてどこでも栽培されるようになっていた。これがイギリスにいつ導入されたかはどこにも記録がない。ウィリアム・ルーファスが愛でたバラはこれであったかもしれない。七世紀にベネディクト派の僧か、もしくはローマ人が持って来たとも考えられる。

ロサ・ガリカ
（MB 第141図　1793年）

　「歌王」（le Chansonnier）と呼ばれるチボー四世（一二〇一～一二五三）はシャンパーニュとブリーの伯爵でナヴァラ〔フランス南西部及びスペイン北部にまたがる地域〕王国の王であった。一二三九～四〇年に行った十字軍遠征の帰国の際にプロヴァンスにバラを持ち帰ったといわれている。一二六〇年頃に書かれた『薔薇物語』には「サラセンの土地から来たバラ」という記述がある。十字軍に参加した人の荷物の中にいくつかの種類のバラが入っていたことは考えられることである。

　チボーが導入したバラが有名なプロヴァンスとかアポセカリーローズと呼ばれるガリカ種の変種（*R. gallica* var. *officinalis*）であった可能性はある。これは赤い半八重の花が咲き、花びらは、ダマスク・ローズとは異なり、枯れた後も色や匂いが残る、いやむしろ増加さえするという性質がある。さらに、その他のバラは弛緩させる作用があるのに、これには収斂作用がある。プロヴァンス地方は十三世紀から十九世紀に至るまで薬用のバラの栽培で有名であった。ランカスター家のエドモンドの妻の名前はブランシュで、チボーの末息子「肥満したヘンリー」の未亡人であったが、一二七九年頃に本国に持ち帰ったのがこのバラであるというのはおそらく正しい。確信を持っていえるのは、ただ、「赤いバラはイギリスの紋章であり、この国では人の記憶が及ばないほど昔から栽培されていた」（一三六八年、ヨークにあるメリー修道院の僧が書いたもの。シェファードが引用している）ということだけである。

　ガリカ種のグループに属し、かなり昔から栽培されていたと考えられているバラは縞模様のロサ・ムンディ（Rosa Mundi）と呼ばれるガリカ種の変種（*R. gallica* var. *versicolor*）である。これはヘンリー二世の愛人で、「うるわしのロサムンド」と関連づけてよく語られる。彼女は一一七六年に、嫉妬した王妃のエレノアによって殺されたと信じられている。実際にはこのバラについての記録は一五八三年までまったくない。この年にこのバラが別の名前でヨーロッパ大陸で栽培されていたようだが、イギリスでは十七世紀の中頃までまったく記録がない。ハンマーは一六五九年にこれは新種のバラであるといっているが、その数年前にノーフォークでガリカ種の枝に突然変異として現れたものであった。一六六二年にトーマス・フラーは、ノーウィクの町について「バラの中のバラ（ロサ・ムンディ）はこの町で最初に姿を見せた」といっている。「世界の」（mundi）バラがその名前の音のせいでロザムンドと結び付けられたというのはありうることで、後世の庭師がこのバラの名前を「月曜日のバラ」（Rose of Monday）と変えたのとまったく同じことであろう。

ロサ・ガリカ・ヴェルシコロール
（CBM 第1794図　1816年）

　モスカータ種、英語名「マスク・ローズ」（Musk Rose）も簡単に同定できる。というのはこれは五大祖先の中で唯一のツルバラであるから。それでシェイクスピアは妖精ティターニアのあずまやにこれを選んでいる。もともと東洋のバラで、自生地はヒマラヤであるが、地中海や近東の国々でははるか昔から栽培されてきた。バラのエキスが採れる一種である。ハックルートはイタリアから手に入れたと書いており、同じ本の中で、「ク

ロサ・モスカータ
（マスク・ローズ）
（ルドゥテ『バラ図譜』）

ロムウェル卿が旅の途中で」見つけて持って帰って来た三種類のプラムに名前をつけたとも書いている。この時にクロムウェルがバラも持ち帰ったかどうかははっきりしないが、もしそうであれば、このバラの入って来た時期は一五一三年頃ということになる。なお、ターナーはこのバラを一五五一年には知っていたし、ジェラードは一重のものも八重のものも持っていた。匂いがよいのでエリザベス朝の人々が大変好んだという。匂いは昼間よりも夜のほうが強く、パーキンソンが述べているように、花びらよりも雄しべの方がよく匂う。レッド・ローズやダマスク・ローズの匂いとは違って、マスク・ローズの匂いは遠くまで届くから、天候が邪魔しなければ遠い所にいてもそれとわかる。このバラはどちらかといえば寒さに弱いので、イギリスでは最上の状態に育つとはいえない。暖かい気候では、よく匂うだけでなく、一年に二、三度開花するので増殖していく上でたいへん価値がある。

　有名なバラではあるが、長い間マスク・ローズの子孫であるかどうか疑問視されていたのがオータム・ダマスクである。昔の植物学者はこれを一種として、少なくとも一グループとして認めることに懐疑的であったが、ハースト博士の研究でダマスケーナ種（*R. damascena*）はわずかに親が違う二種の交雑種であることがわかった。サマー・ダマスクは、ガリカ種とフォエニケア種（*R. phoenicea*）から生まれた。フォエニケア種はシリア原産の野生のバラで、交配の片親に用いられる以外には重要性はない。オータム・ダマスクはビフェラ種（*R. bifera*）とか「月咲きバラ」（Monthly Rose）または「四季咲きバラ」（Four Seasons Rose）と呼ばれる。これはガリカ種とモスカータ種（*R. moschata*）からできた種である。オータム・ダマスクは季節はずれに花をつけるという性質をモスカータ種からわずかに受け継いだ。二度目の花は豊富に咲くとはいい難いが、他のバラが一年に一度しか花をつけなかった時代には高く評価されていた。一年に二度咲くバラのことは古代ギリシア人も知っていたから、この交配はかなり昔に、おそらく野生の状態で起こったものであろう。

　ダマスク・ローズはバラ水やバラのエキスを作るのに最上の種であると考えられていた。それでシリアでは十世紀にはすでに大規模に栽培されていた。しかし、西ヨーロッパには比較的遅く入って来たようだ。スペイン人のモナルデス博士は一五五

ロサ・ダマスケーナ
（オータム・ダマスク）
（ルドゥテ『バラ図譜』）

一年にペルシアとアレキサンドリアのバラについての論文を書いた際に、ダマスクがヨーロッパで知られるようになってからまだ三〇年ほどであると記しており、このバラを「ダマスケナエ」(Damascenae) と呼んでいるのはこのバラだけで有名になったダマスカスから来たからであると述べている。十字軍に参加した人がダマスカスから持ち帰ったという言い伝えがあるので、このようにいわれているようだ。

ダマスク・ローズは「ヘンリー七世とヘンリー八世の主治医であったリナカー博士」がイタリアからイギリスに紹介したとバックルートは書いている。リナカーは一五二四年に死亡しているが、モナルデス博士が考えているこのバラがヨーロッパに入って来た時期に十分合致する。だが「ヨークとランカスター」と呼ばれている突然変異が一四八五年に現れたといわれているのはかなり疑わしくなってくる。フランシス・ベーコンは一六二七年に、ダマスク・ローズは「一〇〇年前にはイギリスではまったく知られていなかったが、今ではどこででも見られる」と述べている。ダマスクの興味深い変種は一八八四年に『絵入りロンドンニュース』に載せるための取材旅行をしていた画家がウマール・ハイヤーム(一〇四八?～一一二二)(ペルシアの数学者、物理学者、天文学者、医学者、哲学者、西洋では『ルバイヤート』の作者として有名)の墓所で採集して、編集者のバーナード・クオリッチのところに送って来た種子から育てられた。これは他のバラとは異なったまったく新しいものであることがわかり、ウッドブリッジ近郊のプールガーの墓地にある『ルバイヤート』の翻訳者、エドワード・フィッツジェラルドの墓にその挿し木が植えられた。そこではいくらかの変遷があったが、今もその子孫が花をつけている。

五大祖先のうち、これまで述べたバラ以外もまた交雑種である。アルバ種は今ではダマスケーナ種からできたと信じられているが、それの母親はカニーナ種の白である。アルバ種を通してカニーナ種はイギリスの庭向きのバラの本流に滑り込んで来た。白いバラは昔からある花で、ローマ人が栽培していたし、イタリア・ルネサンスの絵画の中でよく見かける。イギリスで時に野生の状態で見ることはあるが、イギリスの自生種ではない。これが入って来た時期はわからないが、ヨーク家の白バラはアルバ種であったというのが大方の意見である。後にこれはジャコバイト〔ジェイムズ二世派の人々〕のシンボルとなったが、理由はこのバラはフランスの王族と昔から関係があったということと、花言葉が「秘密」だからであった。このバラが「秘密」のシンボルになったのはキューピッドが母親のヴィーナスの浮気を秘密にしておくためにハポクレイトに賄賂として金色のバラを贈ったことに由来する。また、ローマ人は夕食後バラの花輪をつけて朝になったら二度と話すことはない噂話にふけったためだともいう。北方の国々では私的なあるいは重要な会議ではテーブルの真上にバラを吊るすのが習慣になっている。その後にダンス部屋の天井や懺悔室のドアの上にバラが彫刻さ

ロサ・アルバ
「グレイト・メイドゥンズ・ブラッシュ」
（ルドゥテ『バラ図譜』）

ロサ・ケンティフォリア
（MB 第140図　1793年）

れるようになった。特に白バラがなぜこの象徴と結び付いていったのかは説明できないが、いろいろな作品を見ると、秘密を守っているのは常に二つのつぼみがついている白いバラである（また、特に乾燥した白バラは「純潔を失うことに勝る死」の意味がある）。一七一五年〔ジェイムズ二世の遺子の老僭王（Old Pretender）が、王位奪回を図ってスコットランドに上陸、ジャコバイト反乱を起こすが失敗〕と一七四五年〔老僭王の子若僭王（Young Pretender）が、スコットランドに上陸し、イギリス中部まで攻め入るも、翌年カデロンの戦いに破れ、ジャコバイト反乱再び失敗〕の余韻が消えてかなりたった後でも、敗北したジャコバイト反乱軍の熱心な支持者は老僭王の誕生日の六月十日には白バラを身につけていた。アルバ種がすべて白というわけではないが、たいていは明るい色合いで、一番よく知られた品種はおそらく「乙女のはじらい」（Maiden's Blush）であろう。ヨーロッパ大陸では「妖精の太もも」という名で知られている。そして特に濃い色の場合は「妖精エミューの太もも」という。ターナーは一五五一年にこの品種のことを「インカーネーション・ローズ」（Incarnation Rose）という名前で記録している。当時カーネーションは「肉の色」という意味であった。

　バラの五大祖先の最後はいわば詐欺師のようなものである。他の四種が少なくとも二十世紀以上の歴史があるのに、これはわずか四世紀前にできた成り上がりである。ローマ人とルネサンス時代の人とではその描写にかなりの違いがあるけれども、イギリスにあるケンティフォリア種はテオフラストスやプリニウスが述べている「百葉バラ」（Hundred-leaved Rose）であると長い間信じられていた。しかし、最近の研究で、異なった四種（ガリカ、フォエニケア、モスカータ、カニーナ）からできた、おそらくアルバ種とオータム・ダマスクの交雑による複雑な変種であろうことがわかった。このバラについての記述であることが確かなものは一五八〇年より以前に遡ることはできない。おそらくオーストリアを通って東洋からやって来たと考えられるが、オランダとフランスの両方がこのバラの自生地であると主張していた。昔の本では「オランダ百葉バラ」（Dutch Hundred-leaved Rose）とか「プロヴェンス・ローズ」（Provence Rose）と呼ばれているが、後者のものはこれよりかなり以前からある「プロヴィンス・ローズ」（Provins Rose）と混同された。特に両方ともによくProvinceと綴られたから、どちらの花のことかわからないということがよく起こった。後になって、詩的な表現を好まない世代は「キャベッジ・ローズ」（Cabbage Rose）という名前をつけているが、今日のキャベツとは形が違う。今日のキャベツに似ているのはティー・ローズ系の繊細でとがったつぼみであろう。その匂いは豊かで甘い。十九世紀にはこのタイプの花はまさにバラそのものであると考えられていた。「他のものはすべて変種にすぎないが、この堂々とした花はバラそのものである」（ルイザ・ジョンソン『女性の庭仕事』）と一八三九年に女性の庭師が書いている。

　普通に予想できることであるが、ケンティフォリア種の完璧な八重の園芸品種は受精しない。しかし、種子ができないことを償いたいと思っているかのように、これには多くの枝変わり〔芽状突然変異〕の変位部ができる。最も有名なものが変種のモス・ローズ（*R. centifolia* var. *muscosa*、マスク・ローズの学名がモスカータで、モス・ローズがムスコーサなのは逆のように思える）である。これもまた初期の歴史はよくわかっていない。一六九〇年代にフランスのカルカッソンヌで知られていたという不確かな記録があるが、一七二〇年には確かな記録がある。つまりこの年に、ライデンの薬草園の植物についてブールハーヴェが作ったリストにこれが載っているのだ。一七二四年にはケンジントンの種苗商ロバート・ファーバーのカタログに載っている。

ロサ・ケンティフォリア・ムスコーサ
（CBM 第69図　1788年）

　増殖するのが困難であるから、十八世紀の終わり頃まで実際には広く出回ることはなかった。一七八五年にマーシャルはモス・ローズは「他のどれよりも遅く探し出された」といっているが、もしモス・ローズが一般的になっていたら、不完全な植物であると考えられたであろう。というのは「このモスには強く不快な匂いがあって、べとべとするものがついている」からといっている。しかし、後のヴィクトリア時代の人々にとってはモス・ローズはそれまでのバラにはなかった美しさをつけ加えたのである。バンヤードは「このバラが美しいと同時に心地よいというのがわかった時に心が騒いだとしても不思議はない。心地よいという感覚は、ヴィクトリア朝の人々の趣味の中心にあったものだから」といっている。

モス・ローズの交配種が作られ、改良されていったのは主としてイギリスである。初期のものの多くは、元を正せばキャベッジ・ローズの突然変異体であったから、時にキャベッジ・ローズに戻ることもある。わずかではあるがダマスクから出て来たものもあって、モスのような形の芳香のあるノイバラが記録されている。

これらの五大祖先のバラとその変種に、後に出る、さほど重要ではないわずかな種を合わせたものしか、十八世紀の終わりまで庭で栽培されていなかった。それらのうちの一つオータム・ダマスクだけが一年に一度以上花をつける。昔の本にはシーズン以外にバラの花を咲かせようとして多くの奇妙な種が取り上げられている。

十九世紀の初めに突然、しかも目をみはるようなバラ栽培の発展があったのは中国から庭向きのバラが入って来たためである。貴重な「二季咲きの」、または中央アジアのバラに特徴的と思える性質である「四季咲きの」ものがいっしょに導入された。中央アジアではいろいろな種の四季咲きがあって、例えば、ヒマラヤのマスク・ローズもそうである。中国のバラはおそらく近東のバラと同じくらい昔から栽培されており、八重の中国のバラ（間違ってリンネはインディカ種（*R. indica*）という名前をつけたが）は十世紀の絵画に現れているが、今日の姿とほぼ同じである。野生の原種は驚くほど力強く巻きついていくツルバラのタイプであるが、一八八五年にやっと発見されキネンシス種（*R. chinensis*　和名コウシンバラ）という名前がつけられた。

中国産のピンクのバラは、一七五二年にはフィリップ・ミラーが育てていたようである。しかし、それ以後一七八九年までそれについては何も記録がない。その年、二つの新しい変種「スレイター」の緋色と「パーソン」のピンクが現れた。最初のものはカルカッタのある庭で咲いていたものを東インド会社の社員が理事であったギルバート・スレイターのために持ち帰ったものである。このバラは彼の温室で一七九一年頃に花をつけた。そして「スレイターは貴重な収穫物を自分と同じようにバラの増殖に努めている人々にすぐさま分け与えたので、このバラは間もなく近くの町の主要な種苗商が多く扱うようになった」という（『ボタニカル・マガジン』一七九四）。これは矮性の灌木で濃い赤色の半八重の花をつけるバラであり、リンネの標本と異なるので、センペルフローレンス種（*R. semperflorens*）という学名がつけられた。ピンクの変種の導入については二つの説があり、両者はかならずしも両立しなくはない。一つはエイトンの説で一七八九年にジョゼフ・バンクス卿が手に入れたと

ロサ・センペルフローレンス
（CBM 第284図　1794年）

いうものであり、もう一つは一七九三年にリックマンズワースのパーソンの庭で最初に花が咲いたとアンドリューが述べているものである。パーソンズ・ピンク・チャイナ、または単にチャイナ・ローズと呼ばれるこの種は赤花種よりも寒さに強いので、ムーアの『夏の終わりに咲くバラ』（一八二二）の中で記述されているものといわれている。二季咲きの変種であったに違いないこのバラは、ポピュラーな灌木になった。一八二三年には、どんな田舎家の庭にもあって「このバラはごく小さな挿し木でも育つから、我々の生垣の列の中に入り込んで来るのを見たいという希望はかなうだろう」とフィリップが書いている。

もう一つの重要な中国産のバラがすぐ後にやって来た。それが最初のティー・ローズで、東インド会社の代理人が広東近くにあるファ・テ種苗園で買って、一八〇八年にウォートレーベリーのエイブラハム・ヒューム卿に送って来たのである。この

ロサ・オドラータ
（ルドゥテ『バラ図譜』）

「茶の匂いのする赤い中国産のバラ」（Blush Tea-scented China）はオドラータ種（*R. odorata*）という名前がつけられたが、キネンシス種とヒマラヤ産で大きくなるが寒さに弱いツルバラ、ギガンテア種（*R. gigantea*）との交配種で、後者の方が優勢を占めている種であると今ではわかっている。茶の香りがしないから、その英語名は長い間庭師を悩ませた。しかし、新鮮な茶の葉を潰した時の匂いに似ていると思われる。このバラは今では見られない。絵によってそれがどのような姿であったか知ることができるけれども、匂いは永久にわからない。その後約二〇年経って、一八二四年に、同じような親（これも今はない）からできた黄色のティー・ローズを、やはりファ・テ種苗園から、その頃園芸協会のために収集していたジョン・ダンパー・パークスが購入した。これによって、園芸種にさらに繊細な色合いをつけ加えることができた。

これらの四つの中国産のバラと五大祖先からすでに作り出されていた花とを交配して、十九世紀の庭に植えられたバラの主要なグループのすべてが作り出された。ここでは細かいことを書いている余裕がないが、要するに、「パーソン」のピンクとマスク・ローズが交配されてノアゼット（Noisette）が生まれ、オータム・ダマスクと交配してバーボン・ローズ（Bourbon Rose）が生まれた。これらの二種と中国産のティー・ローズ二種とを交配してティー系が作り出された。また交配種の四季咲きのものはとても複雑な祖先から作り出されているが、その親としてティー・ローズ以外のほとんどすべての種が含まれている。それらすべてが四季咲きというわけではなく、ロビンソンは「ごく短い期間だけ花が咲くバラ」につける名前で苦心している。

ティー系の花はこの上なくすばらしかったが、寒さに弱く温室用の種であった。だから耐寒性のものを手に入れるために交配種の四季咲きとかけ合わせ、交配種のティー系を作り出した。これが今日のバラの主要な親である。最初各々の種ははっきりと違っていたが、「改良」を目指して何度も交配が繰り返されたのでそれぞれの個性は普通のバラらしさ程度になってしまった。ガートルード系はまさにそうだといえるが、「バラはバラなのであって、バラ以外ではない」のである。今生き残っている昔作られたグループのバラは多くのヴィンテージカー〔一九一七〜三〇年に製造のクラシックカー〕と同じように忘れ去られることなく、バラ愛好家の「興奮しやすい、厳密さを要求する同好の志」（ヒッバード）のグループでは高い値段で取引きされる。

真紅の中国産のバラは、その種を改良していく上でとても大きな影響があったが、矮性というより小形といってよい変種で、これは「とても狭い所で育つからコーヒーカップの中でも育てられるかもしれない」とカーティスはいった。そしてそのグループからいくつかの小さいフェアリー・ローズ（Fairy Rose）の中でも本当の極小品が作られた。その原種についての意見は様々であるが、おそらく二種の異なったバラがあげられるのが普通だろう。一つは一八〇五年にコルヴィルの種苗園でパーソンズ・ピンク・チャイナから作られたインディカ・プミラ種（*R. indica pumila*）であり、もう一つはモーリシャス島から導入され、一八一〇年にフランス人の手を経てイギリスに入ったものである。『ボタニカル・マガジン』の中の絵は「陸軍省のハドソンによってもたらされた」標本から描かれたものである。この小形の一重のバラは、インディカ・ミニマ種（*R. indica*

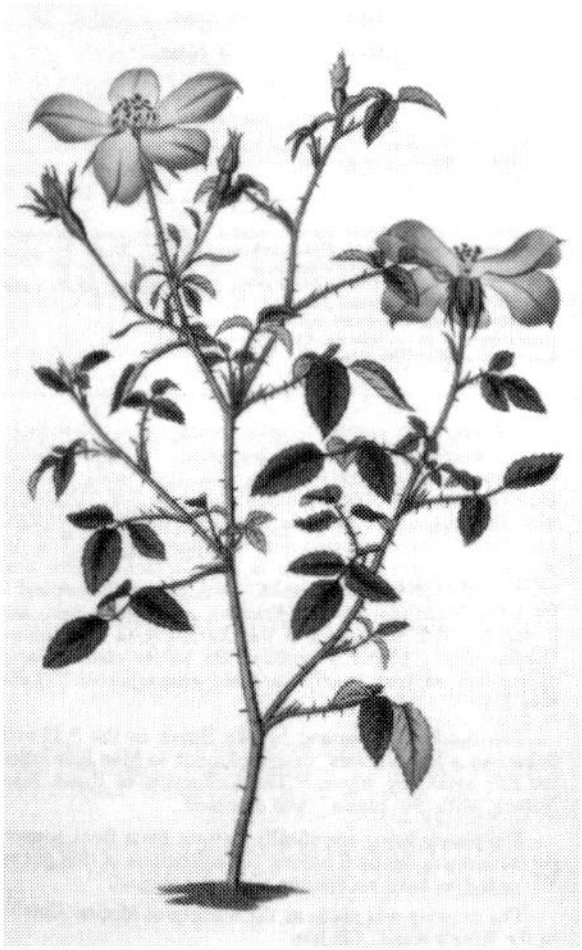

ロサ・ラウレンケアーナ
（BR第538図　1821年）

ロサ・ルゴーサ
（和名ハマナス）
（シーボルト、ツッカリーニ
『日本植物誌』第28図　1838年）

minima）とかラウレンケアーナ種（*R. laurenceana*）と名づけられた。後者は、『バラの収集品』（一七九九）の著者メリー・ローレンス女史に敬意を表してつけられた学名である。彼女は当時、植物画家の第一人者であった。

一八三六年までに極小のバラは一六変種あった。そのうちの一つは後に「ニワトリの卵の殻の半分で美しい満開の八重の花の灌木全体を覆うことができるであろう」と記述されたことがあるほど小さい。また、モーボルジェというスイスの田舎で窓台におく植木箱の中で育てられているのを、第一次世界大戦の間にルーレット大佐が見つけて、一九二二年頃にロウレッティー種（*R. roulettii*）という名前で分類されたバラがある。フェアリー・ローズは今ではアメリカ合衆国でとても人気があって、一六〇もの変種が栽培されている。

ティー系のバラや中国産のバラが、十八世紀から十九世紀の変わり目にイギリスに届けられた唯一の種というわけではない。他にもいくつか重要なものがある。ルゴーサ種（*R. rugosa*　和名ハマナス）は日本産のラマナス・ローズ（ramanas rose）で、中国と日本ではかなり昔から庭で栽培された。このうちの二つのタイプが一七九六年にリー＆ケネディー商会で増殖されたが、一八四五年頃にシーボルトが日本から再び紹介するまでは広く知られていなかった。その最初の交配種は一八八七年に初めて現れたが、これは親として（むしろ祖父母として）重要になっている。コルデスが交配した成果は「マックス・グラーフ」と呼ばれる。その他の東洋から来た新種はみんなツルバラであった。バンクシアエ種（*R. banksiae*　和名モッコウバラ）、ブラクテアータ種（*R. bracteata*）、ムルティフローラ種（*R. multiflora*　和名イバラ）と遅れてやって来たヴィクーリアーナ種（*R. wichuriana*　和名テリハノイバラ）などがそれである。

バンクス夫人の名前がついているバラのうち四種について述べると、まず最初に来た白の八重咲きはウィリアム・カーが広東の近くの庭園で手に入れて一八〇七年にキュー植物園に送ったものである。植物学者ロバート・ブラウンがキュー植物園園長ジョゼフ・バンクス卿の夫人に敬意を表して学名をつけた。八重の黄色種はパークスが園芸協会のためにカルカッタ植物園で手に入れ、一八二四年に東インド貿易船ローザ・キャッスル号に積み込んで黄色のティー系のバラといっしょに本国へ送ったものである。クラーク・エーベル博士が一八一六年に北京で黄色の一重のものを記録しているが、イギリスには導入されなかった。これは一八七一年にフィレンツェの植物園とトーマス・ハンベリー卿のリヴィエラの植物園を経由してイギリスにやっと到着した。

一重咲きの白バラは一九〇五年までイギリスでは知られていなかった。この年、スコットランドのストラセイのメギンチ城で長年育てられていたバラにいっせいに咲いた花が一重で白色であった。そのバラは一七九六年にメギンチのロバート・ドラモンドが中国から持ち帰ったものであるとされていた。もしそうであれば、一〇〇年以上も経ってこの種が生き返ったということになり、驚くべきことである。というのはバンクシア系のバラは寒さに弱いし、白色は黄色よりもいっそう弱いからである。残念なことに、芳香があるのは白の変種の方で、黄色はごくかすかな匂いか、まったく匂いがないかのどちらかである。「小形の白いバラは花が束状になる。ヒメタイサンボク（*Magnolia glauca*）を別にすると匂いという点では何にも負けない」とコベットはいっている。中国を旅した人は皆このバラに熱狂した。その匂いはファーラーを「酔ったように有頂点にさせ、完全に狂わせ」た。このバラはとても大きくなる。しかしイギリスよりも地中海沿岸のリヴィエラでよく育つ。

ロサ・バンクシアエ・ルテスケンス
（CBM 第7171図　1891年）

プラクテアータ種は「マッカートニーのバラ」と呼ばれる。一七九三年にマッカートニー卿が中国を訪問した帰りに、秘書のジョージ・ストーントンがイギリスに持ち帰ったものである。これはおそろしく多くの刺がある耐寒性のバラで、アメリカの南部では帰化してやっかいものになった。そこでは「チカソー・ローズ」（Chickasaw Rose）と呼ぶ。交配は簡単ではないが、とても有名な品種「マーメイド」の親である。これは一九一七年に作られて今日でもツルバラの中では人気がある。また、「ブランブル・ローズ」（Bramble Rose、ムルティフローラ種）には子孫が多い。このツルバラの栽培種は一八〇四年に東インド会

ロサ・プラクテアータ
（マッカートニー・ローズ）
（CBM 第1377図　1811年）

ロサ・ムルティフローラ・
プラティフィラ（七人姉妹）
（ルドゥテ『バラ図譜』）

社のトーマス・エヴァンスが紹介した。その後ムルティフローラ種の変種（*R. multiflora* var. *platyphylla*、英語名「七人姉妹のバラ」Seven Sisters Rose）が一八一五年にチャールズ・グレヴィルによって本国に送られた。「七人姉妹」はじつは中国名で、花の房が七色あるからその名前があるといわれた。これはまた「十人姉妹」（Ten Sisters）、「老人と若者」（Older and Younger）とも呼ばれた。

　中国人が「雪の訪れ」（Snow on a Visit）と呼ぶ野生のタイプは一八六二年日本からフランスに送られて来た。これは小さくてブラックベリーのような花の房がたくさんついた種で魅力的ではなかったが、他の種を接ぎ木する際の親株として重要である。ツルバラが自家受粉すると、その結果として若苗に矮性のものが現れる。ムルティフローラ種は、多くのツルバラの親であると同時にポリアンサ・ローズの最初のものの親となった。

ツルバラの中に日本産の交配種（*R. multifiora*×*R. chinensis*）があるが、一八九八年にロバート・スミスが送って来たものである。彼は当時東京大学の工学部の教授で、このバラをトーマス・ジェンナーに送った。ジェンナーはこのバラをスミスの職にちなんでエンジニアと名づけた。しかしやがて「緋色のツルバラ」（Crimson Rambler）という名前でバークシャー、スラウの種苗商のターナーが市場に出した。

　この有名な品種は別として、ムルティフローラ種から作り出されたツルバラはその直後紹介されたヴィクーリアーナ種の交配種に負けてしまった。ヴィクーリアーナ種は一八六一年にドイツ人植物学者マックス・エルンスト・ヴィクーラが日本のある川の岩場で咲いているのを発見したものである。彼がヨーロッパに持ち帰ったバラは枯れてしまったし、ヴィクーラも一八六六年に死亡したが、そのバラは一八八六年にミュンヘンとブリュッセルの植物園が手に入れて、彼に敬意を表して学名をつけた。やがてアメリカを経由して一八九〇年にイギリスに到着した。とても寒さに強くて、開花期が長く、輝くような花をつけ、病気にも強かったので、親として貴重になった。ニューヨークのジャクソン&パーキンズ商会で作り出された品種は一九〇一年に「ドロシー・パーキンズ」という名前がつけられた。

　十六世紀から十九世紀まで、多くのバラが本流の縁に存在していたが、全体として庭向きのバラの改良にはわずかしか、あるいはまったく貢献しなかった。もっともその中には今日のバラ栽培者が遅ればせながら利用したものもある。例えばキンナモメア種（*R. cinnamomea*）、ヘミスフェリカ種（*R. hemisphe-rica*）、ヴィルギニアーナ種（*R.virginiana*）、またエアーシア系、スコティッシュ系やスウィートブライアー系などのバラである。

シナモン・ローズはジェラードが一重と八重のものを育てていたが、その開花時期が早いことには目をみはらせられる。聖霊降臨節〔イースター後の第七日曜日から一週間〕の頃に花が咲くので、時にマヤリス種（*R. majalis*、英語名「五月のバラ」Rose of May）と呼ばれ、『ハムレット』の中でレアティーズは妹オフェーリアをこれにたとえている。このバラは少なくとも十九世紀までは庭園内に確固たる自分の場所を持っていた。というのはフィリップスが一八二三年に「このバラは長く胸に差していても萎れないので貴婦人たちに好まれている。小形で心地よい匂いのあるこの赤いバラは宝石のブローチの代わりに十分使える」と書いているからである。しかしながら、ジェラードでさえその花の匂いがシナモンと似ているとは書いていない。それなのになぜシナモン・ローズという名前がついたのかは、十六世紀でも謎であった。バンヤードは、若芽の色がシナモンと同じ茶色であることからその名前がつけられたのではないかと考えている。このバラの唯一の交配種の子孫はフランクフルト・ローズで、とても目立つ花だからパーキンソンも知っていたし、今も手に入るが、それ以外に子孫はない。

これもまた子孫はないが、八重で黄色のヘミスフェリカ種は、美しいが開花期が定まっていない。一五八三年以前に紙で作ったトルコの庭園の模型がウィーンで展示されたことがあった。その中にヘミスフェリカ種の変種の造花があるのをクルシウスが見て、コンスタンティノープルの同業者からその株を手に入れた。以来何世代にもわたって庭師たちが栽培を試みた。それ

ロサ・マヤリス
（五月のバラ）
（ルドゥテ『バラ図譜』）

ロサ・ヘミスフェリカ
（ルドゥテ『バラ図譜』）

ロサ・ヴィルギニアーナ
（ルドゥテ『バラ図譜』）

以後これは二度、一五八六年にニコラス・リートによって、また一五九五年にジョン・フランクヴィルによって、イギリスに紹介されている。しかしこのバラはつぼみに雨がたくさん当たると開花しないので、イギリスの庭には適さない。もう一つの変わった清楚な花は、北アメリカから最初に紹介された種で「聖マルコのバラ」（St. Mark's Rose）または「愛のバラ」（Rose d'Amour）と呼ばれる可憐で小形のヴィルギニアーナ種である。一重咲きは一六四〇年にパーキンソンが記録しているし、八重のものは、今日では交配種であると信じられているが、一七六八年にミラーが記録している。アルビオンとはイギリスの別名で、白い国という意味だがプリニウスによれば、「白い崖が海の波に洗われていたからか、またはその地に白バラが豊富に咲いている」からか、どちらかの理由でその名前がつけられた。アルビオンというバラの名前は「イギリスでは正式には使っていない」が、おそらくアルヴェンシス種（*R. arvensis*）であろう。北より南部でよく知られており、奇妙な回り道をしてツルバラのエアーシャー・ローズの祖先となった。

ロサ・アルヴェンシス
（CBM 第2054図　1819年）

一七六七年に、ラウドン伯爵のジョンという人物がカナダかノヴァスコシアから受け取った種子の入った荷の中にいくつかのバラの実が入っていた。それらをラウドン城に播くと、とても生命力の強いツルバラができた。これは一シーズンで三〇フィートも伸びることがある。後にキルマノックとエアーの町の種苗商によって広められたが、アルヴェンシス種とセンペルヴィレンス種（*R. sempervirens*）との交配種であると信じられている。というのはどちらもアメリカ原産のバラではないからである。アルヴェンシス種の庭向きの変種が多く栽培されたが、今では消えてしまったようである。エアーシャー・ローズはスコッチ・ローズ、ピンピネリフォリア種（*R. pimpinellifolia* = *R. spinosissima*）と混同してはならない。ピンピネリフォリア種の仲間は全ての野生のバラの中で一番小形で、アザミの刺よりも鋭い。この自生種は最初は栽培する価値はないと考えられていたが、十八世紀後半になってこれから四種が作り出された。一七八五年にマーシャルは、「冬にブラックベリーに似た多くの実をつけるし、温暖な気候であれば、つぼみが早いうちからふくらんで、灌木にたくさんの赤い芽が出ているように見える。それはもうすぐ春であることを知らせている」と記している。一七九三年、パースの種苗商のロバート・ブラウンがキンノールの丘で収集した多くの野生の変種から一八〇二年までに八種類の良質の八重のスコッチ・ローズを育てていた。これらの実生からグラスゴーの種苗商、リチャード・オースティンが一八二二年までに一〇〇種類以上も作り出した。イギリスやスコットランドのその他の種苗商会もあとを追っていた。そして一時はスコッチ・ローズは約三〇〇種類もあったとされるが、おそらくはっきり区別できないものもたくさんあったことだろう。それらのうちのわずかなものが生き残っており、その中で一番よく知られているのが「スタンウェル・パーペチュアル」であろう。これの片親はオータム・ダマスクの交配種であると考えられており、一七九九年以前にミドルセクスのスタンウェルで偶然に実生が見つかったのである。一八三八年にリー&ケネディー商会が広めた。ピンピネリフォリア種にはいろいろな園芸種があり、アイスランドからモンゴルに至るまで広い地域で栽培されていたが、一九三一年頃までヨーロッパ大陸のバラ愛好家は栽培していなかった。この年、ドイツの栽培家のヴィルヘルム・コルデスがいろいろなティー系の交配種とピンピネリフォリア種を交配して有名な「フリューリンク」(Frühlings)シリーズ(「フリューリンクスゴルト」Frühlingsgoldや「フリューリンクスモルゲン」Frühlingsmorgenなど)を作り出した。このシリーズはこれから、庭園で重要な役割を果たすようになると思われる。

ロサ・ピンピネリフォリア
(CBM 第1570図　1813年)

　コルデスは別の交配種を作るために親としてあまり重要視されていないバラを用いた。それは「スウィートブライアー」と呼ばれるルビギノーサ種(*R. rubiginosa* = *R. eglanteria*)の子孫である。チョーサーは「エグランタイン」(Eglantine、「ノバラ」の意)と呼び、シェイクスピア、スペンサー、その他多くの詩人たちは古いフランス語で呼んだりもしているが、最終的にはラテン語の「刺のある」を意味するaculeatusからこのバラの名前をつけた。理由はパーキンソンによれば「このバラは野生のもの栽培されたものを問わずどんなバラよりも残忍な鋭く強い刺と、厚い樹皮で武装」しているからである。にもかかわらず、「かぐわしい匂いがあるので庭へ植えずにはいられない」とラングレイは書いている。

かなり昔からいくつかの交配種が栽培されており、パーキンソンは一六二九年に八重のものを栽培していた。一七二八年にラングレイは「とてもきれいな赤い色の花を枝先につけるバラ」の種類について、「この赤いバラは植木鉢で栽培するのにとても適しており、貴婦人の部屋の暖炉を飾り、好ましいとてもかぐわしい匂いで部屋を満たす」と書いている。このタイプは匂いがよいので生垣にたくさん植えられたし、花束を作るための切り花用にも栽培された。十九世紀の終り頃には、「ジャネットの誇り」（Janet's Pride）と呼ばれる他のバラとはまったく違う可憐な変種がチェシャーの生垣に生えているのが見つかった。ペンザンス卿はこの花を見て、良質の交配種のスウィートブライアーを作れると考えたといわれている。彼は一八八四年頃にこの種を用いていろいろな工夫をし、ついにペンザンス・ブライアーが一八九四〜五年にデビューした。残念なことに、繊細な葉の匂いはスウィートブライアーの実生でなければ伝えることはできない。花粉受精したものではだめであり、しかも第二、第三世代の交配では消えてしまいやすいのである。

全体としていえば、十九世紀のバラ園には植えるものが豊富にあった。というのは庭の一区画が特にバラを植えるためだけに使用されたのはこの時期だけだったからである。後にロビンソンが強く反対を唱えることになるが、その当時ゆきわたっていた理論によるところが大きい。つまりバラは、特に立ち木のバラは他の植物とはうまく馴染まないから、それだけ別にしておくのが一番であるという理論である。庭の装飾ではなく切り花用であり、展示用の花であるとみなす傾向が強くなっていた。十七、八世紀はチューリップ、カーネーション、オーリキュラの全盛期であったが、バラは園芸家が扱う植物ではないと考えられていた。バラは十九世紀中頃になってようやく展示される花になった。第一回国内展示会が行われたのは一八五八年である。これはロチェスターの副司教、S・レイノルズ・ホール牧師が組織したものであった。彼は四〇〇種類ものバラを栽培しており、一八七六年にH・ハニーウッド・ドンブリアン牧師が創設したバラ協会の初代会長になった。協会には今では七万二千人以上の会員がいる。バラの変種を作り出すことは、十九世紀に盛んに行われたが当初、栽培家が変種を手に入れるのは偶然にできる場合と近親の品種の交配による場合だけだったので、交配するとはいわず「バラを育てる」といっていた。人工受精は一八七〇年代まで行われなかった。交配が難しいバラの増殖は二十世紀まで待たねばならなかった。例えば、フォエティダ種（*R. foetida*）、英語名「オーストリア・ブライアー」は実をつけないので有名であり、ヘミスフェリカ種を除くと、一八〇〇年以前に知られていたバラのうちで唯一黄色の花が咲くので価値があった。

フォエティダ種は東洋産のバラで十三世紀にはスペインでムーア人が栽培していた。この花に誤解をまねく英語名がついたのは、一時忘れられていたこのバラをクルシウスがオーストリアで再度発見したことによる。彼は一五八三年に出版した本の中で述べている。このバラはやがてイギリスにも届き、ジェラードも栽培したが、彼はこれが「エニシダの枝に野生のバラを接ぎ木して」作り出されたという報告があるのを知って非常に軽蔑している。その変種ビコロール（*R. foetida* var. *bicolor*）は一重の赤と黄色の花をつけるが、一五九〇年頃イギリスへ導入されたといわれている。八重のものは一八三八年まで導入されなかった。その年、テヘランにいた全権委任大使ヘンリー・ウィロック卿がペルシアから持ち帰ったのである。リヨンのベルネ・ドシェールが一八八三年以後にこのバラと別の種とを人工受粉させようと忍耐強く努力したが、変種ビコロールは普通は実をつけないし、つけるにしてもきわめて難しいので失敗した。一八八八年になってようやく彼はフォエティダ種の花粉と交配した「アントワーヌ・ドシェール」からわずかな量の種子を収穫し、二種類の交配種ができた。そのうちの一つは実をつけないということがわかったが、もう一つの方は、確かに、「絶望と不可能から手に入れられた」（アンドリュー・マーヴェル『愛の定義』一六八一）バラであったが、パーネッティアナ・ローズ、フランス語で「金色の太陽」と呼ばれるバラの親になった。パーネッティアナ・ローズは一八九八年初めて展示され、一九〇〇年頃から広まった。そして十九世紀の中国産のバラと同じように二十世紀のバラ栽培に非常に大きな影響を与え、今日のティー系の交配種の性質を大幅に変えたのである。このバラによって、これまではなかった濃い黄色やオレンジ色、炎のような色合いのものが作り出されるようになった。それまで交配に用いられていたバラは薄い黄色のイエロー・ティー（Yellow Tea）

ロサ・フォエティダ

（CBM 第363図　1797年）

ロサ・フォエティダ・ビコロール
（CBM 第1077図　1808年）

と呼ばれるバラだけであった。

一方で、新種はまだ次々導入が続いており、新しい目的や新しい環境に合わせて利用が進んでいる。多くは二十世紀初めに中国から来たもので、そのうち一番重要なものはモイシー種（*R. moyesii*）であった。一八九四年にE・A・プラットがチベットとの国境地帯で見つけ、一九〇三年にヴィーチ商会にウィルソンが紹介したものである。種小名は中国内陸伝道会のJ・モイズ神父にちなんだもので、彼はウィルソンの手助けをしていた。このバラから作り出された実生も同じく、花を多くつけるが、もとのような陰鬱な感じの赤い色であることはめったにない。その原因はおそらく、ウィルソンが収集した種子から育てられたバラのうちからさらにヴィーチが注意深く選び出したためであろう。ボウルズはモイシー種のことを自分が知っているバラの中では一番ザクロ石《ガーネット》の色に近いものであるといっている。秋になると実が美しく色づくので価値があるともいわれる。交配種のハイダウネンシス種（*R.*×*highdownensis*）はサセックス州ハイダウンにあるF・C・スターン大佐の庭で作り出されたものであるが、実の美しさという点でみごとである。このバラは花と実が一つずつではなく房状につく。しかしそうした実がなるから栽培されたわけではない。一六二九年にパーキンソンはヴィローサ種（*R. villosa*）について書いている。それによれば、「ヴィローサ種が美しいのは花ではなく、灌木に垂れ下がっている赤いリンゴのような実である」。少なくとも十八世紀の終わりまで、その大きな実は「とても評判のよい砂糖漬け」を作るために用いられていた。今ではこのバラはイギリスの自生種であると認められているが、一九五五年にすばらしい実をつけるということでメリット賞を受けた。また、スコッチ・ローズの黒色の実は染料として用いられる。

ロサ・ルブリフォリア
（BR 第430図　1819年）

ルブリフォリア種（*R. rubrifolia*）という一八一四年にヨーロッパに導入されたバラは、小さな灰色がかった藤色の葉をつける。もう一つ、美しい刺を持っているという理由だけで栽培されるセリケア種の変種（*R. sericea* var. *pteracantha*）がある。この「バラはきれいな色の刺を並べている」（バルトロメウス・アングリクス『事物の諸性質について』一三九八）と表現するのは正しいかもしれない。つまり、若枝の上に途切れることなく二列に並んでいる、緋色で一インチの長さの羽状の刺が「夕陽に映えて、まるで古びた窓のステンドグラスのように輝く」（ボウルズ『夏の私の庭』）のである。このセリケア種（*R. sericea*）

の特別な変種はヴィーチ商会のためにウィルソンが一九〇五年以前に紹介した。同じバラの変種デヌダータ（*R. sericea* var. *denudata*）は刺がなくポーチドエッグと同じくらいつるつるであるといわれている。このバラは十八世紀の種苗商、ハックストンのジョン・カウエルの出した理論を試してみる機会を与えているのかもしれない。彼は刺の少ないバラは水を好み、刺の多いものは乾燥した土壌を好むと断言した。そして、「前者の例としてダマスクとマンスリー・ローズをあげよう。大きなコルク片をこのバラの根と枝との間につけると、池に浮かべられるし、長く生きる」と述べている（『奇妙で役に立つ庭師』一七三〇）。エデンの園のバラには刺がなかった。バラに刺ができたのは人間がずる賢くなってからであると宗教家は確信している。ペルシアのゾロアスター教徒（紀元前六三〇～五五三頃）もほとんど同じことをいっている。しかし今日でも、本当の刺、つまりサンザシやリンボクのように中心が木質になっている刺を持っているバラは一つもない。バラの「刺」は木の皮から変化したものにすぎないのである。下向きにカーブしたフック状の刺は、身を守るという目的とはまったく別に、他の植物が茂っている中を通って伸びていくのに、どれほど役に立つか。矮性のバラに大きなフック状の刺があれば、それはツルバラの子孫であることの証だとバンヤードはいっている。バラに刺があることは花壇の縁どりに適する要素になっている。弾力性のある枝を持つ種類の場合には防雪効果があるということもわかっている。一八八八年三月三十一日のデイリー・テレグラフ紙には、ハンガリーで鉄道の線路を守るのにバラの生垣が効を奏したという報告が載っている。それまで、冬になるたびに雪で遮断されていた路線を、バラの生垣が「ふわふわした敵の猛烈な攻撃から」守ったという。一九六〇年十月にはアメリカの自動車道路で、まぶしい対向車のライト除けや衝突除けとしてバラの生垣を用いる実験がなされているということが同じ新聞に出ている。そうしたことにもバラの生垣は大いに効果があるということが証明されつつある。

バラの刺と匂いは関係があると昔から信じられていた。プリニウスが「よい匂いのするバラを本当に知っているというなら、花の下にざらざらした刺のある花を選び出すだろう」と書いたのはアリストテレスとテオフラストスのいったことに従っただけであった。そうした伝統は十九世紀まで続いていた。というのはヴィクトル・ユーゴーは中国産のバラについて「バラに刺がなければ、匂いがない」といっているからである。それが本当であろうとなかろうと、種類が異なれば性質や匂いの程度も大いに異なる。鼻のよく効く専門家であれば、その匂いから、交配に用いられた親が何であるかについて手がかりを見つけ出す。昔、匂いはバラの花そのものよりも重要であると考えられていた。そんな話を書いた文献はたくさんある。現代の交配種のバラに匂いがなくなってしまったと非難されることがあるが、かすかに悪臭のするフォエティダ種のすばらしい色を持つ変種については、その非難が当たっているといえるだろう。しかし栽培家にとっては、匂いのある方が好ましいということはよくわかっている。バラを作り出す際に、親のバラから何を受け継ぐかということはまったく予想できないのだけれども、非常によい匂いのする変種がいくつか最近になって育てられている。

しかしながら、バラの匂いが不快であると思う人がいるだけでなく、有害であるという記録が多くあるということも注目に値する。バラの匂いはカブトムシを死に至らしめるものであると考えていた古代ギリシア人から、マリー・ド・メディチやギーズ公のような歴史に名を残している人物に至るまでその記録はいろいろある。物理学者のロバート・ボイルは彼の著書『臭気論』（一六七三）の中でいくつかの例を引用している。例えば、多くの乾燥したバラを取り扱っていた薬屋の話が出ているが、「バラの匂いをかぐと、その男の頭の中ですべての体液が溶けて混ざってしまうようになる。バラの開花期には大量のバラが彼の家に運び込まれるので、咳が出たり、鼻水が出たり、喉が痛くなり、目が痛くなった。だからその間はほとんど家にいないようにしなくてはならなかった」。明らかに花粉症に似た症状である。一七九三年になってウッドヴィル博士は「多くのバラの花を入れて密閉した部屋の中に入ると、即死する危険性がある」という警告を発している。また一八四二年に書かれた香水についての楽しいエッセイで、自殺の手段に用いる以外、バラの匂いは流行らなくなっているといっている。ブルーストッキングと呼ばれた女流文学者たちは少量のバラのエキスを身につけていた。「幻滅がコップいっぱいにあふれる時はいつでも、そのエキスを鼻に持っていく。それで彼女はおしまいになるのだ。」（グランヴィル『擬人化された花』一八四七）

バラ
（グランヴィル『擬人化された花』より）

ボイルの友人の薬屋は長い間忙しくて余裕のない状態であった。というのはバラから多くの薬を作らなくてはならなかったからである。「作家というのはバラでなんたる大騒ぎをしていることか！　なんとすさまじい職業だ！　私は赤いバラはジュピターに、ダマスク・ローズはヴィーナスに、白いバラは月の女神に、プロヴィンス・ローズはフランス王の支配のもとに置くようにするべきだとつけ加えたい」とカルペッパーはいっている。蒸留したバラ水や乾燥した花びらは別として、バラ酢、バラの蜂蜜、バラの軟膏、バラのシロップ（これは子供用の下剤として、「おいしい上に効果がある」）、バラ油、バラのジャム（風邪やその他いろいろに用いられる）がある。薬として用いられるのは普通は赤い色の「薬屋のバラ」（Apothecary's Rose）であった。ブレインがいうには「役に立つという点ではすべての花の中でプロヴィンス・ローズに勝るものはない。心臓発作、視力の減退、狂気、睡眠不足、目の病気、高熱、赤痢等に効く」。しかしダマスク・ローズは下剤、バラ水、香水用に用いられた。ダマスク・ローズは「薬を作るよりは香水として用いられ、しかも他の赤いバラよりはるかに多く使用される。広い用途に使われるのは嬉しいことである」とパーキンソンがいっている。

　野生のバラの実（イギリスのある地域では「くぎ抜きのつめ」Nippernailsと呼ばれた）はパイを作るのに用いられたと、ジェラードはいっている。その後にも多くの記述がある。十八世紀にはバラの実から作ったジャムは「消化を助け、心臓の病気によく効くと評価されて」いた。しかしウッドヴィル博士は遠回しに、薬としての効果はないが、「もっと効果のある薬」を飲ませるための手段としてのみ役に立ったと述べている。ドッグ・ローズには他のどのフルーツや野菜よりも多くのビタミンCが含まれており、少量であるがビタミンAとPもあるということがわかったのは一九三四年である。ビタミンの含有率は北部の方が多く、スコットランドで採れた実はコーンウォールのものの十倍も含んでいる。しかし平均的にいえば、バラの実のシロップは黒スグリのジュースの四倍、オレンジジュースの二〇倍のビタミンCを含んでいる。ビタミンの量も種によって異なる。例えば、スコッチ・ローズはほとんどというよりも、まったく含んでいない。一番含有量が多いのはキンナモメア種、昔のシナモン・ローズで、この花は一年のうち八カ月は雪の下に埋まっている北極海の海岸にまで延々と見られる。このバラの実にはビタミンCが五パーセントも含まれている。イギリスでは、ドッグ・ローズの実は一年に四～六〇〇トンも収穫されている。

　普通に呼ばれる「ローズ」という名前はギリシア語やラテン語から来たものだが、そのもとは、ケルト語の「赤い」という意味の言葉から来ている。だから、青色のバラを作り出すことに成功すれば、矛盾がないように何か別の名前で呼ばなくてはならなくなるだろう。一九三〇年にゼラニウムの赤色に似たペラルゴニディン色が現れたけれども、今のところ、顔料のデルフィニン（これだけが本当の青色を作り出す）色のバラはまだ現れていない。ゴードンによれば、青色のバラをどうしてもほしい人は緋色のバラをアンモニアと中性洗剤に漬ければ手に入るとのことだが、ラヴェンダー色と藤色のものから青色のものを作り出そうという試みは、「死んだイタチを使ってウサギを追いかける」ようなものである。今日、青色のバラを作ろうと悩んでいるバラ栽培家はジョージ・シットウェル卿の「バラというものは我々がそう思わなければ、赤くもなくよい匂いもしないのだ」という格言をよく考えてみるとよい。

ヒアシンス

Hyacinthus
ヒアキンツス

ユリ科

オリエンタリス種（*Hyacinthus orientalis*　和名ヒアシンス）はギリシア、小アジア、バルカン諸国が原産地で、一五四三年イタリアのパドヴァに創設された最初の植物園オルト・ボタニコを経由して、園芸用としてイギリスに導入された。いくつかの園芸種は、一五七六年以前にヨーロッパ大陸で育てられていたにちがいなく、その年、ド・ローベルが、ある珍しい種類について「オランダで知られているうちで一番上等のヒアシンス」と述べている。これはアンソニー・ジェンキンソンがイギリスに持ち込んだものと思われる。彼は一五六一年に交易のためペルシアまで出掛けていった。しかしその当時多くの植物がそうであったように、コンスタンティノープルを通じてイギリスに入ってきたという説の方がもっと可能性が高い。トルコ人は十六、七世紀には偉大なる庭師であった。ヨウラクユリ、チューリップ、ラナンキュラス、ニオイヤグルマ、ピンクやユリなど、多くの植物を我々が手に入れたのはトルコ人からであった。とにかく、ヒアシンスは一五九七年以前にイギリスでよく知られており、一六二九年までには、「庭にとても多いので、昔ほど評価されることがほとんどない」植物となった。パーキンソンはいくつかの変種を育てており、その中には八重のもの三種、白いローマ風のヒアシンス、それから「最も大きなオリエンタル・ヒアシンス、ズンブル・インディ（Zumbul Indi）が含まれていた」。**Zumbul** はトルコ語でヒアシンスを指す。これらすべては「トルコやコンスタンティノープルから運ばれてきたものであるが、本当の原産地はまだわからない」。オリエンタルヒアシンスの黄色の変種はロシアからきたが、これは導入されたのがかなり遅かった。

　ヒアシンスの崇拝熱は急速に高まった。フィリップ・ミラーは一七三三年に、オランダの栽培家たちはおよそ二〇〇〇の変種を育てていると述べている。ヒアシンス狂はチューリップ狂ほどに激しくはならなかったが、かなりなものであったのは間違いなく、人気のある球根は高い値段で取り引きされた。とくに高価だったのは八重のもので、そのうちで最も有名なのはオ

ヒアキンツス・オリエンタリス
（和名ヒアシンス）
（CBM 第937図　1806年）

ランダ人のピーター・フォーヘルムという人が十八世紀の初め頃に育てていたものである。彼は最初、八重のものが現われるとすぐに全部を取り去っていた。ところが、ある年、病気になってヒアシンスの季節がほとんど終わる頃まで畑に行くことができなかった。畑に行って八重の花が一つ残っているのを見た彼は、あまりに美しいので増やしたいと思った。それが彼に成功をもたらす出発点であった。彼の作った最初の変種は「メアリー」と呼ばれたが、すぐに栽培されなくなった。だが二番目三番目の変種「イギリスの王」は、一七六〇年に球根一つが一〇〇ポンドという高価なものだった。その後、八重の新種一つにつき一五〇ポンドとか二〇〇ポンドとかいう記事を見つけたことがある。十九世紀になっても、「輝く赤」（Rouge Eblouissante）の球根一つに対して、例えば八三ポンドというような値段がついた。

様々な種類のヒアシンス
（図中の2＝ズンブル・インディ）
（パーキンソン『太陽の苑、地上の楽園』）

　こんな途方もない値段は、その花がどんな姿をしているかというジェイムズ・ジャスティスの評価を読むと、それほど法外であるとは思わない。一七五四年に出た著書『スコットランドの庭師の指導者』の中で、彼は約一三〇のヒアシンスについて細かく述べているが、私はここにそのうちの二つを選んでみた。一重の「ゴルコンダ」（Golconda）は「明るい青色に赤が混ざったたいへん珍しいもので、見た目にも楽しいものであるが、変わった外見というべきである。それはフランス人が「ハトの首」と呼ぶものとそっくりである。この花はオランダで高い値がついた」。中心が紫色で全体が白色の八重のヒアシンスの代表として、「美の集合」（Assemblage de Beautes）がある。「茎の丈は高くないが、鈴が付いている。いくつかはイギリスのクラウン硬貨より大きくて、直立し、きれいに曲がっていて、バイオレット、白、緋色、カーネーション色が魅力的に混ざり合った大きな中心部を見せている。開花時期が長く、枯れるまできれいな色を保っている。」これらヒアシンスのお蔭で、オランダ人は、「わがイギリスの金を毎年大量に手にした。そのことに対しては、彼らの勤勉さゆえであり、じつに見上げたものなので誰も文句はいわない。しかも、我々イギリスの庭が育てている数多くのすばらしいヒアシンスは、主に彼らのお蔭であるから（もっともそれがタダであったことはないけれど）」とハンベリーは述べている。

最初のライラック・ヒアシンスは、オランダ人の栽培家ボーケンホーフェン牧師が持っていた赤い品種から生まれたものであるといわれている。彼は、ネズミが襲ってきて貴重な球根をかじってしまうといった被害を恐れて、安全のために鳥籠の中に球根を入れて天井からつるしておいた。彼は増殖に成功し、その子孫は「ユニーク」という名前で十九世紀の終わり頃まで栽培されていた。十九世紀の中頃まで多くのヒアシンスがオランダから毎年輸入されて、一度咲くと捨てられた。イギリスの庭師や種苗商たちに、そんなに大事に扱わなくとも「外見上はまったく丈夫に」（グレニー）何年間もイギリスで栽培することは可能だと納得させるには、たいへんな努力を必要とした。

一六八二年にはすでにネヘミア・グルーが、ヒアシンスやチューリップの花のつぼみはその前のシーズン中に球根の中で形成され、また「この植物を暖かい所に保存しておけば、若い花芽を出させて」冬に開花させることが可能であるといっている（グルー『植物解剖論』一六八二）。この提案を最初にとり上げたのは「スウェーデン王の機械技師」であるマーティン・トリーウォールドであったらしい。彼は一七三九年英国学士院に実験の成果を報告している。またチェルシー薬草園のフィリップ・ミラーは実験して報告を出すように依頼された。彼の実験の結果、普通の青いオリエンタル・ヒアシンスやその変種のプルクラ（pulchra）は、「普通のテムズ河の水」で育ち、チューリップやスイセンよりも満足がゆく生長を示すことがわかった。新しい栽培法についてのもっと詳しい報告は一七三四年にトーマス・モア〔『ユートピア』の著者トーマス・モア（一四七八〜一五三五）とは別人〕によってなされた。彼は穴のあいたコルクの中に入れてそれを窓辺に置いた。「その窓はずっと閉めたままにしておいた。窓ガラスを開けるのにそのケースが邪魔になるので、それが落ちるといけないから」（モア『紳士淑女のための花壇』。この書は一七三四年に『花壇のディスプレイ』の中に含めて出版された）。彼は根が伸びてゆくのは「見ていて結構楽しいものである」ということを知った。また「クリスマスに胸元を飾るための花束にして、珍しいもの好きの御婦人方を満足させることも」（モア）できた。

ギリシア神話によれば、ヒアシンスは、アポロに愛され誤って殺された美少年ヒアキンツスの血から生まれた。「こののち、人間は道徳的になり、神のわざにかかると我々はみなもっと魅力的になるはずだ」とギルバートは述べている。そしてヒアシンスの花びらにはギリシア語でai, ai（ああ、ああ）という文字が刻まれたという。だがこれは今日、ヒアシンス属のどの花にも見ることができない。ただ確かなことは、古代人がヒアシンスという名でどんな花のことを心に抱いていたかはわからないけれど、それが今日のヒアシンスではないということである。ヒエンソウとグラジオラスは、いずれもヒアシンスと呼ばれていた花の可能性があるが、最も可能性の高いのがマルタゴンリリーであろう。一方、古典作家のいうところの「ヒアシンスのまき毛」というのは金髪のことであるというのが専門家の意見である。こうしたすべての条件を満たすために、新しい花がおそらく発明されなくてはならなかったのであろう。

エリザベス時代のジェーシンス（Jacynths）はヒアシンスそれ自体は無論のこと、「スキラ」（Scillas）、「星状のジェーシンス」（Starry Jacinths）、「グレープ・ヒアシンス」（Grape-Hyacinths）を含んでいた。アラン・ラムゼイの『親切な羊飼い』（一七二五）では、「ジャッカシンス」（Jaccacinths）という名で現われるが、韻律をあわせるためやむを得ず、こう綴ったのであろう。「香水を作る人はヒアシンスをよく用いるが、薬としては役に立たない。婦人には時に憂鬱症を起こさせることがある」とトゥルヌフォールは記している。

他の三種のヒアシンス、アメシスティヌス種（*H. amethystinus*）、アズレウス種（*H. azureus*）、カンディカンス種（*H. candicans*）は最高の庭で育てられる。

愛らしく小形のアメシスティヌス種はピレネー山脈が原産地で、青、白、ローズ色のものを一六二九年にパーキンソンが育てていたが、その後は栽培された記録は断続的にしか見当らない。その次に現われる記録は、一七五九年のチェルシー薬草園の記録で、その後は一八一九年にジョゼフ・サビーンが再度紹介するまで姿を隠す。これらの種小名は的確につけられているとはいえない。例えば、アメシスティヌス種の青色はアメシストという色合いではないからである。その青色は夏の早朝の真北の空の色が一番近いと思う。

アズレウス種はロックガーデン用として人気があるが、ムスカリ・アズレウム（*Muscari azureum*）という名でよく知られている。しかし、これはじつはヒアシンスである。小アジアからきたもので、導入された時期は、はっきりしない。最初一八五六年にヴェニスに持ち込まれたと思われているが、そのヒアシンスは一七七〇年にハンベリーがアメシスティヌス種という名前で記した花であるらしい。彼は二月に花が咲くとしているが、パーキンソンは本物のアメシスティヌス種を「小さな夏咲きのオリエンタル・ヒアシンス」（the Little Summer Oriental Jacynth）と呼んでおり、これは五月になるまで花が咲くことはない。さらにハンベリーは「居間の窓から見えるような花壇やその縁どりに、ミスミソウやクロッカスと一緒に」植えるとよい、「そ

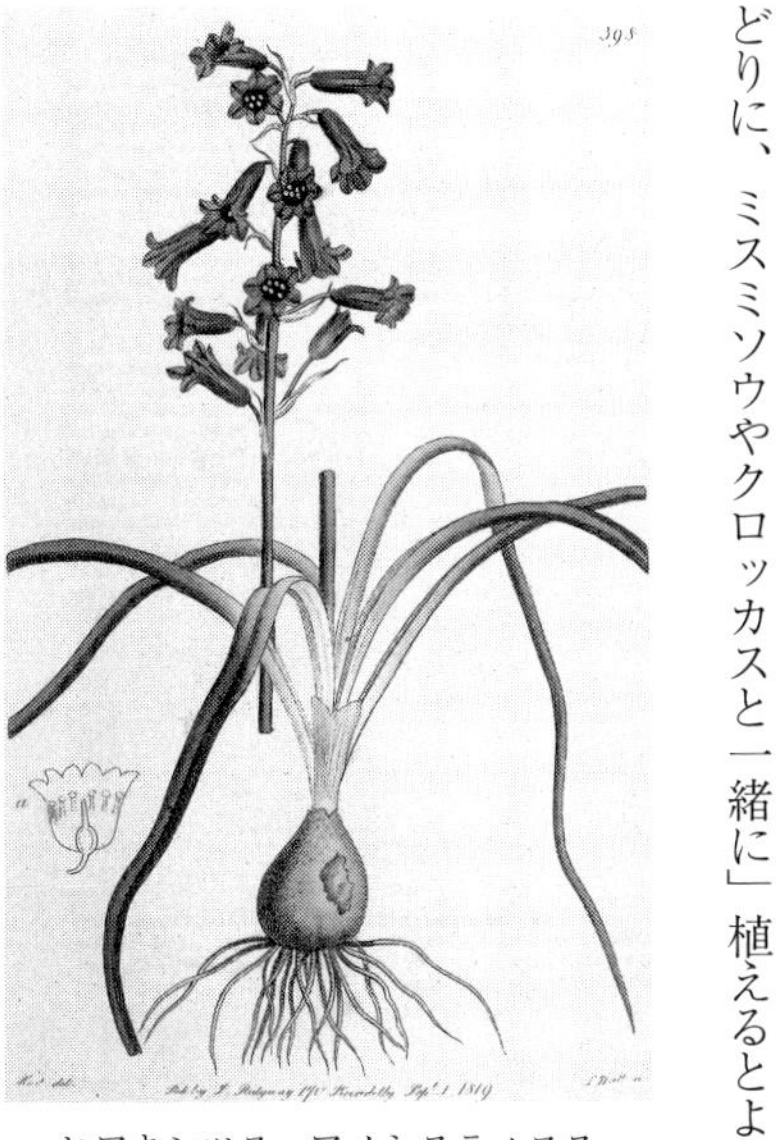

ヒアキンツス・アメシスティヌス
（BR 第398図　1819年）

うすれば天気が悪く、いつもの散歩ができないような時に女性が窓から見て楽しむことができるからである」といっている。白い種類もあって、それはイギリスの庭から生み出されたものであるといわれている。

カンディカンス種は、「尖塔のリリー」(Spire Lily)、「ケープ地方のヒアシンス」(Cape Hyacinth) ともいわれる。これはアズレウス種が早生種で、矮性であるのに対して晩生種で堂々としている。またかなりヒアシンスに近いものではあるが、本当のヒアシンスではない。だからこれはフランシス・ガルトン(一八二二～一九一一)にちなんでガルトニア・カンディカンス(*Galtonia candicans*) と改名された。彼は旅行家で南西アフリカの権威者であり、そこでこの種のいくつかが発見された(なお彼は人物を特定する方法として指紋法を提唱した初期の人でもある)。この美しい花は、改良種を作り出してくれる専門家を待っている。形も動きもこの上なく優雅であるが、全体の大きさに比べると鈴が小さい。

ヒナギク

Bellis
ベリス

キク科

ベリス属は種類が少ない。庭で育てられているほとんど大部分は、イギリス自生の「コモン・デージー」と呼ばれるベリス・ペレンニス(*Bellis perennis* 和名ヒナギク)から生まれている。この花は我々イギリス人の先祖アングロ・サクソン人が「Daezeseze」と呼んでいた時代から、バーンズ、シェリー、ワーズワースの時代まで、詩人にこよなく愛された。この花をチョーサーが好んでいたことはよく知られている。これは彼の書いた『善女物語』(一三八〇～八六)の序文で一貫したテーマとして用いられている。彼はその中で、ヒナギクに変えられたアルセステ妃を登場させ、彼女はヒナギクの花弁の数と同じだけの美徳を持っていたと述べている(私はチョーサーが八重の変種をよく知っていたとは思わないけれども)。十五世紀には、かなり奇妙ではあるが、ヒナギク(Dayses)は「生食用の植物」の中に入れられていた。この植物がたいそうおいしいなどとは期待できないと思うのだが、初期の吟遊詩人の詩の中にヒナギクのつぼみは、飢えを抑えるのによいという叙述がある。その他のフランスの古い文芸の中ではアーカサンとニコレットの物

ベリス・ペレンニス
（和名ヒナギク）
（CBM 第228図　1832年）

語の中に現われている。ニコレットの踏んだヒナギクはたいへん黒く見えた。それほどこの娘の足は白かったのだというものである。

　庭で育てられている八重のものはエリザベス朝の頃にあった。「めんどりとひよこ」（hen and chickens）とか「子供をつれた」（childing）ヒナギクと呼ばれるが、これは周りを小さな花が取り巻いているからである。トーマス・ハンマー卿は七、八種のヒナギクを育てており、また「緑のデージー」、「アルプスと呼ばれる青い色のもの」（これはグロブラリア・ヴルガリス *Globularia vulgaris* でパーキンソンも育てていた）、それらすべてのヒナギクについて「簡単に育つし、株分けすればたいそう増える」と述べている。ウィリアム・ハンベリー牧師は一七七〇年に一二種類を数えあげており、その中には「八重咲きで斑点とひだのあるデージー」や、「八重咲きで斑入りのコックスコム・デージー」や、同じく「八重咲きペインテッド・レディー・デージー」などがあった。またそれらがなぜ丈夫かというハンマーの見解について追認し、次のように述べている。「一区画全面に植えるのには適さない。というのはヒナギクは、どんな土地でも、どんな条件下でも育つからである。最も望ましいのは歩道の脇に並べてまっすぐ植えることである」と。

　「痩せた土地の縁どり用に植えるとよい。また、色を鮮やかに保つためには毎年植え変えるのがよい」と述べたのはスティーヴンソンだが、彼と同時代の別の牧師も同じことを書いている。アーバークロンビーによれば十八世紀のロンドンの種苗商は「春の市場に供給するために大量に栽培していた」ものである。ヒナギクが庭師に嫌われたことはけっしてなかった。そして最近では小形の変種が導入されて新たな活力を取り戻している。その変種には「ドレスデンの陶器」といういい名前がつけられている。

　マーガレットという名前は今日では普通大形のキク科の花、「牛の眼のデージー」（Ox-eye Daisy = *Chrysanthemum leucanthemum*）に対して使われる。昔、マーガレットという名前の二人の貴婦人は、自分のシンボルに本物の生きたデージーを用いていた。その一人リッチモンド伯爵夫人マーガレットは、緑の芝生に植えて育てている白いデージーを三本、袖につけていた。マーガレット・ボーフォート夫人は、冠の中を貫いて生えたデージーの花のバッジをつけていた（間違いなくヒナギクである）。このバッジは今もウェストミンスター寺院のヘンリー七世の礼拝堂で見ることができる。

　マーガレットの昔の呼び名の一つは「恋占い」（Measure of Love）である。これは恋する女性が「彼は私を愛している、愛していない」といって花びらを引き抜いて占うからであるが、ラスキンがいうには、十中八、九花びらの数は奇数である。だから「〝愛している〟から始めれば間違いなく〝愛している〟で終えることができる」。

　恋する人や子供にとってはオモチャであるこのけがれを知らない花の属名は、かわいいという意味のベルス（bellus）からきたという説もあるが、じつは「戦争」を意味するラテン語からきている。倒れた負傷兵の止血用に、戦場では価値があると思われていたからであり、そこから「ヒナギクの下に横たわる」は、死と同義語となった（キーツは死ぬ前にヒナギクが自分の上に生い茂るのを感じたといっている）。この植物はまた生長を止める力があると思われていた。しぼり汁を「ミルクと一緒に小犬に与えると、大きくならないようにできる」とジェラードは記している。また一度に七本のデージーを踏むことができれば夏がくるという古い言い伝えがある。夏は大きな足の人に早くくるのである。

ヒマワリ

Helianthus
ヘリアンツス

キク科

ヘリアンツス・アンヌウス（*Helianthus annuus*　和名ヒマワリ）は、北西アメリカが原産地で、そこからペルーに広がった。ペルーでは、ヒマワリは太陽神の象徴として大事にされ、古いインカの神殿には、彫刻がよく見られ、司祭や太陽神につかえる聖女が金細工のヒマワリを身につけていた。当然、「とても派手な植物であるから、科学的な目を持っていれば新世界を訪れる人でこれを見逃す人はいない。種子はクエーカー教徒によってヨーロッパにもたらされた最初のものの一つである。これをはじめて栽培した人は、大きな茎、その金色の花びらを広げている巨大な花を見て、魅せられると同時に驚いたにちがいない」（ヒル『エデン』）。

　一五六九年にスペインのモナルデス博士がアメリカ大陸の植物に関する最初の本を出版したが、その中にヒマワリが出てくる。その後、これをジョン・フランプトンが英語に翻訳して『新発見の世界からきた楽しい知らせ』という題で出版した。フランプトンは「この太陽の植物」について「変わった花である。というのは、とても大きな花をつけるからである。しかもこれまでに見たこともないほど変わっているのは、様々な色の大皿よりも大きい花をつけるからで、庭の中で見るとすばらしい」と書いている。ジェラードはヒマワリについて最も力を込めた記述をしている。「この大きな花はカモミールのような形で、きれいな黄色の苞葉を持っており、その中央部は手入れのされていないヴェルヴェットのようであり、針仕事で作られた奇妙な服のようでもある。じっくり見るとこの大胆な作品は、小さなたくさんの花のようで、根元で壊れたロウソク立ての先の部分に似ている。この植物が大きく育つと、花は枯れ、その部分に種子が現われる。種子は腕のよい職人が整頓して置いたかのようにきれいに並んでいる。それはまるでハチの巣のようである。」

ヒマワリはパーキンソンの時代には、もうよく知られるようになっていた。彼は、「このすばらしい堂々とした植物は、今日では誰でもよく知っている」と書いている。しかし、十七世紀の終わりには少々人気が衰えてきていた。例えばレイは「以前は誉めそやされていたが、今日ではありふれたものになり、全然大事にされない」と書いているし、リジェールは、ヒマワリは「今日ではまったく顧みられず、庭の遠くのほうか、花壇の縁の狭い場所でしか見られない。その他の場所に植わっているとかなり不調和な感じで、その横で栽培されている花の邪魔になる」と記している。

ヘリアンツス・アンヌウス
（和名ヒマワリ）
（J. サワビー原画　1816年）

昔の庭師がたたかわせる、ヒマワリについてのあれこれの自慢話は、漁師が自分の釣った魚のことを自慢するのにひけをとらない。ジェラードは「私の庭では一四フィートにもなっている。ある花などは重さが三ポンド二オンスもある。直径が一六インチになるものもある」と断言している。この花はクリスパン・ド・パスが見たと書いているものに追い抜かれた。ド・パスは「スペインのマドリッドの王立植物園で播かれた種子は、高さが二四フィートにもなったが、イタリアのパドヴァでは四〇フィート

ヒマワリ
（クリスパン・ド・パス『花の園』1614年）

にまでなったものがあると書かれている」と記述している。しかしこれらは、旅行者の見聞録に現われるものにすぎず、「低地帯では背の高い人よりも高くなることはほとんどない」のが真相である。植物学者が確かめたものではないが、ある旅行者の話として、モルモン教徒が、自分達の神をまつる場所を求めてミズーリ州を離れた時、最初の一行はその道すがらヒマワリの種子をユタの平原に播き続けたという話が残っている。そうすれば次の夏に馬車で後からくる女、子供がそのヒマワリの列の後をたどってくればよいからである。

ジェラードもパーキンソンも、樹脂のようなヒマワリの匂いについて述べている。すなわち暑い地域では、花や葉の付け根から「たいへん細かい、薄い、透明なロジンやテレピネンが出て、色も匂いも味もヴェニステレピネンにとてもよく似ているので、それと区別することはできない」という。二人ともヒマワリを料理したり、アーティチョークと同じ調理法でそのつぼみを食べたりして、この植物を役に立たせようと涙ぐましい努力をしている。ジェラードは「このうえなくおいしい食べ物」といっているが、パーキンソンは自分の好みでは、味が強烈すぎるといっている。ジョン・イヴリンはその種子からマカロン（クッキーの一種）を作ろうとしたが、「テレビンが強すぎて、期待にそえない」と書いている。しかし、ヨーロッパに導入されるかなり前にアメリカでは、ヒマワリから繊維、種子、花びらを採るために栽培していた。インディアンは花びらから黄色の染料を採った。茎の髄は救命帯を作る最も軽い材料になる。葉はガチョウ等の家畜の餌になる。ヒマワリを燃やした時にできる灰は、多くのカリウムを含んでいる。だが、何といってもヒマワリの最高の価値はその種子である（ある花一つで二三六二個もあったとの記録がある）。種子には多くのタンパク質と食用になる油が含まれており、とくに七面鳥、オウム、キジなどの鳥ならびに、ロシア人が好む。カルシウムも含まれており、これをいつでも噛む習慣のある地域では、歯が悪くならないといわれている。ロシア、アルゼンチン、その他多くの国では、種子から油を採るために産業としてこれを栽培している。油はいろいろな目的に使われ、例えば、マーガリンや絵の具の材料になる。一九四二年以来、イギリスでも各種の実験が農業関係

ファン・ゴッホの描いたヒマワリ
（1888年　ミュンヘン、ノイエ・ピナコテーク）

者の間でなされており、とくに丈が低く、早く収穫できる栽培種を作り出そうとしている。一九一〇年にコロンビアのブルダーで見つかった野生のものから、赤い色の花が咲く庭園向きのヒマワリが作られた。

十九世紀の終わり頃に、ヒマワリは予想もしなかった方向、つまり美術や文学に浸透していった。オスカー・ワイルドがイギリスやアメリカで、この植物をかなり冷静な新しい唯美主義の象徴として取り扱った直後、ファン・ゴッホがパリやプロヴァンスで、それとは異なる態度でヒマワリを描いた。彼の描いた一三枚のヒマワリの絵の内の六枚は一八八八年八月にアルルで描いたものであるが、いろいろな種類のヒマワリがそこに見られる。

ヘリアンツス・ムルティフロールス
（CBM 第227図　1793年）

多年草のヒマワリのうちいくつかは早い時期にイギリスに導入されており、ムルティフロールス種（*H. multiflorus*＝デカペタリス種 *H. decapetalis* の変種で野生の状態では知られていない）は、一五九六年以前から栽培されていた。しかし、これはよく広がる性質があり、「近くに生えている植物をだめにしやすい」ということがすぐにわかった。そこで、この種類にはほとんど関心が払われなかった。ツベロース種（*H. tuberosus*）は、エルサレム・アーティチョーク（エルサレムという言葉はイタリア語のヒマワリ、girasole の変形である）と呼ばれ一六〇四年にウィリアム・コイズによってイギリスで最初に栽培された。しかし、イギリスではめったに咲くことがない。

ヘリアンツス（*Helianthus*）という名前はマリーゴールドと同じく、いつも太陽の方を向く、つまり朝には東を夜には西を向くと考えられたので与えられた。科学者はこの現象を茎の日影になる部分は日の当たる側よりも早く生長するという理論で説明しようとした。そのため、ヒマワリは、頭をすぐに太陽の方へ曲げるのであるというなかなか楽しい話もある。

ヘリアンツス・ツベロースス
（CBM 第7545図　1897年）

ヒャクニチソウ

Zinnia
ジニア

キク科

ヒャクニチソウ属は、ほとんどがメキシコ原産で、ずっと昔から栽培されていた。アステカ人の園芸技術は高度に発達していて、一五二〇年スペイン人が侵入した当時、皇帝モンテズマの庭は、ヨーロッパにある庭のどれと比べてもひけをとらないすばらしいものであった。彼の庭にはヒャクニチソウの他に、ダリア、ティグリディア〔アヤメ科の植物〕、ヒマワリ、アサガオが咲いていた。モンテズマは庭師を領土の隅々まで派遣し、新しい草や木を収集させたという。

ヒャクニチソウ属の仲間のいくつかは紹介されたのに、ヒャクニチソウ属そのものは十八世紀になるまでヨーロッパには運び込まれなかった。イギリスに届いた最初の種はジニア・パウキフローラ（*Zinnia pauciflora* = *Z. lutea*）で、その種子は一七五三年にパリの王立植物園からフィリップ・ミラーの所に送られてきたものである。中央アメリカ産であるにもかかわらず、かつて南アメリカが原産地であると考えられていた時期があった。その種子もまたフランスから送られてきたのであるが、オランダにいたリンネの息子に届けられたものには、「ブラジルのマリーゴールド」という名前のラベルが貼ってあったからである。その後入ってきた種のうちで最も重要なものはエレガンス種（*Z. elegans*）で、今日の一年草のヒャクニチソウの親であるが、紹介されたのは一七九六年である。その変種のヴィオラケア（*violacea*）の種子はマドリッドのオルテゴ教授からブート侯爵夫人の所に送られてきた。スペインに導入されていたダリアがイギリスに届いたのとちょうど同じ経路を通ってやってきたらしい。おそらくダリアと同じ荷物の中に入っていたのであろう。なぜなら、それから約二年後、侯爵夫人がダリアの見本を初めてキュー植物園に送ったという記事があるからである。エレガンス種は変異を生みやすい種であり、その変種であるコッキネア（*coccinea*）が一八二九年に紹介され（この場合はデヴォンシャー公爵が関係している）しばらくすると人気がでた。

八重のヒャクニチソウはフランスの種苗商グラゾーが一八五

ジニア・エレガンス
（CBM 第527図　1801年）

六年に初めて作り出し、耐寒性の種はフランスの別の種苗商ヴィルモラン商会が専門に扱った。ビートン夫人は一八六五年に『園芸のすべて』の中でイギリスのバー&サグデン商会を例に引いて次のように書いている。「この種苗商会のサルディニア駐在員が、この秋に各種の八重のヒャクニチソウを写真に撮ったものを送ってきた。その中で一番小さいものでも厚さ四インチ弱で、花の周囲が一一インチあった。別のものには五八六枚の花びらが付いていた。」十九世紀の栽培種の目標はほとんどがより背の低い、より小形の種を作ることにあったが、しかし大形のヒャクニチソウもこの頃、もうすでに栽培されていたのがわかる。新しい種類のヒャクニチソウが手に入ると皇帝モンテズマのお抱え庭師たちは耳に針を刺し、流れる血を葉にふりかけては豊かな花が咲くのを祈ったという、菊の頭状花のような八重の花をつけるヒャクニチソウは、古いタイプのヒャクニチソウが備えていた、こざっぱりしたフランス風婦人帽ミリナリーのような優雅さはまったく失っているが、これは皇帝モンテズマのお抱え庭師がやったような儀式を行なって育てられてきたからであろうか。

ジニア・エレガンス（八重咲き品種）
（『ヨーロッパの温室と庭の花』1858年）

　レジナルド・ファーラーは中国の四川省北部の辺境の、ある小川の小石の多い河原に、どうみてもメキシコヒャクニチソウ（Mexican Zinnia）と思われる植物が花を咲かせているのを見つけたとき、たいへん驚き、同時に喜びが込み上げてきたようだ。彼の記述によれば、それは「ヴェルベットのようになめらかで血のような色をしている」小さな花のついた分枝の多い植物であった。彼は庭園用の種類の「よそよそしくて硬い感じの人工的なヒャクニチソウ」よりもはるかに優れていると考えたのである。そして彼は採集したアジア産のプリムラとリンドウの種子と一緒に、その植物の種子を本国に送ったが、それらがその後どうなったかはわからない。

　ゲッティンゲン大学の自然学と植物学の教授であったJ・G・ツィンをたたえてこの植物にはジニアという属名がつけられた。彼は一七五八年に三二歳の若さで亡くなったが、すでに『ゲッティンゲンの植物』を出版していたし、脳と目の感覚についての論文を公表していた。ジニアは「若さと老い」（Youth and Age）と呼ばれることがあるが、その由来は不明である。

ヒルガオ

Convolvulus
コンヴォルヴルス

ヒルガオ科

コンヴォルヴルス・マヨール（*Convolvulus major*＝イポメア・プルプレア *Ipomoea purpurea*）、英語名は「朝の栄光」（Morning Glory）。熱帯アメリカが原産のこの植物は、一六二一年にジョン・グッドイヤーによって育てられたのが最初の記録である。彼はこの植物について、「夜間は、ただ巻きついているだけで花が半分も開かない状態である。その花はしかも短い間開いているだけだ。白色の「巻きつき草」（Bindweed）の花と同じく、小さな鈴のような花は五稜の花弁をしっかりと繋ぎ合わせているが、朝開く花は、早朝には完全な大きさとなり、その全体の姿を見せる。花の色は微妙な空色で、それは赤と青を混ぜ合わせたような色合いである。内側には五本のまっすぐな縞もしくは線があり、赤っぽいくすんだ紅色のヴェルヴェットのようである。このすばらしい姿は、ほんのしばらくしか続かず、開花したその日の夜にはしぼみ始める。先の方が硬く閉じ合わされ、二度と開くことがない。しかも翌日には枯れてしまっている」と記している。パーキンソンも同じようなことを書いているが、さらに、「この植物はとても多くの花をつけるので、冷たい風や夜がきて豪華さを奪うまでは、たくさんの花であふれんばかりになっている」とつけ加えている。

コンヴォルヴルス・マヨール
（CBM 第113図　1790年）

　この花の種子はイタリアを経てイギリスに入ったが、その頃には自生地は知られていなかった。一九六三年に、アメリカの薬屋がアサガオの種子を噛んでいて幻覚状態に陥ったというニュースが伝わると、人々は驚き、失望した。そのためイギリスでは、調査が終わるまで販売が禁止された。しかし、結局その種子は無害であることがわかった。

　トリコロール種（*C. tricolor*　和名サンシキヒルガオ）は、「一年生のコンヴォルヴルス」と呼ばれるが、この花についても一六二一年にグッドイヤーが、「この種子はスペインでボエリウス（ギョーム・ベール）が収集したものだ。彼が私の友人のウィリアム・コイズに伝えたのである。コイズは毎年注意深く種子を播いて増やし、それを私に分けてくれた。私の知る限り、この花についてはこれまで書かれたことがない」と記している。

ウィリアム・コイズはエセックスのノース・オッケンドンに住む園芸愛好家であり園芸商で、グッドイヤーとパーキンソンの両方の友人であった。彼は海外から、とくに取引先のベールを通じて、スペインやポルトガルから手に入れた種子や植物を、友人たちに分けるのにはたいそう気前がよかったようである。パーキンソンはこのコンヴォルヴルスについて、「じつにすばらしい空色であり、心が浮きたつような姿をしているから、見る人をよく驚かせる」と書いている。

コンヴォルヴルスは十七世紀のオランダやフランドルの画家がたいそう好んだ。たくさんの花や果物の中にあって、冷たい青色や白色のこの花は、その他の花が暖かく、輝くような色をしているのとは際立った対比を見せる。ウィリアム・ハンベリー牧師は、「この花は各地でとくに『人の一生』と呼ばれている。朝につぼみをつけ、昼までには完全に咲いて、夜になる前にしぼむからである。確かにこうした性質は、我々が人生を考えるのには手助けになるかもしれない」といっている。

アルヴェンシス種（*C. arvensis*）の英語名は、「小形巻きつき草」（Lesser Bindweed）。イギリス自生の花の小さいコンヴォルヴルスは、この本に登場する資格はほとんどないのだが、わが

コンヴォルヴルス・トリコロール
（和名サンシキヒルガオ）
（CBM 第27図　1787年）

17世紀のオランダ絵画に描かれた
コンヴォルヴルス
（シーモン・フェルエルスト
《花瓶の花》部分　1669年
ケンブリッジ、
フィッツウィリアム美術館）

コンヴォルヴルス・アルヴェンシス
（BR 第322図　1818年）

国の花壇によく、しかも悲惨な状態で現われる程度には、この本の中にも顔を出させよう。庭師は、なぜある地域ではこの植物の名前が「悪魔の臓物」(Devil's Guts)と呼ばれるのか思い知ることだろう。また、この根は七フィートの深さにまで及ぶということも。にもかかわらずハンベリーは、花が美しいのでこの植物が庭の中に入っているのを用心しつつ認めている。「この花を池のほとりや傾斜地の端に生やしておく。そしていつも付近の草を刈り取り、きれいにしておくと、この花は美しく咲くからである。それは昔の人の頭につけられていた飾毛のようである。」

　セピウム種(*C. sepium*、現カリステギア・セピウム *Calystegia sepium*)は英語で「大形巻きつき草」(Greater Bindweed)と呼ばれる。これも美しく、まだほとんど同じくらい始末に困る植物であるが、豚が根こそぎ取り去ってくれる。この根が豚の好物だからであるが、庭にはふさわしくないといわれている。ジェラードはプリニウスを引用して、「ユリに似ていなくもない植物がある。これは〝巻きつく〟を意味する語に由来するコンヴォルヴルスと呼ばれ、灌木の間で育つ。香りはなく、花弁の内側には黄色い花芯もない。ただ白色の花弁があって、さてこれからどのようにしてユリを創ろうかと思案中の様子である。自然の造形としては粗雑である」と述べている。

　とても感じのよい響きの名を持つ薬、ジャラップとスカモニーは(両方とも強力な下剤である)どちらもヒルガオ科の植物から採れる。一つはスカモニア種(*C. scammonia*)で一七二六年に南ヨーロッパから入ってきた。もう一つはイポメア・プルガ(*Ipomoea purga*)で一八三八年にメキシコのザラパからもたらされた。この使用法は、ギリシア人がすでに知っていた。ジェラードは、この植物はとても危険である、「無法な薬売りやインチキ医者、老婆の魔術医や薬の乱用者とかペテン師などがこれを取り扱うと」とくにそうであると警告している。もう一つエキゾチックなコンヴォルヴルスがあるが、それはイポメア・バタタス(*Ipomoea batatas*　和名サツマイモ)である。これはソラヌム・ツベロースム(*Solanum tuberosum*　和名ジャガイモ)が紹介される少し以前からイギリスでは知られていた。シェイクスピアが二度述べている植物があるが、それはサツマイモだと考えられている。

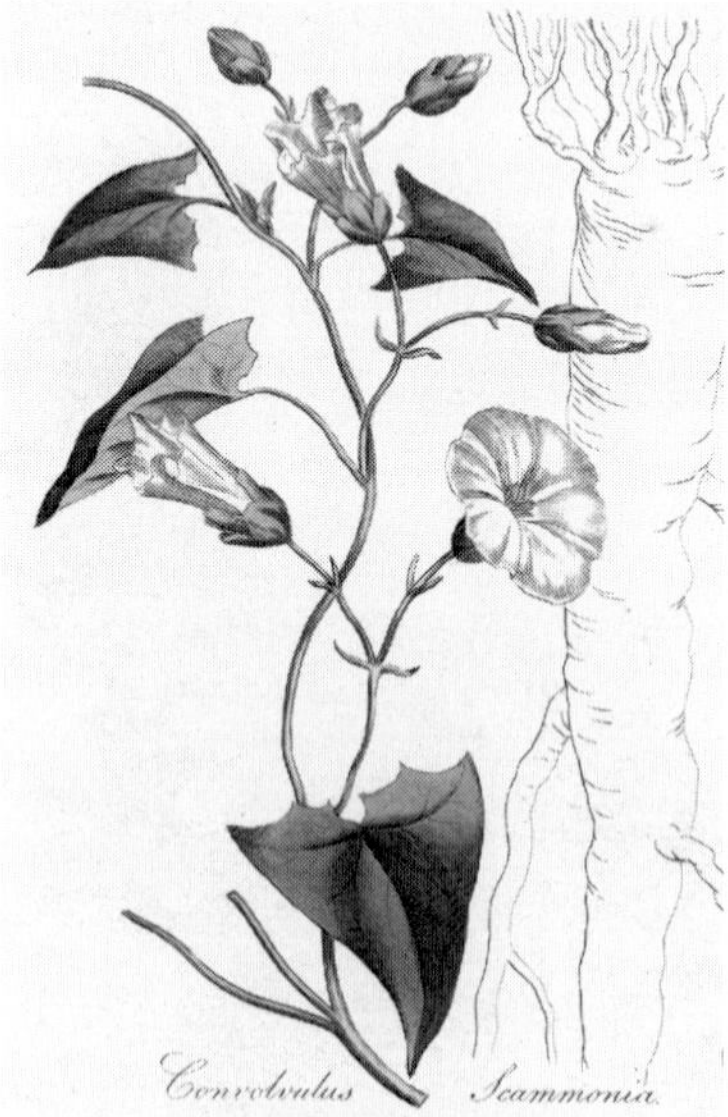

コンヴォルヴルス・スカモニア
(MB 第5図　1790年)

フジ

Wisteria
ウィステリア

マメ科

フジ属は北アメリカの東部と中国と日本にしか自生しない。最初に見つかったのはアメリカ産のフルティコーサ種（*Wisteria fruticosa*）であるといわれ、一七二四年にマーク・ケイツビーが「カロライナ・キッドニー・ビーン」（Carolina Kidney Bean）という名前で紹介した。これはそれほど人気が出なかった。耐寒性はすぐれているが、花はあまり咲かない。種苗商のコンラッド・ロッディジーズはハックニーの自宅で立派なフジを育てていた。何年かしてたくさんの花がつくようになったが、一般に愛でられるようになるのは東洋産の種が紹介されてからである。その後アメリカ産のフジについては一般の関心が薄れてしまった。

中国産のシネンシス種（*W. sinensis*）はフランスのジェスイット派の伝道師から送られた一七二三年の手紙（ブレットシュナイダーの引用）の中に出ている。しかし一八一二年まではそれ以上ほとんど何の情報もないが、この年、ジョン・リーヴズがコンセクアという広東の商人の家の庭に生えているのを見ている。この中国人は外国人との交易（「洋行」）を許可されていた一一人のうちの一人であった。この男は寛容で、のんきな人であったらしく、自分の店で働いているイギリス人とアメリカ人店員に金をだまし取られてしまい、一八二三年頃に悲惨な貧困生活のうちに死んでしまったという。ジョンが見たフジは福建省から彼の甥が送って来たものであった。コンセクアはリーヴズに熱心に勧められるまでは新種を手に入れるために増殖しようとはしなかった。リーヴズは彼が育てたものはどんなものでも買い取るといっていたのだ（ラウドンは当初輸入されたすべての中国種のフジはもとをただせばコンセクアの庭で育てられていたという考えから、コンセクアーナ種 *W. consequana* という名前のフジを手に入れようとした）。イギリスにフジが最初に到着したのは一八一六年六月である。これを運んで来たのはもうすでにカメリアのところで述べた疲れを知らない船長、カフネル号のウェルバック船長とワレン・ヘイスティング号のローズ船長である。彼らのパトロンはそれぞれ、サリー、ルークスネストパークのチャールズ・ハンプデン・ターナーやケント、ブロムレイのトーマス・カレイ・パルマーであった。カフネル号が最初にイギリスに着き、ワレン・ヘイスティング号はその後一カ月のうちに到着した。それでカフネル号のパトロン、ターナーが最初の紹介者とされ、園芸協会からメダルをもらった。しかしながら、ターナーはあやうくこの灌木を枯らすところであった。最初、モモを栽培している暖房設備のある部屋の壁に這わせようとしたところ、クモが棲みついてだめにしそう

ウィステリア・シネンシス
（CBM 第2083図　1819年）

ウィステリア・フロリブンダ
（和名フジ、ノダフジ）
（CBM 第7522図　1897年）

になったし、温室のうす暗い隅の方に置いてある植木林にこの灌木を移植して、寒い冬の間に三度も凍死させてしまいそうになった。こうしたことがあったにもかかわらず、フジは生き延びて、次の春には花が咲いた。一八一九年には、もうすぐ戸外に出せるようになるだろうという情報とともに『ボタニカル・マガジン』に絵が掲載された。一方、一八一八年には、リーヴズはロンドンの園芸協会にフジを一本送っている。これは各所を何度も転々としたにもかかわらず、生長がよくて以前からあったフジよりも大きくなった。一八三八年までには、高さが一一フィートになって、左右にそれぞれ九〇フィート、七〇フィートにも広がった。別の有名なフジがキュー植物園にあった。それが育てられていた温室が一八六〇年に取り壊された時、そのフジはもうすでに老齢であったが、切り倒されることもなく、フジのための鉄製の囲いが作られた。その囲いもフジもまだ存在している。

このフジが自生している状態を最初に見たのはロバート・フォーチュンだったろうと思われる。彼は一八三四～六年の第一回目の探検の時にチューサン島でこれを見つけた。それは狭い山道の脇にある木や生垣に混ざって生えていた。その探検中に美しい白い花の咲く変種をイギリスに送ったが、一八九八年になってもヒッバードが「その性質はまだわずかしかわかっていない」という程度であった。しかしこの頃には満足できるような状態ではないにしても八重で青色の花が咲くものや八重で白色の花の咲く種類が栽培されていた。

中国産のフジは真っすぐ立ち木になるように栽培できる。日本産のフロリブンダ種（*W. floribunda*　和名フジ、ノダフジ）は棚を用いて栽培しなくてはならない。壁に這わせて大きくすると花がたくさん咲かないし、姿もよくならないからである。日本でとても人気のあるフジは栽培種（*W. floribunda* var. *macrobotrys* = *W. multijuga*）〔「六尺藤」と呼ばれている〕で、長い総状花序の花が咲く。長さが七フィートのものもあるといわれているが（ウィルソンは五フィート六インチを超えるようなものは見ていない）、中国産のものよりも一つ一つの花は小さくしかも、横に広がっている。コリングウッド・イングラムは埼玉県春日部市の牛島で有名なフジを見ているが、これは一〇〇〇年以上も前に弘法大師が植えたとの言い伝えがある。一九二〇年の記録ではこの尊い木の幹は周囲が三二フィートあって、八万個の花房が垂れ下がり、棚の上およそ四〇〇ヤード四方に伸び広がっている。これほどのフジはヨーロッパにはない。この種についてはシーボルトが一八三〇年に紹介しただけである。どのようにして、またいつこの種がイギリスに導入されたかについてははっきりとした記録がない。このフジにも白またはピンク色の花が咲く八重の変種がある。

　フジが初めてアメリカからイギリスに紹介された時、植物学者はグリキネ（*Glycine*）の仲間として分類した（グリキネの中で一番有名なものがソヤ種［*G. soja*　和名ソラマメ］である）。そしてフジにグリキネ・フルティコーサ（*G. fruticosa*）という学名がつけられた。一八一八年トーマス・ナットールがこの植物を別の属に分類し、ペンシルヴァニア大学のカスパー・ウィスター教授にちなんでウィステリアという学名をつくった。この教授は「素朴な作法とほどよい自負心を持った博愛主義者であるが、科学を積極的に推進させた」人物で、一八一八年頃に死去した。ウィスターはドイツ系のアメリカ人で、祖父の名前はヴュスターであった。それを英語の綴りにする時に一つの家系はWisterと綴り、もう一方はWistarと綴った。ナットールはこの植物の属名を「e」で、教授の名前は「a」で綴っている。

　ダーウィンはフジの枝は時計の針と反対方向に巻いていくということ、また彼が植木鉢に入れて育てていたフジは何週間もの間、五～六インチの太さの棒に巻きつこうとして失敗したのに、キュー植物園にあったフジは直径が六インチ以上の枝の周りに簡単に巻きついていると書いている。

フジウツギ

Buddleja
ブッドレヤ

フジウツギ科

ブッドレヤ属は、かなり広い範囲にわたって分布している。原産地は中央および南アメリカと南アフリカであるが、中国原産の種の数が一番多い。イギリスに最初にやって来たのはグロボーサ種（*Buddleja globosa*）、英語名「オレンジ・ボール・ツリー」（Orange Ball Tree）で、一七七四年にチリから、ハンマースミスのブドウ園主で、有名なリー&ケネディー種苗商の手を通じて紹介された。同時期に新しく紹介されたほとんどの外国産の植物と同様に、これも最初は温室の中で育てられた。ブッドレヤは、暖かい地方に生えているのが一番よい状態であるが、寒さにたいへん強いということがわかったので、その後は戸外で栽培されるようになった。クラレンス・エリオットは、ある種苗商が「グロボーズ・バドルブッシュ」（Globose Buddlebush）という学名を英語化した名でこの植物を呼ぼうとしたと書いている。

ダヴィディー種（*B. davidii*　和名フサフジウツギ）はヴァリアビリス種（*B. variabilis*）という名前の方でよく知られているが、ブッドレヤ属の中では一番馴染み深い植物である。アメリカでは、「チョウの木」（Butterfly Bush）と呼ばれ、原産地の中国では、「夏のライラック」と呼ばれる。一八八七年頃に、オーガスティン・ヘンリー博士が宜昌《イーチャン》の近郊で見つけた多くの植物の中の一つであった。フランスのジェスイット派の伝道師で、ダヴィッド鹿の発見者（ダヴィッドは、一八六二年から六七年にかけて中国を何度か探検した）に敬意を表してこの名がつけられた。オーガスティン・ヘンリーより約二〇年前に、ダヴィッドがこれを最初に見つけ、サンクト・ペテルブルクを経由してイギリスに初めて輸入された。それはとても貧相なものであった。一八九三年に、植物学者で伝道師のジャン・アンドレ・スーリエ神父が送った種子から、はるかによい園芸種がフランスの種苗商ヴィルモランの所で育てられた。その園芸種は一八九六年にパリ植物園からキュー植物園に送られてきた。その他に、マグニフィカ種（*B. magnifica*）とウィルソニー種（*B.*

ブッドレヤ・グロボーサ
（CBM 第174図　1791年）

wilsonii）という二種類の美しいブッドレヤは、二十世紀初めの一〇年の間に、E・H・ウィルソンがヴィーチ商会のために収集したものであった。

夏の終わりに、クジャクチョウやアカタテハが止まっていることがよくあるが、香をたきこめたような匂いのする灌木は、花の美しさより、匂いに引きつけられてチョウが止まっている時の方がもっと美しい。しかし、自生地では、チョウよりもやっかいな動物をこの灌木は守っている。サタニ川の小石だらけの土手に生えているこの茂みは「ヒョウの隠れ場所として有名」であったとファーラーがいっている。第二次世界大戦の間、この種子は風に運ばれやすいうえ、生育条件が適していたため、ロンドン市内あちこちの被爆地の瓦礫の中で繁茂した。

第一次世界大戦が始まった頃、コーフ・キャッスルのスメッドモーアのW・ファン・デル・ワイアーがフランスから休暇で家に帰っていて、グロボーサ種の花が二個、季節はずれに咲いているのを見つけた。これとダヴィディー種（グロボーサ種と同じ時期に花が咲くことは普通はないが）とを交配してみた。ダヴィディー種と同じ形状の花で、黄色の園芸種が作れるのではないかと期待していたのである。第一世代の交配は失敗であったが、第二世代は、多くの園芸種ができて、その中に、「オレンジ色か黄色でピンクか藤色のぼかしが入っている」と記録されている、球状の花がまっすぐ立った円垂花序のものがあった。それにはウェイエリアーナ種（*B.*×*weyeriana*）という名がつけられた。残念なことに、この交配によってできたものの中に、どれよりも鮮やかな黄色の花があったが、結実しないということがわかって、その後交配実験は進まなかった。それ以来、種苗商は、ダヴィディー種を用いて、さらに美しく、いろいろな色の園芸種を作り出すことにのみ専念しているようだ。

ブッドレヤには、他にも多くの興味深い種がある。その中では、アルテルニフォリア種（*B. alternifolia*）がますます重要になっている。一八七五年には中国北西部で、多才なロシア人科学者パヴェル・ヤコヴレヴィッチ・ピアセツキーという人物が発見していたが、一九一四年にイギリスに紹介したのはレジナルド・ファーラーであった。「花が咲いていない時は、優雅で小さな葉をつけたシダレヤナギのようで、花が咲いていると、淡い紫色の滝のように見える」とファーラーは書いている。アル

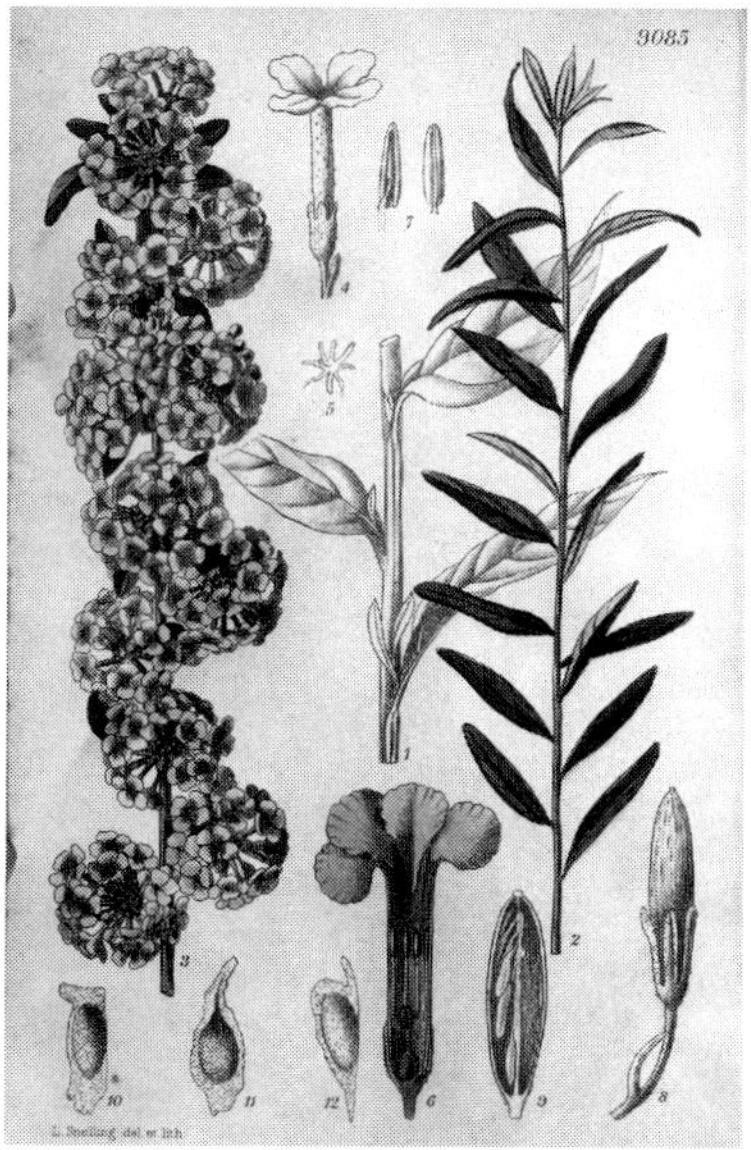

ブッドレヤ・アルテルニフォリア
（CBM 第9085図　1926年）

テルニフォリア種は、この属の植物の中で一番北に分布しており、文句なく耐寒性がある。

　コルヴィレイ種（*B. colvilei*）に耐寒性がないのは残念である。というのは、コルヴィレイ種が、大きなピンク色の花をつけている様子は、この属の中では一番見ごたえがあるからだ。コルヴィレイ種は一八四九年にジョゼフ・ダルトン・フッカー卿が見つけた。彼はこれが「ヒマラヤに生えているすべての灌木の中で間違いなく一番美しい」といっている。フッカーの探検の成果として、今イギリスにある最も美しくて重要なロードデンドロンのいくつかが、その時持ち帰られたことを思い出すと、先のフッカーの言葉はずいぶん高い評価だといえる。このブッドレヤは、その後しばらく紹介されることがなく、一八九二年にアイルランドで初めて花が咲いた。コルヴィレイ種は、綴りがよく間違われ、Lを二つ重ねて書かれることがある。フッカーは、「もう死んでしまったが、私の友人で王立園芸協会会員であったジェイムズ・コルヴィル卿」にちなんで、この植物の名前をつけたといっている。コルヴィル卿は一八四九年当時、カルカッタ最高裁判所の陪席判事だった。彼はフッカーがインド旅行に出かけた際に、完全な装備がついたパルケー（一種のかごのような乗り物）をプレゼントし、便宜を図った人物である。

　寒さに弱く、それほど魅力のないサルヴィフォリア種（*B. salvifolia*）は、ミラーが一七六〇年にイギリスに紹介した南アフリカ産のセージの木である。サルヴィフォリア種は、爆撃地でダヴィディー種がよく茂ったのと同じように、火事が起こったあとで、最初に姿を現す灌木である。この木から「槍の柄を作ると立派なものができるとカフィル人が評価した」と樹木学者のビーンは述べている。リンドレイアーナ種（*B. lindleyana* 和名トウフジウツギ）は一八四四年イギリスに導入された。中国で好まれていた庭向きの植物で、フォーチュンが野生のものがそのままの姿で生垣として使われているのを見て誉め称えている。この花を押し潰して水の中に入れると、魚を麻痺させる作用があるという。アウリクラータ種（*B. auriculata*）は南アフリカから一八八一年に導入された。冬咲きで、よい匂いをあたりにふりまくから、普通の植物が育たないような場所では大切な花である。

ブッドレヤ・リンドレイアーナ
（和名トウフジウツギ）
（BR 第32巻4図　1846年）

　この属は、アダム・バドル牧師（Rev. Adam Buddle、一六六〇頃～一七一五）にちなんでその名前がつけられた。彼は、エセックス州ノース・ファムブリッジの牧師であった。アマチュアの植物研究者としても熱心で、すでに一六八七年には、コケの権威者と目されており、一七〇八年以前に、驚くほど周到で包括的なイギリス産植物標本を集めていた。それは、新しいシステムで配列されていた。彼は「レイ氏とトゥルヌフォール氏（両者ともにすでにこの世にはいなかった）のやり方を合わせた方法である。私がトゥルヌフォール氏の方法を好んでいると考える人もいるが、まったくそのつもりはなかった。けれど、私の方法はレイ氏のやり方の影響を受けている。すべての人を満足させたいと思う人は、本などを出版してはならない」といっている。事実、彼の労作は生前、本の形で出版されなかった。彼の死後、植物標本とそれについての説明文がハンス・スローンに依託され、スローン卿を通じて、大英博物館に寄贈された。後世の植物学者はたいへん助けられたが、中には、バドル牧師に対して感謝の言葉を記していない人も多くいる。「彼が苦労した結果できあがったものを利用した後継者は、当然の敬意を表わさなかった」と『イギリス人名事典』には書かれている。一七三〇～三年にウィリアム・ハウスタウン博士が南アメリカで収集した植物に、バドル牧師に敬意を表して名前をつけた。バドル牧師の名前を学名に残すことで、彼の植物学に対する貢献への不当な扱いが、幾分正された。しかし、この名前は、後の植物学者によってこの植物をめちゃめちゃにしたといってよいほどにあれこれと変えられた。ハウスタウンは、Buddleiaと綴っており、リンネは『植物の属』の中で、新しい属を発表した際に、本文の中ではBuddleja、目次ではBudlejaと書いている。ハウスタウンの著書は、彼の死後編集されて、一七八一年にジョゼフ・バンクス卿が出版した。その著書の一枚のページでBuddlejaとBuddleiaとBuddleaという三つの異なった綴りがでている。その他の名前として、BudlaeaとかBudleaとかBuddleyaとかがある。その結果、最もありふれた種であるのに、variabilis（変化のある）という名前をもつものが現れたのであろう。

プリムラ

Primula
プリムラ
サクラソウ科

プリムラ属には五〇〇以上もの種があり、そのほとんどが美しい。この本の著者としては作業上ありがたいことであるが、それらの多くはこの本に入る資格がない。というのは普通の花壇では簡単に育たないものだからだ。しかしながら、残りのわずかな種は何世紀にもわたって花壇用の植物として愛好され長い歴史とすぐれた記録が残っている。

アカウリス種（*Primula acaulis*＝ヴルガリス種 *P. vulgaris*）はイギリスに自生し、月のような色をしたプリムラで、「プリムローズ」（primrose）と呼ばれるが、庭の中に閉じ込めるとあまり幸せそうに見えないし、捕われの身だと痩せ細ってしまうことが多い。しかしプリムローズとカウスリップ（和名キバナノクリンザクラ）の特殊な庭用の種は、八重のものも含めて、昔は栽培されていたし、十六世紀が終わる以前からイギリスの植物としてヨーロッパ大陸で知られていた。

その当時は、何度も移植すれば八重の種類になると信じられていた。だからイギリスの庭師はその点で有利であると考えられていた。なぜなら、イギリスは温暖で湿気が多く、ほとんど全シーズンにわたって移植したり、刈り込んだり、短く摘んだり、その他、残酷な取り扱いをすることができたからである。ハンマーは「クリーム色で匂いはよいが普通の」プリムローズを持っていたと書いているが、最初の八重のプリムローズは黄色ないしは白で、それ以外の色のプリムローズは一六三八年頃までは知られていなかったようである。その年に、アカウリス・ルブラ（*P. acaulis var. rubra*＝シブソーピー種 *P. sibthorpii*）

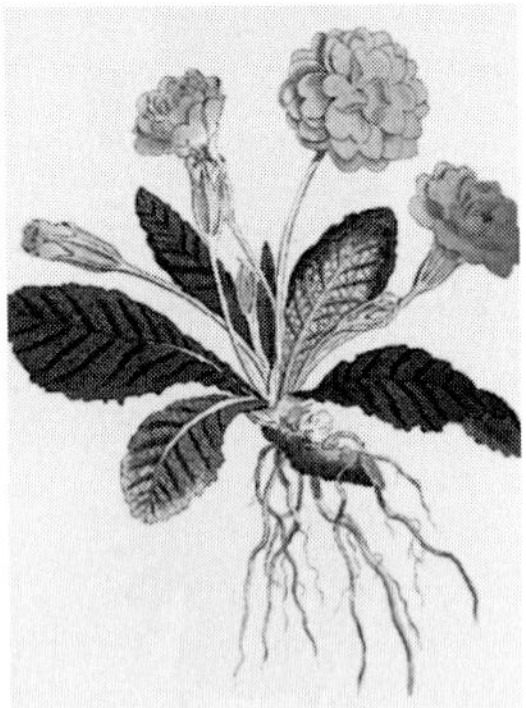

プリムラ・アカウリス
（八重咲き品種）
（CBM 第229図　1793年）

プリムラ・アカウリス
（プリムローズ）
（『デンマーク植物誌』
第1114図　1787-1799年）

が東洋から導入された。この赤ないしは紫の変種はコーカサス地方やギリシア、北ペルシアではイギリスのプリムローズの代役のように自生している。この地域では黄色がむしろ例外なのである。赤ないし紫の花は一六三五年以前にパリで栽培されており、パーキンソンは一六四〇年に「トラデスカントのトルコ紫のプリムローズ」と書いている。これはイギリスにある変種より開花期が早い。だからその分だけ価値があった。「珍しい植物であるから、薬草を取引きする商人は普通、根をいくつかに切ってそれを用いて種子から行なうのと同様に増殖させた。そういう種類は元気で、真冬でも雪の間から頭をのぞかせる。トルコ語の名前 Carchichiec にはこのことが表現されている。文字通り、雪の花を意味する言葉である。花の色に変化を与えることによって、この種からは変種が無数に作り出せる」とトゥルヌフォールは書いている。

　一六四八年にはオックスフォード植物園が自慢の紫、青、白、八重の白の変種を育てていた記録があるし、普通の「フィールドプリムローズ」も持っていた。八重咲きの赤花プリムローズは、現われるのが遅く、一六六五年にリアはそれを噂でのみ知っていて、「もしそのようなプリムラが現われるなら、ぜひそれを手に入れたいと考えてか、多くの種子が播かれた」といっている。彼の義理の息子のサミュエル・ギルバートは、一六九八年に自分の所に送ってきたいくつかの種子は間違いなくその色であるというふれこみであったが「ただのくすんだ馬肉色」の花にすぎないことがわかったから、自分はそのようなプリムラはないと信じると主張している。十八世紀までには八重咲きの赤花プリムローズはかなりよく知られるようになっていたが、まだ色の悪いものが多かったので、よいものをより分けるには十分な世話が必要であった。これは他のいかなるプリムラよりも寒さに弱いことは間違いなく、毎年株分けや移植が必要であった。「だから、賢い庭師にはミラー氏の助言を無視するようにいおう。彼の助言というのは、これは他のプリムローズと同じくらい強くて耐寒性があるから、人に見せるためでも世話をせずに放っておけというものである。その意見に従って植えた場合には、株が全部ダメになることはすぐにはっきりするので、ミラー氏という人は、この植物の本当の性質や栽培法についてまったく無知であることをみな確信するであろう」とハンベリーは述べている。今日でさえ「マダム・ポンパドール」という名の八重咲きの赤花プリムローズは、栽培が難しいので有名である。「他のものをやめてこれを買うことは、金の無駄使いであり、金を捨てるようなものである」(C・ホークス『プリムラ・オーリキュラ年鑑』一九五二〜三)といわれているほどである。

「クエーカー教徒の帽子」(Quaker's Bonnet)とか「婦人の喜び」(Ladies' Delight)とかいう名で知られているライラック色の変種は、八重のプリムラ全部の中で一番寒さに強い。これについては一八三八年に「今ではごくありふれた」ものであるとか「イギリスの田舎の庭にはたくさんある」といわれている。

その頃までには、七～八種の変種が栽培されており、そのほとんどがアイルランド原産であった。アイルランドの穏やかで湿気の多い気候がプリムラに適しており、最上のもののいくつかは今でもアイルランドで見つかる。有名な八重咲きの種類は十九世紀の終わりにアバディーンシャーのコッカー商会で育てられていた。そしてアバディーンの町のモットーである良き調和（Bon Accord）から名前がつけられた。しかしプリムローズはポリアンサスやオーリキュラのようには草花園芸家が取りあげることがなかった。

　青いプリムローズは一六四八年にオックスフォードでとてもうまく育てられていたが、その後すぐに姿を消してしまったようである。青いプリムローズの花を最初に育てた人というお墨付きを貰っているのはG・F・ウィルソン氏という人で、彼は一八八九年頃に数種類を育てることに成功した。それは紫色の親から出た若芽を注意深く選別した結果であった。初めの頃の段階ではいわゆるプリムラの「目」の周りにかすかに散った紫色の輪があった。

　ヴェリス種（P. *veris*）は牧場でよく見られるいわゆる「カウスリップ」（cowslip）であるが、これは「ミルクで太ったような健康的な姿」をした花で、庭の中だと、森で咲いているときほどにはしっくり落ち着いて見えない。この花が重要なのは、おそらくポリアンサスの先祖であろうと思われている点である。エリザベス女王時代の人々は、多くの「奇形」を栽培していた。例えば「ガリガスキンズ〔十六～七世紀に流行したゆったりしたズボン〕」、「馬上のこしゃくな若造」（Jackanapes-on-Horseback）、「血迷い」（Franticke）とか「愚かなカウスリップ」（Foolish Cowslipp）といった歪んだ萼《がく》を持ったものとか、八重や「ホース・イン・ホース」（Hose-in-hose）と呼ばれる二重のものとか。赤花の種類も育てられていたが、カウスリップは花の色はあまり豊富ではない。

　ヴァリアビリス種（P.×*variabilis*）すなわちポリアンサスはプリムローズとカウスリップとの交配で生まれた。おそらく親は両方とも赤い色で、庭で育てられていたものだと思われる。このもっとも当初の事情についてははっきりしないけれども。この二種の交雑は野生の状態でも起こり、それはよく「オックスリップ」（oxlip）と呼ばれる。しかしたいていの植物学者は本当のオックスリップ、すなわちエラティオール種（*P. elatior*）はその別の種で、その交配の結果ではないと考えている。だがそのよ

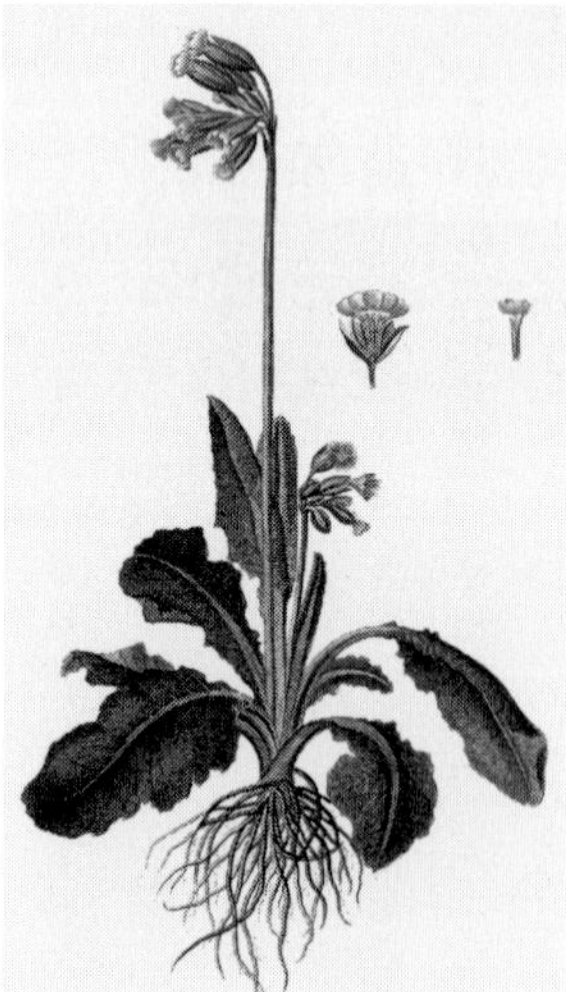

プリムラ・ヴェリス
（カウスリップ）
（『デンマーク植物誌』
第433図　1761-1771年）

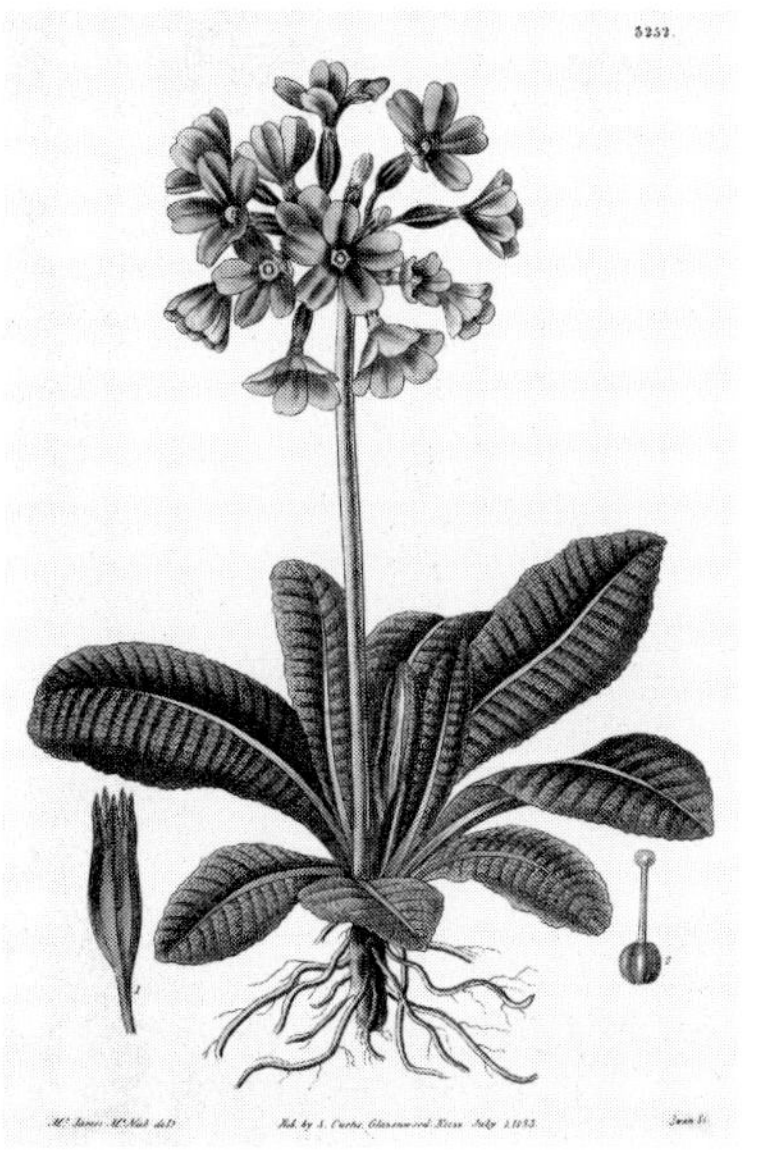

プリムラ・エラティオール（オックスリップ）
（CBM 第3252図　1833年）

うな厳密な区別は必要ではないようだ。というのは、十九世紀のある種苗商が自分の畑では最良のポリアンサスの種子からカウスリップやオックスリップやプリムローズを育てていると述べているからである。これらの名前は一六八七年に出版されたジョン・イヴリンの『セッズ・コートの庭師のための指示』や一六九三年に出たサミュエル・ギルバートの『フローリスト必携』に現われる。彼は「オックスリップやポリアンサスを少々、とても大きなホース・イン・ホースを持っている。色は濃い赤や薄い赤色だ。私が持っているものはみな、気前のよいエジャートン氏からもらったもので、彼の作った甘い匂いのレディ種を覚えている」と記している。エジャートン氏とはチェシャーのボートンに住んでいたピーター・エジャートンのことで、彼は当時としては高額の二〇ポンドもする赤い縦縞模様の入った八重のオーリキュラを育てていた。大形のオックスリップが一六八七年、ライデン植物園のカタログの中に絵入りで紹介されているが、それはオックスフォード植物園から入手したものであり、もとは一六七〇年代にイギリスで作りだされたものであろうと思われる。名前がつけられはっきりと識別されることはなかったとしても、それ以前から栽培されていたかもしれない。ヨーロッパ大陸では長い間「イングリッシュ・プリムラ」という名で知られていた。とにかく、十八世紀の初めには確固とした地位を築いており、一七二八年に詩人のトンプソンが「無数に色ちがいのあるポリアンサス」といっている。そして十八世紀の中頃までには、栽培に多大な関心が寄せられるようになった。ジョン・ヒルによれば、「彼の述べるような方法でこの花を育てればどのくらいすばらしいものが咲くか見当もつかない」と書き、またジェイムズ・ジャスティスは「美しい変種が、珍しいものを見たがる人の目を楽しませることができるような場所」すなわち、湿気の多い日陰に植えるようにすすめている。一七六〇年までには、この植物はたいへん改良が進み、イギリスのある所では「一本一ギニーで売られるほどの高い評価」を得ていると、フィリップ・ミラーが述べている。これはおそらく、花卉園芸家の扱う種類のポリアンサスが現われたことをいっているのであろう。一七七〇年にウィリアム・ハンベリー牧師がそれを試験的に育てた記録がある。彼は種子から育てるのがよいと述べている。そうすれば「どれほど価値があるかわからないほどの宝物を地面の下に持っていることになるのだ。ポリアンサス・プリムローズの変種を一つの花壇で一度に一〇〇〇以上も咲かせたことがあるし、それと同じくらい多数のオーリキュラも持っていた」という状態になるからだ。ちょうどこの頃、八重のポリアンサスが「帽子の中の小犬」（Pug-in-a-Pinner）という可愛らしい名前で登場した。

一七七八年までにポリアンサスは「花卉園芸家の間では評価の高い花の一つ」になっており、「園芸家の多くは異なった種類をたくさん栽培しようと努力した。ポリアンサスは彼らが選びとるに値する特色をもった花だったにちがいない」。こうした花卉園芸家は「その花が本来備えているはずのものをすべて備えた完璧な状態で咲かせようとしてあらゆる努力を傾けた」とアーバークロンビーが述べたほどのものになった。ポリアンサスはオーリキュラと同じく、イギリスではランカシャーやチェシャーの織工たちが十九世紀の初め頃には育てており、変種の数でみれば一八二九年までにはオランダで育てられているポリアンサスさえも追い抜いていたといわれる。アイアシャーやラナークシャーでも人気があって、一八三六年には「ニコルソンのヨーロッパたたき」（Nicholson's Bang Europe）、「アングレジーのバック侯爵」（Buck's Marquis of Anglesey）といった有名な変種の値段は一ポンドもした。栽培熱のピークは一八四〇年頃にきた。その後一九二三年まで展示会は開かれはしたものの、人気は次第に衰えていった。

多くの関心を集めたのは他でもない金や銀のレースのような縁どりのある変種である。どちらかといえば、暗い色の花で、黄色か白でくっきりと縁どりされ、深い切れ込みの入った五枚の花びらがついたものであった。その他の種類はあまり注目されず、せいぜい一八四四年にラウドン夫人がポリアンサスは「常に黄色か茶色で」あるといい、後に他の人が「べっこう色の花」に言及したことがある程度であった。この種のポリアンサスは、特色もあり魅力もたっぷりあるが、庭ではそれほど効果を発揮しない。十九世紀の終わりにかけて、ガートルード・ジーキルは、かつての古い形のポリアンサスに関心を戻し、一八七五年頃に古い庭で見つけた種子から「マンステッド・バンチ」（Munstead Bunch）を育てた。彼女が好んだのはたいてい黄か白で、そのうちのいくつかは、「クラウン硬貨より少し大きい」程度であった。ジーキル女史以来、多くの花壇用のポリアンサスが改良され、現われてきた。昔の花卉園芸家が好んだ金色のレースの付いた種類はほとんど姿を消してしまった。最近アメリカやニュージーランドで、この花に対して関心が高まり、アメリカではとてもきれいなとくにピンク色の変種が育てられている。また、ニュージーランドでは珍しいオレンジ色のタンゴ種が栽培されている。

アウリクラ種（*P. auricula*）は「ワイルド・オーリキュラ」、「ダスティー・ミラー」（Dusty Miller）とも呼ばれる高山植物である。古代ローマ人にも知られていたほどの長い栽培の歴史を持ち、「こういう繊細な花の源」であるガーデン・オーリキュラは、アウリクラ種とヒルスタ種（*P. hirsuta*）との交配種のプベスケンス種（*P.×pubescens*）であると考えられている。最初のオーリキュラは一五七〇年頃にユグノー派のフランス人たちがイギリスに持ってきたといわれることが多い。それが本当であるとすれば、たぶん野生のアウリクラ種の変種だったに違いない。というのは、プベスケンス種は一五七三年頃にウィーンの王立庭園で最初に記録されており、一五七八年にフランドルの植物学者クルシウスが北方に送ったのが唯一のものだからである。プベスケンス種が現在我々が育てているツルツルした葉の「アルペン」オーリキュラの先祖であることはほとんど間違いない。葉全体が白い粉で覆われている「ボーダー」と「ショー」のタイプは楕円形のネバネバした花柱をもっているが、この二つはさまざまな交配の結果生まれてきたものである。本当の野生のアウリクラ種が庭に咲いているのを見かけることは今ではほとんどない。

一五九七年にジェラードはいくつかの変種を確認していた。オーリキュラの自生地スイスでは、めまいを治す薬として登山家の間で珍重されていると彼はいっている。「岩山や高い所に登る前にそれの根を飲んでおくと、人間の一番大事な関節のつなぎめ（私は首のことをいっている）が傷つくのを防げるであろう。」パーキンソンはこの花が気に入っていた。この花は、「一本の茎に数多くつくので、その一本だけで花束のように思える。白、黄色、バラ色、紫、赤、黄茶色、暗紅色、髪の毛の色など、この花に見られるさまざまな色は、わがイギリスの上流階級《ジェントリ》の人々を楽しませるが、その上、甘い匂いも与えてくれる。その

プリムラ・ヒルスタ
（CBM 第14図　1797年）

プリムラ・プベスケンス
（CBM 第1161図　1808年）

ため洋服の飾りとして身につけるといっそう楽しみが増す」と書いている。彼が記している二〇種以上の中には、アルペン・タイプやボーダー・タイプ、また縞模様の変種も含まれているが、「ネバネバ」についてはまだ記述されていない。パーキンソンがこう記した三〇年後、ハンマーは四〇種の名前を挙げており、さらにレイの『花・穀類・果実』が一六六五年に出る頃までには、オーリキュラはかなり高い水準にまで改良が進んでいた。レイの本では四種類のオーリキュラが述べられている。その中には花柱がネバネバしているものや、八重の変種が含まれていた。黒あるいは濃い色のオーリキュラの方が高く評価されているが、その色の範囲は広く、「レザーコート」色（灰色の目をした赤褐色の花）やリケット・ベアザー色（ビザーレ bizarreか?）というような種類を含んでいる。その他おもしろい名前を挙げれば「ロンドン近郊のバターゼイで育てていたバッグズ夫人のきれいな紫のもの」とか、「麗しのダウナム」（the Fair Downham）と名づけられているが、美しい婦人からきているのではなく、栽培していた人、「謙虚な神のような人、ジョン・ダウナム氏」の名前を取ったものである。これらは一六九三年にサミュエル・ギルバートが有名な種類であると述べている中にも現われる。彼が記している色は柳色、ネズミ色、緑っぽい髪の毛の色、明るい黄褐色、そして白であるが、白は「新鮮なミルク」（The Virgin’s Milk）という名の園芸品種以外、それほど価値を置かれていない。

この花の色の多様さは一世紀ほど経って、カントの門人に対して広い視野を与えるのに役立ったにちがいない。つまりカントはその門人に対して思考様式をオーリキュラの色に見習って多様にするようにと助言したのである。当時最も評価が高かったオーリキュラは、縞模様のある種であった。例えば、すでに述べたピーター・エジャートンの育てていた、値段が二〇ポンドもする花とか（ただしこれはその後まったく姿を消してしまったが）、そうした種類は当時の絵の中にのみ残されている。

次の重要な改良があったのは一七五七年である。その年ジェイムズ・ダグラスが『すばらしいオーリキュラの著しい特色』という書物を出版したのである。我々が縁どりのある変種について書かれているのを目にするのはこの時が最初である。「縁どりのある」種類には「緑の縁どりのある権威者」（the green-edged Rule Arbiter）とか「白い縁どりのホルテイン」（the white-edged Hortane）等があったが、この変種はその後、観賞用のオーリキュラとしては最も重要なものになった。というのはオーリキュラはすでに織工や花卉園芸家の花として第一の地位を占めていたからである。十七世紀後半の著者が「粉おしろいでお化粧した、そのお蔭で美しく魅力的な婦人」と呼んだこれらの変種は「雨やしずくのせいで、美しいお化粧を落としてしまい」（サミュエル・ブルーワー『オーリキュラ・プリムラ協会年鑑』一九五四）やすいので、植木鉢に入れて栽培されるようになった。わずかの期間戸外に出すような時でさえも、特別な保護用の「ステージ」と呼ばれる器具が用いられた。花が咲いた時に保護し、観賞する時引き立つように作られたその器具は、とてもきれいな風景が背景として描かれたものもあった。オーリキュラにつけられた名前は今ではたいそう多くなって、「東方のダナエの栄光」（Danae Glory of the East）〔ダナエはギリシア神話で英雄ペルセウスの母〕、「世界の驚異」（Marvel of the world）、「名誉」（Honour）、「栄光」（Glory）、「センペル・アウグスツス」（Semper Augustus）とかいうものがある。これらはハンベリーによって「我々イギリスの花卉園芸家の誇り」であり、大陸で作られているどのオーリキュラよりも優れており「カーネーションを含めても、すべての花の中の栄光」であるといわれた。

十九世紀の初め頃、オーリキュラの栽培はランカシャーやチェシャーの絹織工や坑夫の間で熱狂的に行なわれるようになった。ローランド・ビッフィン卿は、ここがユグノー派のフランス人避難民の多くが最初に定住した地域で、後にオーリキュラ栽培の中心地になったと指摘している。オーリキュラ協会が作られ、展覧会が催されたが、その際、一番すばらしい花には賞として銅のヤカンが送られるのが普通であった。オーリキュラ栽培は職人の趣味であった。「オーリキュラを植えたきれいな容器・ステージは貴族やジェントリー階級の庭ではめったに見られなかった。この階級の人々は育てている植物の扱いを雇人に任せており、だから自分で植物を世話している人と競うことはなく、植物の生長を親のような孤独な気持ちでただ見守っているにすぎなかった」と、ケント夫人が述べている。ランカシャーの職人は一週間に一八から三〇シリングしか稼いでいなかったが、新しい良質なオーリキュラの変種にはためらうことなく二ギニーも支払うことがあった。

プリムラ・アウリクラの園芸品種
オーリキュラ「カンバーランド公爵」
（『園芸家の愉しみ』1789-1791年）

リジェールの『引退した庭師』（一七〇六）の中でいわれているように、「オーリキュラは何か人に好かれるものを持っていて、それ以外の多くの花には見られないようなものであることは認めなくてはなるまい」。しかも「これを作りたいと思う人は、自分の好きなこの花が肉を好むという奇妙な性質をもっており、この花の開花は、市参事会員の〝開花絶頂〟のときと同じく、多分に肉を消化することによっているということを知って驚くであろう。肉汁たっぷりの肉を根のあたりに置いて育てられるが、そのためにこの植物は、血で生きているのだといわれるのかもしれない」とエリザベス・ケントは書いている。アイザック・エマートンは、『オーリキュラ等についての平明かつ実践的論文』（一八一五）を出版した人物だが、オーリキュラのために念入りに調合した、嫌な匂いのする堆肥を用いるというので彼の評判はきわめて悪く、その匂いがあまりにひどいので彼の住むバーネットの隣人にはたいへん嫌われた。堆肥の原料は主にガチョウの糞であったが、そのためにとくに買い入れた三匹のガチョウが、あいにく逃げ出して彼が大事にしていたオーリキュラを全部踏み潰してだめにしてしまった。

イギリス北部ではこの植物の人気のピークが一八四〇年から一八五〇年の間にやってきた。しかしロンドンではその頃までに栽培熱がすでにさめ始めていた。その当時『実用園芸の手引き』（一八五一）の著者グレニーは、セントポール大聖堂から三マイル以内の所に住んでいた多くの熱狂的な愛好家は「ロンドンという巨大なバベルの塔の拡大のために、庭もろとも追い出されてしまい、花はそれまで生えていた場所から何マイルも離れた」ペントンヴィル、マイル・エンド、ベスナル・グリーン等の田舎に追放されたと嘆いている。十九世紀の後半に再び関心がもたれ、国立オーリキュラ協会が一八七二年に設立されたし、オーリキュラの展示会やオーリキュラの愛好団体は今日もなお人気を保っている。

かつて使われた「オーリキュラ・ウルジー」（Auricula Ursi）とか「クマの耳」（Bear's Ears）という名前は葉の形からきたものであり、地方によっては「向こう見ず」（Rocklesses）とか「ビジアーズ」（Biziesr）といわれることもある。グロースターシャーの「選鉱夫のエプロン」（Vanner's Aprons）という名前は、それがもし「レザーコート」（leather coats）と関係ないとすれば、名前の由来は説明しにくい。

プリムラ・デンティクラータ
（和名タマザキサクラソウ）
（BR 第28巻47図　1872年）

美しいアジア産のプリムラは十九世紀の終わりから二十世紀の初めの四半世紀の間に多数導入された。その多くは、水はけが十分で、夏の間必要な湿度が充たされれば、栽培の困難なヨーロッパ産の高山種に比べるとはるかに耐寒性を発揮し、手軽に栽培できるということがわかった。最も広く栽培されていたのは、球形のラヴェンダー色をしたポンポン咲きのデンティクラータ種（*P. denticulata*　和名タマザキサクラソウ）や、クリンソウ、すなわちヤポニカ種（*P. japonica*）とかプルヴェルレンタ種（*P. pulverulenta*）といった水辺を好む分枝状に咲くカンデラブラ型（candelabra species）、あるいはシッキメンシス種（*P. sikkimensis*）やフロリンダエ種（*P. florindae*）といった大形のカウスリップであった。これらのうちではデンティクラータ種が一番古くて、一八〇五年刊の『異国の植物』の中にすでに絵入りで出ている。もっともこれは一八三七年頃に東インド会社の人々によって一度導入されただけである。それは、ネパール北部でブキャナン博士が発見したものであるが、他の場所に移植するのは、なかなか難しい。クリンソウの導入は何度も試みられた。一八六一年、ロバート・フォーチュンが手に入れて日本の江戸から送った種子は発芽させるのに失敗し、彼がイギリス本国宛てに送った株は航海の途中で枯れてしまった。しかし日本から二度目にあたる他の人物による種子の輸送はうまくいって、最初の花は一八七一年頃にチェルシーのW・ブル氏という人物が咲かせるのに成功した。クリンソウよりももっと色が豊富なプルヴェルレンタ種は一九〇五年に中国とチベットの国境からE・H・ウィルソンが送ってきたもので、さらに改良された庭向きのプリムラをバートレイ種苗園のG・H・ダルリンプル氏が育てた。これは今も手に入る。シッキメンシス種は一八五〇年にヒマラヤ山脈からもたらされたが最近になって、よく似ているがこれより大きいフロリンダエ種に人気の地位を譲った。フロリンダエ種は一九二四年にキングドン＝ウォードが見つけてイギリスに紹介したもので、種小名フロリンダエは彼の妻の名フローレンスから取ったものである。

　プリムラとかプリムローズという名前はイタリア語のプリマ・ヴェーラの指小辞、プリマヴェローラから出てきた言葉で、つまり「春一番の花（フィオール・ディ・プリマ・ヴェーラ）」という意味である。この名前は初期には「プリメロレス」という語でもよく出てくる。語源学者は、物事を難しく考えるのが好みらしく、「プリメロレス」という名前はかつてイボタノキを含む多くの植物を指す言葉だったことを証明しようとしたが、彼らが引用した例はプリムローズとカウスリップの両方を指す初期のラテン名は「リグストルム」（ligustrum）であったことを示しているという風にも同じく解釈可能だということになった。これ以外にかつて使われていた「アースリティカ」と「ヘルバ・パラリシス」という名前は、この植物が「中風（Palsie）や関節痛（Arthritic）に効く」ので付けられた。また、花を「タンジーサラダ等」に入れて食べたし、葉は傷の膏薬として用いられた。カルペッパーは「この薬を作っておくと、（それを作れるほど器用なあなたは）貧しい隣人が手足に傷をして、それを治す半ペニーの金もないというかわいそうな光景を見なくてすむ」といっている。一八八一年四月にヴィクトリア女王がディスレリーの葬儀に送ったのは彼のお気に入りの花プリムローズの大きな花輪だった。一周忌が近づいた時「タイムズ」紙に一通の投書が載った。ディスレリーの友人や支持者は一周忌当日、ボタンホールにプリムローズをつけようという提案であった。これがきっかけで保守党のプリムローズ党（赤いプリムローズは認められなかった）が結成され、プリムローズ・デーが決められた。この日は今日でもなお忘れられてはいない。

フロックス

Phlox

フロックス

ハナシノブ科

花壇に咲いているフロックスは、赤や灰色に変わる
時間とともに甘い匂いが黄昏時に漂い
そして消えて行く。

フレデゴンド・ショウヴ『水車』

フロックスは、花壇で場所を取るほどには歴史上で場所を取っていない。北米大陸が自生地であることは、はっきりしているが、一つだけ例外があって、アラスカからシベリアに分布しているものがそれである。フロックスはどれも十八世紀以前にはイギリスに導入されなかった。ほとんどの花はたいへん美しく貴重な高山植物である。さて、ファーラーは一七四五年十二月十日を園芸界の祝日にすべきであるといっている。理由は、この日にフィラデルフィアのジョン・バートラムがロンドンのピーター・コリンソン宛てに「きれいな匍匐《ほふく》性のスプリングリクニスを」送ったと書いているからで、これがスブラータ種（*Phlox subulata*）の最初の記録である。シモンズ・ジューン船長によれば、「征服を果たした隊長をたたえるためにズールー族

フロックス・スブラータ
（CBM 第411図　1798年）

の男が歌うのと同じくらい多くの〝小さな〟名前を」それ以来与えられることになる。ロックガーデンに似合う種類は別にして、庭師にとって最も重要な二つはドラモンディー種（*P. drummondii*）とデクスサータ種（*P.*×*decussata*）である。

デクスサータ種は交配種の花壇栽培用フロックスに与えられた名前である。以前にはマクラータ種（*P. maculata*）とパニクラータ種（*P. paniculata*）との雑種であると考えられていたが、今ではパニクラータ種の子孫であると、この分野の最高の権威者は信じている。後者はジェイムズ・ジェラード博士が導入して栽培しはじめたもので一七三二年以前にすでにエルサムにある彼の庭で育てられていた。このフロックスは藤色の花であった。白の変種は一八二二年まで記録には現われない。

最初の改良された庭向けのフロックスはウォーミンスターのG・ウィーラー氏が一八二四年に育てていた。これはさらにフランスのリエルヴァール氏によって改良が進み、一八三九年以

後新しい種のほとんどはヨーロッパ大陸からイギリスへ輸入されるようになった。これに対してイギリスの栽培家も十九世紀の中頃にはいくらか関心を持つようになったらしい。というのはサザーランドが一八七一年に「草花園芸家はフロックスの人気を生み出すのにかなり成功した」といっており、いくつかの展示に値するすばらしいフロックスを作るよりも、たくさんの花をつけるものを作り出そうとしたのは、「浅はかであった」と謝っている。しかし全体として、フロックスは二十世紀になるまではほとんど関心を引くような存在ではなかった。二十世紀になって、まずH・J・ジョーンズ氏がこれを取り上げ、その後、目ぼしい人物としては、故シモンズ・ジューン船長がいる。彼は多くの美しい変種を育て、頭状花の形全体を、また個々の小筒花の大きさや形に目覚ましい改良を加えた。その色は今日では、サーモンオレンジから赤、ピンク、ラヴェンダーそしてスレートに似た青に至るまで様々であるが、黄色と本当の青色だけはいまだにできていない。カーマインと「みだらな藤色」は出来栄えがまったくよくない。

フロックスの大きな特徴は夕方に発する甘い、というよりはほとんど甘すぎる匂いである。大きな欠点は大きく育てることが困難な点である。姿は美しいけれど、けっして上品ではない。

ドラモンディー種、すなわち「一年草のフロックス」はトーマス・ドラモンドがテキサスで収集し、一八三五年に祖国のイギリスに送った種子から育てられた。最初は裏側は明るい紫色で表がカーマインというものしかなかった。この花の栽培はすぐに成功したと思われる。しかし「それが植わっている花壇はほとんど見られない」とヒンドリーは一八三七年に書いている。「なぜならこれは貴重だし珍しいものだから、ごく少量でないと誰の手にでも入るというわけにはいかないからである。が、人

フロックス・デクスサータ
（CBM 第1880図　1817年）

フロックス・ドラモンディー
（BR 第1949図　1837年）

が私に知らせてきたような花壇を私はもう持っているし、私に教えてくれた人がいったような輝くような美しさをこの植物が生み出すであろうことも容易に信じられる」といっている。また一八四〇年までには、すでに「我々の庭の誇りであると共に庭の装飾品である」（フッカー『北アメリカ植物誌』）といわれるようになっていた。イギリスで数年栽培された後に、改良品としてアメリカに逆輸入されたが、その時までアメリカの庭では栽培されることはなかった。

この種もまた、欠点があって、それは成長がよく四方八方へはびこる点である。シモンズ・ジューン船長はその人気が、若枝を留めるために昔の人が用いていた「ヘアーピンの人気と同じように落ちた」と嘆いている。しかし、種苗商は矮性の種類を作り出すのに成功してきているので長く伸びる枝を留めるためのヘアーピンはもはや必要ない。フロックスという名前は炎を意味し、テオフラストスがこのような色のいくつかの花に用いた名前だが、それがどの花だったのかは同定できない。

ペチュニア

Petunia
ペツニア

ナス科

最初に記録に現われるペチュニアはニクタギニフローラ種（*Petunia nyctaginiflora*）で、白花のよい匂いのする、夜咲く花である。一八二三年にフランス人伝道師がブラジルで見つけ、同定のためにパリに送った。そして、ド・ジュシューによってペチュニアと名づけられたが、その名の由来は、タバコによく似ていたからである。実際二つはかなり近い関係にある。現地では「ペツン」という名で呼ばれていた。一八三一年にブエノスアイレスにいたスコットランド人商人のチューディーという人物がバイオレット色の花をつける植物の種子をグラスゴーに送った。それは白いペチュニアの花とよく似ていたが、ジョゼフ・フッカー卿はナス科のサルピグロシスに分類し、サルピグロシス・インテグリフォリア（*Salpiglossis integrifolia*）という学名をつけた。これは後にニエレンベルギア・フォエニセア（*Nierembergia phoenicea*）と変えられたが、これもまた間違った学名をつけられたことになる。このフォエニセアという種小名は真紅という意味であるが、この花はじつは紫色なのである。そののちようやくヴィオラケア種（*P. violacea*）に落ちついた。

我々の庭で見ることができるたいていのペチュニアは、ヴィオラケア種とニクタギニフローラ種やビコロール種（*P. bicolor*）との交配によって生まれてきたものである。前者との交配によってできた種は芳香が、それもとくに夜に香り、後者との交配種は匂いがない。ドナルド・ビートンという人は庭師としての経験を一八五四年に書いているが、それによれば彼はマンチェスター近くのローアーボートンでイギリスで最初に咲いたペチュニアを見たという。

冬の防寒を十分してやれば、ともに多年草となる。ニクタギニフローラ種は、まれにではあるが、耐寒性の一年草として戸外で育てることができる。

ペツニア・ヴィオラケア
（BR第1626図　1833年）

ヘメロカリス

Hemerocallis
ヘメロカリス

ユリ科

ヘメロカリスの種類はそれほど多くない。全部で約三〇種ほどで、その中には、至る所に見られるヘメロカリス・フルヴァ（*Hemerocallis fulva*　和名ホンカンゾウ）の亜種にすぎないものもおそらく含まれているだろう。フルヴァ種の分布はヨーロッパから中国にまで広がっている。この花の咲く地域では、たいへん古くから栽培が行なわれており、十二世紀の絵画にも現われている。「忘却の花」（Hsuan T'sao）と呼ばれているが、そのわけは、記憶を失わせることによって悲しみを癒すと考えられ

ヘメロカリス・フルヴァ
（和名ホンカンゾウ）
（CBM第64図　1788年）

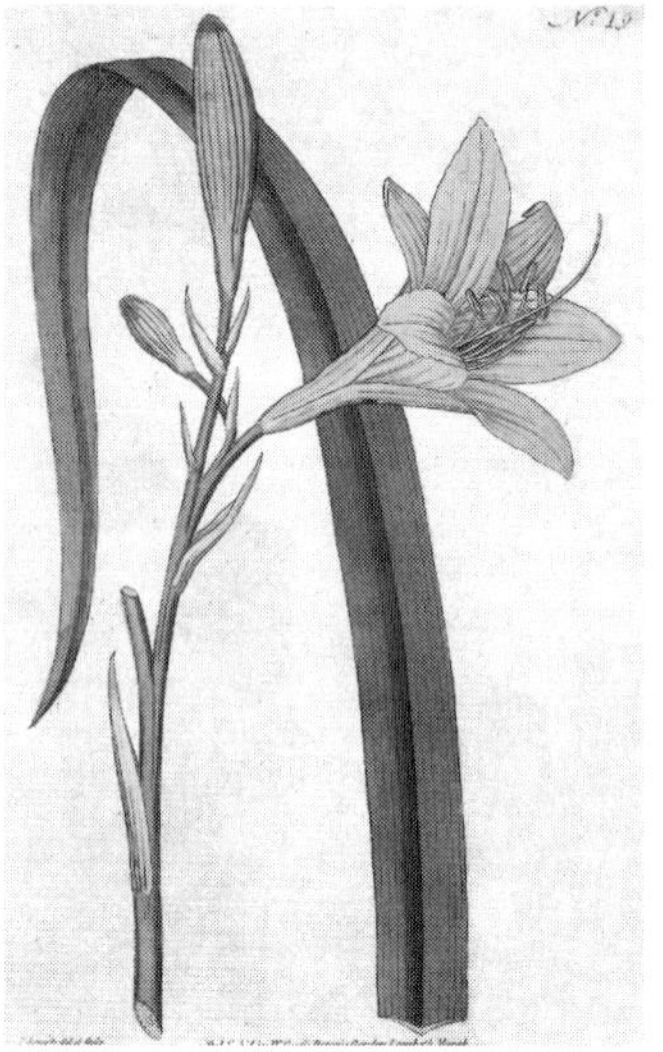

ヘメロカリス・フラーヴァ
（CBM 第19図　1787年）

ていたからである。この種の一つ、エスクレンタ種（*H. esculenta*、おそらくフルヴァの変種であろう）の花は、東洋では生のまま、あるいは乾燥させて食用に広く用いられている。これは「金色の野菜」（golden vegetable）とか「金色の針」（gold needles）という名で知られており、スープ、肉料理、麺類に加えられる。

イギリスではフルヴァ種もフラーヴァ種（*H. flava*）も一五九七年より前から栽培されており、昔の園芸家は「リリー・アスフォディル」（Lily-Asphodills）とか「リリアスフォデルス」（Liliasphodelus）、つまり「アスフォディルのユリ」と呼んでいた。そのわけは、この植物がユリのような花とユリ科のアスフォディル属のような葉、という二つの特徴を持っていたからである。フラーヴァ種、黄色のヘメロカリスは「レモンリリー」（Lemon Lily）と呼ばれ、ヒルによれば「ヨーロッパ北部の自生種で、ボヘミアの牧場を覆い、ハンガリーの空気に芳香を与えていた。ある地方では何マイルにもわたってそうであった」（『エデン』）。これはとても強靭な植物で、大木の下の日陰でも町中でも花が咲く。一七二二年に早くもロンドンの庭にぴったりの花としてすすめられている。葉は、家畜のよい餌になり、とくに、乳牛に適していると報告されている。

「オレンジ色がかった黄褐色の」フルヴァ種は東部地中海沿岸諸国からイギリスに入ってきたもので、トーマス・ハンマー卿とパーキンソンによれば、その名前の由来はこうである。「花は一日中咲いていない。それは一日の間ほども長くは咲いてはいない。夜には閉じてしまい、二度と開くことはない。そこから英語の名前〝一日咲きのユリ〟（the Lily for a Day）がきているのだ。」黄色のフラーヴァ種はもう少し長く咲いている、と当時も思われていたらしいが、時に二四時間以上も咲いていることがあるのは本当である。ハンベリーはオレンジ色のヘメロカリスは、色が「悪い」のであまり好まれなかったが、にもかかわらず栽培が続けられたのは装飾用ではなく、別の用途があったからだと考えていた。「雄しべが大きく、銅色の花粉が多くある。花粉は触れると大量に放出され、庭師を楽しませることがよくある。庭師は花のよい匂いをかごうとして、知らず知らずのうちに自分が銅色に染まるほど顔中に花粉を浴びることがある。」イギリスで普通に生えているフルヴァ種はクローンで種子ができない。この植物は長い間衰えもせずに生長し続ける、驚くべ

ヘメロカリス・ミノール
（CBM第873図　1805年）

き能力を示してくれる植物のよい例である。分類をフルヴァ種の変種エウローパ（*var. europa*）に変えようという提案がある。庭園で栽培される種にはミノール種（*H. minor*＝グラモネア種*H. gramonea*）があるが、少なくとも一七五九年までにはすでにイギリスで育てられていた。ジェラードやパーキンソンには「葉の小さな」ヘメロカリスとして知られていたものであろう。クワンソ種（*H. kwanso*）は半八重のもので、一八六四年頃ロバート・フォーチュンによって日本からもたらされた斑入りの葉の種類である。これは今日ではフルヴァの変種であると思われている〔種小名のクワンソは和名のカンゾウからつけられたもの〕。

庭用の交配種がたくさん作り出されてきているが、その先駆者の一人は一八九〇年頃のジョージ・イエルドである。しかし最初の重要な交配は、今世紀に入ってエンフィールドのエイモス・ベリー氏が行なったものである。その後、この花はアメリカ合衆国で熱狂的にもてはやされて、アメリカ・ヘメロカリス協会の会員はもうすでに一五〇〇人を数える。ニューヨーク植物園ではスタウトによれば「威勢のよい、心を楽しませる濃い赤、紫がかった赤、明るい赤、バラ色の種類が育てられており、それぞれはっきりと区別されるまったく別の品種である」というような苗を育てている。たくさんの栽培家が作り出した、ヘメロカリス好きには垂涎の的となりそうな様々な色の報告がある。淡い貝の色から濃い桃色に至るまでのあらゆる色合いのピンク、赤、銅色、ほとんど黒と言えるようなもの、紫、ラヴェンダー色まである。このような新種のヘメロカリスが、これほど人気を博した理由の一つとして、強靭で、順応性が高いことが挙げられよう。砂地から粘土質まで、カナダからカリフォルニアまで、どこでも、ほとんどどのような条件のもとでも育つのだ。

しかしながら、どんなに頑張って努力したアメリカの交配家でも、青色のヘメロカリスは作れなかった。十九世紀にはコエルレア〔青色の、の意〕種（*H. coerulea*）ができたという記事が現われるけれども、この植物はフンキア・オヴァータ（*Funkia ovata*、一七九〇）として知られているものに対してつけられた名で、今日ホスタ・ヴェントリコーサ（*Hosta ventricosa*　和名ムラサキギボウシ）と我々が呼んでいる植物であろう。これは、ハランと同じく日本が自生地である。ハランと同様、主として観葉植物として価値がある。その青ざめた、病気にかかったような花は、今日郊外の家の窓辺でよく見かけるが、最初は温室の中で大切に育てられていた。葉の周りが黄色や白の変種がある。ホスタ・フォルツネイ種（*Hosta fortunei*＝フンキア・シーボルディー*Funkia sieboldii*）はもっと美しいが、イギリスではうまく咲くことは珍しい。

ヘメロカリスは「一日の美」という意味で、二つのギリシア語から成っている。

ペラルゴニウム

Pelargonium
ペラルゴニウム

フウロソウ科

フウロソウ科の植物は三つの属に分けられる。本当のゼラニウム「ツルのくちばし」(Crane's Bills) とペラルゴニウム「コウノトリのくちばし」(Stork's Bills) とエロディウム「アオサギのくちばし」(Heron's Bills) とである。ゼラニウムは一〇本の雄しべを持った整斉花〔各花弁の形・大小が同一で、規則正しく放射状に配列しているもの〕で、ほとんどが北半球に自生する耐寒性のある植物である。ペラルゴニウムは七本の雄しべを持ち、南アフリカ産のかなり寒さに弱い種類である。エロディウムは五本の雄しべを持ち、小形の整斉花で耐寒性があり、いくつかのすぐれた高山性の種類が含まれる。十八世紀にレリティエールがこの自然の采配を分類した。それ以前にはみんな「ゼラニウム」であった。だから今も温室用や花壇用の花（これは二番目のグループのペラルゴニウムに属するものである）をそう呼んでいる人の数は十八世紀よりも、また一〇〇年前よりも多い。ペラルゴニウム属はすべて不整斉花で、上に二枚、下に三枚の花びらを持ち、時に上の二枚の花びらにしみのような形の模様が付いていている。種苗商が長い時間をかけて注意深く育

ペラルゴニウム・ペルターツム
（和名ツタバゼラニウム）
（CBM 第20図　1787年）

て、すべてが左右対称形になっている幅の広い花びらの種類を作り出してきたが、詳しく調べてみると、この植物はやはり不整斉花であるということがわかる。

ペラルゴニウム・ペルターツム（*Pelargonium peltatum*　和名ツタバゼラニウム）、英語名「ツタの葉のゼラニウム」（the Ivy-leaved Geranium）は「かなり昔から我々イギリス人と共にいる」植物で、一七〇一年にイギリスに紹介された。「盾の形の葉」（the Shield-leaved）という方がもっと正確で、葉柄が葉のまん中についていることからリンネがその名前をつけた。ペルターツム種は、ヘデリヌム種（*P. hederinum*）が導入される以前から「ツタの葉」という名で知られていたが、本当はヘデリヌム種こそツタの葉という名前にふさわしい。斑入り葉のものは一七九〇年頃に現われて、当時は「ロンドンあたりではまったくの新種」であると考えられていた。ペルターツム種はかなり寒さに弱い種であるが、窓辺にぴったりの植物であり「我々がこれまでに見たもののうちで最も美しい種の一つ」と一八七五年バービッジが『家庭の花づくり』の中で述べている。「これはナイツブリッジ兵舎に駐屯している兵士が育てていた。」

ゾナーレ種（*P. zonale*）は一七一〇年にイギリスに紹介され、一七一四年に、インクイナンス種（*P. inquinans*）と交配されて、花壇用のゼラニウムの主要なものとなっている。このゼラニウムには大小の程度はあるけれど、普通は葉に蹄鉄の模様があり、これが特徴になっている。当時ゼラニウム・アフリカヌム（*Geranium Africanum*）と呼ばれていたゾナーレ種は十八世紀の中頃までには、人気のある花になっていた。「この花は植物に関心のある人は、必ず全員が推賞する花である」とヒルが述べており、さらに「美しさ、芳香、特異な優雅さが花全体にあふれている。そのため世間一般に広く愛好されて、温室用の花とし

ペラルゴニウム・インクイナンス
（L. トラッティニック
『ペラルゴニウムの新しい栽培法』
1825-31年）

ては最も人気がある」とも書いている。しかしながら当時、温室はそれほど普及していなかったので、ペラルゴニウムの時代はその後一〇〇年ほどたってから訪れる。その時すなわちヴィクトリア時代には、時代を代表する典型的な花壇用の植物となっており、その色合いから兵士の赤い上着と彼らのブラスバンドの大きな響きを連想させた。このゾナーレの交配種は「ノーズゲイ・ゼラニウム」として知られており、その姿が楽しげ《ゲイ》にみえたことは間違いない。もっともその匂いはすべての人の好みに合ったとはいいがたいけれども。最初の八重の種類は一八六三年にフランスで栽培された。有名な「ポール・クランペル」は一九〇三年に市場に現われた。ウィリアム・ロビンソンやガートルード・ジーキルが説いたことによるものであるが、「自然な」庭づくりが盛んになるにつれて、花壇用のゼラニウムは人気がなくなってしまった。しかもロベリア、アリサム、カルセオラリアのようなもっと価値が低く見られているものと一緒に扱われていたが、最近評価は復活してきており、ゼラニウム、ペラルゴニウム協会も結成された。

　ペラルゴニウムの種類は多い。一七六九年にはヘンリー・スティーヴンソン牧師が「縫取りのある、真紅の、また夜に匂いを発する「ノクテ・オレンス」（Nocte Olens）、酸っぱい葉のゼラニウム、一番美しい花をつける「ツルのくちばし」、また「縦縞のゼラニウム」について述べている。一七八六年にはロバート・スウィートが五巻からなる研究書『フウロソウ科』を出版した後で、ラウドンが一七九の変種と一九五の種を数え上げている。今日では約二五〇種が知られており、その交配種の数は無数といってよい。カネルの一九一〇年度版『花卉案内』には、六七〇種近くが載せられている（その中には「ウィンストン・チャーチル」という名前のピンクの花をつけるゾナーレ種が含まれている）。これらの多くは「ショー」とか「ファンシー」という名の、匂いのする葉をつけたペラルゴニウムであるが、それらは温室用の植物で戸外で育つことは珍しいから、イギリスではこの植物を大きくする必要がない。もちろん葉を観賞する種もたくさんあって、金、銀、銅色といった数限りない変種があり、とくに花壇に用いられる。ペラルゴニウムの斑入りの種類は普通花を咲かせてはいけないし、実際「サレオリ夫人」という生まれのよい種である御婦人は、そのようなことは試みたこともないそうだ。

　本当に耐寒性のある唯一のペラルゴニウムは「奇妙で魅力のない」エンドリケリアヌム種（*P. endlicherianum*）で、二枚しか花びらがない。スティーヴンソンが述べている「ノクテ・オレンス」はトリステ種（*P. triste*）のことで、イギリスへ最初に導入されたものの一つであり、一六三二年頃にジョン・トラデスカントが手に入れたものである。十七〜八世紀にはずいぶん高い評価を得ており、サミュエル・ギルバートは一六九三年にこのペラルゴニウムを「注目に値する唯一のゼラニウム」といっている。理由はそれが甘くよい匂いを発するからである。「日の出前と日没後に、全体からじつに繊細な匂いを発するが、日中はその匂いを捉えることはできない。……我々の庭に多くの変種が育てられている」とヒルが『イギリス本草書』の中に記している。これは目立たない花で「昼の間は嬉しくない」から、「悲しい」という意のトリステという名前がつけられた。今日ではとても珍しい花になっている。

　地中海沿岸に伝わる伝説はゾナーレ種の起源を奇跡の物語にしている。それによると、預言者ムハンマドが衣服を洗い、乾かすためにゼニアオイの花の上に掛けておいた。ところがその服を取り上げてみると、貧相だったゼニアオイが一変しているのを見つけた。聖なる上着のために、それは美しいゼラニウムになったのである。

ホウセンカ

Impatiens
インパティエンス

ツリフネソウ科

インパティエンス・バルサミナ（*Impatiens balsamina*　和名ホウセンカ）の英語名は「バルサム」（Balsam）とか「私に触れないで」（Touch-me-not）とか「おてんばベティ」（Jumping Betty）という。原産地は熱帯アジアである。この植物は今では普通温室用の一年草として扱われているが、耐寒性に乏しいにもかかわらず、三五〇年前にはイギリスの庭で露地栽培に多少成功していた。ターナーの本の中に図はあるが、本文では何も

インパティエンス・バルサミナ
（和名ホウセンカ）
（CBM 第1256図　1810年）

述べられてはいない。しかし、ジェラードは確かに育てていた。「熱い馬糞の苗床に、四月の初め種子を播かねばならない。そこから葉が三枚出たら移植するのだ」と彼はいっている。パーキンソンは「とても寒さに弱い植物で毎年死んでしまう。素焼きの植木鉢に注意して種子を播かなくてはならない。若芽が完全な大きさになるまで、夏の暑さの中で手入れし、水やりが必要だ」といっている。リジェールは「育ちの悪い天候の時には施肥をして、その後すぐに水をやれば、だめにはならないだろう」といっている。しかしこの植物を育てるのには、多くの苦労をしても十分値打ちがあると考えられていた。ハンベリーは「これは第一級の一年草で、完璧な状態の花を作り出すのが庭師の間で競争になった。巨大なものや八重のもの、あるいは緋色と白、紫と白の斑入りになったものなどがあった。大形のものは庭師の間では「不死のワシの花」と呼ばれていた。注意を払って種子を保存すれば、育つ植物がほとんど変化しないということは考えてみると面白い」と書いている。ジェイムズ・ジャスティスは斑入りの花を手に入れるためには、茎に斑点のある苗を選び出せばよいと庭師に忠告している。アーバークロンビーは、八重のものは時に「中位のバラと同じほどの大きさ」にもなったといっている。

　ノリ・メ・タンゲーレ種（*I. noli-me-tangere*　和名キツリフネ）、英語名「黄色のバルサム」という自生種もある。これはイギリス北部の湿地帯に生えている。庭ではこれは「実が熟した時に果皮に触れるとおもしろいということで、そういう好奇心の強い愛好家だけが育てている」（ジャスティス）。種子が「指で少し強くつまんだだけで、すぐに飛び出してしまう」（パーキンソン）ので、「さわらないで」や「忍耐なし」（Impatiens）という英語やラテン語の名前がでてきた。薬用には使えないが、パーキンソンは「我々にまだわかっていない、何かすばらしい性質が、たいそう美しいこの植物にはあるかもしれない」といっている。

　あと二種のインパティエンスは、かなりありふれたものである。緋色のスルタニー種（*I. sultanii*）、英語名「ビジー・リジー」(Busy Lizzie) は、一八九六年にザンビアから持ってこられたものである。愛好者は多く、家の中で植木鉢に入れて栽培する種で、当時のザンビアのサルタンに敬意を表してフッカーが命名

インパティエンス・ノリ・メ・タンゲーレ
（和名キツリフネ）
（BFP 第125図　1835年）

した。もう一つは、ロイレイ種（*I. roylei*）、英語名「ヒマラヤのバルサム」（the Himalayan Balsam）とか「警察官のヘルメット」（Policeman's Helmet）。丈が六フィートにもなる耐寒性のある一年草で紫、ローズ、白がある。これは一八三九年にインドから導入されて以来、栽培されるのを嫌がり、イギリスの一部、主として運河や小川のほとりなどで帰化した。J・D・フッカー卿は八二歳でインパティエンスの研究を始めたが、その研究を終えるのに九年もかかった。彼はこの種を「植物学者に与える恐怖」と呼んでいる。またこの属全体に対しては「あらゆる植物のうちで一番人を欺しやすく、まったくずるい植物である」（L・ハックスレイ『J・D・フッカー卿の生涯と手紙』一九一八）といっている。

ボケ

Chaenomeles

カエノメレス

バラ科

日本からやって来た植物は他にもたくさんある。にもかかわらず、今でもかたくなに「ヤポニカ」と呼ばれている植物である。名前が変わらなかったことについては、この灌木を好む多くの人々よりも専門家の庭師が抗議して当然だろう。しかも、名前を変えるほうが次のような理由からまったく理にかなっている。

最初に記述されたのは日本の箱根山でツンベルクが見つけたもので、一七八四年にピルス・ヤポニカ（*Pyrus japonica*）という名前で紹介された。一七九六年ジョゼフ・バンクス卿は中国からある植物を導入したが、それが当時ピルス・ヤポニカの実物であろうと考えられた。後になってそれは間違いであると判明するのだが、一八〇三年には間違ったまま『ボタニカル・マガジン』にピルス・ヤポニカの名前で絵入りで掲載された。一八一八年になってやっと、ロバート・スウィートがツンベルクのいっているものと同じではないと気がついて、ピルス・スペキオーサ（*Pyrus speciosa*）と改名した（なおほぼ同じ頃、フランス人植物学者が壺形（lagenariaeform）ないしはヒョウタン形の実をつけるというのでこれにキドニア・ラゲナリア（*Cydonia lagenaria*）という名前をつけている）。しかしその頃までには、「ヤポニカ」という名前はしっかりと定着しており、訂正には誰も関心を持たなかった。一八六九年にブリストルのW・モール&サン商会がツンベルクが最初に紹介した種を日本から導入したが、スウィートが訂正するように色々働きかけたにもかかわらず、ジョゼフ・バンクス卿の紹介した中国産の植物が「ヤポニカ」として広く知られていたので、一八七四年にマスターズ博士がしかたなくこの種にピルス・マウレイ（*Pyrus maulei*）という名前をつけた。今では本来の「ヤポニカ」としてその権利を獲得している。そしてスウィートのつけたスペキオーサは公式には中国産の方に使われている。

ある時、植物学者がカエノメレスを洋ナシ（ピルス）ではなく、マルメロ（キドニア）に分類した。その後洋ナシの方に移

ピルス・ヤポニカとして紹介された
カエノメレス・スペキオーサ
（和名ボケ）
（CBM第692図　1803年）

されたが、所属する属が大所帯だったので、カエノメレスという属に分類されることになった。だからバンクス卿以後ピルス・ヤポニカと呼ばれていたものは今はカエノメレス・スペキオーサ（*Chaenomeles speciosa*　和名ボケ）で、マスターズ博士のピルス・マウレイは今はカエノメレス・ヤポニカ（*Chaenomeles japonica*　和名クサボケ）なのだ。日本語名のボケを用いればどれほど簡単にすむことか！

キュー植物園に導入されたスペキオーサ種をバンクス卿がどのようにして獲得したかについての記録はないようである。一八〇三年の『ボタニカル・マガジン』の中にある絵で見ると、ローズがかった赤色で、半八重の花をつけており、三つの花と二つのつぼみは「開花した時のこの灌木の様子全体を示している」。「このとても珍しい植物」が一般に広がっていったのはキ

カエノメレス・ヤポニカ（和名クサボケ）
（CBM第6780図　1884年）

ュー植物園からではなくE・J・A・ウッドフォードが提供した木からである。「ヴォクスホールのウッドフォード氏の収集品の中には、珍しい稀少植物が無尽蔵にある」とのことである（『ボタニカル・マガジン』）。

一八三八年には、ラウドンがすでに普通の家の庭で見られるといっている。たいていは植込み、または生垣として用いられている。時に真っすぐな立ち木になるように育てられることもあるが、それは春になると「驚くほど立派な姿」になったということだ。残念なことに、洋ナシ、サンザシ、マルメロの木に接ぎ木するのは容易ではないが、ラウドンによれば、接ぎ木がうまくいけば「とても小さな見て楽しくなるような木」になることもある。彼はさらに『自然界のロマンス』（一八三六）の著者トワムレイ女史の「花の形がとても優雅になる」という言葉を引用している。彼女はこの灌木の花を「妖精の火」と呼んだ。

多くの園芸種が次々に作り出された。例えばあるフランスの種苗商は一八六九年に四〇種以上をリストに載せている。しかし、その後カエノメレスに対する関心は薄れていったようである。一八九八年にヒッバードがいく種類かがここ二〇年ほどのあいだに育てられているといっているが、不思議なことにロビンソンは、ほとんどまったく触れず、ただ『イギリスの花の庭』（一八八五）の中で「今日約一ダースの園芸種を手に入れることができる」と一行だけ書いている。

モール&サン商会は、カエノメレス・ヤポニカ（つまりピルス・マウレイ）の需要が増えると踏んでそれに投機して失敗したといわれる。ちょうどこの灌木のいわゆる「冬の時期」であったのかもしれない。花はたくさんつけるが、咲く時期が遅く、葉のついている枝に咲くこの花は、ほとんど葉のない枝に花をつける昔のスペキオーサ種の花ほどには劇的に見えない。二つのカエノメレスの中では魅力のない方の種類であったのかもしれない。しかし、この灌木は花をつけない秋もまた美しいのである。秋には金色の実がなるのだ。そして時に季節外れの花が咲くこともあって、真紅の花と金色の実が混じり合っている姿はまるで、見栄えがする植物の見本のようである。スペキオーサ種よりは少ないがヤポニカ種にも園芸種があって、交配もその二種の間で行われる。これはまとめてカエノメレス・スペルバ（*C.*×*superba*）という名で知られているが、有名なものはシモニー種（*C. simonii*）と「ナップ・ヒル・スカーレット」（Knap Hill Scarlet）である。スペキオーサ種の実は硬くて緑色をしているが、匂いがよいので、衣服の中に入れることがあるとラウドンはいっている。ヤポニカ種の黄色い実はそれよりもっと匂いが強い。器の中に少し入れておくだけで部屋全体にその匂いが充満する。両方とも硬くて、生では食べられないが、おいしいゼリーができるといわれている。

第一次世界大戦の時、家庭で調理可能な食べ物の材料調査があったが、この実もテストされた。一九一七年に、ヤポニカ種の実と六種のスペキオーサ種の園芸種の実をキュー植物園の

W・J・ビーンが提供したものからシュロップシャー、ウィッチャーチのホワイドウェル教区のジェイコブ牧師がゼリーを作った。それぞれの実を用いて同じような手順で作り、試食のための特別なお茶会が開かれた。その結果ヤポニカ種で作ったゼリーが一番おいしい（ジェイコブによれば西インド諸島で採れるグァヴァの実から作ったゼリーと同じくらいおいしい）ということになった。スペキオーサ種で作ったものは様々で、一番出来が悪かったものは「野生のクラブアップルのゼリーとほとんど変わらない」ほどであった。E・A・ボウルズはヤポニカ種から作ったゼリーの匂いは肉料理の香辛料にぴったりだと高く評価して、実を採集するため野菜畑に多くの木を移植した。

属名のカエノメレスはカイノ（chaino）、「あくびをする」という意味のギリシア語と、「リンゴ」を意味するメレス（meles）からできている。もっとも、あくびをするのは食べた人であるのか、食べられる方の実であるのか私にはわからない。この属にシネンシス種（*C. sinensis*）があるが、中国では実を採集するために栽培されている。砂糖漬けにして利用されるが、寒さに弱いのでイギリスではうまく育たない。

ボタン

Paeonia
パエオニア

ボタン科

この高貴で古くからある属には、いくつかの灌木が含まれている。この植物は美しいうえに稀少であるから、いわば庭園の貴族階級に属するといえるが、デモクラシーの世である今、この植物の栽培が普及しない理由はない。費用がかかるとか栽培が困難であるといった評価を受けているものもあるが必ずしも当たっていない。比較的最近になってようやく導入されたので、まだ広く知られていない種類もある。新しく導入されたものにはパエオニア・ルテア（*Paeonia lutea*　和名キボタン〔黄牡丹〕）やドゥラヴェイ種（*P. delavayi*　和名シボタン〔紫牡丹〕）がある。ドゥラヴェイ種は一八八〇年代にフランスのジェスイット派の伝道師ジャン・マリー・ドゥラヴェイが雲南省で発見したが、イギリスでは二十世紀になるまで栽培されなかった。両種の種子ともドゥラヴェイがパリの自然史博物館に送り、その庭でヨーロッパでは最初に花が咲いた。ルテア種は一八九一年にドゥラヴェイ種はその翌年のことであった。ルテア種はマキシム・コルヌ博士がキュー植物園に送り、そこで一九〇〇年に花が咲いた。しかしこれよりはるかに優れた園芸種をラッドローとシェリフ（キングドン＝ウォードも見つけた）がチベットの南東部で見つけ、一九三六年に紹介している。普通のルテア種の花はその頭を下げているが、変種ルドロウィー（*P. lutea* var. *ludlowii*）の花は、それよりはるかに大きいのに真っすぐ上に向いている。この二種の花の明るい黄色と丸い形を見ると、ボタン属はキンポウゲの近い親戚であることを思い出すが、このボタンの花は直径五インチほどもある。変種ルドロウィーは一九五四年に優秀花としてメリット賞を受けたが、時にこれは独立の種に分類されることもある。ドゥラヴェイ種の種子は一九〇九年にウィルソンが、一九一〇年にはフォレストが収集した。一九三四年に賞を受けているが、濃い陰気な赤い色合いの頭を垂れた花のせいではなく、ヴィクトリア朝の食堂のカーテンを連想させる本当に美しい葉が好まれたからである。たいへんよく似たポタニーニ種（*P. potanini*＝*P. delavayi* var. *acutiliba*）は一九〇四年にヴィーチ商会のためにウィルソンが収集した。ルテア種とドゥラヴェイ種を種子から育てるのは簡単で、この二つの種の交雑は野原でも庭でもどちらでも起こるが、茶色っぽい赤や銅色の変わった花をつける。見て楽しいというよりは興味深いといえるもので、すばらしい園芸種のスッフルティコーサ種（*P. suffruticosa*）と比較すると問題にもならない。

　スッフルティコーサ種（＝*P. moutan*　和名ボタン）のことを、中国人は「花の王」と呼んでいるが、まったく正しいと思う。英語名が「ツリー・ピオニー」（Tree-Paeony）のことである。これは中国では七世紀以来栽培されているが、歴史が紀元前五世紀にも遡るシャクヤク（Herbaceous Paeony）に比べると成り上がり者である。シャクヤクにかかわる祭や儀式は十一世紀の前半にははっきりとした形式ができあがり、シャクヤクに関する現存最古の研究書もその頃書かれている。その中には九〇種以上の園芸種についての記述がある。イギリス南部地方では「ヨーロッパでのチューリップと同じ熱狂で」（『ボタニカル・マガジン』一八〇八）この植物を栽培しており、珍しい種類の接ぎ木は高額で売られた。ボタンはデザインや装飾の題材として

パエオニア・スッフルティコーサ
（和名ボタン）
（CBM 第1154図　1808年）

好んで用いられたから、ヨーロッパで実物が見られるようになるかなり前から中国の美術や西洋の伝道師の書いたものを通じて西洋人に知られていた。

　ボタン属をヨーロッパに導入するための様々な試みはジョゼフ・バンクス卿の手で行われ、「それを探すために何人かの人を広東に向かわせた」（『ボタニカル・マガジン』一八〇八）。しかし本国に送られたほとんどのボタンが航海の途中で枯れてしまった。東インド会社のダンカン博士なる人物が、生きたボタンを一七八九年にキュー植物園にもたらしたが、短命に終わった。一七九四年に東インド貿易船のトリトン号が七本のボタンを積んで港に着いた。その中の二本は国王のため、二本はジョゼフ・バンクス卿、三本はギルバート・スレイターのためのものであった。この船は困難な航海を経験し、スエズ運河で帆柱が折れたりした。八重のカメリアなど、その船が積んでいた植物は「とても弱った状態で」（『ガードナーズ・マガジン』一八二七）到着した。七本のボタンのうち二本は枯れてしまったが、残りはうまく根づいた。それらはすべて八重か半八重のピンク色の種だったようだ。一〇年後、プレンダーガース船長のホープ号が広東からウィリアム・カーの荷物を運んで来たが、その中には、ハートフォードシャー、ウォームリーベリーのエイブラハム・ヒューム卿のためのボタンも含まれていた。そのボタンはスッフルティコーサ種とはたいへん違うことがわかった。植物学者はこれを別の種であると考えて、パパヴェラケア種（*P. papaveracea*）という名前をつけたが、その種子の頭の部分の形がケシに似ていたからである。その花の色は白か赤っぽいピンク色、ほとんど一重、花びらの基部に大きな紫色の斑点がついていて、「ガム・キスツス（Gum Cistus）〔キスツス属の植物か？〕の美しさと優劣を競うほどであった」とリーズは述べている。

　ヒュームは一八一七年頃にピンクに近い藤色の八重の種類を手に入れたが、数年後にはこれらは誰にでも入手できるようになった。「中国とのつながりを持っている収集家は他の園芸種を手に入れようと熱心に努力していたが、無駄であった」とJ・E・スミス卿が一八一九年に書いている。イギリスで種子から

パエオニア・スッフルティコーサ・
パパヴェラケア
（CBM 第2175図　1820年）

新種を生み出す試みは、一八三〇年代にウースターシャー、アーレイのマウント・ノリス公爵の手で行われたが、彼は変種（*P. suffruticosa* var. *papaveracea*）の種子からいくつかのボタンを育てていた。それは草本のシャクヤクの園芸種と偶然に交雑した結果であろうとノリス公爵は考えていた。

ロバート・フォーチュンが一八三四年にロンドン園芸協会から中国に派遣された時、彼はいろいろなボタンとシャクヤクを探すようにという指令を受けていた。その指令の中には「存在しているかどうかさえはっきりしない」が、青色の花を探すように、という一項も含まれていた。彼は地方によって独特の園芸種があることに気がついた。それらは交わることがほとんどないので、広東のどこででも見られる種が（それまでイギリスに紹介されたボタン属は広東産の植物であった）上海ではきわめて珍しいものだったり、またその逆というような状況であった。彼が手に入れたボタン属は上海から約六マイル離れた所にある小さな種苗園で栽培されていたもので、野生のボタンの根に接ぎ木して増やされていた。つぼみが一つだけついた若木は運搬が簡単であるうえ、市場に出すと一番高い値がついた。とても大きな花を一つだけ咲かせるようにして、その花が咲き終わるとその木を捨てたのである。フォーチュンは小さなものよりも安い値段で、大きく生長したボタンを買うことができた。最も高価なのは「黄色」と呼ばれているもので、白い花の中心が黄色になっているものであった。「フジの花の色」と呼ばれるもの、黒に近い非常に濃い栗色もあった。とても大きくて八重の紫色の花が咲く品種を、指令にある「青色」で、一〇〇〇枚の花びらがあり、皇帝の庭にしか咲いていないといわれるものであろうとフォーチュンは考えた。彼は合計三〇～四〇の園芸種をイギリスに送ることができた。

ボタンはおそらく八世紀には中国から日本に輸出されており、日本では熱心に栽培された。一八四四年にフォーチュンが送り出したものがイギリスに届き始めた頃、日本産の園芸種の大コレクションがフォン・シーボルト博士によってヨーロッパに運ばれたが、それらは江戸の将軍家の庭や京都の天皇家の庭から持ち出されたものであるといわれた。中国産の品種とは明らかに違っていて、大きな一重か、半八重の花がついていた。

次に舞台はヨーロッパに移り、ヨーロッパ各地の園芸関係者が独自の品種を作り出すようになった。特にフランスの種苗商は熱心だった。今日手に入る園芸種は、ほとんど日本産かフランス産である。二十世紀の初め、ナンシーのルモワン商会がスッフルティコーサ種の園芸種と新しく紹介されたルテア種とを交配し、これまでにはなかった黄色、黄色がかった桃色、赤みがかったオレンジ色の花が咲く品種が作出された。この交配種は時にルモワネイ種（*P.*×*lemoinei*）と呼ばれる。残念ながら、その交配種の多くはルテア種の性質を受け継いで茎が弱いので、注意して支柱を立てておかないと、大きな花は頭を垂れてしまう。ルモワンの作り出した交配種の中で一番よく知られているのは「マキシム・コルヌのおみやげ」（souvenir de Maxime Cornu）で、これはフランスの植物園の園長の名前にちなんだものである。今でも金色の花の咲くこの種類は古いタイプより数段高価である。

ボタンは決して安くなかったということは特筆に値する。中国産の園芸種の一つは「金一〇〇オンス」（A Hundred Ounces of Gold）という名前がついているが、これがかつて非常な高値で売買されていたことを示している。白楽天（七七二～八四六）が書いた詩に、市場でボタンが売られている様子を描いたものがある。

この植物の値段はついている花の数による。
美しい花にはダマスク織りの反物が一〇〇枚。
安い花には絹が五枚。
そして通り過ぎる農夫は、
濃い赤色の花がついたものには
一〇軒の貧しい農家の税金を合わせたほども
払わないといけないなんてと考えこんでいる。

アーサー・ウェイリー訳『一七〇編の中国の詩』

イギリスで最初に売り出された値段は一〇ギニーであり、その後、五ないし六ギニーになって、一八二七年にはチャンドラーとバッキンガムの経営するヴォクスホール種苗園で園芸種「モウタン」（Moutan）とパパヴェラケア種が売りに出され、値段は五ギニーより、ということである。「これほど高値がつくということは、貿易商の苦労がそれほど大であることの証であろう。イギリスの富が豊かで、植物に対する関心が大きいことを証明していて喜ばしいことである」と『ガードナーズ・マガジン』では述べている。アメリカ人リチャードソン・ライトの記述によれば「財産を簡単につぶしたければボタンに夢中になることである。だが、ボタンが植わっている角を曲がってみると、貧しい家が並んでいるということになりかねない」にもかかわらず、持っているすべてのものを売って一品種を買う値打ちがある。庭にあるすべてのものを抜き去ってそれを植える値打ちがあるのだ。

ボタンはとても寒さに強くて、イギリスの厳しい気候よりも温暖な気候の方が苦手であるようだ。温暖だと季節外れの早春の頃に生長し始める。パクストンは北側の壁のそばに植えるようにと勧めており、「そうすれば開花時期が遅くなるし、生長を遅らせることができる」（『花壇』一八八二～四）といっている。

二十世紀に入って一〇年が過ぎる頃、イギリスでは有名な「モウタン」だけが東洋の庭から導入されて栽培されていた。野生の原種は牡丹《モウタン》山と呼ばれる丘でも（その名の由来は昔ボタンが豊富に咲いていたからである）、見つけられなかった。しかし、一九一〇年にウィリアム・パードムは濃い赤色の花が咲く品種を甘粛省南部の黒水河と呼ばれる川の上流で見つけた。一九一四年にはレジナルド・ファーラーが白い花で栗色の斑点のつい

パエオニア・スッフルティコーサ
「ロックの変種」
（クララ・ポープ画　1822年）

た種類を同じ川の下流の小さな村の近くで野生の状態で見つけた。残念なことには、ファーラーはその種子を収集できなかったが、一九二六年にはJ・F・ロック博士がハーヴァード大学のアーノルド樹木園にファーラーの記録したものと同じもの（そして偶然にも、エイブラハム・ヒューム卿がパパヴェラケア種の園芸種と記述したのとほぼ同じもの）を送って来た。博士は甘粛省の南部のラマ教の寺の中庭で見つけたが、これはラマ僧によって黒水河上流から運ばれて来たものであった。ロックが訪れてから二年後に、このラマ教寺院は、回教徒によって破壊されて、ボタンを含む全ての植物が刈り取られ、ラマ僧も全部殺されてしまった。しかし一〇年を経ずして寺が再建された時、そこで採集したボタンの種子をロックが寄贈したという記録を読むと嬉しくなる。ロックが最初に採集した種子はアーノルド樹木園から各地に分配され、それから育ったボタンが一九三三年にヨーロッパのあちこちの国で花をつけた。この園芸種（「ロックの変種」と呼ばれる）は種子からできたもので、今日ではその種の野生の原種であると考えられている。パードムの赤花のボタン（栽培種ではない）は、この種の変種として分類されている。

パエオニアという学名はライトによると、「たいそう善良な男で、この植物について最初に述べた医者、パエオンという人物」から取られたという。パエオンは普通のシャクヤクの根をヘラクレスがプルートに傷を治す薬として与えたと述べている。「モウタン」というのはいくつかあるこの植物の中国名の一つであるが、「牡丹」のことである。

マリーゴールド

Tagetes
タゲテス

キク科

イギリスで「アフリカン・マリーゴールド」（African Marigold）と呼ばれるタゲテス・エレクタ（*Tagetes erecta*）と、これにたいへんよく似ている「フレンチ・マリーゴールド」は、どちらもメキシコが原産地である。しかし両方とも、回り道をしてイギリスに着いたためか、その過程で間違った名前がつけられたのである。大形のアフリカン・マリーゴールドは、まず十六世紀の初め頃スペインに到着し、「ローズ・オブ・ジ・インディーズ」（Rose of the Indies）という名前で南ヨーロッパで人気があった。神聖ローマ帝国皇帝カール五世がチュニスをムーア人の支配から解放するための遠征を開始した一五三五年頃までには、この植物はアルジェリア沿岸で帰化しており、敵に捕まえられていた二万二〇〇〇人のキリスト教徒を解放するため、この遠征に参加して手を貸した海賊船の乗組員たちは、その花をアルジェリア自生のものであると信じた。そこで、皇帝の勝利を祝して「アフリカの花」（Flos Africanus）という名前がつけられたこの花は、ヨーロッパに再度紹介され、十八世紀に訂正されるまでその名前で呼ばれていた。もっとも、一五四二年に出版されたドイツ人フックスの『本草書』には「プランタス・タゲテス・インディカ」（Plantas Tagetes Indica）という名できちんと描かれている。これがいつ頃イギリスに到着したかは確かではない。ターナーは一五六八年に『新本草書』の中で図示しているが、これはフックスの図を写したものと考えられる。ターナーはタナセツム・インディクム（*Tanacetum Indicum*）という名前で載せているが、本文の中ではこの植物についてはふれていない。

タゲテス・エレクタ
（アフリカン・マリーゴールド）
（A.T-トツェッティ
『花、果実、柑橘集成』1822-25年）

一方、十六世紀の終わりにジェラードは、アフリカヌスという名前が示すように、チュニス遠征の頃にイギリスに導入されたといっている。しかし「ふつうのアフリカン・マリーゴールド、一般にはフレンチ・マリーゴールドといわれているもの」についてジェラードが記述しているところを読むと、どちらかといえばフレンチ・マリーゴールド、すなわちパツーラ種（*T.*

patula）について述べているようである。

　十七世紀前半、パーキンソンがその両方を栽培していたことは間違いない。彼はエレクタ種（アフリカン・マリーゴールド）については、「このすばらしい八重の花の盛りの時は、庭に優雅な神々しい姿をみせる。この花は一重のものも同様に、新しい蠟あるいはミツバチの巣の匂いがし、小形の種類のような悪臭はない」と述べている。彼がひどい匂いのしない品種を育てていたのは幸運であった。というのは、それから一四〇年後一七七〇年にウィリアム・ハンベリー牧師は、「この花は臭いが強烈で、フレンチ・マリーゴールドより悪臭がする。本当によい匂いのする種類がないわけではない。だから、種子を収集する際には入念に採集する人が多い」と書いている。ライトは十六世紀後半、両方とも「強烈で不快な匂いがある」といっている。またどちらも一七二二年トーマス・フェアチャイルドがロンドンの庭に向いている植物として推薦した一年草の植物の中に入っている。しかし彼は小形のフレンチ・マリーゴールドの方を好んでいる。理由はアフリカン・マリーゴールドが「他の色と混ざることがけっしてなく、黄色しかないのにくらべフレンチ・マリーゴールドは色が混ざっていて美しい」ということだ。ところが実際には、アフリカン・マリーゴールドにもオレンジ色、レモン色、一重、八重、またひだの付いた変種が当時もうすでにあって、十八世紀半ばのジョン・ヒルは、「植物学にとって不名誉なことに、トゥルヌフォールは、アフリカン・マリーゴールドの変種や古いタイフのものをすべて違った名前をつけて、種として数えている。彼は一つの種子からそれらが作り出されたのを見たにちがいないのに、まったくわかっていないのだ」といっている。

タゲテス・パツーラ
（フレンチ・マリーゴールド）
（CBM 第150図　1791年）

　いくつかの美しい種類は注意深い世話を受けて栽培された。ジャスティスは一七五四年に「五フィートにもなっているのを見ると、一年草の花というよりは花の咲く灌木のようだ」と記している。また彼は、冬には家の中で植木鉢に入れて栽培している。多年草のルシダ種（*T. lucida*）との交配で、匂いのない、少なくとも嫌な匂いのない種類が最近では栽培されている。フレンチ・マリーゴールドと呼ばれるパツーラ種はイギリスにはユグノー派のフランス人避難民がもってきたといわれている。また「聖バーソロミューの虐殺」の次の年一五七三年に初めて花が咲いたといわれる。いとこに当たる「アフリカン・マリーゴールド」と同じような道筋を通ってメキシコから導入されたのであろう。パーキンソンは、「フレンチ・マリーゴールドをまるでペルーが原産地であるかのように、タナセツム・ペルヴィアヌム（*Tanacetum peruvianum*）、英語で〝ペルーのヨモギギク《タンジー》〟（Tansie of Peru）と呼ぶ人がいる」といっているが、ジェイムズ・ジャスティスは、その原産地についてもっととんでもなく間違った見解に踏み込んでいる。彼は、「中国の植物で、最初これはフランス王のパリの庭園に送られてきて、そこからヨーロッパ中の愛好家のあいだに広まった」と述べている。

最初、フレンチ・マリーゴールドは悪臭がするために不快感を持って見られていた。匂いがあまりにひどいので、有毒であると考えた人がいたほどであった。ジェラードはドドネウスの言葉を引用して、花を噛んでいた少年の口が腫れたという話を伝えている。また「新鮮なチーズでおびき寄せたネコにその花を与えてみた。すぐにネコの四肢は腫れあがり、しばらくして死んでしまった。また種子を食べたネズミが死んでいるのをみつけた」ということだ。十七世紀初めにクリスパン・ド・パスは、「嫌な匂いだ。いやむしろ、その匂いは人に害をなすものであると私はいいたい」と述べている。パーキンソンは、「花の色が美しいこと、八重の花をつけること、見た目に楽しいということがなければ、庭に植えられることはまずなかったであろう」と記している。ハンベリーも、「これは強く不愉快な匂いを持っている。匂いはとにかくすごいので、花に触れたいと考える人はまずいないであろう。たいていの場合、遠くから魅力的な花を眺めるだけにしておく方を選ぶ」といっている。

しかしそうした欠点があったにもかかわらず、この花は人気があった。フェアチャイルドは「我々の栽培している一年草のうちで最も人気があるものの一つ」といっている。一七五六年には、ジョン・ヒルが「ポリアンサスよりもよく見かける植物があるとすれば、フレンチ・マリーゴールドである」と書いている。多くの園芸種が作り出されたが、例えば一八六五年には茶色やオレンジ色の花が咲く小形の新種パツラ・ナナ（*T. patula nana*）ができたといわれている。

メキシコから直接入った種子から育てられた最初のマリーゴールドはミヌータ種（*T. minuta*）で、一七二七年にジェイムズ・シェラード博士がエルサムの庭で栽培していた記録がある。別のメキシコ産のコリンボーサ種（*T. corymbosa*）は一八二五年にサットン博士によってイギリスにもたらされた。サットン博士は当時のカンタベリー大司教で、未知のアメリカの植物をイギリスへ紹介することに力を尽くした。この宗教家であり植物学者である人物について、モーンドはちょっと大げさだが次のような発言をしている。「信仰と庭の美しさを誉め称えることは、しっかりと結びついているから、信仰心のない人は花にも心を引かれない。」

タゲテスという属名は、美しさを誉め称えられた古代エトルリアの半神人であるタゲースから取られた。タゲースはジュピターの孫で、エトルリア人に占いの術を教えたといわれている。

マンサク

Hamamelis
ハマメリス

マンサク科

このこじんまりとした属を作りあげている六種は、北アメリカ産と東アジア産とに分けられる。古来よく知られた、有用なアメリカ産のマンサクは、遅れてイギリスにやって来た華やかな東洋のマンサクに、今では完全に庭から追い出されてしまった。最初にイギリスに入って来たのはハマメリス・ヴィルギニアーナ（*Hamamelis virginiana*　和名アメリカマンサク）で、英語名が「アメリカの魔女ハシバミ」（American Witch-hazel）であるが、一七三六年にピーター・コリンソンが紹介した。その後しばらくして、マーク・ケイツビー（一六八二〜一七四九）もマンサクを一種手に入れた。ケイツビーは、「この植物を手に入れたことについては、私はクレイトン氏にお礼をいわねばならない。彼は一七四三年にヴァージニアから送ってきてくれた。それはクリスマスに到着し、ちょうどその時満開であった」と書いている。残念なことに、その花は「まったく見栄えがしないが、咲きかけの頃には、人によっては欲しいと思うかもしれない。この灌木についてはそれ以上、庭師に対していうことはない。マンサクという植物は、自然が植物学者の真面目な厳しいおめがねにかなうようにデザインしたもののようである」と十八世紀の植物学者マーシャルは述べている。ヴィルギニアーナ種は、今ではもっぱらもっと好ましい種類を接ぎ木するための親株にされている。ヴァージニアへの移民が行われるかなり前には、先住民がこの木の内皮を、眼病や炎症やできものの外用薬として使用していた。各種のマンサクは、今も治療薬として役に立つし、一般にもよく知られている。「ポンドのエキス」（Pond's Extract）のビンのラベルに書いてある使用法は、昔の植物研究家が書いている内容と同じである。

最初にイギリスに届いた東洋産のハマメリスは、ヤポニカ種（*H. japonica*　和名マンサク）で、その園芸種、背の高いアルボレア（*H. japonica var. arborea*）が紹介されたのである。それは一八六二年にヴィーチ商会が導入したものである。これは、簡単に変異をおこす灌木で、ある栽培家などは、「種子を播くと、

ハマメリス・ヴィルギニアーナ
（和名アメリカマンサク）
（M. ケイツビー
『カロライナ等の自然誌』1730-47年）

どんな種類でも手に入る」（ビーン）と嘆いているほどである。いくつかの園芸種の中で、接ぎ木して増やさなくてはならないものもある。しかし、すべてのハマメリスの中で、一番人気があってなるほどと思わせるのは、中国産のモリス種（*H. mollis* 和名シナマンサク）である。これは、チャールズ・マリーズが一八七九年に九江〔江西省〕で見つけた。その頃彼は、ヴィーチ商会のために植物を収集していたのである。しかし、マリーズがイギリスに送ったハマメリスは、ヴィーチ商会のクームウッド種苗園で二〇年以上も放置されたままであった。というのは、変異をおこしやすいヤポニカ種の一変異であろうと考えられていたからである。変わった特徴のうちの一つは、モリス種の花びらが真っすぐであるのに、ヤポニカ種のそれが、「まるで波打って縮んでいるリボン」（ストーカー『ある庭師の進歩』一九三八）のように見える点である。キュー植物園の庭師であったジョージ・ニコルソンが庭園内の植物を調査して、この植物が珍しく、価値のある種であるという事実に注目するのは、一九〇〇年か〇一年になってのことである。その後、接ぎ木に利用できる枝はすべて切られ増殖が行われた。翌年これが市場に出された。一九一八年に最優秀花に贈られるFCCを受賞し、ガーデン・メリット賞は一九三二年に与えられた。その美しい園芸種パリダ（pallida）は一九三二年以前にウィズレイ園芸植物園で育てられていたが、これも園芸界で最も高い賞を得た。

ハマメリスはhama（「いっしょ」の意）とmelis（「リンゴ」の意）からできた言葉で、どのような植物であるか同定されていない植物に、かつてついていた名前である。それがヴィルギニアーナ種に初めて用いられた理由は、実が熟すのに一二カ月かかり、次の花が咲くのと同じ時期に実がなっているからである。ボウルズはハマメリス・モリスのことを公現祭〔クリスマスから一二日目に行う祭礼〕の木と呼んでいるが、この花が、公現祭の頃に満開になるからだ。その頃、この灌木は金色の贈り物（実のこと）、乳香（その匂い）、没薬（皮が収斂作用をもっている——厳密にいえば、ヴィルギニアーナ種だけにしかない）をもたらしてくれる。ビーンは英語名「魔女のハシバミ」（Witch-hazel）は、ヴィルギニアーナ種につけられたものであると考えている。初期のアメリカの入植者は、水のありかを探す時に、神秘的でオカルトじみたやり方をすることがあって、ハシバミやハマメリスの枝を使って占ったからである。しかし、この名前は「曲がりやすい」とか、「弾力性がある」という意味のアングロ・サクソン語のwiceとかwicという言葉からでたものであるかもしれない。この名前は常に、ニレ科またはニレに似た木に用いられた。チューダー朝やスチュアート朝時代には、「魔女のハシバミ」というのは「魔女のニレ」（Witch-elm）の意味で、時にはクマシデをさしていることもあった。一七六〇年にジェイムズ・リーが初めてハマメリスに対して「魔女のハシバミ」という表現を用いた。コリンソンは一七五一年にこの灌木のことを、「白いハシバミ」（White Hazel）と呼んでいる。

ムクゲ

Hibiscus
ヒビスクス

アオイ科

ヒビスクスは、約一五〇種も含む大きな属であるが、耐寒性があるのはシリアクス種（*Hibiscus syriacus*　和名ムクゲ）ただ一種だけである。英語名は「シリアのゼニアオイ」（Syrian Mallow）である。あまり寒すぎると、うまく育たないが、それは耐寒性がないからではなく、開花時期が遅いことによる。「八月には、この花を楽しめると心待ちにしていても、寒い所では九月になっても花は咲かない」とマーシャルがいっている。天候が悪くて開花が遅れるような場合は、霜にやられる前に花を咲かせるということはできないかもしれない。しかし、開花期がとても遅いことが、このムクゲの価値を高めている。暑い夏が終わったあと、ある人のたとえによると、まるで「カーネーションの木」（ウッド『優れた庭づくり』）のように見えるすばらしい植物に変わる。この灌木は真っすぐ上に向かって生長していくから、生垣に適しているとラウドンが推薦している。「違った種類が混植されているのを剪定して一律になるように刈り込んでいくのではなく、注意深くナイフで剪定すると」特に美しくなる。

一五九七年にジェラードは「木立ちゼニアオイ」（Tree Mallow）の種子を播いて、「うまく発芽することを期待している」と書いている。彼の希望がかなったかどうかはわからないが、パーキンソンは一六二九年にこの植物を育てており、少々寒さに弱いということを発見している。「冬の時期、おおいのない屋外の庭においても、寒さに苦しむほどのことはないだろう。しかし、もしこの植物が立派に生長することを望むなら、大きな植木鉢か、樽の中に植えて家の中で育てるとか、暖かい地下に置いておくほうがよい。」しかし今日でも、パースシャーの東部では、なんの問題もなく、戸外で育っている。ギブソンは一六九一年に、アーリントン・ハウスのデヴォンシャー卿の庭のことを書いた中で、六つの大きな素焼きの植木鉢があって、ただ「ツリー・ホーリー・オーク（Tree Holy-oak）が植えられて

ヒビスクス・シリアクス（和名ムクゲ）
（CBM 第83図　1789年）

いるが、これはたいした植物ではなく、地面に植えても十分よく育つ」といっている。だから、おそらく冬でも家の中に入れる必要はなかったであろう（アーリントン・ハウスは一七〇三年に取り壊されて、バッキンガム伯爵が新しい屋敷を建てた。この屋敷が、その後紆余曲折を経て、バッキンガム宮殿として知られるようになった今の英王室宮殿である）。その後かなり経ってから、デヴォンシャー卿は、ムクゲと関連づけて語られるようになった。コベットは一八三三年に「チズウィックのデヴォンシャー卿の領地にある農家の戸口の所に」ムクゲが一本あり、「一二フィートを越す高さで、毎年きまった時期に花を咲かせる」と書いている。

一六五九年にハンマーは、庭向きの新しい園芸種を育てたと書いたが、これが園芸種についての世界で最初の記録である。ハンマーによれば、以前からあった二種類は赤と白である。その種子から「グリデリン（gris-de-linからでた名前で、灰色がかった藤色）やパープルといった種類がイギリスで育てられるようになった。これは可憐な花をつける木で、どこにでも見られるものではない」とのことである。赤と白の縞模様は、一七三〇年に最初に現れたが、一七五九年にミラーが七種記録している。「一番普通のものは、下の方が濃い紫色で全体が薄い紫色の花をつける。もう一つは、花弁の基部が黒くて明るい紫色の花をつけるもので、三つ目は、花弁の基部が紫色で白い花をつけるもの、四つ目は、花弁の基部が濃い色合いで斑入りであるもの、五つ目は、花弁の基部が濃い色で薄い黄色の花、しかし最後のものは、現在ではイギリスの庭ではほとんど見られない。斑入りの葉も二種類あって、高く評価する人もいる。」アーバークロンビーは一七七八年に少々詩的に記している。彼はこの木を「秋に花を咲かせる灌木のうちで一番優れた飾り」といっている。その花は、「中心部が濃い色で、放射線状に花びらが開いている」。その頃まで、八重については何も記述がないが、一八三八年にラウドンが八重はごく普通に見られるといっている。一九〇〇年版の『イギリスの花の庭』で、ロビンソンは、その当時手に入るムクゲのうち、特にすばらしい園芸種一二種を選んで載せている。そのうちの三種「コエレステ」（Coeleste、一八七九年以前に作出）と「トツサルブス」（Totusalbus、一八九八年以前に作出）と「ドゥク・ド・ブラバン」（Duc de Brabant）は今でも人気がある。約一七種類の名前のついたものが、市場に出されているという事実は、この灌木の人気がそれほど衰えてはいないことを示している。

中国では、ムクゲは、歴史が始まると同時に栽培され始めたのであるが、葉はお茶の代用品として用いられた。花は食料品であった。花には「だれもが好きになるような、かなりぬるぬるした舌ざわりがあって、珍しい食料であると考えられている」（リー『中国の庭の花』一九五九）。その他のヒビスクス属のうち有用なものとしては、戸外で栽培できるほど耐寒性はないけれど、栄養価の高いエスクレンツス種（*H. esculentus*　和名オクラ）がある。この実は熱帯地方では、ゴンボとかオクラとかいう名前で食用になっている。美しいローサ‐シネンシス種（*H. rosa-sinensis*　和名ブッソウゲ）からは、白粉と靴磨粉の両方ができる。異国風のアベルモスクス種（*H. abelmoschus*　和名トロロアオイ）の種子は甘い麝香の匂いがあるというので、何世紀もの間評価が高かった。価値の高い綿の木（*Gossypium herbaceum*）と薬用になる「沼のゼニアオイ」（Marshmallow、*Althaea officinalis*　和名ビロードアオイ）は、ヒビスクス属と関係がある。

シリアクスという学名にはだまされてはいけない。リンネがそう信じていたとしても、シリアが原産地ではない。途方もない昔に、本当の自生地であるインドや中国からシリアに導入されたのである。昔は、アルタエア・フルテクス（*Althaea frutex*）、すなわち「灌木のタチアオイ」という名前で知られていた。ヒビスコス（Hibiskos）というのは、ギリシア語の名前で、ディオスコリデスが、これと同じ科に属している別の植物、英語で「沼のゼニアオイ」（Marsh-mallow）という植物に名づけた名前であった。しかし、プリニウスがヒビスクスといっているのはセリ科の植物であるようだ。ウェルギリウスがヒビスクスと呼んでいる植物は、篭を作るのに用いられたしなやかな枝をもった植物である。とにかく古典古代の植物学は、同定がむずかしくイライラする。ラウドンによれば、この名前は「イビス（Ibis）

ヒビスクス・ローサ‐シネンシス
（和名ブッソウゲ）
（CBM 第158図　1791年）

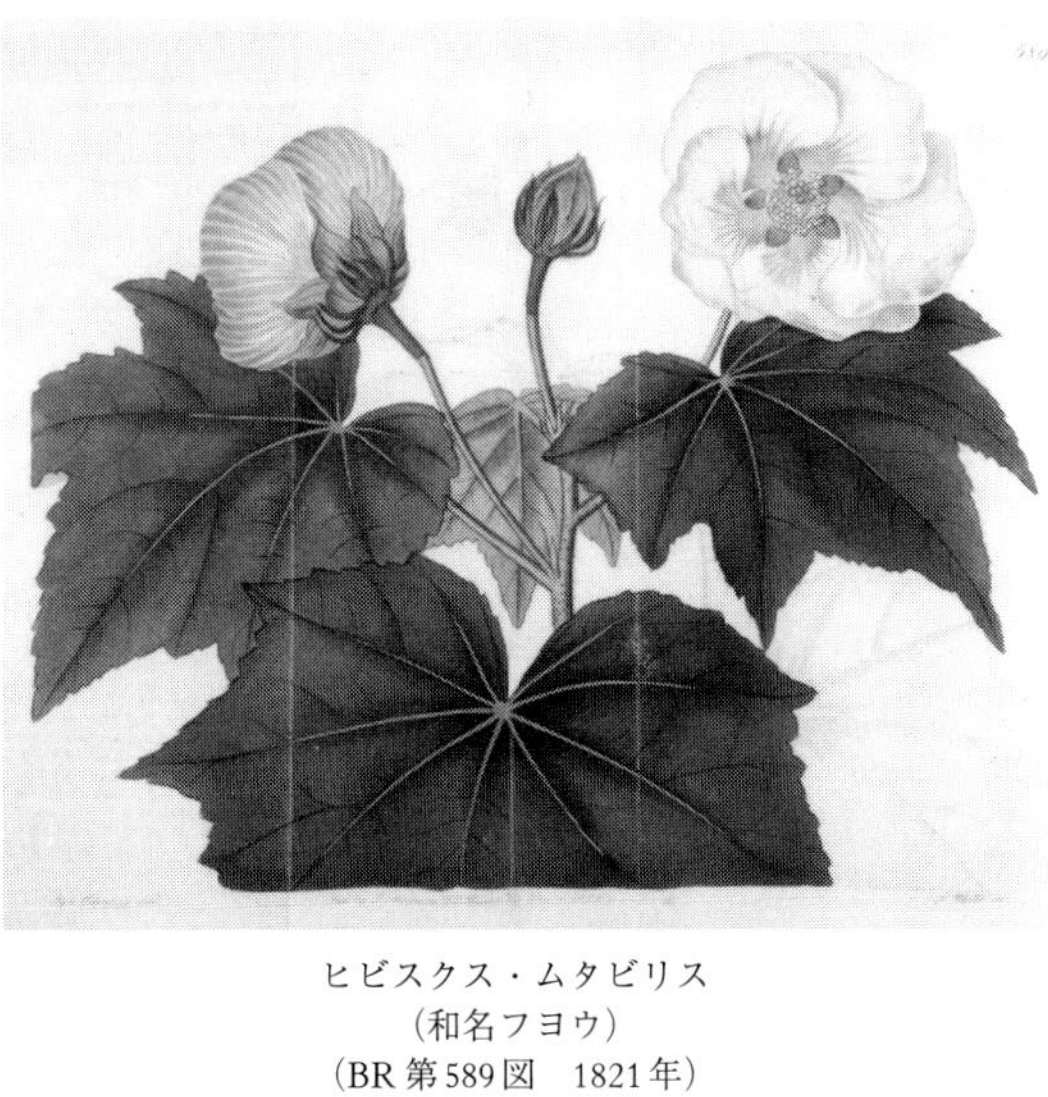

ヒビスクス・ムタビリス
（和名フヨウ）
（BR 第589図　1821年）

ヒビスクス・トリオヌム
（和名ギンセンカ）
（CBM 第209図　1792年）

〔トキ科の鳥〕からでたと考えている人もいる。この鳥がヒビスクスを餌にしているから」というのである。これと種が異なり、変異しやすいムタビリス種（*H. mutabilis*　和名フヨウ）の中国名は「役人」という意味である。開花する時は白くて、その後濃いピンク色に変わるので、無節操だということでその名がつけられたのは明らかである。

一年草であるトリオヌム種（*H. trionum*　和名ギンセンカ）の英語名は「ヴェニスのフヨウ」（Venice Mallow）とか「正午におやすみ」（Goodnight at noon）である。この美しい種は一五九七年以前に「アフリカの森から愛好家の庭に移し植えられた」。というのはジェラードが、この年「私の庭で年ごとによく育つようになっている」と書いているからである。その「人を楽しませる美しい花」について述べた後で彼は、「八時頃に花が開き、太陽の光を受ける九時に閉じる。だからこの花は見られるのを拒否しているようだ」といっている。だから、この植物は、「一時間の花」、「午前九時におやすみ」という名前を与えられた。その後「正午におやすみ」にいつの間にか時間が変更されてしまった。ジェラードはアネモネではなく、ヒビスクスこそがアドニスが殺された時にヴィーナスが流した涙から生まれたものだといったほうがよい、と書いている。どうやら、「花の命がはかないこと、女性が流す涙は長く続かないことを考慮すると」そうなるらしい。

南の島では赤いヒビスクスの花を左の耳につけると、「私は恋人が欲しい」という意味になり、右耳の場合は「私には恋人がいます」という意味であり、両方の耳の場合は「私には恋人がいるけれど、もう一人欲しい」という意味になると何かで読んだことがある。残念なことに、こういう目的に使われる南の島のヒビスクスはイギリスの戸外で育つほどに耐寒性はない。

ムスカリ

Muscari
ムスカリ

ユリ科

ふだん目にするムスカリ、英語名「グレープ・ヒアシンス」（*grape hyacinth*）はヨーロッパ産である。もっとも、モスカーツム種（*Muscari moschatum*）だけは、パーキンソンのいっているように「トルコ」からきたものである。しかし、商売熱心なエリザベス女王時代の人々は、今日庭で普通に見られるよりも多くの種を育てていた。ジェラードはコモスム種（*M. comosum*）、つまり英語名「金髪のヒアシンス」（The faire-haired Iacint）の青花と白花の両方を育てていた。ボトリオイデス種（*M. botryoides*）は、「小さいビンのような形の花をたくさんつける。一房のブドウのようにびっしりと集まった花をつけ、匂いが強い。が、気味が悪いことはない」。おそらくネグレクツム種（*M. neglectum*）と思われる別のムスカリについては「気持ちのよい明るい空色の花で、それほど簡単には見つからないが、小さなビンのような花にはすべてさらに小さな白い斑点の付いた入り口の穴があいている」。そして黄色っぽい花をつけるモスカーツム種は、じゃ香のような匂いをもち、それがこの花にムスカリという名前を与えることになったのである（ムスカリの名

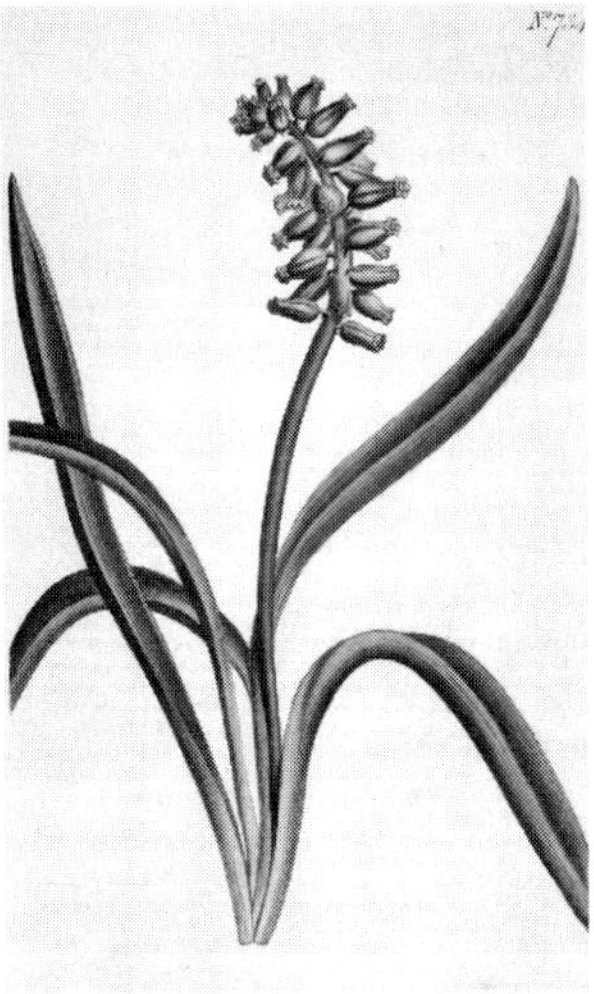

ムスカリ・モスカーツム
（CBM 第734図　1804年）

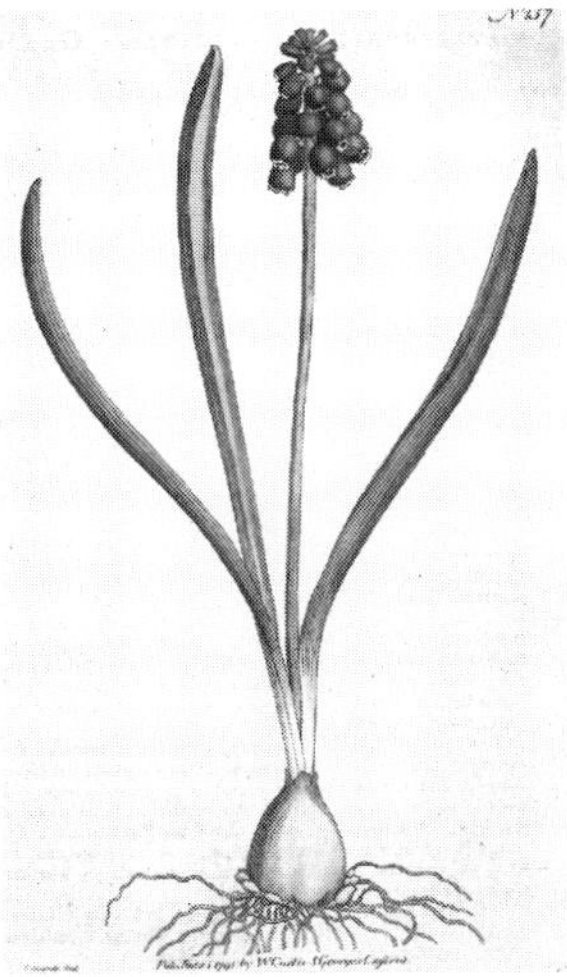

ムスカリ・ボトリオイデス
（CBM 第157図　1791年）

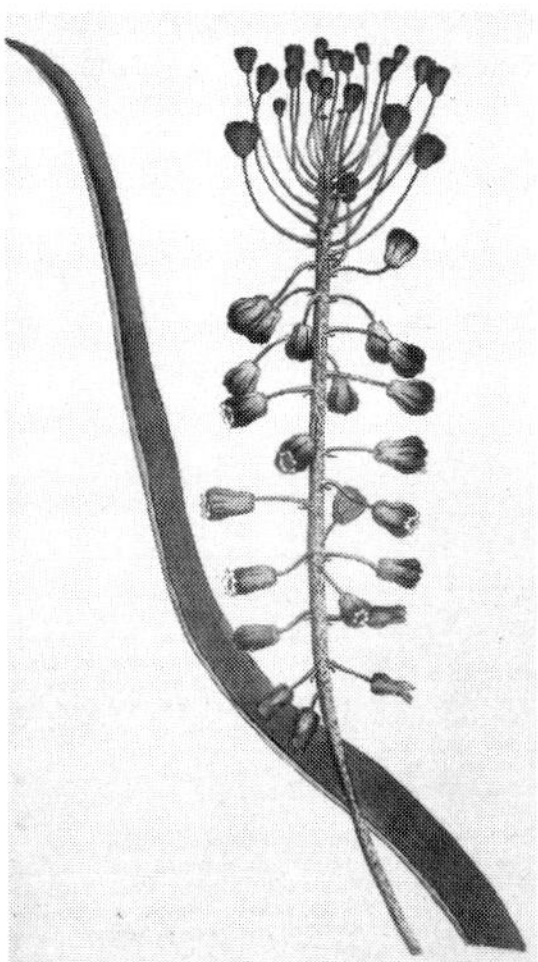

ムスカリ・コモスム
（CBM 第133図　1790年）

ムスカリ・ラケモスム
（CBM 第122図　1790年）

はギリシア語のじゃ香を意味するモスコスから出ている）。このモスカーツム種について彼は「花がよい匂いを持っているから庭に植えられているのであって、けっして美しいからではない。その強い匂いはその美しさにはるかに勝っている」と書いている。この他、パーキンソンは英語名が「羽根状のヒアシンス」（the Feathered Hyacinth）であるコモスム・モンストロスム種（*M. comosum monstrosum*）と珍しくイギリス東部が自生地であるラケモスム種（*M. racemosum*）についても記述をつけ加えた。さらに白い花をつけるボトリオイデス種に彼は「スペインの真珠」という美しい名前をつけた。

イギリス人に最も馴染みの深いムスカリはボトリオイデス種である。このムスカリについてパーキンソンは「まるで作りたての熱い糊のようなたいへん強い匂いがある。長い間その匂いの中にいると息が詰まってしまうだろう。だから人々はこれを庭隅に植えるか、庭から完全に追放してしまう」と書いている。ラスキンは、もっと表現が好意的で、「一房のブドウと一つの巣箱から採れる蜂蜜を蒸留して、それを押し潰して小さな一塊の粒状の青い塊にしたような」ものであると書いている。その人気も、今日では園芸家から「ヘヴンリー・ブルー」と呼ばれている変種に追い抜かれようとしている。「ヘヴンリー・ブルー」はアルメニアクム種（*M. armeniacum*）の一種で小アジアからやってきた。

ムスカリを薬用に使おうという試みが昔からあった。その点については、ムスカリがブルブス・ヴォミトリウム（Bulbus Vomitorium、吐き気をもつ球根という意味）という名前を持っているというだけで十分であろう。なお、ディオスコリデスの『薬物誌』をアングロ・サクソン語に翻訳したものに、「この植物は、深い森の中、山の頂で、竜の血から作られたといわれる」という箇所がある。

メギ

Berberis
ベルベリス

メギ科

メギとかマルメロ等の実をシロップに漬けて
保存しておくと、
病気の時に気分が楽になる。

トーマス・タッサー
『上手に家事をするための五〇〇の秘訣』一五七三

メギ属は種類が多くて、しかも複雑である。約四五〇種が含まれており、そのうち一七〇種が栽培されている。メギ属は簡単に交雑するので、種子の純潔を保つのは難しい。このメギ属の項では丸くない羽状の葉を持つ種は除いてある。というのは、これは、古くはメギ属として分類されていたが、今はヒイラギナンテン属に分類されているからである。ヒッバードは、それを分けたところで何の役にも立たないといっているが、彼の時代よりも数が増えて過密状態になっているメギ属を、少なくとも緩和する役には立っている。メギ属のほとんどの種の原産地は、南アメリカ、アフリカ、アジアである。ヨーロッパ産のものも少しはあるが、庭向きの植物としてほとんど価値がない。

北アメリカのメギは二種類しかなく、そのうちの一種は、イギリスの自生種ベルベリス・ヴルガリス（*Berberis vulgaris*）である。これは初期の移民者が、アメリカに紹介したもので、今ではもう一つの北アメリカ自生種のカナデンシス種（*B. canadensis*）に数の上では勝っている。

ヴルガリス種の英語名は「コモン・バーベリー」（Common Barberry）とか「ピッパリッジ・ブッシュ」（Pipperidge Bush）といわれる。イギリスの自生種とされているが、そうでないとしても、かなり昔に導入された種類である。実を採集する灌木として、有史以前から十九世紀の終わりまで栽培されていたのは確かであるから。実は酸っぱいが酢漬けにして利用された。「魚や肉を煮る際に入れたり、そうした料理の添え物として出される。まだ他にも利用法はあるが、それについては、私よりも腕の立つ料理人の方がよく知っているであろう」（パーキンソン、

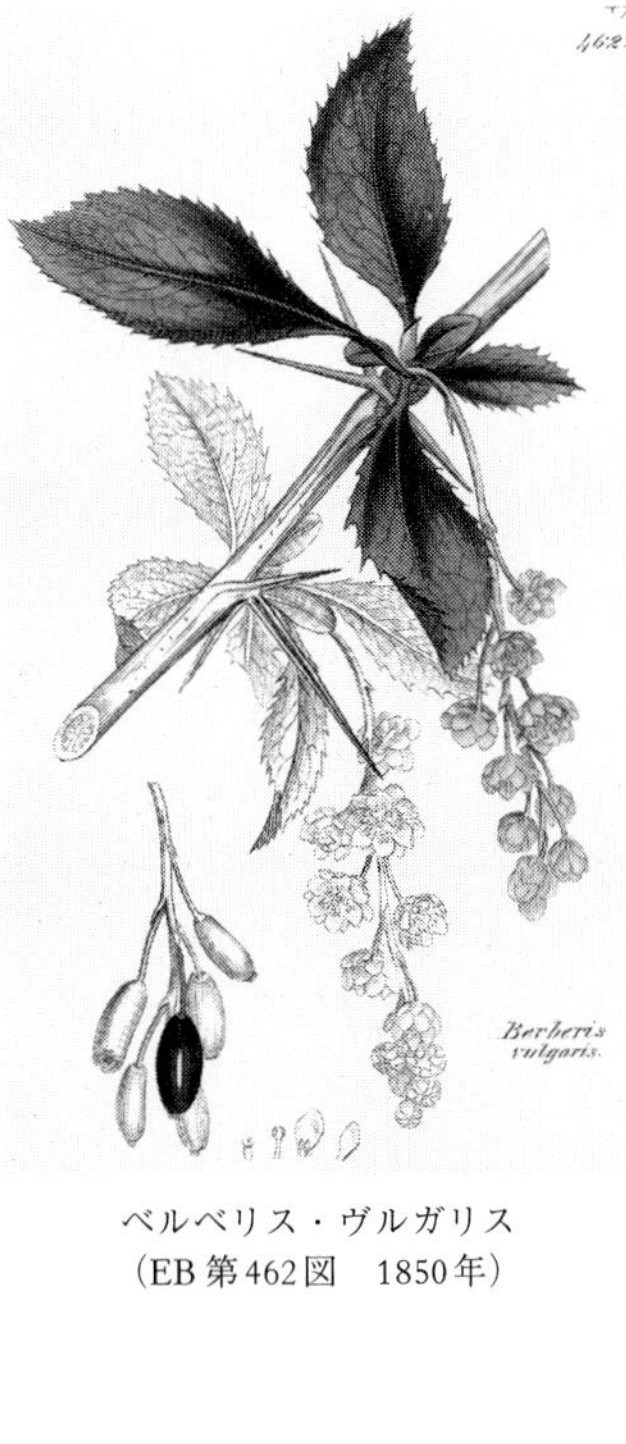

ベルベリス・ヴルガリス
（EB第462図　1850年）

一六二九)、「その実を用いて料理すると〝肉の嫌いな人〟にも食欲を起こさせることができる」(パーキンソン、一六四〇)と考えられていた。また、カルペッパーは、「マルスの神がつかさどっている食欲を起こさせる機能を刺激するので、胃を強くする」といっている。この「変わった、健康のためになる酢漬け」(アーバークロンビー)は十八世紀の後半頃でも料理の付け合わせとして好まれた。この実を使ってゼリーを作るし、ヨーロッパ大陸では、パンチに入れるレモンの代用品としても利用されていると、ラウドンは数年後に述べている。ルーアンの有名な「エピネットのジャム」を作る際にも用いられた。これを作るには種子のない品種が好まれたが、この存在をジェラードは知っていた。パーキンソンは、この品種が存在しているかどうか疑問を持っていたが、ラウドンは、この木は成熟すると種子がなくなると説明している。一八六三年には、まだ五種の園芸種が栽培されており、実が利用されていた。しかし、今日では、残念ながら「採集するのに時間がかかってどうにもならない」といわれるようになった。時間がかかりすぎるということは、経済上のゆゆしき障害である。この点を、グーズベリーの栽培家はとても苦労して克服したが、バーベリーの場合は、今では実を採集するために栽培されることがまったくなくなった。

　メギの葉も食卓に上った。スイバの葉と同じように酸っぱいソースを作ったのである。このソースは、「弱った胃や肝臓に」効くし、「げっぷが出るのを押さえる」効能もあった。また、パーキンソンは、クルシウスが秘密にしているメギを使った薬についても話している。その薬は、幹の内側にある黄色の皮をワインに浸して作るが、「ほんとうに体をすっきりとさせる」効能があるということだ。皮は、黄胆の薬になると信じられていたが、おそらく、色のせいでそう考えられたのだろう。キルヴァートは、一八七八年にヘアフォードシャーの農場でクルシウスの薬と同じように使用していたという報告をしている。

　メギの葉の収斂性は強くて、ポーランドではこの葉を利用して皮をなめすと同時に、きれいな黄色に染めあげていた。根だけ、あるいは植物全部を燃してできた灰汁は、髪の毛を染めるのに利用された。またこの実の汁からいろいろな薬が作られて、古代エジプト時代から十九世紀中頃に至るまで、伝染病の下熱剤として高く評価されていた。スグリを用いるようになったため、メギから薬を作ることはなくなったが、十九世紀中頃にはまだ、植物研究者の間では利用されていたのである。なお、メギの刺からは特別に何も作られなかったようである。

　この花の雄しべは過敏なので、植物学者は強い関心を持った。雄しべは、その下の所をピンで少し触っただけで縮んでしまう。ラウドンはかなりかわいそうな実験をしている。それによると、メギに「ヒ素や腐食性のある昇華物のような毒物を注入すると、繊維が硬くてもろくなり、過敏性はなくなる。反対に、青酸とか阿片とかベラドンナといった麻酔性の毒を入れると、繊維が柔らかくなり弛緩するのでやはり敏感性はなくなる。繊維が柔らかくなるとどの方向にでも簡単に曲げることができるようになる」。そこでこのことは神経系が未発達であることを示していると、リンドレイ博士は考えた。雄しべは、花から取り出された直後縮まるということも発見されたが、それは「心臓が体から取り出されると興奮するのと同じである」。

コモン・バーベリーは、すでに十五世紀の初めには生垣として用いられていた。ジェラードは「コルブルックから二マイルの所にあるアイヴァーという村」では、生垣用の木として、メギ以外には用いられていないといっている。しかし、不思議なことに、メギが小麦に悪い影響を与えるということが昔からわかっていた。ラウドンがいうには、「根拠はないが、昔から本当に起こっていた」と信じられていたらしい。十八世紀から十九世紀の間、それについての論争があって、実験によって事実を明らかにしようとする実践派や科学者がいたが、その多くの人々は、有害説には否定的であった。例えば、サフロン・ワルデンでは、メギの生垣があっても何の悪影響も受けず、小麦がしっかりと育っているという事実を例に引いて対抗しようとした。ジョゼフ・バンクス卿は、この木に集まる昆虫が何かほこりのようなものを出して、それが小麦の生長を妨げていると考えた。バンクス以降、科学的知識は増えてはいたが、実際のところ、まだ真実の究明からはほど遠かった。灌木についている菌と小麦についている菌を調べて、その二つの菌がまったく別の種類であることがわかったにすぎない。この菌はクロサビ菌（*Puccinia graminea*）で、二つの異なった生活体の段階を持ち、灌木についているのが見つかったのは中間体でクラスター・カップ（cluster-cup）と呼ばれる段階であるということが、その当時はまだわからなかったのである。この菌の生長に適さない気候条件の所に生えているメギは、小麦にとって無害である。残念なことに、この事実が明らかになるとパニックが起こり、一八六〇年から一八六五年の間に、コモン・バーベリーは事実上抹殺されたに等しかった。カタログに載っているのを見ることさえ稀になった。しかし、紫色の葉をつける園芸種は、時折、当時のカタログに載っているのを見かける。メギの美しさは、他の外国産の植物と競っても十分に対抗できるものであるから、これは残念なことであった。しかも、一七二八年のバティー・ラングレイからハワース・ブースやキングドン゠ウォードに至るまで、識別眼のある植物学者はメギは観賞用として優れた木であると誉め称えている。麦畑から遠く離れた所では、小麦に害を与えることもなくメギが栽培されている多くの庭があるからなおさらである。小麦を枯らしてしまうのはヴルガリス種とその園芸種に限られている。他のメギはそのようなことはまったくない。しかし、アメリカ合衆国ではメギ全部が危険視され、メギの輸入は禁じられている。

イギリス以外の外国産のメギは、とほうもなく数が多い。王立園芸協会編の『園芸事典』では、約八〇種、アクミナータ種（*B. acuminata*）からザユラーナ種（*B. zayulana*）までが記述されている。そのほとんどすべての種には、異名、園芸種、関連種、交配種がある。

大雑把にいって、イギリスには初め、ヒマラヤからやって来たものが多かった。その後、最初は少しずつ、それから洪水のように一度に、ビルマ北部や中国西部から紹介されたが、なかにはチリ産も混ざっている。

中国産のメギの大多数は、二十世紀になって紹介された。ウィルソン、フォレスト、ファーラー、キングドン＝ウォード、ラッドロー、シェリフらの探検がおおいに貢献した（中国のある地方の山はメギでおおわれているとファーラーが書いたことがある。その地方の気候を考えて、彼とその一行は、これこそイギリスにふさわしいと思ったに違いない）。有用で人気のある中国産の三種はカンディドゥーラ種（*B. candidula*）とガグネパイニー種（*B. gagnepainii*）とヴェルクローサ種（*B. verruculosa*）である。これらは三種とも、E・H・ウィルソンが、一九〇四年頃、エクスターのヴィーチ商会のために導入したものである。カンディドゥーラ種は、ヨーロッパ大陸ではもうすでに、ジェスイット派の伝道師ポール・ファルジュの送った種子からヴィルモラン商会の苗圃で育てられていた。ガグネパイニー種は、見栄えのするものではないが、生垣用としてはよい種類で、パリ植物園の植物標本室長であったフランス人植物学者ガネパン（M. Gagnepain、一八六六〜一九五二）にちなんで名づけられた。

南アメリカ産のイリキフォリア種（*B. ilicifolia*）は、一七九一年に初めてイギリスにやって来た。美しいメギであるが、今ではほとんど栽培されていない。これは、シュパルマンがフエゴ島で見つけたが、そこでは、「この植物はよく曲がるので」弓を作るのに用いられていた。しかし、これよりはるかに重要な種は、やはり南アメリカ大陸から紹介されたダーウィニー種（*B. darwinii*）である。弱冠二六歳の時に行った有名なビーグル号での探検の際にチャールズ・ダーウィンが見つけたものである。彼の日記にはこれについて、何も記録されていない。実際、彼の日記には、植物についてはほとんど書かれていないのだ。ダーウィンは自分の収集したものをすべてフッカーに見せた。フッカーが『植物誌』の中でこの灌木にダーウィニーという名をつけたのである。それから一四年後（一八四九年）に、ヴィーチ商会が派遣していた収集家ウィリアム・ロッブがチロエ島からこれを採って来た。ダーウィニー種は、イギリスの庭で栽培するのに最も適している交配種、ロロゲンシス種（*B.*×*lologensis*）とステノフィラ種（*B.*×*stenophylla*）の親となった植物である。前者は、ダーウィニー種とリネアリフォリア種（*B. linearifolia*）とが自然に交雑してできたもので、H・C・コンバーがロログ湖の近くで見つけた。このうっとりするような名前を聞くだけでも育てる価値があるといえる。コンバーは、一九二五〜七年にチリとアルゼンチンの国境のアンデス山脈で収集していた。彼は約八種のメギを紹介した。その中の一つリネアリフォリア種は、一九二七年に彼が送った種子から育てら

ベルベリス・エンペトリフォリア
（BR第26巻27図　1840年）

れた。一九三一年に展示された時、王立園芸協会の第一等賞を受けたものである。この種は、他の園芸種の花粉を引きつけるので、「まるでクレオパトラのようだ」といわれている。自然に生えているリネアリフォリア種から採集した種子のうち、交雑種でないものは約半分しかない。その交雑種の半分は、数が多いダーウィニー種との交配種になっている。その子孫も変化しやすく、よい種を手に入れようとすれば、十分な注意が必要である。他の重要なダーウィニー交配種は、ステノフィラ種で、一八六〇年頃にシェフィールド近くハンズワースのフィッシャー&ホームズ種苗園で見つかった。今ではおそらく、この属の中で一番人気のあるものであろう。これからも多くの子孫ができた。ステノフィラ種のもう一方の親がエンペトリフォリア種（*B. empetrifolia*）で、一八二七年にチリから紹介されたが、今ではほとんど栽培されていない。

　メギ属は種類が多くあるが、これまで述べてきたものはすべて常緑樹である。落葉種もまた数が多い。落葉種からできた園芸種や交配種の数も多い。早い時期に紹介された中で人気があるものが、日本産のツンベルギー種（*B. thunbergi*　和名メギ）である。一七八四年にスウェーデン人植物学者のC・P・ツンベルクが最初に記録した。イギリスに紹介されたのは一八三三年のことである。これにも園芸種がいくつかあるが、おそらく「アトロプルプレア」（Atropurpurea）が一番よく知られているだろう。紫色の葉を持つ灌木の中では一番美しい。フランス人種苗商ルノーが、第一次世界大戦の時にこの植物について記録している。

　落葉種の中で最も子孫が多くて人気があるのがウィルソナエ種（*B. wilsonae*）であろう。一九〇四年、E・H・ウィルソンが中国から紹介した植物の一つである。この名前は、ウィルソン夫人にちなんでつけられた（aeというのは、女性形の接尾辞である。この植物は夫人に献上されているのだ）。王立園芸協会編の『園芸事典』の中のベルベリス・ウィルソナエの項目には、ウィルソナエに近縁の二種が載っている。さらに、ウィルソナエとその近縁種二種には、それぞれ園芸種が一つずつ、他に、それほど密な関係はない二種と、庭園向きの交配種が七種類載っている。ルブロスティラ種（*B.*×*rubrostilla*）にはたくさんの子孫があるからであろう。敬意を表して、それだけ別の項目を立てている。ルブロスティラ種は一九〇九年か一九一〇年にヴィーチからウィズレイに送られて来た二種のうちの一つからできた。一種類は、おそらくウィルソナエであろうと考えられている。二種のうちの一つは、交配種であるという兆候が現れていた。それからできた種子は変種になっているものが多く、その中からF・J・チッテンデンが一番よいものを選び出し、「ルブロスティラ」と名前をつけたものが一九一六年にFCCという最高賞を取った。しかしこの偶然起こった交配の片方の親はわからない。一九〇八年にウィルソンはアグレガータ種（*B. aggregata*）も紹介した。多くの庭向きの園芸種の親になったが、その園芸種の一つに、人気のある「バルバロッサ」（Barbarossa）がある。

一八九八年当時、メギはまだ珍しい属であったけれど、シャーリー・ヒッバードは、メギ園を作ることを熱心に提案した。そのために必要な量のメギを見つけることは、困難ではなかったのであろう。私としては、ラウドンに賛成で、この灌木には多くの吸枝が出るので、「見た目にやぼったくて、不細工」だと思う。しかも、姿形が悪いこと、やっかいな刺があることを補うほどに、紅葉は美しいものではないと思う。私の経験の中で、ただ一人の種苗商だけが、客に向かってウィルソナエ種は「おそろしい歯」を持っているという警告を出す勇気と正直さを持っていた。ガートルード・ジーキルは、『子供と庭』の中で、昔はメギの匂いが嫌いであったという思い出を書いている。「私はとにかくメギの匂いが嫌いで、恐れを感じるまでになっていた。メギがあるというのを忘れて、それが植えられている所に踏み込んだ時、私は一目散に走って逃げたが、それほど、メギの匂いは恐ろしかった。」ベーコンも、メギが嫌いだったようで、メギを植えるのをエリカの庭の中にしたのは、「あちこちでメギの匂いがするのはごめんだったから」である。ハズリットは一七八三～七年にアメリカを訪れたが、その際見たメギの実は楽しい思い出となった。「メギの実の匂いは、寒さの厳しい北アメリカでは、雪の中からたちのぼってくる。それを口にしたのは、もう三〇年も前のことであるが、今でもまだその味が口の中によみがえる。というのも、それ以来、私は同じ味のものを食べたことがないからで、第六感で感じたような印象が残っているのだ。」

アラビア語の名前は「ベルベリーズ」（berberys）とか「バルベリス」（barberis）で、十二世紀、サレルノの医学校でメギの実のことをそう呼んでいた。この言葉は、中世ラテン語からきたものである。しかし、プリニウスが「アペンディクスと呼ばれる刺の多い灌木」といったのを除けば、古代ローマ時代には、この植物の名前はなかったようである。「小腸の先についている盲腸のように、赤い実が枝の先についているので、「アペンディクス（盲腸）」という名前がついた」。「ピッパリッジ・ブッシュ」という英語名ができた時期は、少なくとも十六世紀にまでさかのぼる（一五三八年、ターナーがこの木のことを「ピプリッジ」

（pyprge）といっている）。この名前はペピン・ルージュ（pepin rouge）からできた言葉で、ノルマン人がこの花と何らかの関係があったことを示している。また、イギリス自生のヴルガリス種はノルマン人の征服の際に持ち込まれたものの子孫であるかもしれないということを暗示している。その他各地で、「ギルド・ツリー」（guild-tree）とか「ジョーンディス・ベリー」（jaundice-berry）とか「リルツ」（rilts）とか「ウッドサワー」（woodsour）とかいろいろの名で呼ばれている。ジョン・マンデヴィル卿によれば、主イエスは刺のついた植物で作られた四つの冠をつけておられたという。そのうちの一つはメギで作られたものであった。刺が一カ所に三本ずつ生えていたから、その冠は三位一体を象徴しているという言い伝えが生まれたといわれている。

モクセイ

Osmanthus
オスマンツス

モクセイ科

東洋では長い栽培の歴史を持っているが、西洋での歴史は比較的短い、小規模な属である。中国では、オスマンツス・フラグランス（*Osmanthus fragrans*　和名ギンモクセイ）は何世紀にもわたって栽培されて、普通の家でも寺社でも中庭などに植えられた、寺社ではよい匂いのする花を神々に捧げた。この植物は寒さに弱く、イギリスでは南部でさえも、温室の外ではほとんど育てられない。しかし小さな花が一つか二つ咲いているだけで、温室の中はその匂いでいっぱいになってしまうといわれ

オスマンツス・フラグランス
（和名ギンモクセイ）
（CBM 第1552図　1813年）

オスマンツス・フラグランス
（レットサム『茶樹の博物誌』第2版　1799年）

る。中国では花を乾燥して、香料茶にする。イギリスには一七七一年に導入されてJ・C・レットサムの『茶樹の博物誌』（一七九九）の中に絵入りで出ている。彼はこれは「ロンドンの近郊ではあまり見られない」灌木であるといっている。

その次に紹介されたのは耐寒性のあるイリキフォリウス種（*O. ilicifolius*　和名ヒイラギ）であった。これは赤い実がない点を除くと、セイヨウヒイラギとまったく同じに見えるので驚かされる。しかしよく見れば、ヒイラギの葉は対生であるが、セイヨウヒイラギの葉は互生になっている。秋になると目立たないが匂いのある花が咲く。イリキフォリウス種は日本から一八五六年に紹介されて、二十世紀になる頃、常緑樹として人気のあるいくつかの園芸種があった。しかし今ではめったに見られない。

イギリスの庭に限っていえば、モクセイ属の中で重要なのはドゥラヴェイ種（*O. delavayi*）である。これはフラグランス種と同じくらいよい匂いがあって、イリキフォリウス種と同じくらい寒さに強い。発見したフランス人伝道師の名前がつけられたわけだが、彼は雲南省の山中で一八九〇年に見つけ、種子をモーリス・ヴィルモラン商会に送り、そこからあちこちの知人に分けた。しかしサン・モンデにあるパリ樹木栽培学校の庭に播かれた種子だけしか発芽しなかったので、その後はこの木から増殖されていった。だから、二十世紀の初頭にジョージ・フォレストがさらに多くの種子を手に入れるまで珍しい灌木として栽培されていた。一九二三年にはガーデン・メリット賞を受け、今では灌木の種苗商なら誰でも扱っている植物であり、園芸について記述する場合、かならず取りあげられるようになった。スコットランドでは、寒さに「強いので零度にも耐える」ということがわかったとH・F・ドヴァストン博士はいっており、さらに、寒さの厳しかった一九四七年に霜が降りたときにも、丈が一〇フィートもあったドゥラヴェイ種の葉は「細いヒイラギの葉のようにはならなかった」といっている。南部や西部ではどこでもよい匂いのする白い花をつけるといわれる。若木の頃から花をつけ、生育に適した場所に植えると立派な生垣になる。

ドゥラヴェイ種はフィリレア・デコラ（*Phillyrea decora*）と

交配されて、二属の性質を持ったオスマレア・ブルクウッディー（*Osmarea* × *burkwoodii*）という名前の交配種が作り出された。この種小名は、サリーのキングストンにあるバークウッド&スキップウィズの種苗園が交配に成功したので、彼らにちなんでつけられたものである。これはすぐに生垣用の常緑の植物として高く評価された。

イギリス人は、月に刺のある低木が生えていると見るが、中国人はヒイラギが生えているという。伝説によるとウー・カンという人物が不貞をはたらいて月に追放された。そして休むことなくヒイラギを切り倒し続けたが、切っても切ってもなくならなかった。月の明るい夜にはヒイラギの種子が地球に雨のようにいっぱい降って来るといわれるが、少なくとも、イギリスにおいてはそれらが発芽している様子はない。この属の名前は、「芳香」を意味するギリシア語のオスメ（osme）と「花」を意味するアントス（anthos）から来ている。

モクレン

Magnolia
マグノリア

モクレン科

灌木というのは、その後どれだけ大きくなろうとも、五フィート程度に生長すると花が咲き始める木本を指す、という定義はモクレン属についてはぴったりあてはまる。小形の種でもやがては背が高くなり、横に広がって、美しくなるからである。子供の足は小さい頃には大きすぎると感じられるが、やがてそれに合わせて背が高くなるのと同じように、モクレン属は大きく高貴な花にふさわしい丈に生長するようである。素人にとっては、かなり複雑な構造の花のようであるが、専門の植物学者が見れば、きわめて単純な植物である。顕花植物が地球に現れたごく初期の頃から生きていた植物の一つであると植物学者は考えており、昔はイチョウの仲間に分類していた。今日、モクレン属は東アジアと北東部アメリカにしか分布していないが、五〇〇〇万年以上も前のこの植物の化石は、現在の自生地よりも広い地域でよく見つかる。約八〇種が知られていて、そのうちの半数以上がイギリスの気候では育ちにくい熱帯地域原産の常緑樹である。落葉樹とかなり耐寒性のある常緑樹を合わせると三二種類あるが、そのうち二七種類が栽培されている。

マグノリア・ヴィルギニアーナ
（和名ヒメタイサンボク）
（P. ブラウン画　1760年代）

一番早く発見されたのはアメリカ大陸産で、ヨーロッパ人が初めて見たものはメキシコ産のマグノリア・デアルバータ（*Magnolia dealbata*、栽培されていたものではない）である。スペインのフェリペ二世付きの医師フランシスコ・ヘルナンデスは一五七〇年から七七年まで、特に新世界の植物研究のために探検をしたが、その際このデアルバータ種について記録している。しかし、庭で栽培されるようになった名前のついた最初のものは「スワンプ・ベイ」とか「スウィート・ベイ」と呼ばれるヴィルギニアーナ種（*M. virginiana* = *M. glauca*　和名ヒメタイサンボク）であった。これはジョン・バニスターが一六八八年にコンプトン牧師に送った植物の中にあったもので、以来今日にいたるまで栽培されている。ケイツビーは一七三〇年頃、これは「ホックストンのフェアチャイルド氏の庭やペックハムのコリンソン氏の庭で栽培されている。イギリスの厳しい冬の寒さを防ぐ保護物がまったくいらず、何年にもわたって良い匂いのする花をつけている」と記している。それから約三〇年経って、バーンズの肉屋ジョン・クラークが、この灌木を種子から育てるのに成功したと書いている。このヴィルギニアーナ種についての評価はおおむね良好で、特に花に芳香があるので高く評価されている。中でもケイツビー、カルム、コベットなどは特に高く評価している。彼らは自生地で咲いているのを実際に見たことのある人々であった。コベットはヴィルギニアーナ種は他のどれよりも優れた灌木であるといっており、芳香は「何にも勝ってすばらしい。バラの匂いよりもかぐわしく、ジャスミンやチュベローズと同じくらい強い匂いがあって、しかもはるかにすばらしい。これほど良い匂いのものはまずなく、これ以外のほとんど全部の種はいくぶん寒さに弱い。私は、これがライラックと同じくらい人気が出ればよいのにと思う」と書いている。これが書かれた一八三三年頃には、アジア産のものはほとんど知られておらず、ハクモクレンもまだ温室の中で慎重に育てられている状態であった。その後アジア産の種が人気を博するようになると、ヴィルギニアーナ種を誉め称える声は消えてしまった。長期にわたってクリーム色からオレンジ色の花をつけるヴィルギニアーナ種が十分にその美しさを発揮するには、かなり広い場所が必要であるということも、人気を失う原因の一つであったと思われる。

次に有名なアメリカ産の種はグランディフローラ（*M. grandiflora*　和名タイサンボク）で、普通に栽培されているもののうちで耐寒性のある唯一の常緑樹である。一七二四年の時点ではミラーはこれを知らなかったようだが、その後すぐにイギリスに輸入されたようである。一七三八年、ケイツビーが書いているのであるが、「デヴォンシャー、エクスマスの植物愛好家で尊敬すべき准男爵ジョン・コリトン卿の庭で」最初の花をつけた。「実際はここ三年ほど多くの花をつけている。」一七三七年には、パーソンズ・グリーンにあるチャールズ・ウェイガー卿の庭で花が咲いた」ということだ。同じ頃フラムの種苗商のクリストファー・グレイの苗圃でも栽培されていた。すでに種子から育てられていたようで、多くの若木が一七三九年の厳しい寒さのために枯れてしまい、その結果このマグノリアは種苗商のところでも数が少なくなったと一七五二年にミラーがいっている。グレイが手に入れてフラムで育てていたマグノリアはやがて、高さ二〇フィート、幅も同じくらいに生長した。花が咲くと、あたり一面に芳香が漂ったという。一八二二年にはこの木はもう枯れていたが、幹は残っていて、直径が四フィート一〇インチもあった。この記録は、英語名で「大きな月桂樹」（Big Laurel）とも呼ばれるタイサンボクがイギリスで生長できる限度ではないかと思われる。しかしその自生地では七〇～九〇フィートの高さにもなり、それが生えている土地が耕作用に整備される時にも、美しさ故に切り倒されず残される。それを見た時、ミショーは植物界の中で最も美しいものの一つであると思ったという。匂いが強すぎるから先住民はその花の下では決して眠らないといわれ、この木の枝を一本寝室の中に入れておくと、一晩で人が死んでしまうほどだといわれる。

マグノリア・グランディフローラ
（和名タイサンボク）
（G. エイレット画　1743年）

　イギリスでは長い間、タイサンボクを塀にそって植えた。レディング近くのホワイトナイツには長さが一四五フィートで高さが二四フィートの塀があって、二二本のタイサンボクがその塀全体を隠すほど繁茂しているとラウドンは書いている。これは所有者のブランドフォード公爵が一八〇〇年に植えたもので、当時一本が五ポンドもしたため人々が驚いたともラウドンは記している。サッカレー作『虚栄の市』の中でオダウド夫人が、その花は「やかん」くらい大きいと自慢しているが、タイサンボクは当時大きな屋敷の塀になくてはならないものと考えられ

マグノリア・デヌダータ
（和名ハクモクレン）
（CBM 第1621図　1814年）

ていた。今日では塀は当時と同じ役割を持たないし、マグノリアの方が塀を助けている面があるとストーカー博士はいっている。九種類以上もの庭園用変種が作出され、その中にはエクソニエンシス種（*M. exoniensis* = *M. grandiflora* var. *lanceolata*）も含まれているが、それらは一八六三年以前から栽培されていた。エクスマウス変種（The Exmouth variety）は、裏側がさび色フェルト状になった幅の狭い葉が付いている。他のモクレン属よりも早くから花が咲き始めるという長所がある。だからこの種が一般向きとしては一番であるが、南部地方の庭では寒さに弱いけれども花の大きい園芸品種「ゴリアテ」（Goliath）の方が人気がある。これは一九三一年に優秀花としてメリット賞を、一九五一年には最優秀花に与えられるFCCを受けている。

最初にイギリスに入ったアジア産のモクレンはデヌダータ種（*M. denudata* = *M. conspicua*　和名ハクモクレン）で、ジョゼフ・バンクス卿によって中国から紹介された。その時期は、ラウドンによれば一七八九年、『ボタニカル・マガジン』によれば一七八〇年ということになっている（バンクス卿は一七七八年に出版されたフランス人の報告を読んでいたに違いない。その中では、このマグノリアは「枝の先にユリの花が付いているクリの木」と表現されている）。ハクモクレンは中国では七世紀から栽培されており、寺社や宮殿近くの戸外で栽培するか、続けて花が咲くように植木鉢や箱に入れた小形のものを室内で栽培するかどちらかであった。ラウドンによれば、それはとても高い評価を受けており、「花の付いた木は地方の役人から美しい贈り物として皇后に届けられたと考えられる」。その植物がイギリスに紹介されてから数年間、顧みられなかったのは不思議である。一八〇七年にマーティンが編集したミラーの『庭師の辞典』の中では触れられていない。一八一四年の『ボタニカル・マガジン』で、ジョン・シムズが「温室用の植物」であると書いているが、「耐寒性があるといわれるが信じられない」という用心深い意見を述べている。シムズはまた葉が出る前に花が開くという性質に不満を述べており、だからタイサンボクに比べると「かなり印象が悪い」ともいっている。ラウドンは一八三八年に、ハクモクレンは一二年間しか耐寒性がないことがわかったと述べており、一八六二年まで半耐寒性であると思われていた。

別のアジア産で赤い花の咲くリリフローラ種（*M. liliflora* 和名シモクレン）のほうがハクモクレンよりもかつてはよく知られていたようである。これは一七九〇年にツンベルクが日本からイギリスに紹介したものであると、ラウドンが書いている。ツンベルクは一七七五年から七六年にかけて日本にいたから、これはウプサラの植物園で育てられて大きくなり増殖されたのであろう。この属の中では一番背が低く、一〇ないし一二フィートを超えることはめったにない。

マグノリア・リリフローラ
（和名シモクレン）
（CBM 第390図　1797年）

中国と日本では昔から庭で栽培されているが、おそらく中国が原産地であろう。ただし野生の状態では見られない。この種がハクモクレンと近い関係があるということになったのは、ケンペルが一七一二年に「モクレン」という日本語の名前でこの二種類を記載して以来である。一七九一年にジョゼフ・バンクス卿はケンペルが描いたものから植物画集を出版したが、残念なことにこの二つのマグノリアの絵についていた文章が入れ替わっている。フランス人植物学者デスルーソーが同じ年にこれらの植物に学名をつける時に、その間違った説明文をそのまま信じたために、ハクモクレン、すなわちデヌダータ種の花は赤く、シモクレン、すなわちリリフローラ種の花は白いと思い込み、リリフローラ種のほうに、本当であればハクモクレンにつけるべき学名を与えてしまった。シモクレン、すなわちリリフローラがイギリスで最初に花をつけたのはバルストロードにあるポートランド公爵の温室の中であった。カーティスは一七九八年に「コヴェントリー伯爵夫人から丈が約一フィートの小さな苗をもらい、花を咲かせた。そこで伯爵夫人の名前も有名になった。それが『ボタニカル・マガジン』の中に挿絵として用いられたのである。これは庭向きの種としては問題があるが、ソウランゲアーナ（*M.*×*soulangeana*）という名の交配種のグループの片方の親として重要である。

パリ近郊フローモンのスーランジュ＝ボタンの城の正面にシモクレンが植えられており、その木のそばにはハクモクレンが一本あった。その種子から育てられた木に一八二六年花が咲いた時、この二種が偶然に交雑したことがわかった。スーランジュ＝ボタンは一八一五年以降の和平を機に引退した陸軍の退役軍人であった。彼は熱心な植物愛好家で、フランスの園芸協会の設立者である。イギリスではこの新種のモクレンはエプソンのヤング商会を通じて広がっていったが、ヤングは早くも一八二八年にスーランジュ＝ボタンからこの交雑種を譲り受けている。親のハクモクレンに比べると開花するのが少し遅いけれども、小形の庭園植物としてはモクレンの中で一番人気を博した。葉が出ると同時に咲く花は、葉のない枝に大きな白い花が咲く種に比べると、きわだつほど美しくはないので、最初なかなか人気が出なかった。その後多くの園芸種が同じ交配で作り出されているが、そのほとんどすべての種は、間違ってリリフローラ種と名前がつけられたシモクレンのワイン色の斑点がついている。それらの交配種の花の色は白のアルバ（*alba*）から濃い赤色のニグラ（*nigra*）まで様々ある。ニグラ種は一八六一年にジョン・グールド・ヴィーチが日本から導入したもので、右に述べた交配種の一種であると考えられていたが、今ではシモクレンの変種であると信じられている。

　これらは寒い地方の狭い庭でも育てることができる。大形でピンク色のキャンベリー種（*M. campbelli*）、サージェンティアーナ種（*M. sargentiana*）、スプレンゲリ・ディヴァ種（*M. sprengeri diva*）は高木になるが、とても寒さに弱いのでイギリスでは南部や西部でなければ栽培できない。一方、白い花の咲く種や小形のマグノリアを好む人にとってはたくさんの種類があって、なかでもサリキフォリア種（*M. salicifolia*、和名タムシバ）、ステラータ種（*M. stellata*　和名シデコブシ）、シネンシス種（*M. sinensis*）が特に好まれる。タムシバは真っすぐに伸びる灌木で、樹皮はボウシュウボク（*Lippia citriodora*）の匂いがして、小さな白い花が若木の頃から咲く。これは日本が原産地で一九〇六年にアーノルド樹木園を経由してイギリスに導入された。一目見れば誰もが思い当たるほど親しまれているシデコブシも、同じ所から来たということがわかるだろう。タムシバは日本産のモクレンの中では一番美しく、中国産のハクモクレンの高貴な美しさに匹敵する。富士山の斜面に生えていたのを一八六二年にキュー植物園から派遣されたプラント・ハンターのリチャード・オールダムが見つけた。ケンペルは、別の日本産モクレンであるコブス種（*M. kobus*　和名コブシ）のことは述べているが、この種については何もいっていない。日本

マグノリア・キャンベリー
（J.ホウルゲイト画　1920年頃）

からもたらされたシデコブシがイギリスで最初に開花したのは一八七八年で、クームウッドにあるヴィーチ商会の種苗園でのことである。最初かなりうんざりするほど何度も名前が変わったが、今認められている名前は、星形の花をうまく現している。この花は甘く「豆のような香り」があり、この属の中で最も多い一二から一八枚の花被片を持っている。丈が二フィート、周囲が一ヤードの大きさで花をつけているこの木を誇らしげに見下ろす庭師もいるだろうが、同じ種類で丈が二八フィート、周囲が七五フィートのものがインヴァリユーにあったという事実を知るべきだ。園芸種にロセア（*M. salicifolia* var. *rosea*）があるが、これは一八八〇年以前にヴィーチ商会のためにマリーズが見つけたものである。つぼみは薄いピンク色でも開いてみると花弁が白色ということが多い。しかしピンク色は木が古くなるにつれて濃くなり、また乾期の方が濃くなるといわれている。

　これら春咲きのモクレンが終わると、夏咲きの種が楽しめる。たいていの夏咲きは春咲きのものよりも美しく、磁器のように真白な花弁を真紅の葯《やく》で際立たせる花をつける。そのうちの三種についていえば、最初にイギリスへ導入されたのが一八六五年頃に中国からもたらされたシーボルディー種（*M. sieboldii*＝*M. parviflora*　和名オオヤマレンゲ）である。花の直径は四〜五インチで決して小さくないけれども、他の二種、シネンシス種やウィルソニー種（*M. wilsonii*）に比べれば大きいとはいえない。後の二種は中国西部から二十世紀の初めにE・H・ウィルソンが紹介したものである。二つともによく似ているが、真っすぐに伸びるウィルソニー種の方が背が低い。一方シネンシス種の方は開花期が少し遅くて灌木になる。両方とも若木の頃から花をつけるが、花がもっとも美しくなるには一定の高さに育たなくてはならない。ハクモクレンの真っすぐ上を向いた杯状の花を楽しむには、上からのぞきこまなくてはならないが、シネンシス種やウィルソニー種のように垂れ下がった花の場合は、地面に腹ばいにならなくてはならない。

　マグノリアという学名はモンペリエのピエール・マニョール（一六三八〜一七一五）にちなんで十七世紀後半のフランスの植物学者プルミエがつけた。「マニョールは医者への道を歩いていたが、プロテスタントであったのでモンペリエでは博士号が取れなかった。それで排他的な規則のないもっと自由な大学に行かなくてはならなかった」とリーズの『サイクロペディア』(Cyclopaedia) の中でJ・E・スミスが述べている。

　彼はモンペリエで何年間も医者として働きながら、植物を栽培していた。一六六七年に教授に推薦されたが、スミスは「彼の信仰が、その地位につくのに障害になった。それはソロモン王が王位につく際に信仰が障害になったのと同様であった」と述べている。一六九四年にカトリックに改宗するまで教授にも植物園の園長にもなれなかった。その間に彼は二冊の本を出版していた。『モンペリエ植物誌』（一六七六）は自分で収集したほとんど全部の植物約一三六六種類について書かれたものである。『植物の属についての序論』（一六八九）には新しい分類方法が見られる。偉大なトゥルヌフォールもマニョールの弟子の一人であった。マニョールが見た唯一の生きたマグノリアはおそらくヴィルギニアーナ種であったろう。自分の名前を不滅にした灌木の属がどんなものであるかについては、じつはほとんど知らなかったのだ。

ヤグルマギク

Centaurea
ケンタウレア

キク科

ケンタウレア・キアヌス（*Centaurea cyanus*　和名ヤグルマギク）の英語名は「青いビン」（Blue Bottle）という。かつてはごく普通の野生の花で、氷河期後期にはイギリスでもたくさん生えていた。そしてその後パーキンソンが『太陽の苑、地上の楽園』（一六二九）で書いているように「旺盛に生え広がり、小麦畑の悩みのタネに」なった。ヤグルマギクは、小麦の脱穀のしかたや種もみの作りかたが進歩したために、今日では畑には珍しい植物になった。しかも小麦畑の雑草として見られる場合を除けば、野生の状態で生き残っていることはないようであるから、そのうちイギリスでは庭でしか見ることができなくなるだろう。ターナーは凶作年には、種もみを播いても穀物ではなくヤグルマギクが生えてくると信じていた。彼は、「夏至の頃、子供たちはこの花で花輪を作ったものである。ヤグルマギクはライ麦の間で育つ。だから凶作の年や天候不順な年には、よいライ麦の代わりに、この雑草が出てくる」と書いている。ヤグルマギクはあまり人気がなかった。というのはこれが鎌の歯元を鈍らせるからであり、「鎌を傷めるもの」（Hurt sickle）と呼ばれることがあったほどである。ジェラードは「小麦を刈りとる際に鎌の先をつぶしたり曲げてしまったりして、農夫を困らせたり邪魔をしたりするからである」と記している。

ヤグルマギクは古くから庭に取り入れられた。チューダー朝にはもう栽培されていたし、パーキンソンによれば多くの色の品種すなわち「全体が青、白、赤のもの、くすんだ紫、明るい紫や明るい赤、あせた感じの赤や濁った色合いの紫、またはこれらの色を様々混ぜ合わせたもの」が一六二九年以前から作られていた。その頃からこの植物は二種類が人気を競ってきた。「故ドイツ皇帝が愛好した花として、装飾用に流行した」とステップは記している。また最近になって、小形の「ジュビリー・ジェム」(Jubilee Gem)が市場に出るようになった。

ターナーはヤグルマギクは目に効くし、また「激怒したために、狂っている目以外の器官にも効きめがある。ヤグルマギクが持っているこれ以外の効用については、私は知らない」といっている。ドイツのザクセン地方では黄疸を治すため、ヤグルマギクをビールで煮たものを処方することがあった。画家は花びらから青色を抽出して使い、また「砂糖を奇妙な色に着色する」こともできた。しかし今日では、蝶を捕まえるとてもよい「おとり」になるというので蝶の収集家が用いるくらいである。

モンターナ種(*C. montana*)、英語名「多年生のコーンフラワー」(Perennial Cornflower)は一五九六年以前にピレネー山脈からもたらされたが、昔の記述家はほとんどふれていない。実際これはあまり人の興味をひかない植物である。

モスカータ種(*C. moschata*)は英語で「スウィート・サルタン」(Sweet Sultan)または「サルタンズフラワー」(Sultan's Flower)と呼ばれ、チャールズ一世の時代にペルシアからコンスタンティノープルを経てイギリスに入ってきた。パーキンソンはこのヤグルマギクを、「珍しい形で、たいそう美しいが最近コンスタンティノープルからやってきたものである。トルコ大

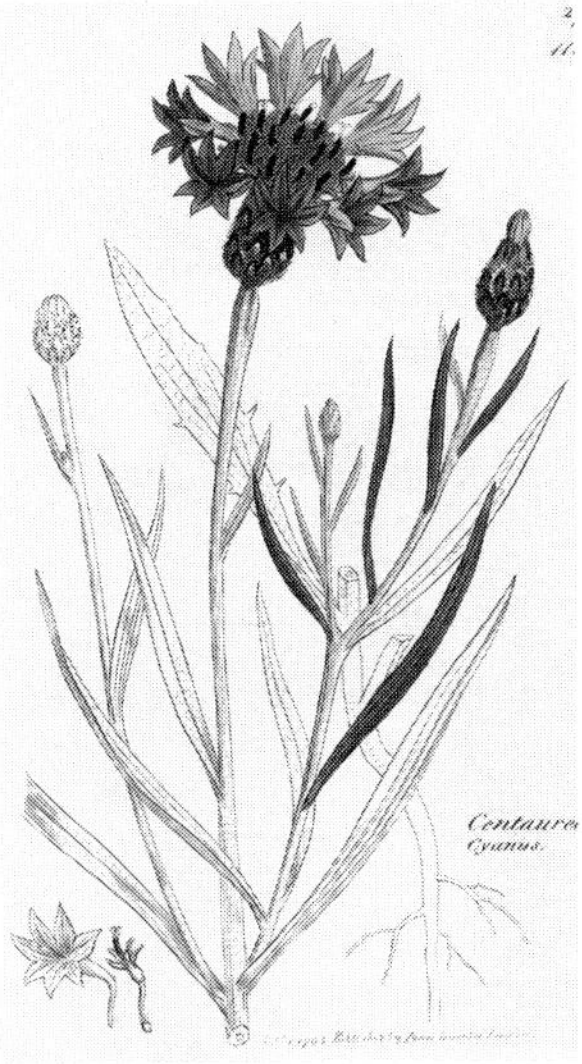

ケンタウレア・キアヌス
(和名ヤグルマギク)
(EB第1188図　1852年)

ケンタウレア・モンターナ
(CBM第77図　1787年)

王が外国でこれを見て好きになり彼自身が身につけていた（と言い伝えられている）ので、かの地では、家臣たちがみなこの植物を特別視しており、これを導入した人から手に入れていた」といっている。彼は、また別のところで、「ぐるりと咲き出ている花弁はきれいな紫か赤でたいそう美しく、薄いほとんど白色といってよい色合いの厚い毛はとてもよい香りがするので最上のジャコウにも勝っている」ともいっている。これはいささかお世辞のように思えるが、ハンベリーもじつは、「この香りはとても強くきついものであり、多くの人にとっては不快なものであるが、これを好む人もいるのである」といっている。

トーマス・ハンマー卿はパーキンソンの三〇年後に「とても甘い香りで八重であり、グリドリン色である」と書いている。グリドリンというのはフランス語gris-de-linからきた英語で、一種の灰色である。黄色の変種は時にスアヴェオレンス種（*C. suaveolens*）とされるが、やはりペルシアから導入されたものである。これは一六八三年までイギリスに紹介されたことはなかった。一時期は、「アンバーボア」（Amberboa）という名前で呼ばれた。この花の魅力的な英語名は（セイヨウマツムシソウにもこの名があてられるが）「黒い肌の美しいムーア人」(Blackamoor's Beauty）である。

属名はケイロン、つまりケンタウロスにちなんでいる。ケンタウロスはヘラクレスが放った毒矢による傷を、この属の植物を用いて治したという神話に由来する。

ヤツデ

Fatsia
ファツィア

ウコギ科

他の灌木がみじめな姿をさらしている時、ヤツデはその本領を発揮する。十一月、木々の最後の葉が散り、実も落ちていこうとしている時に、ヤツデはその強く輝くような手のひら状の葉を広げ、その上に緑がかったツタの花に似た球形の花を、独特の形で大胆に突き出す。庭では普通に見られるのに、庭づくりの文献にはほとんど現れず、かなり軽視されてきた。ツンベルクが日本で見つけ、彼がまずアラリア・ヤポニカ（*Aralia japonica*）という学名をつけた。その後、この植物はアラリア属から分けられて、それ独自のファツィア属を作ることになった。学名は日本名〔八手《やつで》をハッシュと読んだらしい〕にできるだけ近いものが選ばれたのである。この灌木は一八三八年にイギリスに持ち込まれたが、長い間、原則として温室で育てられた。キュー植物園では、一八九一年に初めて何本かが戸外で栽培された。実際、この灌木は本当に寒さに強いが、耐寒性のある常緑樹の中で葉が一番大きいので、風からは守ってやる必要がある。部分的においをするだけで寒さに耐えるし、本当はその方がこの灌木のためにはよいのである。園芸種のモセリ

ファツィア・ヤポニカ
（和名ヤツデ）
（CBM 第8638図　1915年）

（*Fatsia japonoca var. moseri*）は、このタイプのものとしては小形である。また斑入りの種類もある。

一九一〇年頃にフランス、ナントのリゼ・フレールの種苗園で偶然、モセリとアイリッシュ・アイビー（*Hedera hibernica*）との間の交配が、うまくいった。それにはぶざまな学名ファッヘデラ・リゼイ（*Fatshedera lizei*）がつけられたが、これを英語読みにすると「頭でっかちのリジー」（Fat-headed Lizzy）となる。この交配は二度と繰り返されたことがないし、親株には種子ができないから、すべては、唯一の元の親株から挿し木で増やされたものであるといわれている。この交配種はヤツデよりもひんぱんに種苗商のカタログに載っているが、杭や壁の支えを必要とする茎の弱い植物である。この性質は一方の親であるツタから伝えられたものであるが、ヤツデの方はしっかりと自分の頑丈な脚で立っている。

ヤツデは、時にトウゴマ（*Ricinus communis*）と混同されることがある。葉がどことなく似ているからであるが、トウゴマの方は耐寒性に乏しく、普通は鉢植えか花壇に毎年新しく植えつける植物としてのみ育てられている。トウゴマはまったく異なった科、トウダイグサ科（Euphorbiaceae）に属している。

ヤツデは一時、一属一種の独特のものであると信じられていたが、その髄から日本の「通草紙」が作られるカミヤツデ（*Tetrapanax papyrifera*）がパピリフェーラ種（*F. papyrifera*）という学名に変えられて、ファツィアの中に入れられた〔カミヤツデは現在は違う属として区別されている〕。

ヤマブキ

Kerria
ケリア

バラ科

ケリア属は、ただ一つのヤポニカ種（*Kerria japonica* 和名ヤマブキ）しか含まない単型属である。一七一二年に、日本名ヤマブキの名前でケンペルが記述し、またツンベルクが一七八四年の『日本植物誌』の中で記述して以来、ヨーロッパ人に知られていたが、一八〇五年になるまで導入されなかった。その年、八重のものがウィリアム・カーによって中国からキューに送られて来た。アジサイと同じく八重の花の結実部分が欠けていることで、分類は困難であった。ツンベルクは、シナノキに近い、黄麻〔ジュート〕の原料であるコルコルス属に入れた。その一つで、黄色い花が咲くオリトリウス種（*Corchorus olitorius*）は、一六四〇年にはもう「ユダヤ人のゼニアオイ」(Jew's Mallow) という名前で知られていた。その名前の由来は、葉が「ユダヤ人の好む野菜であって、彼らは肉といっしょに煮て食べた」（ブライアント『食用植物誌』一七八三）ことによる。この名前が、ケリアに変えられてしまったことがあった。このヤマブキとはまったく何の関係もない植物は、今日でも「ユダヤ人のゼニアオイ」という名前で本やカタログには出ている。

ケリア・ヤポニカ
（和名ヤマブキ）
（シーボルト、ツッカリーニ
『日本植物誌』第98図　1841年）

この八重の植物は、一八一七年に、ド・カンドゥルによって正しく分類され、彼によって紹介者にちなんだ名前が与えられた。彼の分類は、一八三五年に一重のものが入って来た時に、正しかったことがはっきりした。そうでなければこれが間違って今でもバラ科に分類されてシモツケやイバラに近いものであるとされていたかもしれない。

ウィリアム・カーは、キュー植物園のジョゼフ・バンクス卿によって、年俸一〇〇ポンドで、中国や極東で植物を収集するように任命された。彼は一八〇四年に広東に到着し、それからジャワやフィリピンに探検旅行をした。彼が本国に送った中国産の植物の大部分は、広東近くのファ・テ種苗園で購入したものである。それを船便で送ることはあまりうまくいかなかった。ほとんどの植物が枯れたり、乾燥した状態でイギリスに到着し

ケリア・ヤポニカ（八重咲き品種）
（CBM 第1296図　1810年）

たのである。にもかかわらず、ごく一部を挙げただけでも、オニユリ、スイカズラ、ナンテン、ボタン、モッコウバラといったものがイギリスに紹介されたのは、彼のお蔭なのである。彼は最初は活発に働いていたが、三、四年経つと、変化をきたしたといわれる。「残念なことに、彼にとって珍しいものだったので、かかわることになってしまった悪い習慣〔アヘンの常習〕のせいで、仕事ができなくなってしまった」とある雑誌記事（『チャイニーズ・レポジトリー』一八三四）に出ている。

だが、一八一〇年にバンクス卿はカーに手紙を書いて、彼が植物収集家として大いに貢献したことを考慮して、セイロンにつくろうとしていた新しい植物園の園長に任命した。カーはそのポストについたが、わずか四年後には死亡した。彼の名前がついた、まるで髪をといていないようなオレンジ色の花を見ると、カーは、うす茶色で薄い髪の毛の男ではなかったかと考えたくなるが、これについては、何の証拠もない。

一度紹介されるや、八重のヤマブキは、急速に広まった。一八一〇年までには、イギリスにきてわずか五年しか経っておらず、温室に入れて、もしくは、「ストーブが必要な」灌木として注意しながら育てられていたにもかかわらず、もうすでに、「ロンドンあたりでの主要な収集品の一つ」であった（『ボタニカル・マガジン』一八一〇）。一八三八年頃には、八重のヤマブキは、「ごくありふれたものであるから、労働者の家の庭先ででも見ることができる植物になった」とラウドンは述べている。三年早く、一重のヤマブキが、ジョン・ラスキン・リーヴスによって園芸協会に送られてきていた。彼は、広東にいた頃に、中国の植物が簡単に輸入できるように努力したジョン・リーヴスの息子である。「それは、一八三五年の春に花が咲いた状態でイギリスにやってきて、通常おこなわれるように温室の中に入れて様子を見ることもなく、ただちに戸外に植えられたが、その結果は上々であった」とラウドンは書いている。それ以来、この植物に対してほとんど特別な注意は払われなかったが、その優雅な姿や開花時期が長いことで一九二八年にはガーデン・メリット賞を獲得している。しかし今でも、庭園用の植物としての評価は低い。金色の斑入りの種類と、銀色の斑入りの種類は、銀色のほうが強さの点では問題があるが、どちらも十九世紀の終わり頃に栽培されていた。新たに紹介された斑入りのヤマブキは、ベルギーの植物学者モラン教授が当時出したばかりのある理論に反する性質を持っているかもしれないと考えられた。そこで、当時一八六〇年代の後半には、植物学者のあいだで、ちょっとした興奮状態が生まれた。その理論とは、八重の花が咲いて、しかも斑入りの葉を持つことは同時には起こらないというものである。八重は、耐寒性に富むことから起きるし、斑入りは、寒さに弱いからできるという考えだったからである。『図説園芸学』の中には誤解を招くような絵が載っているけれど、斑入りのヤマブキは、よくよく見ると、一重の花であって、彼の理論の正しさを支持している。この二つの他には庭向きの園芸種はない。この単一属を改良する機会はほとんどない。というのは、新しい交配種を作り出すとしても、かけ合わせるものがないからである。さらに、ヤマブキの無性増殖は簡単であり、八重や斑入りの場合は、基本的なやり方だからである。だから、この灌木が種子から育てられることはほとんどない。ごく近い関係にある属は、白い花が咲くシロヤマブキ（*Rhodotypos kerrioides*）で、これもまた一属一種だが、おそらくこれとは交配することができるのではないだろうか。日本で長く栽培されてきたが、ヤマブキはじつは中国が自生地である。一九〇〇年に、ウィルソンが湖北省地域で野生の状態で生えているのを見つけたし、それより前に、オーガスティン・ヘンリーが見つけている。日本では、この植物の蕊《ずい》を、盃に浮かべるつぼみや花の模造品を作るのに利用するとのことである。

ユキノシタ

Saxifraga
サクシフラガ

ユキノシタ科

サクシフラガ・ウンブローサ（*Saxifraga umbrosa*）の英語名は「ロンドンの誇り」（London Pride）と「類なき美しさ」（None-so-Pretty）。現在イギリスの庭で親しまれているこの植物は、アイルランドやヨークシャーで野生の状態で咲いているのが見つかったが、それよりかなり前からイギリスで栽培されていた。しかし、いつ頃からかを断定するのは難しい。パーキンソンはこれに似た植物を育てており、「臍《へそ》草」（Navelwort）とか「セダム」（Sedum）と呼んでいた。「わがイギリスの貴婦人の中には、これを〝王子の羽根〟（The Prince's Feather）と呼ぶ人がいる。この名前は単なるあだ名だが、これは婦人たちの間で、他の植物とはっきり区別されており、有名な花であったことの表われである。」しかしパーキンソンの説明は不十分で、それがウンブローサ種なのかコティレドン種（*S. cotyledon*）なのかはっきりしない。当時、「ロンドンの誇り」という名前はナデシコ属のスウィート・ウィリアムの斑入りの園芸種に用いられていた。ここで意見が分かれるのだが、ウンブローサ種が「ロンドンの誇り」という名前で呼ばれるようになったのは、こ

サクシフラガ・ウンブローサ
（EB第596図　1851年）

れがロンドンのような都会の生活環境に適合することができたからなのか、それとも、ジョージ・ロンドンのお蔭で人気を博するようになったからなのかは、はっきりしない。ジョージ・ロンドンは一六八八年にウィリアム三世が王位に就いた時に王室付きの庭師になった人物で、ケンジントン宮殿、ブレニム宮殿、ハンプトンコートの庭を手がけた。一六九七年、モリノーズ博士が「庭師はこれをあだ名で〝ロンドンの誇り〟と呼んでいる。私は美しく優雅な小花をつけるからそう呼ばれるのだと思う」と述べている。しかしこの発言では、博士が「ロンドンの」ではなく「ロンドン」といっていることを除くと、この問題についてはなんの解決にもなっていない。他方、一七二二年にフェアチャイルドが出版した『ロンドンの庭師』の中には何も載っていない。この本はロンドンの庭に植えるのに適している植物について書かれたものである。この植物をダイコンソウの仲間に分類したミラーは「普通、〝類なき美しさ〟とか〝ロンドンの誇り〟と呼ばれている斑入り花に、〝鋸山のバンダイソウ〟（Sawed Mountain Houseleek）という英語名をつけた」と記している。

サクシフラガ・グラヌラータ
（MB第232図　1795年）

「ロンドンの誇り」は地中海産の花であるが、アイルランドのキラーニーの近辺で生えているのが見つかっている。なぜそれがこの地方に生えるようになったかについての言い伝えがある。故郷スペインを懐かしがっているブレザール修道僧を慰めようとして、この花がまるで奇跡のようにこの地に咲いた。この僧はスペインの修道院で何カ月も過ごしていた頃にいつも見ていた花をもう一度ひと目見たいと思ったということである。その姿にふさわしくないが、この植物についた別の名前は宗教的な匂いのする「聖パトリックのキャベツ」（St. Patrick's Cabbage）である。しかし原則として、「ロンドンの誇り」はウンブローサ種ではなく、ウンブローサ種とスパツラリス種（*S. spathularis*）

の交配種についた名前で、種子はできない。

グラヌラータ種（*S. granulata*）はイギリス自生の植物で、八重咲きの園芸種は「かわいい娘」（Pretty *Maids*）という名で、へそ曲がりの庭は別にして、たいていの庭で栽培されていた。中国産のサルメントーサ種（*S. sarmentosa*＝ストロニフェラ種 *S. stolonifera*　和名ユキノシタ）の英名は「放浪する水夫」（Wandering Sailor）である。これは、戸外に出しておいてもなんとか育つ程度に耐寒性があったが、長い間、植木鉢で育てる花として人気があった。広東で東インド会社に雇われていた貨物上乗人のベンジャミン・トーリンが一七七〇年にキュー植物園に送った植物の中に含まれていた。ロバート・フォーチュンは、斑入りの種（var. *tricolor*）をとても高く評価しており、一八六二年に中国から自分で世話をしつつ、他のいくつかの植物とともに、本国に持ち帰った。彼は二つの小さな手製の温室の

サクシフラガ・サルメントーサ
（和名ユキノシタ）
（CBM 第92図　1789年）

中に入れて、港に着くたびに、新鮮な空気にあてるために陸にあげた。同じ年に、当時の普通の運搬方法で彼がイギリスに送った植物の中には、日本産のダイモンジソウ（フォーチュネイ種 *S. fortunei*）があったが、秋咲きで花壇に植えるとすばらしいということは、まだ十分には認められていなかったようだ。

大形のユキノシタ属はかつては「メガセア」（Megasea）という名であったが、今ではベルゲニア属（*Bergenia*）の中に分類されている。最初にイギリスに導入されたクラッシフォリア種（*S. crassifolia*、現在はベルゲニア・クラッシフォリア *Bergenia crassifolia*）はシベリアからやってきた。ロシア女帝付きの医師、デヴィッド・ド・ゴーターが一七六〇年にリンネに送ったもので、一七六五年にイギリスに送られてきた。コルディフォリア種（*S. cordifolia*）もシベリアから、一七七九年に導入された。かなり寒さに弱いプルプラスケンス種（*S. purpurascens*）はヒ

サクシフラガ・クラッシフォリア
（CBM 第196図　1792年）

マラヤの高地地帯から一八五〇年に送られてきた。十九世紀終わり頃、コルディフォリア種とプルプラスケンス種との交配種が何種類か、ニューリーのT・スミスという人によって育てられていた。大形のユキノシタ属には、とてもきれいな花が咲くものがあって、ウンブローサ種と同じくらい都会で育てるのに適している。しかし、「リヴァプールの愛」（Liverpool Love）や「リーズの喜び（Leeds' Delight）」以上の名前を誰もつけようとはしなかった。

　これとは別に広く分布しているのは水辺に咲くペルタータ種（*S. peltata*）である。今日ではペルティフィルム・ペルターツム（*Peltiphyllum peltatum*）に分類されている。見栄えのする、きわめて繊細な感じの春咲きの花には、大きくて、繊細とはいいがたい葉がついている。それで「雨傘草」（Umbrella Plant）という名前がついた。活躍が華々しい、髭を生やした、片腕のチェコ人の収集家、ベネディクト・レーツェル〔一八二四～八五〕が一八六九年にカリフォルニアで見つけ、ヨーロッパ大陸にもたらした。イギリスには一八七三年に到着した。

　他にもたくさんの種があって、全部で約四〇〇種ほどであるが、栽培されているものはほとんどロックガーデン向きである。実際、ユキノシタ属は、「石を砕くもの」（Stone breaker）という名前が示す通り、岩場でもよく育つ植物である。その名の由来は、生息地が岩場だからではなく、この植物は石を割ってしまう程の力があるからだという。しかし、ユキノシタにこうした力があると信じられたのは、いろいろな理由があろう。例えばイギリス産のグラヌラータ種は、「小石」とのかかわりを暗示する〔種小名は「小粒の」という意味〕。根に小石のような塊茎が付いているからか、この植物が自分で岩を割って出てきたかのように、岩の割れ目から我々に向かって気取った姿で微笑みかける様子からきているのかどちらかであろう。十九世紀のロシアではユキノシタは、行く先を迷っている霊を墓から解き放つ力があると信じられていた。ツルゲーネフの『あるスポーツマンの手帳』にはその話が出る。「それはコートを着て長いスカートをはいており、歩いている間ずっと、うめき声をあげて、地面にある何かを探しているという話です。祖父のトロフィミッチも一度それに出会ったことがあり、その時祖父はその者に尋ねました。〝イワン・イワニッチ、あなたは地面にいったい何を探しているのですか〟と。するとその人は、〝私はユキノシタを探しているのです〟と答えたそうで、まったく抑揚のない声で〝ユキノシタ〟といったそうです。〝しかしイワン・イワニッチ、ユキノシタであなたは何をするつもりなのですか〟と祖父はまた尋ねました。その人は答えて〝墓石が重く私の上にのしかかっているんですよ、トロフィミッチ。私はそれをどけて外に出たいのです〟と。」

ユリ

Lilium
リリウム

ユリ科

リリウム・カンディドゥム（*Lilium candidum*）、英語名「マドンナ・リリー」（The Madonna lily）は、最も古い栽培植物であり、また最も美しい植物であると強く主張したい。これは紀元前三〇〇〇年には存在していた記録があるし、クレタの壺やミノア時代（紀元前一七五〇～一六〇〇年頃）の容器にも描かれている。アッシリア文明や東地中海文明では知られていたものであったから、おそらくフェニキア人によって西に運ばれたのであろう。原産地ははっきりとはわかっていないが、バルカン地方であろうと考えられている。この推理は、サロニカの近くで病気になりにくく丈夫な変種が見つかるということで支持されている。この変種は「マドンナ・リリー」とは異なって、結実能力のある種子をたくさんつける。もしこの推理が本当に正しければ、この花は第四氷河期以前からの生き残りということになる。ヨーロッパの他の植物はその時期にたいてい滅んでしまった。

「マドンナ・リリー」はローマ人が栽培していた。そしてウェルギリウスがこれにカンディドゥムという名前をつけた。「マドンナ・リリー」は比較的結実しにくいにもかかわらず、今日、かつてローマ帝国の領土であったすべての国々で野生の状態で生えているのが見られる。このことは、ローマの軍隊が必要な「マドンナ・リリー」を常設の駐屯地の近くに植えていたことを暗示している。「マドンナ・リリー」の伝統的な薬用例はウオノメの治療に用いたことで、だから歩兵隊では、この植物が身近に生えていることが便利であると思ったのは疑いない。プリニウスは白いユリに紫色の花をつけさせるため、細かい処方を述べているが、それは球根を赤ワインの中に漬けておくというものである。ネヘミア・グルーが「変わってほしいと望む花の色を植物の本体や根に注入することによって」改良を実現しようとすることは「白とか赤とかの鉛を食べることによって色彩の鮮やかな顔を作り出そうというのと同じ程度のあさはかな技術」

リリウム・カンディドゥム
（マドンナ・リリー）
（CBM 第278図　1794年）

であると指摘するまで、同じような方法を後世の記述者が何人も繰り返し述べている。

十世紀以前の記録はないが、このユリをイギリスにもたらしたのはおそらくローマ人であろう。聖ベーダ師（六七三〜七三五）の記述の中にある記録を除くと、十世紀にエリー大聖堂を作ったエセルレッド王妃の細密画の中に「マドンナ・リリー」が現われている。ベーダ師はこのユリを聖母マリアの復活のシンボルにした。純粋な白い花びらは、聖母の汚れない体を、そして金色の葯は神々しい光で輝いているその魂を意味するのだ。十三世紀にバーソロミュー・アングリクスが「このユリは白い花である。その花弁は白いけれど、内側は金色に輝いている」と書いた時には、おそらくこのことが頭の中にあっただろう。この花と聖母マリアとの関係は二世紀にさかのぼる。彼女の死後三日たって墓を訪れたところ、墓はなくバラとユリしかなかったという言い伝えがある。このユリはシモーネ・マルティーニ（一二八四頃〜一三四四）からバーン＝ジョーンズ（一八三三〜九八）に至るまで受胎告知の絵には聖母の表象として現われる。じつに奇妙なことだが、「マドンナ・リリー」という呼び名は十九世紀の後半になるまでなかった。それ以前は、この植物の呼び名は単に「ホワイト・リリー」であり、その他の白いユリが紹介されて区別する必要が生じるまでその呼び名は変わらなかったのである。

しかも、聖なる花としての崇拝が続き、「光の植物であり光の花である」という、まさに信仰の本質に関わっている神秘的な象徴であるこのユリは、一方で薬として役に立つという極めて世俗的な評価を持ち、病気を治すというたいそう現実的な目標に向かった。「この根は腫れものを治すのに効く」とウィリアム・ローソンがいっており、エリザベス一世の主治医であったウィリアム・ゴドルスは、球根の汁をバーレーミール〔大麦の粉〕と混ぜ合わせ、焼いてケーキをつくり、またパンの代わりに水腫の治療薬として用いるようにという処方箋を書いている。その根を「蜂蜜の中に漬けておき、切れた腱を繋ぐ薬として用いられる」（ジェラード）し、「やけどや日焼けを傷跡が残らな

S. マルティーニ《受胎告知》に描かれたユリ（中央）
（1333年　フィレンツェ、ウフィッツィ美術館）

いように治し、髪の毛の脱毛部位をうまく治療する」（カルペッパー）であろう。これはまた丹毒や扁桃膿瘍の治療薬でもあった。一八〇六年以降ようやく知られるようになったとはいえ、「パンやミールを使った湿布も、ユリの根からとった薬とまったく同じ効果がある」というのが当時の医者の一般的な意見になっていることがわかると安心する。というのも、医者や神秘主義者の間では不確かな薬効には関心がもたれても、庭を飾る植物としてのユリ本来の性質はまったく見過ごされていたからである。例えばカルペッパーは「ユリがどのようなものであるかということではなく、ユリには薬としてどんな効き目があるかということを私は話したい」と率直に述べている。

ただ植物学者だけがもっと客観的な観察を行なっていた。それは一五六八年にウィリアム・ターナーが書いた次のような記述からもうかがえる。「葉の一番端はわずかに外に向かって反り返っており、内側の一番奥から長くて細い針のようなものが（当時雄しべの働きについてはわかっていなかった）伸びている。その針のようなものが出す匂いは、花が出す匂いとは異なっているようだ。」これは現代の植物学者のほとんどが見過ごしている特徴であると思われる。

園芸著作家が神秘主義者や医者や植物学者にとって代わる時代がくる以前に、もうこの白いユリはたいへん有名になっていた。そこで、ある植物が広く知られるようになると、とくに解説がいらなくなるように、このユリについてもわずか数行で終わりということが起こりがちになった。変種も一つ二つ栽培されるようになった。例えば一五七六年頃に、コンスタンティノープルからベルギーの庭に入ってきたケルヌウム（cerunum）という名で知られている、星状に開く細い花弁をもったユリがそれであった。トルコ人には「ザンバック国王」（Sultan Zambach）または「ジャスミン王」（King Jasmine）という名で知られているものであった。十八世紀の庭師は、桃色かラヴェンダー色の縦縞の入った花びらをもったものや、八重の変種を栽培していた。前者は今ではなくなってしまったようであり、後者はユリのもつ大きな二つの魅力である形と匂いがよくないけれども今も珍種として生き残っている。このユリが花の美しさのためだけでなく、冬の間は葉の美しさのせいでもてはやされるようになったのも十八世紀のことであった。とくに斑入りのものは、「花がなくとも、ユリは他のほとんどの植物に劣らず美しい。黄色と緑の縞模様になった葉はとてもきれいだ」とフェアチャイルドはいう。この考えはとても新しい。これ以前の人の考えでは、常緑樹は別として冬の庭では見るべき植物は何もないというのが当然だったのだから。後にハンベリーがユリに熱中した。彼は、「満開の折には、この植物を居間からずっと見ている。春や夏の活力溢れる様を見ている。この葉は大きく、見ていると楽しくなるような斑入りの模様になるであろう。健康的な活力に満ち溢れた春の新緑の中で生き生きとして見える」と書いている。

リリウム・カルケドニクム
（CBM 第30図　1787年）

ユリはまた、室内の装飾として植木鉢で栽培された。「それは見栄えがする。チュベローズに劣らず家中を芳香でいっぱいにする」と記しているのはフェアチャイルドである。残念なことだが、ユリの香りは保存できないし、乾燥させても、油や水に漬けて蒸留しても、その匂いが消えてしまうというのは奇妙な事実である。他の花の場合は可能だが、ユリのエキスは抽出できないといわれている。

受精能力もあり病気にも強いサロニカエ種（*L. salonikae*）は一九一六〜一七年にノーマン・アンブラー氏がマケドニアで見つけた。これがE・A・ボウルズ氏のもとに送られ、彼が広めた。

カルケドニクム種（*L. chalcedonicum*）は英語で「緋色のトルコ帽のユリ」（Scarlet Turk's Cap Lily）と呼ばれる。「この植物は野原や山に野生の状態で生えている。コンスタンティノープルから長い年月をかけてやってきた植物だが、貧しい農夫が庭を飾る売りものとしてこれを運んできたのかもしれない。コンスタンティノープルの大使であるハーブロン氏は、私の主人である王室会計局局長の所に、たくさん珍しい美しい花の球根を送ってきたが、その中にこの植物が含まれていた。主人が私にくれたのである」とジェラードはいっている。もしこの時がイギリスへ紹介された最初だとしたら、このユリの栽培はかなり急速に広まったことになる。というのはわずか三〇年後にパーキンソンが、「コンスタンティノープルの赤いマルタゴン・リリーは至る所でごく普通に栽培されているし、ユリの愛好家にはとてもよく知られているので、多くの行を割いて書くのは時間の無駄であると思える。たいへんきれいな花であるから、初めは非常に高い評価を受けていたが、どんどん増えてゆくと珍しいものではなくなる。けれども、それなりの地位と称賛を受ける価値はある」と書いている。しかも今日ユリの中で、このユリの栽培が一番容易であるとは言えないのである。パーキンソンは三つの変種を持っており、その中にはカルニオリクム種（*L. carniolicum*）と珍種のマクラツム種（*L. maculatum*）が含まれていた。カルケドニクムという種名はコンスタンティノープルの対岸のカルケドンという地方名からとったものであるが、この植物は本当はギリシアが原産地である。「緋色の、もう一度ふり向いて殿方」（Scarlet Turn-again Gentleman）というおもしろい名前は十九世紀につけられた。

リリウム・ブルビフェルムクロセウム
（CBM 第36図　1788年）

クロセウム種（*L. croceum*）の英語名は「オレンジ・リリー」（Orange Lily）。色だけがブルビフェルム種（*L. bulbiferum*）とは異なっており、ブルビフェルムクロセウム種（*L. bulbiferum croceum*）はアウランティアクム種（*L. aurantiacum*）と同じである。いずれも同じ種の地方的変種であり、その基本種はチェコスロバキアの西部付近からきたものである。ジェラードは二種類を育てていた。その一つは「サフランに似ており、色は赤で、小さい黒い点がいっぱいあって、それはまるである文字をいい加減に雑に書いたもののようである」。もう一つは「濃いオレンジ色をしており、黒い点の混じった炎に似ている」。この種の中で散文的な名前のものがあって、オランダでは「ニシンユリ」（Herring-lily）と呼ばれているが、ニシンがよく捕れる時期に花が咲くからである。このように経済活動との関わりをもつほか、宗教や政治とも関係があった。花の色と開花時期から七月十二日の北アイルランド・オレンジ党の祭と密接な関係がある。この祭は一六九一年にジェイムズ二世を支持していたアイルランドのカトリック教徒をプロテスタントのオレンジ公ウィリアムが打ち負かしたことを祝う祭である。フランス革命直前にオランダが革命的状態にあった頃、「オレンジ・リリー」とマリーゴールドは庭から消えていたし、オレンジとニンジンが市場から姿を消した。貴族院である「オレンジ院」に対する憤りの表現であった。クロセウム種は寿命の長い植物である。ある家の庭で四七年間絶えることなく花をつけていた「オレン

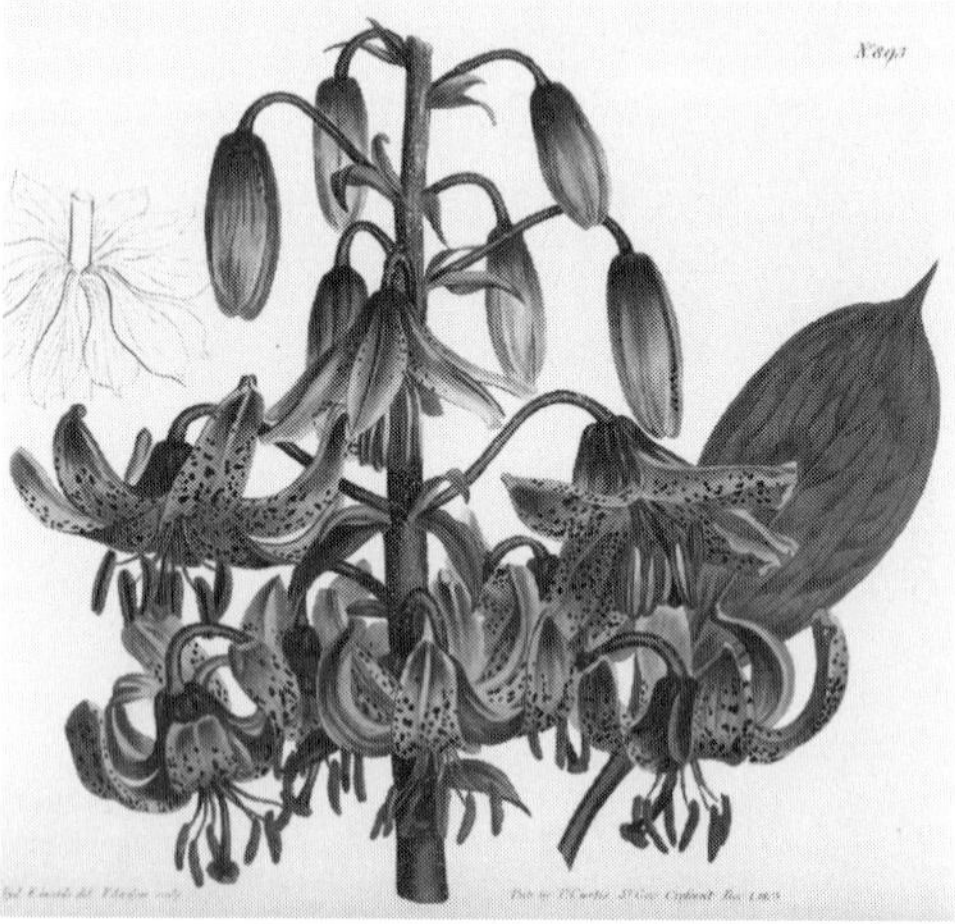

リリウム・マルタゴン
（マルタゴン・リリー）
（CBM 第893図　1805年）

ジ・リリー」が知られている。

マルタゴン種（*L. martagon*）、一五六八年にターナーが「赤紫の」ユリについて述べているが、それはおそらく「マルタゴン・リリー」のことであろう。「マルタゴン・リリー」はとても珍しいものであるが、イギリスの自生種であるかもしれない。今日ではドーセットの一地域で、そして少なくともデヴォンの一地域で、またサリーやグロスターで野生の状態で育っているのが見つかる。しかしジェラードは、これがイギリスの植物であることを知らなかった。彼はイタリア、シリアが原産地であると述べており、「モレア半島（＝ペロポネソス半島）やギリシアなど暑い国が原産地で、コンスタンティノープルから長い年月をかけてやってきたものであり、そこから珍しいものの好きなバシャオ（パシャか？）やトルコ人の庭の装飾用に、他の球根の中に混じって運ばれたものである。小形の種類は長年私の庭で育ててきた。大形の種類は長らく所有していなかったが、私の親友のロンドンの薬屋ジェイムズ・ガレットが送ってくれたものである」といっている。パーキンソンは五種の「マルタゴン・リリー」を育てており、その中には変種のアルブム種が含まれていた。かなり初期には、多くの変種が種子から育てられていたし、たいへんな改良であると考えられていた。これについてギルバートは「花壇の縁どりや生け垣の根じめにだけは適したつる状になる花」と考えていた。ジョン・ヒルによれば、「このやり方で十分な注意を払って育てれば、もっと大形になり、もっときれいに斑点が出るようになるだろう。時に考えられる以上の変種が育つことがある。……このような場合、奇妙なことに気がついたのであるが、花が美しくなればなるほどその香りが薄くなるのである」と書いている。十九世紀の初め頃、アジアやアメリカの新種が紹介される以前のことであるが、約二〇種の変種名がオランダのカタログの中に挙がっている。栗色の変種ダルマティクム種（*L. dalmaticum*）、これは栗色というよりほとんど黒といってよいほどの色で、フランシス・マーリーがダルマティアで見つけて、一八七二年にG・F・ウィルソンが最初に展示したものである。

「マルタゴン・リリー」という名はトルコ語のmartagan（トルコのサルタン、ムハメッド一世が着けていたターバンの特殊な形のこと）からきたものだろうと思われているが、このユリはムハメッド一世が生まれるかなり以前にすでにその名前を与

リリウム・ピレナイクム
（CBM 第798図　1804年）

リリウム・ポンポニウム
（CBM 第971図　1806年）

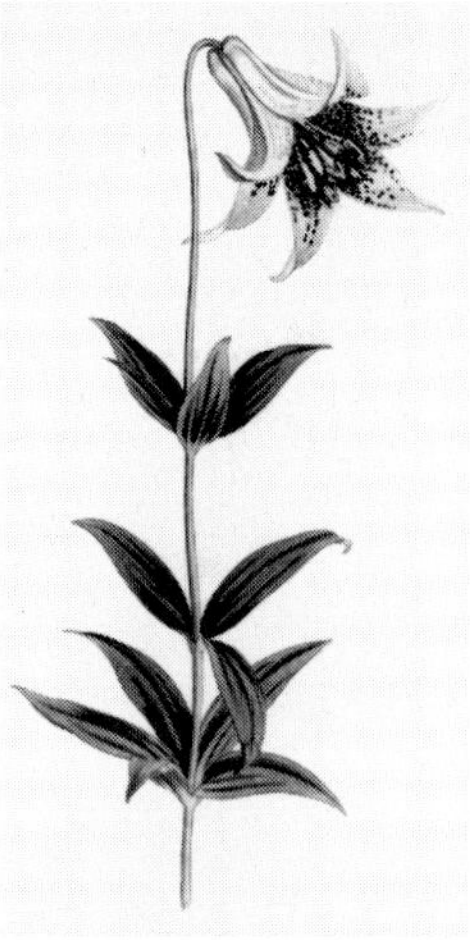

リリウム・カナデンセ
（CBM 第800図　1804年）

えられている。別の考えは、戦の神マルスの子供（Marti-genus）という意味からでたのではないかというものである。現在「バックハウス交配種のマルタゴン・リリー」として知られている、美しくて耐寒性のあるものは、マルタゴン種と黄色のハンソニー種（*L. hansonii*）とのかけ合わせで作られた。

ピレナイクム種（*L. pyrenaicum*）はインヴァネスシャーのある地域では帰化していたけれども、これまでに述べてきたユリほど早くから知られていたものではなさそうだ。というのも、ジェラードはこのユリを知らなかったようであるから。しかし、パーキンソンはこれを育てていたし、「とても強い匂いがあり、この匂いは多くの人にとって快いものではない」といっている。彼はまた、南ヨーロッパからきた小形の深紅のユリであるポンポニウム種（*L. pomponium*）とアメリカ産の最もポピュラーなカナデンセ種（*L. canadense*）も栽培していた。カナデンセ種はアメリカ大陸からイギリスに導入された最初のユリであろう。このユリは、一五三五年にジャック・カルティエがカナダからフランスに持ってきたものであるといわれている。さらに二種類のアメリカのユリが十八世紀の初め頃にもたらされた。一つは、フィラデルフィクム種（*L. philadelphicum*）で、この球根はアメリカの植物学者で収集家のジョン・バートラムが一七三七年にチェルシー薬草園に送ってきたものである。もう一つのスペルブム種（*L. superbum*）もやはりバートラムがイギリスに送ってきたもので、一七三八年にロンドンのピーター・コリンソ

リリウム・フィラデルフィクム
（CBM 第519図　1801年）

ンの庭で花をつけた。コリンソンはこの花にとても感銘を受けたので、アメリカのユリの専門家になろうと決心し、その後彼は望み通りその第一人者になった。ところが実際は、これがスペルブム種のイギリス最初のお目見えというわけではなかったようだ。一六六五年に、レイがこれにとてもよく似た特徴をもつユリについて「ヴァージニアン・マルタゴン」という名で書いている。彼はこれとカナデンセ種とはどちらも寒さに弱いから、植木鉢や箱の中に植えなければならないと考え、「冬にこごえてしまわないように地下室に入れた」。ユリの導入はしばらく中断した後、十九、二十世紀に入って新しい大形の種類が持ち込まれたが、その多くは中国と日本のものであった。庭師の常識的観点からいうと、そのうちで最も重要なものは、最初に紹介された「タイガー・リリー」と最後に紹介された「リーガル・リリー」である。

リリウム・ティグリウム
（タイガー・リリー、和名オニユリ）
（CBM 第1237図　1809年）

「タイガー・リリー」は、ティグリウム種（*L. tigrium* = *L. lancifolium*　和名オニユリ）。一八〇四年ウィリアム・カーによって広東からイギリスに送られた。彼はキュー植物園から派遣されていた収集家であった。イギリスにとっては新しいユリであるが、栽培されていたユリの中ではたいへん古いものである。中国や朝鮮、日本では、球根が食用になっていたから一〇〇〇年以上も前から作物として栽培されていた。個人的な意見をいわせてもらえば、私はユリを食べるくらいなら人を食べたほう

リリウム・アウラツム
（和名ヤマユリ）
（CBM 第5338図　1862年）

がましだと思う。アウラツム種（*L. auratum*　和名ヤマユリ）の球根も日本では食用であった。パルダリヌム種（*L. pardalinum*）の球根はカリフォルニアでは食用にされた。「タイガー・リリー」の名前はその色と模様から連想してつけられたが、フレッド・ストーカー博士がいうように、「赤い色に紫色の斑点がついているものは中国でもめったに見られない」。その日本名は「オニユリ」である。ルイス・キャロルでさえこのユリに悪い性質をもった役を与えている。鏡の庭でアリスに話しかけている「タイガー・リリー」は、善良でもなく礼儀正しくもない。

　レガーレ種（*L. regale*）の英語名は「リーガル・リリー」。イギリスが手にしたユリの中で、一番遅く導入され、一番美しく、育てるのが一番容易であるこのユリは、一九〇四年、E・H・ウィルソンが中国とチベットの国境地域からヴィーチ商会宛てに送ってきた。彼はこのユリが近づくのが困難な、険しい谷に、野生の状態で何万という数で咲いているのを見つけた。その場所が知られている限りでは世界でただ一つの自生地である。彼は一九一〇年に、もっと多くの球根を手に入れようとしてそこを再訪し、その帰路で土砂崩れにあって、脚を二カ所も骨折してしまった。このときの傷が元で脚を切断せざるを得なくなり、その結果彼は生涯脚が不自由であった。しかし、このとき彼はユリを手放さず守りとおした。今日イギリスの庭で咲いているレガーレ種は、すべて彼が運んできたものの子孫である。ウィルソン自身は「リーガル・リリー」によって、自分は名声を得たことを誇りに思う。そして、この宝を所有している人が養分を与えすぎてその姿をだめにしてしまわないようにとお願いする」と語っている。

　このユリの導入が重要であるのは、その美しさだけでなく、一般にユリの栽培を盛んにするのに貢献したからである。一八六二年に金色のスジの入った日本産のアウラツム種（ヤマユリ）の導入以来、ユリの人気はいま一つであった。アウラツム種はJ・G・ヴィーチとロバート・フォーチュンが同じ年に収集したものである。この華やかな花はセンセーションを巻き起こした。しかし、ウィルスによる病気に弱かった。需要に応えて日本人が素早く作り出した大きく、柔らかく、養分過剰の球根は病気にかかりやすく、ユリ全体に対して、栽培が困難であるという悪い評判を与えることになった。ところが、愛らしく順応性のある「リーガル・リリー」は種子からでも三年以内で花を

リリウム・スペキオスム
（和名カノコユリ）
（BR 第2000図　1837年）

リリウム・テスタケウム
（ナンキン・リリー）
（BR 第29巻11図　1843年）

つけるので、新たな関心を呼び、ユリの評判を取り戻すのにたいそう貢献した。アウラツム種が導入される以前、日本産のユリで一番有名だったものはスペキオスム種（*L. speciosum*　和名カノコユリ）で、シーボルトがまずヨーロッパ大陸に、それから一八三二年にイギリスに紹介した。リンドレイはこのユリについて「ルビーやガーネットが付いており、水晶のように輝いている」と記述している。ラウドンが一八七八年版『造園辞典』の中でこの記述を引用している。『ボタニカル・レジスター』（一八一五～四八）では「もし美しさにおいて最高のものがあるとすれば、それは間違いなくこの花である」とまでいっている。

テスタケウム種（*L. testaceum*）、「ナンキン・リリー」はユリの交配種として最初に知られたものである。これは偶然にオランダのハールレムから、オランダの種苗商Ａ・ハーゲ宛てに一八三六年に送られた「マルタゴン・リリー」の球根の中に混じっていた。これを隔離して育て、一八三八年に初めて花が咲いたのである。一八四〇年には、ペレグリヌム種（*L. peregrinum*）という名で市場に紹介されたが、その後、タイルとか、土器を表わすテスタという単語から取ったテスタケウムという名前に変わった。この名をとったのはテスタの黄褐色の色合いに似ているところからきている。イギリスには一八四二年頃に入ってきたが、最初は日本の自生種であると考えられていた。一八九五年になって、これがカンディドゥム種とカルケドニクム種との交雑種であることが実験で証明された。ユリの交配種は今では偶然ではなく、規則どおりに生まれる。その数はこの二〇年ほどの間にウナギのぼりになっているが、その多くはアメリカの「オレゴン球根園」のド・グラーフ氏の成果によるものである。

リリウムの名はケルト語の「リ」Liからきており、それは白という意味である。ヘブライ語ではユリは「シューサン」とか「ショーサンナー」（これはスーザンという名の語源）と呼ばれるが、この言葉の使用法は曖昧で、たいていの美しい花に対して使われる。聖書の中のユリについての言及は、実際にはこの仲間に対して使っているものがほとんどない。カンディドゥム種とカルケドニクム種だけが実際にパレスチナに自生しているユリであるが、両方ともめったに見られない。

ヨウラクユリ

Fritillaria
フリティラリア

ユリ科

フリティラリア・インペリアリス（*Fritillaria inperialis*　和名ヨウラクユリ）の英語名は「王の冠」（Crown impelial）。フィリップスは「ターバンの国からきたこのユリ」と書いているようだがペルシアが原産地で、ヨーロッパに入り、最後にイギリスに持ち込まれるまでにトルコの庭では長い間栽培されていた歴史をもつ花である。グレイは、ヒマラヤにも自生しているといっているが、この二つの地域の中間地域ではどこにも自生していない。だからグレイは、きわめて古い時代のことで、導入されるまでに長い旅をしたのだろうが、とにかく他所からペルシアに「もたらされた植物であることはほとんど間違いない」と考えている。ヨーロッパに入ったのは一五七六年。クルシウスが「ペルシアユリ」という名でヴェニスに持ち込んだとの記録がある。そのため学名がその後ペルシクム（*F. persicum*）とつけられた。そしてイギリスにたどり着いたのはジェラードが有名であった時代である。「この植物はコンスタンティノープルからきたもので、ロンドンの庭に帰化したのである。私もたくさん育てている」と彼はいっている。シェイクスピアはヨウラクユリを『冬物語』（一六一一）の中に登場させている。それ以来、この植物は十世紀のイギリスの国王で殉教者である聖エドワードに捧げられるものとなっている。聖エドワードは別れの盃を飲み干している最中に義母に殺された。この植物は彼の命日、三月十八日に開花すると考えられている。

フリティラリア・インペリアリス
（和名ヨウラクユリ）
（CBM 第194図　1792年）

昔の草木誌家の幾人かは、この花びらのつけ根の所にある蜜腺に、とくに魅了されていた。そのうちの一人ジェラードは、「花の一番奥、花弁のつけ根に、六つのしずくがある。そのしずくは砂糖のように甘い水でたいそう澄みきって輝いており、外見は東洋の真珠に似ている。いくら取り去っても、すぐにまた元の場所に現われる。このしずくは、花弁のつけ根にとどまるのがたとえ難しそうにみえても、とにかくけっして落ちない。茎が折れるまで叩いても落ちることはない」と書いている。この植物については考えうる限りじつに様々な伝説が生まれている。

ヨウラクユリの故郷のペルシアでは、ゆえなく夫に疑われた王妃の物語がある。憐み深い天使が、彼女をこの花に変えてやったのだが、疑いがはれた二人が再び結ばれるまで彼女の涙は絶えることがなかったのである。別の伝説によると、ヨウラクユリは、かつては白色でゲッセマネの花園の中で咲いていた。ところがこの花だけが、主キリストの苦悩の間、頭を垂れていることができなかった。そこでそれ以来、恥ずかしさのあまりうつむき、後悔の涙を流しながら、うなだれ続けているのだという。この話はドイツの民話で、一八七〇年刊の『若者へのよき言葉』の中に出てくる。トーマス・ブラウン卿は一六五八年ジョン・イヴリンに宛てた手紙の中で、旧約聖書「雅歌」の中の「ユリはミルラを落とす」という句は、今日我々がよく知っているヨウラクユリの白い目に湛えられた甘いしずくについて述べたものかもしれないと書いた。

庭園用の植物としての長所について、意見は分かれる。パーキンソンは大いに誉め称えて、「ヨウラクユリは、その美しさからいってもわがイギリスの庭園の中で、第一等の位置を占める価値をもっている。だから、ここでは他のユリよりも先に取り上げる」と書いている。ところがトーマス・ハンマー卿は「ごくありふれたオレンジ色の花、しかも病いに取り憑かれたような、さえないオレンジ色の花」と逆の意見を述べている。またサミュエル・ギルバートは「ただのつまらない花にすぎないとウォルトリッジ氏がいっている。健全な判断力を持った園芸家はいないものだ。ヨウラクユリは今ある花の中では最も堂々としていて威厳のある優雅な花である」といっている。ルイ・リジェールは一七〇六年の『引退した庭師』の中で、「上手に使うと効果的である。普通の種類は、黄色の一重の花である。他にも一重のものはあるが、色はゆであがったロブスターのようである。こちらの方が前者よりも評価は高い」とヨウラクユリの価値を認めている。一七七〇年までには、一三種の園芸種が栽培されており、そのなかには葉が金や銀色のものもあった。しかし、それらはほとんど続かなかったらしい。そこで一〇〇年後、カノン・エラコウムが例えば、白花の交配種がないのは妙であると書いたのもうなずける。パーキンソンはヨウラクユリの根は「時にかなりの年齢に達した子供の頭と同じほどに大きくなる」といっている。彼は、この植物が薬草としてまったく役に立たないと知っていたけれど、「その強い匂いは、あたかも何かよいことに使えるように思わせる」といっている。ペルシアでは球茎が食用にされた。そしてブライアントの『食用植物誌』(一七八三)の中には、「ヨウラクユリの根は、とても嫌な匂いがするが、よくシチューに入れられる。だがその汁の中に、たくさん使えば気がつくような、何か有害な物質がしみ出していることはない。しかしだからといって、食べても安全であるという証明にはけっしてならない」とある。実際、ヨウラクユリの根は生では有毒であるが、加熱すれば害はない。

「フローレンス公爵のお抱え医師であったアルフォンスス・パンチウスがこの植物を描いた絵を初めてイオン・デ・ブランチオンあてに送った。」そのパンチウスが「クラウン・インペリアル」という名前をこの植物につけたといわれている。それはウィーンの王家の庭（Imperial Gardens）で初めて育てられたからである。これは花にぴったりで、しかもよくこの花を表わした名前である。「臭いユリ」（Stink Lily）という名前も同じく、この花にふさわしい。根を「少しこするとキツネのような匂いがする」（グルー）ところから、名づけられたものである。

メレアグリス種（*F. meleagris*）はフランスからイギリスにもたらされた。フランスでは、ノエル・カペロンという薬種商がオルレアンの辺りで咲いているのを見つけたとされる。カペロンは、その後間もなく一五七二年の「聖バーソロミューの虐殺」の際に殺された。この花は一五七八年のライトの『本草書』の中で「チューリップ」と書かれている三つの植物のうちの一つである。おそらくフランスの新教徒ユグノーがイギリスへ避難した際、持ちこんだ花の一つであろう。とにかく、ジェラードがこの植物を育てており、彼は「格子縞のスイセン」（the Checkerd Daffodil）、「ホロホロ鳥の花」（Ginnie Hen flower）、「カペロニウスのスイセン」（*Narcissus Caperonius*）、「最初の発見者」カペロンにちなんだもの）という名をつけていた。

フリティラリア属のいろいろな種や園芸種がその後スペイン、ポルトガル、イタリア、スウェーデンから多数導入された。パーキンソンは一四種、ジャスティスは三六種について書いている。そして十八世紀の中頃になって初めて、メレアグリス種は、なかなか見つからないとはいえ、じつはイギリスの自生種であることがわかった。今では、オックスフォードの牧場やマシュー・アーノルドの詩との関連でよく知られている。

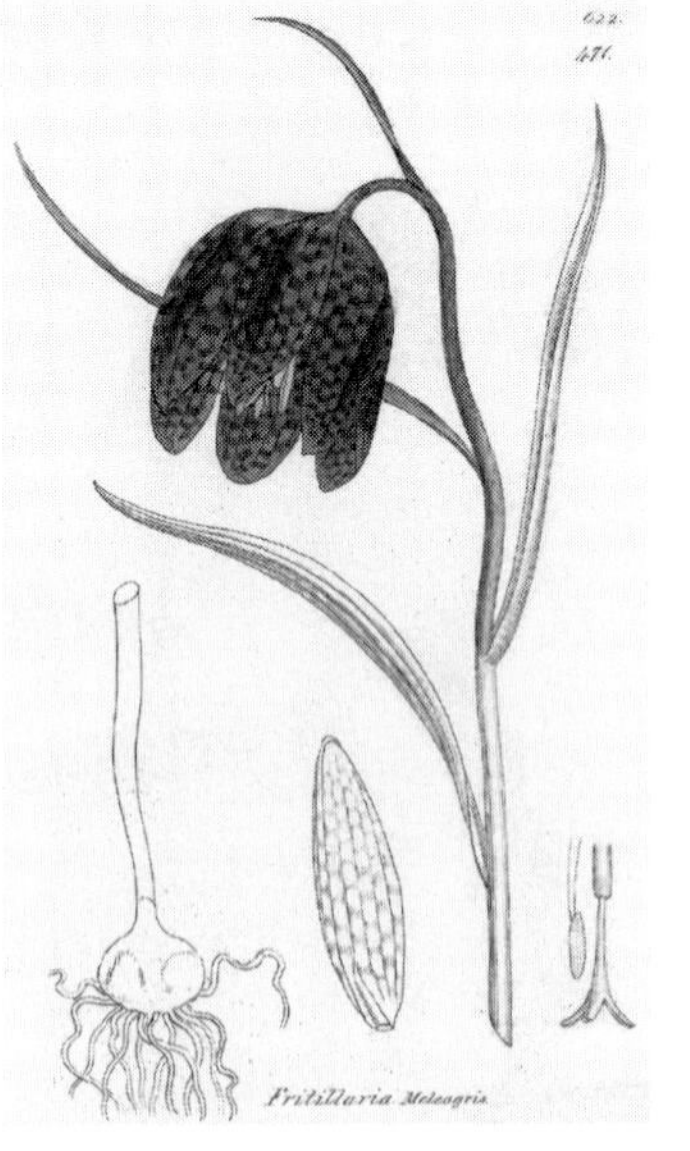

フリティラリア・メレアグリス
（CBM 第194図　1850年）

メレアグリス種はエリザベス朝やスチュワート朝の時代には、珍しさの故に随分もてはやされた。ジェラードは「かなり変わった格子縞の模様があり、とにかく、自然、いや万物の創造主は、芸術に可能な最高に風変わりな絵画にも勝るすばらしい秩序を与えたもうている」と述べている。パーキンソンは「点のような格子縞の模様がこの花にはあってすばらしく優雅であり、庭の装飾となる」と考えていた。そして薬用として何の効用もなく、庭の装飾になるだけだが「ほとんどの花が華麗な美しさを備えており、おくゆかしい味わいがある」と述べている。

　美しいのは否定しがたいが、この植物は不吉でもある。一番親しまれている名前は「ヘビの頭のフリティラリア」（Snake's-head Fritillary）で、その色が毒々しいこと、開花する前のつぼみの形がヘビの頭に似ていることからきたものであろう。また、「ラザラス・ベル」（Lazarus Bell）とか「レパード・リリー」（Leopard Lily）という名もあって、これらは「病気の乞食の鈴」（Lazar's Bell）や「ハンセン病患者のユリ」（Leper's Lily）から派生した名前で、ハンセン病の患者が持たされていた警告の鈴からきたものであろう。その花弁の模様がこの病気を連想させたのだろうか。サックヴィル＝ウェストはこれを「容姿の衰えを嘆いている不吉な色合いの小さな花」と書いている。これはまた「不機嫌な夫人」（Sullen Lady）、「頭を下げたチューリップ」（Drooping Tulip）、「死の鈴」（Deith Bell）、「トルコの卵」（Turkey-eggs）、「醜女」（Madam Ugly）、「未亡人のヴェール」（Widow Veil）、「ヘビの花」（Snake-flower）、「カメの頭」（Toad's-head）、「シダレヤナギ」（Weeping Willow）、「フリッツ」（Frits）、「フローチャップ」（Frorechaps）、「フロカップ」（Froccups）とも呼ばれる。フリティラリアという属名はフリティルスというサイコロを入れる箱の形からきており、種名のメレアグリスはホロホロチョウという意味で、その格子縞の模様に由来する。

ライラック

Syringa
シリンガ

モクセイ科

　庭にライラックを植えていない家はほとんどなかった。五月中、小さな家の戸口では予想もしないほど豪華にライラックがこんもりと咲いて、室内は甘い香りとよい匂いでいっぱいになった。東洋のおとぎ話ではライラックの姿は詩的な力を与えられた妖精だけに作り出せるものであった。

マルセル・プルースト（遺稿）
『ジャン・サントゥイユ』

　ライラックはモクセイ科に属している。イボタとはほとんど関係なく、油がとれるオリーヴとは関係が深い。約三〇種類が知られており、二グループに分けられる。第一のグループ、「ツリー・ライラック」はイボタに似ていることから時に「リグストリーナ」（Ligustrina）と呼ばれるが、この花は雄しべを突き出している。第二のグループが本当のライラックで、その雄しべは隠れている。これはさらに二つ、ヴルガリス種（*Syringa vulgaris*　和名ムラサキハシドイ）とヴィローサ種（*S. villosa*　和名ウスゲシナハシドイ）に分かれる。ヴルガリス種は前年に

シリンガ・ヴルガリス
（和名ムラサキハシドイ）
（CBM 第183図　1792年）

出た枝に花が咲き、ヴィローサ種はかなり遅く、その年に出た枝に花が咲く。これらの二つに属する種はお互いに交雑しないといわれる。「ツリー・ライラック」には耐寒性がないものや、大形になるものなどがあるが、それらはここでは述べない。

普通にライラックと呼ばれている種類はトルコを経由して十六世紀にヨーロッパの庭に導入された。この植物について最初に記述した人は、ツーロンの枢機卿の援助でヨーロッパや近東を旅したフランス人ピエール・ベロンである。一五五三年に彼の書いた『観察記』が出版された。彼は、トルコ人が栽培していた花の中に「ツタのような葉を持ち、常緑で、一クデ〔約四五〜五二センチ〕の長さで紫色の花が小枝のまわりにキツネのしっぽと同じようにふさふさと咲く灌木」があるのに注目した。「キツネのしっぽ」（Fox's Tail）とトルコ人が呼んでいた種類はオジェール・ギスラン・ド・ブスベックが自国に持ち帰ったものの中に入っていた。スレイマン大王の宮廷に派遣されていた大使の仕事が終わって一五六二年にウィーンに戻った時のことである。この植物は大評判になって、マッティオルスの『注釈書』の第五版（一五六五年）の中に絵入りで載せられている。この書物の中で初めて「ライラック」という名前が使われた。その後、ブスベックの後任者フォン・ウングナード博士がコンスタンティノープルから送って来たライラックの種子をクルシウスが育てていた。この灌木がいつイギリスに来たかはっきりしないが、ジェラードは一五九七年に自分の家の庭に「とてもたくさん」ライラックがあり、葉が「帽子のつばのようにねじれているか曲がっている」と記述している。ジェラードは、ライラックはイボタの親戚であると述べている。ヘンリー八世が持っていたナンサッチの家と庭の財産目録によく引用される文章があって、それには「銅製の水漕のついた白い大理石の噴水があって、その噴水のまわりにはライラックと呼ばれる木が六本植えられている。実はならないが、きれいな花が咲く」とある（『アルケオロギア』一七七九）。これはヨーロッパ大陸よりも早くからイギリスでライラックが栽培されていた証拠だといわれる。ナンサッチの建物は一五三八年にヘンリー八世が作り始めたものだが、問題の目録は一六五〇年からしかない。だからその年までにはライラックはかなり一般的になっていたと考えられる。右の文章はクロムウェルの時代の役人が園芸については無知であったことを証明したにすぎない。植えられた年代がいつであれ、ライラックが植わっている噴水は魅力あふれるものであったに違いない。半世紀後にリジェールが書いているが、散歩道には「一二フィート間隔でライラックが植えられており、一〇フィートの高さがある。木の間には、クマシデの柵がある。花が咲くとライラックはそれはみごとな眺めになるので、育てるのに苦労するとしても、その苦労を後悔することはないだろう」ということだ。ライラックはイギリスを含めてヨーロッパの多くの地域で帰化したが、自生地がどこか長い間わからなかった。一八二八年までは漠然と「東洋」であろうと考えられていたが、その年アントン・ロッシャーという博物学者がバナート（その当時はルーマニアの西部地方であった）で野生の状態で生えているのを見つけた。その後バルカン半島でも見つかった。ダグラス・バートラムはトルコ人が一四五三年にギリシアを襲った際にこの植物を見つけ、栽培するようになったのだろうと記している。

　有史以前からペルシアやインドの庭で栽培されていた、いわゆる「ペルシア・ライラック」、ペルシカ種（*S. persica*）も早い時期に紹介されたが、これの自生地も長く不明のままだった。十六世紀の植物学者も同じことをいっているのだが、アラブ人の医者セラピオのいう「ブルー・ジャスミン」とこれが同じものであるという説が正しければ、紀元後八〇〇年以前から知られていたに違いない。これは一六一四年以前にヨーロッパに届いたが、この頃にベネチア共和国の外交官がコンスタンティノープルにも届けた。一六二九年にパーキンソンはうわさでしか知らなかったが、一六四〇年にはロンドン市内サウス・ランベスでジョン・トラデスカントが育てているという報告をしている。パーキンソンは「名前が示すように、ペルシアから導入された可能性は大きい」と考えた。一六五九年にハンマーはまだこれを他のライラックとは別に、ペルシア・ジャスミンと分類しているが、ペルシア・ジャスミンは葉の形を除けばジャスミンにはほとんど似ていないと考えていた。彼はこれは大きくなると「衝立に使えるほど強い灌木になるので、壁などの支えは必要ない」といっている。また、耐寒性はあるが、「冬の間、樽や鉢などに入れて家の中に入れておくことがよくある」ともいっている。この頃まで栽培されていたものは、今日変種（*S. persica var. lacinata*）として知られているものだ。浅裂のある葉

シリンガ・ペルシカ
（CBM 第486図　1800年）

はジャスミンのそれと似ていないこともない。しかも初期の植物分類では匂いも一要素と考えられ、ライラックはジャスミンと同じモクセイ科に属していた。だから、一六八三年まで変種のラキナータはジャスミンに分類されていた。葉が全縁のペルシカ種が別の種として分類されたのは一六七二年で、しかもまずいことに、リンネはジャスミンに分類した。さらにまずいことにこれは実を結ばなかったので、栽培しているその種しか知られていなかった。一方、ラキニアツス種（*S. laciniatus*）は種子をつける。桃、アプリコット、ルバーブ、絹、ジャコウといった中国の植物や産物がペルシアに運ばれた際の昔の貿易路が通っていた地域、甘粛の西南部で一九一五年にフランク・N・マイヤーがついに本当に野生の状態で生えているのを見つけたのはラキニアツス種の変種であった。白もしくは白っぽい花をつけるこのライラックは一七五五年にモンソーが最初に記述しており、一七八五年までには青、白、そして切れ込みのある葉を持った三種類が一般的になっていた。マーシャルは、枝に「注意力の鋭い人には仕方がないとしても普通には気づかれないように」棒で支えをしておいたほうがよいと忠告している。

ヨーロッパでは十九世紀に入っても遅くまでヴルガリス種とペルシカ種の二種、その二種の交配種、さらにわずかばかりの変種しか栽培されていなかった。変種はなかなか現れず、白のライラックについての最初の記述は一六一三年、バイエルン地方のドイツ人ベスラーが書いた『アイヒシュテットの園』の中にある。その花は真白ではなく、一六四〇年にパーキンソンは「ミルク色のような銀色で、ところどころ青色も混ざり、どことなく灰色にも見える」と書いている。彼はまだイギリスに導入されていないともいっている。しかしながら一六五九年に、トーマス・ハンマー卿は変種を三種類、普通の青色と珍しい白と最も珍しい赤いライラックを栽培していた。彼の庭の本は一九三三年に発見されて出版されるまでは写本が残されていただけだったので、この属について調べていた昔の歴史家には役に立たなかった。濃紫色の種類が一六八三年にサザーランドが出したエディンバラ植物園の植物カタログの中に載っている。これはおそらくハンマーのいう「赤」であり、たぶん後の「ルブラ・メイジャー」（Rubra Major）と「チャールズ十世」（Charles X）と呼ばれる変種と同じものであろう。そしてその後はスコッチ・ライラック（*S. vulgaris var. purpurea*）として知られていた。

ハンマーのいう「白い」ライラックがすでに述べたように灰色っぽいものであるのか、本物の白変種であるのかをはっきりさせるものはなにもない。しかし、純白のものは十八世紀の初め頃までには完全にできあがっていたに違いない。というのは、ピーター卿は特に白色のライラックが好きで、彼の庭師に白の変種の種子だけを残すように命令したとコリンソンが書いているからである。しかし、彼の育てていた一万本の実生のライラックが一七四一年に花を咲かせた時、わずか二〇本だけにしか白い花が咲かず、残りは青色だった。白い八重の種類は一八二三年のロッディジーズのカタログの中に初めて出ている。

一七七七年頃、ルーアンの植物園がヴルガリス種とペルシカ種の人工交配に成功し、しかも自然の交雑種もできた。その交配種はルーアン・ライラックまたはロトマゲンシス（*S.*×*rothomagensis*）と呼ばれ、一七九五年にイギリスに届いた。一八三八年までには、ラウドンは普通のヴルガリス種からできた七つの変種をあげているが、大規模な栽培は始まったばかりであった。六種は、「かなり異なっている」が、まだ名前がなかった。それらを作り出したのはピットマストンのウィリアムズである。

フランスの種苗商は「いくつかの新種の実生苗を所有して」いた。新種、ジョシカエ種（*S. josikae*）はすでにイギリスに紹介されており、他に二種、エモディ種（*S. emodi*）とヴィローサ種が発見された。ラウドンはそれらはみなとても美しくて、耐寒性にも優れているので、「はっきり異なった種だけを区別すれば、種の数が増えすぎて困ることはまずない」し、すべて歓迎されるだろうと考えていた。

ラウドンは、その後の九〇年間で自分のいったことがどの程度実証されるかについては、ほとんど意に介していなかったようだ。その頃からライラックの変種は急激に増加して、一九二八年、マッケルヴェイ夫人は約四五〇種のライラックについて記述しているが、それでも、「さらに研究していくための出発点である」と書いている。多くの国でライラックの改良が行われたが、その中心はフランスで、特にナンシーのヴィクトール・ルモワンと彼の息子が経営していた有名な種苗園で大多数が作り出された。二人は一八七六年から一九二七年にかけて、一五三種もの品種を生み出したが、それらの多くは今も根強い人気を保っている。普仏戦争〔一八七〇〜七一〕の間にナンシーはドイツに占領され、商売はほとんどできない状態だったので、ルモワンは決意して、良質の八重のライラックを作り出すことに専念することにした。彼は珍しく小形で八重の花が咲く変種の「アズレア・プレーナ」（azurea plena）を親として選んだ。この小花には雌しべがあるだけで雄しべがないので、たいていのものは種子をつけない。ルモワンは目が悪かったので、彼の妻がはしごの上に乗って、わずかの量しかない形のきれいな雌しべを探し出し、別の庭で育てているライラックや新しい中国産のライラックのオブラータ種（*S. oblata*）から取った花粉をそれにつけた。最初の年、一八七一年に七つの種子ができた。次の年には、約三〇であった。これらの種子から育てたうちの三本に一八七六年、初めて花が咲いた。オブラータ種との交配種はヒアキンティフローラ（*S.*×*hyacinthiflora*）という名前がつけられた。その他の実生の中にも八重の花の咲くものがあって、それらは庭で栽培されている最上のライラックと再度交配されて元の「アズレア・プレーナ」は顧みられなくなってしまった。

シリンガ・ジョシカエ
（BR 第1733図　1834年）

この頃まで庭で栽培している種類はコモン・ライラック、ヴルガリス種の変種であった。かけ合わせることのできる種類がほとんどなかったという単純な理由で交配種はほとんどなかった。いろいろな種類のライラックがヨーロッパに来るのが遅かった理由は、ほとんどのものの自生地が遠い中国だったからである。その大多数は二十世紀になって導入された。ヨーロッパの庭で栽培している変種は、すでに完成の域に達していたし、美しさの点でも中国産の品種の多くに勝っていたので、さらに交配種を作っていこうという気運はまず生まれなかった。

長い中断の後導入された最初の新種は、中国産ではなく、数少ない東ヨーロッパのもので、ジョシカエ種であった。学名はフォン・ジョシカ男爵夫人ロザリーからとったもので、彼女は一八二七年頃これがヴルガリス種とは異なっているという事実に植物学者の注意を向けさせた最初の人であった。ヴルガリス種もジョシカエ種もハンガリーの同じ地方で野生の状態で生えているが、ジョシカエ種はヴルガリス種のグループではなくヴィローサ種のグループに属している。一八三八年にハンブルクからエディンバラ植物園のグラハム博士のところにジョシカエ種が送られてきた。一八四〇年にロイル博士がヒマラヤ山脈からエモディ種（*S. emodi*）を導入したが、本当の中国産のライラックで最初にヨーロッパに紹介されたのはオブラータ種で、これは野生の状態で発見されたものではなく、庭で栽培されていた植物である。一八五六年、三度目の旅が終わった際にフォーチュンがイギリスに持ち帰った。とても早くから花が咲き、春先の霜でだめになることが多い。しかし、すでに述べたように、ルモワンはヒアキンティフローラ種を作出する際の片親として用いた。

シリンガ・エモディ
（BR 第31巻6図　1845年）

さらに重要な先祖はヴィローサ種である。これと別の二種のライラック、オブラータ種とプベスケンス種（*S. pubescens*）の種子はエミール・ブレットシュナイダー博士によっていくつかの植物園に送られたが、当時博士は一八七九年から八二年までロシア大使おかかえ医師として北京に住んでいたのである。キュー植物園では一八八〇年頃博士からの荷を受け取り、その種子から育てたライラックは一八八八年に初めて花をつけた。パリの植物園で仕事をしていた植物学者ルイ・アンリは一八九〇年にヴィローサ種とジョシカエ種とを交配させ、交配種アンリー種（*S.×henryii*）を作り出した。この学名はもちろんルイ・アンリからとったものである。

しかし、これらは二十世紀になって洪水のように押し寄せて来た中国産のライラックの先駆者にすぎない。極上の六種類のライラックは二十世紀初めの一〇年間にE・H・ウィルソンが、エクセターのヴィーチ商会とアーノルド樹木園のために収集した。それらはジュリアナエ種（*S. julianae*）、レフレクサ種（*S. reflexa*）、スウェジンゴウィー種（*S. swezingowii*）、トメンテラ種（*S. tomentella*）、ヴェルティーナ種（*S. velutina*）、ウォルフィー種（*S. wolfii*）で、最初の四種は優秀花としてメリット賞を受けた。ジュリアナエ種についてはスナイダーが記述しており、彼の妻の名前をとったものである。ウォルフィーについても、同じくスナイダーがサンクト・ペテルブルクの森林研究所にあった植物について記述しているものの中にあって、その研究所所長がエグバード・ウルフであった。スウェジンゴウィー種は、かつてロシアの一州であったリヴォニア州ローマースホフの植物園にあったと記述されているが、その学名はリヴォニアの知事の名前からとられた。もう一つメリット賞を受けたライラックはやはり同じ頃にフォレストが見つけ出したユンナネンシス種（*S. yunnanensis*）である。その種子はA・K・バレーに送られて、さらに一九〇六年にエディンバラ植物園に送られた。一方、一九一〇年に、ヴィーチのために収集していたパードムがイギリスにミクロフィラ種（*S. microphylla*　和名チャボハシドイ）を送って来た。矮性のライラックもしくは「ドールズ・ハウス」ライラックは、ミクロフィラ種かパリビニアーナ種（*S. palibiniana*）に分類されている。その正しい同定はロイ・エリオットが『高山植物園協会誌』（vol 29, no.1）の中で行っており、メイエリ種（*S. meyeri*）の一種であるようだ。ミクロフィラ種は二つの賞を取っており、一つは一九三七年に、さらに二〇年後にその変種スペルバ（*S. microphylla* var. *superba*）が二つ目を受けた。ミクロフィラ種は中国人の間で一番好まれている庭向きのライラックで、一年に何度も花が咲くので、中国では「四季咲きライラック」（Four Seasons Lilac）と呼ぶ。

これら中国産の種は屋外庭園用の変種の親になるかもしれないというので価値があるが、まだあまり研究されていない。そのほとんどがとにかく耐寒性に優れている。

一般にライラックは寒い地域に育つ植物であり、ポーランドでは普通のライラックの幹は直径八インチにもなるといわれている。ライラックはカナダの寒い気候に耐えて花が咲く数少ない灌木の一つである。一八三三年には、フランス系カナダ人の家の庭の一角には必ずライラックが植えられているといわれた。だから、オタワ中央実験農場園芸部のイザベラ・プレストン女史によって、ライラック栽培で一番重要な成果が二十世紀にカナダからもたらされたのは当然である。一九二〇年に彼女はヴィローサ種とレフレクサ種とを交配した。彼女はその種子から約三〇〇の実生苗を育て、一九二二年に露地に移植し、一九二四年に花が咲いた。ついでそのうちの最上のものを選び出して名前をつけ、さらに増殖を進めた。その中でも、はっきり他と異なって姿がとても美しいライラックがプレストナエ種（*S. prestonae*）である。女史が交配して作り出したものの多くが今ではイギリスでも手に入る。プレストン女史はまたレフレクサ種とジョシカエ種とを交配した。その結果種子が一個だけ手に入ったが、それはそれほど価値があると考えられていない。しかしその孫にあたる実生のうち四本は優れていることがわかっている。このグループはジョシフレクサ種（*S.×josiflexa*）として知られている。

　こうしたカナダ産の灌木はライラックの主流であったヴルガリスの変種とはまったく異なっているが、ラウドンが提案していたほど変わった交配ではない。ラウドンはいくつかの「変わった交配種」はライラックとイボタ、イボタとオリーヴ、またはライラックとトネリコ（すべてモクセイ科である）との交配によって作り出せるかもしれないと考えていた。それらのほとんどはお互いに接ぎ木ができると彼は確信していた。ライラックにオリーヴを接ぎ木すること、トネリコにライラックを接ぎ木することは試みられた形跡はあるものの、ほとんど成功しなかったようである。一方、イボタに接ぎ木することはしばしば行われたが、たいていその結果は思わしくなかった。「ライラックをイボタに接ぎ木すると枯れてしまう」とロビンソンはあっさりと書いている。接ぎ木することは「許されない罪」と考えられるようになっていったが、接ぎ木をしないと繁殖しない変種もいくつかある。普通のライラックの株が用いられる時は、その吸枝がやっかいものとなる。もしイボタの木の下の方で接ぎ木して、その接ぎ目を地中に埋めれば、接ぎ穂はやがて自分の根を作り出す。

　ライラックの促成栽培は一七七四年にベルヴィーユのマティユという人が行っている。彼は昔からある赤い花をつける「リラ・ド・マルリ」（Lilas de Marly）を用いた（熱を当てたり、暗い所に置いて促成栽培したライラックの花は、はじめ色がついていたものでも白になる。通例、色の濃いものの方が色の薄いものよりも美しい白色になる）。ライラックの花は特にフランスで人気があって、一八八〇年代には促成栽培されたライラックは需要がない六月と八月以外は毎月パリに運び込まれるようになった。一八九〇年には、クロロフォルムやエチルを用いる促成栽培の方法がデンマークで発明されて、爆発の危険があったにもかかわらず、その後、ドイツで多く使用された。これは今でも活用されている化学的な方法の一つである。イギリスで手に入る促成栽培のライラックのほとんどはイギリス産ではなく、オランダから輸入されている。

ラウドンは促成栽培すると、ペルシカ種の花は匂いがなくなってしまうといっているが、必ずしもすべての種がそうなるわけではない。というのもライラックに匂いがなくなると、実際この花の存在理由がなくなるからである。しかし、すべての品種がよい匂いであるというものでもない。イボタと近い関係にあることをきわめてはっきりと示すような種類もあり、ほとんど匂いのないものやまったく匂いのない種類もある。スウェジンゴウィー種はライラックの中で一番匂いがよいといわれているが、どの種よりも甘い香りがする。匂いの点で、イギリスにある普通のライラックに勝っているものはほとんどなく、この点では、大形の庭用の変種はその親よりも劣っているものがある。ライラックの匂いはジャスミンの匂いと同様、アンフルラージュ〔花の蒸発気に無臭油をあててつくる香水製法〕によって抽出される。ライラックの生えている森が火事になるとよい匂いがするといわれている。

「ライラックという名前は、花が小さなユリのようであるから*Lilium*〔ユリ属〕からとられたという人がいるけれど、この名前はアラビア語である。また自生地は東インドだといわれている」とリジェールは述べているが、この記述は信用がおけない。名前は実際にはペルシア語からきたものであり、英語では綴りがじつに様々である。ハンマーは「多くの人がレラプスと呼んでいた」といっている。「シリンガ」という言葉が「バーバリ〔エジプトを除く北アフリカの古名〕でのこの植物を呼ぶ名前」に由来しているというラウドンの意見もあまり信じられない。シリンガは、じつは「牧神パンの笛」を意味するギリシア語syrinxからとられた「詩的な名前」である。最初はライラックとフィラデルフスの両方に用いられていた。その理由は、この二つの植物の根が頑丈なのでトルコでは笛を作るのに用いていたからである。ライラックは様々な言語でいろいろな名前で表される。「スクリンガ」（Scringa）とか「シリンジェ」（Syringe）といった変化した言葉も見られる。

ライラックはヘリオトロープ、ラヴェンダー、ヴァイオレット、そしてフジ（モーヴ、フランス語では「マロー」という）とともに紫色の花をつける植物のうちの一つである。独特の色合いを表すのに、ライラック色という言葉が用いられてきた。この花に関する言い伝えのいくつかがなぜ生まれたかわかるのだが、なんとなく憂うつな雰囲気があるので、この花の色は喪に服している時に身につける色と考えられている。家の中にライラックを持ち込むと不幸なことが起こると考えられている国もある。さらに死と関連づけられることもよくある。

ゆっくりと棺が通って行く。
私はライラックをふりかけよう。

おお、死よ！
私はお前をバラや早咲きのユリで覆い包もう。
しかしたいていの場合は
一番はじめに咲いたライラックで覆い包む……

ウォルト・ホイットマン

ペルシアでは、「孤独な人々」の表象とされ、男性が恋人と離れなくてはならない時に相手の女性に与えるといわれている。イギリスやアメリカではライラックを身につけた女性は（メーデーには許されているので、その日は除いて）結婚指輪をはめることができないといわれ、さらに婚約者にライラックの香水を贈ることはその婚約を破棄したいという意志表示だとされた。ドイツには広く行きわたっている言い伝えがあって、ライラックの花が咲くと、人々は特に疲れて怠惰になるという。

ラナンキュラス

Ranunculus
ラヌンクルス

キンポウゲ科

アコニティフォリウス種（*Ranunculus aconitifolius*）はユグノー派の避難民が十六世紀後半にイギリスに持ってきたと考えられている植物の一つである。この植物から「フランスの美しい乙女」という可愛い名前がついている花が作られたのだろうと考えられる。もっともジェラードは「八重の白のカラスの足」（Crow foot）とか「白の独身男性のボタン」（Batcheler's Buttons）といっているだけである。アコニティフォリウス種はヨーロッパ原産の植物である。ジョン・ヒルは、「ボヘミアの荒野で優雅な姿のラナンキュラスだけが咲いているというのは、今でもよく見られる光景であるが、バラのような花がいっぱい咲いている様子は、興味のない人でさえ思わずそれに注意を引きつけられることがある……」と記している。「バラのような花がいっぱい」というのは形をいっているのであって、色のことではない。私の知る限り、アコニティフォリウス種の色は純白から変わらない。ミラーによれば、これは「花が美しいので多くの愛好家の庭で栽培されて」いる。しかし悪い空気に耐えられないから、都会の庭では長く咲かない。悪い環境の下では、無残なほどに痩せて元気がない。少なくとも十九世紀の終わりまでは、イギリスのどの花壇でも見られる花であったが、今はほとんど栽培されていない。純白の花は「服のボタンを連想させる。しかもごく遠くから見た男性の服についているボタンである」とサザーランドは述べている。

ジェラードは、八重咲きのアクリス種（*R. acris*）が「ロンドンの劇場のすぐ近くの野原で」自生しているのを見つけた。その劇場というのは、シェイクスピアのグローブ座である。もう一つの八重咲きのレペンス種（*R. repens*）はほぼ同じ頃、ロンドンの庭に導入された。それを紹介したのは「トーマス・ヘスケスで、彼はランカシャーのラーサムからほど遠くない所に薬草を採りに行った時、このラナンキュラスが野生の状態で咲いているのを見つけた」。これらの八重のラナンキュラスは、ジェラードが「独身男性のボタン」と呼んでいた花である。その後、この名前は別の八重の種に用いられることになる。ジェラードがこう呼んだ花はおそらく八重のレッド・キャンピオン〔マンテマ属の一種〕に属するとパーキンソンは断言している。しかし、好ましい独身男性が、あまり飾り気をもたず、キラキラと輝くような金色のボタンをつけている姿にたとえるのはぴったり似合っているように思う。

ワーズワースの愛した「小形セランディーン」、つまりフィカリア種（*R. ficaria*）を庭で咲かせようと思わない人が多いのは、感覚的にはわかるが、他の植物の邪魔にならない庭向きの花であるし、まさに「小形セランディーン」は、他のものがほとんど生えていないような所では栽培する価値がある。一六六五年、リアは、八重の赤褐色の花が咲くセランディーンを見つけた。これは今も栽培されている。驚くほど目立たない小さな黄色の花をつける八重の種があり、また一重の白や赤褐色の変種もあ

ラヌンクルス・アコニティフォリウス
（CBM 第204図　1792年）

ラヌンクルス・アクリス
（CBM 第215図　1793年）

る。塊茎は痔の治療薬になる。

アシアティクス種（*R. asiaticus*）は「アジア・ラナンキュラス」とか「ペルシア・キング・カップ」と呼ばれる種で、フランスのルイ九世が最初にヨーロッパにもたらしたといわれている。十三世紀中頃に行なった十字軍遠征の帰路で見つけ、庭いじりの好きな母親、ブランシュ・オブ・カスティリアのために持ち帰ったということだ。この花は「〝ターバン〟ラナンキュラス」と呼ばれているが、適切な名前であると思う。「テロボラス・カタメール・ラレ」という名前でトルコ人が持ってきたという別の話もある。トルコの宰相カラ・ムスタファは「一人静かに自然の美しさにに見入っているのが好きであった」とフィリップスが書いているが、これが野原に咲いているのを見つけて、皇帝のセラグリオの庭に持ち帰った。スルタンもこの花の美しさをほめたたえたが、他の種類も探すように命令し、見つけたものを自分の庭に植えさせた。それに関心をもった人が賄賂を使ってその根を手に入れ、増殖させたというものである。おそらく両方とも本当の話であろう。

とにかく、その球茎は幾多の困難の末、十六世紀にトルコからヨーロッパにもたらされた。「トルコからはいろいろの時代にいろいろの人によって植物が運び込まれたが、長旅のために、または運搬技術がまずかったために、枯れてしまうことがよくあった。運搬に際しては、箱の中に長い時間入れておくことが多かったために目的地に着いた時には、ショウガのように干からびていた。そうした困難を乗りこえて、新鮮で生き生きとした植物を手に入れた場合にも、泥棒に盗まれることがよくあったとクルシウスがいっている」とジェラードが記しており、パーキンソンはトルコ人の商売方法に文句をつけている。つまり、「八重であるといって運ばれてきたものが一重であるというようなことがよくあって、連中はまったく信用できない」ということがあったようだ。

しかしヨーロッパの栽培家がトラブルの多い球茎の輸入に頼らずに、種子から育てるようになると、ラナンキュラスは、園芸種の数も増え、人気も出てきた。十七世紀の末までには、園芸家がこの花に真剣なまなざしを向けるようになった。一七〇六年の『引退した庭師』の中でリジェールが述べているところによれば、「庭を飾る花の中で、ラナンキュラスはたいへん評判の高いものの一つであった。これに芳香があれば、ラナンキュラスは自然が造った最高傑作といえるだろう」。栽培方法もよくわかってきた。ギルバートによれば「葉が霜にあたると葉はもちろん、すぐに根まで枯れてしまう。だから今年は、ラナンキュラスの何本かにガラスの器を被せ、一日に一度それを取り外して、ゆっくりと水をやる。このやり方で、霜の害にもあわず、花が咲いた。そうしなければ、枯れていたであろう」。当時、八重の赤い色のものはまったく価値がなかった。その次に人気がなかったのは、白、茶色がかった赤、いろいろな色合いの黄色であって、評価が高かったものは赤い縞模様のある白か黄色の

花弁に赤い縁取のあるラナンキュラスの品種
（G.エイレット画　18世紀中頃）

花か、バラ色の縞模様のある白いものであった。

　十八世紀中頃には、ジェイムズ・ジャスティスが変種の長いリストを作り上げて、「トルコ型」と「ペルシア型」に分けている。後者の中に入れられているのは、たいへん濃い色の変種や、ミラーがサングイネウス種（*R. sanguineus*）という名前をつけた亜種等である。オランダから輸入した多くの朽葉色のラナンキュラスについても「他の種類のものと同じく、一〇〇本の根が四〇ギルダーで売られている。それが入っている袋にはいろいろ違った名前が書いてある」とジャスティスは述べている。十八世紀末までに、ラナンキュラスの変種の数は他の植物よりも多くなった。「大きな花が咲き、さまざまな美しい色があるから、開花シーズン中は、他のどの花よりも美しく、カーネーションと優劣を競うほどである」とミラーは記している。美しさの基準になるのがいつもカーネーションであるということは注目に値する。しかしながら、いろいろの交配種を混ぜてある安い輸入ものを買うことは危険であるとホッグは忠告している。「オランダ人は商売ではユダヤ人と似ている。彼らから安い買い物をして得をするということはまず期待できない。オランダ人がふだん売っている植物の中に上質の交配種が入っているとは信じられないことである。園芸家はそう呼んでいるが、オランダ人が売る〝ペルメル〟種は可もなく不可もなく、素人の関心を引くようなものでもない。」

　ある植物が常に人気を保ち続けたり、人気のないままであるということはきわめて稀である。ラナンキュラスの場合も、ジエラードはただ一つ、八重の濃い赤の変種を知っていただけであるが、パーキンソンは八種を知っていた。レイは一六六五年版のパリ王立植物園のカタログの中に二〇種を書き残している。ジェイムズ・マドックが一七九二年にカタログを出版した時には、八〇〇近くの種類を挙げることができた。彼のウォルワースの種苗園では毎年、五万本の若苗が育てられていた。ところが一八二〇年までには、種苗商が在庫として持っている数は四〇〇程度に減っている。しかし、一八四〇年代のモーンドの『植物園』の中には、たいへん美しいラナンキュラスが絵入りで載っている。一八五一年に、グレニーはラナンキュラスを「見離されてしまった花」といっているし、十九世紀の終わり頃には、カタログの中に出てくる変種は「わずか一ダース足らずで、おそらく二〇種はないであろう」とヒッバードが書いた。しかも、オランダ、スコットランド、ペルシア、トルコ、フランス、イタリアの種がその中に入っている。今日では「ラナンキュラス、交配種」以上の記述はめったに見ない。一八七一年にサザーランドが指摘したように、栽培方法の難しさが衰退の原因であろう。つまり「かつてラナンキュラスが花卉園芸家の関心を独占していた時期は、すべての仕事は今よりもずっと楽しみに近く、しかものんきな時代であったが、何にもまして栽培方法が難しいラナンキュラスへの関心はしだいにうすれていったのは事実である。」

ラナンキュラスは、カエルを意味するラナ（Rana）の指小辞である。「この植物のいくつかは、カエルが多くいる水辺で育つからつけられた名前である」とミラーは書いている。一八五一年にシンシナティで出版された『植物の王冠』またの名を『収集した花の冠』と題した本の中では、この科に、バターカップ〔キンポウゲの類〕は別として、「それに近い金色の花が咲くタシラーゴ（tasilago）、別名「子馬の足」（colt's foot）〔フキタンポポの類〕が含まれている。またこの科には、断崖で揺れている鈴の形のピンク色や青色の花をつける美しい「ウサギのベル」（hare-bell）〔現在はキキョウ科のカンパヌラを指す〕も属している」という驚くような記述がある。問題の「ウサギのベル」はムラサキ科のプルモナリア（*Pulmonaria*）であったということがわかっても、驚きはあまり変わらない。

リンドウ

Gentiana
ゲンティアナ

リンドウ科

黄花のゲンティアナ・ルテア（*Gentiana lutea*）は、イギリスで栽培されたおそらく最初のリンドウで、それは薬草として価値が高かったためだと考えられる。「フェルワート」（Felwort）、「苦い草」（Bitter-wort）、「ボールドマネー」（Baldmoney）とも呼ばれた。ジェラードのもとにもヨーロッパ大陸にいる、彼の数多い薬草商仲間の一人、ブラックフライアーズのイサック・ド・ローンから送られていたが、ジェラードが栽培していたリンドウにはその他次のようなものがあった。まずクルキアータ種（*G. cruciata*）。これは占星術師まがいの草花愛好家が大きな価値を置いていた植物である。そのわけは、この植物の葉が十字架の形になるからである。次にアカウリス種（*G. acaulis*　和名チャボリンドウ）、英語名は「リトル・フェルワート」（Little Felwoort）。これはわがイギリスの最高級の庭でなら見ることができる。さらにイギリスの自生種カンペストリス種（*G. campestris*）とプネウモナンテ種（*G. pneumonanthe*）で、後者は「カラティアン・ヴァイオレット」（Calathian Violet）と呼ばれる。これは山の高い所に咲いているからではなく、ひょうそ

（felon）や、すり傷に効くからこの名前がついたのである。また、長くとがったつぼみを持ち、それが一角獣の角に似ているアスクレピアデア種（*G. asclepiadea*）がある。これは熱帯の夜を思わせる、深い青色の花をつける美しい姿にのみ価値があると考えられていたリンドウで、南ドイツ、バイエルン地方の森に生えている背の高い「ヤナギリンドウ」（Willow Gentian）がそれである。この種についてジェラードは、ただその名前だけを知っていたが、パーキンソンには一六二九年、実際に育てていた記録がある。

ジェイムズ一世時代の庭師が、我々が経験しているのと同じくらいにリンドウを育てるのに苦労をしていたというのを知ると面白い。「リンドウの多くは美しい花が咲くが、花が咲いたと思うが早いか、突然枯れてしまうものもあるし、また栽培に耐えられず、施肥も難しいものがあるから、大形のものを二種類、

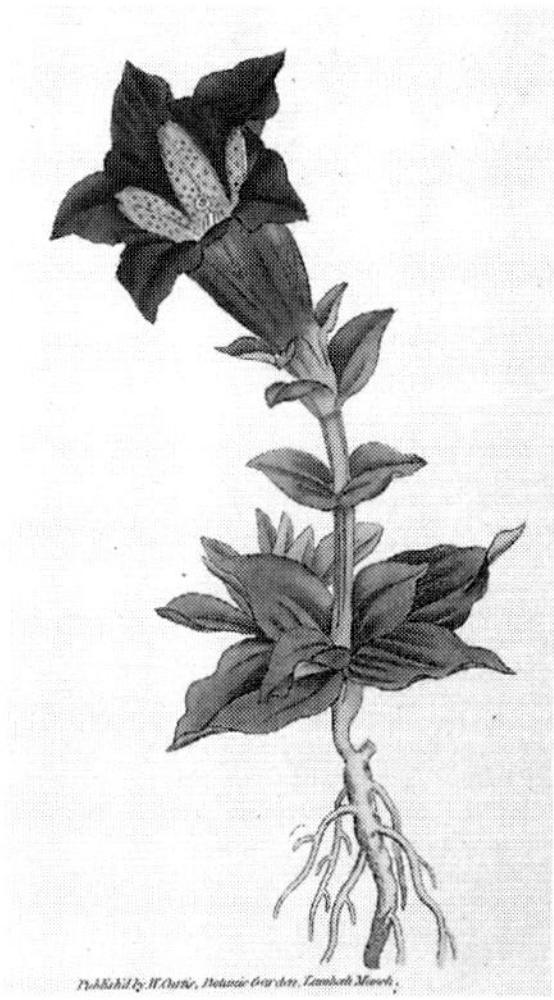

ゲンティアナ・アカウリス
（和名チャボリンドウ）
（CBM 第52図　1788年）

ゲンティアナ・ルテア
（MB 第156図　1793年）

ゲンティアナ・アスクレピアデア
（CBM 第1078図　1808年）

ゲンティアナ・カンペストリス
（EB 第378図　1835年）

それより小さいものとしては三種類を挙げておきたい」とパーキンソンはいっている。彼はさらに続けて、ヴェルナ種（*G. verna*）は「生長するのに適当な場所がうまく見つかれば、かなりよく増えていく。そうでなければ、どんなに注意を払っても、こまめに手入れをしても育たない」という。しかしながら、様々な困難にもかかわらず、英語名で「ゲンティアネロー」（Gentianelloes）といわれるアカウリス種は当時から今日に至るまで栽培が続けられている。このリンドウはオックスフォード近郊のブレニム宮殿新築に際して、ロンドンとワイズが庭を設計した時に用いられた植物の一つである。レイは「どのありふれた庭でも普通に見られる」植物であるといっている。また、今日栽培されているゲンティアナは野生の状態で見られるどれとも正確にいえば関係がない、といわれている。十九世紀の庭師にとって、ルテア種は「庭師が栽培していてもよく枯れるので、"恩知らず"」（フィリップス）と同意語であった。

ゲンティアナ・ヴェルナ
（CBM 第491図　1800年）

大方のリンドウは、忍耐強い専門家のみが扱える植物であるが、三種類だけは普通の庭でも楽に育てられる善良な性質を持っている。セプテンフィダ種（*G. septemfida*）は一八〇四年にモスクワの取引先から送られてきた種子をロッディジーズ商会が育てたものである。これはムッシン=プシュキン伯爵がコーカサス地方を探検した時に、同行したフォン・ビーベルシュタインが集めたものであった。ラゴデキアーナ種（*G. lagodechiana*）もまたコーカサスからもたらされたものであるが、これはさらに一〇〇年後にルードヴィッヒ・ムロコズヴィシュが見つけたものである。彼はまた、たいへん美しいシャクヤクの一つを見つけた人物でもある。生き生きとした感じの秋咲きのシノ-オルナータ種（*G. sino-ornata*）は、条件が整えばよく咲くが、一九一一年に中国の雲南でジョージ・フォレストが見つけたもので

ゲンティアナ・セプテンフィダ
（CBM 第1410図　1811年）

ある。

リンドウの学名は紀元前一八〇～六七年の間イリリアの王であったゲンティウスにちなんだものである。彼はリンドウの薬効を最初に見つけ出した人であるといわれている。しかし、エジプトではそれより一〇〇〇年以上も前から薬効についてはよく知られていた。テーベのある墓から見つかったパピルスに書かれている薬の処方箋の中にリンドウが現われる。それ以来今日までずっと、殺菌剤としてまた強壮剤として広く用いられてきた。キニーネが見つかるまではキニーネの代役をつとめ、またホップが使われるまでは、ビールのにがみをつけるために用いられていた。再びパーキンソンを引用すると「にがみがあるため、おいしいものを食べたいと思う我々の心の傾向に水を差していたので、このすばらしい薬効が簡単にはわからなかった。しかしその欠点を除けば、これは間違いなくよく効く傷薬であろう」。カルペッパーはリンドウに絶大な信頼を寄せていた。「リンドウは戦の神マルスの支配下にあり、この神が支配している重要な植物の一つである。この植物以上に疫病を防ぐ効果のあるものはない……牛が乳腺を毒虫に咬まれた時は、この植物を煎じた汁でその箇所を撫でるだけでよい。すると直ちに治る。」

薬用目的でイギリスへ大量に輸入されていたのはルテア種のリンドウであった。「わがイギリス産のリンドウは、おそらく外国のものに劣らぬ薬効を持っているはずだ。それでも我々は、戸のすぐ横にあるのと同じものを遠くに求めることがよくある。」（ソーントン）

リンドウの花は青いと我々は考えがちである。とくに「北極や南極の海の色、またはおそろしいほど広々としている空の色」（サッシヴァレル・シトウェル『キューピッドとジャカランダ』）だと思っている。しかし、南アメリカやニュージーランドで普通に見られるリンドウの花は赤であり、黄色の種もいくつかある。

ルドベッキア

Rudbeckia
ルドベッキア

キク科

ルドベッキア・ラキニアータ（*Rudbeckia laciniata*）の英語名は「コーン・フラワー」（Cone flower）である。一六四〇年になる少し前に、この花はパーキンソンによれば、「カナダのある川の近くにあるフランス植民地から送られてきた。それをフランス国王おかかえの植物学者ヴェスパジアン・ロバンがパリで育てた。彼は自分の所でうまく育っていたものの根をいくつかトラデスカント氏に与え、さらに彼から私も分けてもらったのである」。一六三五年にコルヌツスがアコニツム・ヘリアンテマム・カナデンセ（*Aconitum Helianthemum Canadense*）という名前をつけた。実際、ヨウシュトリカブト（アコニツム）とヒマワリ（ヘリアンツス）とがうまく混ざり合ったような花である。パーキンソンはドロニクム・アメリカヌム（*Doronicum Americanum*）、英語名を「アメリカトリカブトモドキ」（Supposed Wolf's Bane of America）と改名した。「それ以来我々はアメリカ産のルドベッキアを知るようになり、美しく派手な姿が我々の庭で一定の地位を占めるようになった」とヒルがいっている。しかし、ハンベリーによれば、それはよい地位ではなかった。彼は葉に鋸歯《きょし》のある矮性ヒマワリ（Jagged-leaved dwarf Sunflower）とその変種は「植え込みに適している」と考えており、「道を歩いて行くとぶつかる森の周囲に植えればよい。ルドベッキアは日陰でもよく育つので、そうした場所を遠くから見たときにすばらしい眺めになる」と述べている。種子はズアオアトリやムネアカヒワが好んで食べるといわれる。

他にも多くの種があって、それらすべてが北アメリカ原産である。その中の二種、ピンナータ種（*R. pinnata*）が一八〇三年に、コルムナリス種（*R. columnaris*）が一八一一年に、ルドベッキアから移されて、レパキス（*Lepachys*）に分類された。別の二種がエキナセア（*Echinacea*）に分類し直されたが、その一つプルプレア種（*R. purpurea*、現在のエキナセア・プルプレア *Echinacea purpurea*）は一六九九年より前にチャールズ・バニスター牧師がイギリスに紹介した。一方のアングスティフォリア種（*R. angustifolia*）は一七五八年にはフィリップ・ミラーが栽

ルドベッキア・ラキニアータ
（N. ロベール画　17世紀中頃）

培していたが、おそらくそれより前から知られていたものであろう。アングスティフォリア種は「敗血症によく効く薬の一つである」（C・F・ライエル『哀れみ深い薬草』一九四六）といわれる。アメリカ先住民はヘビに咬まれた時の治療に用いていた。プルプレア種を煎じたものは「先住民の女と関係した後の不愉快な結果を経験した」（ジョン・ブラッドベリー『アメリカ内陸部への旅』一八一九）ミシシッピー川の船乗りが用いたという。「黒い瞳のスーザン」（Black-eyed Suzan）、すなわち一年草のヒルタ種（*R. hirta*）は一七一四年イギリスに入ってきた。

ルドベッキア・コルムナリス
（CBM 第1601図　1813年）

ルドベッキア・ピンナータ
（CBM 第2310図　1822年）

ルドベッキアという属名は、リンネが二人の植物学者、ルドベック親子の名前から取ってつけた。この二人はリンネが学生であった頃に、ウプサラ大学で親子二代にわたって植物学の教授を務めた人物である。父親のオラーフ・ルドベックが植物園を作り、気候の点でたいへんな苦労があったにもかかわらず、多くの外国産植物の栽培に成功した。彼はラウドンによれば「聖書に書かれている楽園がスウェーデンのどこかにあるということを発見したことで」有名である。また『幸福の理想郷』と題した植物学上記念碑的な書物を出したことでも有名である。この本には、それまでに世界中で発見されたすべての植物の木版画が載せられることになっていた。初めの二巻は出版されたが、一七〇二年に起こった大火で、三冊を残して全部が焼けてしまい、同時に残りの仕事を完成させるための資料も焼失してしまったという。その資料の中には、一万枚以上の絵があったということだ。そのショックのためであろうか、彼はその年に死んでしまったのである。

ルドベッキア・プルプレア
（CBM 第2図　1787年）

ルピナス

Lupinus
ルピヌス

マメ科

イギリスで最初に栽培されたルピナスはアルブス種（*Lupinus albus*）で、一五六八年にターナーの記述がある。ルテウス種（*L. luteus*）とヴァリウス種（*L. varius*）は一五九七年以前から、ヒルスツス種（*L. hirsutus*）は一六二九年以前から栽培されていた。これらはすべてヨーロッパ原産種で、またすべて一年草である。およそ二世紀の間はイギリスの庭にあるルピナスはこれで全部であった。一番人気があったのは「スパニッシュ・バイオレット」と呼ばれていた黄花のルテウス種であったが、それはよい匂いがあったせいである。ハンベリーは、このルピナスは「他のどんな植物と比べても、たとえ勝っていないにせよ、同等ではある。そのわけはとてもよい匂いがあるからだ」と考えていた。さらに続けて、「この植物は人に不快な気持ちを与えないし、陽気にさせるので、もし私が一年草を、しかもただ一種類だけを栽培しなければならないとしたら、その時は黄色のルピナスを選ぶ」といっている。またフェアチャイルドも高く評価している。

一年草のルピナス、主としてアルブス種は人間ならびに動物の食用として、また緑肥としてローマ人が栽培していた。紀元前三世紀にロードス島に住んでいた有名な画家のプロトゲネスはルピナスと水だけで七年間生きていたといわれている。その間彼はジャリススのために狩猟の場面を描いており、ルピナスのマメと水だけの食事は精神を刺激して想像力を高揚させるものとして薦められていた。プロトジェヌスは狂犬病の犬をまるで生きているように描いたことで有名である。犬の顎に付いている泡は、絵の具をスポンジに染み込ませ、それを投げつけて効果を出すことに成功している。しかしこれが空想の効用によるものか、それとも単に制限された食事が原因になると説明される感情の爆発であるのか、歴史は何も記録していない。パーキンソンは、ルピナスの種子の「にがみを消すために、よく水を加えて煮たものが食料として「昔は好まれた」し、また、「ほくろやあざ、青あざやその他のしみを皮膚から取り除く」とい

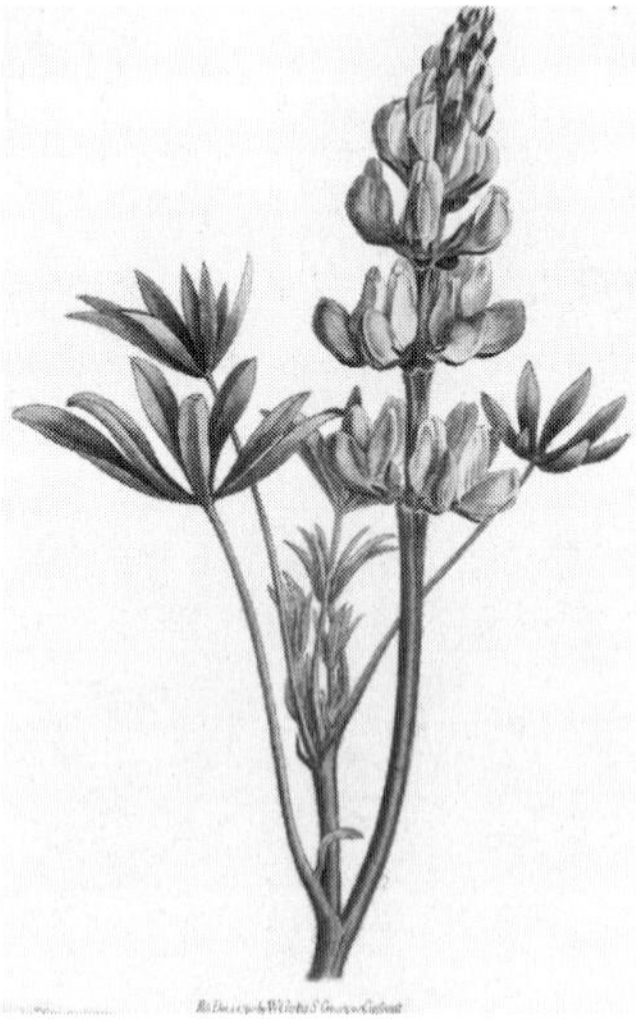

ルピヌス・ルテウス
（CBM 第140図　1790年）

っている。ルピナスから採れる油は「顔をツルツルにし、皮膚をなめらかにし、自分の持っている限られた魅力を少しでも効果あるものにする」（ハンベリー）ために、十八世紀まで女性が用いていた。

「庭師は一年草でないルピナスを作るというような考えをほとんど持っていないけれど、多年生の種類、すなわちヴァージニア・ルピナスを庭師に見せてやりたい」と一七七〇年にハンベリーが書いている。しかも彼が述べている「ヴァージニア・ルピナス」（ペレンネ種 *L. perenne*）は、それより一世紀も前に紹介されていた。おそらくジョン・トラデスカント（息子）が一六三七年にヴァージニアへ旅をした時に持ち帰ったものの中に混じっていたのであろう。このルピナスは、少なくとも植物学者の間では、かなりよく知られていたにちがいない。というのは、一六五一年頃にイギリスで育てられている庭園用植物のうちでフランス中部ブロアの植物園に欲しいとしてロバート・モリソンが挙げた一覧表に載っていたからだ。しかしその色は貧弱で、庭園用の花としてそれほど人気がでなかったのははっきりしている。このルピナスはイギリスにやってきた多年生のアメリカ産ルピナスの最初のものとしてとくに興味深い。

アルボレウス種（*L. arboreus*）は、黄花で、英語では「ツリー・ルピナス」（Tree Lupin）という。一七九二年のヴァンクーヴァー船長による探検の際に、カリフォルニア沿岸で咲きみだれているのが発見された。この探検は、北太平洋と大西洋とを結ぶ航路を見つけ出すのが主要な目的であった。そしてこの航海に植物学者のアーチボルド・メンジーズが同行していた。彼は当時キュー植物園のいわば名誉園長であったジョゼフ・バンクス卿のもとに、このルピナスの種子をはじめ、多くの植物を持ち帰った。イギリスに着いてから、「ツリー・ルピナス」は海岸地方に住みやすい場所を見つけて、砂地や崖に帰化することになる。開花している時の蜂蜜のような匂いは、潮の匂いより

ルピヌス・ペレンネ
（CBM 第202図　1792年）

ルピヌス・アルボレウス
（CBM 第682図　1803年）

も強くて勝っている。青色のアメリカ産の多年生のヌートカテンシス種（*L. nootkatensis*）は同じ頃にヴァンクーバーの近くヌートカ・サウンドからもたらされたものであるが、スコットランドの川の小石の土手に新しいすみかを見つけて帰化していった。

　ポリフィルス種（*L. polyphyllus*）。さて最後に、多年生で庭園用の花として今日人気のある種類の祖先の登場である。この花は比較的遅くイギリスに入ってきたもので、カナダ太平洋岸のブリティッシュ・コロンビアでデヴィッド・ダグラスが見つけ、一八二六年イギリスに紹介した。今ではとても人気があるので、これが植えられていない庭を想像することは困難であるが、この植物がもっている様々な可能性が認められるようになったのはごく最近のことであり、それは故ジョージ・ラッセル氏のお蔭である。庭師であった彼は、一九一一年ジョージ五世の戴冠式があった頃にこの花の専門家になろうと決心したが、その時六〇歳であった。彼の努力とこまやかな世話によるすばらしい成果は、ジョージ六世の戴冠式があった一九三七年に初めて王立園芸協会で発表された。彼の作り出したルピナスは「ラッセル・ルピナス」と呼ばれているが、ポリフィルス種とアルボレウス種との交配によって生まれたもので、おそらく将来は、エドワード時代のスイートピーとならんでこの時代の代表的な花とみなされるであろう。もっともスイートピーのように、女性の胸元を飾ったりする個人的なアクセサリーとしては適していないけれども。

　ルピヌスという属名はギリシア語のlupeからきており、悲しみという意味である。ウェルギリウスが悲しげなルピヌス（tristis lupinus）といっているのは、この種子は水に入れて煮ないと、とてもにがいのでそれを食べた人の顔が思わず悲しそうに歪むというところから説明されよう。Ｊ・Ｅ・スミス卿によれば、「ルピナスの種子を除けば有毒な植物というものはない。これを用いればカバでも殺せる」（スミス夫人『Ｊ・Ｅ・スミス卿の思い出と手紙』一八三二）が、人間にとっては同じマメ科のラブルヌム（キングサリ属）の方が怖い。ルピナスはラテン語のループス（lupus）に似ているということ「オオカミのような大食」という好ましからざる評判を頂戴している。スウェーデンやオランダでは、この流れを汲んで「オオカミの豆」という名で呼ばれている。

レンギョウ

Forsythia
フォーサイシア

モクセイ科

レンギョウは今ではイギリスの庭にとても馴染み深いものだが、昔からイギリスに生えていたのではない。その園芸史はわずか一世紀ほどさかのぼるだけである。最初に記述されたのはフォーサイシア・ススペンサ（*Forsythia suspensa*　和名レンギョウ）で、中国原産であるが、日本で栽培されていた。日本では、ツンベルクが見つけたが、彼はこれを一種のライラック（これも同じモクセイ科に属する）であるとみなして、一七八四年出版の『日本植物誌』の中で、これにシリンガ・ススペンサ（*Syringa suspensa*）という学名を与えた。しかし、イギリスに最初にもたらされたのは別の種ヴィリディッシマ（*F. viridissima*　和名シナレンギョウ）で、ロバート・フォーチュンが中国の庭に咲いているのを見つけたものである。浙江の山中に野生の状態で生えているのもフォーチュンは見たが、彼の言葉によると、そこでは、もっと派手な姿をしていたということだ。これは一八四四年、ロンドン園芸協会に彼が送った植物の中に含まれていた。ススペンサ種は、一八三三年に、ミンヘール・フェルケルク・ピストリウスという人物によってオランダに導入されたが、一八五〇年頃まではイギリスには届かなかったようだ。その年一八五〇年には、エクセターのヴィーチ商会が育てていた記録がある。一八五七年には、「珍しくて美しい」灌木であると見られていたようだ。この灌木は、「有名なヴィリディッシマ種と同じく、間違いなく耐寒性がある」（『ボタニカル・マガジン』一八五七）ということが証明された。

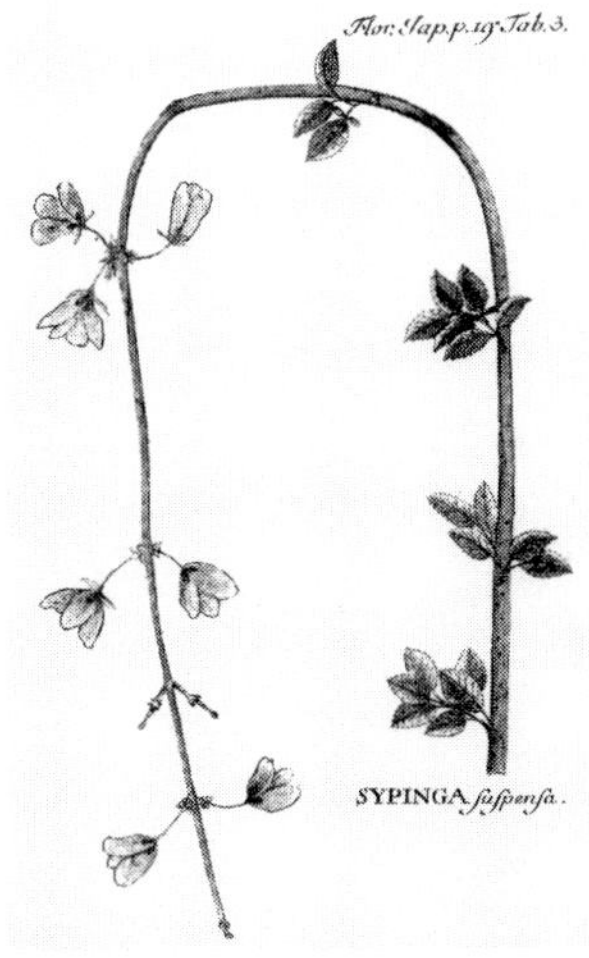

フォーサイシア・ススペンサ
（和名レンギョウ）
（ツンベルク『日本植物誌』
第3図　1784年）

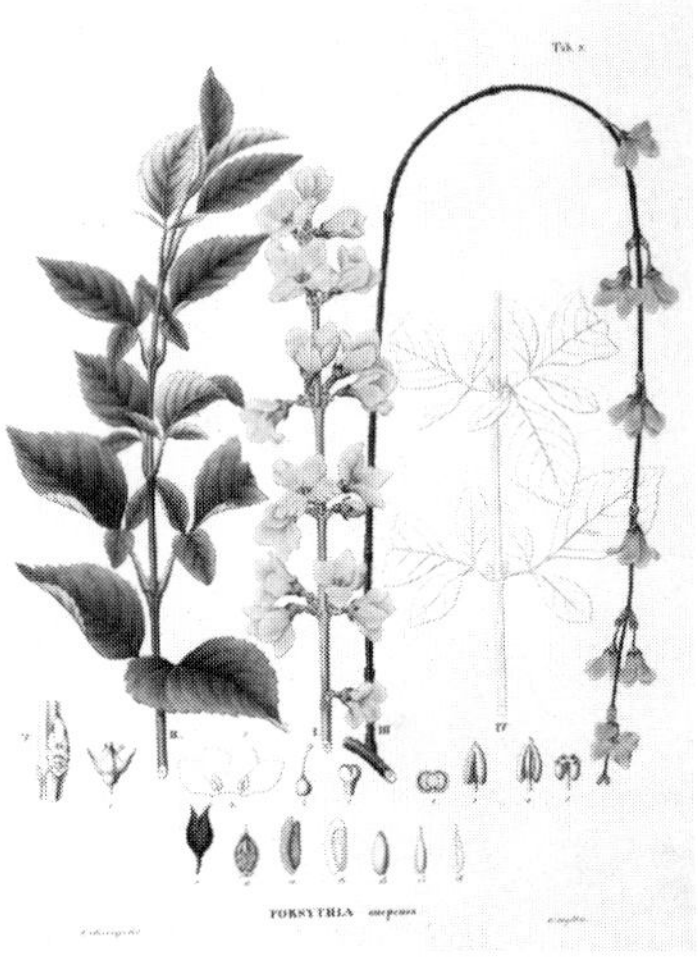

フォーサイシア・ススペンサ
（和名レンギョウ）
（シーボルト、ツッカリーニ
『日本植物誌』第3図　1835年）

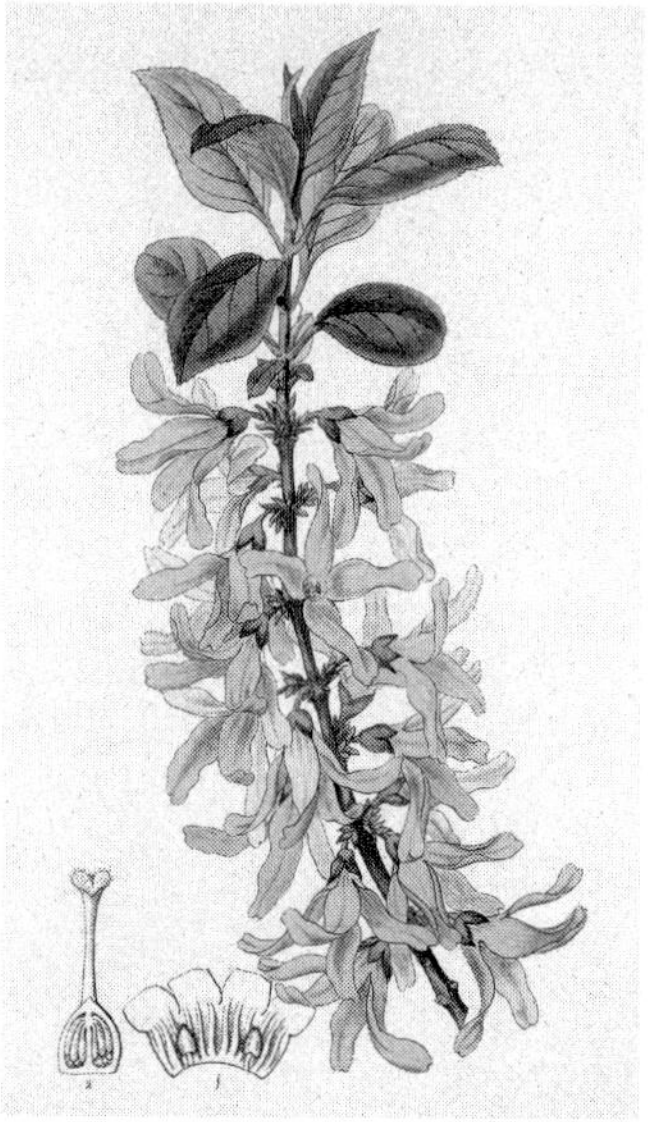

フォーサイシア・ヴィリディッシマ
（和名シナレンギョウ）
（BR第33巻39図　1847年）

この二種はいわば、レンギョウ属の基礎を作ったものである。両方とも変異をおこしやすく、ヴィリディッシマ種には朝鮮から来た斑入りの種類があって、それは大きな花がつき、強健である。矮性のものは、変種ブロンクセンシス（*F. viridissima* var. *bronxensis*）というが、その理由は、これがブロンクス地区にあるニューヨーク植物園で一九三九年頃に作り出されたからである。ススペンサ種の園芸種はさらにもっと数が多く、七ないし八種に分類されている。それらは、一八六一年に北京近郊でロバート・フォーチュンが見つけ、一度はフォーチュネイ種（*F. fortunei*）という種小名で違う種として分類されていた真っすぐに縦に伸びる種類から、茎が黒っぽくて、早い時期にプリムラのようなピンクの花が咲く園芸種アトロカウリス（*F. suspensa* var. *atrocaulis*）に至るまでいろいろである。アトロカウリス種の種子はファーラーが一九一四年に甘粛《カンスー》で、花が咲いている状態を知らずに採集したものであった。しかしこうした自然が作り出した変種に満足することなく、交配研究家は研究を重ね、ヴィリディッシマ種とススペンサ種の二種を交配させた。その成果は、ヨーロッパ大陸では一八八〇年頃に現れて、その一つにはインテルメディア種（*F.*× *intermedia*）という名前がつけられた。このレンギョウは、その後約一〇年してイギリスに紹介された。ロビンソンは、「最初は、匂いがあまり好きではなかったが、最近では、よい匂いだと思うようになってきた」と認めている。この交配種には多くのタイプがあって、最近まで、その中で一番良いものはスペクタビリス種（*F. spectabilis*）であると考えられていた。しかし、今では、これの「枝変わり」に負けてしまった。この枝変わりは、北アイルランドの庭に一〇年ほど前に現れたもので、カウンティーダウンのスリーヴ・ドナード種苗園の手で増殖されて広められた。正式な学名は *F. intermedia* var. *spectabilis* 'Lynwood' である。

やがて、アジアから別の二種がもたらされた。それは一九一〇年に甘粛から来たギラルディアーナ種（*F. giraldiana*）とオヴァータ種（*F. ovata*）である。後者の種子はウィルソンが朝鮮で収集したが、この場合も、ウィルソンは花が咲いている状態を見ていなかった。これらは、それ以前に紹介されたものほど庭に馴染まなかったが、アメリカでは、品種改良のために用いられ、この仲間も含めて、さらに多くの関心が寄せられるようになっている。いくつかの美しい交配種が、一九三九年以降アーノルド樹木園のサックス博士の手で作り出されている。それらについては、今後さらに多くの情報が得られるようになるであろう。ヨーロッパ産のレンギョウは、一八九七年にアルバニアで見つけられたエウロパエア種（*F. europaea*）がある。これは一八九九年にキュー植物園で種子から育て上げられた。しかし、ほとんど評価されない種である。

　真鍮色または金色に見えるレンギョウは、有能だが、押しが強く、無節操なスコットランド人ウィリアム・フォーサイス（一七三七～一八〇四）を記念してつけられた名前である。彼は、最初チェルシー薬草園でフィリップ・ミラーの弟子になり、その後継者となった。一七八四年に、ケンジントン・パークとセントジェイムズ・パークの二つの王立公園の園長になり、死ぬまでその職に就いていた。彼の名前は主に、生前はそのおかげで有名になり、死後は、そのために悪評がたったもの、つまりレンギョウの膏薬を作るのに関係があったということで記憶されている。レンギョウの膏薬というのは「秘法による」調合薬で、傷ついている木の傷口にそれを塗れば、その傷が治って、すばらしく硬い木になるといわれていた。しかも、硬い木を海軍が熱心に望んでいたから、特別に召集された議会の委員会は、フォーサイスの実験をケンジントン・パークで視察した後、「イギリス全土で、この薬の恩恵に浴することができるようにするために」、処方を公開することに対して政府が一五〇〇ポンド（今日の十倍の価値がある）を支給することを認めた。この薬の効果が実証されれば、さらにもっと高額の金が与えられるということになっていたが、それが支払われたという記録はない。フォーサイス自身は、材料が、雌牛の排泄物、石灰、木灰、砂、尿、石けんの泡である全く価値のない薬が、傷ついた木のどれにでも効果があると信じていたかもしれない。しかし彼は、これが自分自身の発明であるとはとてもいえないことは知っていたに違いない。というのも、彼の処方は昔の人や同時代の人が出している処方とほとんど同じだからである。この薬に関する悪評が、フォーサイスの園芸界への貢献に暗い影を投げかけているようだ。彼はロンドン園芸協会（今の王立園芸協会）創設の七人のメンバーのうちの一人である。彼はまた果樹の栽培法と取り扱い方について、当時とても人気の高かった本を書いている。

ワスレナグサ

Myosotis
ミオソティス

ムラサキ科

一三九〇年頃、ダービー公、ランカスターのヘンリー、後のヘンリー四世が自分の紋章の一つとして「ソヴェーニュ・ヴ・ド・モワ（Soveigne vous de moy）の花」、つまりワスレナグサを使った。この花は、それを身につけた人にけっして恋人から忘れられることはないという保証を授けるのである。その日以来ずっとヘンリー家の道具類には、ワスレナグサが現われる。例えば、ヘンリーの衣装を飾る銀メッキのワスレナグサの三〇〇枚の葉（花か？）とか、エナメル細工のワスレナグサの花のようなS字形の首飾りなど。Sという文字はSouveigneとかSouveraine（どちらも統治）を意味し、どちらの言葉もデザインされることがよくあった。S字形の首飾りはヘンリー自身が考え出したといわれているが、ランカスター派であることを示すために、男も女もすべての階層の人が身につけていた（この首飾りはエス頸章と呼ばれ、一五二五年にジョン・アレイン卿がロンドン市に贈ったものは、今日でも儀式の際に市長が官服の一部として着用している）。イギリスとフランスの最も優れた騎士二人の間で闘われた一四六五年の有名な槍試合での賞品は、ワスレナグサの花の首飾りであった。残念なことに、この中世の「フルール・ド・スヴナンス」（fleur de souvenance）が、現在我々がワスレナグサと呼んでいるものと同じものであるとい い切れない。というのもヨーロッパ大陸の一部では「ヌ・ムブリエ・モワ」（ne m'oubliez mye）〔フランス語のワスレナグサ〕と「フェアギース・マイン・ニヒト」（vergiss-mein-nicht）〔ドイツ語のワスレナグサ〕は水辺に生える「水辺のワスレナグサ《ウォーター・フォゲット・ミー・ノット》」（water forget-me-not）、つまりミオソティス・パルストリス（*Myosotis palustris*）のことであったし、また別の所では、この名前はクワガタソウ（*Veronica chamaedrys*）に用いられていたからである。プライアーは、我々の楽しい空想をぶち壊すことが嬉しいらしく、曖昧さが残るような、起源がはっきりしない事柄にはけっして満足しない人らしいが、彼はワスレナグサは

エス頸章をつけたトマス・モアの肖像
（H. ホルバイン（子）画　1527年
ニューヨーク、フリック・コレクション）

おそらくクワガタソウのことであろうと主張している。クワガタソウはドイツでは「名誉章」として知られているものである。「水辺のワスレナグサ」をはっきりと書いたものは一五四三年のブルンフェルスの『ディオスコリデス注釈』の中に見えるが「私を忘れないで」という名前である。しかし同じ時代の他の植物書では、この名前はクワガタソウに与えられている。

　ジェラードが述べている三～四種のミオソティスは「サソリ草」という別の名前で、一つはホークウィード（ヒエラキウムの仲間）の中に、別の一つは外国産のマメ科の植物の中に混じって、ほとんど気づかれない姿で『本草書』の中に忍び込んでいる。彼はワスレナグサという名前をまったく違った植物、黄色のアユガ・カマエピティス（*Ajuga chamaepitys*）に与えている。しかし「水辺のワスレナグサ」という名前は、ある地方ではもともとあった名前であるか、ドイツ語からの翻訳語として名前をつけかえたかどちらかである。

ミオソティス・パルストリス
（和名ワスレナグサ）
（BFP 第57図　1834年）

　十九世紀の初頭にゴシック・リバイバルが起こるとともに、日の当たらない境遇から浮上してきたのは、少なくとも「水辺のワスレナグサ」である。一八〇二年、コルリッジがこの花について述べた最初の人の一人となった。

　　小川に咲く青く明るい小さな花、
　　希望を表わす穏やかな宝石麗しいワスレナグサ。

自分の慕う貴婦人のために、川のほとりの青い花を集めているうちに川に落ち、その流れに流されながら「私を忘れないで」と叫んだという騎士の、あの感動的なドイツの伝説は同じ頃のロマンティックな時代の産物であろう。

　この頃ワスレナグサは、まだ庭向きの花とはほとんど考えら

ミオソティス・アルペストリス
（EB 第256図　1835年）

れていなかった。実際一八〇五年には野生の種類は、まだはっきりとは分類されておらず、アルヴェンシス種（*M. arvensis*）、パルストリス種（*M. palustris*〔＝スコルピオイデス種 *M. scorpioides*〕 和名ワスレナグサ）、アルペストリス種（*M. alpestris*）はすべて同一の種の変種であると考えられていた。「水辺のワスレナグサ」が「たいそう際立って優雅である」とか「池の周囲の装飾用としてとても美しい」（ミラー）と考えられるようになり、また湿地の境栽植物として栽培することができると考えられたのはこの頃であった。湿地用の植物としては、一八二九年にラウドンがこの「名の通ったセンチメンタルな花」ほど「美しいという言葉にふさわしいものはまずない」といっている。十九世紀の中頃までにはワスレナグサは「愛や友情の証として」（アン・プラット『イギリスの顕花植物』一八五五）パリの市場で花束にして売られるようになった。そしてセンチメンタルなドイツ人は、墓の周囲にワスレナグサを植えるようになった。一八七〇年代以前に、この植物は春の花壇の花として認められるようになり、そのために珍しくイギリスの自生種であるシルヴァティカ種（*M. sylvatica*）とアルプス山脈からきたディスシティフローラ種（*M. dissitiflora*）がよく育てられた。今日庭で栽培される変種はおそらくこの二種とアルペトリス種との交配によるものであろう。ピンク、白、縞模様（斑入りだったかもしれない）のものは十九世紀の終わりまでには栽培されるようになった。ヨークシャーで白のワスレナグサにつけられた魅力的な名前は「私のことを思って」（Think-me-on）であった。

「水辺のワスレナグサ」は茎に毛がなく、すべすべしている点が陸地の種とは異なっている。植物学者はこの毛は、交配を助けに飛んでくる虫を呼び寄せるのに用意してある蜜を、アリとかその他の虫が茎を登って取ってしまうのを防ぐためについていると説明している。ステップ氏は「このような付属物は、植物学者に類似の種を分類するための手掛かりを与えようと、植物が望んで作り出したものでないことはまず間違いない」といっている。しかし植物学者に、これとは違うサービスを植物がしている例がある。それは、十八世紀のドイツの植物学者シュプレンゲルの説で、彼は花の明るい色は信号としての働きがあるという結論に至り、それをさらに花と虫とは相互に影響しあって進化するという説に発展させていった。

ミオソティスとは「ネズミの耳」という意味で、葉の形が似ていると考えられたことによる。もう一つの古い呼び名「サソリ草」は丸くなった頭状花からきている。それがサソリの尾に似ていると考えられたのである。そこで、この植物はサソリの毒を消すことができると信じられていた。

植物に関わった人々の小事典

*これらの人物については本文中でもふれているが、ここでは重要な興味深い人物を選んで、訳者が手を加え構成した。

古代

植物・園芸・造園について記録を残したのは、ギリシア人やローマ人が最初ではない。エジプトや中国、その他の多くのアジア諸国には、もっと古い記録が残っている。しかし、ギリシア人・ローマ人は、ルネサンス期のヨーロッパの植物学者たちに多大な影響を与えたという点でたいへん重要である。ルネサンス期には、たくさんの観賞用植物の歴史がスタートした。それ以前には、例えばドイツスズランやジギタリスなど、後には観賞の花形になる多くの植物が人々に見過ごされ、不幸な時代をおくっていたのである。

テオフラストス　Theophrastus

紀元前三七〇年頃、レスボス島のエレススで生まれたとされる。プラトンやアリストテレスとも親交があり、数多くの書物を著した。『植物原因論』は初期の作品で、かつ現存するヨーロッパの植物書として最も古いものである。扱われているのは地中海沿岸の植物だけでなく、エジプト、ペルシア、インドにまで及ぶ。

プリニウス（大プリニウス）　Plinius Secundus the Elder

西暦二三年ヴェローナに生まれ、ローマ帝国の様々な要職を歴任した。たいそうエネルギッシュで好奇心旺盛な人物であったらしく、食事中も耳から知識を吸収しようと本を音読させる人物を雇っていた。またどこに出掛けるにも筆記者を伴い、服を着替えながらでも口述筆記させた。主著『博物誌』（全三七巻）では「一〇〇人の厳選した筆者の書いたものから、二万の重要な事項」を選んで載せていると述べている。西暦七九年、ヴェスヴィオ火山の噴火を観察しようと近づきすぎたため死亡したといわれる。

ディオスコリデス　Dioscorides

プリニウスと同時代のギリシア人だといわれるが、生没年ははっきりしない。現在ヴェネツィアに残る最古の写本は五一二年頃のものである。これは薬草の取り扱いと同定の方法を記したもの（『医薬資料論』）で、若い頃軍医として働いた経験が生かされているようだ。ヒポクラテスの書いたものとともに、以後一四〇〇年にもわたって西洋医学に影響を与えた。

中世

中世に著された植物書で、現在も残る重要なものはほとんどない。ギリシア・ローマの踏襲に終始し、伝説や迷信がつけ加わって、いっそう不正確な記述が多くなっている。中世独自の研究成果、直接の植物観察が加わることはなかった。アングロ・サクソン人による一〇〇〇年頃の写本がいくつか残っている。たとえば『ボールドの薬草書』とか『アプレイウスの本草書』の英訳本があるが、後者は原本そのものがディオスコリデスの焼き直しにすぎない五世紀のローマ人の書物である。しかし、十三〜四世紀の料理や医療に関する手稿のなかにはハーブ名のリストや当時の利用法が載っている。

ストラボ（八〇七〜八四九）
Walafrid Strabo

スイスのザンクト・ガレンの修道士。「小さな庭」という意味の書物『ホルトゥルス』を出版。これは各編がそれぞれ別の植物を扱っている合計二七編の詩を集めたものである。フランク王国の王、のちのカール大帝シャルルマーニュの伝記も著しているが、その中にシャルルマーニュが領地で栽培したいと思っていた植物のリストが載っており、バラやユリが含まれている。

アレクサンダー・ネッカム（一一五七〜一二一七）
Alexander Neckham

パリ大学に学んだ。のちイギリスのサイレンスターで司教になり『事物の本性について』という書物を著し、その後、詩の形式で書き直した。一〇編のうち二つがハーブと果物を扱っているが、実際の経験をもとにしたものではないようだ。というのも、理想の庭について書きながら、ヨーロッパの屋外では栽培が難しい植物をたくさん挙げているからである。

ジョン・ガーディナー（一四四〇年頃）
John Gardiner

実際に庭仕事にたずさわる庭師であったらしいが、ガーディナーについてはほとんど何もわかっていない。その名すらも推量である。とにかく残された資料は一四四〇年の『庭づくりの技術』と題する写本だけである。英語で記された最古の園芸書といえるが、詩の形式による八編からなっている。およそ一〇〇余りの植物名が現われるが、そのうち一三種類はイギリス原産ではない。造園書、園芸書が詩の形式をとるのは当時普通だった。ごく限られた人だけが読み書きできた時代に、韻文は記憶に便利だったからでもあろう。

ルネサンス

ルネサンスと呼ばれる異常な現象は、トルコがコンスタンティノープルを占領した一四五三年から始まるとするのが普通である。このときギリシア人の学者たちが大勢ビザンチン帝国からイタリアに逃れてきて住みついた。いつの時代の亡命者もよく似ているが、彼らも生計をたてるため自国語を教えた。その結果ギリシア・ローマの古典に対する関心が高まり、新しい学問の基礎ができた。これは印刷術の発明と期を一にしており、学問の復興というすばらしい結果を生んだ。ルネサンス運動は十六世紀半ばには全ヨーロッパに広まった。他の学問分野と同じく、植物学でも長い間忘れられていたギリシア語、ラテン語の書物が研究されるようになり、自国植物の同定が熱心に始められた。しかしその仕事は簡単ではなかった。古典の中の植物記載は不完全で、また花は除外されていることが多かった。しかも南欧固有の植物と同じものを北方でも探そうとしたため、同定作業は困難を極めた。十六世紀にはまた、新世界、アメリカ大陸の植物がスペインやオランダを経由してイギリスに到着した。

ウィリアム・ターナー（一五〇八～六八）
William Turner

イギリスの自生植物のうち二三八種類を同定し、記載した。イギリス植物学の父ともいわれる。だがその研究は二度にわたって中断を余議なくされた。ターナーは宗教改革の支持者であり、ヘンリー八世とメアリーの統治下にあって、迫害のため海外に避難せざるを得なかったからである。最初の国外避難生活中に、ボローニャで医学の学位をとり、大陸の著名な植物学者と知り合いになった。主著『新本草書』は一五五一年に出版されたが、続く第二部は再び海外避難生活のため、一五六二年まで出版できなかった。全編が完結したのは一五六八年である。

ヘンリー・ライト（一五二九～一六〇七）
Henry Lyte

サマセット州の良家に生まれた。祖先はイギリス史の黎明期にまでさかのぼる古い家系である。ライトの『新本草書』（一五七八）は、ドドネウスがフラマン語で著した『本草書』（一五五四）をクルシウスがフランス語訳したものの重訳である。しかし自分自身が集めたものとドドネウスが提供した新材料によるていねいな増補版といえる。

シャルル・ド・レクルーズ（クルシウス）（一五二六～一六〇九）
Jules Charles de L'Ecluse (Clusius)

十六世紀ヨーロッパの植物学者として最も重要な人物の一人で、フランドルに生まれた。健康に恵まれず、貧しかったが多才な人物で、八カ国語を操り、ヨーロッパ各地を旅行しながら豊かな植物学の知識を身につけた。およそ一四年間マクシミリアン二世に仕え、ウィーンの宮廷で過ごしたが、最後はライデン大学の教授になった。ここに植物園をつくり、オランダにおける球根栽培の基礎を築いたといわれる。若い頃からの成果をまとめて一六〇一年『稀少植物誌』を出版。リンネの仕事はこの本のおかげをたいそう被っている。クルシウスの業績はリンネを通じて現代の植物学にも影響を及ぼしているといえよう。

ジョン・ジェラード（一五四五～一六一二）

John Gerard

チェシャーに生まれ、ロンドンで理髪・外科医の修行をした。現在はロンドン市内だが当時は郊外であったホルボーンに有名な自分の庭をもっていた。彼を有名にした『本草書』（一五九七）の大部分は、ドドネウスの最後の著書『ペンプターデス植物誌』を、ある牧師が英訳したものから何の断わりもなく引用している。当時は、今なら盗作にあたる行為が珍しくなかったし、また今日ほど不埒なこととみなされていなかった。そのうえ『本草書』は誤りも多いが、ジェラードには一般の人を引き付ける魅力があるのか、広く読まれた。彼がつくった庭園植物の二つのリスト（一五九六と九九）は、当時どのような植物がイギリスで実際に育てられていたかを教えてくれるたいへん貴重な資料である。

植物観賞用庭園の発展

十七世紀、植物学が医学と区別されはじめる。それまでこの二つは、長い間密接な関係を維持し続けてきた。完全に別の科学となるのはさらに一〇〇年後であり、リンネの時代でもまだ、植物学者が医者であるのが普通だった。実用目的でない造園術が前面に出てくる。十七世紀の初め頃、半ば薬学、半ば植物学の「本草書」ではなく、純粋に庭園に植える観賞用の花を扱った出版物がはじめて現われた。後半になると園芸家《フロリスト》が現われる。園芸家とは、あらかじめ設定した望ましい基準にまで完璧に花を育てようと意図的に栽培を行なう人のことである。植物を早く、大きく育てたいという欲求に応えて、専門の種苗商が現われる。エリザベス朝の結び目花壇で始まったこの世紀は、ルイ十四世のおかかえ庭師ル・ノートルの豪華絢爛なフランス庭園で締めくくられる。

ジョン・パーキンソン（一五六七～一六五〇）

John Parkinson

薬剤師見習いからスタートし、一六一七年薬種商組合の創設に参加、二〇年には理事になるが庭仕事に熱中するようになり、二二年には引退した。彼を有名にした『太陽の苑、地上の楽園』（一六二九）のタイトルは、自分の名前（park-in-son）をラテン語にしたもので、これは主に観賞用植物だけを扱ったイギリス最初の絵入り本である。皇后に献呈され、その後彼はチャールズ一世のお抱え植物学者となる。この本で扱われなかった植物は続く二冊目で取り上げられることになっていた。二冊目出版の噂を聞きつけた『本草書』（ジェラード）の編集者は、改訂版の準備を急ぎ、それはパーキンソンのものが出る前、一六三三年に出版された。パーキンソンはこのような卑劣なやり方に文句もいわず一六四〇年に彼の著作の頂点をなす『植物の劇場』を出版した。自分の栽培記録と様々な資料をもとに約三八〇〇もの植物について記載している。彼自身が導入したもの、彼がはじめて記録した野生の植物など、とにかくパーキンソンは庭園の観賞植物多数に言及した最初の人であった。

ジョン・トラデスカント（父、?〜一六三八）
John Tradescant the Elder

出身地については諸説があるが、一六〇七年ケント州に住んでいるとの記録で最初に名前が現われる。一六一八年アルハンゲリスク付近で植物採集を行ない、ロシアの花を最初にイギリスへ紹介した人物になった。ヨーロッパ各地を旅行し、いろいろな仕事を経験したが、その間植物、とくに珍しい果物のほか、化石など様々な珍品の収集を始めた。収集品は、当時ロンドン郊外にあったランベスの家や庭に収めたが、多種多様なものがあるため、彼の屋敷はノアの箱船にちなんでトラデスカントの箱船と呼ばれ有名になった。イギリス最初の公共博物館であるオックスフォードのアシュモリアン博物館のコレクションは、この収蔵品を基礎にしている。パーキンソンの友人で、一六二九年『太陽の苑、地上の楽園』が出版された年からチャールズ一世お抱えの庭師になり、のち同名の息子（一六〇八〜六二）がこの職を継いだ。息子のトラデスカントも、アメリカのヴァージニアに三度のプラントハンティングに出掛けるなど、植物の収集で有名である。

ニコラス・カルペッパー（一六一六〜五四）
Nicholas Culpeper

パーキンソンと同じく薬剤師見習いからスタートした。占星術的な医療を実践したが、それはすべての病気はある惑星の支配下にあり、同じ惑星に支配されているハーブを処方すれば治るというものである。一六四九年に出した本は悪評を被ったが、これを改訂増補した『イギリスの医師』（一六五三）は評判になり、今世紀に至るまで多数の海賊版を含め、版を重ねた。彼はイギリス自生の植物の重要性を強く主張し、海外の植物を導入するジェラードやパーキンソンらを非難した。

トーマス・ハンマー（一六一二〜七八）
Sir Thomas Hanmer

若い頃チャールズ一世の宮廷に仕え、王党派軍の将校であったが、国王と議会の争いにあまり関与しなかったらしい。共和制になっても生き延びて、できた暇をもっぱら庭づくりと植物栽培に費やした。友人ジョン・イヴリンの庭の設計を助けたり、ジョン・レイに「数多くの見事な新種」を送り続けた。クロムウェル派の将軍で植物愛好家のランバートとも親交があり、栽培している種々のチューリップを与えた。彼の園芸書は生前出版されず、一九三二年、翌年これを編集出版することになるエルストーブが目をとめるまで陽の目を見なかった。

ジョン・イヴリン（一六二〇～一七〇六）

John Evelyn

日記作家として、またピープスの友人として有名だが、イヴリンは多方面で活躍している。英国学士院の創設時のメンバーだったし、真の庭の愛好家で大陸の庭園をあちこち見て歩いた。一六五二年イギリスに戻ると、デプト・フォードのセッズ・コートにあった庭を改良する仕事に、専念した。訳書を除き、出版した一二冊の本の中で『日記』についで有名なのは『森林樹木論』（一六六四）であろう。またロンドンの煤煙対策を論じた『フミフギウム』（一六六一）があり、そこには現在の「緑地帯《グリーン・ベルト》」のアイデアと同じものがすでに提案されている。

ジョン・レイ（一六二〇年代～一六七七）

John Rea

レイについて知られていることは少ない。種苗商だったといわれるが、重要なのは彼が職業的・専門的に花卉栽培を行なった非常に早い人物だという点である。花卉や果物について書いた『フローラ』（一六六五）はトーマス・ハンマー卿に捧げられた包括的な園芸書である。娘は牧師で園芸家のサミュエル・ギルバート（？～一六九二／九四？）と結婚した。ギルバートは一六八三年『フローリスト必携』を出版したが、月齢に合わせた庭仕事の指針が書かれており、なかなか楽しい園芸書である。

J・ピットン・ド・トゥルヌフォール（一六五六～一七〇八）

J. Pitton de Tournefort

大陸で十七世紀最大の植物学者。父親によって、聖職につくよう決められていたが、若い頃から植物研究の情熱が強く、モンペリエ大学で医学を学び、後には王立植物園で教授になった。一七〇〇年、ルイ十四世から植物採集の探検旅行を命ぜられ、地中海、黒海沿岸地域を二年間にわたって踏査、一八五〇種類に及ぶフランスでは未知の植物を持ち帰った。トゥルヌフォールは植物における性の存在を信じていなかった。たとえば花粉は「単なる排泄物」と考えていた。にもかかわらず、彼の作った植物分類法はリンネの時代まで用いられた。植物の性に初めて気づいたのはイギリス人ネヘミア・グルー（一六四一～一七一二）である。

ヘンリー・コンプトン（一六三二〜一七一三）
Henry Compton

ウォーウィックシャー、コンプトン・ウィニエイツの王党派貴族の家に生まれた。一六七四年オックスフォードの司教を経て、七五年ロンドンの王室礼拝堂の院長となった。その頃、後にジェイムズ二世となるヨーク公の娘メアリーとアンの家庭教師となり、彼女たちがその後長く帰依することになる新教ならびに園芸愛好の基礎を植えつけた。

彼は外国産植物の導入と栽培に情熱を傾けた最初の人物に数えられる。それらの植物を育てていたフラムの庭は有名で、後にヘンリー・ワイズと共同で苗圃を開いたジョージ・ロンドンもここで働いていたことがある。アメリカ植民地の教会を統轄する地位にあったため、アメリカ産の植物を手に入れるには好都合だった。派遣した宣教師たちを通じて入ってきた珍しい植物を一〇〇〇種類以上も温室で育てており、五〇〇種類もの耐寒性のある樹木・灌木も持っていたといわれる。

ジョン・バプティスト・バニスター（一六五〇〜九二）
John Baptist Banister

コンプトンによって、まず西インド諸島へ、ついでヴァージニアに派遣されたが、布教のための牧師としてよりも、熱心な植物収集家として有名になった。イギリス博物学の父といわれるジョン・レイが著した『植物誌』の第二巻には、バニスターが作り上げた植物のカタログが載っている。これはアメリカ産植物を研究した最初の出版物であった。植物学者ペティヴァーに送った美しい植物図と腊葉《さくよう》が残されているが、これはヴァージニアの植物についてまとまった著書を出版しようと考えていたためらしい。植物採集中に崖から落ちて死亡。彼がヨーロッパに送った植物には、アメリカ産ツツジ、ヒメタイサンボク、キク科のエキナケア属、サクラソウ科ドデカテオン属の植物がある。

メアリー・サマーセット（ビューフォート公爵夫人）
（一六三〇?〜一七一四）　Mary Somerset

イギリスの女性造園家の草分けの一人といえる。同時代の園芸家ステファン・スウィッツアー（一六八二〜一七四五）によれば、彼女は礼拝の時間を除き、一日の三分の二は、バドミントンやチェルシーにあった庭で過ごしたという。耐寒性のない異国の植物を育てるのがうまく、数千にものぼるコレクションで有名だった。一二巻もの腊葉標本帳が大英博物館に保管されており、花の画譜二巻はバドミントンの図書館に残されている。また彼女の名はオーストラリア産のフトモモ科の植物ビューフォーティア属に残されている。

植物への関心が広がる時代

十八世紀は偉大な造園の時代だった。この世紀、造園は芸術の一分野として栄えある位置を占め、紳士《ジェントルマン》が関心を持つにふさわしいものとされた。ルイ王朝の宮廷造園家ル・ノートルの整形式庭園がイギリスのケイパビリティー・ブラウンの風景式庭園にとって代わる。チェルシー薬草園が全盛期を迎え、キュー植物園が創設された時期でもある。リンネの植物分類法が受け入れられて植物学の革命が起こった。リンネの方法は時代をくっきりと前後に分かち、その後庭師が皆、植物をラテン名で呼ぶようにまでなった。

十八世紀はまた、探検と発見の時代でもあった。この時代に専門の収集家、博物学者が、また同時に、これらの人びとを支えるパトロンが現れた。大きな庭園の造成に適う樹木、灌木が求められ、南アフリカや北アメリカ東部から新種の導入が続いた。その多くは、晩年イギリス国王おかかえ植物学者に任命されたフィラデルフィア在住のジョン・バートラムとロンドンの商人でアマチュア植物学者のピーター・コリンソンの活動による。

十八世紀中に、植物採集を専門的に行なう、いわゆるプラント・ハンターが各地に派遣されるようになるが、未知の土地への探検旅行には、必ず植物学者が同行するようになった。最も有名なのはニュージーランドとオーストラリアを発見したクック船長の航海に同行したジョゼフ・バンクス卿であろう。彼らが上陸した地点は植物が豊富で、集めた標本を浜辺で多数乾かしたため、バンクスはそこを「植物学の湾《ボタニー・ベイ》」と名付けた。

また、その頃の育苗家は、単に植物栽培のエキスパートであるだけでなく、異国の珍しい植物の紹介者になっていった。つまり当初は旅行家の持ち帰る植物をうまく育てる技術をみがくだけだったのが、その職分を超えて、独自に収集の専門家を送り出すようになる。育苗家は庭師や採集人を訓練し、植物を購入した顧客へのアフターサービスも行う種苗商になってゆく。

ジョージ・ロンドン（？〜一七一四）　**George London**

チャールズ二世のおかかえ庭師であったジョン・ローズの下で徒弟修業を行ない、有名なフラムの庭の所有者コンプトン主教に雇われた。一六八一年、自分の苗圃を開き、のちヘンリー・ワイズ（一六五三〜一七三八）と共同して仕事を行なうようになる。このコンビによる造園はたいへん有名で、ハンプトン・コートの改造を手がけ、とくに迷路を設計したことが特筆される。またブレニム宮園をつくったことでも知られる。ワイズと共同で出版した二冊の本はいずれもフランス語からの翻訳で、ルイ・リジェールの『引退した庭師』（一七〇六）とケーンティンの『完全なる庭師』（一六九九）である。

トーマス・フェアチャイルド（一六六七〜一七二九）
Thomas Fairchild

種苗業者。イギリスでブドウの栽培を試みた最後の園芸家。人工交配の実験を行なった最初の人でもある。もっともその作業を不自然で不道徳だと思ってはいたけれども。著書『ロンドンの庭師』（一七二二）はロンドンの庭にふさわしいと彼が判断する灌木、樹木、一年草、多年草について記述したもので、広場や墓地の植栽についても提言している。

フィリップ・ミラー（一六九一～一七七一）

Philip Miller

園芸商の家に生まれた。ハンス・スローン卿がパトロンとなり、一七二二年その援助でチェルシー薬草園の管理人になった。二年後には最初の園芸書を出版。ミラーの名声を不動のものにした『庭師の辞典』は一七三一年に出た。今日に至るまで、あらゆる庭づくりの辞典の原形をつくったこの優れた本は、著者の生前にも没後も、繰り返し改訂され出版された。一七六八年の第八版から、リンネの分類法が採用されるが、この版には初版の二倍の植物が記載されている。それ以前はおよそ一〇〇〇種の植物しか栽培記録がなかったが、ミラーが亡くなる頃にはその数が五〇〇〇種にものぼっていた。

カール・フォン・リンネ（一七〇七～七八）

Carl von Linne

世界的に有名な植物学者。慎ましいルター派の両親をもち、彗星のように植物学の頂点を極めた。一七四一年、ルドベック（子）の後を継いでウプサラ大学の植物学の教授となった。イギリスをはじめ各国から魅力的な勧誘の申し出があったが、最後までこの地位にとどまった。世界中の植物学者と交流があったが、ふつうしゃべるのはスウェーデン語で、学者間の会話、文通、学生の講義はすべて学者の世界の共通語であったラテン語で行なった。リンネは植物学へ偉大な二つの貢献をした。一つは生殖器による体系的な植物分類、もう一つは植物命名の二名法である。それ以前にはおそろしく長いラテン名が植物についており、類似の名前も多く混乱を極めていたのである。

ジョン・ヒル（一七〇七～七五）

John Hill

多才で有能な人物であったが、浮き沈みが激しかった。薬屋、俳優、文筆業など、様々な職を遍歴し「ある月、立派な馬車に乗っているかと思えば、翌月には借金のため監獄にいる」有様だったという。医学、植物学に関するものはもちろん、演技法、結婚生活指南、神学、海軍史、昆虫学から、オペラ、小説、コメディーまでじつに様々なものを書いた。一七五九年に刊行を始めた『植物の世界《ベジタブル・キングダム》』は完成までに一六年を費やした二六巻の大著で、これによりスウェーデン国王からヴァーサ勲章を受けた。リンネはくだらない本だと嘆いたが、ヒルの方はリンネを賞賛し、彼の分類法をイギリスへ最初に紹介した人物となった。

ジェイムズ・ジャスティス（一六九八～一七六三）

James Justice

『スコットランドの庭師の指導者』を一七五四年に出版。そこに記載されている花の大きさが信頼できるとすれば、彼は凄腕の園芸家だったろう。また当時のオランダから手に入るいろいろな球根の種類についても述べている。かつて栽培法を学ぶため二度オランダを訪れたことがあったからだろうか。スコットランドに初めてパイナップルを持ってきた人でもある。ヨーロッパで最もすばらしいオーリキュラのコレクションを持っていたともいわれる。

ウィリアム・ハンベリー（一七二五〜七八）
William Hanbury

庭づくりについて書いた人の中でも特筆に値する。牧師で、一七五三年レスターシャーのラングトンの司祭になり、慈善活動資金をつくるため苗圃を始めた。『栽培試論』（一七五八）に、この計画を詳しく述べている。一七六九年から刊行を開始した『栽培および造園の本義』は、一週間ごとに出される、一部六ペンスの小冊子だった。包括的で中身が濃く、七七年まで八年間にわたって続いた。

マーク・ケイツビー（一六八二〜一七四九）
Mark Catesby

エセックスに生まれ、ロンドンに活動の拠点を持った人物だが、記録が残るのは一七一二年、北アメリカのヴァージニアに植物採集に出掛けてからのことである。北アメリカに七年間滞在し、珍しい植物を採集しては、種苗商のトマス・フェアチャイルド（一六六七〜一七二九）や植物学者サミュエル・デイル（一六五九〜一七三九）らに送り続けた。これらは植物学者ウィリアム・ジェラード（一六五八／九〜一七二八）やハンス・スローン卿（一六六〇〜一七五三）らの目を引き、ケイツビーは彼らの勧めにしたがって北アメリカの自然物を記録し、採集する仕事のため、二度目の探検旅行に出た（一七二二〜二六）。この時の成果が『カロライナ等の博物誌』で、一七三〇年から四八年までかかって完成した二〇巻に及ぶ大著である。一七三三年に英国学士院会員となった。会報に載せた論文の一つに当時としては画期的な内容の、鳥の渡りを論じたものがある。

ピーター・コリンソン（一六九四〜一七六八）
Peter Collinson

ケイツビーの大作の出版に資金援助をしたのがコリンソンである。クエーカー教徒の織工の家に生まれたが、二歳でロンドン市内ペッカムの親戚に引き取られ、ここで庭への関心が植えつけられた。後の一七二二年に彼が自分の庭を初めて持ったのもペッカムである。一七四八年この庭を見たスウェーデンの植物学者ペーター・カルムは異国の珍しい植物であふれていること、特にアメリカ産植物が多いことを記述している。

コリンソンは海外からの種子や苗を扱う仕事を通じて、園芸家やプラント・ハンターたち、あるいは自然科学者のネットワークを作り上げた。ベンジャミン・フランクリンやリンネらもその輪の中にいた。しかし最も頻繁な交流があったのは、ジョン・バートラムで、彼が一年に二〇箱程度の植物を送ること、一箱には一〇〇種類の異なる種子や苗を詰めること、他方コリンソンは衣料品、書籍、ヨーロッパ産の種子や苗を送ることなどの契約が結ばれた。コリンソンはバートラムに、まず一箱五ギニーを前払いし、植物の買い手を見つけるのである。買い手は徐々に増え、ついにはリッチモンド公、ノーフォーク公、ベッドフォード公など、大きな庭の所有者が多数パトロンとなった。この点でバートラムは、職業的プラント・ハンターの先駆けといえよう。

こうして集められた植物は、ケンブリッジ植物園や大英博物館が創設される際の基礎ともなった。

ジョン・バートラム（一六九九～一七七七）

John Bartram

畑を耕作している際に鋤《すき》で切り裂いてしまった花を見て、その美しさと精妙さにうたれ植物研究に志したという逸話が残されている。一七二八年には栽培用の土地を買い増しして植物園をつくり始めた。一七四〇年頃にはコリンソンと契約を結び、北アメリカの植物をヨーロッパに送る仕事に入った。他にフィリップ・ミラー、ハンス・スローン卿らとも契約していた。またディレニウスに勧められ、苔の研究にも強い興味を抱いた。一七六五年にはコリンソンの推薦によってイギリス王室御用達の植物採集家となり、年俸五〇ポンドを得ることとなった。一七六八年コリンソンが没した後も彼は他のイギリスの植物学者に植物を送り続けたが、一七七六年の独立戦争の開始によってイギリスとの行き来も減少し、翌年の死によって幕を閉じた。

彼の収集品にはそれまでヨーロッパ人には知られていなかった北アメリカ大陸奥地の各種の植物が含まれるが、野生種は絶滅し、今は栽培種のみが残るツバキ科の美しい花木フランクリニアは特に有名である。

ウィリアム・バートラム（一七三九～一八二三）

William Bartram

ジョン・バートラムの五番目の息子であり、父の仕事を継いだ唯一の子である。ウィリアムの最も有力なパトロンだったのはクエーカー教徒の医師で植物愛好家であったジョン・フォザーギルである。ウィリアムは一七七二年、フォザーギルの援助を受けることになり、七三年から七八年まで南部への植物採集探検を行った。この探検は一七九一年、『南北カロライナ等旅行記』と題して出版され、広範な読者を獲得した。

ウィリアム・バートラムによる植物や風景の叙述は、実に生き生きとしており、コールリッジ、ワーズワースらのロマン派詩人にかなりの影響を与えたといわれる。先住民たちとの交流も深かったようで、花のハンターという意味であるパク・パギィという名前をもらったことを誇りにしていた。不思議なことに、その後彼は全く採集旅行を行わず、本も書かなかった。

ジョゼフ・バンクス（一七四三〜一八二〇）

Joseph Banks

コリンソンは商人、バートラムは農夫、ケイツビーは編集者といった風情があるが、バンクスには貴族的な賢人といった雰囲気が漂っており、十八世紀の植物文化を代表する知識人として彼を外すことはできない。

子供時代から植物学に興味を持ち、一七六六年ニューファウンドランドとラブラドルへの探検旅行を皮切りに、その二年後にはクック船長の世界一周に同行、一七七二年にはアイスランドと、若い頃に世界を探検して回った。

一七七二年キュー庭園の名誉園長、一七七八年英国学士院の院長となり生涯その地位にあった。彼の大きな功績は、世界中に優秀なプラント・ハンターを送り出したことである。南アフリカにフランシス・マッソンを、中国にウィリアム・カーを、カリフォルニアにアーチボルト・メンジーズを派遣し、おびただしい外国産の植物をイギリスへ導入させた。

クック船長の航海で、バンクスが同僚のソランダーとともに持ち帰ったオーストラリア産植物の新種の多さに圧倒され、リンネは新大陸をバンクシアと名づけるべきだという考えを持ったが、結局オーストラリアと呼ばれるようになり、バンクシアはオーストラリアを代表する植物の一属の名になった。

育苗家・種苗商たち

十八世紀になると、育苗家は、単に植物栽培のエキスパートであるのみならず、異国の珍しい植物の紹介者になっていった。つまり当初は旅行家の持ち帰る植物をうまく育てる技術をみがくだけだったのが、その職分を越えて、独自に収集の専門家を送り出すようになる。育苗家は庭師や採集人を訓練し、植物を購入した顧客へのアフターサービスも行う種苗商になってゆく。

クリストファー・グレイ（一六九三／四〜一七六四）

Christopher Gray

外国産の植物、特にアメリカの植物を大量に育てていた最初の人物。グレイについての記録はきわめて乏しいが、コリンソンによれば、コンプトン主教のコレクションの一部が彼の手に渡っていること、ケイツビー、コリンソン、ミラーらがグレイの種苗園のコレクションにかなりの貢献をしていたことは確かなようだ。一七四〇年にグレイが出した樹木、灌木の販売目録は、イギリス最初の種苗商のカタログとされている。タイサンボクを育てていた記録もイギリスでは最も早いものである。

ジェイムズ・ゴードン（一七〇八?～八〇）

James Gordon

詳しい生涯は不明だが、スコットランド人で、薬種商ジェイムズ・シェラード（一六六六～一七三八）やピーター卿（一七一三～四二）の庭師だったことはわかっている。ピーター卿の死後、一七四三年にロンドン市内マイル・エンドに苗圃を、近くのフェンチャーチ通りに種子販売店を開いた。そして外国産植物を種子から育てあげる技術で有名になった。

コリンソンは一七六三年に、ゴミのように小さな種子からカルミアやシャクナゲやツツジの立派な木を育てる人物をゴードン以外にこれまで見たことがないと誉めあげている。中国産のイチョウを初めて育てたこと、ツバキやクチナシをたくさん導入してイギリス国内に流通させたことでも有名である。

ジェイムズ・リー（一七一五～九五）

James Lee

貴族のお抱え庭師を振出しに、いくつかの邸宅で働いた後、一七四五年ルイス・ケネディー（一七二一～八二）とともにハンマースミスに種苗園を開いた。この商売は発展して一七七四年には、家庭菜園から温室で育てる熱帯の植物まで、あらゆる園芸植物の種子や苗を載せた七六頁もあるカタログを発行できるまでに至った。オーストラリア産の植物の種子をきわめて早く手に入れた人物であり、南アフリカの植物を数多く育てていたことでも有名。

ルイス・ケネディーはあまり目立たない人物だったが、一七八三年に彼の没後を継いだ息子のジョン・ケネディー（一七五九～一八四二）はリーの種苗園の歴史に大きな足跡を残している。ジョンはナポレオン夫人ジョゼフィーヌに招かれマルメゾンの庭園植栽を担当した人物である。ちょうど英仏両国がナポレオン戦争で交戦中だったにもかかわらず、ジョンは何度もフランスに渡った。ジョゼフィーヌは多額の植物をリーの種苗園から購入した。その間にリーは亡くなり、同名の息子ジェイムズ・リー二世（一七五四～一八二四）が家業を引き継ぎ、ジョン・ケネディーとともに種苗園を繁盛させた。彼らは南北アメリカ大陸や南アフリカにプラント・ハンターを送り込み、多くの珍しい植物を手に入れたが、おかげでフラム、ケンジントン、フェルタム、スタンウェル、ベッドフォントなど、一〇に近い支店が誕生するまでになった。ジョンが一八一三年に隠退した後もリー二世によって商売は順調だったが、一八二四年に彼が亡くなった後は徐々に勢いがなくなった。それでも一八九九年にリー二世の息子ジョンが亡くなるまでこの種苗商は続いた。

コンラッド・ロッディジーズ（一七四三?～一八二六）

Conrad Loddiges

一七六一年頃にハックニーに移住してきた非国教徒のオランダ人である。それからおよそ一〇年後、ロシアのエカテリーナ二世のお抱え庭師になったジョン・ブッシュというドイツ人から苗圃を譲り受け、これがその後新種の植物栽培で有名になる種苗園のスタートとなった。経営が最高潮に達したのは十九世紀息子のジョージ（一七八四～一八四六）の時代で、温室内に新式の暖房や人工降雨装置を取り付けるといった工夫のおかげであった。ヤシやツバキなど異国の植物の膨大なコレクションを持っていることや、耐寒性のある樹木、灌木を名前のアルファベット順に植えた畑で有名だった。ある記録には変種を除いても八〇〇〇種の植物が育てられており、耐寒性のある樹木、灌木だけで二六六四種を数える、と出ているほどである。

　ロッディジーズ父子が出版した『ボタニカル・キャビネット』は一八一八年から三三年にかけて全二〇冊にわたった。これは一七六〇年ジェイムズ・リーが『植物学入門』と題した一種の植物リスト兼販売カタログの出版を成功させてから他の種苗商がならった書物の形式にのっとっている。植物についての情報は乏しいが、主として息子のジョージ・ロッディジーズが描いた質の高い二〇〇〇枚に及ぶ植物図はすばらしい。

ヴィーチ商会 Veitch nurseries

　ジョン・ヴィーチ（一七五二～一八三九）、ジェイムズ・ヴィーチ（一七九二～一八六三）、ジェイムズ・ヴィーチ（一八一五～六九）、ジェイムズ・ハーバート・ヴィーチ（一八六八～一九〇七）、ハリー・ジェイムズ・ヴィーチ（一八四〇～一九二四）、ジョン・グールド・ヴィーチ（一八三九～七〇）、ロバート・ヴィーチ（一八二三～八五）、アーサー・ヴィーチ（一八四四～八〇）。

　十八世紀の末にスコットランドからデヴォンシャーのキラトンに移住してきたジョンが、ヴィーチ王朝《ダイナスティ》と呼ばれる種苗商一族の初代である。彼は一八〇八年キラトン近郊に苗圃用の土地を借り、その後数世代にわたるヴィーチ商会の繁栄の基礎を築いた。一八三二年ジョンは息子のジェイムズ、孫のジェイムズ二世、ロバートとともにエクセター近くのマウント・ラドフォードに種苗園を移した。一八五三年にはジョン・ヴィーチ＆サン商会と名乗り、チェルシーのナイト＆ペリー商会の経営権を購入した。ジェイムズ二世はロンドン支店の経営にあたり、エクセターは、父のジェイムズ、ついでその弟ロバートが采配をふるった。ロンドンでの商売は順調で、ジェイムズ二世が亡くなると、二人の息子ジョン・グールドとハリー・ジェイムズが後を継いだ。さらにジェイムズ・ハーバートとジョン・グールド二世が続く。一九〇七年ジェイムズ・ハーバートが亡くなると、その後を継ぐ息子がおらず、一時ハリーが復帰したが、第一次大戦の勃発前に商会は解散し、その歴史を終えた。

　ヴィーチ商会が園芸史上で重要なのは、当初から専門の植物採集家、プラント・ハンターを世界中に送り出したことである。一八四〇年から一九〇五年の間に二二名を派遣したが、その中にはチリ、カリフォルニアで採集したウィリアム・ロブ（一八〇九〜六四)、E・H・ウィルソン(後出)、中国と日本で採集を行ったチャールズ・マリーズ(一八五一〜一九〇二)らがいる。また園芸品種の大規模な育種を行ったことも特筆され、特にベゴニアやランが有名である。たくさんの園芸品種に「ヴィーチー」やエクセターの地名を示す「エクソニエンシス」の名がつけられていることからも、華々しかった事業がうかがえる。

十九世紀の発展

十九世紀が始まる頃は、すでに植物・園芸の分野も大きく広がり、専門分化が必要になっていた。専門の研究論文が増える一方、優れた一般向け書物は減っていった。マドック、ホッグ、エマートン、グレニーらがいわゆる「園芸家《フロリスト》」の扱う観賞用の花についての本を出版した。十九世紀初頭の特徴は、隔週刊か月刊の雑誌が氾濫したことで、その多くは新しく導入された外来植物の美しい挿絵を掲載していた。カーティスの『ボタニカル・マガジン』がその先駆けで、すでに十八世紀後半の一七八七年に発刊され、なんと二世紀を経た現在も刊行が続いている。その後一七九七年に『ボタニスト・レポジトリー』、一八〇四年『異国の植物《エキゾチック・ボタニー》』、一八一五年『ボタニカル・レジスター』、一八二一年『ボタニカル・カルティヴェイター』、一八二五年『植物園《ボタニック・ガーデン》』、一八三四年『マガジン・オブ・ボタニー』が次々と出たほか、多くの似たような雑誌が現われた。ウィリアム・フッカー卿が、その頃低迷していたカーティスの『ボタニカル・マガジン』の編集を受け継いだとき、同種の絵入り雑誌が他に一〇種類も出回っていたほどである。この世紀、多くの植物が外国から導入された。南国から寒さに弱い植物が多数入ってきたのは、この頃グリーン・ハウスとかコンサーヴァトリーと呼ばれる温室が普及していたためで、その頂点にロンドン万国博にパクストンが設計した水晶宮が位置する。温室内だけでなく屋外の庭も、カリフォルニア産一年草を含む北アメリカ西部から導入された植物や、十九世紀の終わり頃、中国・日本から次々に入ってきた植物で豊かになっていった。この世紀はまた、屋外の花壇栽培が盛んになり、そして衰えた。花の品評会、フラワー・ショーが始まり、後に王立園芸協会となるロンドンの園芸協会など、多くの学者、愛好家の団体が設立された。

エリザベス・ケント(一八二〇年代に活躍) Elizabeth Kent

ケント嬢については、あまり知られていない。一八二三年『内国植物誌《フローラ・ドメスティカ》』を匿名で出版、一八二五年『森林概要』を出した後、『タイムズ』紙へ若い女性に植物学を教えたいとの広告を出した。鉢植えにふさわしい植物は何かを彼女は追求したが、大はタチアオイから小はヒナギクまで、またつる植物から灌木・樹木までも視野に入れており『内国植物誌』では二〇〇種を扱っている。

ヘンリー・フィリップス（一七七九〜一八四〇）
Henry Phillips

ロンドンとブライトンで教師をしていた。一八二三年に教師を辞め、その後植物学と風景式造園に専念する。園芸植物史の本を最初に書いた人であり、この分野の唯一の研究者であった。その『植物史』（一八二四）は、果樹、野菜、造園樹木、花卉を扱うシリーズものの最終巻として出た。友人である画家のコンスタブルはフィリップスが「たいへん知的でおおらかな心の持ち主」であり、また彼の本は「何歳の子供にもためになり、おもしろい」と評している。ケント女史の『内国植物誌《フローラ・ドメスティカ》』は匿名だったため、何度かフィリップスの著書とされたことがあった。

ジョン・クローディアス・ラウドン（一七八三〜一八四三）
John Claudius Loudon

ジェーン・ラウドン（一八〇七〜五八）
Jane Loudon

このすばらしい夫婦は、一生の間にできる仕事としては、じつにおびただしい、しかも深い学識を示す園芸・造園関係の文献を生み出した。スコットランド生まれの夫は『造園百科』『植物百科』『別荘の庭師』『郊外の庭師と別荘の友』『園芸家』のほか『農業百科』『建築百科』など、いずれも一〇〇〇頁を超す大部な、しかもおそろしく小さな活字の本を次々と世に送り出した。ドイツ・イタリア・フランス・ロシアを旅し、イギリスでは各地で風景式庭園や墓地を設計した。足がかなり不自由だったことを考えると驚くべき仕事量である。一八二五年、骨折後の処置が悪かった右腕を切断、その後左腕も悪くなり、指が二本しか使えなかった。妻の方は、一八三〇年に結婚した頃は植物学も園芸学もまったく知らなかったが、筆記者として夫を助けるかたわら、みずからも勉強して、かつての自分のような初心者のために数多くの入門書を書いた。ラウドンの最も野心的な著書は、八巻本の『英国樹木果樹誌』（一八三八）である。ヒルの『植物の世界』と同じく、この出版開始は著者をひどい経済状態に追い込んだ。一族はラウドンを支援するため団結した。彼の姉と妹はその挿絵のために木版画を学び、妻は資金を得るため四巻本の『婦人のための花の庭』に取り組んだ。

ウィリアム・ロビンソン（一八三八〜一九三五）
William Robinson

アイルランド生まれ。けんか早い気質だったらしく、それがもとで、ある邸宅の現場監督を辞めた。その後、リージェント・パークの王立植物園に職を得て小さな庭の責任者となる。この庭に植えるイギリスの野生植物を探して国中を歩いたことで、田舎の庭に咲く花の美しさを知った。それ故、整形式庭園の人工性に対して長く激しい戦いを挑むことになる。友人のガートルード・ジーキル女史の助けを得て、本や雑誌で野生の庭や森林の庭を賞賛する論陣を張った。ロック・ガーデンの開拓者でもある。『イギリスの花の庭』（一八八三）は版を重ね、古典的文献の一つになっている。

二十世紀

レジナルド・ファーラー（一八八〇～一九二〇）

Reginald Farrer

ロビンソンの仕事に刺激を受けてロック・ガーデンに関心をもち、一生の研究テーマとした。プラント・ハンターとしても有名で、アルプスへ何度か採集旅行に出かけたし、日本にも一年間滞在していた。高山植物への関心を反映してか、最も実りが多かったのはヒマラヤ地域への採集旅行であった。最後はビルマで肺炎にかかって亡くなった。彼は誰にでもすぐに伝わる熱心さで本を書いた。『イギリスのロック・ガーデン』（一九二二）は専門の園芸家でなくても楽しめる。

日本に滞在した医者たち

日本は、長らくヨーロッパ諸国に閉ざされていた。この花にあふれた王国への唯一の鍵穴は、長崎港にある小さな島、出島で、オランダの東インド会社は交易所を置くことを認められていた。その間、日本の植物について得られる情報といえば、東インド会社に勤める三～四人の医師から入るものに限られていた。そして、これら植物に関心ある人びとといえども、日本の本土から出島に持ち込まれるもの以外は知ることができなかった。しかも普通それらは庭で育てられている園芸植物で、後には中国原産であると判明したものが多かった。

日本の植物についていち早くヨーロッパに情報をもたらしたのは、ドイツ人アンドレアス・クライアー（？～一六九八？）である。一六八二年から八六年にかけて出島に二度勤務し、日本の植物を描いた多数の図を持ち帰った。日本のアネモネを記述した最初の人物である。

エンゲルベルト・ケンペル（一六五一～一七一六）

Engelbert Kaempfer

ドイツのレムゴーに生まれ、ハーメルンで最初の教育を受け、クラクフの大学に学んだ。スウェーデン訪問の際に、ペルシアに派遣される大使の秘書になり、ロシア経由でイスファハンに至り、二年間滞在。ついでオランダ東インド会社の船医となり、セイロン、スマトラ、バタヴィアを経由して日本に到着、出島におよそ二年間住んだ。その間二度江戸参府に同行した。一六九二年バタヴィア、九三年にはアムステルダムに帰り着いた。

九四年ライデン大学に提出した論文で医学博士の学位を受けて、故郷レムゴーに戻った。リッペ伯の侍医になったため、多忙になり旅行で集めた資料を整理して出版する時間に乏しかった。生前に出版されたのは全五章からなる『廻国《かいこく》奇観《きかん》』（一七一二）一冊のみである。この第五章は日本植物の記述にあてられている。

ヨーロッパの庭で見られる日本の植物の多くは、ケンペルが初めて記述したものである。彼は日本名をそのまま載せたが、約半世紀後にリンネによって分類が行われるまでラテン語名がなく、その日本名しか存在しなかった。もう一冊のケンペルの著書は『日本誌』であり、遺稿を手に入れたハンス・スローン卿が英訳させたものが一七二七年に出た。日本の果物には香りが少ないこと、花は他国に咲く同種のものに比べ落花が早く、香りが弱いが色の美しさで勝るといった記述がみられる。

カール・ペーター・ツンベルク（一七四三～一八二八）Carl Peter Thunberg

スウェーデンの牧師の家に生まれ、リンネに植物学を学び、一七七〇年ウプサラ大学を卒業した。リンネの友人、アムステルダム大学植物学教授ビュルマンの口添えで、オランダ東インド会社の医者となり、まず喜望峰に行った。約三年間の滞在中にオランダ語を学び、植物を研究した。その成果から「南アフリカ植物学の父」と呼ばれることがある。

一七七五年日本へ向けて出航し、途中ジャワを経て長崎に到着。約一年間の滞在中に、三カ月にわたる江戸参府に随行し、途中で植物採集を行った。日本の野生植物についての知識は、出島で飼育している動物の飼料として毎週運び込まれる草の研究を通して得たものが多い。

帰国後、すでに亡くなっていたリンネの後任としてウプサラ大学の植物学教授になった。一七八四年に出版された『日本植物誌』には、それまでヨーロッパに知られていなかった三〇〇以上もの日本産植物についての記述がある。

フィリップ・フランツ・フォン・シーボルト（一七九六～一八六六）Philipp Franz von Siebold

南ドイツ、ヴュルツブルクの医者の家に生まれた。大学で医学を学び一八二〇年に卒業。一八二二年にオランダ東インド会社の医者となり、二三年来日。眼科医としての優れた技術のため日本側に優遇された。商館長の江戸参府に随行した際、多くの植物を採集した。彼の収集は多方面に及んだが、当時海外持出しを禁じられていた地図を所持していることが帰国の際に発覚し、出島に長く幽閉された。

一八三〇年ヨーロッパに戻った時、四八五の生きた植物を持ち帰った。その半分は、パトロンであったブリュッセルのウルサル公のためのものだったが、ちょうどオランダ・ベルギー間の戦争が始まり、シーボルトの植物コレクションは没収された。しかしいくつかは彼が始めたライデンの庭に、その他はヘント（ガン）の園芸業者の手に収まった。経路はどうあれ、結局はヨーロッパの庭園で、これらの植物が花を咲かせるようになった。

一八三五年から分冊形式で出版した『日本植物誌』（全二巻）は、ミュンヘン大学のツッカリーニとの共同作業である。

中国で採集にあたった人びと

中国がヨーロッパに開いていた港は、一七五五年から一八四二年まで、広東《カントン》とマカオだけであった。ただし植物輸出の困難は、政治的な面からのみ来るのではなく、生きたまま輸送する技術面での困難も同じく大きかった。一八一九年のある試算では、中国から一〇〇〇の植物を運んでも生き残るのは一つだけで、仕入れ値の平均が一つ六ポンド八シリングだから、最後に残ったものは、三〇〇ポンド以上もの高値になるとのことだ。それでも、ツバキ、アジサイ、ヤポニカ〔ボケがこう呼ばれることが多い〕、ハクモクレン、ボタン、ロウバイ、各種のバラなどが十八世紀中に、様々な手を経てヨーロッパに導入された。大規模な中国植物の採集が行われるようになるのは、一八四二年にいくつかの開港場が設けられてからである。

ジョン・リーヴズ（一七七四〜一八五六）

John Reeves

一八一二年イギリス東インド会社の茶検査官として中国に渡り、約二〇年間滞在。茶貿易のシーズンには広東に、それ以外の時はマカオの家にいて熱心に庭の世話をしていた。バンクス卿やロンドンの園芸協会と文通しており、種子や苗を送り続けた。当時、長距離の船便で植物を送ることは失敗が多かったが、リーヴズは、しぶる茶貿易船の船長を説いて植物を運ばせ、無事にイギリスに届ける競争をさせた。手に入る植物は、庭で育てられている園芸植物が多く、彼は野生の美しい植物を集めるよう広東郊外のファ・テ地域の植木屋たちに働きかけたが、うまくいかなかったという。リーヴズほど長く中国に滞在している人物でも内陸の野生植物を手に入れるのは困難だった。

一八一五年、園芸協会は植物図を収集することを決め、一八一九年からリーヴズがこの仕事を受け負った。これらの植物図はリーヴズ・コレクションとして知られるようになり、現在は王立園芸協会の図書館に収められている。

ロバート・フォーチュン（一八一二〜八〇）

Robert Fortune

スコットランドで生まれ、エジンバラ植物園で下働きをした後、チズウィックにあったロンドン園芸協会の庭園の温室係となった。一八四三年、三〇歳の時に、採集員として中国へ派遣されることになったが、この時、当時最新の発明品だった植物運搬用の箱、ウォーディアン・ケースの実験も行った。この際は香港を基地としてアモイや上海を訪れ、主に園芸植物を収集した。

一八四八年、東インド会社に雇われて二度目に中国の土を踏んだ。この旅行の目的は、当時中国の独占品だった茶をインドへ移植することであり、相当の危険を冒し、彼はこの仕事をやり遂げた。第三回目は再び東インド会社との契約で、第四回目は何の契約もない自由意志、もしくはバグショットのスタンディッシュ種苗会社との共同採集旅行であったといわれる。日本を訪れたのはこの時である。

フォーチュンは、およそ一九〇に及ぶ珍しい種ないし変種をイギリスに導入し、二五以上の新種を腊葉で持ち帰ったといわれる。

オーガスティン・ヘンリー（一八五七〜一九三〇）
Augustine Henry

フォーチュンは、中国を訪れた後、必ず旅行記を出版したが、これらは当時乏しかった中国および中国人についての貴重な情報源となった。また中国の植物の紹介は園芸界への大きな貢献だった。当時、彼に匹敵する人物といえば中国駐在の税関吏で医官であったヘンリーくらいだろう。退屈な駐在生活をまぎらせるために始めた植物採集の素人は、後に中国植物の権威となった。彼がキュー植物園に送る腊葉は、必ず園芸家たちの強い関心を引いた。

アーネスト・ヘンリー・ウィルソン（一八七六〜一九三〇）
Ernest Henry Wilson

幼少の頃から植物好きだったウィルソンは種苗会社の庭師の下働きを振出しに、バーミンガム植物園の勤務を経て、キュー植物園に入った。キューの園長ウィリアム・シスルトン＝ダイアーは、戸外での仕事を好むウィルソンをプラント・ハンターとしてヴィーチ商会に推薦した。ヴィーチ商会で六カ月の訓練を受け、彼は最初の中国探検に出発した。この時の大きな目的の一つは「ハンカチの木」と呼ばれるダヴィディアを見つけて採集することだった。雲南にいたヘンリーを訪ねて情報を得た後、彼は目的の木を見つけ出すことに成功した。

二度目の中国探検は一九〇三〜五年にかけて、四川およびチベット国境であった。以上二度の探検で、彼は一八〇〇種の植物の種子、三〇〇〇個の球根、何千もの腊葉標本を持ち帰った。

ウィルソンはアーノルド樹木園の園長サージェントと親交を結ぶようになっていった。一九〇七〜九年にかけて三度目の中国探検に出かけたときは、ヴィーチ商会ではなくアーノルド樹木園を持つハーバード大学の派遣によるものだった。後に彼はサージェントの後を継いで園長となった。ウィルソンは最も数多くの樹木、灌木をヨーロッパ世界にもたらした人物といわれる。

ジョージ・フォレスト（一八七三〜一九三二）
George Forrest

学校を出て最初に就いた職は、薬屋の見習いだったが、この時薬剤調合の訓練を受ける中で植物学についても知識を得た。その後、オーストラリアに渡ったが、南アフリカを経由して、一九〇二年に帰国し、エジンバラ植物園で標本整理の助手となった。この仕事のエキスパートになった頃、リバプールの綿取引業者で大富豪のバリーという人物が、自分の庭に外国産の植物を集めたいとのことで、友人のエジンバラ植物園園長バルフォアに専門の採集人の人選を依頼してきた。園長はフォレストを推薦した。

一九〇四年、彼は最初の採集旅行として中国、雲南のビルマ・チベット国境地区に入った。当時、中国とチベットは国境紛争のまっただ中であった。一九〇五年夏、フォレストが滞在していたフランス人宣教師の基地がチベット人に襲われ、ほとんどが殺された。フォレストは何度も危うい目に遭いながらも、九日間の飲まず食わずの逃避行の末、採集した植物はすべて失ったが、九死に一生を得た。

ところが彼は三カ月後に、もうサルウィン川流域へ採集に入り、一九〇七年に帰国するまでチベットの奥地へも足を踏み入れたという。その後彼は六回にわたり中国での探検採集旅行を行ったが、個人や種苗商あるいはシャクナゲ協会などの団体の資金援助によるものだった。

フォレストは現地採集人のチームを組織してプラント・ハンティングを行った最初の人物で、カバーする地域は広く、採集量も膨大だった。最後の採集旅行だけでも、四〇〇〜五〇〇種の植物の種子を集め、総数は三万一〇一五、そのうち五三七五はシャクナゲの種子で、うち三〇〇は新種の種子だったという。

フランク・キングドン＝ウォード（一八八五〜一九五八）
Frank Kingdon-Ward

ケンブリッジ大学の植物学教授の息子として生まれた。東洋を見たいという気持ちから大学を出てすぐに上海で学校教師の生活に入ったが、その間に一度探検旅行に随行し、植物標本をイギリスに送っている。しかし彼が本格的に植物採集の道に入ったのは、フォレストの場合と全く同じ人物、バリーの依頼を受けてバルフォアが推薦したことがきっかけである。それ以後、二つの世界大戦で兵役についていた時期を除き、キングドン＝ウォードはおよそ四〇年間、プラント・ハンターとしての仕事を続けた。彼は採集する植物をすべて自分の目で確かめたいからか、フォレストと違って現地の採集人を雇わなかった。最初は雲南・チベット地域に入ったが、フォレストやアメリカ人J・F・ロックらが先に入っていたため、一九一四年以後は、もっぱらアッサム、ビルマ北部、南チベットをフィールドにした。

生涯に二〇回の採集旅行を行い、二万三〇六八個の種子を採集し、一〇〇以上の新種のシャクナゲをイギリスにもたらした。キングドン＝ウォードは近年最大の植物採集家といえよう。

訳者あとがき

本書は、イギリスの園芸植物史家アリス・コーツ（Alice M. Coats）の“*Flowers and their Histories*” Adam & Charles Black, London, 1968（初版1956）と“*Garden Shrubs and their Histories*” Vista Books, London, 1963の抄訳である（わが国では一般に栽培されない植物、特に馴染みの薄い花のみを割愛した）。上記二書はそれぞれ、『花の西洋史　草花篇』（一九八九）、『花の西洋史　花木篇』（一九九一）として八坂書房より刊行されたが、本書はこれらを改版し、事典として再編集したものである。

著者のアリス・マーガレット・コーツは、一九〇五年にイギリス、バーミンガムのハンズワースに生まれた。バーミンガムの美術学校を経て、ロンドン、パリでグラフィック・アートを学んだ。第二次大戦前は、児童書の挿絵を描いていたらしい。戦争中は婦人国土防衛軍なるもので働いていたが、その仕事は、主として野菜や果物を栽培するものであったという。戦後は挿絵描きの仕事を縮小し、その後彼女の主要な仕事の分野になる園芸植物史研究に力を注ぐようになった。その成果が本書の原本となった二書である。

また彼女は別に、未知の珍しい植物を求めて世界中を旅した植物採集専門家プラント・ハンターたちの活動を大部の書“*The Quest for Plants*” London, Studio Vista, 1969にまとめている（抄訳『プラントハンター　東洋を駆ける—日本と中国に植物を求めて』遠山茂樹訳、二〇〇七、八坂書房刊）。プラント・ハンターという歴史上ほとんど無名の人物たちの活動記録をたんねんに調べあげたこの書は、イギリスの在野の研究者の質の高さを示しているといえるだろう。その後、プラント・ハンターについて書かれた本のうちで、彼女のこの書を参照していないものはないといってもいい過ぎではないほどである。晩年は関節の障害に悩まされたが、一九七八年に没するまで、熱心に園芸の実践活動をおこない、外国産の珍しい植物を数多く栽培していたことで有名である。

さて、原著二冊の前者 "*Flowers and their Histories*" は、世界各国で広範な読者を獲得したが、一般の園芸愛好家、植物愛好家に読まれただけでなく、専門家にも参考書として大いに活用された。わが国でも植物と人間とのかかわりを歴史的に考えようとする園芸学者、植物学者なら、必ずといっていいほど、本書を参照している。初版出版後すでに半世紀を越えているが、この分野で本書を超える広い記述と深い内容を持つ書物はない。もちろん研究の進展によって、今では書き直した方がよいと思われる部分も見られるが、おそらくまだまだ植物文化史の重要な書物の一つであり続けるだろう。

もっとも、著者がイギリス人であるせいか、記述がイギリス中心になっているのは否定できない。しかしそれは単に著者のせいだとはいいきれない。というのも十七世紀頃からイギリス人の観賞用の花に対する関心はすさまじいものがあり、そのため未知の植物の収集・栽培・改良の豊富な経験と、それに関する膨大な記録の蓄積を持っているからである。豊かな経験と資料の蓄積があればこそ、おのずと記述がイギリスに向かうと考えた方がよい。

本書は、単に栽培・育種の園芸史的事実や花の観賞の歴史のみならず、植物をめぐる民俗、風習、神話などの記事を網羅しているため、花の文化史事典と呼んでもよいだろう。随所に、著者の個性がうかがえ、また花に対する、ときには盲目的ともいえる愛情が見られるのも面白い。たとえば「ユリ」の項で著者は次のようにいっている。「中国や朝鮮、日本では、球根が食用になっていたから一〇〇〇年以上も前から作物として栽培されていた。個人的な意見をいわせてもらえば、私はユリを食べるくらいなら人を食べたほうがましだと思う。」近年とみに激しくなっている欧米諸国からの捕鯨非難を思いうかべる読者もあろう。

「阿片をワインの中に溶かしたものをアヘンチンキと呼ぶが、マンチェスター等の工業地帯の貧しい階級の女性たちがお茶代わりにこれをたくさん飲んでいる」という十九世紀の記録が紹介され、阿片が「商業用にわがイギリスで生産されていたとはショックである」とケシの項では述べている。異国の植物文化に注文をつける一方で、このようなイギリス史の事実の自己批判的紹介も見られる。

以上のような、植物利用の態度の東西における大きな違いや、時代による変化を知ることはじつに興味深い。それによって、人と人とを結びつける植物の役割が浮き彫りにされる。

歴史を政治や制度や国家に注目して見ていくと、抑圧と解放の歴史、人と人との闘いの歴史ばかりが強調されやすい。歴史がつねに対立と紛争に彩られて見える。しかし人と人との隔たりを見るのが歴史の唯一の見方ではない。植物、特に花に注目すると、人と人とのあいだがさまざまな障害を乗り越えて結ばれてきたことに気づく。わが江戸時代、海外との交流が厳しく制限されたとされる鎖国下に、植物がとりもった日本人とヨーロッパ人の知的交際は、政治や制度の壁が乗り越えられる一つの実例である。もちろん植物を巡る国家間の紛争が、特に有用植物に関してなかったわけではないが、花や植物は対立・紛争よりは交流、相互理解の仕掛人といってよい。本書は、人と人とのあいだが花や植物によってどのように結びつけられてきたかという歴史としても読んでいただきたい。

また、原著二冊の後者“*Garden Shrubs and their Histories*”は直訳すれば「庭の灌木とその歴史」となるわけだが、扱っているのは花木、すなわち花の美しい木である。

ヨーロッパにおける花の観賞は主にマッスを対象に、つまりたくさんまとまった姿で見ることが好まれ、庭での栽培も観賞も花壇が舞台となってきた。そこで園芸植物の改良は、いきおい花の色の改良、花色のバラエティーを増やすことに熱心になる。花がたくさんまとまって作り出す色合い、花の色の配合を楽しむのである。したがってヨーロッパの花卉園芸史はほとんど、花色の変化が容易に楽しめる草花を中心として発展してきた。これは日本における花卉園芸の発達と大きく異なる。

日本で本格的な花卉園芸が盛んになったのは江戸時代である。江戸初期は、とりわけ大名の屋敷の普請活動が盛んだったせいもあって、まず庭木の需要がふくらみ、そのなかで花木の栽培、改良が花卉園芸の発達を促した。ツバキ、サザンカ、ウメ、サクラなどの栽培、育種、商取引が繁盛した。ついで江戸中期以降から草花にも関心が向けられるようになるが、これは花卉園芸を楽しむ層が大衆化したせいである。しかしそこに一貫していた観賞の態度は、姿・形を楽しむものであった。枝ぶりに関心を寄せたり、奇形の葉や花を珍重したのはその現れである。

要約すると、次のようなストーリーになる。

ヨーロッパでは草花の観賞がまず起こり、それも花色のバラエティーに関心が向けられ、マッスで見るのが好まれた。その後樹木、特に花木にも関心が広がっていったが、観賞されるのは、やはり大量にまとまって咲く花であり、その色であった。これに対して日本では、花卉園芸の関心はまず花木に向けられ、その後草花へ広がっていった。しかも観賞の主眼は形の変化を楽しむことにあり、花の色の変化を楽しむことをはるかにしのいでいた。花卉園芸史におけるヨーロッパの歩んだ道と日本が歩んだ道とは、ほとんど逆であったといえるほどである。

花に関心を向け、さらにその色に関心を向けるヨーロッパの園芸を背景に持つせいか、本書でも花が主役の樹木については、叙述が生彩に富む。これを読み進むのはなかなかの楽しみだ。とりわけヨーロッパを代表する花木であるバラや、外来ではあるがシャクナゲ、ハナミズキなどたくさんの花を一度につけ、豪華な感じのするものについては熱がこもっている。ところが花の目立たない樹木はほとんど取り上げられていない。

もっとも、原書の題に garden shrub という表現があり、著者は shrub を定義して「灌木というのは、その後どれだけ大きくなろうとも、五フィート程度に生長すると花が咲き始める木本を指す」（「モクレン」の項）と書いているから、花木だけを扱って当然ではある。ただ、ここで注目したいのは、コーツ女史が tree を表題に加えなかったことである。著者のような園芸の専門家に限らず英語文化圏の人にとっては、花に注目した場合 tree は、その対象から外れるのかもしれない。そういえば、木に当たる英語をわれわれは普通 tree とみなしているが、木全般を扱った英語の図書の表題は trees and shrubs となっていることが多い。われわれが木という表現でひとまとめにして納得できるものが英語文化圏では落ち着きが悪いらしい。彼我の樹木に対する関心のありかの違いがここにはっきり現れているように思える。

しかし花の目立たない木、例えば針葉樹も十九世紀ヨーロッパの庭園で重要な役割を担った。もちろん日本で庭木といえば、その代表格はマツだろう。だから著者に生前、花の目立たない樹木、つまり tree についての本をまとめておいてもらいたかった。無いものねだりだが、それによって彼我の樹木観の差異を、いやそれ以上に美意識や精神の様々な発現の差異を、窺うことができたろう。

ヨーロッパの人びとの心をゆさぶる植物界の主役は葉や枝ぶりより花らしい。

二〇〇八年一月

訳者

植物名索引

＊本書中の学名と主な和名などを取り上げた。

ア　行

カ　行

サ　行

タ　行

書名一覧

＊本書中に現れる書名とその原題（コーツの原書による表記）を一覧にした。

ア　行

愛の定義　The Definition of Love
アイヒシュテットの園　Hortus Eystettensis
アイルランド植物要綱　Synopsis Stirpium Hibernicarum
アジサイ　The Hydrangeas
アナトミア・サンブキ　Anatomia Sambuci
アプレイウスの本草書　Herbal of Apuleius
アメリカの鳥　Birds of America
アメリカ内陸部への旅　Travels into the Interior of America
アルケオロギア　Archaeologia
アルジェリアの花：モロッコ植物カタログ　Flored' Algerie: Catalogue des Plantes du Moroc
あるスポーツマンの手帳　A Sportsman's Notebook
ある庭師の進歩　A Gardener's Progress
哀れみ深い薬草　Compassionate Herbs
アントニーとクレオパトラ　Anthony and Cleopatra
イギリス産植物誌　Flora Domestica
イギリス植物相の歴史　History of the British Flora
イギリス人名事典　Dictionary of National Biography
イギリスの医師　The English Physician Enlarged
イギリスの価値あるもの　The Worthies of England
イギリスの顕花植物　Flowering Plants of Great Britain
イギリスの樹木と果樹　Arboretum et Fruticetum Britannicum
イギリスの植物　British Plants
イギリスの花の庭　English Flower Garden
イギリスのロック・ガーデン　The English Rock Garden
イギリス本草書　British Herbal
異国の植物　Exotic Botany
移植の練習　The Rehearsal Transprosed
医薬資料論　De Materia Medica
イングランド旅行記　A Journey Through England
引退した庭師　Retir'd Gardener
ウォーターマン　The Waterman
美しい花の咲く灌木　Beautlful Flowering Shrubs
英国樹木果樹誌　Arboretum et Fruticetum Britannicum
絵入りロンドンニュース　Illustrated London News
エデン　Eden
エデンの園のアダム　Adam in Eden
エリカ　The Heathery
エリカの色刷りエッチング集　Coloured Engravings of Heaths
エルサムの植物　Hortus Elthamensis
エルジー・ヴェンナー　Elsie Venner
園芸家　The Horticulturist
園芸花卉　Gartenflora
園芸雑誌　Hoticultural Magazine
園芸事典　Dictionary of Gardening
園芸のすべて　All About Gardening
園芸批評　Revue Horticole
王の庭　Jardin du Roi
王立園芸協会会報　The Journal of the Royal Horticultural Society
オックスフォードの庭　Oxford Gardens
オーリキュラ等についての平明かつ実践的論文　Plain and Practical Treatise on the Auricula etc.
オーリキュラ・プリムラ協会年鑑　Auricula & Primula Society Year Book
オーロラ・リー　Aurora Leigh

カ　行

廻国奇観　Amoenitates Exoticae
花卉案内　Flora Guide
花壇　The Flower Garden
花壇のディスプレイ　The Flower Garden Display'd
家庭の花づくり　Domestic Floriculture
ガードナーズ・クロニクル　The Gardeners' Chronicle
ガードナース・マガジン　Gardener's Magazine
カトリック教圏の植物　Hortus Catholicus
かどわかされて　Kidnapped

カナダの植物誌　Historia Canadensis Plantarum
カロライナ等の博物誌　Natural History of Carolina etc.
観察記　Observation
完全なる庭師　The complete Gardener
稀少植物誌　Rariorum Plantarum Historia
擬人化された花　The Flowers Persomfied
北アメリカ植物誌　Flora Boreali Americana
北アメリカの植物の属　Genera of North American Plants
貴重な死　Precious Bane
キヅタ　The Ivy
木の取り扱い　Treatise on Foresty
奇妙で役に立つ庭師　The Curious and Profiiable Gardener
奇妙なる庭師　The Curious Gardener
キューピッドとジャカランダ　Cupid and the Jacaranda
紀要　Transactions
虚栄の市　Vanity Fair
クロッカス属の研究　A Monograph of the Genus Crocus
クロッカスとコルキクムの手引き　Handbook of Crocus and Colchicum
系統的本草学　Institutiones Rei Herbariae
ゲッティンゲンの植物　Hortus Goettingensis
顕花植物の特性　Properties of Flowering Plants
健康の園　Ortus Sanitatis
建築百科　The Encyclopaedia of Architecture
郊外の庭師と別荘の友　The Suburban Gardener and Villa Companion
高山植物園協会誌　Alpine Garden Society Bulletin
幸福の理想郷　Campi Elysian
コードゥル夫人の寝室話　Mrs Caudle's Curtain Lectures
子供と庭　Children and Gardens

サ　行

サイクロペディア　Cyclopaedia
栽培および造園の本義　Complete Body of Planting and Gardening
栽培試論　Essay on Planting
サウスウェルの植物　The Leaves of Southwell
雑草と野生の花　Weeds and Wild Flowers
C・R・レスリーへの手紙　letter to C. R. Leslie
J・D・フッカー卿の生涯と手紙　Life and Letters of Sir J. D. Hooker
J・E・スミス卿の思い出と手紙　Memoirs and Correspondence of Sir J. E. Smith
自然界のロマンス　The Romance of Nature
シッキム・ヒマラヤのロードデンドロン　Rhododendrons of the Sikkim Himalayas
実用園芸の手引き　Handbook of Practical Gardening
実用的庭つくりのための全辞典　Complete Dictionary of Practical Gardening
事物の本性について　De Naturis Rerum
事物の諸性質について　De Proprietatibus Rerum
植物学体系　Natural System of Botany
ジャン・サントゥイユ　Jean Santeuil
臭気論　Essays of Effluviums
収集した花の冠　Wreath of Gathered Flowers
趣味と実益のヴィオラ栽培　Violet Culture for Pleasure and Profit
樹木及び灌木会議報告書　Tree and Shrub Conference
上手に家事をするための500の秘訣　Five Hundreth Points of Good Husbandrie
植物園　Botanic Garden
植物解剖論　The Anatomy of Plants
植物原因論　Enquiry into Plants
植物史（クルシウス）Histoire de Plantes
植物史（フィリップス）Flora Historica
植物誌（ヴァッセナー）Historich Verhael
植物誌（フッカー）Icones Plantarum
植物誌（フックス）De Historia Stirpium
植物誌（レイ）Historia Plantarum
植物図説　Icones et Descriptiones
植物探索　Enquiry into Plants
植物の王冠　The Fliral Diadem
植物のカタログ　Catalogue of Plants
植物の劇場　Theatrum Botanicum
植物の種　Species Plantarum
植物の世界（ヒル）The Vegetable Kingdom
植物の世界（リンド）The Vegetable Kingdom
植物の属　Genera Plantarum
植物の属についての序論　Prodromus Historia Generalis Plantarum
植物の名前　Names of Herbes
植物百科　The Encyclopaedia of Plants
植物物語　Speech of Flowers
植物論　De Plantis
食用植物誌　Flora Diaetetica
女性の庭仕事　Every Lady Her Own Flower Gardener

ジョン・フォザーギル博士の思い出　Memories of John Fothergill
素人庭師のための辞典　Cottage Gardener's Dictionary
素人のためのアイリス栽培　Iris Culture for Amateurs
新英語辞書　New English Dictionary
紳士淑女のための花壇　A Flower Garden for Gentleman and Ladies
親切な羊飼い　Gentle Shepherd
新大陸への旅　El Resa til Norra Americana
新本草書（ターナー）A New Herball
新本草書（ライト）Nievve Herball
森林概要　Sylvan Sketches
森林樹木論　Kalendarium Hortense
水車　The WaterMill
優れた庭づくり　Good Gardening
スコットランドの庭師の指導者　The Scots Gardener's Director
図説園芸学　L'Illustration Horticole
すばらしいオーリキュラの著しい特色　The Distinguishing Properties of a Fine Auricula
すまいのための装飾用の花　Floral Decorations for the Dwelling House
聖書の植物　Plants of the Bible
セッズ・コートの庭師のための指示　Directions for the Gardener at Says Court
全少年年鑑　Every Boy's Annual
善女物語　Legende of Goode Women
洗礼名の歴史　A History of Christian Names
造園辞典　Encyclopaedia of Gardening
造園百科　The Encyclopaedia of Gardening

タ　行

第三の目　The Third Eye
大地の喜び　Joy of the Ground
大本草書　Grete Herball
太陽の苑、地上の楽園　Paradisi in Sole, Paradisus Terrestris
チャイニーズ・レポジトリー　The Chinese Repository
茶樹の博物誌　Natural History of the Tea Tree
注釈書　Commentarii
中国遠征記　Narrative of a Journey in the Interior of China
中国の庭の花　The Garden Flowers of China
通俗物語　Popular Tales
ツバキ属についての研究　A Monograph on the Genus Camellia
ディオスコリデス註解　In Dioscorides Historiam
テサウルス　Thesaurus
哲学会報　Philosophical Transactions
デミーターへの賛歌　Hymn to Demeter
テンペスト　The Tempest
ドメスティカ　Domestica
トラデスカントの博物館、ジョン・トラデスカントが収集し、南ランベスに保存している収集珍品　Museum Tradescantianum, or a Collection of Rarieties preserved at South Lambeth by John Tradescant
ドリーム・デイズ　Dream Days

ナ　行

内国植物誌　Flora Domestica
夏の終わりに咲くバラ　Last Rose of Summer
夏の私の庭　My Garden in Summer
ナルキッソス　Ye Narcissus
南北カロライナ等旅行記　Travel through North and South Calolina etc.
日誌　Journals
日本誌　History of Japan
日本植物誌（シーボルト、ツッカリーニ）Flora Japonica
日本植物誌（ツンベルク）Flora Japonica
庭（サックヴィル＝ウェスト）The Garden
庭（マーヴェル）The Garden
庭師の辞典（オルテガ）Gardener's Dictionary
庭師の辞典（ミラー）Gardener's Dictionary
庭づくりの技術　Feate of Gardening
庭について　Of Gardens
庭の本　Garden Book
庭向きの花としてのクレマチス　The Clematis as a Garden Flower
農業の体系　Systema Agriculturae
農業百科　The Encyclopaedia of Agriculture
農事詩　Georgica
農夫ピアーズ　Piers Plowman
野の花　Flowers of the Field
野原と生垣　Field and Hedgerow

ハ　行

博物誌　Natural History
花・穀類・果実　Flora, Ceres and Pomona
花とその伝説　Flowers and Flower Lore

花の12カ月　Twelve Months of Flowers
ハムレット　Hamlet
バラの収集品　A Collection of Roses
バラ物語　Roman de Rose
パンジー　The Pansy
パンジー・ビオラ・スミレ　Pansies, Violas and Violets
ハンドリー・クロス　Handley Cross
ヒガンバナ科について　Amaryllidaceae
ピックウイック・ペイパー　The Pickwick Papers
170編の中国の詩　170 Chinese Poems
フウロソウ科　Geraniaceae
不思議の国のアリス　Alice in Wonderland
フミフギウム　Fumifugium
冬物語　Winter's Tale
プリムラ・オーリキュラ年鑑　Primula and Auricula Year Book
プロセルピナ　Proserpina
フローラ　Flora, Ceres and Pomona
フローラの神殿　Temple of Flora
フローリスト必携　Florist's Vade Mecum
別荘の庭師　Villa Gardener
ペルシアへの旅　Travels into Persia
ペンプターデス植物誌　Pemptades
ボールドの薬草書　Leech Book of Bald
ボタニカル・カルティヴェイター　The Botanical Cultivator
ボタニカル・キャビネット　Botanical Cabinet
ボタニカル・マガジン　Botanical Magazine
ボタニカル・マガジンの手引き　Companion to the Botanical Magazine
ボタニカル・レジスター　Botanical Register
ボタニスト・レポジトリー　The Botanists' Repository
ボタニック・ガーデン　The Botanic Garden
牧歌　Eclogues
ホルトゥルス　Hortulus
本草書（アプレイウス）Herbarium
本草書（ジェラード）Herball
本草書（ターナー）Libellus
本草書（トゥルヌフォール）Herbal
本草書（フックス）Herbal
本草書（ブルンフェルス）Herbarium
本草書（ライト）Herball

マ　行

マガジン・オブ・ボタニー　The Magazine of Botany
守りの城塞　Bulwarke of Defence
身近な庭の花　Familiar Garden
物語　A Tale
モノグラム　Monogram
紋章のいろいろ　A Display of Heraldrie
モンペリエ植物誌　Botanicum Monspeliensis

ヤ　行

薬物誌　De Materia Medica
薬用植物誌　Medical Botany
火傷病　Fire Blight Disease Order
よい庭づくりへの簡明ガイド　A Plain Guide to Good Gardening

ラ　行

リンネ協会会報　Transactions of the Linnaean Society
ルソン島の種綱領　Syllabus Stirpiumin Insula Luzone
ルバイヤート　Rubaiyat
歴史の花　Flora Historica
ロードデンドロンの手引き　Rhododendron Handbook
ロードデンドロンの種　The Species of Rhododendron
ロンドンの庭師　The City Gardiner

ワ　行

わが庭園巡り　Voyage autour de mon Jardin
若者へのよき言葉　Good Words for the Young

訳者紹介

白幡洋三郎（しらはた・ようざぶろう）

1949年生まれ。京都大学大学院農学研究科林学専攻博士課程修了。農学博士。現在、国際日本文化研究センター教授。主な著書に『プラントハンター』（講談社、毎日出版文化賞奨励賞）、『近代都市公園史の研究』（思文閣出版）、『日本文化としての公園』（共著、八坂書房）、『大名庭園』（講談社）、『花見と桜』（PHP研究所）など。

白幡節子（しらはた・せつこ）

1978年、大阪市立大学大学院文学研究科修士課程修了。現在、大阪経済大学、立命館大学非常勤講師。主な訳書にA. パヴォード『チューリップ』（大修館書店）、P. ワシントン『神秘主義への扉』（共訳、中央公論新社）、B. S. ドッジ『スパイスストーリー』（八坂書房）など。

花の西洋史事典

2008年 2月25日　初版第1刷発行

訳　者　白幡洋三郎
　　　　白幡節子
発行者　八坂立人
印刷・製本　（株）シナノ

発行所　（株）八坂書房
〒101-0064　東京都千代田区猿楽町1-4-11
TEL.03-3293-7975　FAX.03-3293-7977
URL: http://www.yasakashobo.co.jp

乱丁・落丁はお取り替えいたします。
ISBN 978-4-89694-905-6

プラントハンター東洋を駆ける
—日本と中国に植物を求めて

アリス・M・コーツ著／遠山茂樹訳　四六　2600円

まだ見ぬ植物をヨーロッパに持ち帰るため、数多の危険を顧みず未踏の地へと分け入った植物探検家たち。彼らを「植物の狩人」＝「プラントハンター」と呼ぶ。18～20世紀初頭、世界随一の緑の宝庫・日本と中国でヨーロッパの人々を熱狂させる花々を危険を顧みず探し求めたプラントハンターたちの活躍を描く、定評ある原著からの初邦訳！　図版・地図170点、参考年表など、資料も充実。

花を愉しむ事典
—神話伝説・文学・利用法から花言葉・占い・誕生花まで

J・アディソン著／樋口康夫・生田省悟訳　四六　2900円

野生植物からハーブ・野菜・果物まで約三〇〇種の植物について、名前の由来や神話・伝説・民俗風習から薬効・利用法までを記す。さらに、近代詩や文学からの引用、誕生花や花言葉、花占い、占星術との関係などポピュラーな情報をも加味し、遊び心を盛り込んだ画期的な植物を愉しむための小事典。

人はなぜ花を愛でるのか
—日本と中国に植物を求めて

日高敏隆・白幡洋三郎編　四六　2400円

今からおよそ40年前、ネアンデルタール人の化石があった6万年前の洞窟で、死者に花を捧げていた跡がみつかったという報告がなされた。果たして我々の祖先は、太古の昔より花を愛していたのだろうか？　なぜ人は花に特別な思いを抱くのだろう？　奥深いこの問いに、考古学・人類学・日本史・美術史・文化史など様々な視点から、人間と花との多種多様な関わりを示しつつ、碩学10名が果敢に挑む！

暮らしを支える植物の事典

A・レウィントン著／光岡祐彦他訳　A5　4800円

石けん・シャンプー・マーガリンから、医薬品・鉛筆・クレヨン・楽器に至るまで、身近な品々を取りあげて、その原材料となる植物を詳しく紹介。安全に作られているか、持続的な供給は可能か、遺伝子組み換え作物と商品の関連、バイオファーミング、ゲノミックスの動きなどなど、資源植物を取り巻く話題を満載の画期的事典。

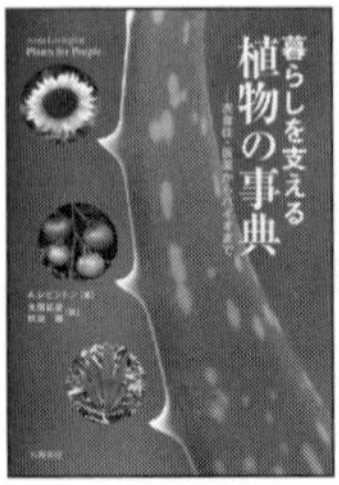